*Peter Reineker, Michael Schulz und
Beatrix M. Schulz*

Theoretische Physik V

*Beachten Sie bitte auch
weitere interessante Titel
zu diesem Thema*

Halliday, D., Resnick, R., Walker, J.
Halliday Physik
1456 Seiten mit 1572 Abbildungen und 67 Tabellen
2009. Hardcover
ISBN: 978-3-527-40645-6

Borgnakke, C., Sonntag, R. E.
Fundamentals of Thermodynamics
International Student Version
800 Seiten
2009. Softcover
ISBN: 978-0-470-17157-8

Schmidt, P. S., Ezekoye, O., Howell, J. R., Baker, D.
Thermodynamics
An Integrated Learning System, Text plus Web
480 Seiten
2005. Softcover
ISBN: 978-0-471-14343-7

Schmutzer, E.
Grundlagen der Theoretischen Physik
2333 Seiten in 2 Bänden mit 281 Abbildungen und 39 Tabellen
2005. Hardcover
ISBN: 978-3-527-40555-8

Burshtein, A. I.
Introduction to Thermodynamics and Kinetic Theory of Matter
349 Seiten mit 142 Abbildungen
2005. Softcover
ISBN: 978-3-527-40598-5

Linder, B.
Thermodynamics and Introductory Statistical Mechanics
210 Seiten
2004. Hardcover
ISBN: 978-0-471-47459-3

Kuypers, F.
Physik für Ingenieure und Naturwissenschaftler
Band 2: Elektrizität, Optik und Wellen
589 Seiten mit 524 Abbildungen und 17 Tabellen
2003. Broschur
ISBN: 978-3-527-40394-3

Peter Reineker, Michael Schulz und Beatrix M. Schulz

Theoretische Physik V

Statistische Physik und Thermodynamik
mit Aufgaben in Maple

WILEY-VCH

WILEY-VCH Verlag GmbH & Co. KGaA

Autoren

Prof. Peter Reineker
Universität Ulm
Abteilung für Theor. Physik
Albert-Einstein-Allee 11
89069 Ulm

Prof. Michael Schulz
Abt. Theoretische Physik
Universität Ulm
Albert-Einstein-Allee 11
89069 Ulm

Dr. Beatrix M. Schulz
Leibniz-Institut für
Angewandte Geophysik
GEO-Zentrum Hannover
Stilleweg 2
30655 Hannover

Titelbilder Reihe
Peter Hesse, Berlin

■ 1. Auflage 2010
Alle Bücher von Wiley-VCH werden sorgfältig erarbeitet. Dennoch übernehmen Autoren, Herausgeber und Verlag in keinem Fall, einschließlich des vorliegenden Werkes, für die Richtigkeit von Angaben, Hinweisen und Ratschlägen sowie für eventuelle Druckfehler irgendeine Haftung

Bibliografische Information
Der Deutschen Bibliothek
Die Deutsche Bibliothek verzeichnet diese Publikation in der Deutschen Nationalbibliografie; detaillierte bibliografische Daten sind im Internet über http://dnb.d-nb.de abrufbar.

© 2010 WILEY-VCH Verlag GmbH & Co. KGaA, Weinheim

Alle Rechte, insbesondere die der Übersetzung in andere Sprachen, vorbehalten. Kein Teil dieses Buches darf ohne schriftliche Genehmigung des Verlages in irgendeiner Form – durch Photokopie, Mikroverfilmung oder irgendein anderes Verfahren – reproduziert oder in eine von Maschinen, insbesondere von Datenverarbeitungsmaschinen, verwendbare Sprache übertragen oder übersetzt werden. Die Wiedergabe von Warenbezeichnungen, Handelsnamen oder sonstigen Kennzeichen in diesem Buch berechtigt nicht zu der Annahme, dass diese von jedermann frei benutzt werden dürfen. Vielmehr kann es sich auch dann um eingetragene Warenzeichen oder sonstige gesetzlich geschützte Kennzeichen handeln, wenn sie nicht eigens als solche markiert sind.

Printed in the Federal Republic of Germany

Gedruckt auf säurefreiem Papier.

Cover Design aktivComm GmbH, Weinheim
Satz Steingraeber Satztechnik GmbH, Dienheim
Druck und Bindung Strauss GmbH, Mörlenbach

ISBN: 978-3-527-40644-9

Gewidmet

unseren Freunden und Kollegen

Peter Reineker, geboren 1940 in Freudenstadt, studierte Physik in Stuttgart und Berlin. Er promovierte 1971 an der Universität Stuttgart und arbeitet seit 1975 als Wissenschaftlicher Rat und Professor und seit 1978 als Professor an der Universität Ulm, unterbrochen durch mehrer längere Auslandaufenthalte in den USA und Frankreich. Von 1993–1997 war er im Vorstand der Deutschen Physikalischen Gesellschaft tätig und zuständig für den Bereich Bildung und Ausbildung. Außerdem war er in den Jahren 1999–2004 Mitglied des Executive Committee und Treasurer der Europäischen Physikalischen Gesellschaft. Das Forschungsgebiet von Professor Reineker ist die Statistische Physik und die Theorie kondensierter Materie, insbesondere von organischen Materialien.

Michael Schulz, geboren 1959 in Staßfurt, studierte Physik an der Technischen Hochschule Merseburg, wo er 1987 promovierte. Von 1987 bis 1989 arbeitete er zunächst als Wissenschaftler an der TH Merseburg, später an der SUNY in Albany. Nach einigen Jahren als Privatdozent an der Martin-Luther-Universität Halle-Wittenberg war er ab 1996 als Heisenberg-Stipendiat an mehreren Forschungsinstituten tätig und ist momentan Hochschuldozent an der Universität Ulm. Im Jahr 2007 wurde er an der Universität Ulm zum apl. Professor ernannt. Sein Forschungsgebiet ist die Statistische Physik kondensierter Materie und die Dynamik komplexer Systeme im Nichtgleichgewicht.

Beatrix M. Schulz, geboren 1961 in Merseburg, studierte Physik an der Technischen Hochschule Leuna-Merseburg. Mehrere Jahre arbeitete sie in Forschungsbereichen in der Industrie (Carl-Zeiss Jena, Leuna-Werke AG), bevor sie im Jahr 2000 an der Martin-Luther-Universität Halle-Wittenberg promovierte. Nach einem Forschungsaufenthalt an der Universität in Ulm arbeitete sie von 2003–2008 als Wissenschaftlerin an der Martin-Luther-Universität Halle-Wittenberg und ist seit 2009 am Leibniz-Institut für Angewandte Geophysik Hannover tätig. Ihr Arbeitsgebiet ist die Statistische Physik ungeordneter mesoskopischer und makroskopischer dynamischer Systeme.

Inhaltsverzeichnis

Vorwort *XVII*

1   **Einleitung** *1*
1.1   Deterministische und statistische Physik   *1*
1.2   Aufbau des Bandes Statistische Physik und Thermodynamik   *5*
1.3   Grenzen der Statistik und Thermodynamik des Gleichgewichts   *6*
1.4   Grundbegriffe der Statistik   *7*
1.4.1   Wahrscheinlichkeit und Wahrscheinlichkeitsverteilung   *7*
1.5   Multivariable und zusammengesetzte Ereignisse, bedingte Wahrscheinlichkeiten   *10*
1.5.1   Zeitabhängige Wahrscheinlichkeiten und Wahrscheinlichkeitsdichten   *15*
1.5.2   Repräsentative Werte   *17*
1.5.2.1   Erwartungswerte   *17*
1.5.2.2   Wahrscheinlichkeitsverteilung für abhängige Variable   *18*
1.5.2.3   Median und wahrscheinlichster Wert   *19*
1.5.3   Schwankungen   *20*
1.5.3.1   Varianz   *20*
1.5.3.2   Spread   *20*
1.5.4   Statistische Unabhängigkeit, Korrelationen   *20*
1.5.4.1   Statistische Unabhängigkeit   *20*
1.5.4.2   Kovarianz und linearer Korrelationskoeffizient   *21*
1.5.4.3   Wahrscheinlichkeitsverteilung funktional abhängiger Variablen   *22*
1.5.5   Das Gesetz der großen Zahlen   *23*

2   **Grundprinzipien der statistischen Physik** *27*
2.1   *Determinismus und Chaos   *27*
2.1.1   *Vielteilchensysteme und deterministische Theorien   *27*

Theoretische Physik V: Statistische Physik und Thermodynamik. Peter Reineker, Michael Schulz, Beatrix M. Schulz
Copyright © 2009 WILEY-VCH Verlag GmbH & Co. KGaA, Weinheim
ISBN: 3-527-40644-9

2.1.2	*Fehlende Lösungsalgorithmen	27
2.1.3	*Präparation wiederholbarer Experimente	29
2.1.3.1	*Trajektorien im Phasenraum	29
2.1.3.2	*Infinitesimal benachbarte Trajektorien	30
2.1.3.3	*Bewegungsgleichungen für infinitesimale Trajektorienabstände	32
2.1.3.4	*Ljapunov-Exponenten	34
2.1.3.5	*Deterministisches Chaos	35
2.1.3.6	*Identische Präparation von Experimenten	36
2.1.3.7	*Ljapunov-Exponenten realer Vielteilchensysteme	37
2.2	Die Wahrscheinlichkeitsverteilung	38
2.2.1	Statistische Beschreibung von Vielteilchensystemen	38
2.2.2	Statistische Interpretation der Präparation von Mikrozuständen	39
2.2.3	Verteilungsfunktionen	40
2.3	Die Liouville-Gleichung	41
2.3.1	Präparation und Anfangsverteilung	41
2.3.2	Liouville-Gleichung in der Ensembleinterpretation	42
2.3.3	*Liouville-Gleichung als Evolutionsgleichung subjektiver Information	44
2.3.4	*Liouville-Theorem	48
2.3.5	*Mischender Fluss	50
2.3.6	Normierbarkeit	53
2.4	Stationäre Wahrscheinlichkeitsverteilungen	53
2.4.1	*Stationäre Lösungen der Liouville-Gleichung	53
2.4.2	*Erhaltungssätze und invariante Teilmengen des Phasenraums	55
2.4.3	Erwartungswerte	57
2.4.3.1	Scharmittelwerte	57
2.4.3.2	Zeitmittelwerte	58
2.4.4	Ergodentheorem	60
2.4.5	*Stationäre Verteilungen ergodischer und mischender Systeme	62
2.5	*Irreversibilität und Poincaré'scher Wiederkehreinwand	65
2.5.1	*Mikroskopische Reversibilität und makroskopische Irreversibilität	65
2.5.2	*Der Poincaré'sche Wiederkehreinwand	67
2.5.3	*Abschätzung der Poincaré'schen Wiederkehrzeit für ein ideales Gas	68
2.6	Die quantenmechanische statistische Verteilung	70
2.6.1	Quantenmechanisches Ensemble	70
2.6.2	Statistische und quantenmechanische Wahrscheinlichkeit	73
2.6.3	Eigenschaften des Dichteoperators	74
2.6.4	Erwartungswerte	77
2.6.5	Zustandsraum	78

2.6.6	von-Neumann-Gleichung	79
	Aufgaben	80

3	**Mikrokanonisches Ensemble und der Anschluss an die Thermodynamik**	**83**
3.1	Die statistische Verteilungsfunktion	83
3.2	Entropie	90
3.2.1	Information, Informationsgehalt und Thermodynamik	90
3.2.2	Die Shannon'sche Informationsentropie	90
3.2.2.1	Wahrscheinlichkeitstheoretische Formulierung	90
3.2.2.2	Maximale Informationsentropie	94
3.2.2.3	Entropie des klassischen Ensembles	95
3.2.2.4	Entropie des klassischen mikrokanonischen Ensembles	97
3.2.2.5	Entropie des quantenmechanischen Ensembles	99
3.2.2.6	Entropie des quantenmechanischen mikrokanonischen Ensembles	99
3.2.2.7	*Zeitliche Evolution der Entropie abgeschlossener Systeme	100
3.2.3	*Weitere Entropieformen	102
3.2.3.1	*Allgemeine Bemerkungen	102
3.2.3.2	*Tsallis-Entropie	103
3.2.3.3	*Kullback-Entropie	105
3.2.3.4	*Die Kolmogorov-Entropie	107
3.3	Makrozustände und Thermodynamik	108
3.3.1	Statistische Physik und Thermodynamik	108
3.3.2	Makrozustand und Zustandsvariable, Ensemble- und Zeitmittel	108
3.3.2.1	Makrozustand und Zustandsvariable	108
3.3.2.2	Ensemble- und Zeitmittel	112
3.3.3	Makroskopischer Determinismus: Subsysteme, statistische Unabhängigkeit, Mittelwerte, mittlere quadratische Schwankung	112
3.3.3.1	Subsysteme	113
3.3.3.2	Statistische Unabhängigkeit	113
3.3.3.3	Mittelwerte	115
3.3.3.4	Mittlere quadratische Schwankung	116
3.3.4	Additivität der Entropie	117
3.3.5	Thermodynamisches Gleichgewicht	119
3.3.6	Thermodynamische Gleichgewichtsbedingungen	120
3.3.7	Zustandsvariablen, Zustandsgrößen und Zustandsfunktionen, Zustandsgleichung	123
3.3.8	Thermodynamische Reversibilität und Irreversibilität	124
3.3.9	Infinitesimale Zustandsdifferenzen	129

3.3.10   Thermodynamische Entropie   *132*
3.4   Gesetz über das Anwachsen der Entropie   *134*
3.4.1   Temperaturausgleich   *138*
3.4.2   Thermodynamische Ungleichungen   *139*
3.5   Anwendungen des mikrokanonischen Ensembles   *140*
3.5.1   Klassisches ideales Gas: Behandlung als mikrokanonische Gesamtheit   *140*
3.5.2   Gleichverteilungssatz   *142*
3.5.3   Virialsatz   *147*
3.5.4   Thermodynamik des idealen klassischen Festkörpers   *151*
    Aufgaben   *154*

4   Das kanonische Ensemble   *157*
4.1   Motivation und Herleitung der kanonischen Wahrscheinlichkeitsverteilung   *157*
4.2   Thermodynamische Zustandsgrößen   *161*
4.3   Äquivalenz mikrokanonischer und kanonischer Ensemble   *163*
4.4   Totales Differential der freien Energie   *166*
4.5   Faktorisierung der Zustandssumme bzw. des Zustandsintegrals   *167*
4.6   Ideale Gase   *170*
4.6.1   Das klassische ideale Gas   *170*
4.6.2   Mischungsentropie und Gibbs'scher Korrekturfaktor   *174*
4.6.3   Chemisches Potential für zweikomponentige Mischungen   *176*
4.6.4   *Das ideale Gas aus zweiatomigen Molekülen   *177*
4.6.4.1   *Der Rotationsanteil   *178*
4.6.4.2   *Der Schwingungsanteil   *185*
4.6.5   *Das relativistische ideale Gas   *188*
    Aufgaben   *191*

5   Das großkanonische Ensemble   *193*
5.1   Motivation und Herleitung der großkanonischen Wahrscheinlichkeitsverteilung   *193*
5.2   Unabhängige Partikel   *197*
5.3   *Ensembletransformationen   *198*
5.4   Extensive und intensive Größen, Euler-Gleichung, Gibbs-Duhem-Gleichung   *200*
5.5   Totales Differential des großen Potentials und des Gibbs'schen Potentials, freie Enthalpie   *202*
5.6   Teilchenzahlfluktuationen   *203*
5.7   Klassisches ideales Gas im großkanonischen Ensemble   *206*
5.7.1   Einkomponentiges ideales Gas   *206*

5.7.2	M-komponentiges ideales Gas	*207*
5.8	Ideale Quantengase	*210*
5.8.1	Bosonen, Fermionen und klassische Partikel	*210*
5.8.2	Großkanonische Zustandssumme und großes Potential	*214*
5.8.2.1	Bose-Einstein-Statistik	*214*
5.8.2.2	Fermi-Dirac-Statistik	*214*
5.8.2.3	Maxwell-Boltzmann-Statistik	*215*
5.8.3	Mittlere Besetzungszahl eines Zustands	*216*
5.8.4	Zustandsgleichungen	*218*
5.8.4.1	Kalorische Zustandsgleichung	*218*
5.8.4.2	Thermische Zustandsgleichung	*219*
5.8.4.3	Mittlere Teilchenzahl	*219*
5.8.5	*Das ideale nichtrelativistische Bose-Gas, Bose-Kondensation	*220*
5.8.5.1	*Zustandsdichte, großes Potential, innere Energie, Zustandsgleichung	*220*
5.8.5.2	*Eigenschaften der polylogarithmischen Funktion	*223*
5.8.5.3	*Thermodynamische Eigenschaften des Bose-Gases	*225*
5.8.5.4	*Besetzung des Grundzustandes und der angeregten Zustände in Abhängigkeit von T	*227*
5.8.5.5	*Thermische Zustandsgleichung	*228*
5.8.5.6	*Kalorische Zustandsgleichung	*231*
5.8.6	*Weitere Bose-Gase	*234*
5.8.6.1	*Ultrarelativistisches Bose-Gas	*234*
5.8.6.2	*Photonengas	*236*
5.8.6.3	*Phononengas	*238*
5.8.7	*Das ideale nichtrelativistische Fermi-Gas	*242*
5.8.7.1	*Teilchenzahl, großes Potential, innere Energie	*243*
5.8.7.2	*Eigenschaften von $\sigma_n(z)$	*244*
5.8.7.3	*Thermische Zustandsgleichung des Fermi-Gases	*249*
5.8.7.4	*Die Wärmekapazität des Fermi-Gases	*251*
5.9	*Materie bei hohen Drücken	*252*
	Aufgaben	*257*
6	***Systeme mit Wechselwirkung***	***261***
6.1	*Reale Gase	*261*
6.1.1	*Virialentwicklung	*261*
6.1.1.1	*Hamilton-Funktion eines realen Gases	*261*
6.1.1.2	*Mayer'sche Clusterentwicklung, Zerlegung des Zustandsintegrals	*262*
6.1.1.3	*Graphenmethode	*263*
6.1.1.4	*Cluster	*264*
6.1.1.5	*Subgraphen	*265*

6.1.1.6	*Clustertypen, Zweige	265
6.1.1.7	*Berechnung von Graphen	266
6.1.1.8	*Beiträge zum Konfigurationsintegral Y	267
6.1.1.9	*Wert des Konfigurationsintegrals Y, kanonische Zustandssumme	268
6.1.1.10	*Großkanonische Zustandssumme	270
6.1.1.11	*Großes Potential und abgeleitete Größen	271
6.1.2	*Thermische Zustandsgleichungen	274
6.2	*Spin-Gitter-Modelle	276
6.2.1	*Heisenberg-Modell und Ising-Modell	276
6.2.2	*Das eindimensionale Ising-Modell	278
6.2.3	*Das zweidimensionale Ising-Modell	282
6.2.3.1	*Problemstellung	282
6.2.3.2	*Graphendarstellung	283
6.2.3.3	*Phasengewichtete Summen	284
6.2.3.4	*Rekursionsgleichungen	287
6.2.3.5	*Zustandssumme des zweidimensionalen Ising-Modells	290
6.2.3.6	*Freie Energie und Wärmekapazität des zweidimensionalen Ising-Modells	292
6.2.4	*Ising-Modell in Molekularfeldnäherung	293
	Aufgaben	298

7 Thermodynamik 301

7.1	Ensembles und Thermodynamik	301
7.1.1	Allgemeiner Überblick	301
7.1.2	*Die Äquivalenz der Entropien	303
7.1.2.1	*Vorbemerkungen	303
7.1.2.2	*Beweis der Äquivalenz der Entropien	305
7.2	Die Hauptsätze der Thermodynamik	310
7.2.1	Klassifizierung thermodynamischer Systeme	310
7.2.2	Wärme als Energieform	310
7.2.3	Der nullte Hauptsatz	311
7.2.4	Der erste Hauptsatz in verschiedenen Formulierungen	312
7.2.5	Äquivalenz der Formulierungen	314
7.2.6	Anwendungen des ersten Hauptsatzes	315
7.2.7	Der zweite Hauptsatz in verschiedenen Formulierungen	316
7.2.8	Die Carnot-Maschine	320
7.2.8.1	Darstellung des Kreisprozesses	320
7.2.8.2	Energiebilanz	321
7.2.8.3	Wirkungsgrad der Carnot-Maschine	322
7.2.8.4	Der Carnot'sche Satz	324
7.2.9	Die thermodynamische Temperaturskala	326

7.2.9.1	Definition der thermodynamischen Temperaturskala	326
7.2.9.2	Temperatureichung	326
7.2.9.3	Temperaturdefinition über Zustandsgleichung des idealen Gases	327
7.2.10	Das Perpetuum mobile zweiter Art	327
7.2.10.1	Maxwell-Dämon	328
7.2.10.2	Bit-Maschinen	329
7.2.10.3	Poincaré-Maschinen	330
7.2.11	Der dritte Hauptsatz	330
7.3	Thermodynamische Potentiale	332
7.3.1	Die Legendre-Transformationen	332
7.3.2	Die innere Energie	336
7.3.2.1	Zustandsgleichungen	336
7.3.2.2	Euler-Gleichung	336
7.3.2.3	Weitere Variablen, mehrere Komponenten (Teilchensorten)	337
7.3.2.4	Gibbs-Duhem-Relation	337
7.3.2.5	Skalengesetze für die innere Energie	337
7.3.2.6	Änderung der inneren Energie bei Prozessen	338
7.3.2.7	Kalorimetrie bei isochoren Systemen	339
7.3.2.8	Gleichgewichtsbedingung	340
7.3.3	Die Enthalpie	340
7.3.3.1	Zustandsgleichungen	340
7.3.3.2	Spezifische Wärmekapazität	341
7.3.3.3	Gleichgewichtsbedingung	342
7.3.4	Die freie Energie	343
7.3.4.1	Zustandsgleichungen	343
7.3.4.2	Gleichgewichtsbedingungen	345
7.3.5	Die freie Enthalpie	346
7.3.5.1	Zustandsgleichungen	346
7.3.5.2	Freie Enthalpie und chemisches Potential	347
7.3.5.3	Gleichgewichtsbedingung	348
7.3.6	Das große Potential	348
7.3.6.1	Zustandsgleichungen	348
7.3.6.2	Gleichgewichtsbedingung	349
7.3.7	Totale Legendre-Transformation	350
7.4	Differentialrelationen	350
7.4.1	Differentiation nach den natürlichen Variablen	350
7.4.2	Ableitungen nach nichtnatürlichen Variablen	351
7.4.3	Maxwell-Relationen	352
7.4.3.1	Integrabilitätsbedingungen, Maxwell-Relationen	352
7.4.3.2	Isotherme Volumenabängigkeit der inneren Energie	354
7.4.3.3	Isotherme Druckabhängigkeit der inneren Energie	355

7.4.3.4	Adiabatische Prozesse	356
7.5	Jacobi-Transformationen	358
7.5.1	Transformationsformalismus	358
7.5.2	Differenz der spezifischen Wärmekapazitäten $C_p - C_V$	360
7.5.3	Joule-Thomson-Koeffizient	361
7.6	Systeme mit verschiedenen Phasen und Komponenten	362
7.6.1	Die Gibbs'sche Phasenregel	363
7.6.2	Einkomponentige Systeme	366
7.6.2.1	Einphasige Systeme	366
7.6.2.2	Zweiphasige Systeme	366
7.6.2.3	Dreiphasige Systeme	367
7.6.3	Zweikomponentige Systeme	367
7.6.3.1	Vierphasige Systeme	367
7.6.3.2	Dreiphasige Systeme	367
7.6.3.3	Zweiphasige Systeme	367
7.6.4	Mehrkomponentige Systeme mit einer Phase	368
7.6.4.1	Systeme ohne chemische Reaktionen	368
7.6.4.2	Systeme mit chemischen Reaktionen	368
7.6.4.3	Kompositionsabhängigkeit des chemischen Potentials	370
7.6.5	Clausius-Clapeyron-Gleichung	373
7.6.6	Zweikomponentige Zweiphasensysteme	375
7.6.6.1	Thermodynamische Freiheitsgrade	375
7.6.6.2	Gefrierpunktserniedrigung und Siedepunktserhöhung	376
7.6.6.3	Dampfdruckerniedrigung	378
7.6.6.4	Henry-Dalton-Gesetz	379
7.6.6.5	Osmotischer Druck	382
7.7	*Thermodynamische Stabilität	385
7.7.1	*Stabilitätsbedingungen	385
7.7.2	*Das Prinzip von Le Chatelier	389
7.7.3	*Das Prinzip von Le Chatelier-Braun	389
7.8	*Phasenübergänge	392
7.8.1	*Koexistenzgebiete	392
7.8.2	*Charakterisierung von Phasenübergängen	396
7.8.3	*Ehrenfest'sche Relationen	398
7.8.4	*Lee-Yang-Theorie	402
7.8.5	*Der kritische Punkt	406
7.8.5.1	*Universalität	406
7.8.5.2	*Landau-Theorie	410
7.9	*Thermodynamische Fluktuationen	412
7.9.1	*Landau'sche Fluktuationsformel	412
7.9.2	*Fluktuationen von δp und δS für $\delta N = 0$	420
7.9.3	*Fluktuationen von δT und δV für $\delta N = 0$	421

7.9.4 *Fluktuationen von δT und δN für $\delta V = 0$ 422
Aufgaben 423

A ***Beweis zum Vorzeichen der Ljapunov-Exponenten** *425*

Literaturverzeichnis *429*

Sachverzeichnis *431*

Vorwort

Die Theoretische Physik entwickelte sich im letzten Jahrhundert zu einem unentbehrlichen Bestandteil der Ausbildung junger Studenten zum Diplom-Physiker. An dieser Situation hat sich auch mit den an den meisten deutschen Universitäten inzwischen eingeführten Bachelor- und Master-Studiengängen nichts geändert. Es ist für den Studierenden nicht immer einfach, sich systematisch Kenntnisse über das theoretische Grundwissen so anzueignen, dass ein zusammenhängender Komplex an Ideen, Konzepten und Methoden entsteht, der im späteren Berufsleben in der Forschung oder der Wirtschaft Anwendung finden kann. An der Universität Ulm wird schon schon seit langem ein fünfsemestriger Theoriekurs – bestehend aus den Kursen Theoretische Mechanik, Elektrodynamik, Quantenmechanik (1 und 2) und Statistische Physik – gehalten. Auf der Grundlage dieses Vorlesungsangebots ist eine fünfbändige Lehrbuchreihe Theoretische Physik entstanden. Mit dem vorliegenden Buch zur Statistischen Physik und Thermodynamik liegt nun der fünfte Band dieser Reihe vor.

Diese Reihe wendet sich zuerst an alle Studierende der Physik, unabhängig davon ob sie sich später in Experimentalphysik, Theoretischer Physik, Computerphysik oder für das Lehramt spezialisieren wollen. In zweiter Linie richtet sich die Lehrbuchreihe an Wissenschaftler, Lehrer und Studenten anderer Naturwissenschaften und der Mathematik. Natürlich kann die Lehrbuchreihe nicht alle Teilgebiete der Theoretischen Physik enthalten. So werden alle Bestandteile von Spezialisierungskursen der Theoretischen Physik (z. B. Hydrodynamik, Allgemeine Relativitätstheorie, Quantenchromodynamik, Theorie der schwachen Wechselwirkung oder Stringtheorie) nicht oder nicht ausführlich behandelt. Hier verweisen wir auf entsprechende Monographien, die praktisch zu jedem dieser Teilgebiete der Theoretischen Physik erhältlich sind.

Um der Trennung in Bachelor- und Masterstudiengang gerecht zu werden, sind Themen und Kapitel, die zusätzlich für die Masterausbildung vorgesehen sind, mit einem Stern gekennzeichnet. Natürlich wird die Zuordnung von Universität zu Universität schwanken, aber im Großen und Ganzen kann man diese Einteilung als eine allgemein gültige Empfehlung ansehen.

Theoretische Physik V: Statistische Physik und Thermodynamik. Peter Reineker, Michael Schulz, Beatrix M. Schulz
Copyright © 2009 WILEY-VCH Verlag GmbH & Co. KGaA, Weinheim
ISBN: 3-527-40644-9

Jedes Lehrbuch der Reihe enthält außerdem Aufgaben zur Überprüfung des erworbenen Wissens. Mit arabischen Ziffern sind solche Aufgaben gekennzeichnet, deren Lösung auf klassische Weise – also mit Papier und Bleistift – gefunden werden soll und kann. Demgegenüber ist die Aufgabengruppe, die mit einem CD-Symbol und mit römischen Ziffern gekennzeichnet ist, für die Behandlung unter Verwendung eines computeralgebraischen Programmpakets vorgesehen. Die CD, die jedem Buch dieser Serie beiliegt, enthält Lösungsempfehlungen in Maple. Zum Verständnis der Lösungen benötigt man nur geringe Vorkenntnisse in dieser Programmiersprache. Es ist aber geplant, ein Forum einzurichten, in dem besonders schöne oder technisch interessante Lösungswege von den Lesern zur elektronischen Publikation eingereicht werden können.

Wir möchten uns an dieser Stelle bei Thomas Hartmann und insbesondere bei Christoph Warns für die große Hilfe bei der Umsetzung des Manuskripts in die LaTeX-Version bedanken. Auch einer Reihe von Studierenden sei für die Mitteilung von Fehlern in früheren Versionen des Manuskriptes und Herrn V. I. Yudson für verschiedene Diskussionen gedankt. Peter Reineker dankt dem Max-Planck-Institut für Physik komplexer Systeme für die Arbeitsmöglichkeiten als Gastwissenschaftler. Während dieses Gastaufenthaltes wurden auch die letzten Korrekturen dieses Bandes bearbeitet. Wie bei den früheren Bänden danken wir den Mitarbeitern des Verlags WILEY-VCH für die gute Kooperation.

Peter Reineker, Michael Schulz, Beatrix M. Schulz

Ulm und Hannover, Juli 2009

1
Einleitung

1.1
Deterministische und statistische Physik

In den bisherigen Bänden dieser Lehrbuchreihe zur Theoretischen Physik wurden die Grundgleichungen der Mechanik, der Elektrodynamik und der Quantentheorie vorgestellt und analysiert. Die Newton'schen Bewegungsgleichungen oder als Äquivalent die Lagrange'schen oder die Hamilton'schen Bewegungsgleichungen, die Maxwell-Gleichungen oder die quantenmechanischen Evolutionsgleichungen sind deterministische Gleichungen (siehe Tab. 1.1). Solche Gleichungen zeichnen sich dadurch aus, dass sie einen definierten Anfangszustand eindeutig auf einen späteren Zustand abbilden[1].

Tab. 1.1 Determinismus in der klassischen und Quantenmechanik

	klassische Mechanik	Quantenmechanik
Zahl der Variablen	$2f$	f
Anfangszustand	$\{q_i(0), p_i(0) : i = 1, \ldots, f\}$	$\psi(q_1, \ldots, q_f, t = 0)$
Bewegungsgleichungen	$\frac{dq_i}{dt} = \frac{\partial H}{\partial p_i}$ und $\frac{dp_i}{dt} = -\frac{\partial H}{\partial q_i}$	$i\hbar \frac{\partial \psi}{\partial t} = \hat{H}\psi$
Endzustand	$\{q_i(t), p_i(t) : i = 1, \ldots, f\}$	$\psi(q_1, \ldots, q_f, t)$

Unter Determinismus wollen wir deshalb eine eindeutige Abbildung eines Anfangszustandes auf einen späteren Endzustand über die Bewegungsglei-

---

1) Dabei ist zu beachten, dass vor allem für Probleme der Elektrodynamik oder der Quantenmechanik – wo diese Grundgleichungen im Wesentlichen partielle Differentialgleichungen sind – die Randbedingungen als Bestandteil der vollständig definierten Feldgleichungen bzw. quantenmechanischer Evolutionsgleichungen betrachtet werden.

Theoretische Physik V: Statistische Physik und Thermodynamik. Peter Reineker, Michael Schulz, Beatrix M. Schulz
Copyright © 2009 WILEY-VCH Verlag GmbH & Co. KGaA, Weinheim
ISBN: 3-527-40644-9

chungen entsprechend dem Schema

$$\text{Anfangszustand} \to \text{Bewegungsgleichungen} \to \text{Endzustand} \qquad (1.1)$$

verstehen. Da alle mikroskopischen Bewegungsgleichungen invariant gegenüber der Zeitumkehr $t \to -t$ sind, erzeugen dieselben Bewegungsgleichungen aber auch aus jedem Endzustand wieder den zugehörigen Anfangszustand[2]. Diese Eigenschaft nennt man *Reversibilität*[3]:

$$\text{Endzustand} \to \text{Bewegungsgleichungen} \to \text{Anfangszustand}. \qquad (1.2)$$

Typische Probleme der klassischen Mechanik bzw. der Quantenmechanik befassen sich gewöhnlich nur mit Systemen aus wenigen Massenpunkten. Zum Beispiel sind der harmonische Oszillator, das Wasserstoffatom oder das Kepler-Problem bekannte und exakt behandelbare Einteilchenprobleme. Ebenso gehören Doppelsternsysteme, das Wasserstoffmolekül oder das Heliumatom zu den Lehrbuchbeispielen für Zweikörperprobleme.

Wächst die Zahl der Freiheitsgrade an, dann wird die mathematische Behandlung immer komplizierter und die Lösungsmannigfaltigkeit nimmt enorm zu. Schon das Dreikörperproblem mit Gravitationswechselwirkung kennt keine explizit formulierbare allgemeine Lösung. Für eine hinreichend große Anzahl von Freiheitsgraden gibt es nur noch ganz wenige Systeme, die eine analytische Lösung erlauben[4].

Bei Gasen, Flüssigkeiten und Festkörpern hat man es mit Systemen zu tun, die größenordnungsmäßig 10^{23} Freiheitsgrade haben. Trotzdem können über Eigenschaften von solchen Vielteilchensystemen Aussagen getroffen werden, die scheinbar über die Möglichkeiten der Mechanik bzw. Quantenmechanik hinausgehen[5]. Solche Aussagen, die z. B. den Druck eines Gases oder die kinetische Energie aller Partikel betreffen, sind Gegenstand der statistischen Physik. Diese Teildisziplin der Physik stellt außerdem eine Verbindung zwischen der Mechanik bzw. der Quantenmechanik einerseits und der Thermodynamik andererseits her, da z. B. der mechanisch bzw. quantenmechanisch definierte Druck auch als thermische Zustandsgröße fungiert oder die mittlere kinetische Energie der Partikel mit der Temperatur des Systems zusammenhängt.

---

2) Man beachte, dass eine Zeitumkehr üblicherweise mit einer Umkehr der Impulse bzw. einer komplexen Konjugation der Wellenfunktion verbunden ist.

3) manchmal auch mechanische bzw. quantenmechanische Reversibilität, um eine Unterscheidung zu den später diskutierten thermodynamisch reversiblen Prozessen zu haben

4) z. B. die harmonische Kette mit Wellenlösungen, siehe Band IV, Kap. 4, oder die Toda-Kette mit Solitonenlösungen

5) Erhaltungsgrößen wie Gesamtenergie, -impuls oder -drehimpuls sind natürlich bereits im Rahmen der klassischen Mechanik bzw. der Quantenmechanik zugänglich.

Historisch gesehen hat sich die Thermodynamik als ein von der Mechanik unabhängiges Gebiet entwickelt[6]. Sie ist eine phänomenologische Theorie, die auf Erfahrungstatsachen aufbaut, welche durch Experimente vielfach bestätigt wurden. Die Erfahrungstatsachen wurden in zwei sog. Hauptsätzen formuliert, die besagen, dass

1. Wärme eine Energieform ist, welche zusammen mit den anderen im System auftretenden Energien einem Erhaltungssatz genügt;
2. Wärme insofern eine Sonderrolle innerhalb der verschiedenen Energieformen spielt, als sie nicht beliebig in andere Energieformen umgewandelt werden kann, während umgekehrt andere Energieformen vollständig in Wärme umgewandelt werden können.

Ausgehend von diesen Hauptsätzen lassen sich dann Beziehungen zwischen den Zustandsvariablen, z. B. Druck p, Volumen V und Temperatur T, eines Systems herleiten. Es fällt sofort auf, dass solche Variablen das jeweilige System als Ganzes charakterisieren. Man spricht deshalb auch davon, dass thermodynamische Zustandsvariable den Makrozustand eines Systems beschreiben. Ein Zusammenhang mit der atomaren Mikrostruktur der Materie lässt sich allerdings im Rahmen der Thermodynamik nicht herstellen. Deshalb können thermodynamisch auch keine Materialeigenschaften, welche der Mikrostruktur des jeweiligen Systems entspringen, hergeleitet werden. Auch eine Begründung der erwähnten Hauptsätze ist im Rahmen der Thermodynamik nicht möglich. Diese beiden Hauptsätze bilden gewissermaßen die axiomatische Basis der Thermodynamik[7].

Genaugenommen ist die Thermodynamik eine Theorie für Vielteilchensysteme mit einer unendlich großen Anzahl von Freiheitsgraden. In diesem Sinne ist auch der Begriff „thermodynamischer Limes" zu verstehen, den wir des Öfteren gebrauchen werden, um von zunächst mikroskopisch formulierten Erkenntnissen auf thermodynamische Zusammenhänge zu kommen. Die Erfahrung zeigt, dass in der Praxis bereits eine sehr kleine Menge eines Materials genügt, um dieses mit den Gesetzen der Thermodynamik ausreichend zu beschreiben. Allerdings sind heute auch Experimente an Systemen mit vielleicht einigen hundert oder tausend Freiheitsgraden möglich. Diese lassen sich einerseits nur sehr aufwändig und in vielen Fällen – trotz aller modernen Rechentechnik – nicht besonders genau mit den deterministischen quantenmechanischen oder mechanischen Gleichungen beschreiben. Andererseits zeigt

---

6) Zur Zeit der Etablierung der Quantenmechanik war bereits der Zusammenhang zwischen Mechanik und Thermodynamik weitgehend verstanden, so dass der Weg von der Quantenmechanik über die Statistik zur Thermodynamik praktisch schon vorbestimmt war.

7) Zwei weitere Hauptsätze, der nullte und der dritte Hauptsatz, werden zur axiomatischen Begründung der Thermodynamik nicht benötigt.

sich, dass auf dieser mesoskopischen Ebene auch die Gesetze der Thermodynamik nicht mehr voll gelten und modifiziert werden müssen.

Die Verbindung zwischen der mikroskopischen – mechanischen oder quantenmechanischen – Beschreibung eines Vielteilchensystems und der zugehörigen thermodynamischen Beschreibung wird durch die statistische Physik hergestellt. Da der mikroskopische Zustand eines hinreichend großen Vielteilchensystems nicht genau bestimmt werden kann, setzt die statistische Physik von vornherein auf eine wahrscheinlichkeitstheoretische Beschreibung. Es wird davon ausgegangen, dass jeder denkbare, mikroskopisch detailliert zu beschreibende Zustand vom System mit einer gewissen Wahrscheinlichkeit angenommen werden kann. Das heißt aber auch umgekehrt, dass man jedem Experiment einen über seine Zeitdauer mittelnden Charakter zuordnet: Gemessen wird also nicht eine physikalische Größe zu einem aktuellen Zustand eines Systems, sondern der Mittelwert über alle erlaubten Realisierungen der Zustände. Dieses Vorgehen bedingt eine Reihe von Interpretationen, die im Rahmen der Mechanik bzw. der Quantenmechanik so keine Rolle spielten.

Um überhaupt zu erklären, wie die Statistik ins Spiel kommt, benutzt man den Begriff des *Ensembles*. Darunter versteht man eine unendliche Menge physikalisch äquivalenter Systeme, die sich nur durch ihre Zustände unterscheiden. Prinzipiell sorgt die Dynamik jedes einzelnen Systems dafür, dass dieses sämtliche erreichbaren Zustände im Laufe der Zeit auch durchläuft. Zu jedem Zeitpunkt befinden sich die Systeme des Ensembles dann in einem der erlaubten Zustände. Damit kann man eine Häufigkeitsverteilung der Zustände bestimmen, die im thermodynamischen Gleichgewicht sogar zeitlich unveränderlich ist. Mit Hilfe dieser Verteilung ist es nun möglich, den Wert einer physikalischen Größe nicht als individuelle Charakteristik eines Systems, sondern über den Mittelwert als Kenngröße des ganzen Ensembles zu verstehen. Diese Ensemblemittelwerte stehen in direkter Beziehung zu den thermodynamischen Größen.

Natürlich ist das Ensemble nur ein geeignetes Modell zur Interpretation der statistischen Methode. In der Realität wird man thermodynamische Messungen an einem einzelnen System vornehmen und nicht an einem Ensemble gleichartiger Systeme, da bei jeder thermodynamischen Messung an den einzelnen Systemen des Ensembles stets das gleiche Ergebnis zu erwarten ist. Zur Rechtfertigung der in der Theorie und im Experiment konzeptionell unterschiedlichen Vorgehensweisen verwendet man das Argument der bei vorhandener Ergodizität[8] gültigen Gleichheit von Zeit- und Ensemblemittelwert. Dabei lässt man sich von der Vorstellung leiten, dass das Ergebnis einer Messung als Mittelwert über die Messzeit zu verstehen ist. In diesem Sinne wäre dann der Messwert mit dem Ensemblemittelwert gleichzusetzen.

---

[8] siehe hierzu die Abschnitte 2.4.3 und 2.4.4

Allerdings hat auch diese Interpretation einen Haken. Der empirisch bestimmte Zeitmittelwert stimmt formal nur dann mit dem Ensemblemittelwert überein, wenn man eine unendlich lange Messzeit voraussetzt. Das ist aber gewöhnlich nicht der Fall. Tatsächlich spielt ein mathematisches Theorem, nämlich das Gesetz der großen Zahlen, zum Verständnis eine entscheidende Rolle. Wir werden uns noch in diesem Kapitel kurz mit dieser Thematik befassen. Bereits jetzt kann aber gesagt werden, dass alle thermodynamischen Größen die theoretische Eigenschaft haben, um ihren Zeitmittelwert zu schwanken. Nur ist die Schwankungsbreite im Verhältnis zum Mittelwert so klein, dass diese praktisch nicht gemessen werden kann und folglich im thermodynamischen Limes irrelevant wird. Damit wird aber der Zeitmittelwert und damit auch der Ensemblemittelwert repräsentativ für jedes einzelne Vielteilchensystem.

1.2
Aufbau des Bandes Statistische Physik und Thermodynamik

Dieses Lehrbuch befasst sich fast ausschließlich mit Fragen der statistischen Physik und der Thermodynamik des Gleichgewichts. Dabei wird der Zugang möglichst parallel und weitgehend gleichberechtigt sowohl von der Seite der klassischen Mechanik als auch von der Seite der Quantenmechanik gesucht.

Nachdem noch in diesem Kapitel einige Grundlagen der mathematischen Statistik mehr wiederholend, aber schon mit Bezug auf die in diesem Band behandelten Themen, dargestellt werden, widmet sich das nächste Kapitel der mechanischen und quantenmechanischen Begründung einer statistischen Beschreibung makroskopischer Systeme. Dabei geht es im klassischen Teil darum, das durch unzureichende Informationen über den mikroskopischen Zustand entstehende Defizit in einer statistischen Alternative zu den Newton'schen Bewegungsgleichungen, nämlich der Liouville-Gleichung, zu berücksichtigen. Im Weiteren geht es dann vor allem darum zu klären, warum und wie ein sich selbst überlassenes isoliertes System aus einem beliebigen Anfangszustand in einen Gleichgewichtszustand gelangt oder genauer in einen Zustand strebt, der makroskopisch nicht mehr von einem Gleichgewichtszustand unterschieden werden kann. Auf der quantenmechanischen Ebene wird in diesem Kapitel die von Neumann-Gleichung abgeleitet, als deren klassisches Analogon die schon erwähnte Liouville-Gleichung fungiert.

In Kapitel 3 wird das mikrokanonische Ensemble im Rahmen der statistischen Physik analysiert. Ein solches Ensemble enthält abgeschlossene Systeme. Wir werden im Rahmen dieses Kapitels den Begriff Entropie klären und erste grundlegende Relationen zur Thermodynamik herstellen.

Obwohl das mikrokanonische Ensemble eine vollständige statistische Beschreibung erlaubt und auch den Anschluss an die Thermodynamik vollständig herstellt, ist es für praktische Rechnungen nicht immer geeignet. Weitaus besser handhabbar sind kanonische Ensemble, mit denen wir uns in Kapitel 4 befassen. Hier werden wir neben grundsätzlichen Relationen vor allem die Theorie des idealen Gases diskutieren.

Ebenfalls relativ gut behandelbar sind großkanonische Ensemble. Wir werden die Anwendbarkeit dieses Konzepts in Kapitel 5 vor allem bei der Beschreibung quantenmechanischer Vielteilchensysteme aus Elektronen, Phononen oder Photonen demonstrieren.

Gegenstand des Kapitels 6 ist die Untersuchung wechselwirkender Teilchen und die Darstellung der Grundzüge von Phasenübergängen auf der statistischen Ebene.

Die thermodynamische Behandlung von Vielteilchensystemen, die dieser physikalischen Beschreibung eigenen Argumentationen und deren Beziehungen zur statistischen Physik finden sich in Kapitel 7.

1.3
Grenzen der Statistik und Thermodynamik des Gleichgewichts

In diesem Band werden wir, abgesehen von einigen wenigen grundsätzlichen Überlegungen, ausschließlich Probleme der Gleichgewichtsthermodynamik und -statistik untersuchen.

Damit sind natürliche alle Fragen, die eine thermodynamische Prozessführung oder auch nur die Störung des Gleichgewichts durch äußere Einflüsse betreffen, gar nicht oder nur rudimentär beantwortbar. Immerhin kann man im Rahmen der Thermodynamik verschiedene Ungleichungen ableiten, die in gewisser Hinsicht thermodynamische Prozesse eingrenzen. Aber solche typischen Fälle wie die Berechnung von Leitfähigkeiten oder die Beschreibung von Diffusionsprozessen erfordern eine dynamische Beschreibung, die erst im Rahmen einer Nichtgleichgewichtsstatistik formuliert werden kann.

Eine Ausnahme sei allerdings erwähnt. Im Rahmen der statistischen Physik stationärer Zustände können auch sogenannte Fließgleichgewichte behandelt werden. Dabei handelt es sich um makroskopische Systeme, in denen durch eine geeignete Kopplung an die Umgebung bzw. an externe Felder permanent ein stationärer Nichtgleichgewichtszustand aufrechterhalten wird. Beispielsweise führt man einem Laser durch Pumplicht ständig Energie zu, die in Form der Laserstrahlung wieder abgegeben wird. Durch den Laser fließt also im stationären Zustand Energie. Andere Beispiele für Fließgleichgewichte findet man in der Chemie und der Biologie. Diesen Fließgleichgewichten ist gemeinsam, dass sich die meisten der vielen Freiheitsgrade des makroskopischen Systems im thermischen Gleichgewicht befinden und nur einige wenige Freiheitsgrade hoch angeregt sind. In diesem Band können wir aber auf diese äußerst interessanten Probleme, die auch Gegenstand aktueller Forschung sind, nicht eingehen.

Ebenfalls nicht berücksichtigt werden Fragen der relativistischen Thermodynamik, etwa die Transformationsgesetze für Temperaturen beim Übergang zwischen zwei Inertialsystemen oder die relativistische Formulierung der thermodynamischen Zustandsgleichungen. An einigen Stellen dieses Bandes benutzen wir zwar Erkenntnisse der relativistischen Physik, verbinden diese aber nicht zu einem thermodynamisch-relativistischen Gesamtkonzept.

Schließlich werden wir in diesem Band nur an wenigen Stellen auf mesoskopische Systeme eingehen. Dieses in der Forschung momentan so wichtige Gebiet, in dem sich deterministische und statistische Konzepte überlappen und eine Vielzahl numerischer Methoden Verwendung findet, ist derartig facettenreich, dass auch nur eine einigermaßen systematische Behandlung den Rahmen dieses Buches sprengen würde.

1.4
Grundbegriffe der Statistik

1.4.1
Wahrscheinlichkeit und Wahrscheinlichkeitsverteilung

Der Wahrscheinlichkeitsbegriff ist uns bereits aus der Quantenmechanik bekannt. Am einfachsten lässt er sich im Rahmen des Häufigkeitsbegriffs erläutern. Angenommen, ein Experiment hat N verschiedene Realisierungen, d. h. es können N verschiedene Messwerte A_l mit $l = 1, ..., N$ realisiert werden. Der Ausgang des Experiments sei rein zufällig, also durch keine irgendwie gearteten vorhergegangenen Messungen erkennbar. Wir wollen dann dieses Experiment M-mal hintereinander ausführen. Jedes Experiment liefert ein bestimmtes Messergebnis A_l, das innerhalb der Statistik auch als Ereignis bzw. Zufallsereignis bezeichnet wird. Innerhalb der M Experimente wird man dann z. B. den Wert A_1 m_1-mal messen, den Wert A_2 insgesamt m_2-mal usw. Natürlich gilt $m_1 + m_2 + ... + m_N = M$. Bildet man jetzt das Verhältnis

$$h_l = \frac{m_l}{M} \tag{1.3}$$

wobei die Normierung

$$\sum_{l=1}^{N} h_l = 1 \tag{1.4}$$

gilt, dann sind die so definierten *Häufigkeiten* h_l empirische Schätzungen der Wahrscheinlichkeit, den Messwert A_l in einem Experiment zu erhalten. Bezeichnet man mit p_l die Wahrscheinlichkeit, dass sich in einem Experiment der l-te Messwert realisiert, dann hängt diese mit der entsprechenden Häufigkeit durch den Grenzübergang $M \to \infty$ zusammen

$$p_l = \lim_{M \to \infty} h_l \qquad (1.5)$$

Man bezeichnet diese Häufigkeitsinterpretation der Wahrscheinlichkeit auch als *Gauß'sche Wahrscheinlichkeitsdefinition*. Neben dieser Wahrscheinlichkeitsinterpretation werden von der Internationalen Organisation für Standardisierung (ISO) noch zwei weitere Varianten aufgeführt[9].

Einerseits handelt es sich dabei um die *kombinatorische Interpretation*, bei der das Verhältnis der Anzahl aller eine bestimmte Situation betreffenden Fälle im Verhältnis zur Gesamtzahl der Fälle berechnet wird. Dazu gehört etwa die Frage, wie groß die Wahrscheinlichkeit ist, mit k Würfeln die Gesamtaugenzahl m mit $k \leq m \leq 6k$ zu erreichen[10]. Für die Augenzahl $k+1$ gibt es z. B. k Möglichkeiten – nämlich der erste Würfel erzielt eine 2, alle anderen Würfel eine 1, oder der zweite Würfel erzielt eine 2 und alle anderen die 1 usw. Insgesamt gibt es 6^k Fälle, so dass die Wahrscheinlichkeit für die Augenzahl $k+1$ bei k Würfeln gerade $6^{-k}k$ ist.

Die andere Version ist die *Interpretation nach Bayes*. Bei diesem Konzept wird die Wahrscheinlichkeit als ein Maß für die Sicherheit des Eintretens eines Ereignisses verstanden. Dieses Maß kann – und darin unterscheidet sich die Bayes'sche Interpretation von der Gauß'schen Variante – bereits vor der eigentlichen Messung feststehen. Es kann sich dabei sogar um eine rein subjektive Annahme oder Vermutung handeln, die a priori unter Heranziehung aller bekannten Informationen getroffen wird, im Gegensatz zu der a posteriori – also erst nach dem Experiment – in Form der Häufigkeitsverteilungen feststehenden Gauß'schen Wahrscheinlichkeit.

In ihrer mathematischen Behandlung unterscheiden sich alle drei Interpretationen nicht. Im Rahmen der statistischen Physik verwendet man meistens die Gauß'sche Interpretation, so z. B. bei der Ensembletheorie. In manchen Fällen ist aber auch die Bayes'sche Interpretation sinnvoll, zumal diese praktisch mit einem System auskommt, dessen mikroskopischen Zustand man nicht genau kennt, über dessen Realisierung man aber im Rahmen der physikalischen Gesetze sinnvolle Vermutungen anstellen kann. Wir werden auf diese Problematik in den Abschnitten 2.2 und 2.3.3 noch genauer zurückkommen.

Wahrscheinlichkeiten sind stets so definiert, dass sie für jedes Ereignis l einen Wert p_l mit $0 \leq p_l \leq 1$ besitzen. Zudem sind sie als Konsequenz von

---

9) Guide to the Expression of Uncertainty in Measurement, (ISO, Genf, 1993).
10) Die Lösung dieser Aufgabe bleibe dem Leser überlassen.

(1.4) auf 1 normiert

$$\sum_{l=1}^{N} p_l = 1 \tag{1.6}$$

In der statistischen Physik hat man es meistens mit sich gegenseitig ausschließenden Einzelereignissen zu tun. So liefert im obigen Beispiel das Experiment eindeutige Messergebnisse, d. h. bei einer einzelnen Messung wird genau einer der Messwerte A_l registriert, niemals jedoch gleichzeitig z. B. A_1 und A_2. Nur in diesem Fall ist die Normierung in der Form (1.6) korrekt[11] und die Zusammenfassung sich ausschließender Ereignisse zu Ereignisgruppen ist in den Wahrscheinlichkeiten strikt additiv. So ist z. B. die Wahrscheinlichkeit, beim obigen Experiment entweder A_1 oder A_2 zu messen, gerade $p_1 + p_2$. In diesem Sinne kann die Normierung (1.6) auch so verstanden werden, dass die Wahrscheinlichkeit, überhaupt eines der zulässigen Ereignisse zu finden, gerade 1 ist.

Neben den Wahrscheinlichkeiten, die hauptsächlich bei diskreten, und damit meistens der Quantenmechanik nahestehenden, Ereignissen Verwendung finden, benutzt man in der statistischen Physik sehr häufig Wahrscheinlichkeitsdichten. Diese treten dann auf, wenn alle Punkte eines kontinuierlichen Gebietes mit zulässigen Ereignissen A verbunden werden können. Es ist dann sinnvoll, die Einzelereignisse nicht auf Punkte, sondern auf infinitesimal kleine Intervalle zu beziehen, in die man das Gebiet aller möglichen Realisierungen aufteilt. Dabei wird vorausgesetzt, dass die infinitesimalen Elemente einerseits das gesamte zulässige Gebiet überdecken, sich aber gegenseitig nicht überlappen. Damit gibt es wieder nur sich gegenseitig ausschließende Ereignisse, denn jede Realisierung fällt stets genau in ein infinitesimal kleines Intervall, niemals in zwei oder gar mehrere und niemals in kein Intervall.

Dann kann man fragen, wie groß die Wahrscheinlichkeit ist, dass ein Wert aus einem infinitesimalen Intervall dA um den Wert A realisiert wird. Diese Wahrscheinlichkeit wird selbst ebenfalls nur infinitesimal klein sein. Es kann deshalb folgender Zusammenhang erwartet werden

$$dP(A) = \rho(A)dA \tag{1.7}$$

Die hier auftretende Größe $\rho(A)$ bezeichnet man als *Wahrscheinlichkeitsdichte* oder auch *Wahrscheinlichkeitsverteilung* der kontinuierlichen *Zufallsvariablen* A. Da sich jede Realisierung irgendwo im zulässigen Gebiet befinden muss, ergibt sich damit auch die Normierungsbedingung für Wahrscheinlichkeitsdichten

$$\int \rho(A)dA = 1 \tag{1.8}$$

---

[11] Schließen sich Ereignisse nicht gegenseitig aus, ist es sinnvoller auf die mengentheoretische Beschreibung der Wahrscheinlichkeitstheorie auszuweichen, siehe z. B. [27].

Wahrscheinlichkeitsdichten sind stets nichtnegative, auf 1 normierte Funktionen ihrer Variablen. Bei einer Transformation $A \to A'$ der Variablen ändert sich auch die Wahrscheinlichkeitsdichte, $\rho \to \rho'$. Dagegen sind die mit ihr verbundenen infinitesimalen Wahrscheinlichkeiten invariant[12]. Damit erhalten wir sofort für Wahrscheinlichkeitsdichten das Transformationsgesetz

$$\rho(A)dA = \rho'(A')dA' \tag{1.9}$$

Mit Hilfe der δ-Funktion kann man jederzeit auch die Wahrscheinlichkeiten für diskrete Ereignisse durch eine Wahrscheinlichkeitsdichte ausdrücken. So findet man z. B. für die zu Beginn des Abschnitts im Zusammenhang mit (1.5) beschriebene Situation die Dichte

$$\rho(A) = \sum_{l=1}^{N} p_l \delta(A_l - A) \tag{1.10}$$

und die Wahrscheinlichkeit, bei einem Experiment Messwerte aus einem bestimmten Intervall $A \in [A_{\min}, A_{\max}]$ zu finden, ergibt sich einfach durch Integration über dieses Intervall.

1.5
Multivariable und zusammengesetzte Ereignisse, bedingte Wahrscheinlichkeiten

Ein Ereignis A kann auch durch mehrere Variablen $a_1, a_2, ..., a_n$ gekennzeichnet werden. So kann man z. B. die Position x eines einzelnen Teilchens in einer Flüssigkeit beobachten. Da dieses ständig Stöße mit benachbarten Molekülen ausführt, bewegt es sich in einer zufälligen Zitterbewegung durch den Raum. Naiv könnte man deshalb fragen, mit welcher Wahrscheinlichkeit sich das Teilchen an einem bestimmten Ort aufhält, oder genauer mit welcher Wahrscheinlichkeit sich das Teilchen in einem infinitesimalen Volumen dV um den Punkt x aufhält. Wie im vorangegangenen Abschnitt lässt sich auch in diesem Fall über

$$dp(x) = \rho(x)dV \tag{1.11}$$

eine Wahrscheinlichkeitsdichte einführen, deren Argument jetzt aber ein dreidimensionaler Vektor ist. Da sich das beobachtete Teilchen irgendwo im Gesamtvolumen aufhalten muss, ergibt sich auch sofort als Normierungsbedingung

$$\int \rho(x)dV = \int \rho(x)d^3x = 1 \tag{1.12}$$

---

[12] Der Anteil aller Realisierungen, die aus physikalischen Gründen ein bestimmtes Gebiet treffen, darf sich nicht ändern, wenn man das Gebiet unverändert lässt und nur die mathematische Darstellung wechselt.

Verallgemeinert man diese Aussage, dann kommt man zu der Schlussfolgerung, dass jede nichtnegative Funktion $\rho(a_1, a_2, ..., a_n)$ eine *multivariable Wahrscheinlichkeitsdichte* bildet, wenn sie entsprechend

$$\int \rho(a_1, a_2, ..., a_n) da_1 \, da_2 \, ... \, da_n = 1 \tag{1.13}$$

normiert ist.

Wir wollen noch zwei weitere, in diesem Band relativ häufig auftretende Wahrscheinlichkeitsdichten kurz charakterisieren. In der klassischen Physik ist der mechanische Zustand eines Massenpunktes nicht nur durch die Ortskoordinaten, sondern auch durch den Impuls definiert, so dass man dementsprechend auch eine Wahrscheinlichkeitsdichte $\rho(x, p)$ finden kann. Hier besteht jetzt ein Einzelereignis darin, das Teilchen in einem 6-dimensionalen Volumenelement $d\mu = d^3x\,d^3p$ um den Ort x und den Impuls p zu finden. Dieser 6-dimensionale Raum wird innerhalb der statistischen Physik oft auch als *μ-Raum* bezeichnet (vgl. Abb. 1.1). Jeder Punkt dieses Raumes entspricht einem Ereignis der gerade beschriebenen Art, d. h. einem durch sechs Variable repräsentierten multivariablen Ereignis.

Man kann auch die Wahrscheinlichkeitsdichte dafür angeben, ein mechanisches System aus N Teilchen in einem Punkt $(x_1, ..., x_N, p_1, ..., p_N)$ des $6N$-dimensionalen, aus allen Teilchenkoordinaten und -impulsen aufgespannten Phasenraumes zu finden. Wir bezeichnen, der bereits in Band I dieser Lehrbuchreihe eingeführten Konvention folgend, die Position eines $6N$-dimensionalen Systems im *Phasenraum* (Γ-*Raum*) mit $\vec{\Gamma}$. Dann ist

$$dP(\vec{\Gamma}) = \rho(\vec{\Gamma}) d\Gamma \tag{1.14}$$

die infinitesimale Wahrscheinlichkeit, das System in einem $6N$-dimensionalen Volumenelement $d\Gamma$ um den Punkt $\vec{\Gamma}$ zu finden.

Im Γ-Raum repräsentiert ein Punkt (dargestellt durch $6N$ Variable) ein System von N Massenpunkten. Dasselbe System kann auch im μ-Raum dargestellt werden, allerdings erhalten wir im μ-Raum N Punkte, einen für jeden Massenpunkt des Systems. Wenn wir im Γ-Raum eine Menge von Punkten vorfinden, so repräsentiert jeder dieser Punkte ein ganzes System, die Menge von Punkten also eine Menge von Systemen aus einem Ensemble oder sogar das ganze Ensemble. Für das weitere Verständnis ist die Unterscheidung zwischen μ- und Γ-Raum wichtig. Die Verhältnisse sind in Abb. 1.1 und Abb. 1.2 nochmals skizziert.

Wie im 6-dimensionalen μ-Raum entspricht auch im $6N$-dimensionalen Phasenraum jeder Punkt einem Ereignis, allerdings wird jedes Ereignis jetzt durch $6N$ Variablen beschrieben und kennzeichnet den mechanischen Zustand des jeweiligen Systems. Will man dasselbe Ereignis im μ-Raum beschreiben, so sind nach obiger Diskussionn dazu N Punkte notwendig. Dieses Bei-

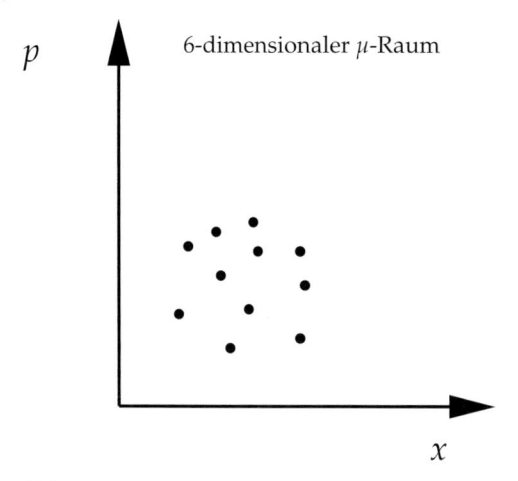

Abb. 1.1 Formale Darstellung eines Systems aus mehreren Massenpunkten im 6-dimensionalen μ-Raum. Jeder Punkt repräsentiert einen Massenpunkt mit jeweils drei Ortskoordinaten und drei Impulskoordinaten

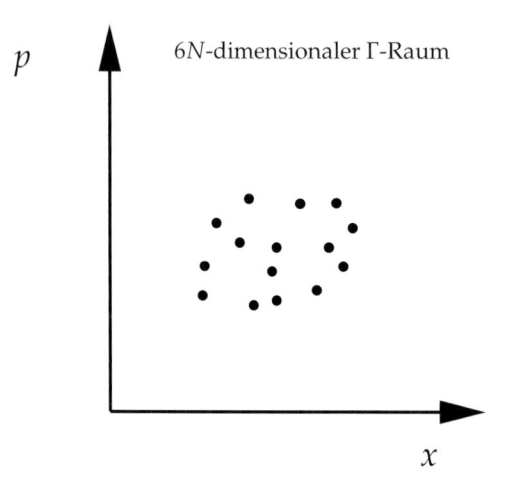

Abb. 1.2 Formale Darstellung eines Ensembles von Punktesystemen im $6N$-dimensionalen Γ-Raum. Jeder Punkt repräsentiert jetzt ein System aus N Massenpunkte mit jeweils drei Ortskoordinaten und drei Impulskoordinaten

spiel legt nahe, dass man ein multivariables Ereignis grundsätzlich auch als Kombination von elementaren Ereignissen verstehen kann. So könnte man das Ereignis, ein System im Punkt $\vec{\Gamma}$ des Phasenraums zu finden, auch als ein aus den Elementarereignissen Teilchen 1 in (x_1, p_1) des μ-Raums *und* Teilchen 2 in (x_2, p_2) des μ-Raums *und* ...*und* Teilchen N in (x_N, p_N) des μ-Raums zusammengesetzt denken. Aber auch diese Ereignisse ließen sich noch weiter „atomisieren", etwa durch Zerlegung in die einzelnen Koordinaten. Es ist stets eine Frage der Interpretation, ob man eine Wahrscheinlichkeitsdichte der Form $\rho(a_1, a_2, \ldots, a_n)$ auf multivariable Einzelereignisse (der Dimension n) oder auf die simultane Realisierung von n atomaren, durch die Variablen a_l gekennzeichneten, Ereignissen beziehen will.

Interessiert man sich nicht für die spezielle Realisierung bestimmter atomarer Ereignisse, dann kann man diese aus der Wahrscheinlichkeitsdichte kombinierter Ereignisse durch Summation bzw. Integration über die entsprechenden Variablen eliminieren. So findet man die reduzierten Wahrscheinlichkeiten durch

$$\rho(a_1, a_2, \ldots, a_{n-1}) = \int \rho(a_1, a_2, \ldots, a_{n-1}, a_n) da_n \qquad (1.15a)$$

$$\vdots \qquad \vdots \qquad \vdots$$

$$\rho(a_1) = \int \rho(a_1, a_2, \ldots, a_{n-1}, a_n) da_2 \ldots da_{n-1} da_n \qquad (1.15b)$$

Letztendlich bedeutet z. B. die erste Gleichung, dass wir in $\rho(a_1, a_2, \ldots, a_{n-1})$ alle kombinierten Ereignisse $(a_1, a_2, \ldots, a_{n-1}, a_n)$ berücksichtigen, deren atomare Ereignisse $(a_1, a_2, \ldots, a_{n-1})$ fest vorgegeben sind und bei denen das atomare Ereignis a_n einen beliebigen zulässigen Wert annimmt.

Auf diese Weise kann man aus der Dichte $\rho(\boldsymbol{x}, \boldsymbol{p})$ eines Teilchens im μ-Raum auf die Wahrscheinlichkeitsdichte im Orts- bzw. im Impulsraum durch Integration über die Impuls- bzw. Ortskoordinaten gelangen

$$\rho(\boldsymbol{x}) = \int \rho(\boldsymbol{x}, \boldsymbol{p}) d^3 p \qquad \text{bzw.} \qquad \rho(\boldsymbol{p}) = \int \rho(\boldsymbol{x}, \boldsymbol{p}) d^3 x \qquad (1.16)$$

Ebenso ist es möglich, aus der Wahrscheinlichkeitsverteilung $\rho(\vec{\Gamma})$ die Wahrscheinlichkeitsdichte $\rho(\boldsymbol{x}, \boldsymbol{p})$ durch Integration über die Variablen aller übrigen Teilchen zu gewinnen.

Neben den Wahrscheinlichkeitsdichten einfacher und kombinierter Ereignisse spielen *bedingte Wahrscheinlichkeiten* bzw. Wahrscheinlichkeitsdichten eine wichtige Rolle. Darunter versteht man, dass das Auftreten eines Ereignisses an eine Bedingung geknüpft ist. Diese Bedingung wird formal durch einen Strich von dem eigentlich beschriebenen Ereignis getrennt. So bedeutet $\rho(a_1|a_2)$ die Wahrscheinlichkeitsdichte für das Auftreten des Ereignisses a_1 unter der Bedingung, dass das Ereignis a_2 sicher vorliegt. Kombinierte und bedingte Wahrscheinlichkeiten sind direkt miteinander verbunden. Es gilt

$$\rho(a_1, a_2) = \rho(a_1|a_2)\rho(a_2) \qquad (1.17)$$

Dieses Theorem ist anschaulich leicht zu verstehen. Es gilt sowohl für Wahrscheinlichkeitsdichten als auch bei diskreten Realisierungen für Wahrscheinlichkeiten, wobei man in diesem Fall $p(a_1, a_2) = p(a_1|a_2)p(a_2)$

schreiben würde. Man kann sich diese Relation selbst leicht auf der Basis kombinatorischer Überlegungen, etwa unter Verwendung der Häufigkeitsdefinition, erklären.

Beispiel
Wir wollen diesen Zusammenhang anhand eines einfachen Beispiels erläutern. Dazu nehmen wir ein aus zwei Elementarereignissen a_1 und a_2 bestehendes kombiniertes Ereignis an. Jedes atomare Ereignis hat nur die Realisierungen $+$ und $-$. Nach $M = 100$ Experimenten findet man die in Tab. 1.2 dargestellten Resultate. Hieraus kann man sofort die Häufigkeiten bestim-

Tab. 1.2 Beispiel: Anzahl des Auftretens der kombinierten (+,-)-Ereignisse. Aus der Tabelle folgt außerdem $m(a_1 = +) = 50$, $m(a_1 = -) = 50$, $m(a_2 = +) = 70$ und $m(a_2 = -) = 30$.

a_1	a_2	$m(a_1, a_2)$
+	+	40
+	-	10
-	+	30
-	-	20

men. Es ist $h(a_1 = +) = 1/2$, $h(a_1 = -) = 1/2$, $h(a_2 = +) = 7/10$ und $h(a_2 = -) = 3/10$. Außerdem findet man für die kombinierten Ereignisse $h(a_1 = +, a_2 = +) = 2/5$, $h(a_1 = +, a_2 = -) = 1/10$, $h(a_1 = -, a_2 = +) = 3/10$ und $h(a_1 = -, a_2 = -) = 1/5$. Um schließlich die bedingten Häufigkeiten zu berechnen, darf man nur die Fälle beachten, die jeweils die gegebene Bedingung erfüllen. So ist $h(a_1 = +|a_2 = +) = 4/7$ und $h(a_1 = -|a_2 = +) = 3/7$, aber $h(a_1 = +|a_2 = -) = 1/3$ und $h(a_1 = -|a_2 = -) = 2/3$. Damit kann man nun auch sofort (1.17) bestätigen. So ist

$$h(a_1 = +, a_2 = +) = h(a_1 = +|a_2 = +)h(a_2 = +) = \frac{4}{7} \times \frac{7}{10} = \frac{2}{5} \tag{1.18a}$$

$$h(a_1 = +, a_2 = -) = h(a_1 = +|a_2 = -)h(a_2 = -) = \frac{1}{3} \times \frac{3}{10} = \frac{1}{10} \tag{1.18b}$$

$$h(a_1 = -, a_2 = +) = h(a_1 = -|a_2 = +)h(a_2 = +) = \frac{3}{7} \times \frac{7}{10} = \frac{3}{10} \tag{1.18c}$$

$$h(a_1 = -, a_2 = -) = h(a_1 = -|a_2 = -)h(a_2 = -) = \frac{2}{3} \times \frac{3}{10} = \frac{1}{5} \tag{1.18d}$$

Da formal als Argumente der kombinierten Wahrscheinlichkeit elementare Ereignisse auftreten, die nur in ihrer Kombination[13] zu verstehen sind, spielt deren Reihenfolge keine Rolle. Deshalb können wir auch schreiben

$$\rho(a_1, a_2) = \rho(a_2, a_1) = \rho(a_2|a_1)\rho(a_1) \tag{1.19}$$

und gelangen deshalb mit (1.17) zu der wichtigen Relation

$$\rho(a_1|a_2)\rho(a_2) = \rho(a_2|a_1)\rho(a_1) \tag{1.20}$$

Natürlich können sowohl das freie Ereignis a_1 als auch die Bedingung a_2 in $\rho(a_1|a_2)$ durch kombinierte (multivariable) Ereignisse ersetzt werden, so dass z. B. Ausdrücke der Form $\rho(a_1, \ldots, a_m|a_{m+1}, \ldots, a_{m+n})$ als bedingte Wahrscheinlichkeitsdichten auftreten können. In diesem Fall erweitert sich (1.17) zu

$$\rho(a_1, \ldots, a_m, a_{m+1}, \ldots, a_{m+n}) = \rho(a_1, \ldots, a_m|a_{m+1}, \ldots, a_{m+n})\rho(a_{m+1}, \ldots, a_{m+n}) \tag{1.21}$$

Häufig werden in der statistischen Physik Systeme formal in Subsysteme (Teilsysteme) zerlegt. Da bei dieser oft willkürlichen Zerlegung die vorhandene Kopplung unverändert bleibt, bleibt auch die gegenseitige Einflussnahme der Subsysteme bestehen. Deshalb kann z. B. der durch $\vec{\Gamma}_1$ beschriebene mechanische Zustand des einen Subsystems vom Zustand des anderen Systems beeinflusst werden. Dann ist die bedingte Wahrscheinlichkeitsdichte $\rho(\vec{\Gamma}_1|\vec{\Gamma}_2)$ verschieden von der (unbedingten) Wahrscheinlichkeitsdichte $\rho(\vec{\Gamma}_1)$, die nur Aussagen über die Wahrscheinlichkeitsverteilung der mechanischen Zustände des ersten Systems macht und dabei die Zustände des zweiten Systems gar nicht berücksichtigt.

Auch für bedingte Wahrscheinlichkeitsdichten gilt die *Normierungsregel*. So ist

$$\int \rho(a_1|a_2) da_1 = 1 \tag{1.22}$$

oder allgemeiner

$$\int \rho(a_1, \ldots, a_m|a_{m+1}, \ldots a_{m+n}) da_1 \ldots da_m = 1 \tag{1.23}$$

Eine analoge Regel gilt im diskreten Fall natürlich auch für die bedingten Wahrscheinlichkeiten.

1.5.1
Zeitabhängige Wahrscheinlichkeiten und Wahrscheinlichkeitsdichten

Wahrscheinlichkeiten und Wahrscheinlichkeitsdichten können auch von der Zeit abhängig sein. Betrachtet man zum Beispiel die Wahrscheinlichkeitsverteilung für die Atome eines Gases in einem zeitlich veränderlichen Volumen,

---

13) also z. B. Realisierung von a_1 und a_2

dann ist – ohne die explizite Struktur dieser Verteilungsfunktion jetzt schon zu kennen – sofort klar, dass die funktionale Struktur dieser Verteilungsfunktion zeitabhängig sein muss. Liegt keine Zeitabhängigkeit vor, dann spricht man von *Stationarität* oder in besonderen Fällen auch vom *thermischen Gleichgewicht*. Wann genau welcher der beiden Begriffe anzuwenden ist, werden wir erst später klären.

Wir wollen aber jetzt schon bemerken, dass auch in stationären Systemen oder im thermischen Gleichgewicht Zeitabhängigkeiten auftreten können. So kann man in einer Flüssigkeit ein Teilchen beobachten und die kombinierte Wahrscheinlichkeit $\rho(x_1, t_1; x_2, t_2; \ldots; x_r, t_r)$ angeben. Diese beschreibt jetzt die Wahrscheinlichkeit, das Teilchen zur Zeit t_1 am Ort x_1, zur Zeit t_2 am Ort x_2 usw. zu finden. Auch hier ist bereits intuitiv klar, dass mit abnehmenden Zeitabständen die Wahrscheinlichkeitsdichte nur für solche Sätze $(x_1, x_2, \ldots \ldots, x_r)$ essentielle Beiträge liefert, die räumlich möglichst nahe beieinander stehen.

Ebenso können bedingte Wahrscheinlichkeiten bzw. Wahrscheinlichkeitsdichten in stationären Systemen zeitabhängig sein. So ist z. B. in dem eben benutzten Beispiel $\rho(x_1, t_1 | x_0, t_0)$ die Wahrscheinlichkeitsdichte dafür, dass das beobachtete Teilchen sich zur Zeit t_1 am Ort x_1 befindet unter der Bedingung, dass es zur Zeit t_0 im Ort x_0 war. Auch hier ist sofort verständlich, dass mit abnehmender Zeitdifferenz $t_1 - t_0$ die bedingte Wahrscheinlichkeitsdichte immer schärfer um den Punkt x_0 lokalisiert ist und für $t_1 \to t_0$ sogar gilt[14]

$$\lim_{t_1 \to t_0} \rho(x_1, t_1 | x_0, t_0) = \delta(x_1 - x_0) \tag{1.24}$$

Stationarität bedeutet bei solchen Zeitabhängigkeiten stets, dass die Wahrscheinlichkeitsdichten gegenüber beliebigen Translationen der Zeit invariant sind. So liegt z. B. Stationarität vor, wenn für ein beliebiges τ

$$\rho(x_1, t_1; x_2, t_2; \ldots; x_r, t_r) = \rho(x_1, t_1 + \tau; x_2, t_2 + \tau; \ldots; x_r, t_r + \tau) \tag{1.25}$$

gilt. Analoge Forderungen gelten für bedingte Wahrscheinlichkeiten, also z. B.

$$\rho(x_1, t_1 | x_0, t_0) = \rho(x_1, t_1 + \tau | x_0, t_0 + \tau) \tag{1.26}$$

Einzig im Fall der einfachen unbedingten Wahrscheinlichkeit $\rho(x, t)$ führt die Stationaritätsforderung sofort auf $\rho(x, t) = \rho(x)$, also auf die vollständige zeitliche Unabhängigkeit der Wahrscheinlichkeitsverteilung.

---

14) Das Teilchen kann nicht zur gleichen Zeit an zwei Orten sein.

1.5.2
Repräsentative Werte

1.5.2.1 Erwartungswerte

Der empirische Mittelwert einer Folge von Werten ist die Summe dieser Werte geteilt durch die Anzahl der Werte. An dieser Definition orientiert sich auch die exakte Definition des Erwartungswertes. Betrachtet man wieder wie zu Beginn von Abschnitt 1.4.1 ein Experiment mit N verschiedenen Ausgängen $A_1, A_2, \ldots, A_N$, die jeweils bei insgesamt M Wiederholungen des Experiments m_1-mal, m_2-mal, $\ldots$, m_N-mal gemessen wurden, dann ist der empirische Mittelwert gegeben durch

$$\bar{A} = \frac{1}{M} \sum_{l=1}^{N} m_l A_l = \sum_{l=1}^{N} \frac{m_l}{M} A_l = \sum_{l=1}^{N} h_l A_l \tag{1.27}$$

wobei wir im letzten Schritt die Häufigkeit (1.3) eingeführt haben. Führt man jetzt noch den Grenzübergang $M \to \infty$ aus, dann gelangt man mit (1.5) zu der Basisdefinition des *Erwartungswertes* diskreter Ereignisse

$$\bar{A} = \sum_{l=1}^{N} p_l A_l \tag{1.28}$$

Man kann diese Definition sofort auf kontinuierliche Variable übertragen. Betrachten wir z. B. wieder ein Teilchen eines Systems im μ-Raum, dann können die Erwartungswerte beliebiger Funktionen dieser Variablen bestimmt werden. Im Vergleich zu der Definition im diskreten Fall ist dabei nur die Summation durch eine entsprechende Integration und die Wahrscheinlichkeit durch die Wahrscheinlichkeitsdichte zu ersetzen

$$\bar{A} = \int A \rho(A) dA \tag{1.29}$$

Der Erwartungswert ist ein repräsentatives Maß für die Realisierungen der durch die Wahrscheinlichkeiten p_l oder die Wahrscheinlichkeitsdichten $\rho(A)$ charakterisierten Zufallsgröße A. In der statistischen Physik wird der in (1.28) bzw. (1.29) definierte Erwartungswert auch oft als Mittelwert bezeichnet, vor allem dann, wenn eine Verwechslung mit dem auf Messergebnissen beruhenden empirischen Mittelwert ausgeschlossen ist. Im Sprachgebrauch des vorliegenden Bandes werden wir deshalb sowohl den Begriff *Mittelwert* als auch den Begriff *Erwartungswert* für die durch (1.28) und (1.29) definierten Größen verwenden.

Natürlich kann man auch die Erwartungswerte beliebiger Funktionen der Realisierungen von A bestimmen. So ist im diskreten Fall

$$\overline{f(A)} = \sum_{l=1}^{N} p_l f(A_l) \tag{1.30}$$

und für kontinuierliche Ereignisse

$$\overline{f(A)} = \int f(A)\rho(A)dA \qquad (1.31)$$

So gilt z. B. für den Erwartungswert der über dem μ-Raum erklärten Funktion $f(x,p)$

$$\overline{f(x,p)} = \int \rho(x,p)f(x,p)d^3p\,d^3x \qquad (1.32)$$

In analoger Weise kann man auch die Erwartungswerte im ganzen Phasenraum bestimmen. Solche Mittelwerte sind sinnvoll für Größen, die das Gesamtsystem beschreiben, z. B. die innere Energie des Systems. Hier würde man dann

$$\overline{f(\vec{\Gamma})} = \int \rho(\vec{\Gamma})f(\vec{\Gamma})d\vec{\Gamma} \qquad (1.33)$$

verwenden.

1.5.2.2 Wahrscheinlichkeitsverteilung für abhängige Variable

Da die Variable A zufällige Ereignisse repräsentiert, ist auch jede nichtkonstante Funktion $f(A)$ eine Zufallsgröße, die aber aus statistischer Sicht nicht unabhängig von A ist. Es liegt deshalb nahe, eine Verteilungsfunktion $\rho(F)$ für $F = f(A)$ zu finden. Das ist vor allem dann sinnvoll, wenn A eine multivariable Größe, z. B. der Phasenraumvektor $\vec{\Gamma}$ eines Systems, F dagegen ein skalarer Wert, z. B. die innere Energie des Systems, ist.

Im diskreten Fall muss man zur Bestimmung von $p(F)$ alle Ereignisse A_l, die über $f(A_l)$ zu dem Wert F führen, zusammenzählen. Das liefert uns dann sofort

$$p(F) = \sum_{l=1}^{N} p_l \delta_{F,f(A_l)} \qquad (1.34)$$

Analog findet man für Wahrscheinlichkeitsdichten

$$\rho(F) = \int \delta(F - f(A))\rho(A)dA \qquad (1.35)$$

Wir machen darauf aufmerksam, dass bei dieser Schreibweise $\rho(A)$ und $\rho(F)$ normalerweise völlig unterschiedliche Funktionen sind. Als ein typisches Beispiel geben wir die Wahrscheinlichkeitsverteilung einer skalaren Variable F an, die sich als Funktion $f(\vec{\Gamma})$ der Position eines Systems im Phasenraum ergibt

$$\rho(F) = \int d\Gamma\,\rho(\vec{\Gamma})\delta(F - f(\vec{\Gamma})) = \overline{\delta(F - f(\vec{\Gamma}))} \qquad (1.36)$$

Unter Verwendung von (1.35) kann man sich leicht davon überzeugen, dass auch $\rho(F)$ normiert ist

$$\int \rho(F)dF = \int dF \int dA\,\delta(F - f(A))\rho(A) = \int \rho(A)dA = 1 \qquad (1.37)$$

und ferner, wie es auch sein muss, der Erwartungswert von F mit $\overline{f(A)}$ übereinstimmt

$$\bar{F} = \int F\rho(F)dF = \int dF \int dA F\delta(F - f(A))\rho(A) \quad (1.38a)$$
$$= \int f(A)\rho(A)dA = \overline{f(A)} \quad (1.38b)$$

Mit (1.35) ist es jederzeit möglich, komplizierte, multivariable Wahrscheinlichkeitsverteilungen auf einfachere Strukturen zurückzuführen, die sich leichter mit experimentellen Ergebnissen vergleichen und interpretieren lassen.

1.5.2.3 Median und wahrscheinlichster Wert

Neben dem Erwartungswert einer Zufallsgröße A gibt es noch zwei weitere, oft zur Charakterisierung eines Experiments herangezogene repräsentative Werte einer Wahrscheinlichkeitsverteilung. Der *Median* $A_{1/2}$ ist so definiert, dass 50% aller Realisierungen der Größe A kleiner als $A_{1/2}$ sind und dementsprechend auch 50% aller Realisierungen größer sind. Daher ist

$$\int_{-\infty}^{A_{1/2}} \rho(A)dA = \frac{1}{2} \quad (1.39)$$

Als untere Grenze dieser Definitionsgleichung wurde hier $-\infty$ gewählt. Ist der Definitionsbereich von A nach unten beschränkt, dann muss man (1.39) entsprechend modifizieren.

Der *wahrscheinlichste Wert* A_w entspricht dem globalen Maximum der Wahrscheinlichkeitsverteilung. Damit ist als notwendige Bedingung verknüpft, dass A_w die Extremwertgleichung

$$\frac{d\rho(A)}{dA} = 0 \quad (1.40)$$

erfüllt. Die Kenntnis von Median und wahrscheinlichstem Wert ist für die Einschätzung der Aussagekraft experimenteller Ergebnisse oft von großer Bedeutung. Ist z. B. der wahrscheinlichste Wert sehr viel kleiner als der Erwartungswert, dann kann man bei einer experimentellen Überprüfung der Resultate davon ausgehen, dass die entscheidenden Beiträge zum Erwartungswert hauptsächlich von sehr großen, dafür aber relativ selten auftretenden Ereignissen rühren. Mit großer Wahrscheinlichkeit befindet sich unter einer kleinen Menge von Messergebnissen kein einziger dieser großen Werte, da die meisten Messungen zu Resultaten in der Nähe des wahrscheinlichsten Wertes führen. Folglich fällt in der Regel der aus wenigen Messdaten bestimmte empirische Mittelwert viel kleiner als der theoretisch bestimmte Erwartungswert aus. Da der empirische Wert mit wachsender Anzahl von Messungen allmählich gegen den Erwartungswert streben muss, kann zudem der Eindruck entstehen, dass das Experiment nicht stabil ist oder in der untersuchten Probe nichtstationäre Prozesse ablaufen. Gerade in solchen Fällen zeigt sich, dass eine sorgfältige Analyse experimenteller Ergebnisse besonders wichtig ist.

1.5.3
Schwankungen

1.5.3.1 Varianz

Die im vorangegangenen Abschnitt diskutierten repräsentativen Werte geben zwar in vielen Fällen wichtige Auskünfte über die Zufallsvariable, sie geben aber keine Vorstellung davon, wie stark die Realisierungen der Zufallsvariablen um diese Größen schwanken. Ein einfaches und relativ praktikables Maß zur Charakterisierung der Schwankungsbreite ist die *Varianz*, definiert durch

$$(\delta A)^2 = \overline{(A - \bar{A})^2} = \overline{A^2} - \bar{A}^2 = \int (A - \bar{A})^2 \rho(A) dA \qquad (1.41)$$

Aus der Varianz berechnet man die *relative Schwankung* oder *Streuung*

$$s_A = \frac{\delta A}{\bar{A}} \qquad (1.42)$$

die ein Maß für die Abweichung der Zufallsgröße A von ihrem statistischen Mittelwert ist. Je kleiner sie ist, desto seltener befindet sich ein System in einem Zustand für den die Größe A wesentlich von ihrem Mittelwert abweicht.

1.5.3.2 Spread

Ein alternatives Maß zur Bestimmung der Schwankungen einer Zufallsgröße ist der *Spread*

$$D_A = \int |A - A_{1/2}| \rho(A) dA \qquad (1.43)$$

Dieses Maß ist vor allem dann sinnvoll, wenn die Varianz einer Zufallsgröße nicht existiert. Das ist insbesondere dann der Fall, wenn die Wahrscheinlichkeitsverteilung $\rho(A)$ für $|A| \to \infty$ langsamer als $|A|^{-3}$ gegen 0 konvergiert. Falls die Konvergenz aber noch stärker als $|A|^{-2}$ ist, können immerhin Erwartungswert und Spread berechnet werden, so dass man zur Bestimmung einer relativen Schwankung anstelle δA auch D_A heranziehen kann.

1.5.4
Statistische Unabhängigkeit, Korrelationen

1.5.4.1 Statistische Unabhängigkeit

Zwei Zufallsgrößen A und B heißen *statistisch unabhängig*, falls die kombinierte Wahrscheinlichkeitsdichte $\rho(A, B)$ in ein Produkt separiert werden kann

$$\rho(A, B) = \rho(A)\rho(B) \qquad (1.44)$$

Dabei können A und B sowohl einfache als auch multivariable Ereignisse repräsentieren. Die Definition (1.44) der statistischen Unabhängigkeit ist wegen (1.21) äquivalent zu der Aussage

$$\rho(A|B) = \rho(A) \qquad (1.45)$$

d. h. es liegt statistische Unabhängigkeit vor, wenn die Wahrscheinlichkeit der Realisierung eines Ereignisses nicht durch die Präsenz von Bedingungen verändert wird. Sind die Ereignisse A und B statistisch unabhängig, dann zerfallen die Erwartungswerte der Produkte $f(A)g(B)$ stets in Produkte der Erwartungswerte von $f(A)$ und $g(B)$

$$\begin{aligned}\overline{f(A)g(B)} &= \int \rho(A,B)f(A)g(B)dAdB = \int \rho(A)\rho(B)f(A)g(B)dAdB \\ &= \int \rho(A)f(A)dA \int \rho(B)g(B)dB = \overline{f(A)}\,\overline{g(B)} \end{aligned} \qquad (1.46)$$

Wegen dieser Eigenschaft können statistisch unabhängige Systeme getrennt behandelt werden, was oft zu einer beträchtlichen Reduktion des zur Behandlung eines speziellen Problems notwendigen Arbeitsaufwandes führt.

1.5.4.2 Kovarianz und linearer Korrelationskoeffizient

Ein geeignetes Maß zur Charakterisierung der statistischen Abhängigkeit von Zufallsgrößen ist der Korrelationskoeffizient. Dieser basiert auf der *Kovarianz*, die für zwei Elementarereignisse A und B wie folgt definiert ist

$$C_{AB} = \overline{(A-\bar{A})(B-\bar{B})} = \int dA\, dB (A-\bar{A})(B-\bar{B})\rho(A,B) \qquad (1.47)$$

Wegen (1.46) verschwindet C_{AB}, wenn A und B statistisch unabhängig sind. Die Definition (1.47) lässt sich auch auf die Kovarianz von Funktionen der Zufallsgrößen erweitern

$$C_{FG} = \overline{(f(A)-\overline{f(A)})(g(B)-\overline{g(B)})} \qquad (1.48)$$

Da $F = f(A)$ und $G = g(B)$ selbst Zufallsgrößen sind, kann man mit dem in Abschnitt 1.5.2.2 beschriebenen Verfahren (siehe auch Abschnitt 1.5.4.3) aus $\rho(A,B)$ eine Wahrscheinlichkeitsdichte $\rho(F,G)$ erzeugen und mit dieser den Korrelationskoeffizienten entsprechend (1.47) bestimmen.

Die Kovarianz ist so definiert, dass Fluktuationen um den jeweiligen Mittelwert in die gleiche Richtung positive Beiträge, entgegengesetzte Fluktuationen jedoch negative Beiträge liefern. Als Nachteil erweist sich jedoch, dass die Kovarianz nicht normiert ist und so schlecht zu Vergleichen herangezogen werden kann. So kann eine kleine positive Kovarianz z. B. dadurch entstehen, dass große Fluktuationen sowohl mit gleicher als auch entgegengesetzter Richtung auftreten und sich die Beiträge gegenseitig fast eliminieren, oder dass zwei völlig synchron laufende Prozesse mit relativen kleinen Fluktuationen um den Mittelwert vorliegen. Um dieses Defizit zu beheben, führt man den Korrelationskoeffizienten ein

$$\kappa_{AB} = \frac{C_{AB}}{\delta A \delta B} \tag{1.49}$$

Verwendet man die reduzierten Zufallsgrößen

$$\tilde{A} = \frac{A - \bar{A}}{\delta A} \quad \text{und} \quad \tilde{B} = \frac{B - \bar{B}}{\delta B} \tag{1.50}$$

dann kann man anstelle (1.49) auch schreiben

$$\kappa_{AB} = \overline{\tilde{A}\tilde{B}} \tag{1.51}$$

Man überzeugt sich schnell davon, dass $C_{AA} = (\delta A)^2$ und $C_{BB} = (\delta B)^2$ gilt, woraus sofort $\kappa_{AA} = \kappa_{BB} = 1$ folgt. Andererseits kann (1.51) auch als Skalarprodukt zwischen $\tilde{A}$ und $\tilde{B}$ verstanden werden. Wegen $\kappa_{AA} = \kappa_{BB} = 1$ handelt es sich dabei sogar um ein Skalarprodukt zwischen zwei jeweils auf 1 normierten Größen, d. h. es muss daher immer

$$-1 \leq \kappa_{AB} \leq +1 \tag{1.52}$$

gelten. Andererseits ist der Korrelationskoeffizient invariant gegenüber linearen Transformationen. So führt die Abbildung $A \to A' = \lambda A + \alpha$ mit $\lambda > 0$ zu keiner Änderung des Korrelationskoeffizienten. Zum Beweis betrachtet man zunächst den Mittelwert, für den $\bar{A}' = \lambda \bar{A} + \alpha$ gilt. Folglich ist $A' - \bar{A}' = \lambda(A - \bar{A})$ und deshalb auch $\delta A' = \lambda \delta A$. Hieraus erhalten wir dann die Invarianz der reduzierten Zufallsgröße $\tilde{A}' = \tilde{A}$ und damit auch die Invarianz des Korrelationskoeffizienten. Wegen dieser Eigenschaft wird der Korrelationskoeffizient auch oft als linearer Korrelationskoeffizient bezeichnet. Man spricht für $\kappa_{AB} > 0$ allgemein von positiver Korrelation und verbindet damit eine mehr oder weniger starke Synchronität der Fluktuationen der beiden Zufallsgrößen. Umgekehrt liegt für $\kappa_{AB} < 0$ eine Antikorrelation mit überwiegend entgegengerichtet verlaufenden Fluktuationen vor. Im Fall $\kappa_{AB} = 0$ sind die Fluktuationen unkorreliert oder asynchron. Im Fall statistisch unabhängiger Zufallsvariablen erhält man stets $\kappa_{AB} = 0$.

1.5.4.3 Wahrscheinlichkeitsverteilung funktional abhängiger Variablen
Wir betrachten jetzt zwei durch die Funktionen $f(A)$ und $g(A)$ derselben Zufallsvariablen[15] gebildete Zufallsgrößen F und G. Sind $f(A)$ und $g(A)$ keine linearen Funktionen von A, dann ist der Korrelationskoeffizient κ_{FG} nicht

---
15) Dabei muss A kein Skalar sein, sondern kann durchaus multivariable Ereignisse beschreiben.

mehr zwingend ±1, sondern kann beliebige Werte im Intervall $[-1, +1]$ annehmen. Deshalb ist es sinnvoll, die Wahrscheinlichkeitsdichte für die Verteilung der funktional abhängigen Variablen F und G zu bestimmen. Dazu nutzt man wieder die δ-Funktion als eine Art Filter

$$\rho(F,G) = \int dA\, \delta(F - f(A))\delta(G - g(A))\rho(A) \qquad (1.53)$$

Auch hier ist die Normierbarkeit wieder gesichert. Sinnvoll ist diese Methode wieder dann, wenn mit A ein multivariables Ereignis hoher Dimension verbunden ist und die funktionale Struktur von f und g dementsprechend kompliziert wird. In diesem Fall ist es besser, statt der Basisverteilung $\rho(A)$ die einfachere, zweikomponentige Verteilungsfunktion $\rho(F,G)$ zur Diskussion heranzuziehen, auch wenn diese nur für die spezielle Struktur der Funktionen f und g gültig ist. Ist A z. B. der mechanischen Zustand eines Vielteilchensystems, d. h. $A = \vec{\Gamma}$, dann bekommen wir für (1.53)

$$\rho(F,G) = \int d\Gamma\, \delta(F - f(\vec{\Gamma}))\delta(G - g(\vec{\Gamma}))\rho(\vec{\Gamma}) \qquad (1.54)$$

Mit (1.53) kann auch sofort die Kovarianzmatrix entsprechend

$$\begin{aligned} C_{FG} &= \int dF\, dG\, (F - \bar{F})(G - \bar{G})\rho(F,G) \\ &= \int dA\, dF\, dG\, (F - \bar{F})(G - \bar{G})\delta(F - f(A))\delta(G - g(A))\rho(A) \\ &= \int dA(f(A) - \bar{F})(g(A) - \bar{G})\rho(A) \end{aligned} \qquad (1.55)$$

wobei $\bar{F}$ durch

$$\begin{aligned} \bar{F} &= \int dF\, dG\, F\rho(F,G) \\ &= \int dA\, dF\, dG\, F\delta(F - f(A))\delta(G - g(A))\rho(A) \\ &= \int dA\, f(A)\rho(A) \end{aligned} \qquad (1.56)$$

und $\bar{G}$ analog darstellbar ist.

1.5.5
Das Gesetz der großen Zahlen

Ein makroskopisches Vielteilchensystem besteht aus einer riesigen Anzahl $N \gg 1$ von Partikeln. Wollen wir jetzt für dieses System die gesamte kinetische Energie bestimmen, dann setzt sich diese additiv aus den kinetischen Energien der einzelnen Partikel zusammen. Sind die Partikel alle gleich, dann sollte auch der Mittelwert der kinetischen Energie jedes Teilchens den gleichen Wert $\bar{E}$ haben. Somit ist der Mittelwert der kinetischen Energie aller Teilchen $N\bar{E}$. Ferner kann man bei den meisten Vielteilchensystemen davon ausgehen, dass die Kovarianz der kinetischen Energien unterschiedlicher Teilchen verschwindet, d. h. die kinetischen Energien der einzelnen Teilchen sind statistisch voneinander unabhängig[16].

Bei einem entsprechenden Experiment wird aber nicht die mittlere kinetische Energie, sondern die Summe der tatsächlichen Realisierungen, also

$$E_{\text{ges}} = \sum_{i=1}^{N} E_i \tag{1.57}$$

bestimmt. Entscheidend ist jetzt die Frage, wie genau man E_{ges} messen kann. Normalerweise nimmt bei einem Experiment die absolute Messungenauigkeit mit wachsender Größe des Messwertes zu, die relative Messungenauigkeit bleibt dagegen näherungsweise erhalten. Wir nehmen deshalb an, die Messungenauigkeit werde durch die dimensionslose Größe $\lambda \ll 1$ in der Weise bestimmt, dass Messfehler der Größenordnung

$$\Delta E = \lambda E_{\text{ges}} \tag{1.58}$$

nicht mehr wahrgenommen werden können. Wir betrachten jetzt die Differenz

$$e_N = \frac{E_{\text{ges}}}{N\bar{E}} - 1 = \frac{1}{\bar{E}} \frac{1}{N} \sum_{i=1}^{N} (E_i - \bar{E}) \tag{1.59}$$

Die auf der rechten Seite auftretende Summe

$$s_N = \frac{1}{\bar{E}} \frac{1}{N} \sum_{i=1}^{N} (E_i - \bar{E}) \tag{1.60}$$

kann als empirischer Mittelwert über alle Fluktuationen $E_i - \bar{E}$ verstanden werden, wobei die E_i selbst identisch verteilt sind, d. h. wegen der vorausgesetzten Gleichheit der Partikel auch die gleiche Wahrscheinlichkeitsverteilung besitzen und die Kovarianz der Energien unterschiedlicher Teilchen verschwindet. Dann gilt das *schwache Gesetz der großen Zahlen* [27], nämlich

$$\lim_{N \to \infty} p(|s_N| > \varepsilon) = 0 \tag{1.61}$$

d. h. die Wahrscheinlichkeit, dass $|s_N|$ größer als ein beliebig kleiner Wert ε wird, verschwindet für $N \to \infty$. Mit anderen Worten, mit Sicherheit wird für $N \to \infty$ der Wert von $|s_N|$ gegen null streben. Dann ist aber auch

$$\frac{|E_{\text{ges}} - N\bar{E}|}{N\bar{E}} = s_N < \varepsilon \tag{1.62}$$

16) Es handelt sich hierbei um eine Annahme, die sehr gut für Gase und mit geringen Einschränkungen auch für Flüssigkeiten zutrifft, dagegen für die Atome eines Kristalls weniger sinnvoll ist.

wobei für ein hinreichend großes N der Wert von ε beliebig klein, also insbesondere kleiner als λ gewählt werden kann. Folglich ist

$$|E_{\text{ges}} - N\bar{E}| < \varepsilon N\bar{E} \approx \varepsilon E_{\text{ges}} < \lambda E_{\text{ges}} = \Delta E \qquad (1.63)$$

d. h. die Abweichung zwischen dem Messwert E_{ges} der kinetischen Energien aller Teilchen und dem zugehörigen Erwartungswert fällt unter den Messfehler. Mithin wird das Experiment innerhalb seiner Messgenauigkeit stets $N\bar{E}$ messen. Das bedeutet letztendlich, dass in einem hinreichend großen Vielteilchensystem mögliche und sicher auch vorhandene Fluktuationen experimentell nicht registriert werden können.

Natürlich könnte man einwenden, dass die vorliegende Argumentation wesentlich auf der verschwindenden Kovarianz zwischen den kinetischen Energien der Teilchen beruht. Diese Forderung wird nicht streng auf andere Größen übertragbar sein. Deshalb werden wir in den Abschnitten und 3.3.3 und 7.9 mehr physikalisch motivierte Begründungen für die Tatsache geben, dass auf makroskopischen Skalen Fluktuationen praktisch irrelevant werden.

Ergänzend sei noch bemerkt, dass unter den gegebenen Voraussetzungen auch das strengere *starke Gesetz der großen Zahlen*

$$p\left(\lim_{N\to\infty} \sup |s_N| = 0\right) = 1 \qquad (1.64)$$

anwendbar gewesen wäre.

2
Grundprinzipien der statistischen Physik

2.1
*Determinismus und Chaos

2.1.1
*Vielteilchensysteme und deterministische Theorien

Nach unseren Überlegungen in Kap. 1.1 stellt sich immer noch die Frage, warum genau die Behandlung eines Vielteilchensystems vom rein mechanischen bzw. quantenmechanischen Standpunkt so kompliziert ist, dass eine strategisch andere Herangehensweise notwendig wird. Das Konzept der klassischen Mechanik bzw. der Quantenmechanik versagt bei der Behandlung von Vielteilchensystemen mit einer hinreichend großen Zahl von Freiheitsgraden vor allem wegen zwei Schwierigkeiten, nämlich dem Fehlen geeigneter Lösungsalgorithmen und der praktischen Unmöglichkeit der identischen Präparation realer Experimente. Das zweite Problem ist nicht nur experimenteller Art, wie es auf den ersten Blick erscheint, sondern von tiefgreifender theoretischer Bedeutung, denn eine Theorie, die im Prinzip experimentell nicht überprüfbar ist, hat nur einen eingeschränkten wissenschaftlichen Wert.

2.1.2
*Fehlende Lösungsalgorithmen

Die Behandlung eines mechanischen Systems mit f Freiheitsgraden führt auf die Lösung eines $2f$-dimensionalen Systems von gewöhnlichen, i. A. aber nichtlinearen, Differentialgleichungen erster Ordnung. Im quantenmechanischen Fall hat man dagegen mit der Schrödinger-Gleichung eine lineare partielle Differentialgleichung mit $f + 1$ unabhängigen Variablen[1] vorliegen. In beiden Fällen ist eine allgemeine Lösung nur in wenigen Fällen und dann auch nur für wenige Freiheitsgrade möglich. Eine Ausnahme bilden harmonische Systeme, die allgemein für eine beliebig große Zahl von Freiheitsgraden lösbar oder wenigstens auf ein algebraisches Gleichungssystem reduzierbar

---

1) entsprechend den f Freiheitsgraden und der Zeit

sind. Im Rahmen der Hamilton'schen Mechanik lassen sich derartige Bewegungsgleichungen aus harmonischen Hamilton- oder Lagrange-Funktionen erzeugen. Man erhält in diesem Fall ein lineares Differentialgleichungssystem mit konstanten Koeffizienten, das mit bekannten Standardmethoden[2] auf ein algebraisches Gleichungssystem zurückgeführt werden kann. Wie in Band I dieser Lehrbuchreihe gezeigt wurde, können harmonische Lagrange- bzw. Hamilton-Funktionen aber auch direkt durch orthogonale Transformationen der Koordinaten und Impulse so umgeformt werden, dass f unabhängige Bewegungsgleichungen zweiter Ordnung bzw. f unabhängige Paare von Bewegungsgleichungen erster Ordnung entstehen, die jeweils nur einen Freiheitsgrad bzw. einen Freiheitsgrad und den zugehörigen kanonischen Impuls beschreiben.

Eine analoge Aussage gilt auch für quantenmechanische Probleme. Im Fall eines harmonischen Hamilton-Operators, der aus einer harmonischen Hamilton-Funktion etwa unter Anwendung der Jordan'schen Regeln konstruiert werden kann, verfügen wir über die mathematischen Techniken, eine exakte Behandlung für eine beliebig große Zahl von Freiheitsgraden durchzuführen. Analog zum klassischen Fall verwendet man auch hier orthogonale Koordinatentransformationen, um ein solches System in die Normalkoordinatendarstellung zu bringen und somit in f harmonische Oszillatoren zu zerlegen. So kann man z. B. die Schwingungen der Atome eines Festkörpers oder eines komplexen Moleküls näherungsweise durch harmonische Hamilton-Operatoren beschreiben und folglich das resultierende Spektrum der Energieeigenwerte bestimmen.

Aber in vielen anderen Fällen, wie z. B. zur Behandlung der Teilchenbewegung in Gasen oder Flüssigkeiten, sind die Newton'schen Bewegungsgleichungen bzw. die quantenmechanischen Evolutionsgleichungen viel komplizierter und können nicht mehr oder nur noch in Spezialfällen explizit gelöst werden.

Verzichtet man auf eine allgemeine Lösung, die im Rahmen der klassischen Mechanik z. B. in der Form

$$\{q_i(t,q_1(0),...q_s(0),p_1(0),...,p_f(0)), p_i(t,q_1(0),...q_s(0),p_1(0),...,p_f(0))\} \tag{2.1}$$

geschrieben werden könnte[3], dann kann man wenigstens durch geeignete numerische Algorithmen eine Lösung für einen speziellen Satz von Anfangsbedingungen erzeugen. Mit den heute verfügbaren Rechnern kann die zeitliche Evolution von etwa $10^6 ... 10^8$ Freiheitsgraden gleichzeitig berechnet werden.

---

2) z. B. mit einem Exponentialansatz
3) Eine allgemeine Lösung verlangt, dass explizite Ausdrücke für die f Freiheitsgrade $\{q_i\}$ und die ihnen zugeordneten kanonischen Impulsen $\{p_i\}$ existieren, die für jeden beliebigen Satz von Anfangsbedingungen $\{q_i(0), p_i(0)\}$ die Werte dieser Größen zu jeder späteren Zeit festlegen.

Obwohl diese Anzahl schon enorm groß ist, ist sie aber noch weit von Systemen entfernt, die man üblicherweise als *makroskopisch* bezeichnet[4]. Die numerisch zugängliche Zahl von Freiheitsgraden deckt sich ungefähr mit der Zahl von Freiheitsgraden sogenannter *mesoskopischer* Systeme.

2.1.3
*Präparation wiederholbarer Experimente

2.1.3.1 *Trajektorien im Phasenraum

Das zweite Problem, das zu einer anderen Strategie in der Behandlung von Vielteilchensystemen mit einer hinreichend großen Anzahl von Freiheitsgraden zwingt, besteht in der praktischen Unmöglichkeit, ein Vielteilchenexperiment bis hin auf mikroskopische Skalen detailgetreu zu wiederholen.

Wir werden die folgende Diskussion ausschließlich im Rahmen der klassischen Mechanik führen. Auf die quantenmechanische Version dieser Überlegungen werden wir in Abschnitt 2.6 eingehen.

Um die folgende Diskussion möglichst verständlich zu gestalten, greifen wir auf Erkenntnisse zurück, die wir in Band I dieser Lehrbuchreihe[5] bereits gewonnen haben. Wir benötigen hier insbesondere den Begriff des Phasenraums. Wie in Band I dargelegt (siehe auch Abschnitt 1.5 dieses Bandes), wird dieser durch alle generalisierten Koordinaten und die zugehörigen kanonischen Impulse aufgespannt. Zu einem beliebigen mechanischen System mit f Freiheitsgraden gehört also ein $2f$-dimensionaler Phasenraum.

Die Lösung der Hamilton'schen Bewegungsgleichungen dieses mechanischen Systems führt auf Bahnkurven im Phasenraum, die durch die generalisierten Lagekoordinaten $q_i(t)$ und Impulse $p_i(t)$ gegeben sind. Prinzipiell ist jede dieser jeweils f Koordinaten- und Impulskomponenten eine Funktion der aktuellen Zeit t, der Anfangszeit t_0 und der zu dieser Zeit durch $q_i^0 = q_i(t_0)$ und $p_i^0 = p_i(t_0)$ gegebenen Anfangskonfiguration[6]

$$q_i(t) = q_i(t, t_0, q_1^0, ..., q_f^0, p_1^0, ..., p_f^0) \qquad p_i(t) = p_i(t, t_0, q_1^0, ..., q_f^0, p_1^0, ..., p_f^0) \tag{2.2}$$

Aus diesen Koordinaten- und Impulsabhängigkeiten kann dann die Trajektorie des Systems im $2f$-dimensionalen Phasenraum konstruiert werden. Ändert man die Anfangsbedingungen $(q_1^0, ..., q_f^0, p_1^0, ..., p_f^0)$ um einen kleinen Beitrag, dann entsteht eine Phasenraumtrajektorie, die von der ursprünglichen Trajektorie abweicht. Man kann beide Trajektorien als zwei parallel ablaufende Experimente verstehen. Die Anfangsbedingungen sind dabei durch die zum Experiment gehörige Präparationsvorschrift bestimmt, die Abweichun-

---
[4] Ein Gramm Wasserstoff besteht z. B. aus etwa 3×10^{23} Partikeln!
[5] siehe Band I, Kap. 7
[6] Ist das System autonom, d. h. ist die der klassischen Bewegung zugrunde liegende Hamilton-Funktion explizit zeitunabhängig, dann reduziert sich die Zeitabhängigkeit auf die Differenz $t - t_0$.

gen entsprechen den aus experimentaltechnischer Sicht unvermeidlichen Präparationsfehlern.

2.1.3.2 *Infinitesimal benachbarte Trajektorien

Viele einfache Probleme der Mechanik zeichnen sich dadurch aus, dass anfänglich eng benachbarte Bahnkurven auch in Zukunft benachbart bleiben. Als ein typisches Beispiel betrachten wir zunächst einen klassischen eindimensionalen harmonischen Oszillator. Ist zur Zeit $t = 0$ seine Position q_0 und sein Impuls p_0, dann folgt für die Trajektorie im Phasenraum

$$q(t) = q_0 \cos \omega t + \frac{p_0}{m\omega} \sin \omega t \quad \text{und} \quad p(t) = p_0 \cos \omega t - q_0 m\omega \sin \omega t \quad (2.3)$$

Wählt man stattdessen die Anfangsbedingungen $q_0 + \delta q_0$ und $p_0 + \delta p_0$, dann wird die neue Trajektorie durch die Koordinaten $q'(t) = q(t) + \delta q(t)$ und Impulse $p'(t) = p(t) + \delta p(t)$, mit $\delta q(0) = \delta q_0$ und $\delta p(0) = \delta p_0$ beschrieben. Man erhält die explizite Zeitabhängigkeit von $q'(t)$ und $p'(t)$, indem man in (2.3) die Anfangsbedingungen q_0 bzw. p_0 durch $q_0 + \delta_0$ bzw. $p_0 + \delta p_0$ ersetzt. Die Differenzen $\delta q(t)$ und $\delta p(t)$ zwischen den Positionskoordinaten beider Trajektorien im Phasenraum sind durch

$$\delta q(t) = \delta q_0 \cos \omega t + \frac{\delta p_0}{m\omega} \sin \omega t \qquad \delta p(t) = \delta p_0 \cos \omega t - \delta q_0 m\omega \sin \omega t \quad (2.4)$$

gegeben, wobei der Erhaltungssatz

$$m^2 \omega^2 \delta q^2(t) + \delta p^2(t) = \text{const.} \quad (2.5)$$

gilt. Mit anderen Worten, der durch die skalierte Ortskoordinatendifferenz $m\omega \delta q(t)$ und die Impulsdifferenz $\delta p(t)$ beschriebene euklidische Abstand beider Trajektorien im Phasenraum bleibt für alle Zeiten konstant.

Hier liegt übrigens eine Grundvoraussetzung der historischen Etablierung der klassischen Mechanik. Um zu quantitativen Resultaten und damit zu den zunächst empirisch gefundenen mechanischen Gesetzen zu kommen, muss die Genauigkeit der Präparationsmethode in der gleichen Größenordnung sein wie die Genauigkeit der Messmethode. Diese Bedingung sicherte die experimentelle Überprüfbarkeit der Axiome der Newton'schen Mechanik. Allerdings ist die Forderung, dass der zukünftige Abstand ursprünglich im Phasenraum benachbarter Trajektorien beständig klein bleibt, keine Forderung der Mechanik, sondern einfach nur typisch für viele mechanische Probleme mit wenigen Freiheitsgraden.

Wir können die soeben gewonnene Abstandsdefinition zweier Trajektorien verallgemeinern und auf kompliziertere mechanische Systeme übertragen. Im Prinzip haben wir dieses Vorgehen bereits allgemein in Band I, Kap. 7.8.5 beschrieben. Hier soll ein etwas anderer Zugang gewählt werden, der für die Erklärung der praktischen Unmöglichkeit der mikroskopisch detailgetreuen Wiederholbarkeit eines Vielteilchenexperiments etwas anschaulicher ist. Wir beschränken uns außerdem auf autonome Systeme, d. h. wir verlangen, dass die Hamilton-Funktion zeitunabhängig ist. Zunächst wollen wir die Zeitabhängigkeit infinitesimaler Abstände benachbarter Trajektorien im Phasenraum untersuchen. Dazu betrachten wir die zwei Trajektorien eines gegebenen Systems (siehe Abb. 2.1)

$$\text{Trajektorie I}: \{q_i(t), p_i(t)\} \quad \text{Trajektorie II}: \{q_i'(t), p_i'(t)\} \tag{2.6}$$

mit jeweils f generalisierten Koordinaten q_i bzw. q_i' und f generalisierten kanonischen Impulsen p_i bzw. p_i'. Wegen der Kleinheit der Abstände $\delta q_i = q_i' - q_i$ bzw. $\delta p_i = p_i' - p_i$ kann man die zeitliche Änderung der zweiten Trajektorie durch eine Taylor-Reihenentwicklung um die erste Trajektorie bestimmen.

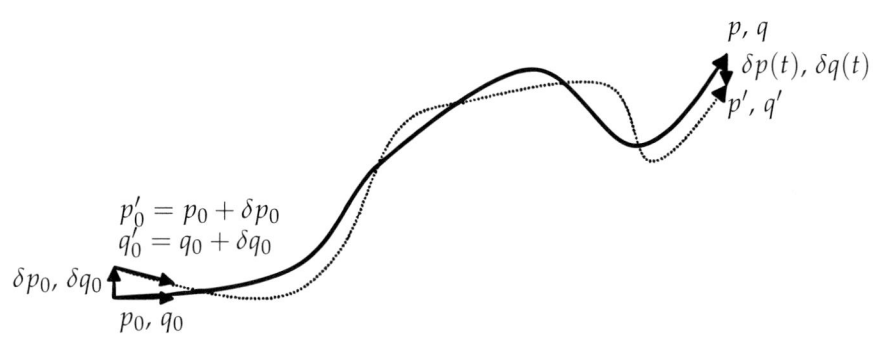

Abb. 2.1 Verlauf der Trajektorien im Phasenraum von zwei identischen Systemen mit anfänglich geringen Unterschieden in den Anfangsbedingungen.

Beide Trajektorien werden durch die Hamilton'schen Bewegungsgleichungen beschrieben. Für die erste Trajektorie erhalten wir

$$\dot{q}_i(t) = \left.\frac{\partial H(\{p_i\}, \{q_i\})}{\partial p_i}\right|_{q_i=q_i(t), p_i=p_i(t)} \tag{2.7}$$

und

$$\dot{p}_i(t) = -\left.\frac{\partial H(\{p_i\}, \{q_i\})}{\partial q_i}\right|_{q_i=q_i(t), p_i=p_i(t)} \tag{2.8}$$

Die Hamilton'schen Bewegungsgleichungen sind dabei so zu verstehen, dass zunächst aus der Hamilton-Funktion die partiellen Ableitungen nach den Koordinaten bzw. den Impulsen erzeugt werden und anschließend die spezielle Trajektorie I einzusetzen ist. Dementsprechend bekommt man für die zweite

Trajektorie

$$\dot{q}_i(t) + \frac{\partial \delta q_i(t)}{\partial t} = \left.\frac{\partial H(\{p_i\}, \{q_i\})}{\partial p_i}\right|_{q_i=q_i(t)+\delta q_i(t), p_i=p_i(t)+\delta p_i(t)} \quad (2.9)$$

und

$$\dot{p}_i(t) + \frac{\partial \delta p_i(t)}{\partial t} = -\left.\frac{\partial H(\{p_i\}, \{q_i\})}{\partial q_i}\right|_{q_i=q_i(t)+\delta q_i(t), p_i=p_i(t)+\delta p_i(t)} \quad (2.10)$$

Man erhält damit in der ersten Ordnung der gesuchten Entwicklung

$$\dot{q}_i(t) + \frac{\partial \delta q_i(t)}{\partial t} = \left.\frac{\partial H}{\partial p_i}\right|_{q_i=q_i(t), p_i=p_i(t)}$$
$$+ \sum_{k=1}^{f} \left[\frac{\partial^2 H}{\partial p_i \partial q_k} \delta q_k(t) + \frac{\partial^2 H}{\partial p_i \partial p_k} \delta p_k(t)\right]_{q_i=q_i(t), p_i=p_i(t)} \quad (2.11)$$

und

$$\dot{p}_i(t) + \frac{\partial \delta p_i(t)}{\partial t} = -\left.\frac{\partial H}{\partial q_i}\right|_{q_i=q_i(t), p_i=p_i(t)}$$
$$- \sum_{k=1}^{f} \left[\frac{\partial^2 H}{\partial q_i \partial q_k} \delta q_k(t) + \frac{\partial^2 H}{\partial q_i \partial p_k} \delta p_k(t)\right]_{q_i=q_i(t), p_i=p_i(t)} \quad (2.12)$$

2.1.3.3 *Bewegungsgleichungen für infinitesimale Trajektorienabstände

Beachtet man jetzt noch (2.7) und (2.8), dann erhalten wir homogene lineare Bewegungsgleichungen für die Differenzen $\delta q_i(t)$ und $\delta p_i(t)$. Um diese weiter zu untersuchen, benutzen wir den Vektor $\vec{\Gamma}(t)$ des Phasenraums, der eine symbolische Zusammenfassung aller generalisierten Koordinaten und Impulse des Systems darstellt

$$\vec{\Gamma}(t) = \begin{pmatrix} q_1(t) \\ \vdots \\ q_f(t) \\ p_1(t) \\ \vdots \\ p_f(t) \end{pmatrix} \quad (2.13)$$

Des Weiteren können die zweiten Ableitungen in (2.11) und (2.12) zu einer $2f \times 2f$-dimensionalen Matrix mit zeitabhängigen Koeffizienten, der sogenannten *Ljapunov-Matrix* $\underline{\underline{A}}(t, t_0)$, zusammengefasst werden

$$\underline{\underline{A}}(t, \vec{\Gamma}_0) = \begin{pmatrix} \left.\frac{\partial^2 H}{\partial p_i \partial q_k}\right|_{q_i=q_i(t), p_i=p_i(t)} & \left.\frac{\partial^2 H}{\partial p_i \partial p_k}\right|_{q_i=q_i(t), p_i=p_i(t)} \\ -\left.\frac{\partial^2 H}{\partial q_i \partial q_k}\right|_{q_i=q_i(t), p_i=p_i(t)} & -\left.\frac{\partial^2 H}{\partial q_i \partial p_k}\right|_{q_i=q_i(t), p_i=p_i(t)} \end{pmatrix} \quad (2.14)$$

oder in expliziterer Darstellung

$$\underline{\underline{A}}(t, \vec{\Gamma}_0) = \begin{pmatrix} \frac{\partial^2 H}{\partial p_1 \partial q_1} & \cdots & \frac{\partial^2 H}{\partial p_1 \partial q_f} & \frac{\partial^2 H}{\partial p_1 \partial p_1} & \cdots & \frac{\partial^2 H}{\partial p_1 \partial p_f} \\ \vdots & & \vdots & \vdots & & \vdots \\ \frac{\partial^2 H}{\partial p_i \partial q_1} & \cdots & \frac{\partial^2 H}{\partial p_i \partial q_f} & \frac{\partial^2 H}{\partial p_i \partial p_1} & \cdots & \frac{\partial^2 H}{\partial p_i \partial p_f} \\ \vdots & & \vdots & \vdots & & \vdots \\ \frac{\partial^2 H}{\partial p_f \partial q_1} & \cdots & \frac{\partial^2 H}{\partial p_f \partial q_f} & \frac{\partial^2 H}{\partial p_f \partial p_1} & \cdots & \frac{\partial^2 H}{\partial p_f \partial p_f} \\ -\frac{\partial^2 H}{\partial q_1 \partial q_1} & \cdots & -\frac{\partial^2 H}{\partial q_1 \partial q_f} & -\frac{\partial^2 H}{\partial q_1 \partial p_1} & \cdots & -\frac{\partial^2 H}{\partial q_1 \partial p_f} \\ \vdots & & \vdots & \vdots & & \vdots \\ -\frac{\partial^2 H}{\partial q_i \partial q_1} & \cdots & -\frac{\partial^2 H}{\partial q_i \partial q_f} & -\frac{\partial^2 H}{\partial q_i \partial p_1} & \cdots & -\frac{\partial^2 H}{\partial q_i \partial p_f} \\ \vdots & & \vdots & \vdots & & \vdots \\ -\frac{\partial^2 H}{\partial q_f \partial q_1} & \cdots & -\frac{\partial^2 H}{\partial q_f \partial q_f} & -\frac{\partial^2 H}{\partial q_f \partial p_1} & \cdots & -\frac{\partial^2 H}{\partial q_f \partial p_f} \end{pmatrix} \quad (2.15)$$

Die Ableitungen sind wie in (2.14) auszuwerten. Die einzelnen Komponenten der Ljapunov-Matrix sind bei einem autonomen System abhängig von der durchlaufenen Trajektorie $\vec{\Gamma}(t)$ und damit Funktionen der zugehörigen Anfangsbedingungen[7] $\vec{\Gamma}(t_0) = \vec{\Gamma}_0$, der aktuellen Zeit t und der Anfangszeit t_0. Ohne Einschränkung der Allgemeinheit können wir hier $t_0 = 0$ setzen. Mit diesen Vereinbarungen kann die Bewegungsgleichung des infinitesimalen Differenzvektors $\delta\vec{\Gamma}(t)$ in die Form

$$\frac{\partial \delta \vec{\Gamma}(t)}{\partial t} = \underline{\underline{A}}(t, \vec{\Gamma}_0) \delta \vec{\Gamma}(t) \quad (2.16)$$

gebracht werden. Hieraus erhalten wir die formale Lösung

$$\delta \vec{\Gamma}(t) = \hat{T} \exp\left\{ \int_0^t d\tau \underline{\underline{A}}(\tau, \vec{\Gamma}_0) \right\} \delta \vec{\Gamma}_0 \quad (2.17)$$

Dabei ist $\hat{T}$ der uns bereits aus Band IV[8] bekannte Zeitordnungsoperator, der wachsende Zeiten von rechts nach links ordnet.

7) Eigentlich sind hiermit die Anfangsbedingungen der Referenztrajektorie I gemeint. Da aber beide Trajektorien infinitesimal benachbart sind und $\underline{A}$ als Matrix eine Abbildung zwischen den infinitesimalen Größen $\delta\vec{\Gamma}(t)$ und $\delta\dot{\vec{\Gamma}}(t)$ vermittelt, spielt eine Unterscheidung der beiden infinitesimal benachbarten Trajektorien und ihrer Anfangsbedingungen in der Ljapunov-Matrix keine Rolle mehr, so dass man hier unter $\vec{\Gamma}_0$ sowohl die Anfangsbedingung der Trajektorie I als auch der Trajektorie II verstehen kann.
8) siehe Band IV, Kap. 3

Bei gegebener Hamilton-Funktion hängt der Abstandsvektor $\delta\vec{\Gamma}(t)$ nur noch von der Zeit, von der ursprünglichen Differenz der infinitesimal benachbarten Trajektorien $\delta\vec{\Gamma}(0) = \delta\vec{\Gamma}_0$ und der Anfangsposition der Trajektorien $\vec{\Gamma}_0$ ab. Wir definieren jetzt eine neue $2f \times 2f$-dimensionale Matrix

$$\exp\left\{\underline{\underline{R}}(t, \vec{\Gamma}_0)t\right\} = \hat{T} \exp\left\{\int_0^t d\tau \underline{\underline{A}}(\tau, \vec{\Gamma}_0)\right\} \tag{2.18}$$

Diese Definition hat den Vorteil, dass im Fall harmonischer Systeme die Matrixelemente von $\underline{\underline{R}}(t, \vec{\Gamma}_0)$ konstante, also von t und $\vec{\Gamma}_0$ unabhängige Koeffizienten sind. Mit (2.18) folgt dann

$$\delta\vec{\Gamma}(t) = \exp\left\{\underline{\underline{R}}(t, \vec{\Gamma}_0)t\right\}\delta\vec{\Gamma}_0 \tag{2.19}$$

Schließlich führen wir durch die orthogonale Transformation

$$\delta\vec{\Gamma}(t) = \underline{\underline{M}}^{-1}\delta\vec{\xi}(t) \tag{2.20}$$

neue Phasenraumkoordinaten ein und erhalten

$$\begin{aligned}\delta\vec{\xi}(t) &= \underline{\underline{M}}\exp\left\{\underline{\underline{R}}(t, \vec{\Gamma}_0)t\right\}\underline{\underline{M}}^{-1}\delta\vec{\xi}_0 \\ &= \exp\left\{\underline{\underline{M}}\,\underline{\underline{R}}(t, \vec{\Gamma}_0)\underline{\underline{M}}^{-1}t\right\}\delta\vec{\xi}_0\end{aligned} \tag{2.21}$$

2.1.3.4 *Ljapunov-Exponenten

Wir wollen die noch offene Transformationsmatrix $\underline{\underline{M}}$ jetzt so wählen, dass $\underline{\underline{\Lambda}} = \underline{\underline{M}}\,\underline{\underline{R}}(t, \vec{\Gamma}_0)\underline{\underline{M}}^{-1}$ diagonal wird. Im Allgemeinen werden damit sowohl die Transformationsmatrix $\underline{\underline{M}}$ als auch die diagonalisierte Matrix $\underline{\underline{\Lambda}}$ abhängig von der Anfangsposition $\vec{\Gamma}_0$ und der Zeit t. In der Diagonaldarstellung erhalten wir für die zeitliche Evolution des Abstandsvektors der zwei infinitesimal benachbarten Trajektorien

$$\begin{aligned}\delta\vec{\xi}(t) &= \exp\left\{\underline{\underline{\Lambda}}(t, \vec{\Gamma}_0)t\right\}\delta\vec{\xi}_0 \\ &= \begin{pmatrix} e^{\lambda_1(t,\vec{\Gamma}_0)t} & 0 & & \\ 0 & e^{\lambda_2(t,\vec{\Gamma}_0)t} & & \\ & & \ddots & 0 \\ & & 0 & e^{\lambda_{2f}(t,\vec{\Gamma}_0)t} \end{pmatrix}\delta\vec{\xi}_0\end{aligned} \tag{2.22}$$

oder in Komponentenschreibweise

$$\delta\xi_i(t) = e^{\lambda_i(t,\vec{\Gamma}_0)t}\delta\xi_{0,i} \tag{2.23}$$

Die $\lambda_i(t, \vec{\Gamma}_0)$ sind die – im Allgemeinen ebenfalls zeitabhängigen – Eigenwerte der Matrix $\underline{\underline{R}}(t, \vec{\Gamma}_0)$. Die für unendlich große Zeiten gebildeten Grenzwerte

$$\lambda_i = \lim_{t \to \infty} \lambda_i(t, \vec{\Gamma}_0) \qquad (2.24)$$

werden auch als Ljapunov-Exponenten der durchlaufenen Trajektorie $\vec{\Gamma}(t)$ bezeichnet[9]. Für hinreichend lange Zeiten können deshalb die zeitabhängigen Eigenwerte $\lambda_i(t, \vec{\Gamma}_0)$ durch die entsprechenden Ljapunov-Exponenten λ_i ersetzt werden. Offensichtlich wird in diesem Langzeitregime der Ljapunov-Exponent λ_{max} mit dem größten Realteil die zeitliche Evolution der Abstände benachbarter Trajektorien dominieren, d. h. wir erhalten

$$|\delta \vec{\Gamma}(t)| \sim e^{\mathrm{Re}\lambda_{max} t} |\delta \vec{\Gamma}_0| \qquad (2.25)$$

2.1.3.5 *Deterministisches Chaos

Das Verhalten benachbarter Trajektorien kann bei Kenntnis des Spektrums der insgesamt $2f$ Ljapunov-Exponenten hinreichend gut charakterisiert werden. Insbesondere findet man, dass Nachbarkurven auch zukünftig benachbart bleiben, wenn für alle Realteile

$$\mathrm{Re}\lambda_i \leq 0 \qquad \text{mit} \qquad i = 1, \ldots, 2f \qquad (2.26)$$

gilt. Hat jedoch mindestens ein Ljapunov-Exponent einen positiven Realteil, dann können sich während dieser Zeit ursprünglich benachbarte Kurven zunehmend voneinander entfernen. Infinitesimale Abstände bleiben natürlich immer infinitesimal benachbart, aber wenn der Realteil von λ_{max} einen endlichen positiven Wert besitzt, dann divergiert das Verhältnis $|\delta \vec{\Gamma}(t)|/|\delta \vec{\Gamma}_0|$ mit wachsender Zeit. Ein solches Verhalten wird mit dem Begriff des *deterministischen Chaos* verbunden[10]. In diesem Chaos ist die Ursache für die *Unmöglichkeit der mikroskopisch detailgenauen experimentellen Wiederholbarkeit* der Bewegung der meisten Vielteilchensysteme begründet. Ebenso werden beim Auftreten von Ljapunov-Exponenten mit positivem Realteil endliche, wenn auch anfänglich sehr kleine Abstände schnell mit zunehmender Zeit näherungsweise exponentiell anwachsen. Natürlich wird das exponentielle Wachstum endlicher Abstände im Phasenraum bei den meisten Systemen nicht ewig andauern. Das trifft insbesondere auf Systeme im gebundenen Zustand zu, die sich auf Grund der mechanischen Erhaltungssätze oder der vorgegebenen Randbedingungen nur in einem endlichen Volumen des Phasenraumes aufhalten können. Hier wird der maximale Abstand benachbarter Trajektorien

---

[9] Wegen der infinitesimalen Nachbarschaft der beiden betrachteten Trajektorien ist es nicht mehr nötig, bei der Angabe der Ljapunov-Exponenten zwischen der Referenztrajektorie und der von dieser abweichenden Trajektorie zu unterscheiden, siehe Fußnote 7.
[10] siehe auch Band I, Kapitel 7

von der Größenordnung der das Volumen charakterisierenden Längenskala sein[11].

2.1.3.6 *Identische Präparation von Experimenten

Ein Experiment an einem System mit f Freiheitsgraden gilt in diesem Sinne nur dann als wiederholbar, wenn die Präparation des $2f$-dimensionalen Anfangszustandes in allen Experimenten entweder identisch gelingt oder der Abstand zweier möglichst gleich präparierter Systeme nicht wesentlich über die Präparationsfehlergrenze anwächst. Die erste Möglichkeit ist aus experimentaltechnischer Sicht praktisch ausgeschlossen, die zweite kommt nur dann in Betracht, wenn alle Ljapunov-Exponenten des Systems keinen positiven Realteil besitzen.

Nur wenn die Realteile aller Ljapunov-Exponenten verschwinden oder negativ sind, werden sich benachbarte Kurven nicht weiter voneinander entfernen oder sich sogar immer weiter annähern. In diesem Fall werden die natürlich auftretenden Fehler bei der Präparation von gleichartigen Experimenten nicht weiter zunehmen. Ist der Präparationsfehler dann auch noch von der Größenordnung des Messfehlers[12], dann können gleichartig präparierte Versuche experimentell in keinem Detail mehr unterschieden werden.

In unserem anfänglich verwendetem Beispiel des eindimensionalen harmonischen Oszillators können die Ljapunov-Exponenten leicht bestimmt werden. Weil die Hamilton-Funktion durch

$$H = \frac{p^2}{2m} + \frac{1}{2}m\omega^2 q^2 \tag{2.27}$$

gegeben ist, erhalten wir wegen

$$\frac{\partial^2 H}{\partial p \partial p} = \frac{1}{m} \qquad \frac{\partial^2 H}{\partial q \partial p} = 0 \qquad \frac{\partial^2 H}{\partial q \partial q} = m\omega^2 \tag{2.28}$$

die vom aktuellen Zeitpunkt und von den Anfangsbedingungen unabhängige Ljapunov-Matrix (2.14)

$$\underline{\underline{A}} = \begin{pmatrix} 0 & m^{-1} \\ -m\omega^2 & 0 \end{pmatrix} \tag{2.29}$$

Da $\underline{\underline{A}}$ nur konstante Matrixelemente enthält, erhalten wir sofort $\underline{\underline{R}} = \underline{\underline{A}}$. Die Eigenwerte der Matrix $\underline{\underline{R}}$ und damit die Ljapunov-Exponenten des harmoni-

---

11) Bei endlichen Anfangsabständen werden mit wachsender Differenz $|\delta \vec{\Gamma}(t)|$ die bei der Herleitung von (2.11) und (2.12) vernachlässigten höheren Ordnungen in δp_i und δq_i immer relevanter und stabilisieren schließlich die anfängliche Auseinanderentwicklung.

12) Diese Forderung wird aus Sicht der physikalischen Messtechnik an alle Experimente gestellt.

schen Oszillators bestimmen sich aus der Säkulargleichung

$$|\underline{\underline{A}} - \lambda \underline{\underline{1}}| = \begin{vmatrix} \lambda & m^{-1} \\ -m\omega^2 & \lambda \end{vmatrix} = \lambda^2 + \omega^2 = 0 \qquad (2.30)$$

woraus sich sofort $\lambda_{1,2} = \pm i\omega$ ergibt. Die gesuchten Ljapunov-Exponenten des eindimensionalen harmonischen Oszillators sind somit rein imaginäre, zeitunabhängige Größen. Folglich sind Experimente an einem eindimensionalen harmonischen Oszillator mikroskopisch detailgetreu wiederholbar.

2.1.3.7 *Ljapunov-Exponenten realer Vielteilchensysteme

Da die Unmöglichkeit der mikroskopisch exakten experimentellen Wiederholbarkeit an die Existens positiver Ljapunov-Exponenten gebunden ist, bleibt die entscheidende Frage, ob Ljapunov-Exponenten mit positiven Realteil in einem Hamilton'schen System überhaupt auftreten können[13]. Hier gilt der folgende *Satz*

> Zu jedem, die Bewegung eines mechanischen Systems charakterisierenden Ljapunov-Exponenten existiert ein Ljapunov-Exponent mit entgegengesetztem Vorzeichen.

Dieser Satz wird in Anhang A bewiesen. Schon bei einer relativ geringen Zahl von Freiheitsgraden findet man anhand numerischer Untersuchungen, dass Ljapunov-Exponenten mit nichtverschwindendem Realteil existieren. Nach dem obigen Satz sind in solchen Fällen auch stets Ljapunov-Exponenten mit positivem Realteil vorhanden. Man kann daher davon ausgehen, dass in einem System mit einer hinreichend komplizierten Wechselwirkung zwischen den Partikeln praktisch immer Ljapunov-Exponenten mit positivem Realteil existieren, so dass reale Vielteilchensysteme gewöhnlich ein chaotisches Verhalten in ihrer Dynamik zeigen[14]. Deshalb ist es für solche Systeme auch nicht mehr möglich, eine bis auf mikroskopische Skalen detailgetreue Wiederholung eines Experiments zu realisieren.

13) Beim harmonischen Oszillator gab es ja z. B. nur Ljapunov-Exponenten mit verschwindendem Realteil.

14) Allerdings ist ein chaotisches Verhalten in der Bewegung benachbarter Trajektorien keine notwendige Konsequenz beim Auftreten von Ljapunov-Exponenten mit positivem Realteil. Wählt man z. B. als Startpunkte im Phasenraum solche Punkte, für die alle Komponenten $\delta\xi_{0,i}$ verschwinden, die in (2.23) mit Ljapunov-Exponenten mit positivem Realteil verbunden sind, dann entfernen sich diese Trajektorien nicht weiter voneinander. Allerdings hat die Menge dieser Punkte einen verschwindend geringen Anteil im Vergleich zur Menge aller zulässigen Anfangspunkte im Phasenraum.

2.2
Die Wahrscheinlichkeitsverteilung

2.2.1
Statistische Beschreibung von Vielteilchensystemen

Aus dem vorangegangenen Abschnitt wird ersichtlich, dass eine direkte Bestimmung der Dynamik eines Vielteichensystems weder wegen des aus mathematischer Sicht unverhältnismäßig hohen technischen Aufwands noch aus experimenteller, präparationstechnischer Sicht sinnvoll ist. Diese Aussage gilt sowohl für mechanische als auch quantenmechanische Systeme[15]. Deshalb ist es offenbar zweckmäßig, nach einer alternativen Beschreibung von Systemen mit einer großen Anzahl von Freiheitsgraden zu suchen.

Wie im vorangegangenen Abschnitt bereits erwähnt, werden wir uns hier zunächst mit klassischen Systemen befassen. Die Formulierung einer geeigneten Beschreibung von Quantensystemen werden wir in den letzten Abschnitten dieses Kapitels durchführen. In beiden Fällen werden wir auf eine statistische Beschreibung der Dynamik von Vielteilchensystemen geführt, die den eingeschränkten Informationsgehalt unseres Wissens über den jeweiligen Systemzustand berücksichtigt. Die Disziplin, die sich mit der statistischen Beschreibung eines Systems befasst, wird als *statistische Physik* bezeichnet. Je nachdem, ob klassische oder quantenmechanische Systeme betrachtet werden, spricht man von *klassischer statistischer Physik* oder von *Quantenstatistik*.

Um die Prinzipien der gesuchten alternativen Beschreibung eines klassischen Systems zu gewinnen, wollen wir von der Darstellung dieses Systems im Phasenraum ausgehen. Wie bereits erwähnt, bewegt sich ein System mit f Freiheitsgraden in einem Phasenraum der Dimension $2f$. Eine konkrete Aussage über die mikroskopische Bewegung aller Partikel des Vielteilchensystems – oder, in der Sprache der statistischen Physik, des *makroskopischen Systems* – ist unmöglich, da die im vorangegangenen Abschnitt genannten Schwierigkeiten eine hinreichend genaue Vorhersage des durch die generalisierten Koordinaten und Impulse des Systems gegebenen aktuellen *Mikrozustandes* $\vec{\Gamma} = \{q_1, ..., q_f, p_1, ..., p_f\}$ selbst bei Kenntnis der Bewegungsgleichungen nicht möglich machen.

---

[15] Wir haben uns zwar in Abschnitt 2.1, insbesondere aber in 2.1.3, hauptsächlich mit klassischen Systemen befasst, die dort getroffenen Aussagen können aber teilweise oder in modifizierter Form auch auf quantenmechanische Systeme übertragen werden, siehe Abschnitt 2.6.

2.2.2
Statistische Interpretation der Präparation von Mikrozuständen

Da die Präparation eines bestimmten anfänglichen Mikrozustands $\vec{\Gamma}_0$ nie bis in alle Details möglich sein wird und Abweichungen von dem gewünschten Anfangszustand innerhalb des Rahmens der Fehlergrenzen der Präparationsmethode auch nicht nachweisbar sind, besteht von Anfang an ein Informationsdefizit bezüglich des Systemzustandes. Wir können bei einem System mit einer hinreichend hohen Anzahl von Freiheitsgraden praktisch nie präzise sagen, wie der genaue Mikrozustand zur Anfangszeit lautet.

Um trotzdem zu einer Charakterisierung der Bewegung zu gelangen, teilen wir den Phasenraum in kleine Zellen vom Volumen

$$\Delta \Gamma = \prod_{i=1}^{f} [\Delta q_i \Delta p_i] \tag{2.31}$$

ein. Jede dieser Zellen wird durch einen Vektor $\vec{\Gamma}^I$ charakterisiert, wobei der Index I z. B. die Lage des Zentrums der Zelle I im Phasenraum bestimmt. Das im Rahmen einer festgelegten Vorschrift präparierte System wird dann anfänglich in einer bestimmten Zelle des Phasenraums liegen. Wiederholen wir die Präparation nach derselben Vorschrift, dann wird das neu präparierte System wegen der erwarteten Präparationsfehler in einer anderen Zelle liegen. Man stellt sich jetzt ein *Ensemble*[16] unendlich vieler gleichartiger Systeme[17] vor, die nach der gleichen Vorschrift präpariert werden. Jedes dieser Systeme wird dann anfänglich eine bestimmte Zelle besetzen. Die Häufigkeit, mit der dann die Zelle $\vec{\Gamma}^I$ durch einen Anfangsmikrozustand okkupiert wird, kann im Rahmen der Gauß'schen Wahrscheinlichkeitsinterpretation als die Wahrscheinlichkeit p^I verstanden werden, dass das zugrunde liegende System nach Anwendung einer bestimmten Präparationsvorschrift in dem durch $\vec{\Gamma}^I$ definierten Raumgebiet des Volumens liegt. Diese auf Häufigkeiten basierende Ensembletheorie ist die traditionelle Grundlage der statistischen Physik. Dazu wird die Vorstellung eines ganzen Satzes gleichartiger Systeme benötigt.

Man kann im Rahmen der *Interpretation von Bayes* auf dieses Konzept verzichten und nur ein einziges System betrachten. Die Wahrscheinlichkeiten p^I stellen dann die Information über den möglichen Mikrozustand unmittelbar nach der Präparation dar. Dabei ist es grundsätzlich egal, ob diese Information durch Auswertung mehrerer Experimente, durch geeignete theoretische

---
[16]) Man verwendet für den Begriff des Ensembles synonym auch die Begriffe Schar und Gesamtheit.
[17]) Zwei Systeme gelten im Rahmen der klassischen statistischen Physik als gleichartig oder äquivalent, wenn sie den gleichen kanonischen Bewegungsgleichungen genügen.

Überlegungen oder einfach nur durch gewisse Abschätzungen gewonnen wurde[18]. Prinzipiell stellt die Angabe der Wahrscheinlichkeiten p^I im Rahmen des Bayes'schen Konzepts eine subjektive Information dar, die im vorliegenden Fall den Ausgang des Präparationsverfahrens beschreibt. Wählt man als subjektiv gewonnene Information über die Präparationsmethode gerade die Häufigkeitsverteilung der Ensembletheorie, dann stimmen Bayes'sche und Gauß'sche Interpretation vollständig überein.

Die Wahrscheinlichkeiten p^I sind stets positiv. Da sich der Anfangszustand des Systems irgendwo im Phasenraum befinden muss, gilt die Normierung

$$\sum_I p^I = 1 \tag{2.32}$$

Mit der Angabe der Wahrscheinlichkeiten p^I ist die maximal mögliche Information über den Anfangsmikrozustand des Systems gegeben. Im Gegensatz zur klassischen Mechanik, die eine genaue Angabe über den Anfangszustand benötigt, besteht also ein Informationsdefizit. Allerdings ist die klassische Mechanik als Grenzfall in der klassischen statistischen Physik enthalten. In diesem Fall liefert das jeweilige Präparationsverfahren für die Zelle I des Phasenraums, in der sich das System unmittelbar nach der Präparation befinden soll, die Wahrscheinlichkeit $p^I = 1$, während für alle anderen Zellen $p^J = 0$ mit $J \neq I$ gilt.

2.2.3
Verteilungsfunktionen

Wir können jetzt den Grenzübergang zu infinitesimal kleinen Zellen vollziehen. Dazu ersetzen wir den Zellindex I durch den Vektor $\vec{\Gamma}$, das Zellvolumen $\Delta\Gamma$ durch das infinitesimale Volumenelement $d\Gamma$ und die Wahrscheinlichkeiten p^I durch $dp(\vec{\Gamma})$. Es ist dann zweckmäßig, eine Wahrscheinlichkeitsdichte oder Verteilungsfunktion $\rho_0(\vec{\Gamma})$ zu definieren

$$\rho_0(\vec{\Gamma}) = \frac{dp(\vec{\Gamma})}{d\Gamma} \tag{2.33}$$

Da im Rahmen der Ensembletheorie jedes System des Ensembles entsprechend seiner Konfiguration $\vec{\Gamma}$ einem Punkt im Phasenraum entspricht, kann $\rho_0(\vec{\Gamma})$ auch als Dichte des Ensembles an der Stelle $\vec{\Gamma}$ des Phasenraumes interpretiert werden. Die Normierung (2.32) kann jetzt als Integral geschrieben werden

$$\int \rho_0(\vec{\Gamma}) d\Gamma = 1 \tag{2.34}$$

---

[18]) Bayes selbst spricht von der Wahrscheinlichkeit als "degree of believe".

Wir werden später (vgl. Abschnitt 3.1) noch eine Reskalierung der Phasenraumkoordinaten vornehmen, so dass diese Form der Normierung als vorläufig zu betrachten ist.

Die Bestimmung der statistischen Verteilungsfunktionen $\rho(\vec{\Gamma})$ ist das Grundproblem der statistischen Physik. Die auf den Verteilungsfunktionen basierenden Schlussfolgerungen und Voraussagen haben innerhalb der statistischen Physik immer Wahrscheinlichkeitscharakter. Die Ursache dafür liegt aber nicht in der Natur der betrachteten Objekte, sondern ist in der Tatsache begründet, dass die Information über den Mikrozustand eines betrachteten Systems nicht ausreicht, um eine vollständig deterministische mechanische (oder auch quantenmechanische) Beschreibung zu gewährleisten. Je genauer jedoch ein Mikrozustand präparierbar ist, d. h. je schärfer die Verteilungsfunktion ist, desto höher ist der Informationsgrad über den vom Präparationsverfahren zu erwartenden Mikrozustand. Im Grenzfall einer vollständig fehlerfreien Präparation wird nur ein Mikrozustand, z. B. $\vec{\Gamma}_0$, erzeugt. In diesem Fall entartet die Verteilungsfunktion $\rho(\vec{\Gamma})$ zu

$$\rho_0(\vec{\Gamma}) = \delta(\vec{\Gamma} - \vec{\Gamma}_0) \qquad (2.35)$$

Mit anderen Worten, die Verteilungsfunktion (2.35) beschreibt den deterministischen Fall der klassischen Mechanik.

2.3
Die Liouville-Gleichung

2.3.1
Präparation und Anfangsverteilung

Bisher haben wir uns nur mit der Präparation und der damit zusammenhängenden wahrscheinlichkeitstheoretischen Beschreibung des Anfangszustandes befasst. Da das System der Hamilton'schen Dynamik unterworfen ist, verharrt es nach der Präparation gewöhnlich nicht im Anfangszustand[19]. Deshalb wird sich auch die ursprüngliche Wahrscheinlichkeitsdichte $\rho_0(\vec{\Gamma})$ mit der Zeit ändern. Wir wollen deshalb nach einer Evolutionsgleichung für die Wahrscheinlichkeitsdichte $\rho(\vec{\Gamma}, t)$ mit der Anfangsbedingung

$$\rho(\vec{\Gamma}, t_0) = \rho_0(\vec{\Gamma}) \qquad (2.36)$$

suchen. Wir werden dazu zwei verschiedene Versionen näher betrachten. Im ersten Fall wollen wir direkten Bezug auf die Ensembletheorie nehmen, im

---

[19] Eine Ausnahme liegt nur dann vor, wenn sich das betrachtete System in einem mechanischen Gleichgewichtszustand, siehe dazu Band I, Kap. 5.5.1, befinden würde.

zweiten Fall betrachten wir die Wahrscheinlichkeitsdichte im Bayes'schen Sinne als Ausdruck unserer Information über den Mikrozustand des untersuchten Systems.

2.3.2
Liouville-Gleichung in der Ensembleinterpretation

Innerhalb der Ensembletheorie wird eine Gesamtheit von N gleichartigen Systemen untersucht. Jedem dieser Systeme entspricht zu einer gegebenen Zeit t im Phasenraum genau ein Punkt. Man kann deshalb im Rahmen der Ensembletheorie eine Punktdichte $\tilde{\rho}(\vec{\Gamma},t)$ im Phasenraum einführen und damit statt der Bewegung eines einzelnen Systems entlang einer bestimmten Trajektorie die Bewegung des gesamten Ensembles erfassen. Natürlich ist die so eingeführte Punktdichte primär immer noch eine deterministische Größe, bei der die Bewegung der die Gesamtheit aufbauenden Punkte streng nach den Gesetzen der Mechanik erfolgt. Wir können die Punktdichte $\tilde{\rho}(\vec{\Gamma},t)$ aber auch unter Beachtung der Gauß'schen Wahrscheinlichkeitsinterpretation als Häufigkeitsverteilung auffassen und damit über die Beziehung

$$\tilde{\rho}(\vec{\Gamma},t) = N\rho(\vec{\Gamma},t) \tag{2.37}$$

im Grenzfall $N \to \infty$ mit der Wahrscheinlichkeitsdichte $\rho(\vec{\Gamma},t)$ verknüpfen.

Natürlich wird sich die anfänglich vorhandene „Punktwolke" von Systemen im Phasenraum, die durch die Punktdichte $\tilde{\rho}_0(\vec{\Gamma}) = N\rho_0(\vec{\Gamma})$ definiert ist, auf Grund der mechanischen Bewegung der Systeme des Ensembles nach deterministischen Gesetzen ändern, so dass zu einem späteren Zeitpunkt anstelle von $\tilde{\rho}(\vec{\Gamma},t_0) = \tilde{\rho}_0(\vec{\Gamma})$ die Punktdichte $\tilde{\rho}(\vec{\Gamma},t)$ registriert wird.

Da aber jeder Punkt dieser „Wolke" ein System aus dem Ensemble von N gleichartigen mechanischen Systemen darstellt, können einzelne Punkte zwar ein Volumenelement des Phasenraums verlassen und in ein benachbartes Volumenelement gelangen, jedoch können sie weder erzeugt noch vernichtet werden. Folglich bleibt die Gesamtzahl der Punkte im Phasenraum zu jedem Zeitpunkt erhalten. Deshalb genügt die zeitliche Evolution von $\tilde{\rho}(\vec{\Gamma},t)$ einer Kontinuitätsgleichung[20]

$$\frac{\partial \tilde{\rho}(\vec{\Gamma},t)}{\partial t} + \text{div } \vec{V}(\vec{\Gamma})\tilde{\rho}(\vec{\Gamma},t) = 0 \tag{2.38}$$

Dabei ist die hier auftretende Divergenz im $2f$-dimensionalen Phasenraum gegeben durch

$$\text{div} = \vec{\nabla}_\Gamma = \left(\frac{\partial}{\partial q_1}, \frac{\partial}{\partial q_2}, ..., \frac{\partial}{\partial q_f}, \frac{\partial}{\partial p_1}, \frac{\partial}{\partial p_2}, ..., \frac{\partial}{\partial p_f}\right) \tag{2.39}$$

---
[20] vgl. Band I, Gleichungen (2.60)–(2.66)

2.3 Die Liouville-Gleichung

und der Geschwindigkeitsvektor $\vec{V}(\vec{\Gamma})$ im Phasenraum ist definiert als

$$\vec{V}^T(\vec{\Gamma}) = \left(\dot{q}_1, \dot{q}_2, ..., \dot{q}_f, \dot{p}_1, \dot{p}_2, ..., \dot{p}_f\right) \tag{2.40}$$

wobei die zeitlichen Änderungen der generalisierten Koordinaten und Impulse jeweils an der Stelle $\vec{\Gamma}$ des Phasenraums zu nehmen sind[21]. Die gesuchten Abhängigkeiten $\dot{q}_i(\vec{\Gamma})$ und $\dot{p}_i(\vec{\Gamma})$ erhält man unmittelbar aus den Hamilton'schen Bewegungsgleichungen

$$\dot{q}_i = \frac{\partial H}{\partial p_i} \qquad \dot{p}_i = -\frac{\partial H}{\partial q_i} \tag{2.41}$$

Hierbei ist zu berücksichtigen, dass auf den rechten Seiten dieser Bewegungsgleichungen nur Funktionen der generalisierten Koordinaten und Impulse, also Funktionen von $\vec{\Gamma}$ stehen.

Das Produkt $\vec{V}(\vec{\Gamma})\tilde{\rho}(\vec{\Gamma}, t)$ kann als lokale Stromdichte des Ensembles im Phasenraum interpretiert werden. In der Komponentenschreibweise lautet die Kontinuitätsgleichung (2.38) dann[22]

$$\frac{\partial \tilde{\rho}}{\partial t} + \sum_{i=1}^{f} \left[\frac{\partial}{\partial q_i}(\tilde{\rho}\dot{q}_i) + \frac{\partial}{\partial p_i}(\tilde{\rho}\dot{p}_i)\right] = 0 \tag{2.42}$$

Weil aber

$$\frac{\partial}{\partial q_i}(\tilde{\rho}\dot{q}_i) = \frac{\partial}{\partial q_i}\left(\tilde{\rho}\frac{\partial H}{\partial p_i}\right) = \frac{\partial \tilde{\rho}}{\partial q_i}\frac{\partial H}{\partial p_i} + \tilde{\rho}\frac{\partial^2 H}{\partial q_i \partial p_i} \tag{2.43}$$

und

$$\frac{\partial}{\partial p_i}(\tilde{\rho}\dot{p}_i) = -\frac{\partial}{\partial p_i}\left(\tilde{\rho}\frac{\partial H}{\partial q_i}\right) = -\frac{\partial \tilde{\rho}}{\partial p_i}\frac{\partial H}{\partial q_i} - \tilde{\rho}\frac{\partial^2 H}{\partial p_i \partial q_i} \tag{2.44}$$

gilt, bleibt nach dem Einsetzen in die Kontinuitätsgleichung

$$\frac{\partial \tilde{\rho}}{\partial t} + \sum_{i=1}^{f} \left[\frac{\partial \tilde{\rho}}{\partial q_i}\frac{\partial H}{\partial p_i} - \frac{\partial \tilde{\rho}}{\partial p_i}\frac{\partial H}{\partial q_i}\right] = 0 \tag{2.45}$$

---

21) Ist die Hamilton-Funktion explizit zeitabhängig, dann ist der Geschwindigkeitsvektor im Phasenraum $\vec{V}$ nicht nur eine Funktion der Position $\vec{\Gamma}$ in diesem Raum, sondern auch der Zeit t. Da wir uns aber hauptsächlich auf autonome Systeme beschränken, können wir auf diese Zeitabhängigkeit verzichten.

22) Wir heben im Weiteren die Abängigkeit der Wahrscheinlichkeitsdichte ρ von t und $\vec{\Gamma}$ nicht mehr explizit hervor.

oder, wenn man die Poisson-Klammern[23] entsprechend

$$\{A, B\} = \sum_{i=1}^{f} \left[\frac{\partial A}{\partial q_i} \frac{\partial B}{\partial p_i} - \frac{\partial B}{\partial p_i} \frac{\partial A}{\partial q_i} \right] \tag{2.46}$$

benutzt

$$\frac{\partial \tilde{\rho}}{\partial t} + \{\tilde{\rho}, H\} = 0 \tag{2.47}$$

Teilt man schließlich noch durch N, dann erhält man die sogenannte Liouville-Gleichung

$$\frac{\partial \rho}{\partial t} + \{\rho, H\} = 0 \tag{2.48}$$

oder nach Umordnung der Terme

$$\frac{\partial \rho}{\partial t} = \{H, \rho\} \tag{2.49}$$

Diese Gleichung beschreibt die gesuchte Evolution der Wahrscheinlichkeitsdichte. Bevor wir uns mit den Eigenschaften dieser Gleichung näher befassen, wollen wir noch eine zweite Herleitung kennenlernen, die insbesondere für die Bayes'sche Interpretation der Wahrscheinlichkeitsdichte besser geeignet ist.

2.3.3
*Liouville-Gleichung als Evolutionsgleichung subjektiver Information

Wir betrachten jetzt anstelle des Ensembles nur *ein einziges* System im Phasenraum, von dem wir aber nur unvollständige Informationen über den Anfangszustand besitzen[24]. Diese Unvollständigkeit äußert sich in der Vorgabe einer die Situation unmittelbar nach der Präparation des Anfangszustands beschreibenden Wahrscheinlichkeitsverteilung. Dabei ist es unerheblich, ob diese Verteilungsfunktion eine auf theoretischen Vorstellungen beruhende Hypothese ist oder ob es sich um eine empirische, z. B. auf experimentellen Ergebnissen beruhende, Schätzung handelt. Es wird nur verlangt, dass die gegebene Anfangsverteilung unsere unvollständigen Kenntnisse über den aktuellen Mikrozustand unmittelbar nach der Präparation des Systems in sinnvoller Weise widerspiegelt. In diesem Sinne kann die Wahrscheinlichkeitsdichte auch als ein Ausdruck subjektiver Information über das System verstanden werden.

Befindet sich das betrachtete System zur Zeit t_0 an der Stelle $\vec{\Gamma}_0$ des Phasenraums, dann wird es sich entsprechend den Hamilton'schen Bewegungs-

---
23) siehe Band I, Abschnitt 7.5
24) Im vorangegangenen Abschnitt besaß jedes einzelne System des Ensembles einen wohldefinierten Anfangszustand. Die Wahrscheinlichkeitsinterpretation entstand erst durch Verknüpfung der Punktdichte $\tilde{\rho}$ im Phasenraum mit der Wahrscheinlichkeitsdichte ρ.

gleichungen weiterentwickeln und zu einem späteren Zeitpunkt t den Phasenraumpunkt $\vec{\Gamma}$ erreichen. Formal kann man so durch eine Abbildung der Form[25]

$$\vec{\Gamma} = \vec{\Gamma}(t, \vec{\Gamma}_0) \tag{2.50}$$

jedem zur Zeit t_0 vorliegenden potentiellen Startpunkt $\vec{\Gamma}_0$ eine Position $\vec{\Gamma}$ zuordnen, die zur Zeit t erreicht wird. Dabei ist die Abbildung $\vec{\Gamma}(t, \vec{\Gamma}_0)$ identisch mit der als Lösung aus den Bewegungsgleichungen folgenden Trajektorie, die ein System durchläuft, wenn es sich zur Zeit t_0 im Punkt $\vec{\Gamma}_0$ befand. Löst man (2.50) nach $\vec{\Gamma}_0$ auf, dann erhält man die Abbildung

$$\vec{\Gamma}_0 = \vec{\Gamma}_0(t, \vec{\Gamma}) \tag{2.51}$$

die jedem zur Zeit t erreichten Punkt $\vec{\Gamma}$ einen Punkt $\vec{\Gamma}_0$ zuordnet, der zur Anfangszeit t_0 vorlag. Mit anderen Worten, $\vec{\Gamma}_0$ ist der Punkt des Phasenraums, in dem sich das betrachtete System zur Zeit t_0 befunden hätte, wenn es zur Zeit t in $\vec{\Gamma}$ wäre. Aus der Definition dieser Abbildungen folgt sofort

$$\vec{\Gamma}(t_0, \vec{\Gamma}_0) = \vec{\Gamma}_0 \quad \text{und} \quad \vec{\Gamma}_0(t_0, \vec{\Gamma}) = \vec{\Gamma} \tag{2.52}$$

Die linke Gleichung folgt aus (2.50), die rechte aus (2.51). In beiden Gleichungen wird benutzt, dass zur Zeit t_0 die Punkte $\vec{\Gamma}_0$ und $\vec{\Gamma}$ zusammenfallen.

Weiter gilt für infinitesimal kleine Zeitdifferenzen dt

$$\begin{aligned}\vec{\Gamma} = \vec{\Gamma}(t_0 + dt, \vec{\Gamma}_0) &= \vec{\Gamma}(t_0, \vec{\Gamma}_0) + \left.\frac{d\vec{\Gamma}(t, \vec{\Gamma}_0)}{dt}\right|_{t=t_0} dt \\ &= \vec{\Gamma}_0 + \left.\frac{d\vec{\Gamma}(t, \vec{\Gamma}_0)}{dt}\right|_{t=t_0} dt \end{aligned} \tag{2.53}$$

Die hier auftretende Zeitableitung kann auf die Hamilton'schen Bewegungsgleichungen zurückgeführt werden. Unter Verwendung der symplektischen Einheitsmatrix[26] $\underline{\underline{S}}$ und (A.4) können diese in die Form[27]

$$\frac{d\vec{\Gamma}}{dt} = \underline{\underline{S}} \frac{\partial H}{\partial \vec{\Gamma}} \tag{2.54}$$

---

25) $\vec{\Gamma}$ auf der linken Seite von (2.50) bezeichnet den Punkt, der durch die Abbildung zur Zeit t erzeugt wird, $\vec{\Gamma}$ auf der rechten Seite ist die Funktion, die den zur Zeit t_0 vorliegenden Punkt $\vec{\Gamma}_0$ auf $\vec{\Gamma}$ (zur Zeit t) abbildet.

26) siehe Band I, Abschnitt 7.8

27) $\vec{\Gamma}$ ist als Spaltenvektor zu interpretieren, $\underline{\underline{S}}$ ist eine quadratische Matrix, und $\frac{\partial H}{\partial \vec{\Gamma}}$ ist wieder eine Spaltenvektor, wobei seine Komponenten durch die Ableitungen von H nach den Komponenten von $\vec{\Gamma}$ gegeben sind.

gebracht werden[28]. Damit erhalten wir aus (??)

$$\vec{\Gamma} = \vec{\Gamma}_0 + \underline{\underline{S}} \frac{\partial H(\vec{\Gamma}_0)}{\partial \vec{\Gamma}_0} dt \qquad (2.55)$$

Die Ableitung der Hamilton-Funktion ist an der Stelle $\vec{\Gamma}_0$ zu nehmen. Da aber der Unterschied zwischen $\vec{\Gamma}_0$ und $\vec{\Gamma} = \vec{\Gamma}(t_0 + dt, \vec{\Gamma}_0)$ von der Ordnung dt und damit infinitesimal klein ist, können wir in (2.55) sofort $\partial H(\vec{\Gamma}_0)/\partial \vec{\Gamma}_0$ durch $\partial H(\vec{\Gamma})/\partial \vec{\Gamma}$ ersetzen. Folglich ist

$$\vec{\Gamma} = \vec{\Gamma}_0 + \underline{\underline{S}} \frac{\partial H(\vec{\Gamma})}{\partial \vec{\Gamma}} dt \qquad (2.56)$$

Ersetzen wir jetzt auf der linken Seite entsprechend (2.52) $\vec{\Gamma}$ durch $\vec{\Gamma}_0(t_0, \vec{\Gamma})$ und auf der rechten Seite entsprechend (2.51) $\vec{\Gamma}_0$ durch $\vec{\Gamma}_0(t_0 + dt, \vec{\Gamma})$, dann gelangen wir zu

$$\vec{\Gamma}_0(t_0, \vec{\Gamma}) = \vec{\Gamma}_0(t_0 + dt, \vec{\Gamma}) + \underline{\underline{S}} \frac{\partial H(\vec{\Gamma})}{\partial \vec{\Gamma}} dt \qquad (2.57)$$

und damit schließlich zu

$$\frac{d\vec{\Gamma}_0(t_0, \vec{\Gamma})}{dt_0} = -\underline{\underline{S}} \frac{\partial H(\vec{\Gamma})}{\partial \vec{\Gamma}} \qquad (2.58)$$

Damit haben wir eine Beziehung gewonnen, mit deren Hilfe wir die zeitliche Änderung der Abbildungsvorschrift zwischen den End- und Anfangspunkten $\vec{\Gamma}$ bzw. $\vec{\Gamma}_0$ der möglichen Trajektorien des betrachteten Systems bestimmen können. Wir kehren jetzt zu unserem eigentlichen Problem zurück und bestimmen die zeitliche Änderung der Wahrscheinlichkeitsdichte. Ist die Anfangswahrscheinlichkeitsdichte durch die Funktion $\rho_0(\vec{\Gamma})$ gegeben, dann verstehen wir darunter, dass sich unser System mit der Wahrscheinlichkeit $\rho_0(\vec{\Gamma}_0)d\Gamma_0$ zur Zeit t_0 in einem infinitesimalen Volumen $d\Gamma_0$ um den Punkt $\vec{\Gamma}_0$ des Phasenraums befindet. Von diesem Punkt entwickelt sich das System deterministisch weiter, so dass es ohne Informationsverlust während der Evolution zu einem späteren Zeitpunkt t in einem infinitesimalen Volumen $d\Gamma$ um den Punkt $\vec{\Gamma} = \vec{\Gamma}(t, \vec{\Gamma}_0)$ zu finden ist. Folglich ist die Wahrscheinlichkeit, das System zur Zeit t in einem Volumen $d\Gamma$ um den Punkt $\vec{\Gamma}$ zu finden, ebenfalls $\rho_0(\vec{\Gamma}_0)d\Gamma_0$, vorausgesetzt $\vec{\Gamma}_0$ und $\vec{\Gamma}$ sind durch die Abbildung (2.50) miteinander verbunden. Mit anderen Worten, die jedem Punkt anfänglich anhaftende Wahrscheinlichkeitsdichte wird entlang der durch diesen Punkt verlaufenden Trajektorie invariant transportiert. Dann gilt

$$\rho(\vec{\Gamma}, t)d\Gamma = \rho_0(\vec{\Gamma}_0)d\Gamma_0 \qquad (2.59)$$

[28] siehe Band I, Kap. 7.8.2

und wegen (2.51) auch

$$\rho(\vec{\Gamma},t)d\Gamma = \rho_0(\vec{\Gamma}_0(t,\vec{\Gamma}))d\Gamma_0 \tag{2.60}$$

Als Folge des Liouville-Theorems[29] ist $d\Gamma = d\Gamma_0$, so dass für die Wahrscheinlichkeitsdichte

$$\rho(\vec{\Gamma},t) = \rho_0(\vec{\Gamma}_0(t,\vec{\Gamma})) \tag{2.61}$$

folgt. Mit der expliziten Kenntnis des Transformationsgesetzes (2.51) wäre damit die gesuchte Wahrscheinlichkeitsdichte $\rho(\vec{\Gamma},t)$ zu allen Zeiten aus der anfänglichen Verteilungsfunktion $\rho_0(\vec{\Gamma})$ bestimmbar. Um hieraus die Evolutionsgleichung der Wahrscheinlichkeitsdichte zu erhalten, leiten wir nach der Zeit ab

$$\frac{\partial \rho(\vec{\Gamma},t)}{\partial t} = \left(\frac{\partial \rho_0(\vec{\Gamma}_0)}{\partial \vec{\Gamma}_0}\right)^T_{\vec{\Gamma}_0 = \vec{\Gamma}_0(t,\vec{\Gamma})} \frac{d\vec{\Gamma}_0(t,\vec{\Gamma})}{dt} \tag{2.62}$$

und führen anschließend den Übergang $t \to t_0$ aus. Dann erhalten wir wegen (2.52) und (2.58)

$$\frac{\partial \rho(\vec{\Gamma},t_0)}{\partial t_0} = -\left(\frac{\partial \rho_0(\vec{\Gamma})}{\partial \vec{\Gamma}}\right)^T \underline{\underline{S}} \frac{\partial H(\vec{\Gamma})}{\partial \vec{\Gamma}} \tag{2.63}$$

Beachtet man nun noch, dass ρ_0 als Anfangsverteilung die Anfangsbedingung $\rho(\vec{\Gamma},t_0) = \rho_0(\vec{\Gamma})$ festlegt, dann ist

$$\frac{\partial \rho(\vec{\Gamma},t_0)}{\partial t_0} = -\left(\frac{\partial \rho(\vec{\Gamma},t_0)}{\partial \vec{\Gamma}}\right)^T \underline{\underline{S}} \frac{\partial H(\vec{\Gamma})}{\partial \vec{\Gamma}} \tag{2.64}$$

Setzt man schließlich $t_0 = t$ und beachtet noch die Beziehung[30]

$$\{A,B\} = \left(\frac{\partial A}{\partial \vec{\Gamma}}\right)^T \underline{\underline{S}} \frac{\partial B}{\partial \vec{\Gamma}} \tag{2.65}$$

dann erhält man

$$\frac{\partial \rho(\vec{\Gamma},t)}{\partial t} = \{H(\vec{\Gamma}),\rho(\vec{\Gamma},t)\} \tag{2.66}$$

und damit wieder die Liouville-Gleichung (2.49). Im Gegensatz zur Herleitung im vorangegangenen Abschnitt wird hier der Ensemblebegriff nicht benötigt. Die Wahrscheinlichkeitsverteilung ist deshalb auch nicht mehr notwendig an eine durch das Ensemble vorgegebene Häufigkeitsverteilung gebunden. Im Prinzip kann jede nicht-negative normierbare Funktion über dem

---

[29]) siehe Band I, Abschnitt 7.8.7 bzw. Abschnitt 2.3.4 in diesem Band
[30]) siehe Band I, Kap. 7.8.2

Phasenraum als Wahrscheinlichkeitsdichte angesehen werden. Dabei spielt es keine Rolle, ob es sich hierbei um eine durch die Präparationsvorschrift definierte Wahrscheinlichkeitsaussage, um eine mehr oder weniger gute Schätzung oder um eine rein hypothetische Annahme über den aktuellen Mikrozustand des vorliegenden Systems handelt. Ist die Wahrscheinlichkeitsverteilung als Ausdruck unserer unvollständigen Information über den Mikrozustand des betrachteten Systems zu irgendeinem Zeitpunkt[31] erst einmal festgelegt, dann ist bei Kenntnis der Hamilton-Funktion diese Information auch zu allen anderen Zeitpunkten erhältlich.

2.3.4
*Liouville-Theorem

Um die im letzten Abschnitt diskutierte Herleitung der Liouville-Gleichung abzuschließen, müssen wir noch zeigen, dass ein beliebiges Volumen des Phasenraums beim Transport entlang der Phasenraumtrajektorien unverändert bleibt. Diese Eigenschaft ist Inhalt des Liouville-Theorems. Wir wollen zunächst eine anschauliche Herleitung des Theorems angeben und anschließend noch einmal den in Band I vorgestellten Beweis diskutieren.

Um den Transport eines Gebietes im Phasenraum zu definieren, betrachten wir ein zur Zeit t_0 gegebenes beliebiges Ausgangsgebiet $\mathcal{G}_0$. Durch jeden Punkt $\vec{\Gamma}_0$ dieses Gebietes läuft genau eine Trajektorie. Da die Verschiebung eines Punktes $\vec{\Gamma}_0$ entlang dieser Trajektorie durch die Hamilton'sche Dynamik und damit durch die Abbildung (2.50) festgelegt ist, kann man mit diesem Transformationsgesetz auch die Evolution des gesamten Gebietes beschreiben. Dabei wird einfach jedem Punkt $\vec{\Gamma}_0$ des Ausgangsvolumen ein neuer Punkt $\vec{\Gamma}$ entsprechend $\vec{\Gamma} = \vec{\Gamma}(t, \vec{\Gamma}_0)$ zugeordnet. Diese Zuordnung vermittelt den sogenannten Hamilton'schen Fluss im Phasenraum, bei dem jeder Punkt wie in einem strömenden kontinuierlichen Medium entlang der als Stromlinien fungierenden Trajektorien verschoben wird.

Die Menge aller zur Zeit t infolge der Abbildungsvorschrift (2.50) aus den Punkten des Ausgangsgebiets $\mathcal{G}_0$ hervorgegangenen Punkte bildet dann das Gebiet $\mathcal{G}$. Man sagt auch, dass durch die Hamilton'sche Dynamik und damit durch den Hamilton'schen Fluss das zur Zeit t_0 definierte Gebiet $\mathcal{G}_0$ des Phasenraums auf das Gebiet $\mathcal{G}$ umkehrbar eindeutig abgebildet wird.

Zunächst betrachten wir zwei anfänglich infinitesimal benachbarte Punkte des Gebiets $\mathcal{G}_0$. Werden diese Punkte entlang der durch sie verlaufenden Trajektorien entsprechend dem Transformationsgesetz (2.50) verschoben, dann sind diese beiden Punkte auch nach hinreichend langer Zeit immer noch in-

---

[31] für gewöhnlich handelt es sich dabei um den Präparationszeitpunkt

finitesimal benachbart[32]. Wir können hieraus bereits auf eine wichtige Eigenschaft schließen, die für beliebiger Gebiete des Phasenraums gilt: da benachbarte Punkte immer benachbart bleiben, lässt der Hamilton'sche Fluss im Phasenraum die Topologie eines beliebigen Gebietes invariant.

Um jetzt zu zeigen, dass aber nicht nur die Topologie, sondern auch das Volumen eines beliebigen Gebietes unter der Wirkung des Hamilton'schen Flusses unverändert bleibt, betrachten wir als Ausgangsgebiet eine infinitesimal kleine Kugel vom Radius dR mit dem Volumen $d\Gamma_0$. Diese Kugel wird sich einerseits durch den Hamilton'schen Fluss bewegen, andererseits aber auch deformieren, siehe Abb. 2.2.

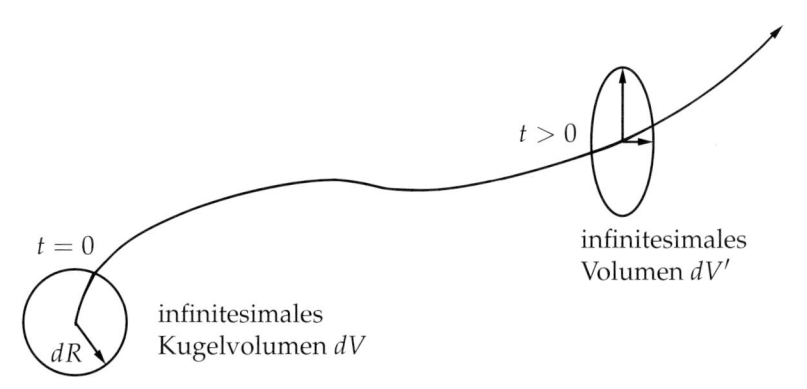

Abb. 2.2 Schematische Darstellung der zeitliche Evolution eines infinitesimal kleinen kugelförmigen Gebiets im Phasenraum. Die Kugel wird entlang der Trajektorie durch ihr Zentrum bewegt und gleichzeitig zu einem Ellipsoid deformiert.

Die Translation im Phasenraum wird z. B. von der durch den Kugelmittelpunkt verlaufenden Trajektorie bestimmt, die Deformation kann dagegen wegen der infinitesimalen Kleinheit der Kugel durch ein lineares Gesetz beschrieben werden. Die letzte Aussage wird sofort klar, wenn man beachtet, dass die zeitliche Evolution jedes Abstandsvektors vom Zentrum der Kugel zur Kugeloberfläche durch die in Abschnitt 2.1.3 abgeleiteten Relationen bestimmt ist. Wegen des linearen Zusammenhangs (2.19) zwischen den infinitesimalen Abstandsvektoren zur Zeit t_0 und zur Zeit t wird sich die Kugel in ein Ellipsoid verformen, dessen Hauptachsen die Längen $L_i = dR \exp\{\lambda_i t\}$ haben, wobei die Koeffizienten λ_i die bereits aus Abschnitt 2.1.3 Gl. (2.23) bekannten Ljapunov-Exponenten sind. Das Volumen des Ellipsoids ist, bis auf einen geometrischen Vorfaktor, gerade das Produkt der Längen der Haupt-

---

32) Bei der Transformation infinitesimaler Abstände spielen per Definition Terme von höherer als erster Ordnung keine Rolle.

achsen, also

$$d\Gamma \sim \prod_{i=1}^{2f} L_i = \exp\left\{\left(\sum_{i=1}^{2f} \lambda_i\right) t\right\} \qquad (2.67)$$

Da aber in einem Hamilton'schen System zu jedem Ljapunov-Exponenten gerade ein Ljapunov-Exponent mit umgekehrtem Vorzeichen existiert, hebt sich die Summe der Exponenten auf und die Zeitabängigkeit des Volumens verschwindet vollständig, d. h. wir erhalten zu jedem Zeitpunkt $d\Gamma = d\Gamma_0$.

Man kann diese etwas anschauliche Beweisführung auch mit der entsprechenden mathematischen Genauigkeit durchführen, siehe Band I, Kap. 7.8.7. Wir wollen hier deshalb nur kurz die hierzu notwendigen Gedanken wiederholen. Ausgangspunkt der Überlegungen ist, dass (2.50) als eine Transformation zwischen den Koordinaten Γ_0 und Γ interpretiert werden kann. Man kann jetzt zeigen[33], dass es sich hierbei um eine kanonische Transformation handelt. Daher ist die Jacobi-Matrix $\underline{\underline{J}}$ mit den Koeffizienten

$$J_{kl} = \frac{\partial \Gamma_k}{\partial \Gamma_{0,l}} \qquad (2.68)$$

eine symplektische Matrix[34] und besitzt deshalb die Determinante $|\det \underline{\underline{J}}| = 1$. Folglich gilt für die Transformation der Volumenelemente

$$d\Gamma = |\det \underline{\underline{J}}| \, d\Gamma_0 = d\Gamma_0 \qquad (2.69)$$

2.3.5
*Mischender Fluss

Ein infinitesimales Volumenelement des Phasenraums wird unter Wirkung des Hamilton'schen Flusses zwar deformiert, der Volumeninhalt bleibt aber invariant. Diese Eigenschaft bleibt auch für endliche Volumina erhalten[35]. Aber während sich z. B. eine infinitesimal kleine Kugel nur in ein Ellipsoid verformt, kann ein endlich ausgedehntes Gebiet im Phasenraum auf Grund der in einem wechselwirkenden Vielteilchensystem zu erwartenden deterministisch-chaotischen Bewegung starke Änderungen der äußeren Form erfahren[36]. Die typische Evolution eines solchen Gebietes wird in Abb. 2.3 veranschaulicht. In einem Phasenraum, der von der in Abschnitt 2.1.3 (siehe auch Band I, Kap. 7.11) diskutierten chaotischen Bewegung geprägt ist, werden sich ursprünglich relativ nahe stehende Punkte gewöhnlich schnell

---
[33]) siehe Band I, Kap. 7.7.4
[34]) siehe Band I, Kap. 7.8.4
[35]) Da das Gesamtvolumen aus infinitesimal kleinen Volumina zusammengesetzt ist, gilt folglich auch für das endliche Gebiet die Erhaltung des Gesamtvolumens.
[36]) Voraussetzung hierfür ist, dass es Trajektorien gibt, die Ljapunov-Exponenten mit positivem Realteil besitzen.

2.3 Die Liouville-Gleichung | 51

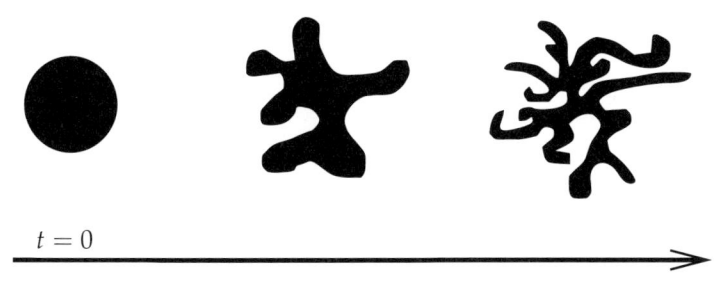

$t = 0$

Abb. 2.3 Schematische Darstellung der zeitlichen Evolution eines einfach zusammenhängenden endlichen Gebietes im Phasenraum. Wegen der chaotischen Bewegung der einzelnen Punkte dieses Gebietes entsteht ein amöbenhaftes Gebilde, das aber wegen der Topologieerhaltung stets einfach zusammenhängend bleibt. Ebenso ist das Volumen des Gebietes über die ganze Zeit invariant.

auseinander bewegen[37]. Da sowohl das Volumen als auch die Topologie erhalten bleiben, entstehen im Laufe der Zeit immer kompliziertere Objekte, die gewisse Ähnlichkeiten mit fraktalen Strukturen aufweisen[38]. Diese filigranen Objekte können schließlich sogar das gesamte physikalisch zulässige – also das durch Einschränkungen bei der Präparation des Ensembles, wie z. B. die Fixierung bestimmter Erhaltungsgrößen, festgelegte – Phasenraumvolumen durchdringen.

Die Eigenschaft, dass sich ein endliches Gebiet des Phasenraumes unter Beibehaltung des Volumens und der Topologie als Folge des Hamilton'schen Flusses allmählich über den gesamten zulässigen Phasenraum ausdehnt, wird als Mischung bezeichnet. Man spricht deshalb auch von einem mischenden Fluss.

Nicht jeder Hamilton'sche Fluss ist mischend. So lässt der Fluss im Phasenraum eines harmonischen Systems mit kommensurablen Eigenfrequenzen nur periodische Deformationen eines beliebigen Gebiets des Phasenraums zu. Aber auch bei inkommensurablen Eigenfrequenzen verteilt der Hamilton'sche Fluss ein hinreichend kleines Gebiet niemals über den gesamten zulässigen Phasenraum.

[37]) Dabei ist zu beachten, dass selbst in einem äußerlich offensichtlich chaotisch erscheinenden System nicht alle Trajektorien ein chaotisches oder irreguläres Verhalten zeigen müssen. So findet man als Konsequenz des Poincaré-Birkhoff-Theorems im Hamilton'schen Fluss dieser Systeme auch Trajektorien mit periodischem oder quasiperiodischem Verhalten. Allerdings ist die Menge aller Phasenraumpunkte, die zu diesen regulären Trajektorien gehören, im Verhältnis zur Menge der Punkte aller chaotisch verlaufenden Trajektorien verschwindend gering.

[38]) Es handelt sich aber dabei nur in den seltensten Fällen um echte Fraktale im mathematischen Sinne mit definierten Skaleneigenschaften.

Um den Begriff der Mischung mathematisch präziser zu fassen, benutzen wir die mastheoretische Interpretation der Wahrscheinlichkeitstheorie von Kolmogorov. Dazu bezeichnen wir mit Ω den ganzen Phasenraum, mit $\mathcal{B}$ eine beliebige Teilmenge dieses Phasenraums und mit $\mathcal{G}_0$ ein Gebiet des physikalisch zulässigen Phasenraums. Alle Punkte aus $\mathcal{G}_0$ werden unter der Wirkung des Hamilton'schen Flusses zu einem späteren Zeitpunkt t auf das Gebiet $\mathcal{G}_t$ abgebildet. Dann ist $P(\mathcal{G}_0)$ die Wahrscheinlichkeit, dass ein beliebiger zulässiger Mikrozustand in $\mathcal{G}_0$ enthalten ist. Ebenso sind $P(\mathcal{G}_t)$, $P(\mathcal{B})$ und $P(\Omega)$ die Wahrscheinlichkeiten dafür, dass ein beliebiger zulässiger Mikrozustand in $\mathcal{G}_t$, $\mathcal{B}$ oder Ω liegt. Offenbar ist

$$P(\Omega) = 1 \qquad (2.70)$$

und wegen der Volumenerhaltung gilt

$$P(\mathcal{G}_0) = P(\mathcal{G}_t) \qquad (2.71)$$

Weiter ist $P(\mathcal{G}_t \cap \mathcal{B})$ die Wahrscheinlichkeit, dass ein zulässiger Mikrozustand aus $\mathcal{G}_0$ zur Zeit t durch den Hamilton'schen Fluss auf einen zulässigen Mikrozustand aus $\mathcal{B}$ abgebildet wurde. Liegt ein mischender Fluss vor, dann muss nach unendlich langer Zeit das Verhältnis der Wahrscheinlichkeit, einen zulässigen Mikrozustand aus $\mathcal{G}_t$ in $\mathcal{B}$ zu finden, und der Wahrscheinlichkeit $P(\mathcal{B})$, überhaupt einen zulässigen Mikrozustand in $\mathcal{B}$ zu finden, genauso groß sein wie das Verhältnis der Wahrscheinlichkeit, einen zulässigen Mikrozustand aus $\mathcal{G}_t$ in Ω zu finden, und der Wahrscheinlichkeit $P(\Omega)$, überhaupt einen zulässigen Mikrozustand in Ω zu finden, also

$$\lim_{t\to\infty} \frac{P(\mathcal{G}_t \cap \mathcal{B})}{P(\mathcal{B})} = \lim_{t\to\infty} \frac{P(\mathcal{G}_t \cap \Omega)}{P(\Omega)} \qquad (2.72)$$

Berücksichtigt man noch, dass $\mathcal{G}_t$ eine Untermenge von Ω ist, d. h. $\mathcal{G}_t \cap \Omega = \mathcal{G}_t$, sowie die Beziehungen (2.70) und (2.71), dann erhalten wir hieraus

$$\lim_{t\to\infty} \frac{P(\mathcal{G}_t \cap \mathcal{B})}{P(\mathcal{B})} = \lim_{t\to\infty} \frac{P(\mathcal{G}_t)}{P(\Omega)} = P(\mathcal{G}_0) \qquad (2.73)$$

oder

$$\lim_{t\to\infty} P(\mathcal{G}_t \cap \mathcal{B}) = P(\mathcal{G}_0) P(\mathcal{B}) \qquad (2.74)$$

Genügen beliebig ausgewählte Teilmengen $\mathcal{G}_0$ und $\mathcal{B}$ des Phasenraums dieser Bedingung, dann ist der Hamilton'sche Fluss mischend. Dabei spielt es auch keine Rolle mehr, ob $\mathcal{G}_0$ oder $\mathcal{B}$ überhaupt einen zulässigen Mikrozustand enthalten[39].

[39] In diesem Fall wird (2.74) zu einer trivialen Identität.

2.3.6
Normierbarkeit

Die zum Zeitpunkt t_0 gegebene Anfangsverteilung $\rho(\vec{\Gamma}, t_0) = \rho_0(\vec{\Gamma})$ genügt der Normierungsbedingung (2.34). Daher sollte auch die Wahrscheinlichkeitsverteilung $\rho(\vec{\Gamma}, t)$ zu einem späteren Zeitpunkt normiert sein. Um diese Eigenschaft zu zeigen, schreiben wir

$$1 = \int \rho(\vec{\Gamma}_0, t_0) d\Gamma_0 = \int \rho_0(\vec{\Gamma}_0) d\Gamma_0 \qquad (2.75)$$

und ersetzen $\vec{\Gamma}_0$ unter Verwendung der Transformation (2.51) durch $\vec{\Gamma}_0(t, \Gamma)$

$$\int \rho_0(\vec{\Gamma}_0(t, \vec{\Gamma})) |\det \underline{\underline{J}}^{-1}| d\Gamma = 1 \qquad (2.76)$$

wobei $\underline{\underline{J}}$ die durch (2.68) festgelegte Jacobi-Matrix ist. Da diese Matrix symplektisch ist, muss die Determinante den Betrag 1 haben. Folglich ist

$$\int \rho_0(\vec{\Gamma}_0(t, \vec{\Gamma})) d\Gamma = 1 \qquad (2.77)$$

und unter Beachtung von (2.61)

$$\int \rho(\vec{\Gamma}, t) d\Gamma = 1 \qquad (2.78)$$

so dass die Normierung der Wahrscheinlichkeitsverteilung $\rho(\vec{\Gamma}, t)$ wie erwartet zu allen Zeiten $t > t_0$ erfüllt ist.

2.4
Stationäre Wahrscheinlichkeitsverteilungen

2.4.1
*Stationäre Lösungen der Liouville-Gleichung**

Die Wahrscheinlichkeitsverteilung $\rho(\vec{\Gamma}, t)$ kann nach den bisherigen Überlegungen als Information über den Mikrozustand eines betrachteten Systems verstanden werden. Da $\rho(\vec{\Gamma}, t)$ der Liouville-Gleichung genügt, ist auch zu erwarten, dass sich die *Information* über das System ständig ändert. Wir werden allerdings später[40] zeigen, dass sich der *Informationsgehalt* selbst nicht ändert. (Der Unterschied zwischen Information und Informationsgehalt wird in Abschnitt 3.2.1 besprochen.) Im Prinzip kann man diese Aussage aber bereits auf der Basis unserer bisherigen Kenntnisse erklären. Der Informationsgehalt

---
[40]) siehe Kap. 3.2.2.7

des physikalischen Systems wird durch die Präparation des Anfangszustandes festgelegt. Danach entwickelt sich jedes System[41] nach deterministischen Gleichungen weiter, so dass der zu einem späteren Zeitpunkt verfügbare Informationsgehalt über den Mikrozustand genauso bestimmt bzw. unbestimmt ist wie zum Zeitpunkt der Präparation.

Es gibt aber auch Fälle, in denen sich die Information über den Mikrozustand eines Systems selbst nicht mehr ändert. In diesem Fall ist die Wahrscheinlichkeitsverteilung $\rho(\vec{\Gamma}, t)$ eine zeitunabhängige Funktion $\rho_S(\vec{\Gamma})$, die sich als Lösung der stationären Liouville-Gleichung

$$\left\{\rho_S(\vec{\Gamma}), H(\vec{\Gamma})\right\} = 0 \qquad (2.79)$$

und deshalb als Lösung von

$$\sum_{i=1}^{s}\left[\frac{\partial \rho_S}{\partial q_i}\frac{\partial H}{\partial p_i} - \frac{\partial \rho_S}{\partial p_i}\frac{\partial H}{\partial q_i}\right] = 0 \qquad (2.80)$$

ergibt. Von besonderem Interesse sind solche stationären Lösungen, bei denen die Verteilungsfunktion $\rho_S(\vec{\Gamma})$ eine Funktion der Hamilton-Funktion allein ist

$$\rho_S(\vec{\Gamma}) = \rho_S(H(\vec{\Gamma})) \qquad (2.81)$$

Es ist leicht zu sehen, dass jede differenzierbare Funktion $\rho_S(H)$ (2.80) erfüllt. Beachtet man nämlich

$$\frac{\partial \rho_S}{\partial q_i} = \frac{d\rho_S}{dH}\frac{\partial H}{\partial q_i} \qquad \text{und} \qquad \frac{\partial \rho_S}{\partial p_i} = \frac{d\rho_S}{dH}\frac{\partial H}{\partial p_i} \qquad (2.82)$$

dann heben sich alle Summanden in (2.80) gegenseitig auf, so dass (2.80) identisch erfüllt ist. Stationäre Lösungen der Liouville-Gleichungen spielen eine zentrale Rolle in der statistischen Physik des thermischen Gleichgewichts, die in diesem Band im Vordergrund steht. Zeitabhängige Wahrscheinlichkeitsdichten werden dagegen in der Nichtgleichgewichtsstatistik als grundlegende Größen benötigt.

Wegen (2.61) wird der zum Startzeitpunkt t_0 dem Punkt $\vec{\Gamma}_0$ zugeordnete Wert der Wahrscheinlichkeitsdichte $\rho_0(\vec{\Gamma}_0)$ infolge des Hamilton'schen Flusses entlang der Trajektorie $\vec{\Gamma}(t, \vec{\Gamma}_0)$ transportiert. Deshalb muss jede stationäre Wahrscheinlichkeitsverteilung entlang jeder beliebigen Trajektorie konstant sein.

Der Hamilton'sche Fluss verhindert, dass eine zeitabhängige Wahrscheinlichkeitsdichte $\rho(\vec{\Gamma}, t)$ als Lösung der Liouville-Gleichung jemals stationär

---

[41] natürlich unter der Voraussetzung, dass es von unkontrollierten äußeren Einflüssen isoliert ist

wird. Der Beweis dieser Aussage würde den Rahmen dieses Lehrbuchs übersteigen. Trotzdem kann man mit Hilfe des Liouville-Theorems wenigstens die Argumentation hierfür verstehen. Dazu bilden wir die Mengen $\mathcal{G}_0(\xi)$ aller Punkte $\vec{\Gamma}$ des Phasenraums, denen der gleiche Wert ξ der Anfangsverteilung entsprechend $\rho_0(\vec{\Gamma}) = \xi$ zugeordnet ist. Jede dieser Mengen wird als Folge des Hamilton'schen Flusses entlang der Trajektorien transportiert und dabei unter Umständen in komplizierter Weise deformiert – ausgenommen natürlich, es handelt sich bei der Anfangsverteilung bereits um eine stationäre Verteilung[42]. Ist die Anfangsverteilung keine stationäre Verteilung, dann werden die Mengen $\mathcal{G}_0(\xi)$ zur Zeit t auf neue Mengen $\mathcal{G}_t(\xi)$ abgebildet. Würde sich jedoch ab einem gewissen Zeitpunkt t_S eine stationäre Verteilungsfunktion einstellen, dann wäre zu verlangen, dass für $t > t_S$ jede Menge $\mathcal{G}_{t_S}(\xi)$ auf sich selbst abgebildet wird. Daher muss – wie bei einer von vornherein stationären Verteilung – bei jedem infinitesimalen Zeitschritt jeder Punkt der Menge $\mathcal{G}_{t_S}(\xi)$ auf einen räumlich infinitesimal benachbarten Punkt der gleichen Menge abgebildet werden. Das bedeutet aber auch, dass jeder Punkt der Menge $\mathcal{G}_{t_S}(\xi)$ bei diesem Zeitschritt aus einem räumlich infinitesimal benachbarten Punkt der gleichen Menge hervorgegangen sein muss. Folglich führt durch jeden Punkt der Menge eine Trajektorie, die diesen mit zwei Nachbarpunkten verbindet, die ebenfalls zur Menge $\mathcal{G}_{t_S}(\xi)$ gehören. Da aber durch jeden Phasenraumpunkt nur eine Trajektorie verläuft[43], können in das Gebiet $\mathcal{G}_{t_S}(\xi)$ keine Trajektorien hineinlaufen. Somit kann $\mathcal{G}_{t_S}(\xi)$ auch nicht als ein durch den Hamilton'schen Fluss vermitteltes Abbild aus dem Gebiet $\mathcal{G}_0(\xi)$ entstanden sein.

Wir kommen damit zu der Schlussfolgerung, dass eine stationäre Wahrscheinlichkeitsdichte ρ_S bereits mit der Präparation des Systems vorliegt oder niemals entsteht.

2.4.2
*Erhaltungssätze und invariante Teilmengen des Phasenraums

Die Dimension des Phasenraums eines Systems mit f Freiheitsgraden ist $2f$. Ohne äußeren Einfluss kann ein System aber durchaus nicht jeden Punkt des

---

42) Stationäre Wahrscheinlichkeitsverteilungen sind entlang beliebiger Trajektorien konstant. Daher enthält jede Menge $\mathcal{G}(\xi)$ einer stationären Verteilung auch alle Trajektorien, entlang der die Punkte $\Gamma \in \mathcal{G}(\xi)$ durch den Hamilton'schen Fluss transportiert werden. Mit anderen Worten, der Hamilton'sche Fluss bildet jede Menge $\mathcal{G}_0(\xi)$ auf sich selbst ab.

43) Man beachte, dass jeder Punkt des $2f$-dimensionalen Phasenraums die Anfangsbedingungen für ein $2f$-dimensionales Differentialgleichungssystem erster Ordnung bildet. Damit ist die von diesem Punkt ausgehende Trajektorie eindeutig festgelegt. Ein Punkt, durch den mehrere Trajektorien verlaufen, würde im Widerspruch zu dieser Aussage stehen.

Phasenraums erreichen. Allein schon die mechanischen Erhaltungssätze für Energie, Impuls und Drehimpuls schränken die Bewegung des Systems auf eine Hyperfläche ein. Bei insgesamt m Erhaltungssätzen wird die Dimension dieser Hyperfläche $2f - m$ sein. Da das System die Hyperfläche nicht verlassen kann, bezeichnet man diese auch als reduzierten Phasenraum.

Im Gegensatz zu den konkreten Mikrozuständen lassen sich Erhaltungsgrößen wesentlich besser präparieren und messen. Wir werden deshalb davon ausgehen, dass einige oder alle Erhaltungsgrößen des betrachteten Systems sicher bekannt sind. Deshalb wollen wir innerhalb der noch folgenden Abschnitte dieses Kapitels voraussetzen, dass ein Ensemble aus gleichartigen Systemen mit den gleichen Werten für die im Rahmen der Präparation sicher festlegbaren Erhaltungsgrößen besteht. Dazu zählen insbesondere die Gesamtenergie des Systems und in vielen Fällen auch der Gesamtimpuls und der Gesamtdrehimpuls. Dabei wird aber oft impliziert, dass die beiden letzteren Größen – notfalls nach der Wahl eines geeigneten Bezugssystems – null gesetzt werden können.

Aus dem vorangegangenen Abschnitt wissen wir, dass alle Verteilungsfunktionen, die nur Funktionen von $H(\vec{\Gamma})$ sind, stets stationär sein müssen. Setzt man jetzt voraus, dass nur Systeme mit der fixierten Energie E in das Ensemble einbezogen werden, dann liegen alle Systeme des Ensembles auf der durch $H(\vec{\Gamma}) = E =$ const. festgelegten Hyperfläche. Beziehen wir die Wahrscheinlichkeitsverteilung auf den so reduzierten Phasenraum, dann erhalten wir

$$\rho_S = \rho_S(H(\vec{\Gamma})) = \rho_S(E) = \text{const.} \qquad (2.83)$$

als eine mögliche stationäre Verteilung. Aus (2.83) folgt, dass bei dieser stationären Verteilung die Mikrozustände der Systeme des Ensembles gleichmäßig über den gesamten, durch die Energieerhaltung definierten, reduzierten Phasenraum verteilt sind. Obwohl es sich hierbei aus mathematischer Sicht natürlich nur um eine spezielle stationäre Verteilung handelt, erweist gerade diese sich bei der Behandlung abgeschlossener Systeme im Rahmen des mikrokanonischen Ensembles (siehe Kap. 3) als von grundlegender Bedeutung.

Während Erhaltungssätze bei der Festlegung des reduzierten Phasenraumes relativ willkürlich gehandhabt werden können[44], ist ihre Rolle bei der Festlegung invarianter Teilmengen von entscheidender Bedeutung. Eine Teilmenge des Phasenraums heißt invariant, wenn der Hamilton'sche Fluss diese Teilmenge zu jedem Zeitpunkt auf sich selbst abbildet. Mit anderen Worten, alle Trajektorien, die einen beliebigen Punkt der invarianten Teilmenge berühren, sind selbst vollständig in der invarianten Teilmenge enthalten. Jeder Erhaltungssatz spaltet den Phasenraum in invariante Teilmengen auf, denn jede

---
44) Zum Beispiel muss ein Präparationsverfahren nicht notwendig nur solche Systeme generieren, die einen festen Wert für die Gesamtenergie besitzen.

Trajektorie ist an die durch den entsprechenden Wert der zugehörigen Erhaltungsgröße definierte Hyperfläche gebunden und kann nicht in die zu einem anderen Wert der Erhaltungsgröße gehörige Hyperfläche wechseln. Findet man einen weiteren Erhaltungssatz, dann spaltet jede invariante Teilmenge in weitere invariante Teilmengen auf.

Als Beispiel betrachten wir ein System von f gekoppelten harmonischen Oszillatoren. Der Phasenraum hat die Dimension $2f$. Legt man fest, dass nur Systeme mit einer festen Gesamtenergie E präpariert werden, dann hat der reduzierte Phasenraum die Dimension $2f - 1$. Bei diesem Phasenraum handelt es sich gleichzeitig um eine invariante Teilmenge. Das mechanische System lässt sich durch eine Orthogonaltransformation in f unabhängige Oszillatoren zerlegen, von denen jeder eine zeitlich konstante positive Energie E_i ($i = 1, \ldots, f$) besitzt. Jeder Satz von Energien $\{E_1, \ldots, E_f\}$ mit

$$E = \sum_{i=1}^{f} E_i \tag{2.84}$$

bildet dann eine invariante Teilmenge des Phasenraums, die gleichzeitig auch Teilmenge des reduzierten Phasenraums ist.

Wir bemerken, dass invariante Teilmengen aber nicht ausschließlich durch Erhaltungssätze festgelegt sind[45], sondern auch andere Kriterien zur Bestimmung einer solchen Teilmenge herangezogen werden können.

2.4.3
Erwartungswerte

2.4.3.1 **Scharmittelwerte**

Aus den generalisierten Koordinaten und Impulsen eines Vielteilchensystems lassen sich alle anderen physikalischen Größen konstruieren. Eine beliebige Observable des Vielteilchensystems kann daher in der Form

$$A = A(\vec{\Gamma}) = A(q_1, \ldots, q_s, p_1, \ldots, p_s) \tag{2.85}$$

geschrieben werden. So findet man z. B. für die aktuelle kinetische Energie

$$A \to E_{\text{kin}} = \sum_i \frac{\mathbf{p}_i^2}{2m_i} \tag{2.86}$$

oder für die lokale Partikeldichte

$$A \to \rho(\mathbf{r}) = \sum_i \delta(\mathbf{r} - \mathbf{q}_i) \tag{2.87}$$

---

[45] An sich ist ja bereits jede Trajektorie eine invariante Teilmenge.

Jede dieser Größen hängt vom aktuellen Mikrozustand und damit vom unmittelbar nach der Präparation zum Zeitpunkt t_0 gegebenen Mikrozustand und der bis zum aktuellen Zeitpunkt verflossenen Zeit ab

$$A(t, \vec{\Gamma}_0) = A(\vec{\Gamma}(t, \vec{\Gamma}_0)) \tag{2.88}$$

Da vom Anfangszustand lediglich die Wahrscheinlichkeitsverteilung bekannt ist, spielt die konkrete Angabe der Größe A als Funktion von $\vec{\Gamma}_0$ nur eine untergeordnete Rolle. Geeigneter zur Charakterisierung des Systems und gleichzeitig das seit der Präparation vorhandene Informationsdefizit besser berücksichtigend ist die Angabe des mit der Verteilung der anfänglichen Mikrozustände gebildeten Erwartungswertes

$$\langle A(t) \rangle = \int A(\vec{\Gamma}(t, \vec{\Gamma}_0)) \rho_0(\vec{\Gamma}_0) d\Gamma_0 \tag{2.89}$$

Mit den Beziehungen (2.50) und (2.51) können wir die Integration über die anfänglichen Mikrozustände als Integration über die aktuellen Mikrozustände schreiben.

$$\langle A(t) \rangle = \int A(\vec{\Gamma}) \rho_0(\vec{\Gamma}_0(t, \vec{\Gamma})) |\det \underline{\underline{J}}^{-1}| d\Gamma \tag{2.90}$$

Die hier wieder auftretende, durch (2.68) definierte Jacobi-Matrix $\underline{\underline{J}}$ ist bekanntlich symplektisch, so dass der Betrag der Determinante gerade 1 ist[46]. Wegen (2.61) ist dann

$$\langle A(t) \rangle = \int A(\vec{\Gamma}) \rho(\vec{\Gamma}, t) d\Gamma \tag{2.91}$$

Im Rahmen der Ensembletheorie bezeichnet man Erwartungswerte vom Typ (2.89) bzw. (2.91) auch als Ensemble- oder Scharmittelwerte. Liegt eine stationäre Wahrscheinlichkeitsverteilung vor, dann werden die Erwartungswerte zeitunabhängig

$$\langle A \rangle = \int A(\vec{\Gamma}) \rho_S(\vec{\Gamma}) d\Gamma \tag{2.92}$$

2.4.3.2 Zeitmittelwerte

Die Erwartungswerte (2.91) beziehen sich auf die Verteilungsfunktion eines Ensembles oder im Sinne der Bayes'schen Wahrscheinlichkeitsinterpretation unter Umständen sogar auf eine rein subjektive Annahme über die Mikrozustände. Scheinbar haben sie damit keinen erkennbaren Zusammenhang zu den Messwerten der entsprechenden Observablen an einem konkreten System.

---

46) siehe hierzu die Diskussion in Abschnitt 2.3.4

Aus den bisherigen Überlegungen wissen wir, dass ein makroskopisches Vielteilchensystem auf der mikroskopischen Ebene eine mehr oder weniger ungeordnete Bewegung ausführt. Bei Messungen an einem solchen System zeigen jedoch die auf makroskopische Größen bezogenen Observablen, wie z. B. Druck, Temperatur oder innere Energie, scheinbar keine erkennbaren Fluktuationen, die auf die chaotische Dynamik der Mikrozustände hinweisen.

Worin liegt die Ursache für diesen auf der makroskopischen Ebene beobachtbaren Determinismus? Die Antwort auf diese Frage hängt direkt mit dem Messprozess an einem Vielteilchensystem zusammen. Jede Messung erfolgt gewöhnlich nicht zu einem Zeitpunkt, sondern – bedingt durch die Messapparatur – über ein gewisses Zeitintervall, das oft viel größer als die typischen Zeitskalen der mikroskopischen Bewegung ist. So beträgt die mittlere Zeit zwischen den Stößen von Molekülen in Flüssigkeiten etwa 10^{-14}s, während eine Temperaturmessung in dieser Flüssigkeit selbst mit elektronischen Methoden mindestens 10^{-3}s benötigt. Deshalb wird bei allen makroskopischen Messungen davon ausgegangen, dass nicht der aktuelle Wert der Messgröße, sondern ein Mittelwert über ein gewisses Zeitintervall t_M bestimmt wird

$$\bar{A}(t, t_M, \vec{\Gamma}_0) = \frac{1}{t_M} \int_{t}^{t+t_M} A(\vec{\Gamma}(\tau, \vec{\Gamma}_0)) d\tau \quad (2.93)$$

Im Gegensatz zum Scharmittelwert kennzeichnen wir diesen Zeitmittelwert durch einen Querbalken. $\bar{A}(t, t_M, \vec{\Gamma}_0)$ hängt von der Messdauer t_M, dem Beginn der Messung t und der durchlaufenden Trajektorie – gekennzeichnet durch den Mikrozustand $\vec{\Gamma}_0$ – ab.

Natürlich verschwindet auch in der Größe $\bar{A}(t, t_M, \vec{\Gamma}_0)$ das chaotische Verhalten des Mikrozustandes nicht völlig. So findet man zu jedem Zeitpunkt t einen anderen Mittelwert $\bar{A}(t, t_M, \vec{\Gamma}_0)$. Mit wachsender Messzeit t_M werden diese Fluktuationen aber immer unbedeutender. Vollzieht man den Grenzübergang $t_M \to \infty$, dann wird die ganze durch den Punkt $\vec{\Gamma}_0$ laufende Trajektorie in die Bildung des Mittelwertes einbezogen. Damit verschwinden die Schwankungen und der Mittelwert hängt nicht mehr von der Zeit t ab

$$\bar{A}_\infty(\vec{\Gamma}_0) = \lim_{t_M \to \infty} \frac{1}{t_M} \int_{t}^{t+t_M} A(\vec{\Gamma}(\tau, \vec{\Gamma}_0)) d\tau \quad (2.94)$$

Es verbleibt nur noch die Abhängigkeit vom anfänglichen Mikrozustand und damit von der durchlaufenen Trajektorie. Tatsächlich aber weisen alle Experimente an makroskopischen Systemen darauf hin, dass auch diese Abhängigkeit verschwindet. Andernfalls wären physikalische Experimente an solchen Systemen im Gegensatz zur Realität überhaupt nicht wiederholbar, da es praktisch ausgeschlossen ist, dass sich ein bestimmter mikroskopischer Anfangszustand $\vec{\Gamma}_0$ jemals wieder präparieren lässt.

2.4.4
Ergodentheorem

Trajektorien können sich im Phasenraum weder selbst noch mit anderen Trajektorien schneiden[47]. Betrachtet man die Trajektorie eines Systems über eine unendlich lange Zeit, dann verbleiben nur zwei Möglichkeiten. Einerseits können Trajektorien geschlossene Orbits bilden. In diesem Fall liegt eine periodische Bewegung des Systems vor. Für die meisten Systeme mit hinreichend starken Wechselwirkungen zwischen den einzelnen Partikeln bilden periodische Orbits aber nur eine verschwindend kleine Menge[48].

Andererseits können Trajektorien existieren, die als endlose Kurve ein bestimmtes Gebiet des Phasenraums dicht ausfüllen. Eine dichte Belegung eines Phasenraumgebiets bedeutet aber nicht, dass die Trajektorie jeden Punkt dieses Gebiets durchläuft[49], es wird nur verlangt, dass die Kurve jedem Punkt dieses Gebietes beliebig nahe kommt. Erstrecken sich fast alle[50] nicht-periodischen Trajektorien über den ganzen reduzierten Phasenraum, dann definieren diese Trajektorien einen *ergodischen Fluss*. Das entsprechende Vielteilchensystem wird dann auch als ergodisches System bezeichnet.

Unter Verwendung der Ensembletheorie können wir den Begriff der Ergodizität auch wie folgt definieren:

> Ein System heißt ergodisch, wenn fast jedes beliebig ausgewählte System eines Ensembles im Laufe seiner Evolution jedem Mikrozustand beliebig nahe kommt, der zu einem festen Zeitpunkt von irgendeinem System des Ensembles angenommen wird[51].

Um den Begiff der Ergodizität mathematisch besser zu fassen, benötigen wir den Begriff der metrischen Separabilität invarianter Teilmengen des Phasenraums. Zwei invariante Teilmengen des Phasenraums gelten als metrisch separabel, wenn für fast jeden Punkt der einen Teilmenge eine infinitesimale

---

47) siehe Fußnote 43

48) Eine Ausnahme bilden Systeme mit harmonischen Wechselwirkungen. Diese können durch Orthogonaltransformationen in unabhängige lineare Oszillatoren entkoppelt werden. Bei kommensurablen Eigenfrequenzen bilden dann sogar alle Trajektorien geschlossene Orbits.

49) Ein ähnliches Problem ist aus der Mengentheorie bekannt: obwohl die Menge der rationalen Zahlen das Intervall $[0, 1]$ dicht belegt, gibt es zwischen diesen Zahlen noch beliebig viele irrationale Zahlen.

50) also mit Ausnahme einer Menge vom Maß 0

51) Wie üblich wird der Begriff „fast" im Sinne der Maßtheorie verwendet. Fast jedes System bedeutet also, dass eine Menge vom Maß 0 ausgeschlossen sein kann.

Umgebung existiert, in der sich fast kein Punkt der anderen Teilmenge befindet.

Der Hamilton'sche Fluss im reduzierten Phasenraum ist ergodisch, wenn dieser Raum nicht in invariante Teilmengen metrisch separiert werden kann. Mit anderen Worten, wir können in diesem Fall aus dem reduzierten Phasenraum keinen Satz von Trajektorien herauslösen, die sich fast ausschließlich auf ein Gebiet $\mathcal{G}$ des Phasenraums konzentrieren, durch das ansonsten fast keine anderen Trajektorien verlaufen. Folglich deckt jede Trajektorie den reduzierten Phasenraum dicht ab.

Um die spezielle Struktur des reduzierten Phasenraums nicht in die Ergodizitätsdefiniton einfließen zu lassen, zerlegen wir den Phasenraum Ω in den reduzierten Phasenraum Ω' und den komplementären Raum Ω''. Beide Teilräume sind invariante Teilmengen, die sich metrisch separieren lassen. Ein beliebiger zulässiger Mikrozustand ist dann mit der Wahrscheinlichkeit $P(\Omega') = 1$ in Ω' und mit $P(\Omega'') = 0$ in Ω'' zu finden. Kann man jetzt den reduzierten Phasenraum in weitere invariante Teilmengen $\mathcal{G}_i$ metrisch separieren, dann gibt es zwei Möglichkeiten. Entweder haben alle Teilmengen bis auf eine, z. B. $\mathcal{G}_1$, das Maß $P(\mathcal{G}_i) = 0$ ($i \neq 1$) oder es gibt mindestens zwei Teilmengen, z. B. $\mathcal{G}_1$ und $\mathcal{G}_2$ mit $P(\mathcal{G}_1) < 1$ und $P(\mathcal{G}_2) < 1$. Im zweiten Fall findet man mit der Wahrscheinlichkeit $P(\mathcal{G}_1) < 1$ einen zulässigen Mikrozustand in der invarianten Teilmenge $\mathcal{G}_1$. Dieser Zustand kann aber durch den Hamilton'schen Fluss niemals[52] das Gebiet $\mathcal{G}_2$ erreichen. Folglich liegt keine Ergodizität vor. Im ersten Fall befindet sich fast jeder zulässige Mikrozustand in $\mathcal{G}_1$, wo er auch unter Wirkung des Hamilton'schen Flusses bleibt. Das System ist dann ergodisch, allerdings ist es sinnvoll, den reduzierten Phasenraum auf das Gebiet $\mathcal{G}_1$ zu beschränken, da ja bereits die Präparation nur Mikrozustände in $\mathcal{G}_1$ erzeugt[53].

Wir können also sagen, dass Ergodizität genau dann vorliegt, wenn sich der Phasenraum nur in solche invarianten Teilmengen metrisch separieren lässt, die entweder das Wahrscheinlichkeitsmaß 1 oder 0 besitzen.

Nicht jedes Vielteilchensystem ist ergodisch. Wir hatten bereits erwähnt[54], dass ein System aus f Freiheitsgraden mit harmonischer Wechselwirkung und kommensurablen Eigenfrequenzen nur geschlossene Trajektorien besitzt und damit nicht ergodisch sein kann.

Dafür kann man zeigen, dass jeder mischende Fluss zugleich ergodisch ist. Betrachtet man eine metrisch separierte invariante Teilmenge $\mathcal{G}$ des Phasenraums, dann gilt wegen der Invarianz $\mathcal{G}_0 = \mathcal{G}_t$ und damit $\mathcal{G}_0 \cap \mathcal{G}_t = \mathcal{G}_0$. Setzt man in die Bedingung (2.74) für einen mischenden Fluss jetzt $\mathcal{B} = \mathcal{G}_0$, dann

---

52) genauer fast niemals
53) Man beachte, dass jede invariante Teilmenge zu jedem der in ihr enthaltenen Punkte stets auch die vollständige, durch diesen Punkt laufende Trajektorie enthält.
54) siehe Fußnote 48

erhalten wir hiermit

$$\lim_{t\to\infty} P(\mathcal{G}_t \cap \mathcal{G}_0) = \lim_{t\to\infty} P(\mathcal{G}_0) = P^2(\mathcal{G}_0) \tag{2.95}$$

und deshalb

$$P(\mathcal{G}_0) = P^2(\mathcal{G}_0) \tag{2.96}$$

Folglich kann in einem mischenden Fluss jede metrisch separierte invariante Teilmenge nur das Wahrscheinlichkeitsmaß 1 oder 0 haben. Damit ist der mischende Fluss auch ergodisch.

Die Umkehrung gilt aber nicht. Nicht jedes ergodische System ist gleichzeitig auch mischend. Als Beispiel betrachten wir wieder das System gekoppelter harmonischer Oszillatoren. Sind die Eigenfrequenzen inkommensurabel, dann ist das System nicht mischend, siehe Abschnitt 2.3.5. Trotzdem kann man den reduzierten Phasenraum so wählen, dass er mit einer der invarianten Teilmengen des Systems übereinstimmt. Folglich ist das System ergodisch.

2.4.5
*Stationäre Verteilungen ergodischer und mischender Systeme

Wir wollen uns jetzt überlegen, welche stationäre Verteilungsfunktion für ein ergodisches System überhaupt physikalisch sinnvoll präparierbar ist. Der zugehörige reduzierte Phasenraum ist in diesem Fall eine invariante Teilmenge, die durch metrische Separation nicht weiter in invariante Teilmengen zerlegt werden kann. Wir benötigen jetzt die Aussage, dass jede stationäre Verteilungsfunktion $\rho_S(\vec{\Gamma})$ entlang der Trajektorien im Phasenraum konstant ist und dass für ein ergodisches System jede Trajektorie jedem Punkt des reduzierten Phasenraums beliebig nahe kommt.

Besitzt die Verteilungsfunktion auf unterschiedlichen Trajektorien verschiedene Werte, dann entsteht eine auf beliebig kleinen Abständen im Phasenraum konstant fluktuierende[55] Funktion $\rho_S(\vec{\Gamma})$. Eine solche Verteilung ist weder mit einer physikalisch realisierbaren Präparationsmethode vereinbar noch kann diese mit einem Messverfahren verifiziert werden.

55) Man spricht von einer konstanten Fluktuation, wenn die über ein beliebiges Gebiet des zulässigen Raumes bestimmte Varianz unabhängig von der Größe des Gebiets ist. Bestimmt man im vorliegenden Fall die Varianz der Verteilungsfunktion $\rho_S(\vec{\Gamma})$ über eine Folge immer kleiner werdender Gebiete des reduzierten Phasenraums, dann ändert sich die Varianz nicht. Eine nichtkonstante Fluktuation liegt z. B. bei einem Wiener-Prozess $W(x)$ über einem eindimensionalen Raum vor, mit dem man u. a. die Brown'sche Diffusion beschreibt (In diesem Fall wird x mit der Zeit identifiziert). Die Varianz über eine Strecke der Länge L hat hierfür den Wert $\sigma_L = \overline{(W-\bar{W})^2} \sim L$, d. h. mit kleiner werdendem Gebiet nimmt auch die Fluktuationsstärke ab.

Tatsächlich wird man aber auch nicht die Verteilungsfunktion, sondern die aus ihr mit (2.92) bestimmbaren Erwartungswerte aller physikalisch-zulässigen Observablen experimentell verifizieren. Die Observablen sind gewöhnlich stetige[56] Funktionen der Phasenraumkoordinaten. Da jedes beliebig kleine Gebiet des Phasenraumes von jeder Trajektorie unendlich oft durchdrungen wird, mitteln sich die Fluktuationen der Verteilungsfunktion bei der Berechnung der Erwartungswerte entsprechend (2.92) gegenseitig aus. Alle Erwartungswerte bleiben unverändert, wenn wir die in (2.92) auftretende Integration mit einer im ganzen reduzierten Phasenraum konstanten Funktion $\rho_S(\vec{\Gamma})$ ausführen. Eine beliebige stationären Verteilungsfunktion kann deshalb von der Verteilung

$$\rho_S(\vec{\Gamma}) = \frac{1}{S_{red}} \qquad (2.97)$$

wobei S_{red} das Volumen des reduzierten Phasenraums ist, im Hinblick auf solche Erwartungwerte nicht mehr unterschieden werden. Mit der Wahrscheinlichkeitsverteilung (2.97) sind dann die Erwartungswerte beliebiger Observablen unter Benutzung von (2.92) bestimmbar. Empirisch können diese Erwartungswerte durch Mittelwerte über alle Systeme des Ensembles bestimmt werden. Allerdings benötigt man hierzu eine repräsentative Anzahl gleichartiger Systeme, wodurch der experimentelle Aufwand erheblich anwächst. Man kann diese Scharmittelwerte aber auch durch die Zeitmittelwerte eines einzigen Systems dieses Ensembles ausdrücken. Dazu bringen wir (2.94) in eine Form, die eine ähnliche Struktur wie das Scharmittel besitzt

$$\bar{A}_\infty(\vec{\Gamma}_0) = \int A(\vec{\Gamma}) \rho_{\vec{\Gamma}_0}(\vec{\Gamma}) d\Gamma \qquad (2.98)$$

wobei wir die Dichte

$$\rho_{\vec{\Gamma}_0}(\vec{\Gamma}) = \lim_{t_M \to \infty} \frac{1}{t_M} \int_t^{t+t_M} \delta(\vec{\Gamma} - \vec{\Gamma}(\tau, \vec{\Gamma}_0)) d\tau \qquad (2.99)$$

eingeführt haben. Diese Dichte $\rho_{\vec{\Gamma}_0}(\vec{\Gamma})$ ist wegen der auftretenden δ-Funktion nur auf der gesamten, durch den Punkt $\vec{\Gamma}_0$ verlaufenden Trajektorie $\vec{\Gamma}(\tau, \vec{\Gamma}_0)$ von null verschieden. Da andererseits für ein ergodisches System die Trajektorie den reduzierten Phasenraum dicht ausfüllt, ist auch $\rho_{\vec{\Gamma}_0}(\vec{\Gamma})$ eine auf beliebig kleinen Skalen konstant fluktuierende Funktion, die sich bei der Integration über ein beliebig kleines Gebiet ausmittelt. Damit können wir $\rho_{\vec{\Gamma}_0}(\vec{\Gamma})$ durch die von $\vec{\Gamma}_0$ unabhängige, konstante Verteilungsfunktion

$$\rho_{Zeit}(\vec{\Gamma}) = \frac{1}{S_{red}} \qquad (2.100)$$

---

[56] oder wenigstens stückweise stetige

ersetzen. Damit sind die Zeit- und Scharmittelwerte aller physikalischen Observablen eines ergodischen Systems gleich. Dieses wichtige Resultat kann auch als alternative Definition eines ergodischen Systems verstanden werden.

In nichtergodischen Systemen sind Schar- und Zeitmittelwerte gewöhnlich verschieden. Da der reduzierte Phasenraum eines nichtergodischen Systems einerseits in kleinere invariante Teilmengen metrisch separiert werden kann, ein konkretes System andererseits aber niemals aus einer dieser Teilmengen in die andere wechseln kann, ist jeder Zeitmittelwert eines Systems nur auf eine der invarianten Teilmengen bezogen[57]. Der Scharmittelwert wird aber über alle Systeme des Ensembles gebildet, egal welcher invarianten Teilmenge sie angehören.

Die Gleichheit von Zeit- und Scharmittelwert gilt natürlich auch für mischende Systeme[58]. Allerdings ist die Präparation eines stationären Ensembles weitaus einfacher. Da in einem mischenden System jedes Teilgebiet über den ganzen reduzierten Phasenraum verteilt wird, findet man nach einer gewissen Einstellzeit eine Situation vor, die nicht mehr von einer stationären Verteilung unterschieden werden kann. Während der Einstellzeit erweisen sich die Scharmittelwerte noch als zeitabhängig, aber nach einer hinreichend langen Zeit verschwindet diese Abhängigkeit als Folge des mischenden Flusses immer mehr. Folglich strebt unter einem mischenden Fluss jedes beliebig präparierte Ensemble nach einer hinreichend langen Wartezeit eine Verteilung an, die von einer stationären Verteilung der Form (2.97) nicht mehr unterschieden werden kann[59]. Liegt für ein ergodisches oder mischendes Ensemble eine stationäre Verteilung vor, dann spricht man auch von einem *thermodynamischen Gleichgewicht*. Das äußere Merkmal eines thermodynamischen Gleichgewichts ist die Konstanz aller Scharmittelwerte und die Äquivalenz der Schar- und Zeitmittelwerte. Im thermischen Gleichgewicht hat jedes makroskopische System die Möglichkeit, nacheinander alle zulässigen Mikrozustände zu durchlaufen[60]. Sofern wir uns in diesem Band auf klassische Systeme beziehen, werden wir in Zukunft immer voraussetzen, dass sie mischend sind.

[57] Es gibt also verschiedene Zeitmittelwerte, je nachdem, zu welcher Teilmenge das aktuell untersuchte System gehört.
[58] Jedes mischende System ist ja zugleich ergodisch.
[59] Allerdings wird die Verteilungsfunktion niemals wirklich stationär. Sie kann nach einer hinreichend langen Zeit aber durch eine stationäre Verteilung ersetzt werden, ohne dass die Erwartungswerte signifikante Änderungen erfahren. Nach einer unendlich langen Einstellzeit werden diese Abweichungen sogar verschwinden.
[60] bzw. genauer, jedem zulässigen Mikrozustand beliebig nahe zu kommen

2.5
*Irreversibilität und Poincaré'scher Wiederkehreinwand

2.5.1
*Mikroskopische Reversibilität und makroskopische Irreversibilität

Die Bewegungsgleichungen eines beliebigen Hamilton'schen Systems sind stets zeitumkehrinvariant. Solche Systeme bezeichnet man auch als reversibel, da sich aus jedem erreichten Zustand theoretisch der anfängliche Zustand bestimmen lässt.

Andererseits ist es eine allgemeingültige Erfahrung, dass jedes mischende, makroskopische System aus einem beliebigen Anfangszustand nach hinreichend langer Zeit in einen Zustand, der äußerlich[61] nicht mehr von den Anfangsbedingungen abzuhängen scheint, strebt. Mit anderen Worten, alle physikalisch zugänglichen makroskopischen Messgrößen stellen sich in einem solchen System nach einer hinreichend langen Warte- oder Relaxationszeit unabhängig von der Präparation des Anfangszustandes $\rho(\vec{\Gamma}, t_0)$ immer mit dem gleichen Wert ein[62]. Man spricht deshalb auch von makroskopischer Irreversibilität im Gegensatz zu der oben erwähnten, allen Hamilton'schen Systemen eigenen Reversibilität, die im Rahmen der statistischen Physik auch als mikroskopische Reversibilität bezeichnet wird.

Zum Beispiel kann man ein Gas zunächst in einem beliebigen Teilraum einer isolierten Box komprimieren und anschließend entspannen. Nach dem Abklingen der Konvektionsbewegung findet man in dem nun über die ganze Box verteilten Gas keine experimentell verifizierbaren Anhaltspunkte mehr, an welcher Stelle der Box das Gas ursprünglich komprimiert war und wie man das System beeinflussen muss[63], so dass der Endzustand spontan ohne eine gewisse, von außen zugeführten Arbeit wieder in den Anfangszustand zurückkehrt.

Auf den ersten Blick steht die makroskopische Irreversibilität also im Widerspruch zur mikroskopischen Reversibilität und damit auch zu unseren bisherigen Überlegungen über die zeitliche Entwicklung des Informationsgehaltes der Wahrscheinlichkeitsverteilung eines Ensembles von Vielteilchensystemen[64], wonach sich die Information über ein Ensemble mit einer nichtstationären Anfangsverteilung zwar permanent ändert, der Informationsgehalt we-

---

61) d. h. aus der Sicht des makroskopischen Experiments
62) Natürlich wird vorausgesetzt, dass in allen zum Vergleich herangezogenen Anfangszuständen die globalen Erhaltungsgrößen immer den gleichen Wert besitzen, d. h. der Mikrozustand jedes präparierten Systems ist Element der gleichen invarianten Teilmenge des Phasenraums.
63) Theoretisch braucht man nur die Impulse aller Teilchen umkehren, experimentell ist diese Möglichkeit jedoch nicht realisierbar.
64) siehe die Diskussion am Ende von Abschnitt 2.3.3 und zu Beginn von Abschnitt 2.4.1.

gen des deterministischen Charakters der Bewegungsgleichungen aber unverändert bleibt. Deshalb sollte aus jeder späteren Wahrscheinlichkeitsverteilung auf die Anfangsverteilung geschlossen werden können, was aber im Gegensatz zur beobachteten makroskopischen Irreversibiltät steht.

Im Prinzip kann man diesen Widerspruch durch zwei Argumente erklären:

1. Von einem rein theoretischen Standpunkt können wir aus jedem späteren Mikrozustand auf den Anfangszustand eines Systems schließen und diesen durch Umkehr aller Impulse auch wieder herstellen. Experimentell ist dazu aber eine extrem feine Auflösung der technischen Geräte notwendig, die normalerweise nicht zur Verfügung steht. Die somit gar nicht zu vermeidenden natürlichen Messfehler erzeugen deshalb eine gewisse Verschmierung des gemessenen Mikrozustands, so dass schon nach relativ kurzer Zeit jegliche experimentell messbare Information über den Anfangszustand verloren ist[65]. In diesem Fall ist die makroskopische Irreversibilität eine Folge der messtechnisch bedingten unvollständigen Information über den jeweils erreichten Mikrozustand.

2. Wir können aber auch argumentieren, dass das untersuchte Vielteilchensystem gar nicht vollständig frei von äußeren Einflüssen gehalten werden kann. Dann würde jede, auch noch so schwache Wechselwirkung eines Vielteilchensystems mit seiner Umgebung die Trajektorie im Phasenraum unkontrolliert stören. Damit ist eine Herstellung des Ausgangszustands, selbst wenn eine beliebig genaue experimentelle Technik existieren würde, ausgeschlossen. Folglich genügt eine – in der Realität immer vorhandene – Verletzung der Isolation des betrachteten Systems, um die makroskopische Irreversibilität zu erklären.

Aus diesen Argumenten ergibt sich, dass das bereits im Anfangszustand als Folge der Präparation enthaltene und durch die Angabe der Wahrscheinlichkeitsverteilung $\rho(\vec{\Gamma}, t_0)$ ausgedrückte Informationsdefizit über den Zustand des betrachteten Systems im *realen* Experiment weiter anwächst. Jeder reale makroskopisch irreversible Prozess ist mit einem monoton zunehmenden Informationsverlust verbunden[66]. Nur wenn bereits bei der Präparation die

---

[65] Auch die experimentelle Bestimmung der zeitlichen Evolution der Wahrscheinlichkeitsverteilung führt auf die gleichen Probleme. Mit zunehmender Zeit wird die unter dem vorausgesetzten mischenden Hamilton'schen Fluss ständig komplizierter werdende Verteilungsfunktion mit den zur Verfügung stehenden Messgeräten immer weniger auflösbar, so dass auch jetzt ein realer Informationsverlust und damit eine auf der makroskopischen Ebene registrierbare Irreversibilität zu verzeichnen ist.

[66] Wir machen aber darauf aufmerksam, dass in einem idealen Experiment und bei der Möglichkeit einer beliebig feinen Bestimmung der Wahrscheinlichkeitsdichte kein Informationsverlust gegenüber der

Information über das System durch eine stationäre Verteilung $\rho_S(\vec{\Gamma})$ ausgedrückt werden kann, wird sich der Informationsgehalt nicht mehr ändern. Wir können daraus schlussfolgern, dass im thermodynamischen Gleichgewicht ein Zustand minimaler Information vorliegen muss[67].

Der Informationsverlust bei irreversiblen Prozessen ist oft mit einer Vergrößerung des besetzten Phasenraumvolumens verbunden. Im obigen Beispiel sind anfänglich alle Gasatome in einem kleinen Gebiet der Box konzentriert. Befand sich das Gas zum Anfangszeitpunkt im Gleichgewicht, dann war der Mikrozustand ursprünglich in einem beliebigen Punkt auf der durch den Energieerhaltungssatz und die Randbedingungen des Gebiets bestimmten, endlichen Hyperfläche S_{red} mit der konstanten Wahrscheinlichkeitsdichte $1/S_{\text{red}}$ zu finden.

Nach dem Wegfall der Begrenzungen erweitert sich der verfügbare Phasenraum auf die durch die Ausmaße der Box bestimmten Hyperfläche. Unter dem vorausgesetzten mischenden Fluss wird sich das anfänglich besetzte Gebiet über diese neue Hyperfläche ausbreiten. Wegen des Liouville-Theorems bleibt dabei das Volumen erhalten, so dass nicht jeder Punkt des verfügbaren Phasenraums zu einer bestimmten Zeit t auch wirklich erreicht wird[68]. Aber als Folge des mischenden Charakters ist nach hinreichend langer Zeit jeder Punkt des verfügbaren Phasenraums einem zu dieser Zeit erreichten Punkt beliebig nahe. Da wegen der endlichen messtechnischen Auflösung diese feinen Unterschiede nicht mehr erkennbar sind und diese außerdem durch geringste Störungen durch eine nicht zu unterbindende Wechselwirkung mit der Umgebung verwischt werden, ist die Verteilungsfunktion nach einer gewissen Relaxationszeit nicht mehr von einer Gleichverteilung $\rho_S = 1/S'_{\text{red}}$ zu unterscheiden, wobei S'_{red} das Volumen des neuen verfügbaren Phasenraumes ist.

2.5.2
*Der Poincaré'sche Wiederkehreinwand

Makroskopische Irreversibilität bedeutet aber nicht, dass ein beliebiges System nicht wieder seinen Anfangszustand erreichen oder, genauer, seinem Anfangszustand beliebig nahe kommen kann. Für jedes ergodische System kann der folgende, als Wiederkehreinwand von Poincaré bekannte Satz, bewiesen werden:

Anfangsverteilung auftritt. Erst durch die beschränkte Genauigkeit bei der Bestimmung der Verteilung des Endzustandes oder unter dem Einfluss äußerer Störungen verringert sich in einem realen Experiment die verfügbare Information über das Ensemble.

[67] Wir werden in Kap. 3.2 mit der Entropie ein geeignetes Maß für den Informationsgehalt einer Verteilungsfunktion bereitstellen.

[68] Wegen der permanenten Evolution ist die Menge der erreichten Punkte abhängig von der aktuellen Zeit.

> Jedes ergodische System erreicht nach hinreichend langer Zeit wieder einen Punkt im Phasenraum, der sich in einer beliebig kleinen Entfernung von seinem Startpunkt befindet.

Zum Beweis genügt bereits der Hinweis auf die in den vorangegangenen Abschnitten diskutierten Eigenschaften ergodischer Systeme. Dieser Wiederkehreinwand von Poincaré kann scheinbar als Argument gegen die Interpretation der Irreversibilität als Folge des Verlustes von Informationen verwendet werden, denn jedes einzelne System wird irgendwann wieder zu der Anfangskonfigurationen zurückkehren müssen. Natürlich ist ein solches Ereignis äußerst selten und es bedarf astronomischer Zeitskalen, um das Rückkehrphänomen selbst in einem makroskopischen System zu beobachten.

Der entscheidende Punkt ist aber, dass die Rückkehrzeit bei einem System mit wohldefinierten Anfangsbedingungen wenigstens formal exakt berechnet werden kann. Je mehr Informationen über das System wir aber verlieren[69], um so probabilistischer werden unsere Aussagen über die Rückkehrzeit. In dieser wachsenden Ungenauigkeit liegt das Wesen der Irreversibilität verborgen, aber nicht in der selbstverständlich zu erwartenden Rückkehr des Systems in seinen Anfangszustand.

2.5.3
*Abschätzung der Poincaré'schen Wiederkehrzeit für ein ideales Gas

Die Zeit, die ein System braucht, um in den Anfangszustand zurückzukehren, wird auch als Rekurrenzzeit bezeichnet. Um diese Zeit abzuschätzen, benötigt man Angaben über das zugängliche Phasenraumvolumen. Wir wollen diese Abschätzung für ein System aus wechselwirkungsfreien Partikeln in einem Volumen V durchführen. Ein solches System wird auch als ideales Gas bezeichnet. Weil sich das Gas in einem festen Volumen V befindet, ist der Volumenanteil des reduzierten Phasenraums bei N Gaspartikeln einfach V^N. Andererseits gilt wegen der vollständigen Isolation des Gases gegenüber seiner Umgebung für die Energie der Erhaltungssatz

$$E = \sum_{i=1}^{N} \frac{p_i^2}{2m} \qquad (2.101)$$

d. h. das Gesamtsystem befindet sich im Impulsraum immer auf der Oberfläche einer $3N$-dimensionalen Kugel vom Radius $R = \sqrt{2mE}$. Die Oberfläche einer solchen Kugel ist durch

$$A = \frac{2\pi^{3N/2}}{\Gamma\left(\frac{3N}{2}\right)} R^{3N-1} = \frac{2\pi^{3N/2}}{\Gamma\left(\frac{3N}{2}\right)} (2mE)^{(3N-1)/2} \qquad (2.102)$$

---

[69] z. B. durch eine sehr schwache, über den gesamten Zeitraum aber eben doch nicht zu vernachlässigende Wechselwirkung mit der Umgebung

gegeben. Solange kein Teilchen des Gases an den Begrenzungswänden des Gesamtvolumens reflektiert wird, bewegt sich das System auf einer Geraden durch den Phasenraum. Die Bahngeschwindigkeit ist dabei durch

$$|V|^2 = \frac{1}{m^2}\sum_{i=1}^{N} p_i^2 = \frac{2E}{m} \tag{2.103}$$

gegeben[70]. Wir legen jetzt um die Trajektorie einen Schlauch, der die zugelassene Ungenauigkeit beschreibt. Wir verlangen, dass der Ort eines Teilchens bis auf die Größenordnung seines Partikelradius a_0 bestimmt werden kann, d. h. die Ortsunschärfe ist $\Delta x = a_0$. Für die Ungenauigkeit des Impulses legen wir die quantenmechanische Unschärferelation, also $\Delta x \Delta p \approx \hbar$, zugrunde. Das von dem Schlauch in der Zeit t überstrichene Phasenraumvolumen ist dann

$$\delta V(t) = |V|t(\Delta x \Delta p)^{3N-1} = |V|t\hbar^{3N-1} \tag{2.104}$$

Dabei muss man beachten, dass der Schlauch ein Zylinder mit der Grundfläche einer $(3N-1)$-dimensionalen Kugel sowohl im Impuls- als auch im Ortsraum ist und eine Höhe besitzt, die mit $|V|t$ anwächst. Nach jedem Stoß eines Teilchens mit der Wand des Volumens bricht der Schlauch zwar ab, setzt aber an einer anderen Stelle im Phasenraum wieder ein. Eine Rückkehr zum Anfangszustand ist erst dann zu erwarten, wenn der gesamte zulässige Phasenraum ausgefüllt ist.

Daher erhalten wir für die Rekurrenzzeit τ die Schätzung

$$|V|\tau\hbar^{3N-1} = V^N \frac{2\pi^{3N/2}}{\Gamma\left(\frac{3N}{2}\right)} (2mE)^{(3N-1)/2} \tag{2.105}$$

und damit

$$\tau = \frac{2(\pi m)^{1/2} V^{1/3}}{\sqrt{2E}} \left(\Gamma\left(\frac{3N}{2}\right)\right)^{-1} \left(\frac{V^{1/3}\sqrt{2\pi m E}}{2\pi\hbar}\right)^{3N-1} \tag{2.106}$$

Der erste Faktor liefert zwar die Zeitskala, spielt aber bei hinreichend großen Werten N keine Rolle mehr. Wir ersetzen ihn deshalb in dieser Schätzung großzügig durch 1 sec. Für die Gamma-Funktion benutzen wir die Stirling'sche Formel, also $\Gamma(x) = x^x e^{-x}$ und für die Energie und das Volumen schreiben wir $E = N\varepsilon$ bzw. $V = 4\pi/3 N a_0^3 \Phi^{-1}$, wobei Φ der Volumenanteil der Gasteilchen am Gesamtvolumen V und ε die mittlere Energie pro Teilchen

---

[70] Man beachte, dass sich die Impulse der Teilchen zwischen je zwei aufeinanderfolgenden Stößen mit den Wänden nicht ändern.

ist. Dann erhalten wir

$$\tau \approx \left(\frac{3N}{2}\right)^{-3N/2} e^{3N/2} \left(\frac{(4\pi/3Na_0^3\Phi^{-1})^{1/3}\sqrt{2\pi mN\varepsilon}}{2\pi\hbar}\right)^{3N-1} \text{sec}$$

$$\approx N^N e^{3N/2} \left(\frac{(4\pi/3a_0^3\Phi^{-1})^{1/3}\sqrt{\pi m\varepsilon}}{3\pi\hbar}\right)^{3N} \text{sec} \qquad (2.107)$$

Dabei wird aber vorausgesetzt, dass sich nach Ablauf der Zeit τ eine Situation einstellt, bei der jedes Teilchen bis auf die definierten Abweichungen seinen ursprünglichen Platz und seinen ursprünglichen Impuls annimmt. Für das makroskopische Erscheinungsbild ist das aber nicht notwendig. Es genügt, wenn jedes Teilchen jeweils ein Paar aus der Menge der ursprünglichen Anfangspositionen und -impulse annimmt. Daher muss man τ noch durch die Zahl der möglichen Vertauschungen $N!$ aller Teilchen teilen. Mit der Stirling'schen Formel (siehe Fußnote 12, Abschnitt 4.6) gelangt man somit schließlich zu

$$\tau \approx e^{5N/2} \left(\frac{(4\pi/3a_0^3\Phi^{-1})^{1/3}\sqrt{\pi m\varepsilon}}{3\pi\hbar}\right)^{3N} \text{sec} \qquad (2.108)$$

Für 1 mol Helium ergibt sich hieraus unter Normalbedingungen die Abschätzung

$$\tau \sim 10^{10^{24}} \text{sec} \qquad (2.109)$$

also eine Zeit, die weit über das Alter des Universums hinausreicht.

2.6
Die quantenmechanische statistische Verteilung

2.6.1
Quantenmechanisches Ensemble

Während die klassische Mechanik ein System anhand seiner Trajektorie im Phasenraum vollständig beschreibt, wird die Evolution in der Quantenmechanik durch den Quantenzustand $|\psi\rangle$ charakterisiert. In der Ortsdarstellung ist dieser Zustand durch die über dem aus den Koordinaten der Freiheitsgrade des Systems aufgespannten Konfigurationsraum erklärte Wellenfunktion bestimmt. Fassen wir die einzelnen Koordinaten q_i ($i = 1, \ldots, f$) zu einem Vektor $\vec{Q}$ entsprechend

$$\vec{Q}(t) = \begin{pmatrix} q_1(t) \\ \vdots \\ q_f(t) \end{pmatrix} \qquad (2.110)$$

zusammen, dann ist die Wellenfunktion eine komplexe Funktion der Struktur

$$\psi = \psi(\vec{Q}, t) \tag{2.111}$$

Ebenso wie im Fall der klassischen Mechanik besteht in der quantenmechanischen Vielteilchentheorie das Problem der Lösung der Bewegungsgleichung, also z. B. der Schrödinger-Gleichung, in einem hochdimensionalen Raum[71] und der Präparation des Anfangszustandes $|\psi(t_0)\rangle$. Das erste Problem erweist sich gewöhnlich als noch viel komplizierter als im klassischen Fall, das z. B. im Fall der Schrödinger-Gleichung auf die Lösung einer komplexen partiellen Differentialgleichung für die Wellenfunktion $\psi(\vec{Q}, t)$ führt. Aber wie im Fall der klassischen Statistik[72], genügt es zu wissen, dass zu jedem Anfangszustand eine eindeutig bestimmbare Wellenfunktion $\psi(\vec{Q}, t)$ existiert. Da partielle Differentialgleichungen nicht allein durch die Anfangsbedingungen, sondern auch durch die Randbedingungen vollständig formuliert sind, rechnet man die letzteren zum System. Zwei quantenmechanische Systeme sind somit äquivalent, wenn sie durch die gleiche quantenmechanische Evolutionsgleichung mit den gleichen Randbedingungen beschrieben werden[73].

Das zweite Problem erscheint zunächst einfacher als in der klassischen Mechanik behandelbar zu sein, da z. B. in der Energiedarstellung jeder Zustand durch seinen Energieeigenwert vollständig beschrieben ist. Gelingt es also experimentell, einen scharfen Energieeigenwert einzustellen, ist natürlich auch die Wellenfunktion $\psi(\vec{Q}, t_0)$ und damit der Quantenzustand $|\psi(t_0)\rangle$ des Systems exakt definiert. Aber diese erfreuliche Aussicht wird durch eine andere, quantenmechanisch bedingte Schwierigkeit getrübt, die jeden Versuch einer genauen Präparation eines quantenmechanischen Vielteilchensystems mit einer hinreichend hohen Zahl von Freiheitsgraden wieder zunichte macht.

Um dieses Phänomen anschaulich zu erläutern, betrachten wir das bekannte Beispiel eines Teilchens in einem unendlich tiefen Potentialkasten der Breite a. Die Energieeigenwerte hierfür sind uns bekannt[74]

$$E_n = \frac{\hbar^2 \pi^2}{2ma^2} n^2 \quad \text{mit} \quad n = 1, 2, 3, \ldots \tag{2.112}$$

Wir benutzen für die weitere Diskussion die reduzierte Energie

$$\varepsilon_n = (2ma^2/\hbar^2 \pi^2) E_n - 1 \tag{2.113}$$

71) Der Konfigurationsraum hat bei N Partikel die Dimension $f = 3N$.
72) Hier ist die Kenntnis ausreichend, dass zu jeder zulässigen Anfangsbedingung eine Trajektorie im Phasenraum existiert.
73) Innerhalb der klassischen Statistik gelten dagegen zwei Systeme als äquivalent, wenn sie den gleichen kanonischen Bewegungsgleichungen genügen.
74) siehe Band III, Kap. 3.5.6.3

Diese Skalierung legt nur den Maßstab der Energie fest, verändert aber nicht den physikalischen Sachverhalt. Außerdem nutzen wir die Eichfreiheit der Energieskala, um den Grundzustand ($n = 1$) so festzulegen, dass die Energie des Partikels in diesem Zustand verschwindet. Das Spektrum der reduzierten Eigenwerte ist dann einfach die Folge

$$\varepsilon = 0, 3, 8, 15, 24, \ldots, n^2 - 1, \ldots \quad (2.114)$$

Sind zwei wechselwirkungsfreie Teilchen im Kasten vorhanden, dann sind die reduzierten Energieeigenwerte einfach durch $\varepsilon = n_1^2 + n_2^2 - 2$ gegeben und das Spektrum beginnt jetzt mit

$$\varepsilon = 0, 3, 6, 8, 11, 15, 16, 18, 23, \ldots. \quad (2.115)$$

Schon auf den ersten Blick sieht man, dass das Spektrum dichter wird, d. h. Energiewerte, die mit einem Partikel nicht erreicht werden konnten, sind jetzt erlaubt. Dieser Effekt setzt sich mit zunehmender Partikelzahl fort und bei einer hinreichend großen Anzahl von Teilchen kann ε den Bereich der natürlichen Zahlen nahezu dicht belegen. Hinzu kommt noch, dass eine Vielzahl der Eigenwerte entartet ist, also mehreren Kombinationen von Einteilchenzuständen entsprechen. Der Entartungsgrad nimmt natürlich mit wachsender Teilchenzahl ebenfalls zu.

Schaltet man jetzt noch eine, wenn auch schwache Wechselwirkung ein, dann spalten diese entarteten Energieniveaus auf und man erhält für eine hinreichend große Teilchenzahl ein nahezu dichtes Spektrum, d. h. die energetische Distanz benachbarter Eigenwerte wird extrem klein. Wenn es also darauf ankommt, einen bestimmten Zustand genau zu präparieren, dann ist es notwendig, die Energie des Gesamtsystems so einzustellen, dass sie genauer als die Differenz zu den benachbarten Zuständen ist. Wegen der quantenmechanischen Unschärferelation[75]

$$|\Delta E| \, |\Delta t| \sim \hbar \quad (2.116)$$

bedarf es dazu einer Präparationszeit

$$|\Delta t| \sim \frac{\hbar}{|\Delta E|} \quad (2.117)$$

Da aber mit wachsender Teilchenzahl für die Differenz benachbarter Energieeigenwerte $|\Delta E| \to 0$ gilt, erhalten wir eine monoton mit der Systemgröße wachsende Präparationszeit. Es ist also auch im quantenmechanischen Fall praktisch unmöglich, einen definierten Anfangszustand $|\psi(t_0)\rangle$ eines Vielteilchensystems mit einer hinreichend hohen Zahl von Freiheitsgraden herzustellen.

[75] siehe Band III, Kap. 4.9.2.4

Ein beliebiges Präparationsverfahren ist höchstens in der Lage, einen gewissen Anfangszustand $|\psi_\alpha(t_0)\rangle$ mit einer gewissen Wahrscheinlichkeit p^α herzustellen. Man fasst deshalb wieder alle äquivalenten quantenmechanischen Systeme zu einem Ensemble zusammen. Je nach Präparationsverfahren kann man davon ausgehen, dass sich ein beliebig ausgewähltes System des Ensembles mit der Wahrscheinlichkeit p_α im Zustand $|\psi_\alpha\rangle$ befindet. Oder – unter Verwendung des Gauß'schen Häufigkeitsbegriffs – kann man auch sagen, dass von N Systemen des Ensembles mit $N \to \infty$ insgesamt $p_\alpha N$ Systeme unmittelbar nach der Präparation im Zustand $|\psi_\alpha(t_0)\rangle$ sind.

Natürlich kann man wie im klassischen Fall auf die Ensembletheorie verzichten und die Bayes'sche Interpretation verwenden. Dann stellt p_α wieder die subjektive Information dar, die den Ausgang des verwendeten Präparationsverfahrens beschreibt.

Selbstverständlich gilt auch wieder die Normierung

$$\sum_\alpha p^\alpha = 1 \qquad (2.118)$$

2.6.2
Statistische und quantenmechanische Wahrscheinlichkeit

Obwohl dem quantenmechanischen Zustand $|\psi_\alpha\rangle$ eines Systems im Rahmen seiner theoretischen Beschreibung eine zentrale Rolle zukommt, kann dieser nicht direkt experimentell bestimmt werden[76]. Die eigentlichen Messgrößen sind die Eigenwerte A_n der Observablen $\hat{A}$. Für einen gegebenen Zustand $|\psi_\alpha\rangle$ fallen die Messwerte A_n gewöhnlich aber nicht deterministisch an, sondern sind, als Folge der Messung eines quantenmechanischen Zustands, zufällig verteilt. Bezeichnen wir mit $|n\rangle$ die Eigenzustände des Operators $\hat{A}$ zum Eigenwert A_n, d. h. gilt $\hat{A}|n\rangle = A_n|n\rangle$, dann wird der Eigenwert A_n mit der quantenmechanischen Wahrscheinlichkeit

$$w_n^\alpha = |\langle n|\psi_\alpha\rangle|^2 = \langle n|\psi_\alpha\rangle\langle\psi_\alpha|n\rangle \qquad (2.119)$$

im Zustand $|\psi_\alpha\rangle$ gemessen[77]. Die quantenmechanischen Wahrscheinlichkeiten genügen der Normierung

$$\sum_n w_n^\alpha = 1 \qquad (2.120)$$

Nur wenn der Zustand des Systems mit einem Eigenzustand der Messgröße übereinstimmt, wenn also z. B. $|\psi_\alpha\rangle = |m\rangle$ gilt, erhält man $w_m^\alpha = 1$ und nur in diesem Fall werden die Messungen einen determinierten Wert, nämlich A_m haben.

---
76) siehe Band III, Kap. 2.4
77) siehe Band III, Kap. 4.6 und Kap. 4.10

Die quantenmechanischen Wahrscheinlichkeiten w_n^α unterscheiden sich erheblich von den durch die Präparation bestimmten Wahrscheinlichkeiten p_α. Die letzteren sind prinzipiell ein Maß für das durch letztendlich unzureichende experimentelle Technik entstehende Informationsdefizit über den Quantenzustand eines Systems. Durch verbesserte Geräte kann dieses Defizit immer weiter reduziert werden und hypothetisch ist sogar die Präparation eines definierten Quantenzustands möglich. Die quantenmechanische Wahrscheinlichkeit entspricht dagegen bereits der vollen, über den jeweiligen Zustand $|\psi_\alpha\rangle$ erreichbaren, Information. Sie kann bei vorgegebener Observable $\hat{A}$ und gegebenem Zustand durch keine Verbesserung der Technik oder andere Einflussfaktoren verändert werden.

Wir können jetzt die Wahrscheinlichkeit W_n bestimmen, in einem beliebig ausgewählten System eines Ensembles den Eigenwert A_n der Observablen $\hat{A}$ zu messen. Dazu hat man zu beachten, dass w_n^α als die bedingte Wahrscheinlichkeit aufgefasst werden kann, den Eigenwert A_n im Zustand $|\psi_\alpha\rangle$ zu registrieren. Also ist die Wahrscheinlichkeit, ein System im Zustand $|\psi_\alpha\rangle$ vorliegen zu haben und dort den Wert A_n zu messen

$$P_n^\alpha = w_n^\alpha p_\alpha = \langle n|\psi_\alpha\rangle p_\alpha \langle \psi_\alpha|n\rangle \tag{2.121}$$

woraus wir dann durch Summation über alle Ensemblezustände die gesuchte Wahrscheinlichkeit W_n erhalten

$$W_n = \sum_\alpha \langle n|\psi_\alpha\rangle p_\alpha \langle \psi_\alpha|n\rangle = \langle n|\left[\sum_\alpha |\psi_\alpha\rangle p_\alpha \langle \psi_\alpha|\right]|n\rangle \tag{2.122}$$

Natürlich ist auch W_n normiert. Wegen (2.120) und (2.118) ist

$$\sum_n W_n = \sum_{n,\alpha} w_n^\alpha p_\alpha = \sum_\alpha \underbrace{\sum_n w_n^\alpha}_{=1} p_\alpha = \sum_\alpha p_\alpha = 1 \tag{2.123}$$

Der in den eckigen Klammern von (2.122) stehende Ausdruck wird als statistischer Operator oder auch Dichteoperator

$$\hat{\rho} = \sum_\alpha |\psi_\alpha\rangle p_\alpha \langle \psi_\alpha| \tag{2.124}$$

bezeichnet. Mit diesem Operator wird das quantenmechanische Ensemble – oder alternativ im Sinne von Bayes unsere Information über das System – vollständig charakterisiert. Damit ist der Dichteoperator das quantenmechanische Analogon zur klassischen Wahrscheinlichkeitsdichte.

2.6.3
Eigenschaften des Dichteoperators

Da der Dichteoperator das quantenmechanische Analogon der klassischen Wahrscheinlichkeitsdichte ist, sollte er auch die Normierungsbedingung er-

2.6 Die quantenmechanische statistische Verteilung

füllen. Um diese Relation zu beweisen und außerdem in eine geeignete Form zu bringen, betrachten wir die in (2.122) dargestellte Wahrscheinlichkeit W_n, bei einer Messung der Observablen $\hat{A}$ den Eigenwert A_n zu registrieren. Diese Wahrscheinlichkeit ist gleichbedeutend mit der Wahrscheinlichkeit, den Eigenzustand $|n\rangle$ des Operators $\hat{A}$ vorliegen zu haben. Da die Eigenzustände jeder physikalischen Observablen eine vollständige orthogonale Basis $\{|n\rangle\}$ bilden, können wir sogar ganz auf die Angabe der speziellen Observablen verzichten und interpretieren (2.122) als die Wahrscheinlichkeit, bei einer Messung an einem System des Ensembles den Zustand $|n\rangle$ einer vollständigen Basis zu finden. Folglich können wir (2.123) unter Beachtung von (2.122) und (2.124) auch in der Form

$$\sum_n W_n = \sum_n \langle n|\hat{\rho}|n\rangle = 1 \qquad (2.125)$$

schreiben. Dabei wird im letzten Ausdruck die Spur des Operators $\hat{\rho}$ in der speziellen Basis $\{|n\rangle\}$ gebildet. Da die Spurbildung aber überhaupt nicht von der Wahl des Basissystems $\{|n\rangle\}$ abhängt, sondern vielmehr invariant unter unitären Transformationen des Basissystems ist[78], lautet die Normierungsbedingung

$$\operatorname{Sp}\hat{\rho} = 1 \qquad (2.126)$$

Aus der Quantenmechanik[79] ist der Projektionsoperator

$$\hat{P}_\psi = |\psi\rangle\langle\psi| \qquad (2.127)$$

auf den quantenmechanischen Zustand $|\psi\rangle$ bekannt. Der Dichteoperator ist dann eine gewichtete Superposition der Projektionsoperatoren aller zulässigen Zustände

$$\hat{\rho} = \sum_\alpha p_\alpha \hat{P}_{\psi_\alpha} \qquad (2.128)$$

Stimmt der Dichteoperator $\hat{\rho}$ mit dem Projektionsoperator $\hat{P}_{\psi_\alpha}$ eines quantenmechanischen Zustands $|\psi\rangle_\alpha$ überein, dann spricht man von einem *reinen* Zustand. In diesem Fall befindet sich das System sicher in diesem Zustand und folglich besitzen wir die maximal verfügbare Information über das System. In allen anderen Fällen spricht man dagegen von einem *gemischten* Zustand, in dem sich das betrachtete System befindet.

Allgemein ist die Spur eines Projektionsoperators wegen

$$\operatorname{Sp}\hat{P}_{\psi_\alpha} = \sum_n \langle n|\psi_\alpha\rangle\langle\psi_\alpha|n\rangle = \sum_n \langle\psi_\alpha|n\rangle\langle n|\psi_\alpha\rangle = \langle\psi_\alpha|\psi_\alpha\rangle = 1 \qquad (2.129)$$

---

[78]) siehe Band III, Kap. 4.10.1
[79]) siehe Band III, Kap. 4.4.3

stets eins. Dabei haben wir insbesondere die für jede Basis geforderte Vollständigkeitsrelation[80] genutzt. Auch aus dieser Eigenschaft ergibt sich wieder die Normierung (2.126), denn es ist

$$\operatorname{Sp}\hat{\rho} = \sum_\alpha p_\alpha \operatorname{Sp}\hat{P}_{\psi_\alpha} = \sum_\alpha p_\alpha = 1 \qquad (2.130)$$

Um bei Vorgabe eines statistischen Dichteoperators entscheiden zu können, ob dieser einen reinen oder gemischten Zustand beschreibt, nutzen wir die Idempotenz von Projektionsoperatoren, also $\hat{P}_{\psi_\alpha}^2 = \hat{P}_{\psi_\alpha}$. Im reinen Zustand stimmt der Dichteoperator mit einem Projektionsoperator überein und es ist

$$\hat{\rho}^2 = \hat{\rho} \qquad (2.131)$$

und damit

$$\operatorname{Sp}\hat{\rho}^2 = 1 \qquad (2.132)$$

In einem gemischten Zustand haben wir dagegen

$$\hat{\rho}^2 = \sum_\alpha \sum_\beta p_\alpha p_\beta \hat{P}_{\psi_\alpha} \hat{P}_{\psi_\beta} \neq \hat{\rho} \qquad (2.133)$$

und deshalb

$$\operatorname{Sp}\hat{\rho}^2 = \sum_n \sum_{\alpha,\beta} p_\alpha p_\beta \langle n|\psi_\alpha\rangle\langle\psi_\alpha|\psi_\beta\rangle\langle\psi_\beta|n\rangle \qquad (2.134a)$$

$$= \sum_{\alpha,\beta} p_\alpha p_\beta \langle\psi_\alpha|\psi_\beta\rangle \sum_n \langle\psi_\beta|n\rangle\langle n|\psi_\alpha\rangle \qquad (2.134b)$$

$$= \sum_{\alpha,\beta} p_\alpha p_\beta \langle\psi_\alpha|\psi_\beta\rangle\langle\psi_\beta|\psi_\alpha\rangle \qquad (2.134c)$$

$$= \sum_{\alpha,\beta} p_\alpha p_\beta |\langle\psi_\alpha|\psi_\beta\rangle|^2 \qquad (2.134d)$$

Da für beliebige normierte Zustände $|\psi_\alpha\rangle$ und $|\psi_\beta\rangle$ für $\alpha \neq \beta$ stets $|\langle\psi_\alpha|\psi_\beta\rangle| < 1$ gilt, erhalten wir schließlich

$$\operatorname{Sp}\hat{\rho}^2 < \sum_{\alpha,\beta} p_\alpha p_\beta = \sum_\alpha p_\alpha \sum_\beta p_\beta = 1 \qquad (2.135)$$

d. h. für einen gemischten Zustand gilt

$$\operatorname{Sp}\hat{\rho}^2 < \operatorname{Sp}\hat{\rho} = 1 \qquad (2.136)$$

---

[80] also $\sum_n |n\rangle\langle n| = \hat{1}$ (siehe Band III, Kap. 4.4.3.2)

Abschließend stellen wir nochmals in Operatorform die grundlegenden Eigenschaften des Dichteoperators zusammen

$$\hat{\rho}^\dagger = \rho \qquad \hat{\rho} \text{ ist hermitesch} \qquad (2.137a)$$
$$\operatorname{Sp} \hat{\rho} = 1 \qquad \hat{\rho} \text{ ist normiert} \qquad (2.137b)$$
$$\hat{\rho} \qquad \text{ist positiv definit} \qquad (2.137c)$$

Die Eigenschaft (2.137c) bedeutet, dass $\langle \psi | \hat{\rho} | \psi \rangle \geq 0$ für alle Zustände $|\psi\rangle$ gilt.

2.6.4
Erwartungswerte

Mit der Kenntnis des statistischen Operators bzw. Dichteoperators sind wir in der Lage, den Ensemble-Erwartungswert bei der Messung einer beliebigen quantenmechanischen Observablen zu bestimmen. Dazu gehen wir davon aus, dass die Eigenfunktionen des dieser Observablen zugeordneten Operators eine Basis $\{|n\rangle\}$ bilden. Die Wahrscheinlichkeit, dass in einem beliebigen System des Ensembles der Eigenwert A_n gemessen wird, ist damit durch (2.122) gegeben. Der aus diesen Messwerten gebildete Mittelwert

$$\overline{A} = \sum_n A_n W_n \qquad (2.138)$$

ist dann der Ensemble-Erwartungswert der Observablen $\hat{A}$. Da die $|n\rangle$ Eigenzustände von $\hat{A}$ sind, können wir (2.138) unter Verwendung von (2.122) und (2.124) wie folgt umformen

$$\overline{A} = \sum_n A_n \langle n | \hat{\rho} | n \rangle = \sum_n \langle n | \hat{\rho} A_n | n \rangle = \sum_n \langle n | \hat{\rho} \hat{A} | n \rangle \qquad (2.139)$$

Damit können wir den Ensemble-Erwartungswert auch als Spur des Operators $\hat{\rho}\hat{A}$ darstellen

$$\overline{A} = \operatorname{Sp} \hat{\rho} \hat{A} \qquad (2.140)$$

Natürlich kann man den Mittelwert $\overline{A}$ auch im Sinne der Bayes'schen Interpretation verstehen. Dann ist W_n einfach unsere subjektive Information über den vorliegenden Zustand des betrachteten Systems.

Der Erwartungswert einer Observablen kann auch auch in jeder anderen Basis berechnet werden. Mit

$$A_{nm} = \langle n | \hat{A} | m \rangle \quad \text{und} \quad \rho_{nm} \langle n | \hat{\rho} | m \rangle \qquad (2.141)$$

ist dann

$$\overline{A} = \sum_{m,n} A_{nm} \rho_{mn} = \sum_{m,n} A_{nm} \rho_{nm}^* \qquad (2.142)$$

Auch hier zeigt sich, dass der Dichteoperator das quantenmechanische Analogon zur klassischen Wahrscheinlichkeitsverteilung im Phasenraum ist. Es ist außerdem offensichtlich, dass die bei der Berechnung klassischer Erwartungswerte notwendige Integration über den Phasenraum im quantenmechanischen Fall durch die Spurbildung zu ersetzen ist.

2.6.5
Zustandsraum

Die Bewegung klassischer Systeme im Phasenraum wird im quantenmechanischen Fall durch die Bewegung quantenmechanischer Systeme im Hilbert-Raum ersetzt. Innerhalb der Quantenstatistik wird dieser Raum auch als Zustandsraum bezeichnet. Um die Eigenschaften der Bewegungsgleichungen näher zu verstehen, betrachten wir ein System, dessen anfänglicher Zustand $|\psi(t_0)\rangle$ bekannt ist. Der spätere Zustand des Systems ergibt sich dann aus der entsprechenden quantenmechanischen Evolutionsgleichung, also z. B. aus der Schrödinger-Gleichung

$$i\hbar \frac{\partial}{\partial t} |\psi(t)\rangle = \hat{H} |\psi(t)\rangle \tag{2.143}$$

mit dem Hamilton-Operator $\hat{H}$. Wie im Fall der klassischen Mechanik nehmen wir auch jetzt an, dass $\hat{H}$ explizit zeitunabhängig ist. Legt man im Zustandsraum eine Basis $\{|n\rangle\}$ fest, dann kann der Zustand $|\psi\rangle$ mit Hilfe der zeitabhängigen Wahrscheinlichkeitsamplituden

$$c_n(t) = \langle n | \psi(t) \rangle \tag{2.144}$$

charakterisiert werden. Diese bilden die „Koordinaten" des betrachteten Systems im Zustandsraum. Die Zeitentwicklung der Amplituden ergibt sich direkt aus der Schrödinger-Gleichung durch skalare Multiplikation mit den einzelnen Basiselementen. Man findet hieraus unter Beachtung der Vollständigkeit der Basiszustände

$$i\hbar \dot{c}_n(t) = \sum_m \langle n| \hat{H} |m\rangle \langle m |\psi(t)\rangle = \sum_m \langle n| \hat{H} |m\rangle c_m(t) = \sum_m H_{nm} c_m(t) \tag{2.145}$$

Es handelt sich hierbei um ein lineares Gleichungssystem, das aber gewöhnlich unendlich-dimensional ist. Wählt man als Basis die Eigenzustände des Hamilton-Operators, dann entkoppelt dieses Gleichungssystem wegen $H_{nm} = E_n \delta_{nm}$ in einfache Differentialgleichungen erster Ordnung

$$i\hbar \dot{c}_n(t) = E_n c_n(t) \tag{2.146}$$

mit der Lösung

$$c_n(t) = e^{-\frac{i}{\hbar} E_n t} c_n(t_0) = e^{-\frac{i}{\hbar} E_n t} \langle n |\psi(t_0)\rangle \tag{2.147}$$

Damit setzt sich die Bewegung eines quantenmechanischen Systems im Zustandsraum aus periodischen Bewegungen zusammen. Ob die Bewegung des Systems in diesem Zustandsraum auf geschlossenen Orbits abläuft oder nicht, hängt vor allem davon ab, ob hier die Energieeigenwerte kommensurabel sind oder nicht.

2.6.6
von-Neumann-Gleichung

Um die Analogie abzuschließen, wollen wir jetzt noch die zeitliche Evolution des statistischen Operators $\hat{\rho}$ bestimmen. Unter Benutzung von (2.124) und der Schrödinger-Gleichung (2.143) erhalten wir[81]

$$\begin{aligned}\frac{\partial}{\partial t}\hat{\rho} &= \frac{\partial}{\partial t}\sum_\alpha |\psi_\alpha\rangle\, p_\alpha\, \langle\psi_\alpha| \\ &= \sum_\alpha \left[\left(\frac{\partial}{\partial t}|\psi_\alpha\rangle\right) p_\alpha \langle\psi_\alpha| + |\psi_\alpha\rangle\, p_\alpha \left(\frac{\partial}{\partial t}\langle\psi_\alpha|\right)\right] \\ &= \sum_\alpha \left[\frac{1}{i\hbar}\hat{H}|\psi_\alpha\rangle\, p_\alpha \langle\psi_\alpha| - |\psi_\alpha\rangle\, p_\alpha \frac{1}{i\hbar}\langle\psi_\alpha|\hat{H}\right] \\ &= \frac{i}{\hbar}\hat{\rho}\hat{H} - \frac{i}{\hbar}\hat{H}\hat{\rho} \end{aligned} \qquad (2.148)$$

und deshalb

$$i\hbar \frac{\partial}{\partial t}\hat{\rho} = [\hat{H}, \hat{\rho}] \qquad (2.149)$$

Das ist die von-Neumann-Gleichung[82]. Sie ist das quantenmechanische Analogon zur Liouville-Gleichung (2.47). Ebenso wie im klassischen Fall kann man sehr schnell eine Klasse stationärer Dichte-Operatoren finden. Ist nämlich

$$\hat{\rho} = \rho(\hat{H}) \qquad (2.151)$$

dann verschwindet der Kommutator in der von-Neumann-Gleichung und der Operator $\hat{\rho}$ ist explizit zeitunabhängig.

---

81) Die $\{p_\alpha\}$ legen die anfängliche Mischung des Systems fest und werden als zeitunabhängig angenommen.

82) Diese Gleichung ist nicht äquivalent zu den Bewegungsgleichungen für Operatoren im Heisenberg-Bild. Diese lauten bekanntlich

$$-i\hbar \frac{\partial}{\partial t}\hat{A} = [\hat{H}, \hat{A}] \qquad (2.150)$$

d. h. hier ist das Vorzeichen gerade umgekehrt.

Aufgaben

2.1 Zeigen Sie, dass eine Kugel vom Radius R im N-dimensionalen Raum das Volumen $V = \pi^{N/2} R^N / \Gamma(N/2 + 1)$ besitzt. Zeigen Sie, dass mit wachsendem N nahezu das gesamte Kugelvolumen in der Kugelschale zwischen den Radien $(1 - \varepsilon) R$ und R mit $\varepsilon \ll 1$ enthalten ist.

2.2 Zeigen Sie, dass im Idealfall einer exakten Festlegung der Anfangsposition $\vec{\Gamma}(0) = \vec{\Gamma}_0$ im Phasenraum die Lösung der Liouville-Gleichung durch $\rho(\vec{\Gamma}, t) = \delta(\vec{\Gamma} - \vec{\Gamma}(t))$ gegeben ist, wobei $\vec{\Gamma}(t)$ die Lösung der zugehörigen Hamilton'schen Bewegungsgleichung mit der Anfangsbedingung $\vec{\Gamma}_0$ ist.

2.3 Zeigen Sie, dass für jeden aus einer vollständigen orthogonalen Basis $|n\rangle$ entsprechend
$$\hat{\rho} = \sum_n |n\rangle p_n \langle n|$$
konstruierten Dichteoperator gilt
$$f(\hat{\rho}) = \sum_n |n\rangle f(p_n) \langle n|$$

2.4 Zeigen Sie, dass für jeden beliebigen Dichteoperator $\hat{\rho}$ die Ungleichung $\operatorname{Sp} \hat{\rho} \ln \hat{\rho} \leq 0$ ist. Wann gilt das Gleichheitszeichen?

2.5 Zeigen Sie, dass der Dichteoperator $\hat{\rho} = |\psi_1\rangle p_1 \langle \psi_1| + |\psi_2\rangle p_2 \langle \psi_2|$ mit $p_1 + p_2 = 1$ einen gemischten Zustand repräsentiert, solange die beiden normierten Zustände $|\psi_1\rangle$ und $|\psi_2\rangle$ nicht parallel im Hilbert-Raum liegen oder $p_1 = 0$ bzw. $p_2 = 0$ gilt.

Maple-Aufgaben

2.I Bestimmen Sie die Evolution des Abstandes im Phasenraum für Paare von Systemen aus

   a) 2 freien Teilchen

   b) 2 gekoppelten Oszillatoren

   c) 2 geladenen klassischen Partikeln

Betrachten Sie dabei nur solche Systeme, die anfänglich relativ eng benachbart sind. Schließen Sie hieraus auf die zugehörigen Ljapunov-Exponenten.

2.II Stellen Sie die Bewegung und Deformation eines kleinen Quadrates unter dem durch die Hamilton-Funktion

$$H = \frac{p^2}{2m} + m\omega^2 q^2 + \kappa \ln \frac{|q|}{a}$$

gebildeten Hamilton'schen Fluss im zweidimensionalen Phasenraum dar.

2.III Chemische Reaktionen lassen sich oft durch nichtlineare Oszillatoren modellieren und deren Bewegung kann im Phasenraum untersucht werden. Durch die ständige Zufuhr von Energie bzw. Ausgangsprodukten und die Entfernung der Endprodukte kann ein stationärer Zustand entstehen. Dieser kann sich in zeitlich unveränderlichen effektiven Konzentrationen äußern, es können aber auch periodische Bewegungen beobachtet werden. Im ersten Fall spricht man von einem stabilen Fixpunkt, der nach unendlich langer Zeit angenommen wird, im zweiten Fall von einem stabilen Grenzzyklus, den das System durchläuft. Dieser Grenzzyklus hat im Phasenraum der chemischen Freiheitsgrade ähnliche Eigenschaften wie ein gewöhnlicher Oszillator und es ist naheliegend, eine ähnliche Beschreibung wie für Hamilton'sche Systeme zu wählen.
Man zeige anhand der nachfolgenden chemischen Evolutionsgleichungen für die effektiven Konzentrationen x und y als chemische Freiheitsgrade, dass solche Grenzzyklen erwartet werden können.

a) Glycolytischer Oszillator:

$$\dot{x}(t) = -x(t) + \alpha y(t) + x(t)^2 y(t) \quad \text{und} \quad \dot{y}(t) = \beta - \alpha y(t) - x(t)^2 y(t)$$

b) Zhabotinsky Reaktion:

$$\dot{x}(t) = \alpha - x(t) - 4\frac{x(t)y(t)}{1 + x(t)^2} \quad \text{und} \quad \dot{y}(t) = \beta x(t)\left(1 - \frac{y(t)}{1 + x(t)^2}\right)$$

Hinweis: Man verwende die numerischen Eigenschaften von Maple zur Lösung der Differentialgleichungen.

2.IV Stellen Sie für die folgenden Potentiale die Trajektorie eines Teilchens im Phasenraum dar. Anhand der graphischen Lösungen ist zu entscheiden, welche Systeme bei welchen Energien ergodisches bzw. nichtergodisches Verhalten zeigen

a) harmonischer Oszillator: $V = a_0 x^2$

b) anharmonischer Oszillator: $V = b_0 x^4$

c) Doppelmuldenpotential: $V = c_0(x^2 - x_0^2)^2$

d) Lennard-Jones-Potential: $V = d_0(x^{-12} - e_0 x^{-6})$

e) periodisches Potential: $V = f_0 \cos x$.

2.V Stellen Sie den Dichteoperator in der Matrixdarstellung für ein Spin-1 Teilchen durch die Erwartungswerte für den Spin in den x-, y- und z-Richtungen dar. Wann liegt ein reiner Zustand vor?

3
Mikrokanonisches Ensemble und der Anschluss an die Thermodynamik

3.1
Die statistische Verteilungsfunktion

Wir hatten uns im vorangegangenen Kapitel mit mechanischen und quantenmechanischen Vielteilchensystemen beschäftigt, wobei die Abgeschlossenheit solcher Systeme gegenüber der Umgebung impliziert wurde[1].

Wir hatten uns ebenfalls bereits überlegt, dass ein mischendes oder wenigstens ergodisches klassisches System eine stationäre Wahrscheinlichkeitsverteilung $\rho_S(\vec{\Gamma}) = \rho_0$ besitzt, die das ganze physikalisch zugängliche Gebiet des Phasenraumes gleichmäßig belegt. Wie bereits im vorangegangenen Kapitel angekündigt, wollen wir unsere Untersuchungen hauptsächlich auf Systeme mit einer stationären Wahrscheinlichkeitsverteilung konzentrieren. Ensemble, die aus physikalisch gleichartigen, abgeschlossenen Systemen mit einer stationären Wahrscheinlichkeitsverteilung bestehen, werden als *mikrokanonische Ensemble* bezeichnet.

Da in einem abgeschlossenen System die Gesamtenergie eine Erhaltungsgröße ist und Erhaltungsgrößen entsprechend der im vorangegangenen Kapitel getroffenen Vereinbarung[2] verbindlich für das ganze Ensemble sind, kann $\rho_S(\vec{\Gamma})$ nur auf einer Hyperfläche konstanter Energie im Phasenraum verschieden von null sein. Die Hyperflächen konstanter Energie im Phasenraum sind aber als physikalisch zugängliches Gebiet eines abgeschlossenen mechanischen Systems im Allgemeinen noch viel zu groß. Neben der Energie können in einem solchen System zumindest auch noch der Gesamtimpuls und der Gesamtdrehimpuls erhalten bleiben. Bei den meisten physikalischen Problemen ist aber das System durch geometrische Restriktionen oder durch hinreichend hohe Potentialwälle auf ein bestimmtes Volumen beschränkt. In diesem Fall ist wegen der dann gebrochenen Translations- und Rotationsin-

---

[1]) Ein System heißt abgeschlossen, wenn mit seiner Umgebung kein Energie- und kein Teilchenaustausch stattfindet und keine äußeren Felder einwirken. Wegen einer Klassifizierung thermodynamischer Systeme siehe Abschnitt 7.2.1.
[2]) siehe Kap. 2.4.2

Theoretische Physik V: Statistische Physik und Thermodynamik. Peter Reineker, Michael Schulz, Beatrix M. Schulz
Copyright © 2009 WILEY-VCH Verlag GmbH & Co. KGaA, Weinheim
ISBN: 3-527-40644-9

varianz auch die Erhaltung des Gesamtimpulses und Gesamtdrehimpulses nicht mehr gegeben[3]. Deshalb wollen wir uns hier auf solche Systeme konzentrieren, deren wesentliche makroskopische Erhaltungsgröße – neben Volumen und Teilchenzahl – die Gesamtenergie ist. Um die Besonderheiten und Gemeinsamkeiten des klassischen und quantenmechanischen statistischen Ensembles herauszustellen, wollen wir diese soweit wie möglich parallel diskutieren. Die statistische Verteilungsfunktion nimmt für das klassische mikrokanonischen Ensemble die folgende Gestalt an

$$\tilde{\rho}(\vec{\Gamma}) = \tilde{Z}_{\text{mikro}}^{-1}\delta(H(\vec{\Gamma}) - E) \quad (3.1)$$

Die Tilde in (3.1) soll darauf hinweisen, dass die damit versehenen Größen nur vorläufig sind und im Anschluss an Gleichung (3.15) noch einer Umskalierung unterworfen werden (siehe (3.19) und (3.22)). Analog kann man den Dichteoperator eines quantenmechanischen mikrokanonischen Systems formulieren. Dazu ersetzt man einfach die klassische Hamilton-Funktion H durch den korrespondierenden Hamilton-Operator $\hat{H}$

$$\hat{\rho} = Z_{\text{mikro}}^{-1}\delta(\hat{H} - E) \quad (3.2)$$

Der sowohl im klassischen als auch im quantenmechanischen Fall auftretende Normierungsfaktor $\tilde{Z}_{\text{mikro}}$ bzw. Z_{mikro} wird so bestimmt, dass

$$\int \tilde{\rho}(\vec{\Gamma})d\Gamma = 1 \quad \text{bzw.} \quad \text{Sp}\,\hat{\rho} = 1 \quad (3.3)$$

erfüllt ist. Quantenmechanisch hat Z_{mikro} sofort einen Sinn. Wegen der Definition des mikrokanonischen Dichteoperators (3.2) findet man aus der Normierungsbedingung

$$Z_{\text{mikro}} = \text{Sp}\,\delta(\hat{H} - E) \quad (3.4)$$

Jeder Zustand, dessen Energieeigenwert gerade E ist, gibt einen konstanten Beitrag zu Z_{mikro}. Um die δ-Funktion zu eliminieren, integrieren wir den Ausdruck für Z_{mikro} von $E - \Delta E/2$ bis $E + \Delta E/2$. Dann ist

$$\int_{E-\Delta E/2}^{E+\Delta E/2} Z_{\text{mikro}}dE = \int_{E-\Delta E/2}^{E+\Delta E/2} \text{Sp}\,\delta(\hat{H} - E)dE \quad (3.5)$$

Wählen wir als Basis die Eigenzustände $|n\rangle$ des Hamilton-Operators, dann ist

$$\text{Sp}\,\delta(\hat{H} - E) = \sum_n \langle n|\delta(\hat{H} - E)|n\rangle = \sum_n \delta(E_n - E) \quad (3.6)$$

---

3) Um diese Aussage zu erläutern genügt es, ein Teilchen in einem Kasten zu betrachten. Nach jedem Stoß mit der Wand ändert das Teilchen seine Richtung und damit auch seinen Impuls, der in diesem trivialen Fall auch der Gesamtimpuls ist.

wobei die E_n die Eigenwerte von $\hat{H}$ sind. Setzen wir diese Beziehung in (3.5) ein, dann folgt

$$\int\limits_{E-\Delta E/2}^{E+\Delta E/2} Z_{\text{mikro}} dE = \sum_n \int\limits_{E-\Delta E/2}^{E+\Delta E/2} \delta(E_n - E) dE = \Delta N_{\text{Zustand}}(\Delta E, E) \quad (3.7)$$

Die rechte Seite ist damit einfach die Zahl der Zustände $\Delta N_{\text{Zustand}}(\Delta E, E)$ im Intervall ΔE um den Energiewert E. Dividiert man diese Gleichung durch ΔE und führt den Grenzübergang $\Delta E \to 0$ aus, dann wird wegen des Mittelwertsatzes der Integralrechnung aus der linken Seite wieder Z_{mikro}, während die rechte Seite eine Dichte – und zwar die Zahl der Zustände bezogen auf die Energie – darstellt:

$$Z_{\text{mikro}} = \lim_{\Delta E \to 0} \frac{\Delta N_{\text{Zustand}}(\Delta E, E)}{\Delta E} = \frac{dN_{\text{Zustand}}(E)}{dE} \quad (3.8)$$

Aus dieser Diskussion wird auch verständlich, warum der Normierungsfaktor Z_{mikro} innerhalb der Quantenstatistik als mikrokanonische *Zustandssumme* bezeichnet wird.

Natürlich wäre es sinnvoll, die quantenmechanische Interpretation der Zustandssumme auch auf die klassische Formulierung zu übertragen, schon um die zunächst unabhängig voneinander definierten Begriffe statistischer Dichteoperator und statistische Verteilungsfunktion aufeinander abzustimmen. Zu diesem Zweck integrieren wir die aus der Normierungsbedingung (3.3) folgende Relation

$$\tilde{Z}_{\text{mikro}} = \int d\Gamma \, \delta(H(\vec{\Gamma}) - E) \quad (3.9)$$

analog wie im quantenmechanischen Fall (3.5) über das Energieintervall $E - \Delta E/2$ bis $E + \Delta E/2$ und erhalten jetzt

$$\int\limits_{E-\Delta E/2}^{E+\Delta E/2} \tilde{Z}_{\text{mikro}} dE = \int d\Gamma \int\limits_{E-\Delta E/2}^{E+\Delta E/2} \delta(H(\vec{\Gamma}) - E) dE = \Delta V_\Gamma(\Delta E, E) \quad (3.10)$$

Die rechte Seite ist diesmal das Phasenraumvolumen $\Delta V_\Gamma(\Delta E, E)$ zwischen den beiden Hyperflächen $H(\vec{\Gamma}) = E - \Delta E/2$ und $H(\vec{\Gamma}) = E + \Delta E/2$.

Um einen Zusammenhang mit der quantenmechanischen Zustandssumme Z_{mikro} herzustellen, müssen wir überlegen, wie viele quantenmechanische Zustände Energieeigenwerte im Intervall $[E - \Delta E/2, E + \Delta E/2]$ haben, wenn die korrespondierenden klassischen Trajektorien im Phasenraum innerhalb des Volumens $\Delta V_\Gamma(\Delta E, E)$ liegen.

Um die einem bestimmten Gebiet des klassischen Phasenraums entsprechende Anzahl von Quantenzuständen zu bestimmen, benutzt man am einfachsten die Bohr'sche Quantisierungsbedingung. Diese Bedingung repräsentiert ja nicht nur eine frühe, weitgehend noch empirisch formulierte Quantentheorie, sondern ist auch die quasiklassische Näherung der Quantenmechanik[4], die sich unter Anwendung der WKB-Näherung direkt ableiten lässt. Bei einem Freiheitsgrad besagt die Quantisierungsbedingung, dass nur solche geschlossenen Phasenraumtrajektorien zulässig sind, die eine Fläche der Größe

$$\oint p(x)dx = 2\pi\hbar \left(n + \frac{1}{2}\right) \tag{3.11}$$

mit ganzzahligen Quantenzahlen n umschließen. Die nächste zulässige quasiklassische Trajektorie ist dann durch

$$\oint p(x)dx = 2\pi\hbar \left(n + 1 + \frac{1}{2}\right) \tag{3.12}$$

gegeben. Die Erhöhung der Quantenzahl n um 1 entspricht einer Zunahme der umschlossenen Fläche um $2\pi\hbar$. Mit anderen Worten, jeder quantenmechanische Zustand beansprucht ein Phasenraumvolumen von $2\pi\hbar$. Für ein System mit f Freiheitsgraden lässt sich diese Erkenntnis auf die Aussage verallgemeinern, dass jedem quantenmechanischen Vielteilchenzustand im klassischen Phasenraum ein Volumen

$$\Delta\Gamma_{\text{quant}} = \prod_{i=1}^{f} \Delta p_i \Delta q_i = (2\pi\hbar)^f \tag{3.13}$$

zugeordnet wird. Damit ist offenbar

$$N'_{\text{Zustand}} = \Delta V_\Gamma(\Delta E, E) / \Delta\Gamma_{\text{quant}} \tag{3.14}$$

die Zahl der Quantenzustände im Intervall $[E - \Delta E/2, E + \Delta E/2]$. Diese Aussage ist allerdings noch nicht ganz richtig. Besteht das System nämlich aus identischen Partikeln, dann sind diese im quantenmechanischen Fall ununterscheidbar. Im klassischen Fall ist aber ein Tausch von Partikeln mit einer anderen Position im Phasenraum verbunden. Da alle diese Vertauschungen nur einem quantenmechanischen Fall entsprechen, ist die Anzahl der Zustände N'_{Zustand} noch durch die Zahl der möglichen Partikelvertauschungen[5] zu

---

4) siehe Band III, Kap. 7.7.3
5) Dabei ist wichtig, dass die durch Vertauschung von Partikeln auseinander hervorgehenden Positionen im Phasenraum energetisch vollständig äquivalent und durch eine Trajektorie miteinander verbunden sind. Ist das nicht der Fall, dann sind diese Partikel unterscheidbar. So wird man z. B. in einem System gekoppelter Oszillatoren, mit dem man das Schwingungsverhalten eines Festkörpers auf einer klassischen Ebene beschreiben kann, die einzelnen Massenpunkte als unterscheidbar charakterisieren. Eine Vertauschung

teilen. Besteht insbesondere das betrachtete klassische System aus N identischen Partikeln, dann ist $f = 3N$ und die Zahl der Permutationen[6] ist $N!$, so dass die Zahl der quantenmechanischen Zustände (3.14), die dem Phasenraumvolumen $\Delta V_\Gamma(\Delta E, E)$ entspricht, um den sogenannten Gibbs'schen Korrekturfaktor $N!^{-1}$ vermindert werden muss. Folglich ist die tatsächliche Zahl der Zustände gegeben durch

$$\Delta N_{\text{Zustand}} = \frac{\Delta V_\Gamma(\Delta E, E)}{(2\pi\hbar)^{3N} N!} \qquad (3.15)$$

Im Weiteren werden wir häufig folgende Abkürzung verwenden

$$\mathcal{N} = (2\pi\hbar)^{3N} N! \qquad (3.16)$$

Mit (3.10), der Division durch ΔE und Anwendung des Mittelwertsatzes der Integralrechnung liefert der Übergang $\Delta E \to 0$ dann analog zur Behandlung des quantenmechanischen Falles

$$\tilde{Z}_{\text{mikro}} = \lim_{\Delta E \to 0} \frac{\Delta V_\Gamma(\Delta E, E)}{\Delta E} = (2\pi\hbar)^{3N} N! \frac{dN_{\text{Zustand}}}{dE} = \mathcal{N} \frac{dN_{\text{Zustand}}}{dE} \qquad (3.17)$$

Der Vergleich mit der quantenmechanischen Zustandssumme (3.8) zeigt, dass dN_{Zustand}/dE in beiden Ausdrücken auftritt. Um die Gleichheit zwischen der quantenstatistischen mikrokanonischen Zustandssumme (3.4) einerseits und dem klassischen mikrokanonischen *Zustandsintegral* (3.9) herzustellen, genügt es, die Volumenelemente des Phasenraums und damit die Wahrscheinlichkeitsdichte zu reskalieren. Ersetzt man in allen Integralen über den Phasenraum das Volumenelement $d\Gamma$ durch[7]

$$d\Gamma \to \frac{d\Gamma}{(2\pi\hbar)^{3N} N!} = \frac{d\Gamma}{\mathcal{N}} \qquad (3.18)$$

der Position zweier Partikel würde hier zu einer ganz anderen energetischen Situation führen, da die durch Federkräfte vermittelten topologischen Verknüpfungen natürlich beim Tausch der Partikel nicht verändert werden dürfen. Wären z. B. vor dem Tausch alle Bindungen zwischen den Massepunkten entspannt, so würde man nach dem Tausch deformierte Bindungen finden. Zu demselben Ergebnis kommt man, wenn man die Schwingungen der Teilchen um ihre Ruhelage untersucht und dann eine Vertauschung der Teilchen vornimmt. Auch hier ergit sich eine andere Energie.

6) Enthält das System verschiedene Teilchensorten $A = 1, 2, ..., M$, dann ist $N!$ zu ersetzen durch $N_1! N_2! ... N_M!$, wobei N_1 die Zahl der Partikel der Komponente 1, N_2 die Zahl der Partikel der Komponente 2 usw. ist.

7) Dabei wird vorausgesetzt, dass wir ein System aus N identischen Teilchen in einem dreidimensionalen Raum betrachten. Liegen mehrere Teilchensorten vor, dann ist $N!$ entsprechend den Bemerkungen in der vorangegangenen Fußnote zu ersetzten, liegt generell ein System mit f Freiheitsgraden vor, dann ist anstelle von $(2\pi\hbar)^{3N}$ einfach $(2\pi\hbar)^f$ zu benutzen. Wir werden in Zukunft bei allen allgemeinen Betrachtungen davon ausgehen, dass es sich bei dem jeweils betrachteten System um N identischen Teilchen in einem dreidi-

dann sind die mikrokanonische Zustandssumme $Z_{\text{mikro}} = \text{Sp}\delta(\hat{H} - E)$ und das mikrokanonische Zustandsintegral

$$Z_{\text{mikro}} = \int \delta(H(\vec{\Gamma}) - E) \frac{d\Gamma}{(2\pi\hbar)^{3N} N!} \tag{3.19}$$

physikalisch gleichwertig. Dies ist unmittelbar aus folgender Gleichung ersichtlich

$$\frac{\tilde{Z}_{\text{mikro}}}{(2\pi\hbar)^{3N} N!} = \int \delta(H(\vec{\Gamma}) - E) \frac{d\Gamma}{(2\pi\hbar)^{3N} N!} = \frac{dN_{\text{Zustand}}}{dE} = Z_{\text{mikro}} \tag{3.20}$$

Dabei haben wir bei der ersten Gleichheit (3.9) verwendet, bei der zweiten (3.17) und bei der dritten (3.8). Wegen der Reskalierung folgt aus (3.19) die Normierungsbedingung im klassischen Fall[8]

$$\int \rho(\vec{\Gamma}) \frac{d\Gamma}{(2\pi\hbar)^{3N} N!} = 1 \tag{3.21}$$

wobei die hier auftretende reskalierte Wahrscheinlichkeitsdichte durch

$$\rho(\vec{\Gamma}) = \frac{\delta(H(\vec{\Gamma}) - E))}{Z_{\text{mikro}}} \tag{3.22}$$

definiert ist. Nach dieser Reskalierung ist $d\Gamma/\mathcal{N}$ dimensionslos, da $d\Gamma$ und $\mathcal{N}$ beide die Dimension [Wirkung]^{3N} haben. Ebenso ist $\rho(\vec{\Gamma})$ dimensionslos, da die δ-Funktion und Z_{mikro} beide die Dimension [Energie]$^{-1}$ haben. Letzteres ist unmittelbar aus (3.19) zu sehen.

Wir machen darauf aufmerksam, dass sich diese Reskalierung der Volumenelemente und der Wahrscheinlichkeitsdichte natürlich auch auf die Bildung der Mittelwerte beliebiger Größen überträgt. So ist anstelle von (2.92) jetzt

$$\langle A \rangle = \int A(\vec{\Gamma}) \rho(\vec{\Gamma}) \frac{d\Gamma}{(2\pi\hbar)^{3N} N!} \tag{3.23}$$

zu verwenden. Wir werden die Reskalierung des Phasenraums und der Wahrscheinlichkeitsdichte in Zukunft auch für alle anderen, noch zu besprechenden Ensemble und sogar allgemein für den Nichtgleichgewichtsfall nutzen. So lässt sich (3.23) in

$$\langle A(t) \rangle = \int A(\vec{\Gamma}) \rho(\vec{\Gamma}, t) \frac{d\Gamma}{(2\pi\hbar)^{3N} N!} \tag{3.24}$$

mensionalen Raum handelt. Auf davon abweichende Fälle machen wir an den entsprechenden Stellen aufmerksam und ersetzen dann den hier gewählten Skalierungsfaktor durch die jeweils zutreffende Version.

[8] Aus (3.3) erkennt man, dass auch die Dichte $\tilde{\rho}$ skaliert werden muss. Erst der Übergang $\rho \to (2\pi\hbar)^{3N} N! \tilde{\rho}$ bei gleichzeitiger Ausführung von (3.18) sichert den Erhalt der Normierung der Gesamtwahrscheinlichkeit auf 1, siehe (3.3).

umschreiben. Hinter der Reskalierung verbirgt sich das quantenmechanische Korrespondenzprinzip, das die klassische Beschreibung als Grenzfall der quantenmechanischen Theorie verlangt[9]. Da die Reskalierung keinen Einfluss auf die mikroskopische Dynamik des Systems und auf die meisten makroskopisch interessanten Messgrößen hat, sondern lediglich die Übereinstimmung quantenmechanischer und klassischer Interpretationen des Phasenraums sichert, wird sie in der Literatur zumindest bei der Behandlung des mikrokanonischen Ensembles nicht immer konsequent berücksichtigt. Allerdings gibt es Phänomene – wie etwa das Gibbs'sche Paradoxon – die auch aus makroskopischer Sicht die Existenz des Skalierungsfaktors $\mathcal{N} = (2\pi\hbar)^{3N} N!$ verlangen. Wir werden darauf in Abschnitt 4.6.2 im Rahmen der Behandlung des kanonischen Ensembles zurückkommen.

Mit (3.24) haben wir die endgültige Formulierung des Erwartungswertes einer beliebigen Größe gewonnen. Wenn wir zur Kennzeichnung der Erwartungswertbildung wie üblich Dreiecksklammern benutzen, dann gilt ab jetzt für klassische Probleme die Regel

$$\langle \cdots \rangle = \int \rho(\vec{\Gamma}, t) \cdots \frac{d\Gamma}{(2\pi\hbar)^{3N} N!} \tag{3.25}$$

die im quantenmechanischen Fall durch

$$\langle \cdots \rangle = \mathrm{Sp}\,(\hat{\rho} \cdots) \tag{3.26}$$

zu ersetzen ist.

Die mikrokanonische Zustandssumme bzw. das mikrokanonische Zustandsintegral hängen nur noch von wenigen, das mikrokanonische Ensemble charakterisierenden Parametern ab. Diese Größen werden als Zustandsvariablen des mikrokanonischen Ensembles bezeichnet[10]. Zu diesen Variablen gehören auf jeden Fall die Gesamtenergie E des Systems, das Volumen V und die Teilchenzahl N. Wir können daher sowohl im klassischen als auch im quantenmechanischen Fall die formale Abhängigkeit

$$Z_{\mathrm{mikro}} = Z_{\mathrm{mikro}}(E, V, N) \tag{3.27}$$

erwarten, wobei die mathematische Struktur von dem jeweils betrachteten System abhängt[11].

---

9) So gesehen stellt die Reskalierung eine nachträgliche Korrektur der Ergebnisse der klassischen Mechanik dar, die die Konsistenz mit der quantenmechanischen Formulierung herstellt. Treten bei der Reskalierung Zweifel auf, dann sollte die quantenmechanische Formulierung herangezogen werden.

10) Die genaue Festlegung des Begriffs Zustandsvariable erfolgt in Abschnitt 3.3.2.

11) Befindet sich das System außerdem noch in Wechselwirkung mit externen Feldern, dann werden auch diese zu den Zustandsvariablen des mikrokanonischen Ensembles gezählt und die Abhängigkeit (3.27) muss entsprechend erweitert werden.

3.2
Entropie

3.2.1
Information, Informationsgehalt und Thermodynamik

Die mikrokanonische Wahrscheinlichkeitsdichte (3.22) bzw. der mikrokanonische Dichteoperator (3.2) enthält die uns verfügbare Information über ein gegebenes Vielteilchensystem. Beide Größen beziehen sich aber auf die Realisierung von Mikrozuständen und enthalten somit für makroskopische Messungen noch zu viele mikroskopische Details. Wünschenswert wäre eine skalare Größe, die einerseits den Informationsgehalt der Verteilung quantifiziert und damit die mikroskopischen Eigenschaften berücksichtigt und andererseits experimentell durch makroskopische Experimente[12] an dem jeweiligen System direkt gemessen werden kann.

Um eine solche Größe zu gewinnen, werden wir zunächst die Entropie als ein geeignetes Informationsmaß einführen. Die ursprüngliche Definition bezieht sich dabei auf ein Ensemble von Systemen. Anschließend werden wir in Abschnitt 3.3.3 Argumente dafür finden, dass die Entropie im sogenannten thermodynamischen Limes eine für jedes einzelne System des ergodischen Ensembles repräsentative Größe ist. Schließlich wollen wir in Abschnitt 3.3.10 die ursprünglich als mikroskopisches Informationsmaß definierte Entropie mit einer makroskopisch bestimmbaren Größe, der thermodynamischen Entropie, verbinden.

3.2.2
Die Shannon'sche Informationsentropie

3.2.2.1 Wahrscheinlichkeitstheoretische Formulierung

Die Informationsentropie wurde 1954 von Shannon als Maß für die Unbestimmtheit von Informationen eingeführt. Dabei soll die Entropie um so größer sein, je geringer der Gehalt der Information über den Zustand des betrachteten Systems ist. Der Argumentation von Shannon folgend, werden wir den Begriff der Informationsentropie in drei Stufen erläutern. Dazu betrachten wir zunächst einen Satz Ξ von N Ereignissen $\alpha = 1, ..., N$, die mit den Wahrscheinlichkeiten p_α realisiert werden. So gibt es beim Wurf eines Würfels insgesamt sechs Ereignisse, von denen jedes mit der Wahrscheinlichkeit $1/6$ realisiert wird.

Zuerst wird der Begriff der Unsicherheit eines Ereignisses benötigt. Tritt die Realisierung des Ereignisses α mit der Wahrscheinlichkeit p_α ein, dann ist

$$U_\alpha = p_\alpha^{-1} \tag{3.28}$$

---

[12] Wir werden in Zukunft auch von thermodynamischen Experimenten sprechen.

die Unsicherheit dieses Ereignisses. So ist bei einem idealen Würfel die Wahrscheinlichkeit, eine bestimmte Zahl zu werfen, gerade 1/6. Die Unsicherheit, dass bei einem Wurf diese Zahl auftritt, ist demnach 6. Betrachtet man dagegen ein Münzwurfexperiment mit M Münzen und wählt als Ereignis die Gesamtzahl der „Kopf"-Münzen eines Wurfes mit diesen Münzen, dann gibt es insgesamt $N = M + 1$ verschiedene Ereignisse mit den zugehörigen „Kopf"-Zahlen $0 \leq \alpha \leq M$. Die Bestimmung der Wahrscheinlichkeit, bei einem Wurf α „Kopf"-Münzen zu erhalten, ist ein rein kombinatorisches Problem und führt auf

$$p_\alpha = \binom{M}{\alpha} \frac{1}{2^M} \qquad (3.29)$$

Die Unsicherheit α „Kopf"-Münzen zu erhalten, ist somit

$$U_\alpha = 2^M \binom{M}{\alpha}^{-1} \qquad (3.30)$$

d. h. für $\alpha = 0$ und $\alpha = M$ ist die Unsicherheit mit 2^M am größten, während sie für $\alpha = M/2$ am kleinsten ist.

Shannon verband den Begriff Unsicherheit mit dem Informationsdefizit I_α für die Realisierung des Ereignisses α durch die Beziehung

$$I_\alpha = f(U_\alpha) \qquad (3.31)$$

wobei f eine zunächst noch offene, monoton wachsende Funktion sein soll.

Im zweiten Schritt wird das Informationsdefizit eines Satzes Ξ aus $N' \times N''$ Ereignissen untersucht, von denen jedes aus zwei statistisch unabhängigen Elementarereignissen besteht. Gemeint ist damit, dass es zwei Sätze Ξ' und Ξ'' von jeweils N' bzw. N'' Ereignissen gibt, aus denen das kombinierte Ereignis (α, β) gebildet wird[13]. Die Wahrscheinlichkeit, dass das Ereignis α aus Ξ' bzw. das Ereignis β aus Ξ'' auftritt, ist p_α bzw. p_β. Die Wahrscheinlichkeit, dass ein Gesamtereignis (α, β) aus dem Satz Ξ eintritt, wird mit $p_{\alpha\beta}$ bezeichnet. Da die Elementarereignisse statistisch voneinander unabhängig sein sollen, gilt

$$p_{\alpha\beta} = p_\alpha p_\beta \qquad (3.32)$$

Es wird jetzt gefordert, dass das Informationsdefizit eines aus unabhängigen Elementarereignissen zusammengesetzten Ereignisses additiv in den Informationsdefiziten der Elementarereignisse ist

$$I_{\alpha\beta} = I_\alpha + I_\beta \qquad (3.33)$$

---

13) So kann man z. B. eine Münze und einen Würfel werfen. Dann hat das erste Elementarereignis die Realisierungen „Kopf" oder „Zahl", das zweite Elementarereignis dagegen die Realisierungen $\beta = 1 \ldots 6$. Ein zusammengesetztes Ereignis hat dann z. B. die Realisierung („Kopf",4).

Dann muss das Informationsdefizit bis auf einen frei wählbaren Vorfaktor k[14] durch

$$I_\alpha = k \ln U_\alpha = -k \ln p_\alpha \quad (3.34)$$

gegeben sein, denn nur der Logarithmus garantiert die Additivität der Informationsdefizite unabhängiger Realisierungen

$$I_{\alpha\beta} = -k \ln p_{\alpha\beta} = -k \ln (p_\alpha p_\beta) = -k \ln p_\alpha - k \ln p_\beta = I_\alpha + I_\beta \quad (3.35)$$

Folglich ist die im ersten Schritt noch offen gebliebene Funktion f durch die Forderung der Additivität der Informationsdefizite von Realisierungen unabhängiger Ereignisse bis auf einen möglichen Vorfaktor fixiert.

Aus der Kenntnis der I_α und p_α lässt sich jetzt in einem dritten Schritt das mittlere Informationsdefizit bestimmen

$$S(\Xi) = \bar{I} = \sum_{\alpha=1}^{N} p_\alpha I_\alpha = -k \sum_{\alpha=1}^{N} p_\alpha \ln p_\alpha \quad (3.36)$$

Dieses mittlere Informationsdefizit wird auch als *Shannon'sche Informationsentropie* $S(\Xi)$ des Satzes Ξ von insgesamt N Ereignissen, die mit den Wahrscheinlichkeiten $p_1, p_2, ..., p_N$ realisiert werden, bezeichnet.

Bei einer diskreten Verteilung ist die Informationsentropie $S(\Xi)$ eine Funktion der Wahrscheinlichkeiten p_α, bei einer kontinuierlichen Verteilung lässt sich die Informationsentropie als ein Funktional der Wahrscheinlichkeitsverteilungsfunktion[15] darstellen.

Genau genommen ist die Shannon'sche Informationsentropie ein Maß für den Informationsmangel der durch die Wahrscheinlichkeiten p_α gegebenen Wahrscheinlichkeitsverteilung. Besteht kein Informationsdefizit, dann wird ein genau definiertes Ereignis mit absoluter Sicherheit, also mit der Wahrscheinlichkeit 1 realisiert. Alle anderen möglichen Ereignisse werden folglich mit der Wahrscheinlichkeit 0 beobachtet. Wegen

$$\lim_{x \to 0} x \ln x = 0 \quad (3.37)$$

und $\ln 1 = 0$ ist dann

$$S(\Xi) = 0 \quad (3.38)$$

d. h. im Fall der vollständigen Information[16] über die Ereignisse verschwindet die Informationsentropie.

---

14) Dieser Vorfaktor wird sich in (3.182) als Boltzmann-Konstante herausstellen.
15) siehe Abschnitt 3.2.2.3
16) Man spricht in diesem Zusammenhang auch von einer deterministischen Information, da man in diesem Fall auf Grund wohldefinierter Regeln die jeweilige Realisierung eines Ereignisses aus dem Satz Ξ der insgesamt N Möglichkeiten mit Sicherheit voraussagen kann.

Bezieht sich die Informationsentropie auf kombinierte Ereignisse, die aus unabhängigen Elementarereignissen zusammengesetzt sind, dann ist diese die Summe der Informationsentropien der Einzelereignisse. Diese Aussage folgt ganz allgemein wegen

$$S(\Xi) = -k \sum_{(\alpha,\beta)}^{(N',N'')} p_{\alpha\beta} \ln p_{\alpha\beta} \tag{3.39a}$$

$$= -k \sum_{\alpha,\beta}^{(N',N'')} p_\alpha p_\beta \ln(p_\alpha p_\beta) \tag{3.39b}$$

$$= -k \sum_\alpha^{N'} p_\alpha \ln p_\alpha \sum_\beta^{N''} p_\beta + \sum_\alpha^{N'} p_\alpha \sum_\beta^{N''} p_\beta \ln p_\beta \tag{3.39c}$$

$$= S(\Xi') + S(\Xi'') \tag{3.39d}$$

wobei sich die Informationsentropien $S(\Xi')$ bzw. $S(\Xi'')$ auf den ersten bzw. zweiten Satz von Elementarereignissen beziehen.

Sind die Elementarereignisse nicht statistisch unabhängig, dann lässt sich die Wahrscheinlichkeit $p_{\alpha\beta}$ nicht mehr als Produkt der Wahrscheinlichkeiten p_α und p_β darstellen. Vielmehr gilt jetzt der Zusammenhang

$$p_{\alpha\beta} = p_{\alpha|\beta} p_\beta = p_{\beta|\alpha} p_\alpha \tag{3.40}$$

wobei $p_{\alpha|\beta}$ die bedingte Wahrscheinlichkeit ist, dass das Elementarereignis α eintritt unter der Bedingung, dass das zweite Elementarereignis β sicher realisiert wird. Für bedingte Wahrscheinlichkeiten gilt die leicht überprüfbare Normierung

$$\sum_{\alpha=1}^{N'} p_{\alpha|\beta} = 1 \quad \text{für alle} \quad \beta = 1, ..., N'' \tag{3.41}$$

In diesem Fall erhalten wir für die Informationsentropie

$$S(\Xi) = -k \sum_{(\alpha,\beta)}^{(N',N'')} p_{\alpha\beta} \ln p_{\alpha\beta} \tag{3.42a}$$

$$= -k \sum_{\alpha,\beta}^{(N',N'')} p_{\alpha|\beta} p_\beta \ln(p_{\alpha|p_\beta} p_\beta) \tag{3.42b}$$

$$= -k \sum_\beta^{N''} p_\beta \sum_\alpha^{N'} p_{\alpha|\beta} \ln p_{\alpha|\beta} + \sum_\beta^{N''} p_\beta \ln p_\beta \sum_\alpha^{N'} p_{\alpha|\beta} \tag{3.42c}$$

Mit (3.41) und der Definition

$$S(\Xi'_\beta) = -k \sum_\alpha^{N'} p_{\alpha|\beta} \ln p_{\alpha|\beta} \tag{3.43}$$

ist dann

$$S(\Xi) = \sum_{\beta}^{N''} p_\beta S(\Xi'_\beta) + S(\Xi'') \qquad (3.44)$$

Dabei ist $S(\Xi'_\beta)$ die Entropie des Satzes Ξ'_β von Ereignissen α, die unter der Bedingung, dass das Ereignis β aus dem zweiten Ereignissatz Ξ'' sicher vorliegt, realisiert[17] werden. Man kann den ersten Term in (3.44) deshalb auch als Mittelwert der Entropien $S(\Xi'_\beta)$ über die Realisierungen der Ereignisse β des Satzes Ξ'' interpretieren.

3.2.2.2 Maximale Informationsentropie

Wir wollen jetzt die Frage klären, unter welchen Umständen die Informationsentropie maximal und damit der zugehörige Informationsgehalt minimal wird. Dazu nehmen wir wieder an, dass es N verschiedene Ereignisse α gibt, deren Realisierungen mit den noch unbekannten Wahrscheinlichkeiten p_α erfolgt. Dann ist die Bestimmung der maximalen Entropie eine Extremalaufgabe der Form

$$S = -k \sum_{\alpha=1}^{N} p_\alpha \ln p_\alpha \to \text{max!} \qquad (3.45)$$

wobei die Nebenbedingung

$$\sum_{\alpha=1}^{N} p_\alpha = 1 \qquad (3.46)$$

beachtet werden muss. Mit Hilfe eines Lagrange'schen Multiplikators λ findet man die Ersatzfunktion[18]

$$S' = -k \sum_{\alpha=1}^{N} p_\alpha \ln p_\alpha + \lambda \left[\sum_{\alpha=1}^{N} p_\alpha - 1 \right] \qquad (3.47)$$

deren Ableitung in den Extremalpunkten verschwinden muss. Daher gilt

$$\frac{\partial S'}{\partial p_\alpha} = -k \ln p_\alpha + \lambda - 1 = 0 \qquad (3.48)$$

mit der einzigen Lösung

$$p_\alpha = e^{k^{-1}(\lambda - 1)} \qquad (3.49)$$

für alle $\alpha = 1, ..., N$. Die Nebenbedingung führt dann auf den noch offenen Wert für λ. Man erhält

$$1 = \sum_{\alpha=1}^{N} p_\alpha = N e^{k^{-1}(\lambda - 1)} \qquad (3.50)$$

---

[17] und zwar mit der Wahrscheinlichkeit $p_{\alpha|p_\beta}$
[18] siehe Band I, Mechanik, Abschnitt 6.4.4

und damit
$$\lambda = 1 - k \ln N \tag{3.51}$$
und folglich
$$p_\alpha = \frac{1}{N} \tag{3.52}$$
für alle Ereignisse $\alpha = 1 \ldots N$. Die Informationsentropie wird also extremal, wenn alle Ereignisse mit der gleichen Wahrscheinlichkeit realisiert werden. In diesem Fall nimmt die Entropie den Wert
$$S = -k \sum_{\alpha=1}^{N} \frac{1}{N} \ln \frac{1}{N} = k \ln N \tag{3.53}$$
an. Man überprüft leicht, dass es sich hierbei um ein Maximum handelt. Bildet man die zweiten Ableitungen von S' am Extremalpunkt
$$\left. \frac{\partial^2 S'}{\partial p_\alpha \partial p_\beta} \right|_{p_1=1/N,\ldots p_N=1/N} = -k \delta_{\alpha\beta} \left. \frac{1}{p_\alpha} \right|_{p_1=1/N,\ldots p_N=1/N} = -k N \delta_{\alpha\beta} \tag{3.54}$$
dann ist die aus diesen Ableitungen gebildete Matrix negativ definit, so dass es sich bei dem gefundenen Extremalpunkt um ein Maximum handeln muss.

3.2.2.3 Entropie des klassischen Ensembles
Wir wollen jetzt das Konzept der Shannon'schen Informationsentropie auf ein beliebiges Ensemble mit der zugehörigen, eventuell auch zeitabhängigen Wahrscheinlichkeitsdichte $\rho(\vec{\Gamma}, t)$ übertragen. Im Hinblick auf die traditionelle Bezeichnung dieser Größe werden wir aber nicht mehr von der Informationsentropie, sondern einfach von der Entropie[19] sprechen. Ausgehend von der Ensembletheorie wählen wir aus dem zum Zeitpunkt t gegebenen Ensemble ein beliebiges System aus. Befindet sich der Mikrozustand des betrachteten Systems in einem kleinen Volumenelement $\Delta\Gamma$ um den Punkt $\vec{\Gamma}$ des Phasenraums, dann soll die Realisierung des mit $\vec{\Gamma}$ bezeichneten Ereignisses vorliegen. Die Wahrscheinlichkeit der Realisierung dieses Ereignisses ist gegeben durch
$$p(\vec{\Gamma}, t) = \rho(\vec{\Gamma}, t) \frac{\Delta\Gamma}{\mathcal{N}} \tag{3.55}$$
wobei $\mathcal{N}$ in (3.16) definiert wurde. Die Entropie nimmt folglich die Gestalt
$$S = -k \sum_{\vec{\Gamma}} \rho(\vec{\Gamma}, t) \frac{\Delta\Gamma}{\mathcal{N}} \ln \left(\rho(\vec{\Gamma}, t) \frac{\Delta\Gamma}{\mathcal{N}} \right) \tag{3.56}$$

[19] Die thermodynamische Entropie wird in Abschnitt 3.3.10 eingeführt.

oder

$$S = -k \sum_{\vec{\Gamma}} \rho(\vec{\Gamma}, t) \frac{\Delta\Gamma}{\mathcal{N}} \ln \rho(\vec{\Gamma}, t) - k \sum_{\vec{\Gamma}} \rho(\vec{\Gamma}, t) \frac{\Delta\Gamma}{\mathcal{N}} \ln \frac{\Delta\Gamma}{\mathcal{N}} \qquad (3.57)$$

an. Wegen der Normierung

$$\sum_{\vec{\Gamma}} \rho(\vec{\Gamma}, t) \frac{\Delta\Gamma}{\mathcal{N}} = 1 \qquad (3.58)$$

die als diskrete Version von (3.21) zu verstehen ist, erhält man hieraus

$$S = -k \sum_{\vec{\Gamma}} \rho(\vec{\Gamma}, t) \frac{\Delta\Gamma}{\mathcal{N}} \ln \rho(\vec{\Gamma}, t) - k \ln \frac{\Delta\Gamma}{\mathcal{N}} \qquad (3.59)$$

Der zweite Summand ist nur eine Konstante und spielt innerhalb der klassischen Statistik keine Rolle[20]. Prinzipiell kann man diesen Term abspalten. Allerdings nimmt man dadurch in Kauf, dass für den Fall der vollständigen Information die Entropie nicht mehr den Wert $S = 0$ besitzt. Ein solcher Fall liegt vor, wenn bei einer bestimmten Energie, nämlich der klassischen Grundzustandsenergie, alle Systeme des Ensembles in ein und demselben stabilen mechanischen Gleichgewicht[21] verharren[22] und damit alle den gleichen Mikrozustand besitzen[23]. In diesem Fall hat aber die Entropie nach der Abtrennung des zweiten Terms in (3.59) nicht mehr den Wert $S = 0$. Würde man auf die Abspaltung verzichten, dann bestände dieses Problem nicht, da sich sofort

$$\lim_{\Delta\Gamma \to 0} \rho(\vec{\Gamma}, t) \Delta\Gamma = \begin{cases} 1 & \text{für } \vec{\Gamma} = \vec{\Gamma}_0 \\ 0 & \text{für } \vec{\Gamma} \neq \vec{\Gamma}_0 \end{cases} \qquad (3.60)$$

20) Es wird sich zeigen, dass bei Vernachlässigung von Quanteneffekten die Entropie generell nur bis auf eine konstante Größe festgelegt zu werden braucht. Erst im Rahmen der Quantenstatistik wird eine konsistente Fixierung der Entropie möglich und notwendig.
21) siehe Band I, Abschnitt 5.5.1
22) Das ist keinesfalls für jedes mechanische System notwendig. So besitzt ein System aus wechselwirkungsfreien Teilchen in einem periodischen Potential unendlich viele Mikrozustände im stabilen mechanischen Gleichgewicht. Ein stabiler mechanischer Gleichgewichtszustand verlangt ja nur, dass jedes Teilchen in einem Potentialminimum verharrt, es ist aber völlig egal, um welches Minimum es sich dabei handelt. Da wir uns aber auf Ensemble ergodischer Systeme beschränken wollen, gibt es zur klassischen Grundzustandsenergie stets nur ein stabiles mechanisches Gleichgewicht und damit einen zulässigen Mikrozustand, andernfalls würden Zeit- und Scharmittelwerte nicht übereinstimmen.
23) So besitzt z. B. ein System harmonischer Oszillatoren als Mitglied eines Ensembles nur einen klassischen Grundzustand. Dieses System befindet sich nur dann im mechanischen Gleichgewicht, wenn alle Oszillatoren in ihrer Ruhelage verharren, siehe Band I, Abschnitt 5.5.1.

ergeben würde, wobei $\vec{\Gamma}_0$ der Mikrozustand des mechanischen Gleichgewichts ist. Man hätte in diesem Fall aber in allen Rechnungen einen recht unbequemen[24] – wenn auch konstanten – Term mitzuführen.

Wir können nach der Abspaltung des zweiten Summanden in (3.59) den Übergang zum Kontinuum entsprechend $\Delta\Gamma \to 0$ ausführen und erhalten dann für die Entropie eines klassischen Ensembles

$$S = -k \int \frac{d\Gamma}{(2\pi\hbar)^{3N} N!} \rho(\vec{\Gamma},t) \ln \rho(\vec{\Gamma},t) \qquad (3.61)$$

Der hier auftretende Vorfaktor k wird als *Boltzmann-Konstante* bezeichnet. Ihre Bedeutung wird aber erst klar, wenn wir in Kapitel 3.3.10 die Verbindung zwischen der Entropie (3.61) und der thermodynamischen Entropie herstellen.

Unter Beachtung von (3.25) können wir (3.61) auch in die Form

$$S = -k \langle \ln \rho \rangle \qquad (3.62)$$

bringen. Im Gegensatz zu den bisher betrachteten Erwartungswerten physikalischer Observablen ist die Entropie kein lineares Funktional der Wahrscheinlichkeitsdichte. Damit kann die Entropie auch nicht einfach als arithmetischer Mittelwert über die Messwerte an einer gewissen Anzahl von Systemen eines Ensembles oder bei vorausgesetzter Ergodizität als Zeitmittelwert über ein endliches Zeitintervall abgeschätzt werden. Tatsächlich müsste man erst durch Messungen an einem hinreichend großen Ensemble oder über ein hinreichend langes Zeitintervall die Wahrscheinlichkeitsdichte selbst abschätzen, um aus dieser dann entsprechend (3.62) die Entropie näherungsweise zu bestimmen.

3.2.2.4 Entropie des klassischen mikrokanonischen Ensembles

Für ein mikrokanonisches Ensemble kann die allgemeine Darstellung der Entropie noch spezifiziert werden. Dazu benutzen wir am besten (3.61). Die hier noch allgemein auftretende Wahrscheinlichkeitsdichte ersetzen wir jetzt durch die mikrokanonische Verteilung (3.22)

$$S = -k \int \frac{d\Gamma}{(2\pi\hbar)^{3N} N!} Z_{\text{mikro}}^{-1} \delta(H(\vec{\Gamma}) - E) \ln \left[Z_{\text{mikro}}^{-1} \delta(H(\vec{\Gamma}) - E) \right] \qquad (3.63)$$

Formal ergibt sich hieraus zunächst

$$S = -k \int \frac{d\Gamma}{(2\pi\hbar)^{3N} N!} Z_{\text{mikro}}^{-1} \delta(H(\vec{\Gamma}) - E) \ln \left[Z_{\text{mikro}}^{-1} \delta(0) \right] \qquad (3.64)$$

Unter Beachtung von (3.19) entsteht schließlich

$$S = -k \ln \left[Z_{\text{mikro}}^{-1} \delta(0) \right] \qquad (3.65)$$

[24] nach dem Grenzübergang $\Delta\Gamma \to 0$ noch dazu unbestimmten

Der hier auftretende Wert $\delta(0)$ ist natürlich mathematisch ein unbestimmter Ausdruck. Würde man korrekt vorgehen, dann müsste man die δ-Funktion als Distribution und damit als Grenzwert einer Folge von Funktionen verstehen. Im vorliegenden Fall eignet sich besonders die Darstellung

$$\delta(H-E) = \lim_{\Delta E \to 0} \begin{cases} \frac{1}{\Delta E} & \text{für } |H-E| \leq \Delta E/2 \\ 0 & \text{für } |H-E| > \Delta E/2 \end{cases} \tag{3.66}$$

Deshalb können wir auch schreiben:

$$S = k \lim_{\Delta E \to 0} \ln[Z_{\text{mikro}} \Delta E] = k \ln Z_{\text{mikro}} + k \lim_{\Delta E \to 0} \ln \Delta E \tag{3.67}$$

Der zweite Summand ist nur ein konstanter, wenn auch divergenter Beitrag, der den physikalischen Gehalt der Entropie nicht beeinflusst und deshalb weggelassen werden kann. Somit bleibt als endgültige Definition der Entropie eines klassischen mikrokanonischen Ensembles

$$S = k \ln Z_{\text{mikro}} \tag{3.68}$$

Unbefriedigend an dieser Darstellung ist, dass Z_{mikro} die Dimension [Energie]$^{-1}$ besitzt und deshalb unter dem Logarithmus keine Zahl auftritt[25]. Um diese Schwäche zu umgehen, verwendet man auch den linken Teil von (3.67). Das hier auftretende Produkt $Z_{\text{mikro}} \Delta E$ wird wegen des Mittelwertsatzes der Integralrechnung und mit (3.19) sowie dem rechten Teil von (3.10)

$$Z_{\text{mikro}} \Delta E = \int_{E-\Delta E/2}^{E+\Delta E/2} dE' \, Z_{\text{mikro}} \tag{3.69a}$$

$$= \int_{E-\Delta E/2}^{E+\Delta E/2} dE' \int \delta(H(\vec{\Gamma}) - E') \frac{d\Gamma}{(2\pi\hbar)^{3N} N!} \tag{3.69b}$$

$$= \frac{\Delta V_\Gamma(\Delta E, E)}{(2\pi\hbar)^{3N} N!} \tag{3.69c}$$

das reskalierte Phasenraumvolumen zwischen den beiden Hyperflächen $H(\vec{\Gamma}) = E - \Delta E/2$ und $H(\vec{\Gamma}) = E + \Delta E/2$. Mit anderen Worten, als Entropie des klassischen mikrokanonischen Ensembles kann alternativ zu (3.68) auch

$$S = k \ln Z_{\text{mikro}} \Delta E = k \ln \frac{\Delta V_\Gamma(\Delta E, E)}{(2\pi\hbar)^{3N} N!} \tag{3.70}$$

verwendet werden, wobei das Energieintervall ΔE endlich, aber hinreichend klein ist. Die beiden Definitionen (3.68) und (3.70) der Entropie des klassischen

---

25) Das ist aber keinesfalls problematisch, weil jederzeit die fehlende Einheit durch eine additiven Konstante kompensiert werden kann.

mikrokanonischen Ensembles unterscheiden sich nur um einen konstanten Summanden und sind deshalb in ihrer Aussagekraft gleichwertig.

Da das mikrokanonische Zustandsintegral nur noch von den Variablen E, V und N abhängig ist, folgt – egal ob wir (3.68) oder (3.70) als Definition der Entropie zugrunde legen – sofort auch die funktionale Abhängigkeit

$$S = S(E, V, N) \tag{3.71}$$

die evtl. noch um weitere Größen, wie z. B. die Feldstärke externer Felder, erweitert werden kann.

3.2.2.5 Entropie des quantenmechanischen Ensembles

Die Überlegungen der vorangegangenen Kapitel lassen sich leicht auf die Quantenstatistik übertragen. So ist das quantenmechanische Analogon zu (3.62)

$$S = -k \langle \ln \hat{\rho} \rangle \tag{3.72}$$

und damit

$$S = -k \operatorname{Sp} \hat{\rho} \ln \hat{\rho} \tag{3.73}$$

als Entropie des quantenmechanischen mikrokanonischen Ensembles zu verstehen. Beachtet man, dass wegen (2.122) und (2.124)

$$W_n = \langle n | \hat{\rho} | n \rangle \tag{3.74}$$

die Wahrscheinlichkeit ist, in einem System des Ensembles den Zustand $|n\rangle$ der Basis $\{|n\rangle\}$ zu messen, dann erhalten wir für den Fall, dass die $\{|n\rangle\}$ die Eigenzustände des Dichteoperators sind

$$S = -k \sum_n \langle n | \hat{\rho} \ln \hat{\rho} | n \rangle = -k \sum_n \langle n | \hat{\rho} | n \rangle \langle n | \ln \hat{\rho} | n \rangle \tag{3.75}$$

und damit weiter

$$S = -k \sum_n \langle n | \hat{\rho} | n \rangle \ln \langle n | \hat{\rho} | n \rangle = -k \sum_n W_n \ln W_n \tag{3.76}$$

Damit ist der direkte Zusammenhang zur Shannon'schen Informationsentropie (3.36) hergestellt.

3.2.2.6 Entropie des quantenmechanischen mikrokanonischen Ensembles

Setzen wir in die allgemein gültige Definition der Entropie des quantenmechanischen Ensembles (3.73) den Dichteoperator für das mikrokanonische Ensemble (3.2) ein, dann erhalten wir

$$S = -k \operatorname{Sp} Z_{\text{mikro}}^{-1} \delta(\hat{H} - E) \ln \left[Z_{\text{mikro}}^{-1} \delta(\hat{H} - E) \right] \tag{3.77}$$

Wählt man als quantenmechanische Basis die Eigenfunktionen $|n\rangle$ des Hamilton-Operators, dann reduziert sich (3.77) auf

$$S = -k \sum_n Z_{\text{mikro}}^{-1} \delta(E_n - E) \ln Z_{\text{mikro}}^{-1} \delta(E_n - E) \qquad (3.78a)$$

$$= -k \sum_n Z_{\text{mikro}}^{-1} \delta(E_n - E) \ln Z_{\text{mikro}}^{-1} \delta(0) \qquad (3.78b)$$

und damit wegen (3.6) und (3.4) auf

$$S = -k \ln Z_{\text{mikro}}^{-1} \delta(0) \qquad (3.79)$$

Mit der gleichen Argumentation wie in Abschnitt 3.2.2.4 kann man entweder den unbestimmten Ausdruck $\delta(0)$ abtrennen und gelangt so zu

$$S = k \ln Z_{\text{mikro}} \qquad (3.80)$$

oder man ersetzt $\delta(0)$ durch $1/\Delta E$. Dann ist mit (3.7)

$$Z_{\text{mikro}} \Delta E \approx \int_{E-\Delta E/2}^{E+\Delta E/2} Z_{\text{mikro}} dE = \Delta N_{\text{Zustand}}(E, \Delta E) \qquad (3.81)$$

die Zahl der Zustände mit Energieeigenwerten im Intervall $[E - \Delta E/2, E + \Delta E/2]$ und die Entropie nimmt folgende Gestalt an

$$S = -k \ln \left[Z_{\text{mikro}}^{-1} (\Delta E)^{-1} \right] \qquad (3.82a)$$

$$= k \ln \Delta N_{\text{Zustand}}(E, \Delta E) \qquad (3.82b)$$

Betrachten wir beispielsweise die Situation, dass alle Systeme (bei genügend tiefen Temperaturen) im Grundzustand vorliegen. Für diesen tiefsten Zustand gibt es nur eine Realisierung, also ist $\Delta N_{\text{Zustand}}(E, \Delta E) = 1$ und die Entropie verschwindet nach (3.82b). In Abschnitt 3.2.2.2 hatten wir gesehen, dass die Entropie maximal wird, wenn die Systeme der Gesamtheit über eine große Zahl von Zuständen mit gleicher Wahrscheinlichkeit verteilt sind.

Wie im klassischen Fall können wir auch im quantenmechanischen Fall die funktionale Abhängigkeit

$$S = S(E, V, N) \qquad (3.83)$$

für die Entropie des quantenmechanischen mikrokanonischen Ensembles erwarten.

3.2.2.7 *Zeitliche Evolution der Entropie abgeschlossener Systeme

Wir waren bereits im vorangegangenen Kapitel zu dem Schluss gelangt, dass der mit der Wahrscheinlichkeitsverteilung $\rho(\vec{\Gamma}, t)$ verbundene Informationsgehalt über ein Ensemble abgeschlossener Systeme bereits mit der Präparation festgelegt ist und sich während der ganzen Evolution des Systems nicht mehr ändert. Folglich sollte auch die Entropie als Maß des Informationsgehalts unverändert bleiben. Um diese Vermutung für ein klassisches Ensemble zu beweisen, bilden wir die Zeitableitung von (3.61)

$$\dot{S} = -k \int \left(\dot{\rho}(\vec{\Gamma},t) \ln \rho(\vec{\Gamma},t) + \dot{\rho}(\vec{\Gamma},t) \right) \frac{d\Gamma}{(2\pi\hbar)^{3N} N!} \tag{3.84}$$

Der zweite Summand im Integral verschwindet wegen der Normierungsbedingung

$$\int \dot{\rho}(\vec{\Gamma},t) \frac{d\Gamma}{(2\pi\hbar)^{3N} N!} = \frac{d}{dt} \int \rho(\vec{\Gamma},t) \frac{d\Gamma}{(2\pi\hbar)^{3N} N!} = \frac{d}{dt} 1 = 0 \tag{3.85}$$

Der erste Term wird mit Hilfe der Liouville-Gleichung (2.48) umgeschrieben

$$\dot{S} = -k \sum_i \int \left(\frac{\partial \rho}{\partial p_i} \frac{\partial H}{\partial q_i} - \frac{\partial \rho}{\partial q_i} \frac{\partial H}{\partial p_i} \right) \ln \rho \frac{d\Gamma}{(2\pi\hbar)^{3N} N!} \tag{3.86}$$

Die einzelnen Terme in dieser Gleichung werden jetzt umgeformt. Man findet

$$\frac{\partial \rho}{\partial p_i} \frac{\partial H}{\partial q_i} \ln \rho = \frac{\partial}{\partial p_i} \left(\rho \frac{\partial H}{\partial q_i} \ln \rho \right) - \rho \frac{\partial}{\partial p_i} \left(\frac{\partial H}{\partial q_i} \ln \rho \right) \tag{3.87}$$

und

$$\frac{\partial \rho}{\partial q_i} \frac{\partial H}{\partial p_i} \ln \rho = \frac{\partial}{\partial q_i} \left(\rho \frac{\partial H}{\partial p_i} \ln \rho \right) - \rho \frac{\partial}{\partial q_i} \left(\frac{\partial H}{\partial p_i} \ln \rho \right) \tag{3.88}$$

Setzt man diese beiden Ausdrücke in die Formel für die zeitliche Evolution ein, dann erzeugen die jeweils ersten Ausdrücke Oberflächenintegrale, die im Unendlichen verschwinden und es bleiben nur die jeweils zweiten Terme übrig. Mit (3.16) erhalten wir

$$\begin{aligned}
\dot{S} &= k \sum_i \int \left(\rho \frac{\partial}{\partial p_i} \left(\frac{\partial H}{\partial q_i} \ln \rho \right) - \rho \frac{\partial}{\partial q_i} \left(\frac{\partial H}{\partial p_i} \ln \rho \right) \right) \frac{d\Gamma}{\mathcal{N}} & (3.89a) \\
&= k \sum_i \int \rho \left(\frac{\partial \ln \rho}{\partial p_i} \frac{\partial H}{\partial q_i} - \frac{\partial \ln \rho}{\partial q_i} \frac{\partial H}{\partial p_i} \right) \frac{d\Gamma}{\mathcal{N}} & (3.89b) \\
&= k \sum_i \int \left(\frac{\partial \rho}{\partial p_i} \frac{\partial H}{\partial q_i} - \frac{\partial \rho}{\partial q_i} \frac{\partial H}{\partial p_i} \right) \frac{d\Gamma}{\mathcal{N}} & (3.89c) \\
&= k \int \dot{\rho} \frac{d\Gamma}{\mathcal{N}} & (3.89d) \\
&= 0 & (3.89e)
\end{aligned}$$

Dabei wurde im vorletzten Schritt die Liouville-Gleichung und im letzten Schritt noch einmal die Normierungsbedingung verwendet. Wir kommen also zu dem Schluss, dass die Entropie während der ganzen Evolution eines Ensembles abgeschlossener Systeme eine Invariante sein muss.

Auch im quantenmechanischen Fall ist die Entropie eines Ensembles abgeschlossener Systeme zeitunabhängig und damit bereits mit der Präparation festgelegt. Bildet man wieder die Zeitableitung der Entropie, dann erhält man

$$\dot{S} = -k\,\mathrm{Sp}\left(\dot{\hat{\rho}}\ln\hat{\rho} + \hat{\rho}\hat{\rho}^{-1}\dot{\hat{\rho}}\right) = -k\,\mathrm{Sp}\left(\dot{\hat{\rho}}\ln\hat{\rho} + \dot{\hat{\rho}}\right) \qquad (3.90)$$

Der zweite Beitrag verschwindet wegen

$$\mathrm{Sp}\,\dot{\hat{\rho}} = \frac{d}{dt}\mathrm{Sp}\,\hat{\rho} = \frac{d}{dt}1 = 0 \qquad (3.91)$$

und der erste Beitrag kann mit Hilfe der von Neumann-Gleichung (2.149) wie folgt umgeformt werden

$$\begin{aligned}
\mathrm{Sp}\,\dot{\hat{\rho}}\ln\hat{\rho} &= \frac{i}{\hbar}\mathrm{Sp}\left([\hat{\rho},\hat{H}]\ln\hat{\rho}\right) & (3.92a) \\
&= \frac{i}{\hbar}\mathrm{Sp}\left(\hat{\rho}\hat{H}\ln\hat{\rho} - \hat{H}\hat{\rho}\ln\hat{\rho}\right) & (3.92b) \\
&= \frac{i}{\hbar}\mathrm{Sp}\left(\hat{H}\ln\hat{\rho}\,\hat{\rho} - \hat{H}\hat{\rho}\ln\hat{\rho}\right) & (3.92c) \\
&= \frac{i}{\hbar}\mathrm{Sp}\left(\hat{H}\hat{\rho}\ln\hat{\rho} - \hat{H}\hat{\rho}\ln\hat{\rho}\right) & (3.92d) \\
&= 0 & (3.92e)
\end{aligned}$$

Dabei wurden in der dritten Zeile die Operatoren unter der Spur zyklisch vertauscht, in der vierten Zeile wurde die Vertauschbarkeit von $\hat{\rho}$ und $\ln\hat{\rho}$ verwendet.

Die zeitliche Invarianz der Entropie ist prinzipiell sofort verständlich. Der Gehalt der im Anfangszustand vorhandenen Information kann durch die deterministischen Hamilton'schen Bewegungsgleichungen bzw. quantenmechanischen Evolutionsgleichungen weder verbessert noch verschlechtert werden. Das heißt, in einem mikrokanonischen System geht weder Information verloren noch wird Information hinzugewonnen.

3.2.3
*Weitere Entropieformen

3.2.3.1 *Allgemeine Bemerkungen

Die Shannon'sche Informationsentropie wird sich als der geeignete Kandidat erweisen, um die Information über ein System zu charakterisieren und mit einer entsprechenden thermodynamischen Größe zu verbinden. Bevor wir uns diesem Problem zuwenden, wollen wir der Vollständigkeit halber noch einige weitere Entropieformen vorstellen und ihre physikalische bzw. informationstheoretische Bedeutung erläutern.

3.2.3.2 *Tsallis-Entropie

Die Logarithmusfunktion kann als Grenzwert einer Folge von Potenzfunktionen dargestellt werden

$$\ln(x) = \lim_{q \to 0} \frac{x^q - 1}{q} \tag{3.93}$$

Setzt man diese Definition in die Shannon'sche Informationsentropie (3.36) ein, dann gelangt man zu

$$S = -k \lim_{q \to 0} \sum_{\alpha=1}^{N} p_\alpha \frac{p_\alpha^q - 1}{q} \tag{3.94}$$

Die hier auftretende Größe

$$S_q = -k \sum_{\alpha=1}^{N} p_\alpha \frac{p_\alpha^q - 1}{q} \tag{3.95}$$

kann als Verallgemeinerung der Shannon'schen Entropie verstanden werden und wird als Tsallis-Entropie bezeichnet. Beachtet man die Normierung der Wahrscheinlichkeiten, dann kann (3.95) auch in die Form

$$S_q = -\frac{k}{q} \sum_{\alpha=1}^{N} \left(p_\alpha^{q+1} - p_\alpha \right) = \frac{k}{q} \left(1 - \sum_{\alpha=1}^{N} p_\alpha^{q+1} \right) \tag{3.96}$$

gebracht werden. Für $q \to 0$ geht die Tsallis-Entropie wieder in die Shannon'sche Informationsentropie über. Man kann sich leicht davon überzeugen, dass die auf klassisch-mechanische Ensemble bezogene Version der Tsallis-Entropie als

$$S_q = \frac{k}{q} \left(1 - \int \frac{d\Gamma}{(2\pi\hbar)^{3N} N!} \rho(\vec{\Gamma}, t)^{q+1} \right) \tag{3.97}$$

geschrieben werden kann, während die quantenmechanische Version dieser Entropie

$$S_q = \frac{k}{q} \left(1 - \text{Sp}\, \hat{\rho}^{q+1} \right) \tag{3.98}$$

lautet. Im Gegensatz zur Informationsentropie ist die Tsallis-Entropie für zusammengesetzte unabhängige Ereignisse aber nicht mehr additiv. Man findet jetzt statt (3.39d)

$$S_q(\Xi) = \frac{k}{q}\left(1 - \sum_{\alpha,\beta} p_{\alpha\beta}^{q+1}\right) \quad (3.99a)$$

$$= \frac{k}{q}\left(1 - \sum_{\alpha} p_{\alpha}^{q+1} \sum_{\beta} p_{\beta}^{q+1}\right) \quad (3.99b)$$

$$= \frac{k}{q}\left(1 - \sum_{\alpha} p_{\alpha}^{q+1}\right) + \frac{k}{q}\left(1 - \sum_{\beta} p_{\beta}^{q+1}\right) \quad (3.99c)$$

$$- \frac{k}{q}\left(1 - \sum_{\alpha} p_{\alpha}^{q+1}\right)\left(1 - \sum_{\beta} p_{\beta}^{q+1}\right) \quad (3.99d)$$

und deshalb

$$S_q(\Xi) = S_q(\Xi') + S_q(\Xi'') - \frac{q}{k} S_q(\Xi') S_q(\Xi'') \quad (3.100)$$

Auch für den Fall voneinander abhängiger Ereignisse ist der für die Shannon'sche Informationsentropie gültige Zusammenhang (3.44) zu modifizieren. Man findet jetzt mit den gleichen Bezeichnungen wie in Abschnitt 3.2.2.1

$$S_q(\Xi) = \frac{k}{q}\left(1 - \sum_{\alpha\beta} p_{\alpha|\beta}^{q+1} p_{\beta}^{q+1}\right) \quad (3.101a)$$

$$= \frac{k}{q}\left(1 - \sum_{\beta} p_{\beta}^{q+1} + \sum_{\beta}\left[1 - \sum_{\alpha} p_{\alpha|\beta}^{q+1}\right] p_{\beta}^{q+1}\right) \quad (3.101b)$$

$$= S_q(\Xi'') + \sum_{\beta} p_{\beta}^{q+1} S_q(\Xi'_{\beta}) \quad (3.101c)$$

Der zweite Ausdruck ist jetzt aber keine echte Mittelwertbildung mehr über die Entropien

$$S_q(\Xi'_{\beta}) = \frac{k}{q}\left(1 - \sum_{\alpha} p_{\alpha|\beta}^{q+1}\right) \quad (3.102)$$

sondern eine allgemeinere Struktur, in die alle Wahrscheinlichkeiten nichtlinear eingehen. Wegen der fehlenden Additivität der Entropien unabhängiger Ereignissätze charakterisiert man die Tsallis-Entropie auch als nicht-extensive Entropie[26]. Die Tsallis-Entropie spielt vor allem eine Rolle bei der Beschreibung von Nichtgleichgewichtsprozessen.

Wie im Fall der Shannon-Entropie wird auch die Tsallis-Entropie im Fall einer Gleichverteilung, also $p_{\alpha} = N^{-1}$ für $\alpha = 1, ..., N$, extremal. Ein Maximum liegt aber nur für $q > -1$ vor. Ist dagegen $q < -1$, dann besitzt die Tsallis-Entropie im Fall der Gleichverteilung ein Minimum.

[26] Der Begriff "extensive Größe" wird in Abschnitt 5.4 definiert.

3.2.3.3 *Kullback-Entropie

Die Kullback-Entropie ist ein vergleichendes Informationsmaß, das die Veränderung im Informationsgehalt eines Satzes Ξ von Ereignissen α bestimmt, wenn man die Wahrscheinlichkeiten p_α durch neue Werte f_α ersetzt. Man bezeichnet deshalb die p_α als Referenzwahrscheinlichkeiten. Die Kullback-Entropie ist definiert als

$$K[f,p] = \sum_{\alpha=1}^{N} f_\alpha \ln\left(\frac{f_\alpha}{p_\alpha}\right) \tag{3.103}$$

Um die Bedeutung der Kullback-Entropie zu verstehen, bestimmen wir zunächst ihr Extremum bei vorgegebenen Referenzwahrscheinlichkeiten. Als Variable treten dann nur die f_α auf, die außerdem noch der Normierungsbedingung

$$\sum_{\alpha=1}^{N} f_\alpha = 1 \tag{3.104}$$

genügen müssen. Mit Hilfe des Lagrange'schen Multiplikators λ konstruiert man die Ersatzfunktion[27]

$$F = \sum_{\alpha=1}^{N} f_\alpha \ln\left(\frac{f_\alpha}{p_\alpha}\right) + \lambda\left(\sum_{\alpha=1}^{N} f_\alpha - 1\right) \tag{3.105}$$

mit der sich der gesuchte Extremalpunkt als Lösung der Gleichungen

$$\frac{\partial F}{\partial f_\alpha} = \ln\left(\frac{f_\alpha}{p_\alpha}\right) + 1 + \lambda = 0 \tag{3.106}$$

ergibt. Hieraus folgt sofort

$$f_\alpha = p_\alpha e^{-\lambda-1} \tag{3.107}$$

und wegen der Normierung (3.104)

$$f_\alpha = p_\alpha \tag{3.108}$$

wobei vorausgesetzt wurde, dass auch die Referenzwahrscheinlichkeiten auf 1 normiert sind. Folglich erreicht die Kullback-Entropie ihr Extremum, wenn die Wahrscheinlichkeiten f_α mit den entsprechenden Referenzwahrscheinlichkeiten übereinstimmen. Um den Charakter des Extremum zu bestimmen, bilden wir die zweiten Ableitungen am Extremalpunkt

$$\left.\frac{\partial^2 F}{\partial f_\alpha \partial f_\beta}\right|_{f_\alpha=p_\alpha} = \left.\frac{1}{f_\alpha}\delta_{\alpha\beta}\right|_{f_\alpha=p_\alpha} = \frac{1}{p_\alpha}\delta_{\alpha\beta} > 0 \tag{3.109}$$

---
27) siehe Band I, Abschnitt 5.4.4

woraus sich ergibt, dass es sich bei dem Extremum um ein Minimum handelt. Setzen wir $f_\alpha = p_\alpha$ in die Kullback-Entropie ein, dann bekommt man $K[p, p] = 0$. Da es sich hierbei um das Minimum handelt, erhält man sofort die Relation

$$K[f, p] \geq K[p, p] = 0 \tag{3.110}$$

Die Kullback-Entropie spielt eine wichtige Rolle bei der Schätzung von Verteilungen aus einer endlichen Zahl von Messungen[28]. Dazu nehmen wir an, dass ein System N Zustände $\alpha = 1, ..., N$ mit der Wahrscheinlichkeit p_α realisieren kann. Bei insgesamt M Messungen an identischen Systemen wird man M_1-mal den Zustand 1, M_2-mal den Zustand 2 usw. mit

$$\sum_{\alpha=1}^{N} M_\alpha = M \tag{3.111}$$

beobachten. Bezeichnet man mit f_α die relativen Häufigkeiten

$$f_\alpha = \frac{M_\alpha}{M} \tag{3.112}$$

dann ist die Wahrscheinlichkeit, bei insgesamt M Experimenten gerade die durch die relativen Häufigkeiten $(f_1, f_2, ..., f_N)$ bestimmte empirische Verteilung zu erhalten, durch

$$\pi_M(f_1, f_2, ..., f_N) = M! \prod_{\alpha=1}^{N} \frac{p_\alpha^{M_\alpha}}{M_\alpha!} = M! \prod_{\alpha=1}^{N} \frac{p_\alpha^{Mf_\alpha}}{(Mf_\alpha)!} \tag{3.113}$$

gegeben. Um diesen Ausdruck weiter umzuformen, benutzen wir die Stirling'sche Formel (siehe Fußnote 12, Abschnitt 4.6)

$$\ln x! = x(\ln x - 1) + o(\ln x) \tag{3.114}$$

Damit folgt bis auf Terme der Ordnung $\ln M$

$$\begin{aligned}
\pi_M(f_1, f_2, ..., f_N) &= \exp\left(\ln M! + \sum_{\alpha=1}^{N} [Mf_\alpha \ln p_\alpha - \ln(Mf_\alpha)!]\right) \\
&= \exp\left(M(\ln M - 1) + \sum_{\alpha=1}^{N} [Mf_\alpha \ln p_\alpha - Mf_\alpha(\ln Mf_\alpha - 1)]\right) \\
&= \exp\left(M \ln M + \sum_{\alpha=1}^{N} [Mf_\alpha \ln p_\alpha - Mf_\alpha(\ln M + \ln f_\alpha)]\right) \\
&= \exp\left(\sum_{\alpha=1}^{N} [Mf_\alpha \ln p_\alpha - Mf_\alpha \ln f_\alpha]\right) \\
&= \exp\left(-M \sum_{\alpha=1}^{N} f_\alpha \ln\left(\frac{f_\alpha}{p_\alpha}\right)\right) \tag{3.115}
\end{aligned}$$

[28] siehe auch [36]

wobei wir die unmittelbar aus (3.112) folgende Normierung (3.104) berücksichtigt haben. Beachtet man noch (3.103), dann erhalten wir

$$\pi_M(f_1, f_2, ... f_N) = e^{-MK[f,p] + o(\ln M)} \quad (3.116)$$

Für große Werte M wird der Exponent auf der rechten Seite von der Kullback-Entropie dominiert. Da $K[f,p] \geq 0$ ist und das Gleichheitszeichen nur für $f_\alpha = p_\alpha$ gilt, wird eine von dem Satz $(p_1, p_2, ..., p_N)$ abweichende Häufigkeitsverteilung mit wachsendem M immer unwahrscheinlicher. Für $M \to \infty$ setzt sich damit das Gesetz der großen Zahlen durch, d. h. die empirischen Häufigkeitsverteilungen nähern sich immer mehr den Wahrscheinlichkeitsverteilungen an

$$\lim_{M \to \infty} \frac{M_\alpha}{M} = \lim_{M \to \infty} f_\alpha = p_\alpha \quad (3.117)$$

Man kann leicht zeigen, dass die Kullback-Entropie – analog zum Fall der Shannon'schen Informationsentropie – für unabhängige Ereignisse additiv ist. Wie die Tsallis-Entropie kann auch die Kullback-Entropie sofort für Ensemble klassischer bzw. quantenmechanischer Vielteilchensysteme formuliert werden. Mit der Referenzwahrscheinlichkeitsverteilung $\rho_R(\vec{\Gamma}, t)$ findet man im klassischen Fall

$$K[\rho, \rho_R] = \int \frac{d\Gamma}{(2\pi\hbar)^{3N} N!} \rho(\vec{\Gamma}, t) \ln\left(\frac{\rho(\vec{\Gamma}, t)}{\rho_R(\vec{\Gamma}, t)}\right) \quad (3.118)$$

während man in quantenmechanischen Fall

$$K[\hat{\rho}, \hat{\rho}_R] = \mathrm{Sp}\, \hat{\rho}\, [\ln \hat{\rho} - \ln \hat{\rho}_R] \quad (3.119)$$

mit dem Referenzdichteoperator $\hat{\rho}_R$ erhält.

3.2.3.4 *Die Kolmogorov-Entropie

Als letztes Beispiel für eine von der Shannon'schen Informationsentropie abweichende Entropie soll die Kolmogorov-Entropie erwähnt werden. Diese ist sehr eng an die mechanische Bewegung des Systems gekoppelt und stellt ein Maß für die chaotische Bewegung eines Vielteilchensystems dar. Sie benötigt die genaue Kenntnis der mechanischen Bewegung oder wenigstens Informationen über das Spektrum der Ljapunov-Exponenten. Für ein Vielteilchensystem mit f Freiheitsgraden ist der Satz der Ljapunov-Exponenten durch $\{\lambda_i : i = 1, ..., 2f\}$ gegeben. Man teilt jetzt die Ljapunov-Exponenten in die Menge der Exponenten mit positivem Realteil

$$\{\lambda_i^+ : i = 1, ..., f^+ | \mathrm{Re}\lambda_i^+ > 0\} \quad (3.120)$$

und in die Menge der Exponenten mit negativem Realteil

$$\{\lambda_i^- : i = 1, ..., f^- | \mathrm{Re}\lambda_i^- \leq 0\} \quad (3.121)$$

auf. Dabei gilt natürlich $f^+ + f^- = 2f$. Damit lässt sich eine neue Größe, die sogenannte Kolmogorov-Entropie, einführen

$$S_K = \sum_{i=1}^{f^+} \text{Re}\, \lambda_i^+ \qquad (3.122)$$

Diese Entropie ist für ein einzelnes System definiert und benötigt deshalb den Ensemblebegriff nicht. Da die Bestimmung der Ljapunov-Exponenten auf einer Art Zeitmittelwertbildung beruht[29], findet man, dass die Kolmogorov-Entropie in einem ergodischen System unabhängig von der Präparation immer den gleichen Wert besitzt.

Innerhalb der in diesem Band im Vordergrund stehenden Gleichgewichtsstatistik spielt die Kolmogorov-Entropie aber nur eine untergeordnete Rolle.

3.3
Makrozustände und Thermodynamik

3.3.1
Statistische Physik und Thermodynamik

Alle bisherigen Betrachtungen basieren auf einer statistischen Analyse der Mikrozustände und der mikroskopischen Dynamik eines Vielteilchensystems. Aus experimenteller Sicht bleiben die Mikrozustände und ihre Verteilungsfunktionen aber weitgehend verborgen. So ist es praktisch unmöglich, die Wahrscheinlichkeitsverteilung $\rho(\vec{\Gamma})$ für ein Gas in einem festen Volumen auch nur annähernd experimentell zu bestimmen.

Zugänglich sind dagegen Informationen über den makroskopischen Zustand, etwa Druck, Gesamtenergie oder Volumen des Gases. Um den statistisch definierten Größen einen tieferen physikalischen Sinn zu geben, müssen wir eine Verbindung zwischen den aus theoretisch-statistischen Überlegungen abgeleiteten physikalischen Größen einerseits und den einen makroskopischen Zustand charakterisierenden Größen andererseits herstellen. Die physikalische Teildisziplin, die die makroskopischen Eigenschaften von Vielteilchensystemen beschreibt, ist die *Thermodynamik*.

3.3.2
Makrozustand und Zustandsvariable, Ensemble- und Zeitmittel

3.3.2.1 Makrozustand und Zustandsvariable
Bevor wir den Zusammenhang zwischen der statistischen Physik und der Thermodynamik herstellen, wollen wir einige Grundbegriffe definieren, die

[29] siehe Abschnitt 2.1.3

sich für die theoretische Darstellung der Thermodynamik als zweckmäßig erweisen.

Schon die einfache Aussage, dass sich die Thermodynamik mit der Beschreibung makroskopischer Eigenschaften von Vielteilchensystemen befasst, birgt die ersten Probleme, da nicht sofort klar ist, wann man eigentlich von einem makroskopischen System sprechen kann.

Wir werden hier den allgemein anerkannten Standpunkt vertreten, dass ein makroskopisches System erst im *thermodynamischen Limes* vorliegt. Darunter versteht man ein System mit einer unendlich hohen Anzahl von Freiheitsgraden $f \to \infty$ oder einfach von Teilchen $N \to \infty$, wobei das Volumen V ebenfalls divergiert, aber die Nebenbedingung einer konstanten Dichte N/V vorausgesetzt wird.

Der äußerlich erkennbare Zustand eines makroskopischen Systems wird auch als *Makrozustand* bezeichnet und durch sogenannte *thermodynamische Zustandsvariable* oder *Zustandsgrößen* beschrieben. Allerdings ist diese Festlegung sehr allgemein gehalten. Sicher ist, dass sich der Makrozustand eines Systems erheblich von dem alle Details der Dynamik des Vielteilchensystems berücksichtigenden Mikrozustand unterscheidet. So kann eine ruhende Flüssigkeit in einem Becherglas durch wenige Zustandsgrößen, wie z. B. Energie, Volumen oder Teilchenzahl, ausreichend charakterisiert werden. Ganz offensichtlich handelt es sich hierbei um eine Beschreibung auf der makroskopischen Ebene. Da sich die Teilchen der Flüssigkeit keineswegs in einem mechanischen Gleichgewichtszustand befinden[30], muss sich der Mikrozustand der Flüssigkeit permanent ändern. Die auf mikroskopischer Ebene existierende Dynamik wird in diesem Fall auf der makroskopischen Ebene überhaupt nicht mehr registriert.

Schüttelt man aber die Flüssigkeit, dann ist eine sinnvolle makroskopische Beschreibung erst durch die Angabe eines kontinuierlichen Strömungsfeldes als weiterer thermodynamischer Zustandsvariable[31] möglich. Die Bestimmung des Strömungsfeldes ist ein Grundproblem der Hydrodynamik, auf die wir hier nicht weiter eingehen wollen. Es ist jedoch sofort klar, dass je feiner die Strömung beschrieben werden soll oder muss, desto mehr mikroskopische Details zu berücksichtigen sind. Liegt eine turbulente Strömung vor, dann können relevante Änderungen im Strömungsfeld auf Skalen vorliegen, die von der Größenordnung atomarer bzw. molekularer Abmessungen sind, so dass hier bereits die mikroskopische Dynamik der Flüssigkeit spürbar wird. Der Übergang von der mikroskopischen zur makroskopischen Beschreibung ist in diesem Fall fließend, so dass eine klare Trennung zwischen

---

[30] Das wäre dann der Fall, wenn das System sich im Zustand minimaler Energie befinden und damit keinerlei Dynamik zeigen würde.

[31] Sie ist in diesem Fall eben kein einfacher Skalar, sonder ein raum- und zeitabhängiges Feld.

beiden Ebenen im Allgemeinen nicht mehr möglich ist, sondern detaillierte Überlegungen unter Berücksichtigung der Untersuchungsziele erfordert.

Immerhin könnte man aber argumentieren, dass es sich hierbei um ein Nichtgleichgewichtsproblem handelt, das somit Bestandteil der in diesem Lehrbuch nur am Rande betrachteten Nichtgleichgewichtsstatistik ist. In einem aus makroskopischer Sicht stationären Zustand sollte sich der Makrozustand des betrachteten Systems nicht ändern. Aber auch jetzt bleibt die Frage, mit welchen Variablen man den Makrozustand ausreichend beschreiben kann. So kann man auch die ruhende Flüssigkeit im Rahmen der Hydrodynamik beschreiben. Dann muss man bei einer hinreichend feinen Auflösung ein ständig fluktuierendes Strömungsfeld mit einer im zeitlichen Mittel in jedem Raumpunkt verschwindenden Strömungsgeschwindigkeit berücksichtigen. Hinter diesen Fluktuationen verbirgt sich wieder die mikroskopische Dynamik, obwohl das kontinuierliche Strömungsfeld an sich eine typisch makroskopische Beschreibungsform ist.

Aus dem Beispiel geht hervor, dass die Wahl der Zustandsvariablen von der konkreten Problemstellung abhängt und eventuell auch subjektive Züge tragen kann. Der Übergang von der mikroskopischen zur makroskopischen Skala ist durch eine zunehmende Vergröberung (coarse graining) der physikalischen Beschreibung charakterisiert. Mit jeder Vergröberungsstufe werden immer mehr mikroskopische Details ausgeblendet[32]. Man bezeichnet eine Beschreibung, die sowohl Aspekte der makroskopischen als auch der mikroskopischen Skala in sich vereinigt, als *mesoskopisch*.

Um zu einer echten makroskopischen Beschreibung des betrachteten Vielteilchensystems zu gelangen, benutzen wir wieder die Vorstellung des aus einer unendlichen Anzahl gleichartiger Systeme bestehenden Ensembles. Prinzipiell kann man zu jeder in den einzelnen Systemen messbaren physikalischen Größe auch den Ensemblemittelwert bestimmen. Sind diese Mittelwer-

---

[32] Mit der wachsenden Vergröberung der Beschreibung ist ein zunehmender Informationsverlust über das betrachtete System verbunden. Allerdings ist dieser Verlust grundsätzlich von einer anderen Natur als das durch die Präparationsmethode entstehende Informationsdefizit über den mikroskopischen Zustand. Eine Vergröberung ist gewöhnlich immer mit einer Reduktion der Anzahl der Freiheitsgrade verbunden. So können Freiheitsgrade ausprojiziert oder zu neuen effektiven Freiheitsgraden zusammengefasst werden. Als Folge dieser Vergröberung können für die verbleibenden Variablen (Freiheitsgrade) völlig neue Typen von Bewegungsgleichungen entstehen, die auf der mikroskopischen Ebene in dieser Form nicht bekannt sind. So treten häufig Reibungs- oder Gedächtnisterme und zusätzliche Kräfte mit einem mehr oder weniger ausgeprägten stochastischen Charakter auf, die in gewisser Hinsicht die Wirkung der ausgeblendeten Freiheitsgrade auf die verbleibenden relevanten Freiheitsgrade repräsentieren.

te zugleich repräsentativ für fast jedes[33] einzelne System des Ensembles, dann liegt mit diesen Mittelwerten eine Beschreibung des Makrozustands vor. Mit anderen Worten, vernachlässigt man bei der Beschreibung eines Systems alle durch die individuelle mikroskopische Dynamik bedingten Abweichungen von den Ensemblemittelwerten, dann spricht man von einer makroskopischen Beschreibung des Systems.

Mit dieser Definition kann der Makrozustand eines Systems durch im Allgemeinen orts- und zeitabhängige Variable beschrieben werden. Schüttelt man in unserem Beispiel das Becherglas immer auf die gleiche Weise, dann wird sich in der Flüssigkeit bei jedem Versuch ein makroskopisches Strömungsfeld herausbilden, das erst auf der mesoskopischen Skala von dem über alle Versuche gemittelten Strömungsfeld abweicht und das deshalb den makroskopischen Nichtgleichgewichtszustand der geschüttelten Flüssigkeit auf einem deterministischen Niveau beschreibt.

Es gibt auch Situationen, in denen sich Ensemblemittelwerte als nicht repräsentativ für die Beschreibung fast jedes einzelnen Systems des Ensembles erweisen. So ist ein Festkörper aus Eisen oberhalb der Curie-Temperatur nicht magnetisiert. Unterhalb der Curie-Temperatur und damit unterhalb einer kritischen Gesamtenergie des Systems kann sich jedoch eine spontane Magnetisierung einstellen, die in jedem System eine andere Orientierung besitzt und deshalb als Ensemblemittelwert verschwindet. Für jedes einzelne System ist aber die Magnetisierung tatsächlich vorhanden, so dass der Ensemblemittelwert nicht mehr repräsentativ den Makrozustand jedes einzelnen Systems beschreibt. Die Ursache hierfür ist, dass mit der Herausbildung einer makroskopischen Magnetisierungsrichtung die Ergodizität des Ensembles nicht mehr gewährleistet ist. Entsprechend unseren Überlegungen in Abschnitt 2.4.4 zerfällt bei einer hinreichend niedrigen Gesamtenergie des Systems der Phasenraum in metrisch separable invariante Teilmengen, die jeweils einer anderen Magnetisierung entsprechen. Die Bewegung eines beliebig ausgewähltes Systems ist dann auf eine dieser Teilmengen beschränkt und kann die anderen invarianten Teilmengen nicht mehr erreichen, so dass der Ensemblemittelwert nicht mehr den Makrozustand eines einzelnen Systems beschreibt. Beschränkt man sich aber auf ergodische Systeme, dann sind solche Probleme ausgeschlossen.

Die den Makrozustand beschreibenden Zustandsvariablen (siehe auch Abschnitt 3.3.7) können in zwei Gruppen eingeteilt werden. Die erste Gruppe besteht aus *Erhaltungsgrößen* des gesamten Systems sowie sogenannten *äußeren Zustandsvariablen*. Diese sind per Definition für alle Systeme des Ensembles gleich. Dazu gehören bei einem mikrokanonischen Ensemble z. B. die Gesamtenergie und die Teilchenzahl als Erhaltungsgrößen, sowie das Volumen und

---

[33]) Darunter verstehen wir wieder, dass eine Untermenge des Ensembles vom Maß 0 diese Forderung nicht erfüllen muss.

externe Felder als typische äußere Zustandsvariable. Zur zweiten Gruppe gehören Zustandsvariable, die sich erst durch eine Mittelwertbildung über die zulässigen Mikrozustände etablieren. Solche Größen sind z. B. Dichte, Druck oder Polarisation, die bei identischen Messvorschriften an verschiedenen Systemen des Ensembles auf der mikroskopischen Skala unterschiedliche Werte liefern können. Manchmal bezeichnet man diese zweite Gruppe zusammen mit den Erhaltungsgrößen aus der ersten Gruppe auch als *innere Zustandsvariablen*.

Sind alle Zustandsvariable zeitunabhängig, dann spricht man von einem *stationären Makrozustand*. In einem solchen Zustand können die Zustandsvariablen immer noch ortsabhängig sein. So befindet sich z. B. ein Gas im Gravitationsfeld eines Planeten in einem stationären Makrozustand, bei dem der Druck des Gases mit wachsender Höhe immer weiter abnimmt.

3.3.2.2 Ensemble- und Zeitmittel

Für ergodische mikrokanonische Ensemble ist die Verteilungsfunktion bzw. der Dichteoperator stationär und durch (3.22) bzw. (3.2) bestimmt. Daher sind alle Ensemblemittelwerte und damit auch alle Zustandsvariable zeitunabhängig, so dass für alle Systeme eines solchen Ensembles ein und derselbe stationäre Makrozustand vorliegt. Wegen der Ergodizität kann man anstelle der Ensemblemittelwerte auch die Zeitmittelwerte der entsprechenden physikalischen Größen verwenden. Damit ist es möglich, sich von der im Allgemeinen doch eher formalen Ensembleinterpretation zu lösen und die experimentellen Untersuchungen auf ein System zu beschränken. Die theoretischen Überlegungen und Rechnungen werden aber nach wie vor anhand eines mikrokanonischen Ensembles durchgeführt.

3.3.3
Makroskopischer Determinismus: Subsysteme, statistische Unabhängigkeit, Mittelwerte, mittlere quadratische Schwankung

Es gibt aber auch eine andere Möglichkeit, den Ensemblebegriff zu umgehen, ohne dafür die unendlich lange Beobachtung des abgeschlossenen Systems in Kauf nehmen zu müssen. Dazu betrachten wir ein hinreichend großes, abgeschlossenes ergodisches Vielteilchensystem, das aus N Partikeln bestehen soll und sich in einem stationären Makrozustand befindet. Ein solches System kann nach der in Abschnitt 3.1 gegebenen Definiton durch ein ergodisches mikrokanonisches Ensemble beschrieben werden. Damit verbunden ist dann auch, dass die Wahrscheinlichkeitsverteilung stationär ist. Im Folgenden wird das Verhalten von Fluktuationen des Messwertes im thermodynamischen Limes untersucht.

3.3.3.1 Subsysteme

Jedes System dieser mikrokanonischen Gesamtheit wird jetzt in M sogenannte *Subsysteme* eingeteilt. Die Art der Einteilung hängt von der gegebenen Situation ab. Wichtig ist aber, dass der energetische Beitrag der Wechselwirkung zwischen den Subsystemen gegenüber der Gesamtenergie der einzelnen Subsysteme gering ist. Zum Beispiel kann man einen makroskopischen Körper formal in einen Verbund kleinerer Körper unterteilen, von denen aber jeder noch makroskopische Ausmaße besitzt. Dann ist der Energie- und Teilchenaustausch zwischen diesen Subsystemen auf die Oberflächenregionen der Subsysteme beschränkt, während die Mehrzahl der Partikel praktisch nicht an der Wechselwirkung der Subsysteme teilnimmt.

Zur Illustration teilen wir ein thermodynamisches System in zwei räumlich getrennte Teilsysteme auf. Jedes der beiden Teilsysteme besitzt etwa $N/2$ Partikel. Dann ist bei einer gleichmäßigen Verteilung der Partikel über den Raum das Volumen jedes der beiden Subsysteme gerade $V \sim N$ und die Kontaktfläche zwischen beiden Teilen ist von der Größenordnung $A \sim N^{2/3}$. Geht man davon aus, dass nur die Partikel in einer Schicht der Dicke Δr zur Wechselwirkung zwischen beiden Bezugssystemen beitragen, dann ist das Volumen dieser Wechselwirkungsschicht gerade $\Delta V \sim A \Delta r \sim \Delta r N^{2/3}$ und damit folgt für das Verhältnis $\Delta V / V \sim \Delta r N^{-1/3}$. Im thermodynamischen Limes, also für hinreichend große Werte von N und V, und für endliche Schichtdicken Δr strebt dieses Verhältnis gegen null, d. h. die Grenzflächeneffekte werden irrelevant.

Die Schichtdicke Δr wird durch die Wechselwirkung zwischen den Partikeln bestimmt. In den meisten molekularen Systemen klingt diese sehr schnell mit der Entfernung ab, so dass bereits nach wenigen Molekülabmessungen keine Wechselwirkungseffekte mehr spürbar sind. In diesem Fall nimmt die Mehrzahl der Moleküle praktisch keine Notiz von der Grenzfläche und man spricht davon, dass die Subsysteme *quasiabgeschlossen* sind. Es sollte aber bemerkt werden, dass es auch Systeme mit sehr langreichweitigen Wechselwirkungskräften gibt, für die das Konzept der Quasiabgeschlossenheit nicht gilt, z. B. Systeme, die hauptsächlich durch Gravitation zusammengehalten werden, oder Systeme, bei denen die Coulomb-Wechselwirkung nicht abgeschirmt ist.

3.3.3.2 Statistische Unabhängigkeit

Ein quasiabgeschlossenes Subsystem ist auch statistisch quasiunabhängig, denn die Teilchen des einen Teilsystems haben so gut wie keinen Einfluss auf die Teilchen des zweiten Subsystems und umgekehrt. Teilt man die im Vektor $\vec{\Gamma}$ zusammengefassten Freiheitsgrade entsprechend $\vec{\Gamma} = (\vec{\Gamma}_1, \vec{\Gamma}_2)$ auf die beiden Teilsysteme auf, dann gilt wegen der Quasiunabhängigkeit für die Aufenthaltswahrscheinlichkeit $dp(\vec{\Gamma})$ des Systems in einem Volumenelement des Phasenraums $d\Gamma = d\Gamma_1 d\Gamma_2$ um den Punkt $\vec{\Gamma}$

$$dp(\vec{\Gamma}) = dp_1(\vec{\Gamma}_1) dp_2(\vec{\Gamma}_2) \tag{3.123}$$

und daher mit (2.33) und der Reskalierung (3.18)

$$\rho(\vec{\Gamma}) \frac{d\Gamma}{(2\pi\hbar)^{3N} N!} = \rho_1(\vec{\Gamma}_1) \frac{d\Gamma_1}{(2\pi\hbar)^{3N_1} N_1!} \rho_2(\vec{\Gamma}_2) \frac{d\Gamma_2}{(2\pi\hbar)^{3N_2} N_2!} \tag{3.124}$$

bzw.

$$\rho(\vec{\Gamma}) = \frac{N!}{N_1! N_2!} \rho_1(\vec{\Gamma}_1) \rho_2(\vec{\Gamma}_2) \tag{3.125}$$

Der Fehler dieser Darstellung der Dichte der Aufenthaltswahrscheinlichkeit liegt in der Größenordnung der als vernachlässigbar klein klassifizierten Grenzflächeneffekte[34]. Wir bemerken, dass der in (3.125) auftretende, aus den Gibbs'schen Korrekturfaktoren gebildete, kombinatorische Vorfaktor alle Möglichkeiten erfasst, die insgesamt N Teilchen des Gesamtsystems auf die beiden Subsysteme aufzuteilen, so dass im ersten Subsystem insgesamt N_1, im zweiten Subsystem N_2 Teilchen sind[35]. Auf diese Weise wird der über die Grenzfläche zwischen beiden Subsystemen mögliche Austausch identischer Partikel berücksichtigt[36].

Kommen wir zu der anfänglich diskutierten Aufteilung in M Subsysteme zurück, dann gilt in Verallgemeinerung von (3.125):

$$\rho(\vec{\Gamma}) = N! \prod_{k=1}^{M} \frac{\rho_k(\vec{\Gamma}_k)}{N_k!} \tag{3.126}$$

mit $N_1 + N_2 + ... + N_M = N$. Natürlich ist jedes der ρ_k entsprechend

$$\int \rho_k(\vec{\Gamma}_k) \frac{d\Gamma_k}{(2\pi\hbar)^{3N_k} N_k!} = 1 \tag{3.127}$$

normiert.

34) In einem nichtstationären Ensemble abgeschlossener Systeme ist die Faktorisierung der Wahrscheinlichkeitsdichten gewöhnlich nicht realisierbar, da in diesem Fall über die Grenzfläche beider Subsysteme ein gerichteter Transport von Energie oder Teilchen erfolgen kann und deshalb die Partikel im Inneren der Subsysteme – eventuell verzögert – von den Vorgängen an der Kontaktfläche nachhaltig beeinflusst werden.

35) Dieser Vorfaktor entsteht natürlich nur, wenn sich das Gesamtsystem aus N identischen Partikeln zusammensetzt. Sind alle Partikel unterscheidbar, dann muss man $N!$, $N_1!$ und $N_2!$ durch 1 ersetzen, besteht das System dagegen aus verschiedenen Sorten identischer Partikel, dann sind $N!$, $N_1!$ und $N_2!$ durch kombinatorische Faktoren zu ersetzen, die sich entsprechend Fußnote 6 ergeben.

36) Tatsächlich wandern durch die verbindende Grenzschicht permanent Teilchen von einem Subsystem in das andere. Da dieser Austausch in beide Richtungen erfolgt und die Partikel ununterscheidbar sind, werden auf der makroskopischen Skala keine wesentlichen Veränderungen der Subsysteme beobachtet. Folglich können beide Subsysteme immer noch als quasiabgeschlossen interpretiert werden.

3.3.3.3 Mittelwerte

Die Faktorisierung der Wahrscheinlichkeitsdichte (3.126) erlaubt es, Mittelwerte des Gesamtsystems aus Kombinationen von Größen zu berechnen, die in jeweils einem der Subsysteme gemessen werden. Wir nehmen insbesondere an, dass die physikalischen Größen $f_i = f(\vec{\Gamma}_i)$ und $h_j = h(\vec{\Gamma}_j)$ vollständig durch die Kenntnis aller Freiheitsgrade des *i*-ten bzw. *j*-ten Subsystems ($i \neq j$) erklärt sind. Dann folgt

$$\overline{f_i + h_j} = \overline{f}_i + \overline{h}_j \tag{3.128}$$

und

$$\overline{f_i h_j} = \overline{f}_i \overline{h}_j \tag{3.129}$$

Wir beweisen hier nur die zweite Aussage, der Beweis für die erste Relation erfolgt analog. Mit (3.126) erhalten wir sofort

$$\begin{aligned}
\overline{f_i h_j} &= \int f(\vec{\Gamma}_i) h(\vec{\Gamma}_j) \rho(\vec{\Gamma}) \frac{d\Gamma}{(2\pi\hbar)^{3N} N!} \tag{3.130a} \\
&= \int f(\vec{\Gamma}_i) \rho_i(\vec{\Gamma}_i) \frac{d\Gamma_i}{(2\pi\hbar)^{3N_i} N_i!} \\
&\quad \times \int h(\vec{\Gamma}_j) \rho_j(\vec{\Gamma}_j) \frac{d\Gamma_j}{(2\pi\hbar)^{3N_j} N_j!} \\
&\quad \times \prod_{k \neq i,j} \left[\int \rho_k(\vec{\Gamma}_k) \frac{d\Gamma_k}{(2\pi\hbar)^{3N_k} N_k!} \right] \tag{3.130b} \\
&= \overline{f}_i \overline{h}_j \tag{3.130c}
\end{aligned}$$

Wir betrachten jetzt eine physikalische Größe, z. B. die Teilchenzahl, die sich *additiv* aus den Beiträgen der einzelnen Subsysteme zusammensetzt. Ferner verlangen wir, dass eine Einteilung des Gesamtsystems in M aus makroskopischer Sicht identische Subsysteme möglich ist[37]. Der Gesamtwert der physikalischen Größe ist folglich gegeben durch

$$f = \sum_{i=1}^{M} f_i \tag{3.131}$$

Damit gilt für den Mittelwert

$$\overline{f} = \sum_{i=1}^{M} \overline{f}_i = M \overline{f}_{\text{Sub}} \tag{3.132}$$

---

[37] Bei einem räumlich homogenen System bietet sich z. B. die Aufteilung in gleichartige Volumina an, bei inhomogenen Systemen ist evtl. unter Berücksichtigung der räumlichen Symmetrie eine Aufteilung in identische Subsysteme möglich. So kann man z. B. ein Gas in einem homogenen Gravitationsfeld in Säulen zerlegen, die parallel zur Gravitationskraft ausgerichtet sind.

wobei der letzte Schritt wegen der geforderten physikalischen Äquivalenz der Subsysteme und deshalb wegen

$$\overline{f}_1 = \overline{f}_2 = \ldots = \overline{f}_M = \overline{f}_{\text{Sub}} \tag{3.133}$$

möglich wird.

3.3.3.4 Mittlere quadratische Schwankung
Weiterhin findet man für die mittlere quadratische Schwankung der Größe f

$$\overline{(\Delta f)^2} = \overline{(f - \overline{f})^2} = \overline{\sum_{i=1}^{M} \left[f_i - \overline{f}_i \right] \sum_{j=1}^{M} \left[f_j - \overline{f}_j \right]} \tag{3.134a}$$

$$= \sum_{i=1}^{M} \overline{\left[f_i - \overline{f}_i \right]^2} + \sum_{i \neq j}^{M} \overline{\left[f_i - \overline{f}_i \right] \left[f_j - \overline{f}_j \right]} \tag{3.134b}$$

$$= \sum_{i=1}^{M} \overline{(\Delta f_i)^2} + \sum_{i \neq j}^{M} \left[\overline{f}_i - \overline{f}_i \right] \left[\overline{f}_j - \overline{f}_j \right] \tag{3.134c}$$

$$= M \overline{(\Delta f_{\text{Sub}})^2} \tag{3.134d}$$

Dabei wurde in der dritten Zeile Δf_i definiert durch $f_i - \overline{f}_i$ sowie beim Übergang zur letzten Zeile von der statistischen Quasiunabängigkeit der einzelnen Subsysteme Gebrauch gemacht und der letzte Schritt nutzt wieder die vorausgesetzte makroskopische Identität der Subsysteme aus.

Von entscheidender Bedeutung für die Genauigkeit einer Messung am Gesamtsystem ist das Verhältnis zwischen der mittleren Stärke der Fluktuationen eines Messwertes $[\overline{(\Delta f)^2}]^{1/2}$ und dem mittleren Wert $\overline{f}$ der Messgröße. Hierfür findet man im Fall der Quasiunabhängigkeit der Subsysteme

$$\frac{\sqrt{\overline{(\Delta f)^2}}}{\overline{f}} = \frac{\sqrt{M \overline{(\Delta f_{\text{Sub}})^2}}}{M \overline{f}_{\text{Sub}}} \sim M^{-1/2} \tag{3.135}$$

Vergrößert man das Gesamtsystem durch sukzessives Hinzufügen neuer, physikalisch äquivalenter Subsysteme, dann wird der Fehler immer unbedeutender, um schließlich im thermodynamischen Limes, d. h. für $M \to \infty$, irrelevant zu werden. Der Fehler selbst ist natürlich nicht verschwunden: eine beliebige Messung von f liefert einen Wert $f = \overline{f} + \delta f$, wobei δf in der Größenordnung $M^{1/2}$ liegt, während $\overline{f} \sim M$ ist. Damit kann man auch sagen, dass eine aktuelle Messung der globalen Größe f auf den Wert $f = M \overline{f}_{\text{Sub}} + M^{1/2} \xi$ führt, wobei ξ eine zufällige Variable von der Größenordnung der Varianz $(\overline{(\Delta f_{\text{Sub}})^2})^{1/2}$ ist. Der führende Term in f ist der erste Summand, der für $M \to \infty$ stets den zweiten, zufälligen Term überwiegt.

In diesem Verhalten finden wir also die Ursache dafür, dass makroskopische Größen wieder deterministischen Charakter zeigen, obwohl die mikroskopische Bewegung üblicherweise chaotisch abläuft und wir keine genaue Information über den Mikrozustand des Systems besitzen.

Der chaotische Charakter der mikroskopischen Dynamik selbst verschwindet auch auf der makroskopischen Skala nicht, aber er wird gegenüber dem systematischen Anteil der Messgröße irrelevant. Diese Aussage kann auch als Argument zur Begründung der in Abschnitt 3.3.2 postulierten Eigenschaft von Makrozuständen dienen, nämlich dass jeder durch die Ensemblemittelwerte definierte Makrozustand eines ergodischen Ensembles repräsentativ für (fast) jedes einzelne System des Ensembles ist. Wir weisen darauf hin, dass sich hinter der hier dargelegten Argumentation das in Abschnitt 1.5.5 diskutierte Gesetz der großen Zahlen verbirgt.

Prinzipiell kann man jedes auf makroskopischen Skalen räumlich homogene und zeitlich stationäre System in viele kleinere, physikalisch identische Subsysteme unterteilen, die sich immer noch makroskopisch behandeln lassen[38]. Wegen der Quasiunabhängigkeit verhält sich jedes dieser Subsysteme wie ein System eines Ensembles. Die Messung einer globalen Observablen über das ganze System ist dann äquivalent zu einer Mittelung über die Menge der Subsysteme. Dieser auch als Selbstmittelung bezeichnete Effekt ist die tiefere Ursache dafür, dass auch bei einer zeitlich sehr kurzen Messung makroskopischer Größen eines Systems der experimentell erhaltene Messwert mit dem Ensemblemittelwert und damit mit dem eigentlich über einen unendlich langen Zeitraum zu ermittelnden Zeitmittelwert übereinstimmt.

3.3.4
Additivität der Entropie

Wir zerlegen jedes System eines mikrokanonischen Ensembles in gleicher Weise in M quasiunabhängige Subsysteme. Aus den einander entsprechenden Subsystemen dieser Zerlegung bilden wir M neue mikrokanonische Subensembles. Dann ist die Gesamtentropie des ursprünglichen Ensembles gleich der Summe der Entropien der neu gebildeten mikrokanonischen Subensembles. Der Beweis dieser Aussage basiert auf der Faktorisierung der Wahr-

---

[38] Ist die räumliche Homogenität, z. B. in einem externen inhomogenen Feld, nicht gewährleistet, dann kann man bei einer hinreichend schwachen Variation des Feldes das System zunächst in quasiunabhängige Subsysteme einteilen, deren räumliche Abmessungen so klein sind, dass sich das Feld innerhalb eines solchen Subsystems praktisch nicht ändert. Anschließend kann jedes dieser Subsysteme als räumlich homogen angesehen werden und in noch kleinere, physikalisch identische Subsysteme aufgeteilt werden. Dieses Verfahren versagt erst, wenn Inhomogenitäten auf der Skala atomarer Abmessungen auftreten.

scheinlichkeitsverteilung des ursprünglichen Ensembles. Die Additivität der Entropie kann man auf verschiedenen Wegen zeigen. Mit (3.39d) z. B. erhält man unmittelbar das gewünschte Resultat. Wir wollen hier den Weg über das Zustandsintegral bzw. die Zustandssumme gehen.

Das Zustandsintegral (3.19) des klassischen Falls enthält den Gibbs'schen Faktor $1/N!$. Dieser garantiert, dass die Zahl der Zustände identischer quantenmechanischer Teilchen wegen ihrer Ununterscheidbarkeit geringer ist als bei identischen, aber unterscheidbaren klassischen Teilchen. Wenn wir jetzt berücksichtigen, dass das Subsystem i ($i = 1, \ldots, M$) N_i Teilchen enthält, dann muss wegen des Anschlusses des klassischen Falles an die quantenmechanische Behandlung für jedes Subsystem der Gibbs'sche Faktor $1/N_i!$ eingeführt werden. Wir müssen also folgende Substitution

$$\frac{\delta(H(\vec{\Gamma}) - E)}{N!} \rightarrow \prod_{i=1}^{M} \frac{\delta(H_i(\vec{\Gamma}_i) - E_i)}{N_i!} \tag{3.136}$$

durchführen, wobei $H_i(\vec{\Gamma}_i)$ die Hamilton-Funktion und E_i die Energie des i-ten Subsystems ist. Damit wird dann

$$Z_{\text{mikro}} = \int \delta(H(\vec{\Gamma}) - E) \frac{d\Gamma}{(2\pi\hbar)^{3N} N!} \tag{3.137a}$$

$$= \prod_{i=1}^{M} \int \delta(H_i(\vec{\Gamma}_i) - E_i) \frac{d\Gamma_i}{(2\pi\hbar)^{3N_i} N_i!} \tag{3.137b}$$

$$= \prod_{i=1}^{M} Z_{\text{mikro}}^{(i)} \tag{3.137c}$$

Beachtet man schließlich (3.68), dann gelangt man zu der behaupteten Additivität der Entropien der quasiunabhängigen Subsysteme

$$S = k \ln Z_{\text{mikro}} = \sum_{i=1}^{M} k \ln Z_{\text{mikro}}^{(i)} = \sum_{i=1}^{M} S^{(i)} \tag{3.138}$$

Auch auf der quantenstatistischen Ebene gelangt man zum gleichen Resultat. Der Einfachheit halber betrachten wir ein System unterscheidbarer Partikel. In diesem Fall können die Basiszustände des Gesamtsystems in die Basiszustände der Subsysteme zerlegt werden[39]

$$|n\rangle = |n_1\rangle \otimes |n_2\rangle \otimes \ldots \otimes |n_M\rangle \tag{3.139}$$

[39]) Handelt es sich um identische Partikel, dann muss man vollständig symmetrische bzw. antisymmetrische Basisfunktionen benutzen.

Dann erhält man für die mikrokanonische Zustandssumme des Gesamtsystems

$$Z_{\text{mikro}} = \text{Sp}\, \delta(\hat{H} - E) \tag{3.140a}$$
$$= \sum_n \langle n | \delta(\hat{H} - E) | n \rangle \tag{3.140b}$$
$$= \sum_{n_1,\ldots,n_M} (\langle n_M | \ldots \langle n_1 |) \prod_{i=1}^{M} \delta(\hat{H}_i - E_i) (| n_1 \rangle \ldots | n_M \rangle) \tag{3.140c}$$
$$= \prod_{i=1}^{M} \sum_{n_i} \langle n_i | \delta(\hat{H}_i - E_i) | n_i \rangle \tag{3.140d}$$
$$= \prod_{i=1}^{M} Z_{\text{mikro}}^{(i)} \tag{3.140e}$$

wieder die Faktorisierung in die Zustandssummen der Subsysteme und damit wie oben wieder die Additivität der Entropie. Die Basiszustände $|n_i\rangle$ in (3.139) und die Hamilton-Operatoren $\hat{H}_i$ in (3.140c, 3.140d) hängen nur noch von den Variablen des Subsystems i ab.

3.3.5
Thermodynamisches Gleichgewicht

Für die abgeschlossenen Systeme eines mikrokanonischen Ensembles ist ein stationärer Makrozustand identisch mit dem thermodynamischen *Gleichgewichtszustand*[40].

Ist ein System dagegen nicht abgeschlossen[41], dann ist nicht jeder stationäre Makrozustand notwendig ein thermodynamischer Gleichgewichtszustand. Wird zum Beispiel an einer Stelle des Systems permanent Energie injiziert, an einer anderen Stelle wieder dem System entnommen, so können trotzdem alle Zustandsvariable zeitlich konstant bleiben. Ein typisches Beispiel ist eine Flüssigkeit zwischen zwei Platten unterschiedlicher Temperatur. Ist der Temperaturunterschied nur gering, dann entsteht in der Flüssigkeit ein ortsabhängiges Temperaturfeld, bei höheren Temperaturdifferenzen kann sich eine stationäre Konvektionsströmung (Bénard-Instabilität) ausbilden. Ein anderes Beispiel stellt ein Laser dar, bei dem Energie durch einen elektrischen Strom eingespeist wird und der diese Energie wieder in Form von Laserstrahlung abgibt. Auf jeden Fall sind solche stationären Zustände durch einen permanenten Transport von Energie gekennzeichnet und stellen deshalb zwar stationäre, aber keine Gleichgewichtszustände dar.

---

[40]) siehe hierzu Abschnitt 2.4.5
[41]) Solche Systeme würden natürlich auch kein mikrokanonisches Ensemble bilden.

Da jedes mikrokanonische Ensemble per Definition einen thermodynamischen Gleichgewichtszustand repräsentiert, können wir umgekehrt festhalten, dass ein thermodynamisches Gleichgewicht in einem abgeschlossenen ergodischen System nur dann vorliegen kann, wenn das zugehörige Ensemble durch eine über den ganzen zulässigen Phasenraum konstante Wahrscheinlichkeitsdichte (siehe Abschnitt 2.4) beschrieben wird.

Diese mikroskopische Eigenschaft ist aber nur durch eine praktisch nicht realisierbare Beobachtung der Mikrozustände der Systeme des Ensembles feststellbar. Beachtet man aber unsere Überlegungen in Abschnitt 3.2.2.2, dann muss für eine Gleichverteilung der Mikrozustände über den zulässigen Phasenraum die Entropie maximal werden. Damit besitzen wir ein Kriterium, um auch aus makroskopischer Sicht – also ohne explizite Kenntnis der Wahrscheinlichkeitsverteilung der Mikrozustände – feststellen zu können, ob ein thermodynamischer Gleichgewichtszustand vorliegt:

> Der Makrozustand abgeschlossener Systeme eines Ensembles ist genau dann ein thermodynamischer Gleichgewichtszustand, wenn die zugehörige (Shannon'sche) Entropie ihren maximalen Wert annimmt.

Um das Kriterium experimentell anwenden zu können, benötigen wir nur noch einen Zusammenhang zwischen der bisher ausschließlich mikroskopisch über eine Wahrscheinlichkeitsverteilung bzw. einen Dichteoperator definierten Entropie und einer entsprechenden thermodynamischen Größe. Dieses Problem soll in den nachfolgenden Abschnitten behandelt werden.

Bevor wir dazu kommen, wollen wir zum Abschluss und im Hinblick auf die beiden folgenden Kapitel 4 und 5 noch bemerken, dass ein thermodynamischer Gleichgewichtzustand nicht nur in abgeschlossenen Systemen (mikrokanonische Gesamtheit) beobachtet werden kann[42].

3.3.6
Thermodynamische Gleichgewichtsbedingungen

Wir betrachten zwei abgeschlossene makroskopische Teilsysteme, von denen jedes für sich selbst im thermodynamischen Gleichgewicht vorliegt und bringen diese miteinander in Kontakt. Beide Teilsysteme werden durch die Zustandsvariablen Energie E, Volumen V und Teilchenzahl N charakterisiert. Die Teilsysteme bilden nach ihrer Vereinigung zusammen wieder ein abgeschlossenes System. Befindet sich auch dieses System im thermodynamischen

---

[42] Tatsächlich ist die Menge von Systemen im thermodynamischen Gleichgewicht keinesfalls auf mikrokanonische Ensemble beschränkt. Wir werden in den nächsten Kapiteln weitere Ensemble diskutieren, deren Makrozustände ebenfalls Gleichgewichtszustände sind.

Gleichgewicht, dann sagt man, dass beide Teilsysteme miteinander im thermodynamischen Gleichgewicht stehen bzw. dass zwischen den beiden Teilsystemen ein thermodynamisches Gleichgewicht besteht.

Weil das Gesamtsystem abgeschlossen ist, gilt für die Energie der beiden Teilsysteme I und II:
$$E_I + E_{II} = E = \text{const.} \tag{3.141}$$

Um für die Zukunft näher an die thermodynamische Begriffswelt heranzurücken, bezeichnen wir von jetzt ab die Energie eines Systems als innere Energie und ersetzen E durch das traditionelle Symbol U, d. h. wir haben jetzt
$$U_I + U_{II} = U = \text{const.} \tag{3.142}$$

Weiter soll sich auch das Gesamtvolumen additiv aus den Volumina der Teilsysteme
$$V_I + V_{II} = V = \text{const.} \tag{3.143}$$
und die Gesamtteilchenzahl additiv aus der Teilchenzahlen der Teilsysteme
$$N_I + N_{II} = N = \text{const.} \tag{3.144}$$
ergeben. Wegen der vorausgesetzten statistischen Unabhängigkeit der beiden makroskopischen Teilsysteme folgt außerdem
$$S_I + S_{II} = S \tag{3.145}$$

Da jedes der beiden Teilsysteme für sich allein im Gleichgewicht war und daher durch ein mikrokanonisches Ensemble beschrieben werden kann (siehe (3.71, 3.83)), ist natürlich
$$S_I = S_I(U_I, V_I, N_I) \quad \text{und} \quad S_{II} = S_{II}(U_{II}, V_{II}, N_{II}) \tag{3.146}$$

Für die Gesamtentropie gilt deshalb
$$S = S(U_I, V_I, N_I, U_{II}, V_{II}, N_{II}) = S(U_I, V_I, N_I, U - U_I, V - V_I, N - N_I) \tag{3.147}$$
oder
$$S = S(U, V, N, U_I, V_I, N_I) \tag{3.148}$$

U, V und N sind als Zustandsvariable des Gesamtsystems feste Größen. Dagegen sind U_I, V_I und N_I (und damit auch U_{II}, V_{II} und N_{II}) wegen des nach der Vereinigung zwischen beiden Teilsystemen bestehenden Kontakts freie Variable des Gesamtsystems. Befindet sich das Gesamtsystem im Gleichgewicht, dann muss die Gesamtentropie bzgl. dieser freien Variablen maximal sein. Das ist mit den Forderungen
$$\frac{\partial S}{\partial U_I} = 0 \qquad \frac{\partial S}{\partial V_I} = 0 \qquad \frac{\partial S}{\partial N_I} = 0 \tag{3.149}$$

verbunden. Aus der Relation (3.145) folgt

$$\frac{\partial S}{\partial U_I} = \frac{\partial S_I}{\partial U_I} + \frac{\partial S_{II}}{\partial U_I} = \frac{\partial S_I}{\partial U_I} + \frac{\partial S_{II}}{\partial U_{II}} \frac{\partial U_{II}}{\partial U_I} = \frac{\partial S_I}{\partial U_I} - \frac{\partial S_{II}}{\partial U_{II}} = 0 \qquad (3.150)$$

also

$$\frac{\partial S_I}{\partial U_I} = \frac{\partial S_{II}}{\partial U_{II}} \qquad (3.151)$$

Die Ableitung

$$\frac{1}{T} = \left(\frac{\partial S}{\partial U}\right)_{V,N} \qquad (3.152)$$

wird jetzt als *inverse Temperatur* definiert. Wir werden etwas später (Abschnitte 3.3.9 und 3.3.10) sehen, dass diese Definition tatsächlich zu dem thermodynamisch gebräuchlichen Temperaturbegriff führt. Damit finden wir als erste Gleichgewichtsbedingung

$$T_I = T_{II} \qquad (3.153)$$

die Gleichheit der Temperaturen. Analog folgt aus der zweiten Gleichgewichtsbedingung

$$\frac{\partial S}{\partial V_I} = \frac{\partial S_I}{\partial V_I} + \frac{\partial S_{II}}{\partial V_I} = \frac{\partial S_I}{\partial V_I} + \frac{\partial S_{II}}{\partial V_{II}} \frac{\partial V_{II}}{\partial V_I} = \frac{\partial S_I}{\partial V_I} - \frac{\partial S_{II}}{\partial V_{II}} = 0 \qquad (3.154)$$

also

$$\frac{\partial S_I}{\partial V_I} = \frac{\partial S_{II}}{\partial V_{II}} \qquad (3.155)$$

Wir definieren analog zur Temperatur den *Druck* als

$$\frac{p}{T} = \left(\frac{\partial S}{\partial V}\right)_{U,N} \qquad (3.156)$$

und zeigen die Äquivalenz dieses zunächst formal festgelegten Druckes mit dem thermodynamisch definierten mechanischen Druck in Abschnitt 3.3.9 Gleichung (3.171). Wegen (3.153) lautet somit die zweite Gleichgewichtsbedingung

$$p_I = p_{II} \qquad (3.157)$$

Schließlich liefert die dritte Bedingung

$$\frac{\partial S}{\partial N_I} = \frac{\partial S_I}{\partial N_I} + \frac{\partial S_{II}}{\partial N_I} = \frac{\partial S_I}{\partial N_I} + \frac{\partial S_{II}}{\partial N_{II}} \frac{\partial N_{II}}{\partial N_I} = \frac{\partial S_I}{\partial N_I} - \frac{\partial S_{II}}{\partial N_{II}} = 0 \qquad (3.158)$$

also

$$\frac{\partial S_I}{\partial N_I} = \frac{\partial S_{II}}{\partial N_{II}} \qquad (3.159)$$

Wir führen jetzt als dritte neue Größe das *chemische Potential* ein

$$\frac{\mu}{T} = -\left(\frac{\partial S}{\partial N}\right)_{U,V} \tag{3.160}$$

Auch hier zeigen wir in Abschnitt 3.3.9 Gleichung (3.174), dass dieses chemische Potential tatsächlich mit dem thermodynamisch definierten chemischen Potential übereinstimmt. Folglich lautet die dritte Gleichgewichtsbedingung

$$\mu_I = \mu_{II} \tag{3.161}$$

d. h. das Gesamtsystem befindet sich nur im thermodynamischen Gleichgewicht, wenn die chemischen Potentiale in beiden Teilsystemen übereinstimmen. Bestehen die Teilsysteme aus mehreren Teilchensorten, dann ist als Verallgemeinerung von (3.160) die paarweise Gleichheit der chemischen Potentiale jeder Komponente für das thermodynamische Gleichgewicht notwendig.

Sind die Bedingungen (3.153), (3.157) und (3.161) erfüllt, dann befindet sich das aus der Vereinigung der beiden Teilsysteme entstandene Gesamtsystem im thermodynamischen Gleichgewicht[43]. Umgekehrt kann man sagen, dass sich zwei Teilsysteme im thermodynamischen Gleichgewicht befinden, wenn sie in Temperatur, Druck und chemischem Potential übereinstimmen.

3.3.7
Zustandsvariablen, Zustandsgrößen und Zustandsfunktionen, Zustandsgleichung

Ein *abgeschlossenes System* im thermodynamischen Gleichgewichtszustand wird auf der makroskopischen Ebene durch einen Satz makroskopischer Größen vollständig charakterisiert. Im einfachsten Fall (vgl. Abschnitt 3.3.6) handelt es sich hierbei um die innere Energie U, das Volumen V und die Teilchenzahl N des Systems. Wir hatten bereits in Abschnitt 3.3.2 solche makroskopischen Größen als *Zustandsvariable* definiert und wollen jetzt diese Begriffsbildung präzisieren. Dazu nehmen wir an, dass uns eine Reihe von Beziehungen zwischen Zustandsvariablen eines Systems bekannt ist. So kann z. B. die Entropie als Funktion $S = S(U, V, N)$ bestimmt werden, aber auch Zustandsgleichungen stellen solche Beziehungen dar. Man kann immer einen Satz von *unabhängigen* Zustandsvariablen festlegen, die auch weiterhin kurz als Zustandsvariable bezeichnet werden. Wir werden hier als Zustandsvariable den speziellen Satz U, V und N wählen.

Alle von diesen unabhängigen Zustandsvariablen abhängigen Zustandsvariablen werden als *thermodynamische Zustandsgrößen* oder *Zustandsfunktionen*

---

[43]) Hängt die Entropie von weiteren Parametern, siehe Fußnote 11, ab, dann erweitert sich natürlich das Spektrum der Gleichgewichtsbedingungen.

bezeichnet. Die Entropie als Funktion $S = S(U, V, N)$ ist z. B. so eine Zustandsgröße[44].

Wichtig für eine korrekte Beschreibung des makroskopischen Zustands eines Systems ist die *Vollständigkeit* des Satzes der (unabhängigen) Zustandsvariablen. Für einfache Systeme (z. B. homogene einheitliche Systeme wie Gase) ist der Satz (U, V, N) oft ausreichend. Beschreibt man aber Festkörper, dann muss dieser Satz erweitert werden. Ein Festkörper kann z. B. deformiert werden, ohne dass sich sein Volumen ändert. Um den Makrozustand des Festkörpers vollständig darzustellen, benötigt man auf jeden Fall noch eine oder auch mehrere weitere Zustandsvariable, die den jeweiligen Deformationszustand beschreiben[45]. Ebenso ist eine Erweiterung des Satzes der Zustandsvariablen notwendig, wenn elektromagnetische Wechselwirkungen auf der makroskopischen Ebene relevant werden, etwa bei der induzierten Polarisation oder Magnetisierung eines makroskopischen Vielteilchensystems.

Wir werden uns in diesem Lehrbuch bei allen generellen Untersuchungen auf das Tripel (U, V, N) von unabhängigen Zustandsvariablen bzw. auf daraus durch geeignete Transformationen hervorgehende Tripel, z. B. (T, V, N), beschränken.

3.3.8
Thermodynamische Reversibilität und Irreversibilität

In der *Gleichgewichtsthermodynamik* werden einerseits Zustandsvariable und Zustandsgrößen eines bestimmten Gleichgewichtszustandes miteinander verbunden und andererseits Beziehungen zwischen unterschiedlichen Gleichgewichtszuständen hergestellt. Dabei interessiert nur sekundär, wie das System von einem Gleichgewichtszustand in einen anderen gelangt. Die hierzu notwendige Prozessführung ist Bestandteil der *Nichtgleichgewichtsthermodynamik*.

Wir interessieren uns im Rahmen der Gleichgewichtsthermodynamik bzw. der Gleichgewichtsstatistik nur für die Prozessbilanz, also z. B. für die zu erwartende Entropiedifferenz zwischen dem Anfangs- und dem Endzustand. Wenn wir also in Zukunft von einem *thermodynamischen Prozess* sprechen, dann wollen wir, falls nicht ausdrücklich anders vermerkt, diesen im Sinne einer Zustandsänderung zwischen zwei verschiedenen thermodynamischen Gleichgewichtszuständen eines Systems verstehen und dabei implizit voraussetzen, dass durch irgendwelche physikalischen Vorgänge ein Übergang zwischen beiden Gleichgewichtszuständen möglich ist.

---

[44]) Wir könnten natürlich auch den Satz (S, V, N) als Zustandsvariablen wählen. Dann wäre die innere Energie U eine Zustandsfunktion $U = U(S, V, N)$, die man z. B. durch Umstellung der Beziehung $S = S(U, V, N)$ erhalten würde.

[45]) Mit der Angabe des Volumens kann nur die isotrope Kompression eines Festkörpers beschrieben werden, nicht aber eine monoaxiale Streckung oder Scherung.

Allerdings ist für einige Gleichgewichtsgrößen, wie z. B. die in Abschnitt 3.3.10 zu diskutierende thermodynamische Entropie, die Art des Prozesses oder Protokolls oder einfach des thermodynamischen Weges zwischen zwei Gleichgewichtszuständen dennoch von Bedeutung. Um diese Problematik zu erläutern, legen wir folgendes allgemeine Szenario zugrunde. Ein abgeschlossenes System, dessen Gleichgewichtszustand durch die Angabe des Satzes von Zustandsvariablen (U, V, N) definiert ist, wird nach außen geöffnet, durch geeignete physikalische Manipulationen verändert und, nachdem sich im System ein neuer stationärer Makrozustand eingestellt hat, wieder isoliert. Damit liegt ein neuer Gleichgewichtszustand mit den Zustandsvariablen (U', V', N') vor.

Es zeigt sich, dass die Beeinflussung des Systems während seines Kontakts mit der Umgebung durch drei generelle Möglichkeiten erfolgen kann.

Die erste Möglichkeit besteht in der Änderung δN[46] der Partikelzahl N. Die damit verbundene Änderung dU der inneren Energie U ist $\mu \delta N$, wobei μ das in (3.160) eingeführte chemische Potential ist. Wir werden auf die hiermit verbundenen Probleme in Kapitel 5 zurückkommen.

Die zweite Möglichkeit zur Änderung der Zustandsvariablen ist die Verrichtung mechanischer Arbeit δA am System[47]. Wird das System durch die Zustandsvariablen (U, V, N) beschrieben, dann kann die Arbeit nur durch eine Volumenänderung vermittelt werden. Dazu betrachtet man z. B. die in Abb. 3.1 dargestellte Box mit dem Volumen V, in der sich ein Gas unter dem mechanischen Druck p befindet. Dieser Druck übt die Kraft $\mathbf{K} = pF\mathbf{n}$ auf die Fläche F mit der Orientierung $\mathbf{n}$ aus. Um das Volumen um den infinitesimalen

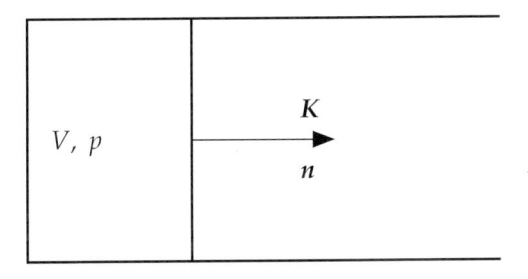

Abb. 3.1 Bestimmung der an einem Gas verrichteten Volumenarbeit

46) Mit dem Symbol d bezeichnen wir Änderungen, die vom Prozessweg unabhängig sind und ein totales Differential darstellen. Das Symbol δ hingegen beschreibt vom Prozessweg abhängige Änderungen und die damit verbundene Änderung ist somit kein totales Differential.

47) bzw. die Verrichtung mechanischer Arbeit durch das System; am System verrichtete Arbeit wird positiv, vom System geleistete Arbeit negativ gerechnet. Letztere wird gelegentlich auch mit $\delta \bar{A} = -\delta A$ bezeichnet.

Betrag $|\delta V| = F|\delta x|$ zu verringern, muss man diese Fläche mit der entgegengesetzten Kraft zurückdrücken. Dabei wird die Arbeit

$$\delta A = (-\boldsymbol{K})(-\delta \boldsymbol{x}) = pF\delta x = p|\delta V| = -p\delta V \qquad (3.162)$$

an dem System verrichtet[48]. Wir bemerken, dass man stets sauber zwischen der Arbeit, die das System an der Umgebung verrichtet, und der Arbeit, die am System geleistet wird, unterscheiden muss. Im ersten Fall ist $dA = pdV$, im zweiten Fall dagegen $dA = -pdV$. Wichtig ist, dass dV immer auf das System bezogen ist. So bedeutet $dV < 0$, dass das System komprimiert wird und $dV > 0$, dass es sich ausdehnt.

Prinzipiell kann mechanische Arbeit natürlich auch auf andere Weise am System verrichtet werden[49]. Jede messbare Änderung des mechanischen Zustands, also jede Änderungen des makroskopischen Bewegungszustands oder der makroskopischen Gestalt des Systems kann durch die Verrichtung oder den Entzug mechanischer Arbeit erreicht werden. Um diese Arbeitsformen quantitativ zu erfassen, ist natürlich eine Erweiterung des Satzes der unabhängigen Zustandsvariablen erforderlich. Andere Arbeitsformen, z. B. die elektrische oder magnetische Arbeit, können in ähnlicher Weise behandelt werden, so dass man allgemein einfach von der Verrichtung von Arbeit am System spricht.

Die dritte Möglichkeit, den Makrozustand eines Systems zu ändern, besteht in der Zufuhr oder dem Entzug von Wärme δQ. Die Wärme Q selbst ist dabei ein eher phänomenologisch gebildeter Begriff. In einer etwas vereinfachten Form kann man sagen, dass Wärme eine spezielle Energieform ist, die im Wesentlichen mit der mikroskopischen Unordnung eines System und der chaotischen Bewegung seiner Partikel zusammenhängt. Wegen der praktisch nicht vorhersagbaren ungerichteten mikroskopischen Bewegung der Partikel des Systems äußert sich die Übertragung von Wärme auf ein System nicht in Form einer „gerichteten" Bewegung, die typisch für die Übertragung mechanischer Arbeit ist.

Die Änderung der Zustandsfunktion innere Energie U kann somit durch Zufuhr oder Entzug von Arbeit und Wärme sowie durch die Änderung der Teilchenzahl erfolgen

$$dU = \delta A + \delta Q + \mu \delta N \qquad (3.163)$$

Die Änderung der inneren Energie hängt nur vom Anfangs- und Endzustand ab und ist ein totales Differential. Die Änderung der Größen auf der rechten

---

48) Man beachte, dass eine Verringerung des Volumens V um $|dV|$ immer $dV = -|dV|$ bedeutet.

49) So z. B. ist für einen Festkörper auch die Formänderung des Systems mit der Verrichtung mechanischer Arbeit verbunden. In diesem Fall ist der Satz der Zustandsvariablen (U, V, N) nicht mehr vollständig, sondern muss um Variablen, die solche Deformationen makroskopisch beschreiben, erweitert werden.

Seite sind vom Prozessweg abhängig und somit keine totalen Differentiale. Der Ausdruck (3.163) ist die quantitative Formulierung des *ersten Hauptsatzes der Thermodynamik* (vgl. Abschnitt 7.2.4 und (3.177)).

Die Änderung des Makrozustands eines Systems kann thermodynamisch reversibel oder irreversibel erfolgen. Um diese wichtigen Begriffe zu erklären, betrachten wir als einfaches Beispiel ein Gas in einem vollständig isolierten Kolben mit dem Volumen $V = V_1$ (vgl. Abb. 3.1). Wird der Kontakt mit der Umgebung hergestellt und das Gas auf ein Volumen $V = V_2 > V_1$ unendlich langsam entspannt, dann verrichtet das System mechanische Arbeit, die vom Kolben an die Umgebung abgegeben wird. Sorgt man dafür, dass die Gesamtenergie des Gases konstant bleibt, dann muss von außen Energie z. B. in Form von Wärme zugeführt werden. Diese Energiemenge, die in unserem Fall gerade die verrichtete Arbeit kompensiert, sei die Wärmemenge ΔQ. Schließlich wird am Ende dieses Prozesses gewartet, bis sich ein stationärer Makrozustand im Gas eingestellt hat und dann das System erneut isoliert. Dieser Prozess könnte zu jedem Zeitpunkt durch Verrichten von Arbeit und Entzug von Wärme umgekehrt werden. Man nennt ihn deshalb *reversibel*.

Alternativ können wir das System isoliert lassen und den Kolben schlagartig zurückziehen[50]. Der entstehende Hohlraum wird schnell von dem nachfolgenden Gas ausgefüllt, wobei zwischenzeitlich in dem Gas auch Konvektionen und Turbulenzen entstehen können. Entsprechend unseren Überlegungen im Kapitel 2.5 wird sich der entstandene Nichtgleichgewichtszustand *irreversibel* auf der makroskopischen Skala abbauen und man findet nach einer hinreichend langen Zeit ein aus makroskopischer Sicht ausgeglichenes System vor. Wegen der Isolation des Systems wird während dieses Prozesses keine Wärme zugeführt und da das Gas am Kolben auch keine Arbeit verrichtet hat, bleibt auch die Gesamtenergie des Gases unverändert, d. h. der makroskopische Endzustand ist identisch mit dem makroskopischen Endzustand des ersten Experimentes.

Beide Prozesse sind thermodynamisch miteinander vergleichbar. Sie besitzen nicht nur die gleichen thermodynamischen Gleichgewichtszustände zu Beginn und am Ende des Prozesses, sondern es werden im Raum der unabhängigen Zustandsvariablen V[51] die gleichen Punkte in der gleichen Reihenfolge – aber mit unterschiedlichen Geschwindigkeiten – durchlaufen. Man kann sich nun eine ganze Serie weiterer Prozesse ausdenken, bei denen unserem System Wärme zugeführt und Arbeit entnommen wird, die denselben Anfangs- und Endzustand verbinden und die mit den beiden oben beschrie-

---

50) Experimentell wird man an der Endstellung des Kolbens ein Sperre für das Gas anbringen und dann den noch in der Anfangsposition befindlichen Kolben einfach entfernen, so dass sich das Gas frei bis zur Sperre ausbreiten kann.
51) U und N bleiben durch die Prozessführung konstant

benen Szenarien vergleichbar sind. Die Menge aller vergleichbaren Prozesse bildet eine Prozessklasse.

Aus dem zweiten Hauptsatz der Thermodynamik[52] folgt allerdings, dass einem System nicht beliebig viel Arbeit entnommen werden kann, selbst wenn eine unbeschränkte Aufnahme von Wärme aus der Umgebung möglich wäre. Deshalb findet man in jeder Prozessklasse stets Prozesse, bei denen beim Übergang von einem thermodynamischen Zustand zu einem anderen das Maximum an mechanischer Arbeit entnommen werden kann. Diese Prozesse nennt man *thermodynamisch reversibel*, alle anderen Prozesse sind dagegen *thermodynamisch irreversibel*[53]. Die in Abschnitt 2.5 diskutierte makroskopische Irreversibilität, die bei der spontanen Entwicklung eines Systems aus einem präparierten Anfangszustand in einen experimentell vom thermodynamischen Gleichgewicht nicht mehr zu unterscheidenden Zustand beobachtet wird, ist ganz offensichtlich ein thermodynamisch irreversibler Spezialfall[54] für eine Prozessklasse, bei der die innere Energie[55] als unabhängige Zustandsvariable U konstant gehalten wird.

In vielen Fällen kann man sich reversible Prozesse als unendlich langsam ausgeführt denken, so dass man diese auch als ein Durchlaufen einer unendlichen Folge von infinitesimal benachbarten Gleichgewichtszuständen interpretieren kann[56]. Diese Interpretation trifft jedoch nicht immer zu. Der Begriff der thermodynamischen Reversibilität bezieht sich vielmehr auf die Tatsache, dass reversible Prozesse makroskopisch gesehen umkehrbar sind. Wenn man, wie in unserem ersten Beispiel dargelegt, ausgehend vom Endzustand die gleiche Menge Arbeit am System verrichtet – statt diese dem System zu entziehen – und dafür die gleiche Wärmemenge dem System entzieht – statt

---

[52] siehe Abschnitt 7.2.7

[53] Diese Aussage trifft auch dann zu, wenn am System Arbeit verrichtet wird. Dann ist die entnommene Arbeit negativ und das Maximum der entnommenen Arbeit entspricht dem Minimum der verrichteten Arbeit. Bei thermodynamischen irreversiblen Prozessen wird in diesem Fall dem System mehr mechanische Arbeit und weniger Wärme zugeführt (oder mehr Wärme abgeführt) als beim zugehörigen reversiblen Prozess.

[54] bei dem das System während des gesamten Prozesses vollständig isoliert bleibt, d. h. mit seiner Umgebung weder Wärme noch mechanische Arbeit austauscht.

[55] und natürlich die Teilchenzahl

[56] Diese in der Literatur weit verbreitete Vorstellung gilt aber nicht allgemein: So kann man in dem obigen Beispiel den Kolben auch in infinitesimal kleinen Schritten ruckartig zurückziehen und nach jedem dieser Schritte warten, bis sich aus makroskopischer Sicht der infinitesimal benachbarte Gleichgewichtszustand eingestellt hat. In diesem Fall wird vom System weder Arbeit geleistet noch Wärme abgegeben. Trotz der infinitesimal kleinen Schritte ist der Prozess nicht umkehrbar, da man den Kolben nicht mehr in ebensolchen infinitesimalen Schritten zurückschieben kann, ohne Arbeit zu verrichten.

diese dem System zuzuführen – dann gelangt man wieder zum thermodynamischen Anfangszustand zurück.

Bei irreversiblen Prozessen wird ein Teil der maximal bei der Zustandsänderung entnehmbaren mechanischen Arbeit noch vor der Abgabe an die Umgebung während des Prozesses im Inneren des Systems in ungerichtete Partikelbewegungen umgewandelt und geht damit als nutzbare Arbeit verloren. Deshalb verbindet man auf der makroskopischen Skala die thermodynamische Irreversibilität mit Reibungs- oder Dissipationseffekten, die sich in der Nichtgleichgewichtsthermodynamik z. B. im Auftreten von Viskositäten und Dämpfungstermen äußern.

3.3.9
Infinitesimale Zustandsdifferenzen

Um zwei Gleichgewichtszustände miteinander vergleichen zu können, betrachtet man am einfachsten Systeme, die sich nur infinitesimal unterscheiden. Alle endlichen Unterschiede können dann aus diesen infinitesimalen Zustandsdifferenzen aufgebaut werden. Die infinitesimale Änderung thermodynamischer Zustandsgrößen ist eine lineare Funktion der infinitesimalen Änderungen der Zustandsvariablen und kann durch sogenannte thermodynamische Differentiale ausgedrückt werden. Dazu betrachtet man ein abgeschlossenes System, dessen thermodynamischer Gleichgewichtszustand durch die Zustandsvariablen (U, V, N) definiert ist. Entsprechend dem im vorangegangenen Kapitel skizzierten allgemeinen Szenario wird dieses System nach außen geöffnet und durch äußere Eingriffe werden die Zustandsvariablen infinitesimal geändert

$$U, V, N \quad \rightarrow \quad U + dU, V + dV, N + dN \tag{3.164}$$

Nachdem sich durch eine geeignete Prozessführung im System ein stationärer Zustand eingestellt hat, erfolgt wieder die Isolierung des Systems. Damit liegt ein neuer Gleichgewichtszustand mit den Zustandsvariablen $(U + dU, V + dV, N + dN)$ vor.

Wir wollen jetzt die infinitesimale Änderung der Entropie als Funktion der Änderungen der Zustandsvariablen beschreiben. Dazu bilden wir das totale Differential

$$dS = \left(\frac{\partial S}{\partial U}\right)_{V,N} dU + \left(\frac{\partial S}{\partial V}\right)_{U,N} dV + \left(\frac{\partial S}{\partial N}\right)_{U,V} dN \tag{3.165}$$

Die Indizes an den Ableitungen bezeichnen die bei der Ableitung konstant zu haltenden Größen. Im Moment erscheint diese Kennzeichnung unnötig. Da aber der Satz der Zustandsvariablen nicht eindeutig festgelegt ist, sondern durch entsprechende Transformationen[57] in einen neuen Satz von Zustands-

---

[57] siehe Fußnote 44 und Kapitel 7.5

variablen überführt werden kann, andererseits aber die Abhängigkeit der Zustandsgrößen von den Zustandsvariablen oft nicht explizit angegeben wird, liefert uns diese Schreibweise die Information, welche anderen Größen neben der im Nenner der Ableitung selbst auftretenden Größe auch noch Zustandsvariable (also im mathematischen Sinne unabhängige Variable) sind.

Wir können jetzt die in (3.165) auftretenden Ableitungen physikalisch identifizieren. Dazu betrachten wir zuerst einen Prozess mit konstanter Teilchenzahl, also $dN = 0$, und konstantem Volumen, also $dV = 0$. Es bleibt dann die Relation

$$dS = \left(\frac{\partial S}{\partial U}\right)_{V,N} dU \qquad (3.166)$$

Da das Volumen konstant bleibt, wird an dem System keine mechanische Arbeit verrichtet. Das hat zwei Konsequenzen. Einerseits kann die Änderung der inneren Energie nur durch eine von außen zugeführte[58] Wärmemenge verursacht sein. Weil nach Voraussetzung an dem System keine Arbeit verrichtet wird, muss andererseits nach unseren Überlegungen in Abschnitt 3.3.8 der betrachtete Prozess thermodynamisch reversibel sein. Folglich wird die dem System zugeführte Wärmemenge als innere Energie gespeichert und kann dem System durch einen umgekehrten Prozess auch wieder vollständig entzogen werden.

Bezeichnet man die bei einem reversiblen Prozess zugeführte Wärmemenge mit dQ_{rev}, dann ist die Änderung der inneren Energie $dU = dQ_{\text{rev}}$ und man erhält schließlich für die Änderung der Zustandsgröße Entropie

$$dS = \left(\frac{\partial S}{\partial U}\right)_{V,N} dQ_{\text{rev}} \qquad (3.167)$$

Berücksichtigt man jetzt noch die Beziehung (3.152), bei deren Ableitung ebenfalls V und N konstant gehalten wurden, dann erhält man die Relation

$$dS = \frac{dQ_{\text{rev}}}{T} \qquad (3.168)$$

die eine direkte Verbindung zwischen der bisher nur auf mikroskopischer Grundlage definierten Entropie und den makroskopisch messbaren Größen dQ_{rev} und T darstellt.

Als nächstes betrachten wir einen reversiblen Prozess, bei dem keine Wärme mit der Umgebung ausgetauscht wird. Solche Prozesse werden auch adiabatisch-reversibel genannt[59] und sind durch die Forderung $dQ_{\text{rev}} =$

---

[58] bzw. nach außen abgegebene

[59] Ein typischer adiabatisch-irreversibler Prozess ist die im vorangegangenen Kapitel beschriebene spontane Entspannung eines Gases. Natürlich kann man auch diesen Prozess in infinitesimale Zustandsänderungen zerlegen. Aber im Gegensatz zu einem adiabatisch-reversiblen Prozess sind die durchlaufenen benachbarten Makrozustände keine Gleichgewichtszustände mehr.

$TdS = 0$ gekennzeichnet. Wird zusätzlich während des Prozesses die Teilchenzahl konstant gehalten ($dN = 0$), so folgt aus (3.165) die Beziehung

$$\left(\frac{\partial S}{\partial V}\right)_{U,N} dV = -\left(\frac{\partial S}{\partial U}\right)_{V,N} dU = -\frac{dU}{T} \qquad (3.169)$$

Die Änderung der inneren Energie kann daher nur von der am System verrichteten Volumenarbeit stammen. Diese mit der Volumenänderung dV verbundene differentielle Arbeit ist durch (3.162), also $dA = -pdV$, gegeben, wobei p der in dem System herrschende mechanische Druck ist. Damit folgt

$$\left(\frac{\partial S}{\partial V}\right)_{U,N} dV = \frac{pdV}{T} \qquad (3.170)$$

und weiter

$$\frac{p}{T} = \left(\frac{\partial S}{\partial V}\right)_{U,N} \qquad (3.171)$$

Vergleicht man dieses Resultat mit (3.156), dann findet man, dass der in Abschnitt 3.3.6 zunächst formal definierte Druck tatsächlich mit dem mechanischen Druck übereinstimmt.

Schließlich untersuchen wir noch einen anderen adiabatischen Prozess, bei dem nur die Teilchenzahl geändert wird. Dann gilt analog zu oben

$$\left(\frac{\partial S}{\partial N}\right)_{U,V} dN = -\left(\frac{\partial S}{\partial U}\right)_{V,N} dU = -\frac{dU}{T} \qquad (3.172)$$

Die durch Erhöhung der Teilchenzahl entstehende zusätzliche innere Energie verbindet man im Rahmen der Thermodynamik mit dem chemischen Potential μ entsprechend $dU = \mu dN$ (vgl. Abschnitt 3.3.8). Damit folgt

$$\left(\frac{\partial S}{\partial N}\right)_{U,V} dN = -\frac{\mu dN}{T} \qquad (3.173)$$

oder

$$\frac{\mu}{T} = -\left(\frac{\partial S}{\partial N}\right)_{U,V} \qquad (3.174)$$

Auch hier ergibt sich die Situation, dass die in Abschnitt 3.3.6 gegebene formale Definition (3.160) des chemischen Potentials mit der eigentlichen thermodynamischen Definition übereinstimmt.

Das totale Differential der Entropie kann also somit in die Form

$$dS = \frac{dU}{T} + \frac{p}{T} dV - \frac{\mu}{T} dN \qquad (3.175)$$

gebracht werden. Gewöhnlich verwendet man diese Relation in einer etwas anderen Darstellung, nämlich

$$dU = TdS - pdV + \mu dN \qquad (3.176)$$

Wenn noch die Relation $dQ_{\text{rev}} = TdS$ berücksichtigt wird, dann gelangt man zur differentiellen Form des *ersten Hauptsatzes der Thermodynamik* (vgl, Abschnitt 7.2.4 und (3.163))

$$dU = dQ_{\text{rev}} - pdV + \mu dN \qquad (3.177)$$

der einfach die Energieerhaltung bei einem – hier reversibel – ablaufenden Prozess festschreibt.

3.3.10
Thermodynamische Entropie

Clausius definierte 1850 die thermodynamische Entropie als eine grundlegende Zustandsgröße der phänomenologischen Thermodynamik. Experimentell zugänglich sind nur Änderungen der thermodynamischen Entropie. Deshalb ist die thermodynamische Entropie eines Gleichgewichtszustands nur bis auf eine additive Konstante festgelegt.

Die Änderung der thermodynamischen Entropie ist nach Clausius mit der bei einer reversiblen Zustandsänderung zugeführten Wärmemenge entsprechend

$$dS = \frac{dQ_{\text{rev}}}{T} \qquad (3.178)$$

verbunden (vgl. (3.168)). Der Proportionalitätsfaktor ist die Temperatur T. Sowohl Temperatur als auch die Wärmemenge sind thermodynamisch festgelegt und können experimentell gemessen werden. Die Clausius'sche Definition (3.178) stimmt mit (3.168) überein, so dass auf den ersten Blick die thermodynamische Entropie und die aus der Shannon'schen Informationsentropie abgeleitete Entropie äquivalent zu sein scheinen. Allerdings müssen die in beiden Formeln auftretenden Temperaturen nicht von vornherein gleich sein.

Tatsächlich besteht in der Wahl des Proportionalitätsfaktors „Temperatur" noch eine Freiheit, die wir jetzt beseitigen wollen. Als Energieform ist dQ_{rev} vollständig festgelegt. Damit können wir schreiben

$$dS_{\text{stat}} T_{\text{stat}} = dS_{\text{thermo}} T_{\text{thermo}} \qquad (3.179)$$

wobei die Größen auf der linken Seite auf einer statistischen Ableitung beruhen[60], rechts dagegen stehen im Rahmen der phänomenologischen Thermodynamik definierte Zustandsgrößen[61]. Um die Gleichheit der Temperaturen

$$T_{\text{stat}} = T_{\text{thermo}} \qquad (3.180)$$

[60] dS_{stat} folgt direkt aus der Shannon'schen Informationsentropie, T_{stat} ist durch (3.152) festgelegt.

[61] Wärmemengen können thermodynamisch direkt durch Anwendung des Energiesatzes – hier in Form des ersten Hauptsatzes der Thermodynamik – bestimmt werden. Da S_{thermo} eine Zustandsgröße sein soll, muss insbesondere bei jedem reversiblen Kreisprozess – als einem Prozess mit identischem makroskopischem Anfangs- und

und damit
$$dS_{\text{stat}} = dS_{\text{thermo}} \tag{3.181}$$
herzustellen, genügt es, die Skala der Entropie entsprechend zu wählen. Dazu steht der bis jetzt in der statistischen Definition der Entropie noch immer enthaltenen freie Vorfaktor k zur Verfügung (vgl. (3.34, 3.36)). Wählt man
$$k = 1.38\,10^{-23}\,\frac{\text{Ws}}{\text{K}} \tag{3.182}$$
dann wird die geforderte Gleichheit mit den thermodynamischen Skalen hergestellt. Die Konstante k wird als *Boltzmann-Konstante* bezeichnet. Sie legt die messtechnisch benötigte Temperatur- und Entropieskala fest. Prinzipiell kann man aber auch andere Skalen verwenden. So wird in der Literatur häufig kT als Temperatur bezeichnet. Dann hat die Temperatur die Dimension einer Energie, was sich in vielen Fällen als zweckmäßig erweist.

Von der thermodynamischen Entropie hatten wir verlangt, dass sie den thermodynamischen Zustand charakterisiert, nicht aber die Prozessführung. Damit darf dS bzw. ΔS in (3.178) nur von Anfangs- und Endzustand abhängig sein. Das ist nur dann der Fall, wenn der zwischen Anfangs- und Endzustand vermittelnde Prozess reversibel ist, denn nur in diesem Fall liefert der umgekehrte Prozess einen betragsmäßig gleichen Wert ΔS, aber mit entgegengesetztem Vorzeichen. Folglich bezieht sich die von Clausius gegebene Definition (3.178) stets auf den Fall einer thermodynamisch reversiblen Prozessführung.

Berücksichtigt man auch die irreversiblen Prozesse, dann ist in Konsequenz der Überlegungen zur Arbeit in Abschnitt 3.3.8 die Gleichung (3.178) durch eine allgemeingültige Ungleichung zu ersetzen[62]
$$dS = \frac{dQ_{\text{rev}}}{T} \geq \frac{dQ_{\text{irrev}}}{T} \tag{3.183}$$
Endzustand – gelten
$$\oint \frac{dQ_{\text{rev}}}{T} = 0$$
wobei die Integration entlang eines geschlossenen Weges im Raum der unabhängigen Zustandsvariablen zu führen ist. Die inverse Temperatur T^{-1} tritt hier als integrierender Faktor auf, ohne den die Integralforderung nicht zu erfüllen wäre, da Q_{rev} selbst keine Zustandsgröße ist. Damit ist die Temperatur als Funktion der Zustandsvariablen bis auf einen konstanten Vorfaktor bestimmt. Dieser wird durch eine geeignete Skalierung, z. B. dass zwischen Schmelz- und Siedepunkt von Wasser unter Normaldruck ein Temperaturunterschied von 100 K existiert, fixiert.

62) Bei reversibler Führung des Prozesses ist die abgegebene Arbeit maximal, deshalb ist die zur Erhaltung der inneren Energie zuzuführende Wärme maximal. Bei irreversibler Führung ist die abgegebene Arbeit und damit auch die zuzuführende Wärme kleiner. Der Grund ist, dass bei irreversibler Führung ein Teil der abgebbaren Arbeit intern in Wärme verwandelt wird.

Die Ungleichung (3.183) ist eine spezielle Formulierung des zweiten Hauptsatzes der Thermodynamik (siehe auch Abschnitt 7.2.7) und besagt, dass die Entropieänderung bei einem beliebigen Prozess größer als die bei diesem Prozess zugeführte Wärmemenge, skaliert um den Faktor T^{-1}, ist. Für einen Kreisprozess gilt

$$\oint dS = \oint \frac{dQ_{\text{rev}}}{T} = 0 \geq \oint \frac{dQ_{\text{irrev}}}{T} \qquad (3.184)$$

Daraus folgt, dass bei irreversiblem Ablauf des Kreisprozesses das System Wärme abgeben muss.

3.4
Gesetz über das Anwachsen der Entropie

Wir wollen jetzt der Frage nachgehen, inwieweit die informationstheoretische und thermodynamische Formulierung der Entropie während der Zustandsänderung eines abgeschlossenen Systems anwendbar ist.

Dazu betrachten wir als Beispiel ein Volumen $V + V'$. In V befindet sich zur Zeit $t = 0$ ein Gas aus N wechselwirkungsfreien identischen Partikeln, das sich für $t > 0$ über das ganze Volumen ausbreiten kann. Nach unendlich langer Zeit hat sich dann ein neuer Gleichgewichtszustand eingestellt, bei dem das Gas das ganze Volumen $V + V'$ einnimmt.

Um die Entropiedifferenz zwischen anfänglichem und finalem Gleichgewichtszustand auf statistischem Weg berechnen zu können, benötigen wir das Zustandsintegral Z_{mikro}. Die Bestimmung von Z_{mikro} erfolgt mit (3.19). Weil die Hamilton-Funktion ausschließlich aus Impulsanteilen besteht, kann die Ortsintegration vollständig ausgeführt werden und man erhält zunächst für den anfänglichen Gleichgewichtszustand

$$Z^{(1)}_{\text{mikro}} = \int \delta(H(\vec{\Gamma}) - E) \frac{d\Gamma}{(2\pi\hbar)^{3N} N!} \qquad (3.185)$$

$$= \frac{V^N}{(2\pi\hbar)^{3N} N!} \int \delta(H(\boldsymbol{p}_1, \boldsymbol{p}_2, ...,) - E) d\Gamma_p \qquad (3.186)$$

und für den finalen Gleichgewichtszustand

$$Z^{(2)}_{\text{mikro}} = \int \delta(H(\vec{\Gamma}) - E) \frac{d\Gamma}{(2\pi\hbar)^{3N} N!} \qquad (3.187)$$

$$= \frac{(V + V')^N}{(2\pi\hbar)^{3N} N!} \int \delta(H(\boldsymbol{p}_1, \boldsymbol{p}_2, ...,) - E) d\Gamma_p \qquad (3.188)$$

Da das System abgeschlossen ist, sind sowohl E als auch N während des ganzen Prozesses konstant. Die Differenz der Entropien zwischen Anfangs- und

Endzustand ist dann

$$S^{(2)} - S^{(1)} = k(\ln Z^{(2)}_{\text{mikro}} - \ln Z^{(1)}_{\text{mikro}}) \qquad (3.189)$$

$$= k \ln \left(\frac{Z^{(2)}_{\text{mikro}}}{Z^{(1)}_{\text{mikro}}} \right)$$

$$= Nk \ln \left(\frac{V+V'}{V} \right) \qquad (3.190)$$

und deshalb

$$S^{(2)} - S^{(1)} > 0 \qquad (3.191)$$

Hier tritt aber ein grundlegendes Problem auf, dem wir bereits in Kap. 2.5 bei der Diskussion des gleichen Beispiels begegnet sind. Da wir es mit einem abgeschlossenen System zu tun haben, sollte sich der mit dem Anfangszustand gegebene Informationsgehalt über die Mikrozustände nicht mehr ändern. Demnach sollte auch die Entropie als Maß des Informationsgehalts in Übereinstimmung mit (3.89e) bzw. (3.92e) zeitlich konstant bleiben. Diese Aussagen stehen aber im Widerspruch zu (3.191), wonach die Entropie im Endzustand größer als im Anfangszustand ist. Um diese Diskrepanz zu erklären, genügt der Hinweis, dass es sich bei (3.191) um die Entropiedifferenz zweier Gleichgewichtszustände handelt, während die Evolution des abgeschlossenen Systems aus dem Anfangszustand aus Sicht der statistischen Physik niemals in einen Zustand mit einer echten stationären Verteilung führt[63], obwohl bei einer mischenden Dynamik[64] die Wahrscheinlichkeitsverteilung nach einer hinreichend langen Zeitspanne mit physikalischen Methoden nicht mehr von der stationären Verteilung unterschieden werden kann[65].

Aus thermodynamischer Sicht handelt es sich bei dem obigen Beispiel um einen irreversiblen Prozess. Da es sich um ein abgeschlossenes System handelt, kann keine Wärme ausgetauscht werden. Deshalb gilt $dQ_{\text{irrev}} = 0$ und folglich erfüllt wegen (3.183) die zeitliche Evolution des Systems zu jedem Zeitpunkt die Ungleichung

$$dS \geq 0 \qquad (3.192)$$

---

63) siehe hierzu die Diskussion in Kap. 2.4.1
64) Hier reicht die einfache Ergodizität nicht mehr aus. Es ist wichtig, dass der Hamilton'sche Fluss mischend ist, ansonsten kann eine gewisse, makroskopisch verifizierbare „Erinnerung" an den Anfangszustand erhalten bleiben.
65) Natürlich kann man einwenden, dass das System in unserem Beispiel eigentlich nicht einmal ergodisch und erst recht nicht mischend ist. Da die Teilchen wechselwirkungsfrei sind, zerfällt das System in N unabhängige Teilsysteme und damit der zulässige Phasenraum in N metrisch separable invariante Teilmengen, aber bereits die Einschaltung einer schwachen Wechselwirkung würde dieses Problem lösen, ohne dass sich die Entropiedifferenz (3.191) wesentlich ändert und ohne dass die generell bewiesene Invarianz der Entropie, siehe (3.89e) und (3.92e), in einem abgeschlossenen System verletzt wird.

Diese Aussage lässt sich zu einer weiteren Version des zweiten Hauptsatzes der Thermodynamik erweitern (vgl. Abschnitt 7.2.7).

> Der Makrozustand eines abgeschlossenen Systems wird sich so entwickeln, dass die thermodynamische Entropie ständig zunimmt, um im Gleichgewicht maximal zu werden (Gesetz über das Anwachsen der Entropie).

Mit anderen Worten, ein abgeschlossenes System strebt spontan immer in den Zustand maximaler Entropie, d. h. die thermodynamische Gleichgewichtsentropie eines abgeschlossenen Systems ist gleich dem Maximum der Shannon'schen Informationsentropie. Im Rahmen der Gleichgewichtsthermodynamik ist die Ungleichung (3.192) nur als Vergleich der Entropien zweier Gleichgewichtszustände zu verstehen.

Im Folgenden wird dargelegt, dass die spontane Entwicklung eines abgeschlossenen Systems in einen thermodynamischen Gleichgewichtszustand in keinem Widerspruch steht zu der weiter oben erwähnten Aussage, dass ein solches System auf der mikroskopischen Ebene niemals einen stationären Zustand erreicht.

Unter einer mischenden Dynamik wird die Verteilungsfunktion der Mikrozustände zwar nicht stationär, ist aber immer weniger von der Verteilung eines Gleichgewichtszustandes unterscheidbar. Wir hatten in Abschnitt 2.4.5 bereits darauf hingewiesen, dass in diesem Fall alle den Makrozustand repräsentierenden Mittelwerte gegen einen konstanten Wert streben, so dass das System keine makroskopisch erkennbaren Änderungen mehr aufweist. Vorausgesetzt ist dabei, dass die makroskopischen Observablen $A(\vec{\Gamma})$ stetige Funktionen der Mikrozustände $\vec{\Gamma}$ sind. Dann ist der zugehörige Ensemblemittelwert durch

$$\overline{A}(t) = \int A(\vec{\Gamma}) \rho(\vec{\Gamma},t) \frac{d\Gamma}{(2\pi\hbar)^{3N} N!} \quad (3.193)$$

gegeben. Zerlegt man das Phasenraumvolumen in hinreichend kleine Zellen i mit dem Zentrum $\vec{\Gamma}_i$ und dem Volumen G_i, in denen $A(\vec{\Gamma})$ praktisch konstant ist, dann können wir hierfür auch schreiben

$$\overline{A}(t) = \sum_i A(\vec{\Gamma}_i) \int_{G_i} \rho(\vec{\Gamma},t) \frac{d\Gamma}{(2\pi\hbar)^{3N} N!} \quad (3.194)$$

Das verbleibende Integral führt jetzt zu einer effektiven Verschmierung der Verteilungsfunktion über die kleinen Gebiete G_i. Da sich unter dem mischenden Fluss die Wahrscheinlichkeitsverteilung $\rho(\vec{\Gamma},t)$ für $t \to \infty$ so fein über den ganzen zulässigen Phasenraum verteilt hat, dass diese physikalisch nicht mehr von der mikrokanonischen Verteilung (3.1) $\rho_{\text{mikro}}(\vec{\Gamma})$ des finalen

Gleichgewichtszustandes[66] unterschieden werden kann, können wir dann das Integral in (3.194) entsprechend

$$\lim_{t\to\infty} \int_{G_i} \rho(\vec{\Gamma},t) \frac{d\Gamma}{(2\pi\hbar)^{3N}N!} \quad \to \quad \int_{G_i} \rho_{\text{mikro}}(\vec{\Gamma}) \frac{d\Gamma}{(2\pi\hbar)^{3N}N!} \qquad (3.195)$$

ersetzen. Folglich ist der Mittelwert von A durch

$$\lim_{t\to\infty} \overline{A}(t) = \sum_i A(\vec{\Gamma}_i) \int_{G_i} \rho_{\text{mikro}}(\vec{\Gamma}) \frac{d\Gamma}{(2\pi\hbar)^{3N}N!} \qquad (3.196)$$

gegeben und nach dem Übergang zum Kontinuum erhält man

$$\lim_{t\to\infty} \overline{A}(t) = \int A(\vec{\Gamma}) \bar{\rho}(\vec{\Gamma}) \frac{d\Gamma}{(2\pi\hbar)^{3N}N!} \qquad (3.197)$$

d. h. alle Mittelwerte von physikalischen Observablen eines abgeschlossenen Systems streben gegen stationäre Werte, die mit den entsprechenden Gleichgewichtswerten übereinstimmen.

Es bleibt noch die Frage, warum die mikroskopisch definierte Entropie auf diese Vergröberungsprozedur nicht anspricht. Die Antwort ist in der Definition dieser Entropie begründet. Die zu mittelnde physikalische Observable entspricht in diesem Fall gerade dem Logarithmus der Dichte $\ln\rho(\vec{\Gamma},t)$ und kann daher niemals als glatt angesehen werden[67], so dass die Zerlegung (3.194) nicht realisiert werden kann. Es muss zu jeder Zeit der exakte Wert von $\rho(\vec{\Gamma},t)$ mit dem exakten Wert von $\ln\rho(\vec{\Gamma},t)$ kombiniert werden, so dass die mikrokanonische Verteilungsfunktion des finalen Endzustandes nicht durch eine „Verschmierung" über den Phasenraum erzeugt werden kann.

Wir kommen also zu der wichtigen Schlussfolgerung, dass die mikroskopisch fundierte Entropie der statistischen Physik nur für die Gleichgewichtszustände eine repräsentative Größe ist, die für diese Fälle dann auch mit der thermodynamisch definierten Entropie zusammenfällt. Für das Nichtgleichgewicht ist die statistisch bestimmte Entropie jedoch kein geeignetes Informationsmaß. Wir haben zwar in Kap. 2.5 einige Argumente aufgeführt, warum im realen Experiment die Invarianz dieser Entropie für ein abgeschlossenes System nicht beobachtbar ist[68], aber bisher lässt sich kein allgemein gültiges

---

[66]) siehe hierzu auch die Diskussionen in den Abschnitten 2.4.5 und 2.5

[67]) $\ln\rho(\vec{\Gamma},t)$ wird im Gegenteil mit wachsender Zeit immer unstetiger (filigraner).

[68]) Insbesondere hatten wir darauf verwiesen, dass die der statistisch bestimmten Entropie zugrunde liegende Wahrscheinlichkeitsverteilung $\rho(\vec{\Gamma},t)$ nach einer hinreichend langen Zeit nicht mehr fein genug aufgelöst werden kann und außerdem durch unvermeidbare und unkontrollierbare externe Störungen immer mehr Informationen über den Anfangszustand verliert.

Konzept angeben, die statistisch bestimmte Entropie konsistent auf das Nichtgleichgewicht zu übertragen.

3.4.1
Temperaturausgleich

Wir wollen als eine Anwendung des Gesetzes vom Anwachsen der Entropie den Temperaturausgleich zwischen zwei miteinander in Kontakt stehenden Körpern untersuchen. Wir betrachten dazu den Fall, dass die beiden Körper unterschiedliche Temperaturen haben, also entsprechend unseren Überlegungen in Abschnitt 3.3.6 noch nicht im Gleichgewicht sind. Wir gehen aber davon aus, dass jeder Körper für sich selbst im Gleichgewicht ist. Wegen der Quasiunabhängigkeit der beiden Körper können wir die Additivität der Entropien

$$S = S_I + S_{II} \qquad (3.198)$$

voraussetzen. Nach wie vor gelten die Erhaltungssätze

$$U = U_I + U_{II} \qquad V = V_I + V_{II} \quad \text{und} \quad N = N_I + N_{II} \qquad (3.199)$$

Da zwischen beiden Körpern noch kein Gleichgewicht besteht, ist zu vermuten, dass sich das aus beiden Körpern bestehende abgeschlossene Gesamtsystem spontan in das thermodynamische Gleichgewicht bewegt. Diese Evolution wird durch die Ungleichung (3.192), also $dS > 0$ bestimmt. Wir nehmen ferner an, dass Volumen und Teilchenzahl der Einzelsysteme erhalten bleiben. Das ist z. B. der Fall, wenn zwei ideale Festkörper miteinander in Kontakt gebracht werden. Wir erhalten daher und wegen

$$dU_I = d(U - U_{II}) = -dU_{II} \qquad (3.200)$$

die Ungleichung

$$dS = \left(\frac{dS_I}{dU_I}\right)_{V_I, N_I} dU_I + \left(\frac{dS_{II}}{dU_{II}}\right)_{V_{II}, N_{II}} dU_{II} = \left[\frac{1}{T_I} - \frac{1}{T_{II}}\right] dU_I > 0 \quad (3.201)$$

wobei wir die Relation (3.152) verwendet haben. Man hat jetzt zwei Fälle zu diskutieren. Falls Körper I wärmer als Körper II ist, dann muss $T_I > T_{II}$ sein und die Ungleichung ist nur befriedigt, wenn $dU_I < 0$ ist. In diesem Fall strömt Energie (und zwar in Form von Wärme) von Körper I nach Körper II. Ist dagegen Körper II wärmer als Körper I, dann muss $T_{II} > T_I$ sein und wir erhalten folglich $dU_I > 0$. Jetzt strömt also die Energie in Übereinstimmung mit unserer Erfahrung von Körper II nach Körper I.

3.4.2
Thermodynamische Ungleichungen

Die Gleichgewichtsthermodynamik kann im Fall einer reversiblen Prozessführung Angaben über die bei diesem Prozess dem System zuzuführende oder zu entnehmende Wärme und Arbeit liefern. Allgemein ist ein realer Prozess aber irreversibel. Wir wollen diesen realen Prozess mit einem reversiblen Prozess vergleichen, die beide zwischen zwei infinitesimal benachbarten Gleichgewichtszuständen ablaufen. Wir konzentrieren uns im Folgenden auf den Fall konstanter Teilchenzahl, aber die nachfolgende Diskussion kann problemlos auch auf den Fall variabler Teilchenzahl ausgedehnt werden.

Sowohl bei einer reversiblen als auch bei einer irreversiblen Zustandsänderung muss die Energieerhaltung, also

$$dU = \delta Q_{\text{irrev}} + \delta A_{\text{irrev}} = \delta Q_{\text{rev}} + \delta A_{\text{rev}} \tag{3.202}$$

gelten. Dabei ist δQ_{irrev} die dem System irreversibel zugeführte Wärmemenge, δA_{irrev} die dem System irreversibel zugeführte mechanische Arbeit, während δQ_{rev} und δA_{rev} die entsprechenden reversiblen Beiträge sind.

Wegen (3.183), also

$$dS = \frac{\delta Q_{\text{rev}}}{T} \geq \frac{\delta Q_{\text{irrev}}}{T} \tag{3.203}$$

erhalten wir aus (3.202) sofort

$$\delta A_{\text{rev}} \leq \delta A_{\text{irrev}} \tag{3.204}$$

d. h. die irreversibel dem System zugeführte Arbeit ist stets größer als die des zugehörigen reversiblen Prozesses[69]. Da andererseits die beiden benachbarten Gleichgewichtszustände bekannt sind, folgt für den reversiblen Prozess aus (3.202) bzw. (3.203)

$$dU = \delta Q_{\text{rev}} + \delta A_{\text{rev}} \quad \text{und} \quad dS = \frac{\delta Q_{\text{rev}}}{T} \tag{3.205}$$

woraus sofort

$$\delta A_{\text{rev}} = dU - TdS \quad \text{und} \quad \delta Q_{\text{rev}} = TdS \tag{3.206}$$

folgt. Damit erhalten wir für den irreversiblen Prozess die Ungleichungen

$$\delta A_{\text{irrev}} \geq dU - TdS \tag{3.207}$$

---

[69] Man sollte beachten, dass bei einem irreversiblen Prozess die zugeführte Arbeit nur noch näherungsweise durch $-pdV$ ausgedrückt werden kann. Zum Beispiel ist bei einem schnell ausgeführten Prozess – etwa in einem Motor – der Druck eine ortsabhängige Funktion, die außerdem durch von Wirbeln und Konvektionen erzeugte Kräfte überlagert wird, so dass $dA_{\text{irrev}} \neq -pdV$ gilt.

und
$$\delta Q_{\text{irrev}} \leq TdS \tag{3.208}$$
wobei das Gleichheitszeichen für den reversiblen Prozess gilt.

3.5
Anwendungen des mikrokanonischen Ensembles

3.5.1
Klassisches ideales Gas: Behandlung als mikrokanonische Gesamtheit

Als erstes Beispiel zur Behandlung eines Systems im Rahmen der mikrokanonischen Gesamtheit werden wir ein klassisches ideales Gas aus N identischen Teilchen untersuchen. Die Hamilton-Funktion des idealen Gases ist gegeben durch

$$H = \sum_{i=1}^{3N} \frac{p_i^2}{2m} \tag{3.209}$$

Die p_i sind die $3N$ Impulskomponenten und m ist die Masse der N identischen Teilchen. Das mikrokanonische Zustandsintegral von (3.19) lautet

$$Z_{\text{mikro}} = \int \frac{d\Gamma}{(2\pi\hbar)^{3N} N!} \delta[H(\vec{\Gamma}) - E] \tag{3.210}$$

Für die folgende Rechnung ist es bequem, zunächst eine Integration über die Energie durchzuführen. Wir erhalten dann eine Funktion $\zeta(E)$ mit

$$\zeta(E) = \int_0^E dE' Z_{\text{mikro}} = \int \frac{d\Gamma}{(2\pi\hbar)^{3N} N!} \Theta[E - H(\vec{\Gamma})] \tag{3.211}$$

$\Theta[E - H(\vec{\Gamma})]$ ist die Heaviside-(Stufen-)Funktion. Wir führen statt der Impulse mit $y_i = p_i/\sqrt{m}$ neue Integrationsvariable ein und bekommen

$$\zeta(E) = \frac{1}{(2\pi\hbar)^{3N} N!} m^{\frac{3N}{2}} \int d^{3N}x \, d^{3N}y \, \Theta[2E - \sum_i y_i^2] \tag{3.212a}$$

$$= \frac{1}{(2\pi\hbar)^{3N} N!} m^{\frac{3N}{2}} V^N \int d^{3N}y \, \Theta[2E - \sum_i y_i^2] \tag{3.212b}$$

Beim Übergang zur zweiten Gleichung haben wir die Integration über die Ortskoordinaten des Phasenraumes durchgeführt. Das in (3.212b) noch verbleibende Integral ist das Volumen einer $3N$-dimensionalen Kugel mit dem Radius $\sqrt{2E}$. Das Volumen einer d-dimensionalen Kugel mit Radius R ist gegeben durch (siehe Aufgabe 2.1)

$$V_d = \frac{\pi^{\frac{d}{2}}}{\Gamma(\frac{d}{2}+1)} R^d = \frac{\pi^{\frac{d}{2}}}{\frac{d}{2}\Gamma(\frac{d}{2})} R^d \tag{3.213}$$

Mit $d = 3N$ und $R = \sqrt{2E}$ erhalten wir aus (3.212b)

$$\zeta(E) = \frac{1}{(2\pi\hbar)^{3N} N!} m^{\frac{3N}{2}} V^N \frac{\pi^{\frac{3N}{2}}}{\frac{3N}{2}\Gamma(\frac{3N}{2})} (2E)^{\frac{3N}{2}} \quad (3.214)$$

In Umkehrung von (3.211) gelangen wir von (3.214) durch Differenzieren nach E und nach einer kleinen Umformung zu

$$Z_{\text{mikro}} = \frac{d\zeta(E)}{dE} \quad (3.215a)$$

$$= \frac{V^N}{(2\pi\hbar)^{3N} N!} \frac{(2\pi m E)^{\frac{3N}{2}-1} 2\pi m}{\Gamma(\frac{3N}{2})} \quad (3.215b)$$

Aus (3.215b) erhalten wir mit Hilfe von (3.68) die Entropie

$$S = k \ln Z_{\text{mikro}} \quad (3.216a)$$

$$= k \left[N \ln V - 3N \ln(2\pi\hbar) + (\frac{3N}{2} - 1) \ln(2\pi m E) \right.$$
$$\left. + \ln(2\pi m) - \ln N! - \ln(\frac{3N}{2} - 1)! \right] \quad (3.216b)$$

Die letzten beiden Terme von (3.216b) werden mit Hilfe der Stirling'schen Formel für große Werte von z genähert, wobei Terme der Ordnung $1/z$ vernachlässigt werden

$$\ln \Gamma(z+1) = \ln[z\Gamma(z)] = \ln z! \approx z(\ln z - 1) + \frac{1}{2} \ln(2\pi z) \quad (3.217)$$

Wir erhalten dann folgenden Ausdruck für die Entropie

$$S = k \left\{ N \ln V - 3N \ln(2\pi\hbar) + (\frac{3N}{2} - 1) \ln(2\pi m E) + \ln(2\pi m) \right.$$
$$- N(\ln N - 1) - \frac{1}{2} \ln(2\pi N) - \left(\frac{3N}{2} - 1\right) \left[\ln\left(\frac{3N}{2} - 1\right) - 1 \right]$$
$$\left. - \frac{1}{2} \ln\left[2\pi\left(\frac{3N}{2} - 1\right)\right] \right\} \quad (3.218)$$

Unter Verwendung von (3.152), (3.156) und (3.160) bekommen wir die Temperatur, den Druck und das chemische Potential für das ideale Gas. Wenn wir wieder für die innere Energie das Standardsymbol U verwenden, dann ist

$$\frac{1}{T} = \left(\frac{\partial S}{\partial U}\right)_{V,U} = k \left[\left(\frac{3N}{2} - 1\right) \frac{1}{U}\right] \quad (3.219)$$

Für hinreichend große Werte der Teilchenzahl N können wir schließlich schreiben

$$U = \frac{3N}{2} kT \quad (3.220)$$

Als Druck des idealen Gases ergibt sich

$$\frac{p}{T} = \left(\frac{\partial S}{\partial V}\right)_{U,N} = k\frac{N}{V} \quad (3.221)$$

und somit erhalten wir die Zustandsgleichung des idealen Gases zu

$$pV = NkT \quad (3.222)$$

Differenzieren wir (3.218) nach der Teilchenzahl, dann bekommen wir das chemische Potential

$$\frac{\mu}{T} = -\left(\frac{\partial S}{\partial N}\right)_{U,V} \quad (3.223)$$

Wenn wir hier Terme $\sim N^{-1}$ wegen der großen Teilchenzahl vernachlässigen und die verbleibenden Terme zusammenfassen, erhalten wir

$$\frac{\mu}{T} = -k\left\{\ln\frac{V}{N} + \ln\left[\frac{2\pi m}{(2\pi\hbar)^2}\right]^{\frac{3}{2}} + \ln\left[\frac{2U}{3N}\right]\right\} \quad (3.224)$$

Auch dieses Zwischenresultat kann nochmals zusammengefasst werden. Dazu verwenden wir die sogenannte thermische Wellenlänge λ mit

$$\lambda^2 = \frac{h^2}{2\pi m kT} \quad (3.225)$$

und die bereits bestimmte innere Energie (3.220). Aus (3.224) folgt dann

$$\frac{\mu}{T} = -k\left\{\ln\frac{V}{N} + \ln\frac{1}{\lambda^3 kT} + \ln kT\right\} \quad (3.226)$$

und daraus schließlich das endgültige Resultat für das chemische Potential des idealen Gases

$$\mu = kT\ln\left(\lambda^3\frac{N}{V}\right) \quad (3.227)$$

Das chemische Potential des idealen Gases hängt von der Dichte des Gases ab, außerdem über λ von der Masse der Gasteilchen und von der Temperatur. Dazu kommt noch die lineare Temperaturabhängigkeit des Vorfaktors.

3.5.2
Gleichverteilungssatz

Als weitere Anwendung des mikrokanonischen Ensembles wollen wir in diesem Abschnitt Mittelwerte der Form

$$\left\langle p_i\frac{\partial H}{\partial p_j}\right\rangle, \quad \left\langle p_i\frac{\partial H}{\partial q_j}\right\rangle, \quad \left\langle q_i\frac{\partial H}{\partial p_j}\right\rangle \quad \text{und} \quad \left\langle q_i\frac{\partial H}{\partial q_j}\right\rangle \quad (3.228)$$

3.5 Anwendungen des mikrokanonischen Ensembles | 143

mit $i,j = 1,...,3N$ berechnen. Verwendet man die Komponentendarstellung des Supervektors $\vec{\Gamma}$, dann lassen sich diese Mittelwerte allgemein darstellen als

$$\left\langle \Gamma_i \frac{\partial H}{\partial \Gamma_j} \right\rangle \tag{3.229}$$

wobei die Indizes bei dieser Schreibweise von 1 bis $6N$ laufen. Die Mittelung erfolgt über ein mikrokanonisches Ensemble, das durch die Verteilungsfunktion

$$\rho(\vec{\Gamma}) = \frac{1}{Z_{\text{mikro}}} \delta\left(H(\vec{\Gamma}) - E\right) \tag{3.230}$$

mit dem Zustandsintegral

$$Z_{\text{mikro}} = \int \frac{d\Gamma}{(2\pi\hbar)^{3N} N!} \delta\left(H(\vec{\Gamma}) - E\right) \tag{3.231}$$

gegeben ist. Der gesuchte Mittelwert ist damit

$$\left\langle \Gamma_i \frac{\partial H}{\partial \Gamma_j} \right\rangle = \frac{1}{Z_{\text{mikro}}} \int \frac{d\Gamma}{(2\pi\hbar)^{3N} N!} \left[\Gamma_i \frac{\partial H}{\partial \Gamma_j} \right] \delta\left(H(\vec{\Gamma}) - E\right) \tag{3.232}$$

Benutzt man die Heaviside-Funktion mit $\Theta(x) = 1$ für $x \geq 0$ und $\Theta(x) = 0$ für $x < 0$, dann kann die δ-Funktion in (3.232) ersetzt werden durch $\delta(x) = d\Theta(x)/dx$ und wir erhalten

$$\left\langle \Gamma_i \frac{\partial H}{\partial \Gamma_j} \right\rangle = \frac{1}{Z_{\text{mikro}}} \int \frac{d\Gamma}{(2\pi\hbar)^{3N} N!} \left[\Gamma_i \frac{\partial H(\vec{\Gamma})}{\partial \Gamma_j} \right] \frac{\partial}{\partial E} \Theta\left(E - H(\vec{\Gamma})\right) \tag{3.233a}$$

$$= \frac{1}{Z_{\text{mikro}}} \frac{\partial}{\partial E} \int_{H(\vec{\Gamma}) \leq E} \frac{d\Gamma}{(2\pi\hbar)^{3N} N!} \left[\Gamma_i \frac{\partial H(\vec{\Gamma})}{\partial \Gamma_j} \right] \tag{3.233b}$$

$$= \frac{1}{Z_{\text{mikro}}} \frac{\partial}{\partial E} \int_{H(\vec{\Gamma}) \leq E} \frac{d\Gamma}{(2\pi\hbar)^{3N} N!} \Gamma_i \frac{\partial (H(\vec{\Gamma}) - E)}{\partial \Gamma_j} \tag{3.233c}$$

Der Integrand des letzten Ausdruckes wird jetzt umgeformt

$$\Gamma_i \frac{\partial (H(\vec{\Gamma}) - E)}{\partial \Gamma_j} = \frac{\partial [(H(\vec{\Gamma}) - E)\Gamma_i]}{\partial \Gamma_j} - (H(\vec{\Gamma}) - E)\delta_{ij} \tag{3.234}$$

Beim Einsetzen dieses Ausdruckes in das Integral liefert der erste Term nach Anwenden des Gauß'schen Satzes nur Oberflächenbeiträge, die aber wegen der Definition der Oberfläche als $H(\vec{\Gamma}) = E$ identisch verschwinden. Es bleibt

$$\left\langle \Gamma_i \frac{\partial H}{\partial \Gamma_j} \right\rangle = \frac{\delta_{ij}}{Z_{\text{mikro}}} \frac{\partial}{\partial E} \int\limits_{H(\vec{\Gamma}) \leq E} \frac{d\Gamma}{(2\pi\hbar)^{3N} N!} (E - H(\vec{\Gamma})) \qquad (3.235)$$

Die Ableitung nach der Energie E stellen wir als Grenzwert dar

$$\left\langle \Gamma_i \frac{\partial H}{\partial \Gamma_j} \right\rangle = \frac{\delta_{ij}}{Z_{\text{mikro}}} \Bigg[\lim_{\Delta E \to 0} \frac{1}{\Delta E} \int\limits_{H \leq E + \Delta E} \frac{d\Gamma}{(2\pi\hbar)^{3N} N!} (E + \Delta E - H)$$

$$- \lim_{\Delta E \to 0} \frac{1}{\Delta E} \int\limits_{H \leq E} \frac{d\Gamma}{(2\pi\hbar)^{3N} N!} (E - H) \Bigg] \qquad (3.236)$$

Dann schreiben wir den Term mit ΔE im Integranden separat und fassen die beiden verbleibenden Integrale zu einem zweiten Term zusammen

$$\left\langle \Gamma_i \frac{\partial H}{\partial \Gamma_j} \right\rangle = \lim_{\Delta E \to 0} \frac{\delta_{ij}}{Z_{\text{mikro}} (2\pi\hbar)^{3N} N!} \Bigg[\int\limits_{H \leq E + \Delta E} d\Gamma + \frac{1}{\Delta E} \int\limits_{E \leq H \leq E + \Delta E} d\Gamma (E - H) \Bigg]$$
$$(3.237)$$

Den zweiten Term schätzen wir entsprechend

$$\left| \frac{1}{\Delta E} \int\limits_{E \leq H \leq E + \Delta E} d\Gamma (E - H) \right| \leq \frac{1}{\Delta E} \int\limits_{E \leq H \leq E + \Delta E} d\Gamma |E - H| \qquad (3.238a)$$

$$\leq \frac{1}{\Delta E} \int\limits_{E \leq H \leq E + \Delta E} d\Gamma \Delta E \qquad (3.238b)$$

ab und erhalten

$$\left| \frac{1}{\Delta E} \int\limits_{E \leq H \leq E + \Delta E} d\Gamma (E - H) \right| \leq \int\limits_{E \leq H \leq E + \Delta E} d\Gamma \sim \Delta E \qquad (3.239)$$

Damit ist dann der Grenzübergang $\Delta E \to 0$ ausführbar und es bleibt

$$\left\langle \Gamma_i \frac{\partial H}{\partial \Gamma_j} \right\rangle = \frac{\delta_{ij}}{Z_{\text{mikro}} (2\pi\hbar)^{3N} N!} \int\limits_{H \leq E} d\Gamma \qquad (3.240)$$

Wir bezeichnen das von der Fläche $H(\vec{\Gamma}) = E$ eingeschlossene Volumen des Phasenraums als $\tilde{Z}_{\text{mikro}}$. Damit ist

$$\left\langle \Gamma_i \frac{\partial H}{\partial \Gamma_j} \right\rangle = \frac{\delta_{ij} \tilde{Z}_{\text{mikro}}}{Z_{\text{mikro}}} \qquad (3.241)$$

Der Vergleich mit (3.240) zeigt, dass wir

$$\widetilde{Z}_{\text{mikro}} = \int\limits_{H \leq E} \frac{d\Gamma}{(2\pi\hbar)^{3N} N!} = \int \frac{d\Gamma}{(2\pi\hbar)^{3N} N!} \Theta\left(E - H(\vec{\Gamma})\right) \tag{3.242}$$

verwendet haben. Zwischen Z_{mikro} und $\widetilde{Z}_{\text{mikro}}$ besteht ein einfacher mathematischer Zusammenhang. Es ist nämlich

$$\frac{\partial \widetilde{Z}_{\text{mikro}}}{\partial E} = \int \frac{d\Gamma}{(2\pi\hbar)^{3N} N!} \delta\left(E - H(\vec{\Gamma})\right) = Z_{\text{mikro}} \tag{3.243}$$

und damit

$$\left\langle \Gamma_i \frac{\partial H}{\partial \Gamma_j} \right\rangle = \frac{\delta_{ij} \widetilde{Z}_{\text{mikro}}}{\partial \widetilde{Z}_{\text{mikro}}/\partial E} = \delta_{ij} \left(\frac{\partial \ln \widetilde{Z}_{\text{mikro}}}{\partial E}\right)^{-1} \tag{3.244}$$

Das Resultat enthält hier noch das gesamte Phasenraumvolumen, das von der Hyperfläche $H(\vec{\Gamma}) = E$ eingeschlossen ist. Dieses Volumen lässt sich aber in einem hochdimensionalen Raum auf den Inhalt dieser Hyperfläche zurückführen. Dazu muss man nur beachten, dass sich in einem hochdimensionalen Körper der Hauptanteil am Gesamtvolumen innerhalb einer dünnen Schicht unterhalb der Oberfläche befindet. Um diese Eigenschaft zu zeigen, betrachten wir stellvertretend das Volumen V_d einer d-dimensionalen Kugel. Mit (3.213) hat eine Kugelschale der Dicke δR demnach das Volumen

$$\delta V_d = \frac{\pi^{d/2}}{\Gamma(d/2+1)} \left[R^d - (R - \delta R)^d\right] \tag{3.245}$$

Das Verhältnis aus dem Kugelschalenvolumen und dem Kugelvolumen ist dann

$$\frac{\delta V_d}{V_d} = 1 - \left(1 - \frac{\delta R}{R}\right)^d = 1 - e^{d \ln\left(1 - \frac{\delta R}{R}\right)} \tag{3.246}$$

Für $\delta R \ll R$ folgt hieraus

$$\frac{\delta V_d}{V_d} \approx 1 - e^{-d \frac{\delta R}{R}} \tag{3.247}$$

Für $d \to \infty$ erhalten wir somit

$$\frac{\delta V_d}{V_d} \approx 1 \tag{3.248}$$

d. h. in der Kugelschale ist bei einer hinreichend hohen Dimension fast das gesamte Volumen der Kugel enthalten.

Wir kehren wieder zu dem eigentlichen Problem zurück und legen eine Oberflächenschale der Dicke δE um das von der Hyperfläche $H(\vec{\Gamma}) = E$ eingeschlossene Phasenraumvolumen fest. Die Schichtdicke soll – unabhängig von der Gesamtenergie und der Zahl der Teilchen N – stets den gleichen Wert haben. Dann ist wegen (3.243) $\widetilde{Z}_{\text{mikro}} \approx Z_{\text{mikro}} \delta E$, wobei diese Näherung nach den obigen Überlegungen mit wachsendem N immer besser wird. Damit folgt aber sofort

$$\frac{\partial \ln \widetilde{Z}_{\text{mikro}}}{\partial E} = \frac{\partial \ln Z_{\text{mikro}}}{\partial E} + \frac{\partial \ln \delta E}{\partial E} = \frac{\partial \ln Z_{\text{mikro}}}{\partial E} \qquad (3.249)$$

da die Schichtdicke selbst nach Voraussetzung nicht von der Energie abhängig ist. Somit kommen wir zu dem Resultat

$$\left\langle \Gamma_i \frac{\partial H}{\partial \Gamma_j} \right\rangle = \delta_{ij} \left(\frac{\partial \ln Z_{\text{mikro}}}{\partial E} \right)^{-1}_{V,N} = k \delta_{ij} \left(\frac{\partial S}{\partial E} \right)^{-1}_{V,N} \qquad (3.250)$$

und wenn wir wieder die thermodynamische Konvention $E = U$ verwenden und außerdem noch (3.152) beachten, erhalten wir endgültig

$$\left\langle \Gamma_i \frac{\partial H}{\partial \Gamma_j} \right\rangle = kT \delta_{ij} \qquad (3.251)$$

Das ist die allgemeine Form des *Gleichverteilungssatzes (Äquipartitionstheorem)*. Einige spezielle Anwendungen dieses Satzes sind in der Statistik sehr gebräuchlich. So folgt mit der speziellen Wahl $i = j$ und $\Gamma_i = p_{I,\alpha}$ (I kennzeichnet die Teilchennummer, α die Komponente des Impulses) und für jede Hamilton-Funktion der Form

$$H = \sum_{I=1}^{N} \frac{p_I^2}{2m_I} + V(q_1, q_2, \dots, q_N) \qquad (3.252)$$

sofort

$$\left\langle p_{I,\alpha} \frac{\partial H}{\partial p_{I,\alpha}} \right\rangle = \left\langle \frac{p_{I,\alpha}^2}{m_I} \right\rangle = kT \qquad (3.253)$$

Dividiert man noch durch 2 und summiert über alle drei Impulskomponenten des Teilchens I, dann erhält man die mittlere kinetische Energie eines Partikels

$$\langle T_{\text{kin},I} \rangle = \left\langle \frac{p_I^2}{2m_I} \right\rangle = \frac{3}{2} kT \qquad (3.254)$$

Die gesamte mittlere kinetische Energie ergibt sich nach der Summation über alle Partikel

$$\langle T_{\text{kin}} \rangle = \frac{3}{2} NkT \qquad (3.255)$$

Diese Beziehung hatten wir bei der Betrachtung des klassischen idealen Gases mit (3.220) schon gefunden. Sie erweist sich als sehr wertvoll für die numerische Bestimmung der Temperatur in sogenannten Molekulardynamik-Simulationsverfahren. Dabei werden, ausgehend von geeignet gewählten Anfangsbedingungen, die Newton'schen Bewegungsgleichungen eines Modellsystems gelöst. Dieses Verfahren lehnt sich damit sehr eng an das Konzept des mikrokanonischen Ensembles an. Um einen Anschluss an thermodynamische Größen zu bekommen, bestimmt man die über einen hinreichend langen Zeitraum gemittelte kinetische Energie des Systems und verbindet diese entsprechend (3.255) mit der Temperatur.

Eine weitere wichtige Schlussfolgerung ergibt sich für den Fall, dass ein Freiheitsgrad nur mit der Potenz γ in den Hamiltonian eingeht. So gilt z. B. für alle Impulse $\gamma = 2$. Die Koordinaten von harmonischen Oszillatoren treten ebenfalls mit $\gamma = 2$ auf. Wenn also der Beitrag eines Freiheitsgrades zum Hamiltonian gerade $H_i = g\Gamma_i^\gamma$ ist, dann folgt:

$$kT = \left\langle \Gamma_i \frac{\partial H}{\partial \Gamma_i} \right\rangle = \left\langle \Gamma_i \frac{\partial g\Gamma_i^\gamma}{\partial \Gamma_i} \right\rangle = \gamma \left\langle g\Gamma_i^\gamma \right\rangle = \gamma \left\langle H_i \right\rangle \quad (3.256)$$

d. h. die mittlere Energie des i-ten Freiheitsgrades ist

$$\langle H_i \rangle = \frac{kT}{\gamma} \quad (3.257)$$

3.5.3
Virialsatz

Wir können (3.251) für $i = j$ über alle Freiheitsgrade summieren. Spaltet man den allgemeinen Index i in den Index I für das Teilchen und den Index α für die räumliche Komponente auf, dann erhält man zunächst den formalen Ausdruck

$$\sum_{I=1}^{N} \sum_{\alpha=1}^{3} \left[\left\langle p_{I,\alpha} \frac{\partial H}{\partial p_{I,\alpha}} \right\rangle + \left\langle q_{I,\alpha} \frac{\partial H}{\partial q_{I,\alpha}} \right\rangle \right] = 6NkT \quad (3.258)$$

Dabei haben wir beachtet, dass der ursprüngliche Index i sowohl über die Impuls- als auch die Ortskoordinaten läuft. Den Impulsanteil haben wir bereits behandelt. Dieser entspricht gerade der doppelten mittleren kinetischen Energie und wegen (3.255) gilt

$$\sum_{I=1}^{N} \sum_{\alpha=1}^{3} \left\langle q_{I,\alpha} \frac{\partial H}{\partial q_{I,\alpha}} \right\rangle = 6NkT - 2\langle T_{\text{kin}} \rangle = 3NkT \quad (3.259)$$

Der verbleibende Koordinatenanteil kann weiter umgeformt werden. Dazu müssen wir nur berücksichtigen, dass die Kraft auf das Teilchen I durch

$$F_{I,\alpha} = -\frac{\partial H}{\partial q_{I,\alpha}} \quad (3.260)$$

gegeben ist. Dann erhält man sofort unter Beachtung der Vektorschreibweise (dreidimensionale Vektoren werden, wie in dieser Lehrbuchserie üblich, durch Fettdruck dargestellt)

$$3NkT + \sum_{I=1}^{N} \langle \mathbf{q}_I \mathbf{F}_I \rangle = 0 \quad (3.261)$$

Die Summe wird *Clausius'sches Virial* genannt und ist ein Maß für die mittlere potentielle Energie des Systems. Gleichung (3.261) ist der sogenannte *Virialsatz*.

Um das Virial eingehender bestimmen zu können, benötigen wir detailliertere Informationen über die Struktur der Hamilton-Funktion. Wir gehen davon aus, dass ein Vielteilchensystem oft gut durch die Paarwechselwirkung zwischen den Partikeln bestimmt ist. Hinzu kommt aber meistens noch ein externes Potential, das die Teilchen in einem gegebenen Volumen fixiert. Dieses Wandpotential ist gewöhnlich eine Summe von Einteilchenpotentialen, d. h. jedes Teilchen verspürt die Existenz der Wände ohne dabei irgendwelche Notiz von den anderen Teilchen des Systems zu nehmen. Dementsprechend zerfällt auch die Kraft F_I in die Beiträge der Paarwechselwirkung und der Wand

$$F_I = F_I^{WW} + F_I^{Wand} \tag{3.262}$$

Schreibt man den Paarwechselwirkungsbeitrag im Hamiltonian als

$$H_{WW} = \frac{1}{2} \sum_{K,L} \varphi\left(|q_K - q_L|\right) \tag{3.263}$$

dann folgt sofort unter Verwendung der Komponentenschreibweise

$$-\sum_{I=1}^{N} \left\langle q_I F_I^{WW} \right\rangle = \sum_{I=1}^{N} \sum_{\alpha=1}^{3} \left\langle q_{I,\alpha} \frac{\partial H_{WW}}{\partial q_{I,\alpha}} \right\rangle \tag{3.264a}$$

$$= \frac{1}{2} \sum_{I=1}^{N} \sum_{\alpha=1}^{3} \sum_{K,L} \left\langle q_{I,\alpha} \sum_{\beta=1}^{3} \frac{\partial \varphi\left(|q_{KL}|\right)}{\partial q_{KL,\beta}} \frac{\partial \left[q_{K,\beta} - q_{L,\beta}\right]}{\partial q_{I,\alpha}} \right\rangle \tag{3.264b}$$

$$= \frac{1}{2} \sum_{I=1}^{N} \sum_{\alpha,\beta=1}^{3} \sum_{K,L} \left\langle q_{I,\alpha} \frac{\partial \varphi\left(|q_{KL}|\right)}{\partial q_{KL,\beta}} \left[\delta_{K,I} - \delta_{L,I}\right] \delta_{\alpha\beta} \right\rangle \tag{3.264c}$$

$$= \frac{1}{2} \sum_{\alpha=1}^{3} \sum_{K,L} \left\langle \left[q_{K,\alpha} - q_{L,\alpha}\right] \frac{\partial \varphi\left(|q_{KL}|\right)}{\partial q_{KL,\alpha}} \right\rangle \tag{3.264d}$$

Dabei wurde die Abkürzung $q_{KL} = q_K - q_L$ verwendet. Geht man jetzt wieder zur Vektorschreibweise über[70], dann lautet das Ergebnis

$$\sum_{I=1}^{N} \left\langle q_I F_I^{WW} \right\rangle = -\frac{1}{2} \sum_{K,L} \left\langle q_{KL} \frac{\partial \varphi\left(|q_{KL}|\right)}{\partial q_{KL}} \right\rangle \tag{3.265}$$

---

[70] Die Ableitung nach dem Vektor q_{KL} ist als Ableitung nach den Vektorkomponenten zu verstehen, wobei anschließend das Vektorprodukt mit den Komponenten von q_{KL} zu nehmen ist.

Das Wandpotential ist nur eine Summe aus Einteilchenpotentialen

$$H_{\text{Wand}} = \sum_{K=1}^{N} w(\boldsymbol{q}_K) \tag{3.266}$$

Deshalb erhalten wir für den entsprechenden Beitrag zum Virial

$$-\sum_{I=1}^{N} \left\langle \boldsymbol{q}_I \boldsymbol{F}_I^{\text{Wand}} \right\rangle = \sum_{I=1}^{N} \sum_{\alpha=1}^{3} \sum_{K=1}^{N} \left\langle q_{I,\alpha} \frac{\partial w(\boldsymbol{q}_K)}{\partial q_{I,\alpha}} \right\rangle \tag{3.267a}$$

$$= \sum_{I=1}^{N} \left\langle \boldsymbol{q}_I \frac{\partial w(\boldsymbol{q}_I)}{\partial \boldsymbol{q}_I} \right\rangle \tag{3.267b}$$

$$= \int d^3r \sum_{I=1}^{N} \left\langle \delta(\boldsymbol{r} - \boldsymbol{q}_I) \boldsymbol{q}_I \frac{\partial w(\boldsymbol{q}_I)}{\partial \boldsymbol{q}_I} \right\rangle \tag{3.267c}$$

$$= \int d^3r \sum_{I=1}^{N} \langle \delta(\boldsymbol{r} - \boldsymbol{q}_I) \rangle \boldsymbol{r} \frac{\partial w(\boldsymbol{r})}{\partial \boldsymbol{r}} \tag{3.267d}$$

Hier wurde zunächst der Einteilchencharakter des Wandpotentials berücksichtigt und dann zur Vektorschreibweise übergegangen. Schließlich haben wir die δ-Funktion zunächst formal in (3.267c) auf Grund der Identität

$$\int d^3r \, \delta(\boldsymbol{r} - \boldsymbol{q}_I) = 1 \tag{3.268}$$

eingesetzt, um dann mit ihrer Hilfe alle Funktionen der Koordinaten $\boldsymbol{q}_I$ zugunsten von $\boldsymbol{r}$ zu eliminieren. Die noch verbleibende Summe

$$\varrho(\boldsymbol{r}) = \sum_{I=1}^{N} \langle \delta(\boldsymbol{r} - \boldsymbol{q}_I) \rangle \tag{3.269}$$

ist aber gerade die mittlere Dichte der Partikel im Punkt $\boldsymbol{r}$. Da andererseits $-\partial w/\partial \boldsymbol{r}$ die durch das Wandpotential erzeugte Kraft im Punkt $\boldsymbol{r}$ ist, kann man $d^3r \varrho(\boldsymbol{r}) \partial w/\partial \boldsymbol{r}$ als mittlere Kraft aller Partikel des Volumenelements d^3r auf die Wand interpretieren[71]. Diese Kraft kann aber auch als Produkt von Druck und Flächenelement (siehe Abb.3.2) verstanden werden, also

$$d^3r \varrho(\boldsymbol{r}) \frac{\partial w}{\partial \boldsymbol{r}} = p d\boldsymbol{f} \tag{3.270}$$

Damit wandelt man das Volumenintegral in (3.267d) zunächst in ein Oberflächenintegral um

$$-\sum_{I=1}^{N} \left\langle \boldsymbol{q}_I \boldsymbol{F}_I^{\text{Wand}} \right\rangle = \int d^3r \varrho(\boldsymbol{r}) \boldsymbol{r} \frac{\partial w}{\partial \boldsymbol{r}} = \oint \boldsymbol{r} p d\boldsymbol{f} \tag{3.271}$$

---

[71] Man beachte den Vorzeichenwechsel entsprechend dem Newton'schen Grundgesetz "actio=reactio".

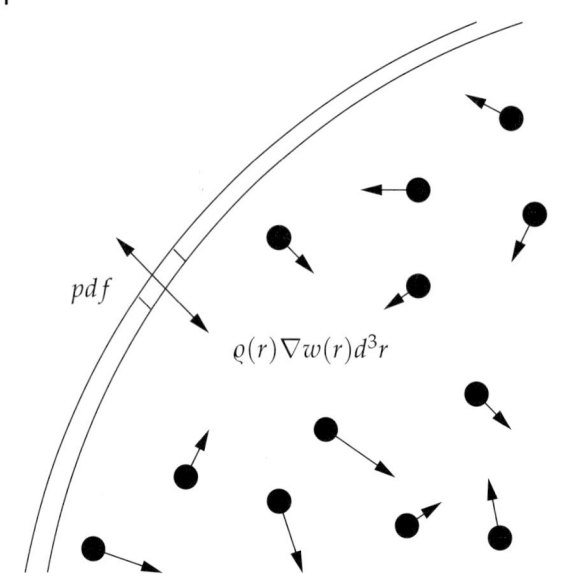

Abb. 3.2 Zur Bestimmung des Zusammenhangs zwischen Druck und Wandpotential

Der Druck kann vor das Integral gezogen werden[72] und es bleibt nach Anwendung des Gauß'schen Satzes

$$-\sum_{I=1}^{N} \left\langle q_I F_I^{\text{Wand}} \right\rangle = p \oint r d\boldsymbol{f} = p \int d^3 r \, \text{div}\, \boldsymbol{r} = 3p \int d^3 r = 3pV \quad (3.272)$$

Setzt man (3.265) und (3.272) in (3.261) ein, dann folgt

$$3NkT - \frac{1}{2} \sum_{K,L=1}^{N} \left\langle q_{KL} \frac{\partial \varphi(|q_{KL}|)}{\partial q_{KL}} \right\rangle - 3pV = 0 \quad (3.273)$$

oder

$$pV = NkT - \frac{1}{6} \sum_{K,L=1}^{N} \left\langle q_{KL} \frac{\partial \varphi(|q_{KL}|)}{\partial q_{KL}} \right\rangle \quad (3.274)$$

Diese Gleichung ist eine spezielle Formulierung des Virialsatzes für ein System paarweise wechselwirkender Partikel in einem Volumen V. Es stellt die für ein solches System geltende Abhängigkeit $p = p(N, V, T)$ dar. Dieser Zusammenhang wird auch als *thermische Zustandsgleichung* bezeichnet. Natür-

---

72) Da das Gesamtsystem im Gleichgewicht sein soll, kann es beliebig in zwei Teile geteilt werden. Die Gleichgewichtsbedingung fordert dann aber die Gleichheit der Drücke in beiden Teilen. Da die Einteilung aber beliebig ist, hat die Gleichgewichtsforderung die Konstanz des Druckes im ganzen Volumen zur Folge.

lich besteht das Hauptproblem in der Berechnung des verbleibenden Mittelwertes. Im Fall fehlender Paarwechselwirkung erhalten wir aber die bekannte thermische Zustandsgleichung des idealen Gases

$$pV = NkT \qquad (3.275)$$

3.5.4
Thermodynamik des idealen klassischen Festkörpers

Als letztes Beispiel, wie man mit Hilfe der Theorie des mikrokanonischen Ensembles zu thermodynamischen Relationen kommt, betrachten wir einen klassischen idealen Festkörper. Dieser besteht aus N Massenpunkten, die mit ihren Nachbarn durch harmonische Potentiale verbunden sind. Prinzipiell kann man den idealen Festkörper als Modell für alle Systeme verwenden, die nur schwache Auslenkungen aus dem mechanischen Gleichgewicht ausführen. Wir fassen alle Ortskoordinaten zu dem $3N$-dimensionalen Vektor $\vec{Q}$ und alle Impulse zu dem $3N$-dimensionalen Vektor $\vec{P}$ zusammen. Die dem mechanischen Gleichgewicht entsprechende Ruhelage $\vec{Q}^0$ ist durch die Forderung[73]

$$\frac{\partial V(\vec{Q}^0)}{\partial \vec{Q}^0} = 0 \qquad (3.276)$$

bestimmt. Entwickelt man das Potential um diese Ruhelage, dann gelangt man zu

$$V(\vec{Q}) = \frac{1}{2} \sum_{i,j=1}^{3N} \frac{\partial^2 V(\vec{Q}^0)}{\partial Q_i^0 \partial Q_j^0} (Q_i - Q_i^0)(Q_j - Q_j^0) \qquad (3.277)$$

Es ist dabei zu beachten, dass wegen (3.276) alle Entwicklungsterme erster Ordnung verschwinden und der Term nullter Ordnung durch eine geeignete Eichung der Energieskala eliminiert wurde. Die Matrix $\partial^2 V(\vec{Q}^0)/\partial Q_i^0 \partial Q_j^0$ wird als *Kraftkonstantenmatrix* oder auch *dynamische Matrix* bezeichnet. Ebenso können wir die kinetische Energie in die Form

$$H_{\text{kin}} = \sum_{I=1}^{N} \frac{\vec{P}_I^2}{2m_I} = \frac{1}{2} \sum_{i,j=1}^{3N} P_i T_{ij} P_j \qquad (3.278)$$

bringen, wobei T_{ij} die *inverse Massenmatrix* ist. Wegen der harmonischen Struktur kann man die hieraus gebildete Hamilton-Funktion

$$H = H_{\text{kin}} + V = \frac{1}{2} \sum_{i,j=1}^{3N} P_i T_{ij} P_j + \frac{1}{2} \sum_{i,j=1}^{3N} \frac{\partial^2 V(\vec{Q}^0)}{\partial Q_i^0 \partial Q_j^0} \delta Q_i \delta Q_j \qquad (3.279)$$

[73] Die Ableitung nach dem Vektor $\vec{Q}^0$ ist als Ableitung nach allen Komponenten zu verstehen.

3 Mikrokanonisches Ensemble und der Anschluss an die Thermodynamik

mit $\delta Q_i = Q_i - Q_i^0$ in die Normalform bringen und dabei den Festkörper in $3N$ unabhängige harmonische Oszillatoren der Massen μ_i und der Kraftkonstante $\mu_i \omega_i^2$ mit den Eigenfrequenzen ω_i zerlegen[74]. Als neue kanonische Koordinaten und Impulse treten jetzt die η_i und π_i auf, die sich als Linearkombinationen der alten Koordinaten und Impulse ergeben. Die transformierte Hamilton-Funktion lautet

$$H = \sum_{i=1}^{3N} \left[\frac{\pi_i^2}{2\mu_i} + \frac{\mu_i \omega_i^2}{2} \eta_i^2 \right] \quad (3.280)$$

Aus mechanischer Sicht besteht das Hauptproblem in der Bestimmung der – auf jeden Fall existenten – Normalform. Für die Charakterisierung der thermodynamischen Eigenschaften des Festkörpers spielt diese Prozedur jedoch nur eine untergeordnete Rolle. Für uns genügt es, dass man die Hamilton-Funktion des idealen klassischen Festkörpers auf jeden Fall in die Form (3.280) transformieren kann.

Prinzipiell ist das auf der Basis von (3.280) gebildete mikrokanonische Ensemble der Energie E nicht ergodisch[75]. Wir können aber davon ausgehen, dass bereits eine schwache nichtlineare Kopplung zwischen den Freiheitsgraden die Ergodizität herstellt, andererseits aber keinen nennenswerten Einfluss auf die Thermodynamik des idealen Festkörpers hat, so dass wir auch dieses eigentlich nichtergodische Problem mit dem Konzept des mikrokanonischen Ensembles behandeln können.

Wir bilden zunächst das mikrokanonische Zustandsintegral. Da alle Partikel durch ihre Ruheposition im Festkörper identifiziert werden, sind alle Teilchen unterscheidbar. Deshalb entfällt der Faktor $N!^{-1}$ und wir erhalten

$$Z_{\text{mikro}}(E) = \int \frac{d\Gamma}{(2\pi\hbar)^{3N}} \delta(H(\vec{\Gamma}) - E) \quad (3.281)$$

wobei $\vec{\Gamma}$ aus den π_i und η_i gebildet wird. Wir integrieren Z_{mikro} über E analog zu (3.211) und erhalten so die neue Funktion $\zeta(E)$ als Zwischenergebnis auf dem Weg zur Berechnung des Zustandsintegrals

$$\zeta(E) = \int_0^E Z_{\text{mikro}}(E') dE' = \int \frac{d\Gamma}{(2\pi\hbar)^{3N}} \Theta(E - H(\vec{\Gamma})) \quad (3.282)$$

$\Theta(x)$ ist wieder die Stufenfunktion. Mit den neuen Phasenraumkoordinaten $\vec{\Gamma}' = (x_i, y_i)$

$$x_i = \sqrt{\mu_i \omega_i^2} \eta_i \quad \text{und} \quad y_i = \frac{\pi_i}{\sqrt{\mu_i}} \quad (3.283)$$

[74]) siehe Band I, Kap. 5.5
[75]) siehe hierzu die Diskussion in Kap. 2.4.2

erhalten wir dann das neue 6N-dimensionale Volumenelement

$$d\Gamma' = d^{3N}x d^{3N}y = \left(\prod_{i=1}^{3N} \omega_i\right) d^{3N}\pi d^{3N}\eta = \left(\prod_{i=1}^{3N} \omega_i\right) d\Gamma \qquad (3.284)$$

Damit ist dann

$$\zeta(E) = \left(\prod_{i=1}^{3N} \omega_i^{-1}\right) \frac{1}{(2\pi\hbar)^{3N}} \int d\Gamma' \Theta\left(2E - \sum_{i=1}^{3N}(x_i^2 + y_i^2)\right) \qquad (3.285)$$

Das Integral ist genau das Volumen einer 6N-dimensionalen Kugel vom Radius $\sqrt{2E}$. Allgemein ist das Volumen einer d-dimensionalen Kugel mit dem Radius R durch (3.213), d. h.

$$V_d = \frac{\pi^{d/2}}{\Gamma(d/2+1)} R^d \qquad (3.286)$$

gegeben. $\Gamma(x)$ in (3.286) ist dabei die Γ-Funktion. In unserem speziellen Fall mit $d = 6N$ erhalten wir

$$\zeta(E) = \left(\prod_{i=1}^{3N} \omega_i^{-1}\right) \frac{1}{(2\pi\hbar)^{3N}} \frac{\pi^{3N}}{\Gamma(3N+1)} (2E)^{3N} \qquad (3.287a)$$

$$= \frac{1}{\Gamma(3N+1)} \prod_{i=1}^{3N} \left(\frac{E}{\hbar\omega_i}\right) \qquad (3.287b)$$

Hieraus können wir sofort das mikrokanonische Zustandsintegral bestimmen

$$Z_{\text{mikro}} = \frac{d\zeta(E)}{dE} = \frac{1}{E\Gamma(3N)} \prod_{i=1}^{3N} \left(\frac{E}{\hbar\omega_i}\right) \qquad (3.288)$$

Mit (3.68) und der Stirling'schen Formel (3.217) $\ln \Gamma(z+1) \approx z(\ln z - 1) + \frac{1}{2}\ln(2\pi z)$ erhalten wir dann die Entropie

$$S = k \ln Z_{\text{mikro}} \qquad (3.289a)$$

$$= k \left[\sum_{i=1}^{3N} \ln\left(\frac{E}{\hbar\omega_i}\right) - \ln E - 3N(\ln 3N - 1) + \frac{1}{2}\ln(3N)\right] \qquad (3.289b)$$

Dabei haben wir konstante Terme und Terme $\sim N^{-1}$ im Hinblick auf die Konsistenz der Näherung und den thermodynamischen Limes $N \to \infty$ weggelassen.

Mit der Entropie können wir alle weiteren thermodynamisch interessanten Größen bestimmen. Wir setzen dazu wieder $E = U$ und bekommen damit die Temperatur des idealen klassischen Festkörpers. Mit (3.152) erhalten wir

$$\frac{1}{T} = \left(\frac{\partial S}{\partial U}\right)_{V,N} = k\left[\sum_{i=1}^{3N} \frac{1}{U} - \frac{1}{U}\right] = k\frac{3N-1}{U} \qquad (3.290)$$

und daraus im thermodynamischen Limes

$$U \approx 3NkT \tag{3.291}$$

Weiter finden wir mit (3.156) den Druck

$$\frac{p}{T} = \left(\frac{\partial S}{\partial V}\right)_{U,N} = 0 \tag{3.292}$$

Der Druck verschwindet, weil die einzelnen Massenpunkte des idealen Festkörpers nur Schwingungen um ihre Ruhelage ausführen und damit keine Volumenarbeit leisten können.

Die Bestimmung des chemischen Potentials ist schwieriger, da sich mit dem Hinzufügen eines neuen Teilchens zum Festkörper das Spektrum der Eigenfrequenzen in spezifischer Weise ändern kann. Ein besonders einfacher idealer Festkörper wird durch das Einstein-Modell beschrieben. Hier setzt man einfach alle Eigenfrequenzen gleich. Dann bekommt man mit $\omega_i = \omega$ für die Entropie (3.289b)

$$S = k\left[3N \ln \frac{E}{\hbar \omega} - \ln E - 3N(\ln 3N - 1) + \frac{1}{2}\ln(3N)\right] \tag{3.293}$$

Mit (3.160) ergibt sich für das chemische Potential

$$\frac{\mu}{T} = -\left(\frac{\partial S}{\partial N}\right)_{U,V} = -3k \ln\left(\frac{U}{3N\hbar\omega}\right) \tag{3.294}$$

Auch hier haben wir wieder konstante Terme und Terme $\sim N^{-1}$ weggelassen.

Aufgaben

3.1 Zeigen Sie, dass die Kullback-Entropie unabhängiger Systeme additiv ist, d. h., dass $K[f_1 f_2, p_1 p_2] = K[f_1, p_1] + K[f_2, p_2]$ gilt.

3.2 Zeigen Sie, dass die Shannon'sche Informationsentropie der Gauß-Verteilung $S = k(1 + \ln(2\pi\sigma^2))/2$ ist.

3.3 Zeigen Sie, dass die Additionsgesetze (3.100) und (3.101a) der Tsallis-Entropien für $q \to 0$ in die entsprechenden Additionsgesetze der Shannon'schen Informationsentropie (3.39a) bzw. (3.42a) übergehen.

3.4 Zeigen Sie, dass in einem mikrokanonischen System jede Spur vom Typ $\mathrm{Sp}\, f(\hat{\rho})$, wobei f eine beliebige Funktion ist, zeitlich invariant ist.

3.5 Ein mikrokanonisches Ensemble besetzt bei gegebenen Werten für Energie und Volumen eine Hyperfläche der Größe $S(E, V)$ im Phasenraum.

Zeigen Sie, dass dann der Druck in den Systemen dieses Ensembles durch

$$p = \frac{kT}{S(E,V)} \frac{\partial S(E,V)}{\partial V}$$

gegeben ist.

Maple-Aufgaben

3.I Ein sehr einfacher Fall einer Statistik ergibt sich, wenn die Teilchen des Systems nur zwei Zustände haben und nicht miteinander in Wechselwirkung stehen. Solche Systeme werden als paramagnetische Gase bezeichnet. Hier hat ein beliebig ausgewähltes Teilchen mit der Wahrscheinlichkeit p den Zustand 1 und mit der Wahrscheinlichkeit $1-p$ den Zustand 2. Man bestimme:

1. graphisch die Wahrscheinlichkeitsverteilung P für das Auffinden von n Teilchen im Zustand 1,
2. den Mittelwert,
3. die quadratische Schwankung und die
4. relative Schwankung.

3.II Man zeige, dass unter allen Wahrscheinlichkeitsverteilungsdichten $\rho(x)$ mit gegebener Varianz σ die Normalverteilung die größte Shannon'sche Informationsentropie besitzt.

3.III Man bestimme für ein mikrokanonisches ideales Gas die Zahl der Zustände und daraus die Entropie des Systems.

3.IV Integrale der Form

$$I = \int_{-\infty}^{\infty} h(x) e^{-Nf(x)} dx$$

können für hinreichend große N mit Hilfe der Methode der Sattelpunktsnäherung bestimmt werden, falls die Funktion $f(x)$ an genau einer Stelle $x = x_s$ ein Minimum besitzt, d. h. $f'(x_s) = 0$ und $f''(x_s) > 0$ gilt. Unter diesen Voraussetzungen kann das Integral um den Punkt x_s in ein Gauß-Integral entwickelt werden

$$I \approx \int_{-\infty}^{\infty} h(x) \exp\left\{-N\left(f(x_s) + \frac{1}{2} f''(x_s)(x - x_s)^2\right)\right\} dx$$

Man leite mit dieser Methode die Stirling'sche Formel für große N her.

3.V Man bestimme im Rahmen des mikrokanonischen Ensembles die innere Energie, das chemische Potential und die thermische Zustandsgleichung des ultrarelativistischen idealen Gases. In einem ultrarelativistischen Gas besteht für jedes Teilchen der Zusammenhang $\varepsilon = c|\boldsymbol{p}|$ zwischen kinetischer Energie ε und Impuls $\boldsymbol{p}$.

4
Das kanonische Ensemble

4.1
Motivation und Herleitung der kanonischen Wahrscheinlichkeitsverteilung

Das in Kapitel 3 betrachtete mikrokanonische Ensemble ist speziell zugeschnitten auf abgeschlossene Systeme. Damit steht es natürlich der mikroskopischen Formulierung der Mechanik bzw. der Quantenmechanik sehr nahe. Wir wollen uns jetzt einem System zuwenden (Abb. 4.1), das in ständigem Wärmekontakt mit seiner Umwelt steht. Diese Umgebung bezeichnen wir als *thermodynamisches Bad* oder als *thermodynamisches Reservoir*.

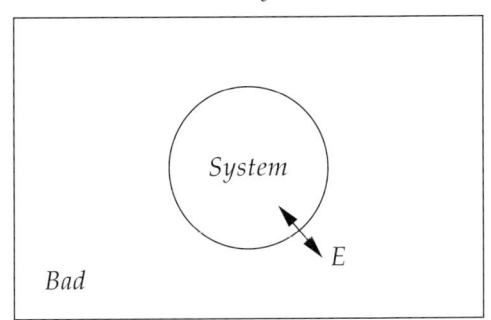

Abb. 4.1 Gesamtsystem, Bad und System für das kanonische Ensemble

Das System soll sich im thermodynamischen Gleichgewicht befinden. Das bedeutet jetzt einerseits, dass es mit sich selbst im Gleichgewicht ist, andererseits aber auch, dass ein Gleichgewicht mit dem thermodynamischen Bad besteht und damit, dass auch das Bad selbst im Gleichgewicht ist. Wenn diese Bedingungen erfüllt sind, können wir mit einem minimalen Aufwand an physikalischen Informationen über das Bad wichtige thermodynamische Aussagen über das eingebettete System treffen. Wie wir gleich sehen werden, treten die mechanischen bzw. die quantenmechanischen Bewegungsgleichungen bei dieser Betrachtung vollständig in den Hintergrund.

Für den theoretischen Zugang wollen wir das Konzept des thermodynamischen Ensembles aufrechterhalten. Dazu betrachten wir zunächst ein mikrokanonisches Ensemble im Gleichgewicht. Jedes abgeschlossene Gesamtsystem des Ensembles besteht aus dem uns interessierenden System und dem thermodynamischen Bad. Damit können wir die Hamilton-Funktion des Gesamtsystems in der Form

$$H_G(\vec{\Gamma}, \vec{\Gamma}_{Bad}) = H(\vec{\Gamma}) + H_{WW}(\vec{\Gamma}, \vec{\Gamma}_{Bad}) + H_{Bad}(\vec{\Gamma}_{Bad}) \quad (4.1)$$

schreiben, wobei $\vec{\Gamma}$ der Vektor der Phasenraumkoordinaten des Systems und $\vec{\Gamma}_{Bad}$ der Vektor der Phasenraumkoordinaten des Bades ist. Da sowohl das System als auch das Bad makroskopisch groß sind, kann der Wechselwirkungsbeitrag $H_{WW}(\vec{\Gamma}, \vec{\Gamma}_{Bad})$ gegenüber der Hamilton-Funktion des Systems $H(\vec{\Gamma})$ und des Bades $H_{Bad}(\vec{\Gamma}_{Bad})$ vernachlässigt werden[1].

Da sich Bad und System im Gleichgewicht befinden, besitzen beide die gleiche Temperatur T. Die Energie E des Systems ist jetzt aber keine Erhaltungsgröße mehr, da ein ständiger Energieaustausch, der sogenannte Wärmekontakt, mit dem Bad besteht. Volumen und Teilchenzahl sind dagegen nach wie vor konstante Parameter für System und Bad. Allerdings gilt auf der höheren Ebene des aus System und Bad gebildeten Gesamtsystems wieder die Erhaltung der Energie

$$E_G = E + E_{Bad} = \text{const.} \quad (4.2)$$

wobei hier die Wechselwirkungsbeiträge wieder vernachlässigt wurden. Die statistische Verteilungsfunktion des mikrokanonischen (Gesamt-) Ensembles ist damit bis auf die Normierung durch

$$\rho_G(\vec{\Gamma}, \vec{\Gamma}_{Bad}) \sim \delta(H(\vec{\Gamma}) + H_{Bad}(\vec{\Gamma}_{Bad}) - E_G) \quad (4.3)$$

gegeben. Wir können jetzt eine thermodynamisch relevante Beschreibung des Systems erreichen, ohne spezielle detaillierte Kenntnisse über das Bad zu besitzen. Dazu integrieren wir zunächst über alle Freiheitsgrade des Bades und erhalten

$$\rho(\vec{\Gamma}) \sim \int \frac{d\Gamma_{Bad}}{(2\pi\hbar)^{3N_B} N_B!} \rho_G(\vec{\Gamma}, \vec{\Gamma}_{Bad}) \quad (4.4a)$$

$$\sim \int d\Gamma_{Bad} \delta(H(\vec{\Gamma}) + H_{Bad}(\vec{\Gamma}_{Bad}) - E_G) \quad (4.4b)$$

Der genaue Normierungsfaktor der Verteilungsfunktion spielt vorerst keine Rolle. Das erlaubt es uns, auf diesen Faktor zunächst zu verzichten und erst

---

[1] wobei die in Kap. 3.3.3 gegebene Begründung gilt.

am Ende der folgenden Rechnungen die Normierung korrekt zu bestimmen. In (4.4b) führen wir einen Faktor 1 in der Form

$$1 = \int dE_{\text{Bad}} \delta(H_{\text{Bad}}(\vec{\Gamma}_{\text{Bad}}) - E_{\text{Bad}}) \tag{4.5}$$

ein und erhalten nach Vertauschung der Integrationen

$$\rho(\vec{\Gamma}) \sim \int dE_{\text{Bad}} \delta(H(\vec{\Gamma}) + E_{\text{Bad}} - E_G) \int d\Gamma_{\text{Bad}} \delta(H_{\text{Bad}}(\vec{\Gamma}_{\text{Bad}}) - E_{\text{Bad}}) \tag{4.6}$$

Die Integration über E_{Bad} beschreibt jetzt die freie Verteilung der Energie zwischen Bad und System unter Erhaltung der Gesamtenergie E_G. Wir kommen damit zu

$$\rho(\vec{\Gamma}) \sim \int dE_{\text{Bad}} \delta(H(\vec{\Gamma}) + E_{\text{Bad}} - E_G) Z_{\text{Bad}}^{\text{mikro}}(E_{\text{Bad}}) \tag{4.7}$$

Dabei ist $Z_{\text{Bad}}^{\text{mikro}}$ das durch das zweite Integral in (4.6) definierte mikrokanonische Zustandsintegral des Bades. Wir haben in dieser Funktion nur die Abhängigkeit von der Badenergie explizit hervorgehoben, da Teilchenzahl und Volumen unveränderliche Parameter von System und Bad sind. Da das Zustandsintegral und die mikrokanonisch definierte Entropie (3.68) direkt zusammenhängen, kann man jetzt auch schreiben

$$\begin{aligned} \rho(\vec{\Gamma}) &\sim \int dE_{\text{Bad}} \delta(H(\vec{\Gamma}) + E_{\text{Bad}} - E_G) \exp\left(\frac{S_{\text{Bad}}(E_{\text{Bad}})}{k}\right) \\ &\sim \exp\left(\frac{S_{\text{Bad}}(E_G - H(\vec{\Gamma}))}{k}\right) \end{aligned} \tag{4.8}$$

Das thermodynamische Bad soll im Vergleich zum System hinreichend – im Idealfall unendlich – groß sein. Dann ist $E_G \gg H(\vec{\Gamma})$ und die Entropie kann um E_G nach Potenzen von $H(\vec{\Gamma})$ entwickelt werden. Wegen der relativen Kleinheit des Entwicklungsparameters genügt es, die Reihe bis zur ersten Ordnung aufzuschreiben

$$\rho(\vec{\Gamma}) \sim \exp\left(\frac{S_{\text{Bad}}(E_G)}{k} - \frac{1}{k}\frac{\partial S_{\text{Bad}}(E_G)}{\partial E_G} H(\vec{\Gamma})\right) \tag{4.9}$$

Der erste Summand im Exponenten hängt nur vom Bad ab und kann in den noch offenen Proportionalitätsfaktor gezogen werden. Da das Bad sehr groß ist, gilt $E_G \approx E_{\text{Bad}}$ und wegen (3.152) außerdem

$$\frac{\partial S_{\text{Bad}}(E_G)}{\partial E_G} = \frac{\partial S_{\text{Bad}}(E_{\text{Bad}})}{\partial E_{\text{Bad}}} = \frac{1}{T} \tag{4.10}$$

Formal ist T die Temperatur des Bades. Aber da das System mit dem Bad im Gleichgewicht steht, ist T auch die Temperatur des Systems. Damit verbleibt als statistische Verteilungsfunktion des Systems

$$\rho(\vec{\Gamma}) = \text{const} \cdot \exp\left(-\frac{1}{kT}H(\vec{\Gamma})\right) \tag{4.11}$$

Diese Wahrscheinlichkeitsverteilungsfunktion der Mikrozustände $\vec{\Gamma}$ des betrachteten Systems kann wieder im Sinne einer Ensembletheorie interpretiert werden. Ein Ensemble von Systemen, die mit einem thermodynamischen Bad in Energieaustausch stehen, nennt man *kanonisches Ensemble*. Um die folgenden Ausdrücke etwas zu vereinfachen, benutzt man häufig die Abkürzung

$$\beta = \frac{1}{kT}$$

die auch wir in diesem Band verwenden wollen. Damit lautet die Verteilungsfunktion

$$\rho(\vec{\Gamma}) = \frac{1}{Z_{\text{kan}}} \exp\left(-\beta H(\vec{\Gamma})\right) \tag{4.12}$$

wobei der jetzt eingefügte Normierungsfaktor Z_{kan} als kanonisches Zustandsintegral bezeichnet wird und die allgemeingültige Normierung (2.34) garantiert. Für diese Größe erhält man deshalb den Ausdruck

$$Z_{\text{kan}} = \int \frac{d\Gamma}{(2\pi\hbar)^{3N}N!} \exp\left(-\beta H(\vec{\Gamma})\right) \tag{4.13}$$

Analog lässt sich die quantenmechanische Darstellung des kanonischen Dichteoperators gewinnen. In der Herleitung müssen die Integrationen über die Phasenräume des Bades und des Systems durch Spuren über die entsprechenden Hilbert-Räume ersetzt werden. Hier findet man

$$\hat{\rho} = \frac{1}{Z_{\text{kan}}} \exp\left(-\beta \hat{H}\right) \tag{4.14}$$

wobei der Normierungsfaktor als kanonische Zustandssumme bezeichnet wird und wegen (2.126) durch

$$Z_{\text{kan}} = \text{Sp} \exp\left(-\beta \hat{H}\right) \tag{4.15}$$

gegeben ist. Für kanonische Ensemble ist es nicht mehr wichtig, ob die betrachteten Systeme ergodisch bzw. mischend sind oder nicht. Da jedes System eines kanonischen Ensembles nicht mehr abgeschlossen ist, sondern stets an das Bad koppelt[2], muss nur gefordert werden, dass das Gesamtsystem aus Bad und System eine ergodische Dynamik besitzt.

---

2) Dabei spielt es keine Rolle, dass wir bei der Ableitung der Verteilungsfunktion der Mikrozustände des kanonischen Ensembles die Wechselwirkungsbeiträge vernachlässigt haben. Entscheidend ist, dass wegen der – wenn auch auf makroskopischen Skalen vernach-

4.2
Thermodynamische Zustandsgrößen

Die kanonische Verteilung beschreibt das statistische Gewicht aller Mikrozustände eines Systems in einem thermodynamischen Bad der Temperatur T. Die für jedes System des Ensembles in gleicher Weise repräsentativen Parameter der Makrozustände werden analog zum mikrokanonischen Ensemble durch Mittelwerte bestimmt. Wie dort spielt die Entropie eine entscheidende Rolle beim Anschluss der mikroskopischen Größen an thermodynamische Zustandsvariable und -größen. Im kanonischen Ensemble benutzt man die Entropie in ihrer allgemeinen Formulierung als Shannon'sche Informationsentropie (3.61) bzw. (3.62) und erhält mit der Verteilungsfunktion (4.12)

$$
\begin{aligned}
S_{\text{kan}} &= -k \langle \ln \rho \rangle & (4.16\text{a}) \\
&= -k \int \frac{d\Gamma}{(2\pi\hbar)^{3N} N!} \rho \ln \left(\frac{e^{-\beta H}}{Z_{\text{kan}}} \right) & (4.16\text{b}) \\
&= k \int \frac{d\Gamma}{(2\pi\hbar)^{3N} N!} \rho \left[\beta H + \ln Z_{\text{kan}} \right] & (4.16\text{c}) \\
&= k\beta \int \frac{d\Gamma}{(2\pi\hbar)^{3N} N!} \rho H + k \ln Z_{\text{kan}} & (4.16\text{d}) \\
&= k\beta \int \frac{d\Gamma}{(2\pi\hbar)^{3N} N!} \frac{e^{-\beta H}}{Z_{\text{kan}}} H + k \ln Z_{\text{kan}} & (4.16\text{e})
\end{aligned}
$$

wobei im zweiten Term von (4.16d) die allgemeine Normierungsbedingung (2.34) der Wahrscheinlichkeitsdichte verwendet wurde. Hierbei ist S_{kan} die mit dem kanonischen Ensemble bestimmte Entropie. Wir benutzen an dieser Stelle noch nicht das Symbol S für die Entropie, da bisher noch nicht klar ist, ob dieser Ausdruck im thermodynamischen Limes mit der thermodynamischen Entropie übereinstimmt. Auch im quantenmechanischen Fall findet man sofort unter Beachtung von (3.72) bzw. (3.73) und der Normierungsbedingung $\text{Sp}\,\hat{\rho} = 1$

$$S_{\text{kan}} = -k\,\text{Sp}\,\hat{\rho} \ln \hat{\rho} = k\beta\,\text{Sp}\,\hat{H}\hat{\rho} + k \ln Z_{\text{kan}}\,\text{Sp}\,\hat{\rho} = k\beta\,\text{Sp}\,\hat{H}\hat{\rho} + k \ln Z_{\text{kan}} \quad (4.17)$$

In den ersten Termen von (4.16d) und in (4.17) nach dem letzten Gleichheitszeichen taucht ein Ausdruck auf, den wir als mittlere Energie des Systems

lässigbar kleinen – Wechselwirkung die mikroskopische Dynamik des aus System und Bad bestehenden Gesamtsystems ergodisch ist, so dass dieses im Laufe der Zeit alle zulässigen Mikrozustände des zugehörigen mikrokanonischen Ensembles erreicht. Deshalb können im Rahmen des kanonischen Ensembles auch Systeme wechselwirkungsfreier Partikel untersucht werden, deren Behandlung im Rahmen des mikrokanonischen Ensembles wegen der fehlenden Ergodizität mit Problemen behaftet ist. Allerdings setzt das kanonische Ensemble bei einem solchen System implizit stets voraus, dass die Partikel nur untereinander wechselwirkungsfrei sind, mit den Freiheitsgraden des Bades aber eine Wechselwirkung besteht.

identifizieren können. Da die aktuelle Energie des Systems wegen des Energieaustausches mit dem Bad keine Erhaltungsgröße mehr ist, interpretieren wir diese mittlere Energie als repräsentativen Ausdruck für die innere Energie U jedes einzelnen Systems des kanonischen Ensembles. Damit ist

$$U = \overline{H} = \int \frac{d\Gamma}{(2\pi\hbar)^{3N} N!} \rho H = \frac{1}{Z_{\text{kan}}} \int \frac{d\Gamma}{(2\pi\hbar)^{3N} N!} e^{-\beta H} H \quad (4.18)$$

bzw.

$$U = \overline{H} = \operatorname{Sp} \hat{\rho}\hat{H} = \frac{1}{Z_{\text{kan}}} \operatorname{Sp} e^{-\beta \hat{H}} \hat{H} \quad (4.19)$$

Die innere Energie kann direkt aus dem Zustandsintegral (oder bei einer quantenmechanischen Formulierung aus der Zustandssumme) bestimmt werden, denn es ist im klassischen Fall

$$U = -\frac{1}{Z_{\text{kan}}} \frac{\partial}{\partial \beta} \int \frac{d\Gamma}{(2\pi\hbar)^{3N} N!} e^{-\beta H} = -\frac{1}{Z_{\text{kan}}} \frac{\partial Z_{\text{kan}}}{\partial \beta} = -\frac{\partial \ln Z_{\text{kan}}}{\partial \beta} \quad (4.20)$$

bzw. im quantenmechanischen Fall

$$U = -\frac{1}{Z_{\text{kan}}} \frac{\partial}{\partial \beta} \operatorname{Sp} e^{-\beta \hat{H}} = -\frac{1}{Z_{\text{kan}}} \frac{\partial Z_{\text{kan}}}{\partial \beta} = -\frac{\partial \ln Z_{\text{kan}}}{\partial \beta} \quad (4.21)$$

Damit bleibt sowohl im klassischen als auch quantenmechanischen Fall für die Entropie der einfache Zusammenhang

$$S_{\text{kan}} = k\beta U + k \ln Z_{\text{kan}} = \frac{U}{T} + k \ln Z_{\text{kan}} \quad (4.22)$$

oder wegen (4.20) bzw. (4.21)

$$S_{\text{kan}} = -k \left[\beta \frac{\partial}{\partial \beta} - 1 \right] \ln Z_{\text{kan}} \quad (4.23)$$

Wir wollen jetzt fragen, mit welcher thermodynamischen Größe $\ln Z_{\text{kan}}$ direkt in Verbindung gebracht werden kann. Dazu formt man (4.22) einfach um

$$-kT \ln Z_{\text{kan}} = U - TS_{\text{kan}} \quad (4.24)$$

Die rechte Seite ist – vorausgesetzt S_{kan} und die thermodynamische Entropie S stimmen für ein makroskopisches System überein – aus der Thermodynamik gut bekannt und wird als freie Energie F bezeichnet. Damit erhalten wir

$$F = U - TS_{\text{kan}} \quad (4.25)$$

bzw.

$$F = -kT \ln Z_{\text{kan}} \quad (4.26)$$

Mit der hierzu notwendigen Äquivalenz zwischen der thermodynamischen Entropie S einerseits und der kanonisch definierten Entropie S_{kan} andererseits wollen wir uns im nächsten Abschnitt befassen. Das kanonische Zustandsintegral (4.13) bzw. die kanonische Zustandssumme ist im einfachsten Fall eine Funktion der Temperatur, des Volumens und der Teilchenzahl, d. h. wir erwarten jetzt den allgemeinen Zusammenhang

$$F = F(T, V, N) \tag{4.27}$$

Innerhalb der Theorie des kanonischen Ensembles sind also die Temperatur T, das Volumen V und die Teilchenzahl N die unabhängigen Zustandsvariablen. Natürlich erweitert sich dieser Satz, wenn der Makrozustand eines Systems durch weitere physikalische Größen beschrieben werden muss[3]. Die freie Energie spielt im Rahmen des kanonischen Ensembles die Rolle eines thermodynamischen Potentials[4], ähnlich wie die Entropie $S = S(U, V, N)$ im mikrokanonischen Ensemble. Aus der freien Energie können, analog zur Entropie, weitere thermodynamische Größen berechnet werden.

Man erkennt aber auch einen wesentlichen Unterschied: während im mikrokanonischen Fall die Temperatur T eine abhängige Zustandsgröße war und die innere Energie eine unabhängige Zustandsgröße, haben im kanonischen Ensemble beide Größen ihre Rollen getauscht.

4.3
Äquivalenz mikrokanonischer und kanonischer Ensemble

Um den Anschluss des kanonischen Ensembles an die Thermodynamik zu komplettieren, benötigen wir noch einen Beweis, dass die kanonisch definierte Entropie tatsächlich mit der thermodynamisch definierten Entropie gleichgesetzt werden kann, oder was dem gleichbedeutend ist[5], dass mikrokanonisch definierte Entropie und kanonische Entropie im thermodynamischen Limes großer Teilchenzahlen $N \to \infty$ und großen Volumens $V \to \infty$ mit $N/V = $ const übereinstimmen. Wir werden diesen Beweis zweimal führen, jetzt auf der Basis von physikalischen Argumenten und später in Abschnitt 7.1.2, wenn wir weitere Ensemble kennengelernt haben, noch einmal auf mathematisch fundiertere Weise. Wie für das mikrokanonische Ensemble führen wir die Diskussion anhand des klassischen kanonischen Ensembles.

Wir berechnen zunächst für ein klassisches kanonisches Ensemble die mittlere Energie sowie die mittlere quadratische Schwankung der Energie. Die

---
[3]) siehe hierzu auch die Diskussion in Abschnitt 3.3.7.
[4]) Im mathematischen Sinne ist F eine Stammfunktion, siehe dazu auch die Diskussion in Kap. 7.
[5]) Die Äquivalenz der mikrokanonisch bestimmten Entropie und der thermodynamischen Entropie wurde bereits im vorangegangenen Kapitel bewiesen.

mittlere (innere) Energie ist wegen (4.20) gerade

$$\overline{H} = U = -\frac{\partial \ln Z_{kan}}{\partial \beta} \tag{4.28}$$

Die Schwankungen der Energie erhält man aus der Relation

$$\overline{\delta H^2} = \overline{[H - \overline{H}]^2} = \overline{H^2} - \overline{H}^2 \tag{4.29}$$

wobei insbesondere $\overline{H^2}$ entsprechend

$$\overline{H^2} = \int \frac{d\Gamma}{(2\pi\hbar)^{3N} N!} \frac{e^{-\beta H}}{Z_{kan}} H^2$$

$$= \frac{1}{Z_{kan}} \left(\frac{\partial}{\partial \beta}\right)^2 \int \frac{d\Gamma}{(2\pi\hbar)^{3N} N!} e^{-\beta H} = \frac{1}{Z_{kan}} \frac{\partial^2 Z_{kan}}{\partial \beta^2}$$

bestimmt werden kann. Weiter ist nun unter Verwendung von (4.20)

$$\overline{\delta H^2} = \frac{1}{Z_{kan}} \frac{\partial^2 Z_{kan}}{\partial \beta^2} - \left(\frac{\partial \ln Z_{kan}}{\partial \beta}\right)^2 = \frac{\partial}{\partial \beta} \frac{\partial Z_{kan}/\partial \beta}{Z_{kan}} = \frac{\partial^2 \ln Z_{kan}}{\partial \beta^2} \tag{4.30}$$

und damit

$$\overline{\delta H^2} = -\frac{\partial U}{\partial \beta} \tag{4.31}$$

Wir wollen uns jetzt überlegen, welches Gebiet im Phasenraum das kanonische Ensemble hauptsächlich besetzt. Im Fall des kanonischen Ensembles wird im Wesentlichen eine Energieschale okkupiert, deren Breite proportional zu $\overline{\delta H^2}^{1/2}$ ist. Die typische Energie dieser Schale ist $U = \overline{H}$. Von entscheidender Bedeutung ist das Verhältnis der Schalendicke zu dem durch die mittlere Energie U gegebenen 'Radius' der Schale. Hier erhalten wir

$$\frac{\sqrt{\overline{\delta H^2}}}{\overline{H}} = \frac{\sqrt{\left|\frac{\partial U}{\partial \beta}\right|}}{U} = \sqrt{\frac{\left|\frac{\partial \ln U}{\partial \beta}\right|}{U}} \tag{4.32}$$

Nun vergrößert sich bei konstanter Temperatur und Teilchendichte mit wachsender Teilchenzahl auch die innere Energie eines Systems. Wegen des Prinzips der statistischen Unabhängigkeit folgt $U \sim N$ und unter Verwendung der Regel von Bernouilli-l'Hopitale erhalten wir

$$\frac{\sqrt{\overline{\delta H^2}}}{\overline{H}} \sim \frac{1}{\sqrt{N}} \tag{4.33}$$

d. h. mit hinreichend großer Teilchenzahl wird die Schwankung der Energie unwesentlich. Das bedeutet aber, dass sich mit wachsender Teilchenzahl das

4.3 Äquivalenz mikrokanonischer und kanonischer Ensemble

von dem System okkupierte Volumen im Phasenraum auf eine relativ zum effektiven „Radius" $\overline{H}$ immer schärfer werdendere Skala reduziert. Für $N \to \infty$ wird die Skala so scharf, dass eine Unterscheidung zwischen den Verteilungen des kanonischen Ensembles der mittleren Energie $\overline{H} = U$ und einem mikrokanonischen Ensemble der festen Energie $E = U$ nicht mehr möglich ist. Damit sind wegen (3.61) natürlich auch die kanonisch und mikrokanonisch definierten Entropien im thermodynamischen Limes äquivalent. Insbesondere gilt dann die Relation

$$S_{\text{kan}}(T, V, N) = S_{\text{mikro}}(U, V, N) \tag{4.34}$$

Beide Entropieformen sind im thermodynamischen Limes physikalisch gleichwertig, mathematisch sind sie aber von unterschiedlichen Zustandsvariablen abhängig. Dieser Unterschied wird aber durch die aus (4.20) für die kanonische Gesamtheit folgende Abhängigkeit $U = \overline{H} = U(T, V, N)$ beseitigt. Durch die Substitution der Umkehrfunktion

$$T = T(U, V, N) \tag{4.35}$$

wird aus der von T abhängigen Funktion $S_{\text{kan}}(T, V, N)$ eine von der inneren Energie (sowie von V und N) abhängige Funktion $S_{\text{kan}}(T(U, V, N), V, N)$, die jetzt auch in ihrer mathematischen Struktur mit $S_{\text{mikro}}(T, V, N)$ übereinstimmt. Umgekehrt kann man in dem Ausdruck für die Entropie der mikrokanonischen Gesamtheit $S_{\text{mikro}}(U, V, N)$ mit Hilfe von

$$\left(\frac{\partial S_{\text{mikro}}}{\partial U}\right)_{V,N} = \frac{1}{T} \tag{4.36}$$

$T = T(U, V, N)$ gewinnen und daraus die Umkehrfunktion

$$U = U(T, V, N) \tag{4.37}$$

herleiten. Wenn wir dieses Resultat in den Ausdruck für $S_{\text{mikro}}(U, V, N)$ einsetzen, erhalten wir die Entropie S_{mikro} in Abhängigkeit von $T, V,$ und N.

Wir brauchen also in Zukunft im thermodynamischen Limes die mikrokanonisch und kanonisch abgeleiteten Entropien nicht mehr zu unterscheiden. Damit ist auch die im Rahmen des kanonischen Ensembles bestimmte Entropie mit der thermodynamischen Entropie äquivalent und wir können ab jetzt auch

$$S = S_{\text{kan}} = S_{\text{mikro}} \tag{4.38}$$

schreiben. Aus demselben Grund können alle bereits im Rahmen des mikrokanonischen Ensembles abgeleiteten thermodynamischen Relationen übernommen werden, ohne dass eine neue Herleitung dieser Beziehungen innerhalb des kanonischen Ensembles nötig ist.

4.4
Totales Differential der freien Energie

Wir wollen jetzt weitere thermodynamische Größen, wie z. B. den Druck und das chemisches Potential, als Funktion der freien Energie ableiten. Damit können wir diese Observablen auch innerhalb des kanonischen Ensembles direkt aus dem kanonischen Zustandsintegral und nicht nur über den aus der Behandlung des mikrokanonischen Ensembles bekannten Umweg über die Entropie, ausrechnen. Wir erhalten zunächst aus (4.25), d. h. $F = U - TS$, das Differential

$$dF = dU - TdS - SdT \tag{4.39}$$

Außerdem ist uns bereits aus der Behandlung des mikrokanonischen Ensembles die Relation (3.176)

$$dU = TdS - pdV + \mu dN \tag{4.40}$$

bekannt, so dass wir jetzt

$$dF = -SdT - pdV + \mu dN \tag{4.41}$$

erhalten. Andererseits folgt aus der funktionalen Struktur (4.27), $F = F(T, V, N)$, sofort

$$dF = \left(\frac{\partial F}{\partial T}\right)_{V,N} dT + \left(\frac{\partial F}{\partial V}\right)_{T,N} dV + \left(\frac{\partial F}{\partial N}\right)_{T,V} dN \tag{4.42}$$

und der Vergleich mit (4.41) liefert die Beziehungen

$$S = -\left(\frac{\partial F}{\partial T}\right)_{V,N} \qquad p = -\left(\frac{\partial F}{\partial V}\right)_{T,N} \qquad \mu = \left(\frac{\partial F}{\partial N}\right)_{T,V} \tag{4.43}$$

Die Relation

$$p = -\left(\frac{\partial F}{\partial V}\right)_{T,N} \tag{4.44}$$

führt auf die *thermische Zustandsgleichung*, unter der man gewöhnlich den Zusammenhang zwischen einerseits dem Druck und andererseits den Zustandsgrößen Temperatur, Volumen und Teilchenzahl

$$p = p(T, V, N) \tag{4.45}$$

versteht. Demgegenüber spricht man von einer *kalorischen Zustandsgleichung*, wenn man einen Zusammenhang zwischen der inneren Energie und diesen Zustandsgrößen herstellen kann, also eine Relation

$$U = U(T, V, N) \tag{4.46}$$

besitzt. Ein solcher Zusammenhang lässt sich aus der freien Energie ableiten. Wegen (4.20, 4.21)

$$U = -\frac{\partial \ln Z_{\text{kan}}}{\partial \beta} = -\frac{\partial \ln Z_{\text{kan}}}{\partial T}\frac{\partial T}{\partial \beta} = kT^2 \frac{\partial \ln Z_{\text{kan}}}{\partial T} \qquad (4.47)$$

und der kanonischen Definition der freien Energie (4.25, 4.26) folgt die kalorische Zustandsgleichung

$$U = -T^2 \left(\frac{\partial (F/T)}{\partial T}\right)_{V,N} \qquad (4.48)$$

Alternativ bezeichnet man übrigens auch die Definition der Wärmekapazität als kalorische Zustandsgleichung. Die isochore Wärmekapazität[6] ist gegeben durch

$$C_V = \left(\frac{\partial U}{\partial T}\right)_{V,N} \qquad (4.49)$$

Damit folgt sofort

$$C_V = -\frac{\partial}{\partial T}\left[T^2 \left(\frac{\partial (F/T)}{\partial T}\right)_{V,N}\right] = -\frac{\partial}{\partial T}\left[T\left(\frac{\partial F}{\partial T}\right)_{V,N} - F\right] = -T\left(\frac{\partial^2 F}{\partial T^2}\right)_{V,N} \qquad (4.50)$$

Wegen der Darstellung (4.43) der Entropie erhalten wir

$$C_V = T\left(\frac{\partial S}{\partial T}\right)_{V,N} \qquad (4.51)$$

als alternative kalorische Zustandsgleichung.

4.5
Faktorisierung der Zustandssumme bzw. des Zustandsintegrals

Im Folgenden betrachten wir Systeme von Teilchen mit nicht wechselwirkenden Freiheitsgraden. Beispiele dafür sind die Translations-, Rotations- oder Schwingungsfreiheitsgrade von Teilchen eines idealen Gases oder unter bestimmten Bedingungen die Orts- und Spinfreiheitsgrade in einem System von Teilchen mit Spin. Unter Verwendung der Nomenklatur von 3.3.3.2 betrachten wir jetzt M statistisch unabhängige Subsysteme, die zusammen das Gesamtsystem bilden. Im Sinne unserer thermodynamischen Interpretation der statistischen Unabhängigkeit bedeutet eine solche Aussage, dass der Hamiltonian des Gesamtsystems[7] sich additiv aus den Hamilton-Funktionen der

---
[6]) also die Wärmekapazität bei konstantem Volumen
[7]) Das Gesamtsystem ist Mitglied eines statistischen Ensembles.

Subsysteme zusammensetzt, also

$$H = \sum_{m=1}^{M} H_m(\vec{\Gamma}_m) \qquad (4.52)$$

wobei der Phasenraum des Gesamtsystems aus Teilräumen entsprechend der Zerlegung

$$\vec{\Gamma} = \left\{ \vec{\Gamma}_1, \vec{\Gamma}_2, ..., \vec{\Gamma}_M \right\} \qquad (4.53)$$

aufgebaut ist. Unabhängigkeit bedeutet im kanonischen Fall nur, dass die Wechselwirkung der Subsysteme untereinander vernachlässigbar gering ist. Unabhängige Subsysteme dieser Art findet man sehr häufig. So können Körper, die sich im thermischen Kontakt miteinander befinden, solche statistisch unabhängigen Subsysteme sein. Unabhängige Subsysteme brauchen aber auch gar keine wohl definierten Grenzflächen zu besitzen, um sich gegenseitig und gegenüber dem Bad abzugrenzen. So zum Beispiel bilden in einem paramagnetischen Gas die Koordinaten und Impulse der Gasmoleküle einerseits das Subsystem der Translationsfreiheitsgrade, das in den meisten Fällen als statistisch unabhängig von dem Subsystem der Orientierungsfreiheitsgrade der magnetischen Momente der Partikel aufgefasst werden kann.

Die Zerlegung des Phasenraumes in Teilräume bedingt automatisch die Produktzerlegung

$$d\Gamma \rightarrow \prod_{m=1}^{M} d\Gamma_m \qquad (4.54)$$

Analog folgt für die Skalierung der Phasenraumkoordinaten

$$(2\pi\hbar)^{3N} \rightarrow \prod_{m=1}^{M} (2\pi\hbar)^{3N_m} \qquad (4.55)$$

wobei vorausgesetzt wurde, dass das m-te Subsystem gerade N_m unabhängige Partikel enthält. Es verbleibt noch die Behandlung des Gibbs'schen Korrekturfaktors. Wir wollen uns hier auf den Fall beschränken, dass eine Vertauschung von Partikeln nur innerhalb der Subsysteme erfolgen kann. Es handelt sich hierbei um einen relativ häufigen Fall, da der Partikelaustausch meistens schon verboten ist, weil sich in den einzelnen Subsystemen unterschiedliche Partikel befinden[8]. Damit ist der Gibbs'sche Korrekturfaktor bei M statistisch unabhängigen Systemen von vorherein durch

$$\prod_{m=1}^{M} N_m! \qquad (4.56)$$

---

[8] Befinden sich in unterschiedlichen Subsystemen identische Partikel, dann ist ein Partikeltausch natürlich möglich und muss in entsprechenden kombinatorischen Vorfaktoren, siehe Kap. 3.3.3, erfasst werden.

4.5 Faktorisierung der Zustandssumme bzw. des Zustandsintegrals

zu ersetzen. Für das Gesamtzustandsintegral erhalten wir folglich

$$Z_{\text{kan}} = \int \frac{d\Gamma}{(2\pi\hbar)^{3N} \prod_{m=1}^{M} N_m!} \exp\{-\beta H\} = \prod_{m=1}^{M} Z_m^{\text{kan}} \qquad (4.57)$$

mit

$$Z_m^{\text{kan}} = \int \frac{d\Gamma_m}{(2\pi\hbar)^{3N_m} N_m!} \exp\{-\beta H_m\} \qquad (4.58)$$

Die Faktorisierung des Zustandsintegrals führt automatisch zur Additivität der freien Energien

$$F = \sum_{m=1}^{M} F_m \qquad (4.59)$$

wobei F_m die freie Energie des m-ten Subsystems ist.

Dieses Superpositionsprinzip bleibt auch im quantenmechanischen Fall gültig. Hier äußert sich die Unabhängigkeit der M Systeme in der Additivität des Hamilton-Operators

$$\hat{H} = \sum_{m=1}^{M} \hat{H}_m \qquad (4.60)$$

und der Faktorisierung der Basiszustände

$$|n\rangle = \prod_{m=1}^{M} |n_m\rangle \qquad (4.61)$$

wobei die Quantenzahl n jetzt eine Liste der Quantenzahlen $n_1, n_2, ..., n_M$ ist. Damit erhalten wir für die Zustandssumme

$$\begin{aligned} Z_{\text{kan}} = \text{Sp}\, e^{-\beta \hat{H}} &= \sum_n \langle n | e^{-\beta \hat{H}} | n \rangle \\ &= \sum_{n_1,...n_M} \left[\prod_{m=1}^{M} \langle n_m |\right] \prod_{m=1}^{M} e^{-\beta \hat{H}_m} \left[\prod_{m=1}^{M} |n_m\rangle\right] \\ &= \sum_{n_1,...n_M} \prod_{m=1}^{M} \langle n_m | e^{-\beta \hat{H}_m} | n_m \rangle \end{aligned} \qquad (4.62)$$

Wegen des großen Summensatzes der Algebra folgt nun

$$Z_{\text{kan}} = \sum_{n_1,...n_M} \prod_{m=1}^{M} \langle n_m | e^{-\beta \hat{H}_m} | n_m \rangle = \prod_{m=1}^{M} \sum_{n_m} \langle n_m | e^{-\beta \hat{H}_m} | n_m \rangle \qquad (4.63)$$

und damit finden wir auch hier die erwartete Faktorisierung der Zustandssumme

$$Z_{\text{kan}} = \prod_{m=1}^{M} \text{Sp}\, e^{-\beta \hat{H}_m} = \prod_{m=1}^{M} Z_m^{\text{kan}} \qquad (4.64)$$

Auch wenn klassische und quantenmechanische Systeme gemischt auftreten, bleibt die Faktorisierung erhalten. So ist z. B. die freie Energie eines molekularen Gases die Summe der freien Energien der klassisch behandelbaren Translationsfreiheitsgrade und der quantenmechanisch zu behandelnden Rotations- und Schwingungsfreiheitsgrade.

4.6
Ideale Gase

4.6.1
Das klassische ideale Gas

Das klassische ideale Gas besteht aus wechselwirkungsfreien Partikeln ohne innere Freiheitsgrade[9]. Daher kann der Hamiltonian einfach als Summe der kinetischen Energien der einzelnen Partikel aufgeschrieben werden. Besteht das Gas aus M Komponenten[10] mit N_A Partikeln in der Komponente A ($A = 1, ..., M$) dann ist

$$H(\vec{\Gamma}) = \sum_{A=1}^{M} \sum_{i=1}^{N_A} \frac{p_{i,A}^2}{2m_A} \tag{4.65}$$

Dabei ist m_A die Masse eines Teilchens der Komponente A und $p_{i,A}$ der Impuls des i-ten Teilchens dieser Komponente. Das Gesamtzustandsintegral kann entsprechend den Überlegungen in Abschnitt 4.5 faktorisiert werden

$$Z_{\text{kan}} = \prod_{A=1}^{M} Z_A^{\text{kan}} \tag{4.66}$$

Für die Komponente A finden wir

$$Z_A^{\text{kan}} = \int \frac{d\Gamma_A}{(2\pi\hbar)^{3N_A} N_A!} \exp\left\{-\beta \sum_{i=1}^{N_A} \frac{p_{i,A}^2}{2m_A}\right\} \tag{4.67}$$

9) Die fehlende Wechselwirkung zwischen den einzelnen Partikeln eines idealen Systems bedeutet nicht, dass jedes Teilchen in einem definierten mechanischen Zustand verharrt. Vielmehr erfolgt ein ständiger Energieaustausch jedes einzelnen Teilchens mit dem thermodynamischen Bad. Während im Fall eines mikrokanonischen Ensembles die mit der fehlenden Wechselwirkung zwischen den Partikeln und deshalb mit der Entkopplung der Bewegungsgleichungen der Teilchen verbundene Verletzung der Ergodizität Probleme bereitet, stellt sich beim kanonischen Ensemble diese Frage nicht mehr. Wichtig ist für ein kanonisches Ensemble nur, dass das Gesamtsystem aus idealem Gas und Bad ergodisch ist, siehe auch Fußnote 2.

10) Damit tritt anstelle der unabhängigen Zustandsvariable N der Satz der M unabhängigen Zustandsvariablen N_A mit $A = 1, ..., M$.

Nach Abtrennung des Gibbs'schen Korrekturfaktors kann die Separation fortgesetzt werden

$$Z_A^{\text{kan}} = \frac{1}{N_A!} \prod_{i=1}^{N_A} Z_{A,i}^{\text{kan}}(T,V,1) \tag{4.68}$$

wobei

$$Z_{A,i}^{\text{kan}}(T,V,1) = \int \frac{d\Gamma_{A,i}}{(2\pi\hbar)^3} \exp\left\{-\beta \frac{\boldsymbol{p}_{i,A}^2}{2m_A}\right\} \tag{4.69}$$

formal das Zustandsintegral des i-ten Partikels der Komponente A ist. Diese Zustandssumme hängt aber gar nicht von der Teilchennumerierung ab, so dass wir schreiben können

$$Z_{A,i}^{\text{kan}}(T,V,1) = Z_A^{\text{kan}}(T,V,1) = \int \frac{d^3p\,d^3q}{(2\pi\hbar)^3} \exp\left\{-\beta \frac{\boldsymbol{p}^2}{2m_A}\right\} \tag{4.70}$$

Die Integration über die Ortskoordinaten ist einfach und liefert das Volumen V. Das verbleibende Integral über die Impulskoordinaten kann erneut zerlegt werden und es bleibt

$$\int \frac{d^3p}{(2\pi\hbar)^3} \exp\left\{-\beta \frac{\boldsymbol{p}^2}{2m_A}\right\} = \prod_{\alpha=1}^{3} \int_{-\infty}^{\infty} \frac{dp_\alpha}{2\pi\hbar} \exp\left\{-\beta \frac{p_\alpha^2}{2m_A}\right\} \tag{4.71}$$

wobei $\alpha = 1, ..., 3$ über die drei Koordinatenrichtungen läuft. Das verbleibende Integral ist ein Gauß-Integral, dessen Wert sofort explizit angegeben werden kann

$$\int_{-\infty}^{\infty} dp_\alpha \exp\left\{-\beta \frac{p_\alpha^2}{2m_A}\right\} = \left(\frac{2\pi m_A}{\beta}\right)^{1/2} \tag{4.72}$$

Berücksichtigt man noch die Vorfaktoren sowie $\hbar = h/2\pi$ und $\beta = 1/kT$, dann folgt

$$\int \frac{d^3p}{(2\pi\hbar)^3} \exp\left\{-\beta \frac{\boldsymbol{p}^2}{2m_A}\right\} = \left(\frac{2\pi m_A kT}{h^2}\right)^{3/2} \tag{4.73}$$

Wir führen jetzt die thermische Wellenlänge λ_A entsprechend (3.225)

$$\lambda_A = \left(\frac{h^2}{2\pi m_A kT}\right)^{1/2} \tag{4.74}$$

ein. Rein formal ist diese Wellenlänge mit der de Broglie-Wellenlänge eines quantenmechanischen Teilchens verbunden. Für ein freies Teilchen der Masse m und der Energie E ist die de Broglie-Wellenlänge gegeben durch $\lambda = h/\sqrt{2mE}$. Deshalb kann die thermische Wellenlänge auch als de Broglie-Wellenlänge eines quantenmechanischen Partikels der Energie πkT angesehen werden. Mit der thermischen Wellenlänge erhalten wir

$$Z_A^{\text{kan}}(T,V,1) = \frac{V}{\lambda_A^3} \tag{4.75}$$

4 Das kanonische Ensemble

und damit

$$Z_A^{\text{kan}}(T, V, N_A)) = \frac{1}{N_A!} \frac{V^{N_A}}{\lambda_A^{3N_A}} \tag{4.76}$$

bzw.

$$Z_{\text{kan}}(T, V, N_1, \ldots, N_M) = \prod_{A=1}^{M} \frac{1}{N_A!} \frac{V^{N_A}}{\lambda_A^{3N_A}} \tag{4.77}$$

Wegen dieser Faktorisierung ist die freie Energie des idealen Gases eine Superposition der freien Energien der einzelnen Komponenten, also

$$F = \sum_{A=1}^{M} F_A \tag{4.78}$$

wobei wir für eine einzelne Komponente

$$F_A = -kT \ln \left[\frac{1}{N_A!} \frac{V^{N_A}}{\lambda_A^{3N_A}} \right] \tag{4.79a}$$

$$= -kT \left[N_A \ln \frac{V}{\lambda_A^3} - \ln N_A! \right] \tag{4.79b}$$

$$= -kT N_A \left[\ln \frac{V}{N_A \lambda_A^3} + 1 \right] \tag{4.79c}$$

erhalten. Dabei wurde im letzten Schritt die Stirling'sche Formel zur Approximation von $N_A!$ benutzt[11].

Aus der freien Energie kann sofort die thermische Zustandsgleichung abgeleitet werden

$$p = -\left(\frac{\partial F}{\partial V}\right)_{T,N} = \frac{kT}{V} \sum_{A=1}^{M} N_A \tag{4.80}$$

oder wenn man als Gesamtteilchenzahl

$$N = \sum_{A=1}^{M} N_A \tag{4.81}$$

---

11) Die Stirling'sche Formel gibt eine Näherung der Γ-Funktion für große N. In der führenden Ordnung einer asymptotischen Entwicklung erhält man: $\ln N! \approx N \ln N - N$. Man erhält diese Näherung z. B. durch

$$\ln N! = \sum_{k=1}^{N} \ln k \approx \int_0^N \ln k\, dk = N(\ln N - 1)$$

wobei diese Näherung wegen der Ersetzung der Summation durch eine Integration $N \to \infty$ verlangt.

einführt, dann erhält man die bekannte thermische Zustandsgleichung des idealen Gases

$$pV = NkT \qquad (4.82)$$

Die kompositionelle Zusammensetzung des idealen Gases hat auf die thermische Zustandsgleichung keinen Einfluss. Von Bedeutung ist neben der Temperatur und dem Volumen lediglich die Gesamtteilchenzahl des Gases. Die Entropie der A-ten Komponente erhält man direkt aus (4.43)

$$S_A = -\left(\frac{\partial F_A}{\partial T}\right)_{V,N} = kN_A \left[\ln\frac{V}{N_A \lambda_A^3} + \frac{5}{2}\right] \qquad (4.83)$$

Die kalorische Zustandsgleichung folgt aus (4.48)

$$U = -T^2 \left(\frac{\partial (F/T)}{\partial T}\right)_{V,N} = -T^2 \sum_{A=1}^{M} \left(\frac{\partial (F_A/T)}{\partial T}\right)_{V,N} \qquad (4.84)$$

Die Temperaturabhängigkeit von F_A/T wird durch $\lambda_A \sim T^{-1/2}$ (3.225) bzw. (4.74) bestimmt. Damit findet man sofort

$$U = kT^2 \sum_{A=1}^{M} N_A \left(\frac{3}{2T}\right) = \frac{3}{2}kT \sum_{A=1}^{M} N_A = \frac{3}{2}NkT \qquad (4.85)$$

d. h. auch die innere Energie des Gases ist unabhängig von der Komposition. Die Wärmekapazität ist damit nach (4.49)

$$C_V = \left(\frac{\partial U}{\partial T}\right)_{V,N} = \frac{3}{2}Nk \qquad (4.86)$$

Wir können thermische und kalorische Zustandsgleichung auch etwas anders interpretieren. Formal kann der Druck auch als

$$p = \sum_{A=1}^{M} p_A \quad \text{mit} \quad p_A V = N_A kT \qquad (4.87)$$

dargestellt werden, wobei p_A der sogenannte Partialdruck der Komponente A ist. In analoger Weise kann die innere Energie oder die Wärmekapazität in solche Partialkomponenten zerlegt werden, also

$$U = \sum_{A=1}^{M} U_A \quad \text{mit} \quad U_A = \frac{3}{2}N_A kT \qquad (4.88)$$

und

$$C_V = \sum_{A=1}^{M} C_{V,A} \quad \text{mit} \quad C_{V,A} = \frac{3}{2}N_A k \qquad (4.89)$$

Das chemische Potential der A-ten Komponente berechnet sich aus der dritten Gleichung in (4.43), wobei N natürlich durch N_A ersetzt werden muss

$$\mu_A = \left(\frac{\partial F}{\partial N_A}\right)_{T,V} = \left(\frac{\partial F_A}{\partial N_A}\right)_{T,V} = -kT \ln \frac{V}{N_A \lambda_A^3} \tag{4.90}$$

4.6.2
Mischungsentropie und Gibbs'scher Korrekturfaktor

Der Gibbs'sche Korrekturfaktor $N!$ wurde bisher so verstanden, dass er zum Anschluss der klassischen an die quantenmechanische Statistik notwendig ist. Tatsächlich muss es aber auch thermodynamische Argumente für die Notwendigkeit dieses Faktors geben, ansonsten hätte Gibbs diese Korrektur ohne Kenntnis der Quantenmechanik ja nie bestimmen können.

Um die thermodynamischen Schlussfolgerungen von Gibbs zu verstehen, betrachten wir am besten zwei ideale Gase mit den unterschiedlichen Teilchensorten A und B, die sich in den getrennten Volumina V_A und V_B befinden. Die Teilchenzahlen der Gase seien N_A und N_B und die Temperatur beider Gase ist durch T gegeben. Dann ist die freie Energie des ersten Gases nach (4.79b)

$$F_A = -kT \left[N_A \ln \frac{V_A}{\lambda_A^3} - \ln N_A! \right] \tag{4.91}$$

während die des zweiten Gases durch

$$F_B = -kT \left[N_B \ln \frac{V_B}{\lambda_B^3} - \ln N_B! \right] \tag{4.92}$$

gegeben ist. Jetzt werden beide Gase durchmischt, so dass am Ende ein neuer Gleichgewichtszustand eintritt, bei dem das homogene Gemisch das Gesamtvolumen $V = V_A + V_B$ besetzt. Die totale freie Energie ist jetzt also

$$F_{A+B} = -kT \left[N_A \ln \frac{V}{\lambda_A^3} - \ln N_A! + N_B \ln \frac{V}{\lambda_B^3} - \ln N_B! \right] \tag{4.93}$$

und damit ist die Änderung der freien Energie bei der Mischung der Gase gerade

$$\Delta F = F_{A+B} - (F_A + F_B) = kT \left[N_A \ln \frac{V_A}{V} + N_B \ln \frac{V_B}{V} \right] \tag{4.94}$$

Die Mischungsentropie ergibt sich nach (4.43) zu

$$\Delta S = -\frac{\partial \Delta F}{\partial T} = k \left[N_A \ln \frac{V}{V_A} + N_B \ln \frac{V}{V_B} \right] \tag{4.95}$$

wobei wegen $V > V_A$ bzw. $V > V_B$ sofort $\Delta S > 0$ folgt. Der Gibbs'sche Korrekturfaktor kommt in dieser Rechnung in den Termen $\ln N_A!$ bzw. $\ln N_B!$

zum Tragen. Bereits bei der Berechnung der Differenz der freien Energien haben sich diese Terme gegenseitig eleminiert, so dass die Mischungsentropie zweier Gase nicht von den Gibbs'schen Korrekturfaktoren beeinflusst wird. Würde man also ohne den Korrekturfaktor arbeiten, erhielte man das gleiche Ergebnis.

Wir modifizieren jetzt unser Experiment so, dass sich in beiden Behältern das gleiche Gas befindet. Verzichtet man auf die Gibbs'schen Korrekturfaktoren, dann erhalten wir nach dem Mischen die gleiche Mischungsentropie (4.95) wie im ersten Fall[12], obwohl sich der thermodynamische Zustand vor der Mischung gar nicht von dem nach der Mischung unterscheidet.

Beachtet man jetzt aber den Gibbs'schen Korrekturfaktor konsequent, so ist die freie Energie nach der Mischung

$$F_{A+B} = -kT \left[N \ln \frac{V}{\lambda^3} - \ln N! \right] \tag{4.96}$$

wobei im Fall gleicher Gase natürlich $\lambda_A = \lambda_B = \lambda$ ist und außerdem $N = N_A + N_B$ gilt. Damit folgt

$$\Delta F = kT \left[N_A \ln \frac{V_A}{\lambda^3} - \ln N_A! + N_B \ln \frac{V_B}{\lambda^3} - \ln N_B! - N \ln \frac{V}{\lambda^3} + \ln N! \right] \tag{4.97}$$

und nach einigen Umformungen unter Beachtung der Stirling'schen Formel (3.114) gelangen wir zu

$$\begin{aligned} \Delta F &= kT \left[N_A \ln V_A + N_B \ln V_B - N \ln V + \ln \frac{N!}{N_A! N_B!} \right] \\ &= kT \left[N_A \ln \frac{V_A}{V} + N_B \ln \frac{V_B}{V} + N \ln N - N_A \ln N_A - N_B \ln N_B \right] \\ &= kT \left[N_A \ln \frac{N}{V} \frac{V_A}{N_A} + N_B \ln \frac{N}{V} \frac{V_B}{N_B} \right] \\ &= kT \left[N_A \ln \frac{\overline{n}}{\overline{n}_A} + N_B \ln \frac{\overline{n}}{\overline{n}_B} \right] \end{aligned} \tag{4.98}$$

Dabei sind

$$\overline{n}_A = \frac{N_A}{V} \quad \text{und} \quad \overline{n}_B = \frac{N_B}{V} \tag{4.99}$$

die Teilchendichten in den beiden Behältern vor der Mischung und

$$\overline{n} = \frac{N}{V} \tag{4.100}$$

ist die Teilchendichte im Gesamtvolumen nach der Mischung. Ist $\overline{n}_A \neq \overline{n}_B \neq \overline{n}$, dann tritt während der Mischung ein Druckausgleich zwischen den Behältern ein und die Entropieänderung wird wieder positiv sein.

---

12) Denn (4.95) ergibt sich ja auch, wenn wir den Gibbs'schen Korrekturfaktor gar nicht erst berücksichtigt hätten.

Sind aber alle drei Dichten gleich, dann sollte die Vermischung zu keiner Änderung des thermodynamischen Zustandes führen. Tatsächlich erhalten wir in diesem Fall $\Delta F = 0$ und damit sofort $\Delta S = 0$.

Der Gibbs'sche Korrekturfaktor garantiert also die thermodynamischen Forderungen an das Gesetz vom Anwachsen der Entropie. Insbesondere wird hierdurch gesichert, dass solche reversibel ablaufenden Prozesse, wie z. B. die Mischung identischer Gasmengen, thermodynamisch keine zusätzliche Entropie produzieren.

4.6.3
Chemisches Potential für zweikomponentige Mischungen

Wir betrachten jetzt den Spezialfall eines zweikomponentigen idealen Gases mit den Komponenten A und B. Die Gesamtteilchenzahl und die Teilchenzahlen der beiden Komponenten erfüllen $N = N_A + N_B$ und die *Konzentrationen* der beiden Komponenten sind $c_A = N_A/N$ und $c_B = N_B/N$. Wir wollen im Hinblick auf Diskussionen in Kapitel 7.6 (Thermodynamik) insbesondere den Fall $N_B \ll N$ untersuchen.

Die freie Energie einer zweikomponentigen Mischung wird durch (4.78) und (4.79c) beschrieben

$$F(T, V, N_A, N_B) \approx -kTN_A \left[\ln\left(\frac{1}{\lambda_A^3} \frac{V}{N_A}\right) + 1 \right] - kTN_B \left[\ln\left(\frac{1}{\lambda_B^3} \frac{V}{N_B}\right) + 1 \right] \quad (4.101)$$

Wir erhalten das chemische Potential μ_A der Komponente A mit Hilfe von (4.43) bzw. (4.90)

$$\mu_A = -\left(\frac{\partial F}{\partial N_A}\right)_{T,V} \quad (4.102a)$$

$$= kT \ln\left(\lambda_A^3 \frac{N_A}{V}\right) \quad (4.102b)$$

$$= kT \ln\left(\frac{N\lambda_A^3}{V} \frac{N - N_B}{N}\right) \quad (4.102c)$$

In (4.102c) haben wir N_A durch N_B ausgedrückt und mit N erweitert. Im Folgenden zerlegen wir die Logarithmusfunktion und entwickeln den zweiten Term um die Stelle 1. Dies führt auf

$$\mu_A = kT \ln\left(\frac{N\lambda_A^3}{V}\right) + kT \ln\left(1 - \frac{N_B}{N}\right) \quad (4.103a)$$

$$\approx kT \ln\left(\frac{N\lambda_A^3}{V}\right) - kT \frac{N_B}{N} \quad (4.103b)$$

In (4.103b) stellt der erste Term gerade das chemische Potential der reinen Komponenten A dar, wenn also $c_B = 0$ gilt. Wir bezeichnen diesen Beitrag mit $\mu_A^{(0)} = \mu_A(c_B = 0)$. Der zweite Term ist die Änderung des chemischen Potentials der Komponente A, wenn die Komponente B mit der Konzentration $c_B \ll 1$ vorliegt. Das chemische Potential der Komponente A bei Anwesenheit der Komponente B mit der kleinen Konzentration c_B wird schließlich

$$\mu_A \approx \mu_A^{(0)} - kTc_B \qquad (4.104)$$

Das chemische Potential μ_B der mit kleiner Konzentration vertretenen Komponente B ergibt sich wie oben aus (4.43) bzw. (4.90)

$$\mu_B = -\frac{\partial F}{\partial N_B} \qquad (4.105a)$$

$$= kT \ln\left(\lambda_B^3 \frac{N_B}{V}\right) \qquad (4.105b)$$

Wir erweitern in (4.105b) wieder mit der Gesamtteilchenzahl N, zerlegen die Logarithmusfunktion und führen die Konzentration c_B der Komponente B ein

$$\mu_B(c_B) = kT \ln\left(\frac{\lambda_B^3 N}{V} \frac{N_B}{N}\right) \qquad (4.106a)$$

$$= kT \ln\left(\frac{\lambda_B^3 N}{V}\right) + kT \ln \frac{N_B}{N} \qquad (4.106b)$$

$$= kT \ln\left(\frac{\lambda_B^3 N}{V}\right) + kT \ln c_B \qquad (4.106c)$$

Der erste Term in (4.106c) ist das chemische Potential der reinen Komponente B. Wir bezeichnen dieses mit $\mu_B^{(0)} = \mu_B(c_B = 1)$ und erhalten

$$\mu_B(c_B) = \mu_B^{(0)} + kT \ln c_B \qquad (4.107)$$

Auf die hier abgeleiteten Resultate (4.104) und (4.107) werden wir später bei der Diskussion der Siedepunktserhöhung zurückkommen.

4.6.4
*Das ideale Gas aus zweiatomigen Molekülen

Besteht das ideale Gas nicht aus einfachen Atomen sondern aus Molekülen, dann müssen für die thermodynamische Beschreibung eines solchen Systems zusätzlich zu den Translationsfreiheitsgraden auch die inneren Freiheitsgrade der Moleküle berücksichtigt werden. Unter den inneren Freiheitsgraden verstehen wir hier insbesondere Rotations- und Schwingungsfreiheitsgrade. Generell müssten auch die elektronischen Freiheitsgrade der Atome als innere

Freiheitsgrade berücksichtigt werden. Diese sind aber bei den typischen Arbeitstemperaturen nur sehr schwach angeregt und können daher vernachlässigt werden.

Ist das Gas hinreichend stark verdünnt, dann kommt es zwischen den Partikeln nur sehr selten zu Stößen und wir können davon ausgehen, dass die einzelnen Klassen der inneren Freiheitsgrade sowohl untereinander als auch von den Translationsfreiheitsgraden unabhängig sind. Dann faktorisiert die Zustandssumme

$$Z_{\text{kan}} = Z_{\text{kan}}^{\text{trans}} Z_{\text{kan}}^{\text{rot}} Z_{\text{kan}}^{\text{oszill}} \tag{4.108}$$

bzw. die freien Energien addieren sich

$$F = F_{\text{trans}} + F_{\text{Rot}} + F_{\text{oszill}} \tag{4.109}$$

Die Rotations- und Schwingungsfreiheitsgrade müssen meistens quantenmechanisch behandelt werden. Nur im Grenzfall sehr hoher Temperaturen ist auch eine klassische Behandlung möglich. Da die inneren Freiheitsgrade an die Moleküle gebunden sind, bilden die Anregungen der Schwingungs- und Rotationsfreiheitsgrade kein System quantenmechanisch ununterscheidbarer Objekte. Deshalb und weil die inneren Freiheitsgrade der Moleküle nicht mit den inneren Freiheitsgraden anderer Moleküle in Wechselwirkung stehen, faktorisiert die Wellenfunktion sowohl für die Schwingungs- als auch für die Rotationsfreiheitsgrade vollständig bis auf die Ebene der Partikel.

4.6.4.1 *Der Rotationsanteil

In einem zweiatomigen Molekül gibt es in der Hauptachsendarstellung nur eine nichtverschwindende Komponente des Trägheitstensors[13]. Deshalb lautet der Hamilton-Operator des Rotationsanteils eines Moleküls einfach

$$\hat{H} = \frac{\hat{L}^2}{2\Theta} \tag{4.110}$$

wobei Θ das Trägheitsmoment und $\hat{L}$ der quantenmechanische Operator des Drehimpulses ist. Berücksichtigt man, dass das Gas aus N gleichartigen Molekülen besteht[14], dann ist der gesamte Hamilton-Operator für den Rotationsanteil

$$\hat{H} = \sum_{i=1}^{N} \frac{\hat{L}_i^2}{2\Theta} = \sum_{i=1}^{N} \hat{H}_i \tag{4.111}$$

und die Zustandssumme schreibt sich als

$$Z_{\text{kan}}^{\text{rot}} = \text{Sp} \exp\{-\beta \hat{H}\} = \text{Sp} \exp\left\{-\beta \sum_{i=1}^{N} \hat{H}_i\right\} \tag{4.112}$$

---
13) siehe Band I, Kapitel 8.3.2
14) Mehrkomponentige Gase zeigen wieder die schon bekannte Superposition der Eigenschaften der einzelnen Komponenten.

Wegen der Unabhängigkeit der einzelnen Rotatoren zerfällt $Z_{\text{kan}}^{\text{rot}}$ in Einpartikelbeiträge, also

$$Z_{\text{kan}}^{\text{rot}} = \prod_{i=1}^{N} \text{Sp} \exp\{-\beta \hat{H}_i\} \tag{4.113}$$

und da alle Rotatoren gleichwertig sind, bleibt

$$Z_{\text{kan}}^{\text{rot}} = \left[\text{Sp} \exp\left\{-\frac{\beta \hat{L}^2}{2\Theta}\right\}\right]^N \tag{4.114}$$

Dabei erstreckt sich die Spur im letzten Ausdruck nur noch über alle Quantenzustände eines Rotators. Es ist am günstigsten, als Basis für die Spurbildung die Eigenzustände des Drehimpulsoperators zu nutzen. Aus der Quantenmechanik[15] folgt, dass $\hat{L}^2$ zwei Quantenzahlen besitzt, nämlich die Nebenquantenzahl $l = 0, ..., \infty$ und die Magnetquantenzahl $m = -l, ..., l$. Jeder Eigenzustand $|l, m\rangle$ genügt der Eigenwertgleichung

$$\hat{L}^2 |l, m\rangle = \hbar^2 l(l+1) |l, m\rangle \tag{4.115}$$

d. h. jeder Eigenwert $\hbar^2 l(l+1)$ ist $(2l+1)$-fach entartet. Mit den Eigenzuständen $|l, m\rangle$ folgt zunächst für die Einteilchenzustandssumme

$$Z_{\text{kan}}^{\text{rot},1} = \text{Sp} \exp\left\{-\frac{\beta \hat{L}^2}{2\Theta}\right\} = \sum_{l,m} \langle l, m| \exp\left\{-\frac{\beta \hat{L}^2}{2\Theta}\right\} |m, l\rangle \tag{4.116}$$

und damit unter Beachtung der Eigenwertgleichung (4.115)

$$Z_{\text{kan}}^{\text{rot},1} = \sum_{m,l} \langle l, m| \exp\left\{-\frac{\beta \hbar^2 l(l+1)}{2\Theta}\right\} |m, l\rangle \tag{4.117a}$$

$$= \sum_{l=0}^{\infty} \sum_{m=-l}^{l} \exp\left\{-\frac{\beta \hbar^2 l(l+1)}{2\Theta}\right\} \tag{4.117b}$$

$$= \sum_{l=0}^{\infty} (2l+1) \exp\left\{-\frac{\beta \hbar^2 l(l+1)}{2\Theta}\right\} \tag{4.117c}$$

Die verbleibende Summe muss numerisch ausgewertet werden. Wir können aber für die Fälle hoher und niedriger Temperaturen analytische Näherungen angeben, die den physikalischen Sachverhalt sehr gut beschreiben. Zunächst wenden wir uns dem Fall hoher Temperaturen zu. Diese sollen dann erreicht sein, wenn

$$\frac{\hbar^2}{2\Theta} \ll kT \tag{4.118}$$

[15] siehe Band III, Kap. 6

gilt. Dann spielen die Beiträge der Eigenwerte l mit

$$l \sim \sqrt{\frac{2kT\Theta}{\hbar^2}} \gg 1 \qquad (4.119)$$

eine nicht zu vernachlässigende Rolle bei der Berechnung der Spur. In diesem Fall kann man die Summation in $Z_{\text{kan}}^{\text{rot},1}$ durch ein Integral ersetzen, wie im Folgenden gezeigt wird. Um eine systematische Entwicklung nach Potenzen von $1/T$ zu bekommen, nutzt man die Euler-MacLaurin-Summenformel[16]. Sie lautet

$$\sum_{l=0}^{L} f(x_l) = \int_{x_0}^{x_L} f(x)dx + \frac{\Delta x}{2}[f(x_0) + f(x_L)]$$
$$+ \sum_{j=1}^{\infty} \frac{B_{2j}}{(2j)!}(\Delta x)^{2j}\left[f^{(2j-1)}(x_0) - f^{(2j-1)}(x_L)\right] \qquad (4.120)$$

Dabei sind x_0 und x_L die obere und untere Grenze eines Gebietes, das gleichmäßig in L Intervalle der Länge Δx eingeteilt wurde. f ist eine Funktion, die beliebig oft differenzierbar sein muss und die B_{2j} sind Bernoulli-Zahlen[17]. $f^{(k)}(x)$ ist die k-te Ableitung der Funktion f an der Stelle x. Mit der Wahl $f(x) = (2x+1)\exp\{-x(x+1)/\tau\}$ und der reduzierten Temperatur

$$\tau^{-1} = \frac{\hbar^2}{2\Theta kT} \qquad (4.121)$$

sowie mit den Rändern $x_0 = 0$, $x_L = \infty$ (und damit auch $L = \infty$) und dem Intervall $\Delta x = 1$, d. h. $x_l = l$, folgt

$$f(x_0) = f(0) = 1 \quad \text{und} \quad f(x_L) = f(\infty) = 0 \qquad (4.122)$$

sowie

$$f(x_l) = (2l+1)\exp\{-l(l+1)/\tau\} \qquad (4.123)$$

Die Ableitungen am oberen Ende des Intervalls ($x_L = \infty$) verschwinden wegen der Exponentialfunktion in jeder Ordnung, $f^{(k)}(x_L) = 0$, während die niedrigsten Ableitungen an der Stelle $x_0 = 0$ durch

$$f^{(1)}(0) = 2 - \frac{1}{\tau} \qquad f^{(3)}(0) = -\frac{12}{\tau} + \frac{12}{\tau^2} - \frac{1}{\tau^3} \qquad \ldots \qquad (4.124)$$

---

16) siehe [1], Abschnitt 23.1.30
17) Die geradzahligen Bernoulli-Zahlen B_{2n} in [1] 23.1.3 wurden hier mit $(-1)^n$ multipliziert.

gegeben sind. Die Anwendung der Euler-McLaurin-Formel liefert also für die Einteilchenzustandssumme eines Rotators

$$Z_{\text{kan}}^{\text{rot},1} = \int_0^\infty (2x+1) \exp\left\{-\frac{x(x+1)}{\tau}\right\} dx + \frac{1}{2} + \frac{B_2}{2!} f^{(1)}(0) + \frac{B_4}{4!} f^{(3)}(0) + \ldots \tag{4.125}$$

und wenn man noch die Bernoulli-Zahlen $B_2 = -1/6$ und $B_4 = 1/30$ sowie die entsprechenden Ableitungen einsetzt, dann erhält man

$$Z_{\text{kan}}^{\text{rot},1} = \int_0^\infty (2x+1) \exp\left\{-\frac{x(x+1)}{\tau}\right\} dx + \frac{1}{3} + \frac{1}{15} \frac{1}{\tau} + \ldots \tag{4.126}$$

Das Integral kann exakt ausgewertet werden. Man findet nach der Substitution $y = x(x+1)$

$$\int_0^\infty (2x+1) \exp\left\{-\frac{x(x+1)}{\tau}\right\} dx = \int_0^\infty \exp\left\{-\frac{y}{\tau}\right\} dy = \tau \tag{4.127}$$

und damit endgültig die ersten Glieder der Hochtemperaturentwicklung

$$Z_{\text{kan}}^{\text{rot},1} = \tau + \frac{1}{3} + \frac{1}{15} \frac{1}{\tau} + \ldots \tag{4.128}$$

Wir wollen diesen Wert mit dem Zustandsintegral vergleichen, das bei einer klassischen Betrachtung des Rotators entsteht. Der Rotator in Abbildung 4.2 besteht aus zwei Massenpunkten mit der Masse $m_1 = m_2 = m$ im Abstand $2a$. Seine Orientierung bezüglich des kartesischen Koordinatensystems der Abbildung ist durch die beiden Winkel ϑ und φ gegeben.

In Kugelkoordinaten[18] lassen sich die Positionen der beiden Massenpunkte darstellen als

$$\boldsymbol{r}_1 = a\boldsymbol{e}_r \qquad \boldsymbol{r}_2 = -a\boldsymbol{e}_r \tag{4.129}$$

Für die Geschwindigkeiten erhalten wir mit den Ergebnissen von Band I

$$\dot{\boldsymbol{r}}_1 = a\dot{\boldsymbol{e}}_r = a\left(\dot{\vartheta} \boldsymbol{e}_\vartheta + \sin\vartheta\, \dot{\varphi}\boldsymbol{e}_\varphi\right), \qquad \dot{\boldsymbol{r}}_2 = -\dot{\boldsymbol{r}}_1 \tag{4.130}$$

Damit können wir die kinetische Energie des Rotators berechnen

$$T = \frac{1}{2} m \dot{\boldsymbol{r}}_1^2 + \frac{1}{2} m \dot{\boldsymbol{r}}_2^2 = ma^2 \left((\dot{\vartheta})^2 + (\sin\vartheta)^2 \dot{\varphi}^2\right) = L \tag{4.131}$$

---

[18] siehe Band I, Abschnitt 2.2.4

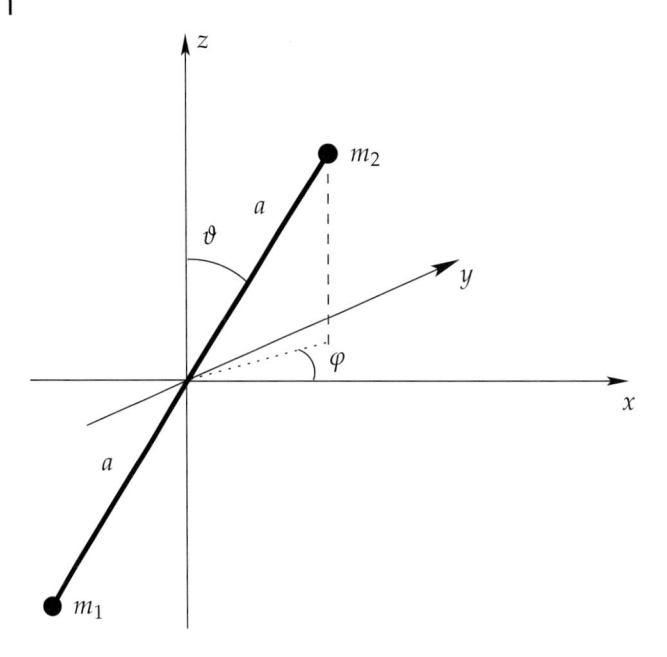

Abb. 4.2 Rotator aus zwei Massepunkten

Beim freien Rotator entfällt die potentielle Energie und somit können wir (4.131) als Lagrange-Funktion L in den generalisierten Koordinaten ϑ und φ betrachten. Die Zwangsbedingungen wurden durch $r_2 = r_1 = a$ und durch das negative Vorzeichen in der rechten Gleichung von (4.130) berücksichtigt. Aus der Lagrange-Funktion erhalten wir wie üblich die kanonisch konjugierten Impulse

$$p_\vartheta = \frac{\partial L}{\partial \dot\vartheta} = 2ma^2\dot\vartheta, \qquad p_\varphi = \frac{\partial L}{\partial \dot\varphi} = 2ma^2(\sin\vartheta)^2\dot\varphi \qquad (4.132)$$

In dem Ausdruck für die kinetische Energie (4.131) können wir jetzt die Zeitableitungen der generalisierten Koordinaten durch die zugehörigen kanonisch konjugierten Impulse ersetzen und erhalten nach kurzer Zwischenrechnung mit $\Theta = 2ma^2$ als Trägheitsmoment

$$T = L = E = \frac{1}{2\Theta}\left(p_\vartheta^2 + \frac{p_\varphi^2}{(\sin\vartheta)^2}\right) \qquad (4.133)$$

Mit diesem Ergebnis berechnen wir die klassische kanonische Zustandsumme für ein Teilchen

$$Z_{\text{kan,klass}}^{\text{rot},1} = \int \frac{d\vartheta d\varphi dp_\vartheta dp_\varphi}{(2\pi\hbar)^2} \exp\left(-\beta \frac{p_\vartheta^2 + \frac{p_\varphi^2}{(\sin\vartheta)^2}}{2\Theta}\right) \quad (4.134\text{a})$$

$$= \frac{1}{(2\pi\hbar)^2} \frac{2\pi\Theta}{\beta} \int_0^\pi \int_0^{2\pi} d\vartheta d\varphi \sin\vartheta \quad (4.134\text{b})$$

$$= \frac{1}{(2\pi\hbar)^2} 2 \frac{(2\pi)^2 \Theta}{\beta} \quad (4.134\text{c})$$

$$= \frac{2\Theta}{\hbar^2 \beta} \equiv \tau \quad (4.134\text{d})$$

Beim Übergang zu (4.134b) wurden die Gauß'schen Integrale über die kanonisch konjugierten Impulse ausgeführt, der nächste Schritt zu (4.134c) enthält die Integrationen über die generalisierten Koordinaten, und im letzten Schritt zu (4.134d) wurde die Definition der reduzierten Temperatur (4.121) verwendet.

Der Vergleich zwischen dieser klassischen Lösung und dem Ausdruck für die Hochtemperaturentwicklung der quantenmechanischen Zustandssumme (4.128) zeigt, dass für hohe Temperaturen das quantenstatistische Problem auch klassisch beschrieben werden kann. Das Kriterium für die Anwendbarkeit der klassischen Theorie ist im Fall der Rotationsfreiheitsgrade gerade $\tau \equiv 2\Theta/(\hbar^2 \beta) \gg 1$.

Der Fall tiefer Temperaturen ist dagegen rein quantenmechanischer Natur. Hier genügt es, in der Summe (4.117c) die ersten Terme zu berücksichtigen, also

$$Z_{\text{kan}}^{\text{rot},1} = 1 + 3\exp\left\{-\frac{\hbar^2}{\Theta kT}\right\} \quad (4.135)$$

Verwendet man wieder die reduzierte Temperatur (4.121), dann erhält man

$$Z_{\text{kan}}^{\text{rot},1} = 1 + 3\exp\left\{-2\tau^{-1}\right\} \quad (4.136)$$

Jetzt können wir problemlos die freie Energie ausrechnen. Wegen der Faktorisierung der Zustandssumme folgt sofort

$$F_{\text{rot}} = -kTN \ln Z_{\text{kan}}^{\text{rot},1} \quad (4.137)$$

Die Einteilchenzustandssumme $Z_{\text{kan}}^{\text{rot},1}$ hängt nicht vom Volumen ab. Daher verschwindet wegen (4.43), d. h. $p = -\partial F/\partial V$, der Beitrag der Rotationsfreiheitsgrade zum Druck. Dieses Fehlen des Druckes ist eine typische Eigenschaft innerer Freiheitsgrade.

Die innere Energie ergibt sich aus (4.47)

$$U_{\text{rot}} = kNT^2 \frac{\partial \ln Z_{\text{kan}}^{\text{rot},1}}{\partial T} \quad (4.138)$$

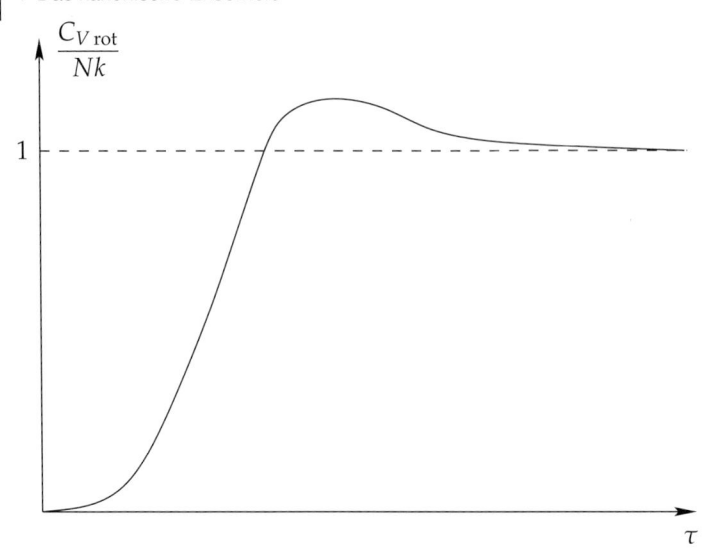

Abb. 4.3 Spezifische Wärme $C_{V\,\text{rot}}$ des Rotationsanteils als Funktion der Temperatur

Speziell im Hochtemperaturfall findet man

$$U_{\text{rot}} = kNT\left[1 - \frac{1}{3\tau} - \frac{1}{45\tau^2} + \ldots\right] \tag{4.139}$$

während für tiefe Temperaturen gilt

$$U_{\text{rot}} = \frac{6NkT}{\tau}\exp\left\{-2\tau^{-1}\right\} = \frac{3N\hbar^2}{\Theta}\exp\left\{-2\tau^{-1}\right\} \tag{4.140}$$

Damit sind auch die Wärmekapazitäten bei hohen und tiefen Temperaturen analytisch bestimmbar. Man findet für hohe Temperaturen

$$C_{V\,\text{rot}} = kN\left[1 + \frac{1}{45\tau^2} + \ldots\right] \tag{4.141}$$

mit dem klassischen Grenzwert $C_{V\,\text{rot}} \to Nk$ für $T \to \infty$. Für tiefe Temperaturen wird die Wärmekapazität sehr schnell klein

$$C_{V\,\text{rot}} = \frac{12Nk}{\tau^2}\exp\left\{-2\tau^{-1}\right\} \tag{4.142}$$

und verschwindet für $T \to 0$. Die Abbildung 4.3 zeigt zum Vergleich die vollständige Abhängigkeit der spezifischen Wärme des Rotators von der Temperatur. Der horizontale Verlauf bei hohen Temperaturen entspricht dem Gleichverteilungssatz. Der Abfall bei tiefen Temperaturen ist ausschließlich eine Folge der quantenmechanischen Behandlung.

4.6.4.2 *Der Schwingungsanteil

Bei einem zweiatomigen Molekül mit den Atommassen m_1 und m_2 kann ihre Bewegung in die Translationsbewegung des Schwerpunkts, die im vorigen Abschnitt behandelte Rotationsbewegung um den Schwerpunkt und die Relativbewegung der beiden Massen entlang ihrer Verbindungslinie zerlegt werden. Im einfachsten Fall kann letztere als harmonische Schwingung modelliert werden. Der Hamilton-Operator des Schwingungsbeitrages eines Moleküls lautet

$$\hat{H} = \frac{\hat{p}^2}{2m} + \frac{m\omega^2 \hat{x}^2}{2} \tag{4.143}$$

Dabei ist m die (reduzierte) Masse[19] des Oszillators und ω dessen Frequenz. Auch hier ist die Faktorisierung der kanonischen Zustandssumme möglich und analog wie im Fall der Rotationsfreiheitsgrade ist die Zustandssumme aller Schwingungsfreiheitsgrade durch

$$Z_{\text{kan}}^{\text{oszill}} = \left(Z_{\text{kan}}^{\text{oszill},1} \right)^N \tag{4.144}$$

darstellbar. Für die Bestimmung von $Z_{\text{kan}}^{\text{oszill},1}$ benötigt man wieder eine geeignete Basis. Dazu wählt man am besten die Eigenfunktionen des Oszillatorproblems, also die hermiteschen Polynome $|n\rangle$. Damit ist dann

$$\left[\frac{\hat{p}^2}{2m} + \frac{m\omega^2 \hat{x}^2}{2} \right] |n\rangle = \hbar\omega \left(n + \frac{1}{2} \right) |n\rangle \tag{4.145}$$

und wir erhalten für die Zustandssumme

$$Z_{\text{kan}}^{\text{oszill},1} = \sum_{n=0}^{\infty} \langle n | \exp\left\{ -\beta \left[\frac{\hat{p}^2}{2m} + \frac{m\omega^2 \hat{x}^2}{2} \right] \right\} |n\rangle \tag{4.146}$$

den Wert

$$Z_{\text{kan}}^{\text{oszill},1} = \sum_{n=0}^{\infty} \exp\left\{ -\beta\hbar\omega \left(n + \frac{1}{2} \right) \right\} \tag{4.147}$$

Diese Summe ist eine einfache geometrische Reihe und kann sofort ausgewertet werden. Man findet den Ausdruck

$$Z_{\text{kan}}^{\text{oszill},1} = \frac{\exp\left\{ -\frac{\beta\hbar\omega}{2} \right\}}{1 - \exp\left\{ -\beta\hbar\omega \right\}} \tag{4.148}$$

Auch hier ist es zweckmäßig, eine reduzierte Temperatur entsprechend

$$\tau^{-1} = \frac{\hbar\omega}{kT} \tag{4.149}$$

---

19) Die reduzierte Masse m des Oszillators ist gegeben durch $\frac{1}{m} = \frac{1}{m_1} + \frac{1}{m_2}$.

einzuführen. Hohe Temperaturen sind dann durch $\tau \gg 1$ gekennzeichnet, d. h. durch die Forderung $kT \gg \hbar\omega$. In diesem Fall kann $Z_{\text{kan}}^{\text{oszill},1}$ nach Potenzen von τ^{-1} entwickelt werden und man findet

$$Z_{\text{kan}}^{\text{oszill},1} = \tau \left[1 - \frac{1}{24}\frac{1}{\tau^2} + \ldots \right] \tag{4.150}$$

Wir erwarten, dass der Hochtemperaturlimes wieder mit dem klassischen Wert für das Zustandsintegral übereinstimmt. Tatsächlich findet man

$$Z_{\text{kan,klass}}^{\text{oszill},1} = \int \frac{dx\,dp}{2\pi\hbar} \exp\left\{ -\beta \left(\frac{p^2}{2m} + \frac{m\omega^2 x^2}{2} \right) \right\} \tag{4.151}$$

Die hier auftretenden Gauß'schen Integrale sind bekannt, so dass man

$$Z_{\text{kan,klass}}^{\text{oszill},1} = \frac{1}{2\pi\hbar} \left(\frac{2\pi m}{\beta} \right)^{1/2} \left(\frac{2\pi}{m\omega^2 \beta} \right)^{1/2} = \frac{kT}{\hbar\omega} = \tau \tag{4.152}$$

schreiben kann. Wie vermutet, stimmen der quantenmechanische Hochtemperaturlimes der Zustandssumme und das klassische Zustandsintegral überein. Für tiefe Temperaturen findet man dagegen

$$Z_{\text{kan}}^{\text{oszill},1} = \exp\left\{ -\frac{\beta\hbar\omega}{2} \right\} [1 + \exp\{-\beta\hbar\omega\}] = e^{-\frac{1}{2\tau}} \left(1 + e^{-\frac{1}{\tau}} \right) \tag{4.153}$$

Wir können jetzt wieder die freie Energie bestimmen und erhalten für das Gesamtsystem aller Molekülschwingungen

$$F_{\text{oszill}} = -kTN \ln Z_{\text{kan}}^{\text{oszill},1} \tag{4.154}$$

Auch hier ist $F_{\text{oszill},1}$ nicht vom Volumen abhängig und somit liefern auch die Schwingungsfreiheitsgrade keinen Beitrag zum Druck.

Die innere Energie (kalorische Zustandsgleichung) folgt aus (4.47)

$$U_{\text{oszill}} = -T^2 \frac{\partial (F_{\text{oszill}}/T)}{\partial T} \tag{4.155}$$

und man erhält als Resultat

$$U_{\text{oszill}} = kNT \left[\frac{\beta\hbar\omega}{2} + \frac{\beta\hbar\omega \exp\{-\beta\hbar\omega\}}{1 - \exp\{-\beta\hbar\omega\}} \right] \tag{4.156}$$

oder

$$U_{\text{oszill}} = N\hbar\omega \left[\frac{1}{2} + \frac{1}{\exp\{\beta\hbar\omega\} - 1} \right] = N\hbar\omega \left[\frac{1}{2} + \frac{1}{e^{\frac{1}{\tau}} - 1} \right] \tag{4.157}$$

mit dem Hochtemperaturlimes

$$U_{\text{oszill}} = N \left[kT + \frac{\hbar\omega}{2} \right] = N\hbar\omega \left[\tau + \frac{1}{2} \right] \tag{4.158}$$

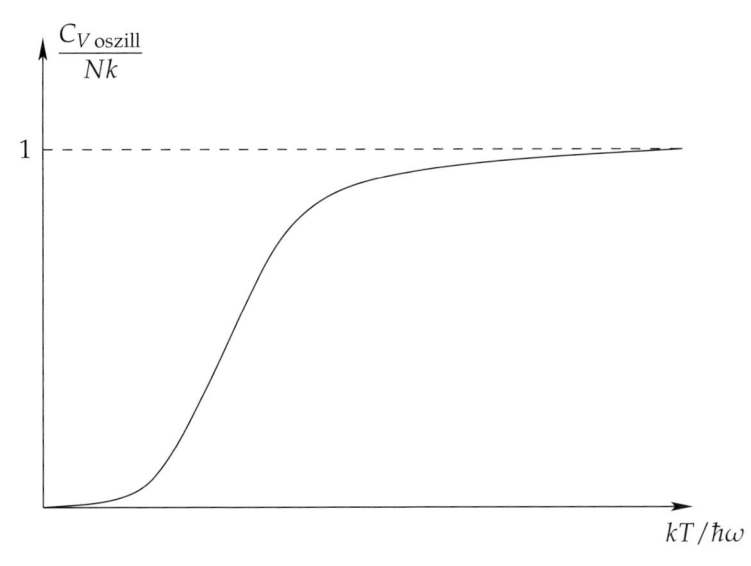

Abb. 4.4 Spezifische Wärme $C_{V\,\text{oszill}}$ des Schwingungsanteils als Funktion der Temperatur

und dem Tieftemperaturlimes

$$U_{\text{oszill}} = N\hbar\omega \left[\frac{1}{2} + \exp\{-\beta\hbar\omega\}\right] = N\hbar\omega \left[\frac{1}{2} + e^{-\frac{1}{\tau}}\right] \quad (4.159)$$

Schließlich findet man für die Wärmekapazität

$$C_{V\,\text{oszill}} = \left(\frac{\partial U_{\text{oszill}}}{\partial T}\right)_{V,N} = N\frac{(\hbar\omega)^2}{kT^2}\frac{\exp\{\beta\hbar\omega\}}{[\exp\{\beta\hbar\omega\}-1]^2} \quad (4.160a)$$

$$= \frac{Nk}{\tau^2}\frac{e^{\frac{1}{\tau}}}{\left(e^{\frac{1}{\tau}}-1\right)^2} \quad (4.160b)$$

wobei hier der Hochtemperaturlimes durch

$$C_{V\,\text{oszill}} = Nk \quad (4.161)$$

und der Tieftemperaturlimes durch

$$C_{V\,\text{oszill}} = Nk\left(\frac{\hbar\omega}{kT}\right)^2 \exp\left\{-\left(\frac{\hbar\omega}{kT}\right)\right\} = \frac{Nk}{\tau^2}e^{-\frac{1}{\tau}} \quad (4.162)$$

gegeben ist. Die Abbildung 4.4 zeigt die vollständige Abhängigkeit der Wärmekapazität des Schwingungsanteils als Funktion der Temperatur. Auch hier verhält sich die spezifische Wärme bei hohen Temperaturen nach dem Gleichverteilungssatz und verschwindet bei tiefen Temperaturen.

4.6.5
*Das relativistische ideale Gas

Erreichen die Partikel in dem idealen Gas sehr hohe Geschwindigkeiten, dann kann man der statistischen Physik nicht mehr die klassische Mechanik zugrunde legen, sondern muss relativistisch arbeiten. Für ein ideales Gas ohne innere Freiheitsgrade bedeutet diese Forderung, dass die klassische Einpartikel-Hamilton-Funktion durch ihre relativistische Verallgemeinerung zu ersetzen ist, also

$$H = \frac{p^2}{2m} \quad \rightarrow \quad H = \sqrt{c^2 p^2 + m^2 c^4} - mc^2 \qquad (4.163)$$

Dabei stellt der letzte Term des rechten Ausdrucks die Ruheenergie dar, die als Konstante jederzeit abgezogen werden kann. Damit ergibt sich $H = 0$ für $p = 0$. Das Einpartikel-Zustandsintegral ist jetzt

$$\begin{aligned}
Z_{\text{kan}}(T,V,1) &= \int \frac{d^3p\, d^3q}{(2\pi\hbar)^3} \exp\{-\beta H\} & (4.164a)\\
&= V \int \frac{d^3p}{(2\pi\hbar)^3} \exp\left\{-\beta\left[\sqrt{c^2 p^2 + m^2 c^4} - mc^2\right]\right\} & (4.164b)\\
&= 4\pi V \int \frac{p^2 dp}{(2\pi\hbar)^3} \exp\left\{-\beta mc^2\left[\sqrt{\left(\frac{p}{mc}\right)^2 + 1} - 1\right]\right\} & (4.164c)
\end{aligned}$$

Wir führen eine geeignete Variable ein, mit deren Hilfe die letzte Integration bewältigt werden kann. Dazu setzt man

$$p = mc \sinh \xi \qquad (4.165)$$

und damit

$$dp = mc \cosh \xi\, d\xi \quad \text{und} \quad \sqrt{\left(\frac{p}{mc}\right)^2 + 1} = \cosh \xi \qquad (4.166)$$

Mit dem Parameter $u = mc^2 \beta$ folgt dann

$$Z_{\text{kan}}(T,V,1) = 4\pi V \left(\frac{mc}{h}\right)^3 e^u \int_0^\infty \sinh^2 \xi \cosh \xi \exp\{-u \cosh \xi\}\, d\xi \qquad (4.167)$$

Das Integral kann mit Hilfe einer Rekursionsrelation für (modifizierte) Bessel-Funktionen[20]

$$\frac{4}{u} K_2(u) = -K_1(u) + K_3(u) \qquad (4.168)$$

---
[20] siehe [1] Kapitel 9.6

der Additionstheoreme für Hyperbelfunktionen und der Integraldarstellung für modifizierte Bessel-Funktionen

$$K_\nu(u) = \int_0^\infty e^{-u\cosh\xi} \cosh(\nu\xi) d\xi \qquad (4.169)$$

gelöst werden mit dem Ergebnis

$$\int_0^\infty \sinh^2\xi \cosh\xi \exp\{-u\cosh\xi\} d\xi = \frac{1}{u} K_2(u) \qquad (4.170)$$

Damit erhalten wir für das Zustandsintegral

$$Z_{\text{kan}}(T,V,1) = 4\pi V \left(\frac{mc}{h}\right)^3 e^u \frac{1}{u} K_2(u) \qquad (4.171)$$

Das Zustandsintegral des Gesamtsystems lautet dann

$$Z_{\text{kan}} = \frac{1}{N!} Z_{\text{kan}}(T,V,1)^N \qquad (4.172)$$

und die freie Energie ergibt sich aus (4.26) unter Beachtung der Stirling'schen Formel

$$F = -kTN \left\{ \ln\left[\frac{4\pi V}{N}\left(\frac{mc}{h}\right)^3 \frac{K_2(u)}{u}\right] + 1 \right\} - Nmc^2 \qquad (4.173)$$

Die thermische Zustandsgleichung ist sofort erhältlich

$$p = -\left(\frac{\partial F}{\partial V}\right)_{T,U} = \frac{NkT}{V} \qquad (4.174)$$

d. h. auch im relativistischen Fall bleibt die thermische Zustandsgleichung des idealen Gases unverändert.

Um die kalorische Zustandsgleichung zu erhalten, wird zunächst die innere Energie (4.48) bestimmt

$$U = -T^2 \frac{\partial (F/T)}{\partial T} = kT^2 N \frac{\partial u}{\partial T} \left[\frac{K_2'(u)}{K_2(u)} - \frac{1}{u}\right] - Nmc^2 \qquad (4.175)$$

Wegen $\partial u/\partial T = -u/T$ und der Relation[21]

$$K_n'(u) = -K_{n-1}(u) - \frac{n}{u} K_n(u) \qquad (4.176)$$

folgt jetzt

$$U = kTNu \left[\frac{K_1(u)}{K_2(u)} + \frac{3}{u}\right] - Nmc^2 \qquad (4.177)$$

21) siehe [1] Kapitel 9.6

und damit
$$U = Nmc^2 \left[\frac{K_1(u)}{K_2(u)} + \frac{3}{u} - 1 \right] \qquad (4.178)$$

Der nichtrelativistische Grenzfall tritt für $kT \ll mc^2$, also für $u \to \infty$ ein. In diesem Fall benötigt man die asymptotischen Entwicklungen der Bessel-Funktionen. Man findet allgemein[22]

$$K_n(u) = \sqrt{\frac{\pi}{2u}} e^{-u} \left[1 + \frac{\Gamma(n+3/2)}{\Gamma(n-1/2)} \frac{1}{2u} + \ldots \right] \qquad (4.179)$$

und damit
$$K_1(u) = \sqrt{\frac{\pi}{2u}} e^{-u} \left[1 + \frac{3}{8} \frac{1}{u} + \ldots \right] \qquad (4.180)$$

und
$$K_2(u) = \sqrt{\frac{\pi}{2u}} e^{-u} \left[1 + \frac{15}{8} \frac{1}{u} + \ldots \right] \qquad (4.181)$$

Deswegen bekommt man für tiefe Temperaturen das klassische Resultat
$$U = \frac{3}{2} NkT \qquad (4.182)$$

Bei sehr hohen Temperaturen $kT \gg mc^2$ überwiegt die kinetische Energie die Ruheenergie und man hat jetzt mit der Beziehung
$$\frac{K_1(u)}{K_2(u)} \to \frac{u}{2} \qquad \text{für} \qquad u \to 0 \qquad (4.183)$$

zu rechnen[23]. Deshalb gilt sofort
$$U = Nmc^2 \left[\frac{u}{2} + \frac{3}{u} - 1 \right] \approx 3NkT \qquad (4.184)$$

Man spricht bei diesem Grenzfall auch vom ultrarelativistischen Regime. Die innere Energie selbst wächst monoton mit der Temperatur an. Für hinreichend niedrige Temperaturen hat die Wärmekapazität den Wert $C_V = 3Nk/2$, während sie für sehr hohe Temperaturen asymptotisch durch $C_V = 3Nk$ bestimmt ist.

[22] siehe [2] Kapitel 8.45
[23] Diese Beziehung folgt aus der Potenzreihenentwicklung der Bessel-Funktionen für kleine Werte von u, siehe [1] Abschnitt 9.6.11.

Aufgaben

4.1 Zeigen Sie, dass die mittlere Teilchendichte $\langle \varrho(r) \rangle$ eines idealen Gases aus Atomen der Masse m in einer parallel zum homogenen Schwerefeld der Erde ausgerichteten Säule der Grundfläche A durch
$\varrho = (Nmg\beta/A)\exp\{-\beta mgz\}$ gegeben ist. Dabei ist z die Höhe über der Grundfläche und die Teilchendichte ist durch

$$\varrho(r) = \sum_{i=1}^{N} \delta(r - r_i)$$

definiert.

4.2 Zeigen Sie, dass die wahrscheinlichste Geschwindigkeit eines Atoms der Masse m in einem idealen Gas durch $v_{\max} = \sqrt{2kT/m}$ gegeben ist.

4.3 Zeigen Sie, dass die kanonische Wahrscheinlichkeitsverteilung einem Ensemble maximaler Entropie unter der Nebenbedingung einer fixierten mittleren Energie entspricht.

4.4 Zeigen Sie, dass die mittlere kinetische Energie eines Partikels der Masse m eines einkomponentigen Systems durch

$$\langle T \rangle = -m \frac{\partial F}{\partial m}$$

bestimmt ist, wobei F die freie Energie des Systems ist.

4.5 Beweisen Sie, dass die Wahrscheinlichkeitsverteilung der kinetischen Energie ε der Teilchen eines idealen Gases durch

$$\rho(\varepsilon) = \frac{dP(\varepsilon)}{d\varepsilon} - \frac{2}{\sqrt{\pi k^3 T^3}} e^{-\frac{\varepsilon}{kT}} \sqrt{\varepsilon}$$

gegeben ist.

Maple-Aufgaben

4.I Man bestimme im Rahmen des kanonischen Ensembles für ein klassisches paramagnetisches Gas aus N gleichartigen Partikeln

1. die Magnetisierung,
2. die Suszeptibilität,
3. die Entropie,

4. die spezifische Wärme C_V,
5. die thermische Zustandsgleichung.

Hinweis: Es ist zu beachten, dass zu jedem Teilchen dieses Gases jeweils drei Impulskomponenten und drei Ortskoordinaten sowie zwei Orientierungsfreiheitsgrade gehören. In der Hamilton-Funktion jedes Teilchens

$$H = \frac{p_x^2 + p_y^2 + p_z^2}{2m} - SB$$

kommen aber nur die drei Impulse und der Winkel zwischen dem magnetischen Moment m und dem externen Magnetfeld B zum Tragen.

4.II Man bestimme für ein System aus N gleichartigen Atomen mit der Hamilton-Funktion

$$H = \sum_{i=1}^{N} \frac{p_i^2}{2m} + U(r_1, ..., r_N)$$

1. die mittlere kinetische Energie
2. die wahrscheinlichste kinetische Energie und
3. die mittlere quadratische kinetische Energie sowie
4. die Verteilungsfunktion der kinetischen Energie.

Dabei ist $U(r_1, ..., r_N)$ das vollständige Potential, das alle Wechselwirkungen der Partikel des Systems erfasst.

4.III Man bestimme die spezifische Wärme von N quantenmechanischen starren Rotatoren. Die Darstellung der Ergebnisse soll in Hoch- bzw. Tieftemperaturentwicklung erfolgen.

4.IV Gegeben sei ein System von N nicht miteinander wechselwirkenden zweiatomigen Molekülen in einem Volumen V bei der Temperatur T. Die Hamilton-Funktion eines einzelnen Moleküls lautet

$$H = \frac{p_1^2 + p_2^2}{2m} + \beta \left[(r_1 - r_2)^2 - \alpha^2\right]^2$$

dabei sind die p_i und r_i ($i = 1, 2$) die Impulse und Positionen der beiden Atome des Moleküls und es ist $\beta > 0$ und $\alpha > 0$. Man bestimme die spezifische Wärmekapazität des Systems, die thermische Zustandsgleichung und den mittleren Abstand der Atome eines Moleküls im Rahmen der Theorie des kanonischen Ensembles.

4.V Bestimmen Sie für ein relativistisches ideales Gas die thermische Zustandsgleichung $p = p(V, T)$, die Entropie, die innere Energie und die spezifische Wärmekapazität als Funktion der reduzierten Temperatur $\tau = kT/mc^2$.

5
Das großkanonische Ensemble

5.1
Motivation und Herleitung der großkanonischen Wahrscheinlichkeitsverteilung

Wir betrachten jetzt Systeme, die sowohl Energie als auch Teilchen mit einem Bad austauschen können (Abb. 5.1). Wie bei der kanonischen Ensembletheorie nehmen wir an, dass sich Bad und System im Gleichgewicht befinden und nach außen ein abgeschlossenes System bilden. Daher besitzen beide nach unserer Diskussion in Abschnitt 3.3.6 die gleiche Temperatur und das gleiche chemische Potential. Typische Beispiele solcher Systeme sind Flüssigkeiten, die sich in Koexistenz mit ihrer Gasphase befinden oder das Photonengas in einem Hohlraum. Im ersten Fall ist die Flüssigkeit für das Gas ein Reservoir im großkanonischen Sinne (und umgekehrt), im zweiten Fall werden an der als Bad fungierenden Oberfläche des schwarzen Strahlers ständig Photonen absorbiert und emittiert.

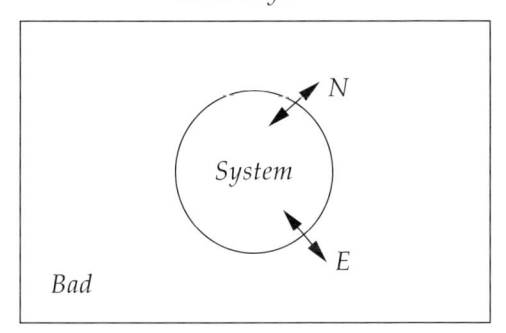

Abb. 5.1 Gesamtsystem, Bad und System für das großkanonische Ensemble

Wie im kanonischen Fall in Abschnitt 4.1 betrachten wir jetzt ein Ensemble von Gesamtsystemen aus dem eigentlichen System und dem Bad. Wegen der Abgeschlossenheit des Gesamtsystems gilt die Erhaltung

$$E_G = E + E_{Bad} = \text{const} \quad \text{und} \quad N_G = N + N_{Bad} = \text{const} \quad (5.1)$$

Theoretische Physik V: Statistische Physik und Thermodynamik. Peter Reineker, Michael Schulz, Beatrix M. Schulz
Copyright © 2009 WILEY-VCH Verlag GmbH & Co. KGaA, Weinheim
ISBN: 3-527-40644-9

wobei E_G bzw. N_G die Energie bzw. die Teilchenzahl des Gesamtsystems, E bzw. N die Energie bzw. Teilchenzahl des betrachteten Systems und E_{Bad} bzw. N_{Bad} die entsprechenden Größen des Bades sind. Das Gesamtsystem ist Teil eines mikrokanonischen Ensembles.

Die statistische Verteilungsfunktion der Mikrozustände des mikrokanonischen Ensembles kann sofort aufgeschrieben werden. Man findet im Fall einer klassischen Beschreibung

$$\rho_G(\vec{\Gamma}, N; \vec{\Gamma}_{Bad}, N_{Bad}) \sim \delta(H(\vec{\Gamma}, N) + H_{Bad}(\vec{\Gamma}_{Bad}, N_{Bad}) - E_G) \qquad (5.2)$$

In diesem Ausdruck sind $H(\vec{\Gamma}, N)$ bzw. $H_{Bad}(\vec{\Gamma}_{Bad}, N_{Bad})$ die Hamilton-Funktionen des betrachteten Systems bzw. des Bades. Der Beitrag der Wechselwirkung zwischen Bad und System kann wieder wie bei der Herleitung der Verteilungsfunktion der Mikrozustände des kanonischen Ensembles vernachlässigt werden.

Um die Verteilungsfunktion für das Ensemble der eigentlichen Systeme zu erhalten, gehen wir wie folgt vor. Wir halten zunächst die Partikelzahl des Systems N fest. Damit befinden sich N_{Bad} Partikel im Bad, über deren Position im Phasenraum wir keine Information haben. Da wir keine weitere Informationen über diese Partikel besitzen, können wir über den gesamten Phasenraum des Bades integrieren. Wir erhalten damit

$$\rho(\vec{\Gamma}, N) \sim \int \frac{d\Gamma_{Bad}^{(N_{Bad})}}{(2\pi\hbar)^{3N_{Bad}} N_{Bad}!} \rho_G(\vec{\Gamma}, N; \vec{\Gamma}_{Bad}, N_{Bad}) \qquad (5.3a)$$

$$\sim \int d\Gamma_{Bad}^{(N_{Bad})} \delta\left(H(\vec{\Gamma}, N) + H_{Bad}(\vec{\Gamma}_{Bad}, N_{Bad}) - E_G\right) \qquad (5.3b)$$

Wie in (4.3) bei der Herleitung der Wahrscheinlichkeitsverteilung für die kanonische Gesamtheit haben wir den Faktor im Nenner der ersten Zeile vorübergehend in die noch offene Normierung gesteckt. Dann fügen wir eine 1 in der Form

$$1 = \int dE_{Bad} \delta\left(H_{Bad}(\vec{\Gamma}_{Bad}, N_{Bad}) - E_{Bad}\right) \qquad (5.4)$$

ein und bekommen

$$\rho(\vec{\Gamma}, N) \sim \int dE_{Bad} \delta\left(H(\vec{\Gamma}, N) + E_{Bad} - E_G\right)$$
$$\times \int d\Gamma_{Bad}^{(N_{Bad})} \delta\left(H_{Bad}(\vec{\Gamma}_{Bad}, N_{Bad}) - E_{Bad}\right) \qquad (5.5)$$
$$\sim \int dE_{Bad} \delta\left(H(\vec{\Gamma}, N) + E_{Bad} - E_G\right) Z_{Bad}^{mikro}(E_{Bad}, N_{Bad}) \qquad (5.6)$$

Hier ist Z_{Bad}^{mikro} das mikrokanonische Zustandsintegral des Bades mit der Energie E_{Bad} und der Partikelzahl N_{Bad}. Dabei ist zu beachten, dass die Dimension des Bades von der Teilchenzahl N des Systems abhängt. Deshalb schreiben

5.1 Motivation und Herleitung der großkanonischen Wahrscheinlichkeitsverteilung

wir das Volumenelement des Badphasenraums in der Form $d\Gamma_{\text{Bad}}^{(N_{\text{Bad}})}$ und erinnern so daran, dass die Integration über das Volumen des Badphasenraums bei fester Badteilchenzahl durchzuführen ist[1].

Das mikrokanonische Zustandsintegral $Z_{\text{Bad}}^{\text{mikro}}$ drücken wir wieder – wie im Fall der kanonischen Gesamtheit bereits geschehen – durch die mikrokanonisch definierte Entropie des Bades, also $S_{\text{Bad}} = k \ln Z_{\text{Bad}}^{\text{mikro}}(E_{\text{Bad}}, N_{\text{Bad}})$, aus und erhalten

$$\rho(\vec{\Gamma}, N) \sim \int dE_{\text{Bad}} \delta(H(\vec{\Gamma}, N) + E_{\text{Bad}} - E_G)$$
$$\times \exp\left(\frac{S_{\text{Bad}}(E_{\text{Bad}}, N_{\text{Bad}})}{k}\right) \quad (5.7a)$$

$$\sim \exp\left(\frac{S_{\text{Bad}}(E_G - H(\vec{\Gamma}), N_G - N)}{k}\right) \quad (5.7b)$$

Das thermische Bad soll im Vergleich zu dem System wieder hinreichend groß sein. Dann sind $E_G \gg H(\vec{\Gamma})$ und $N_G \gg N$ und die Entropie kann um E_G bzw. N_G nach Potenzen von $H(\vec{\Gamma})$ bzw. N entwickelt werden. Wegen der relativen Kleinheit der Entwicklungsparameter genügt es, die Reihe bis zur ersten Ordnung aufzuschreiben

$$\rho(\vec{\Gamma}, N) \sim \exp\left(\frac{S_{\text{Bad}}(E_G, N_G)}{k}\right)$$
$$\times \exp\left(-\frac{1}{k}\frac{\partial S_{\text{Bad}}(E_G, N_G)}{\partial E_G} H(\vec{\Gamma}) - \frac{1}{k}\frac{\partial S_{\text{Bad}}(E_G, N_G)}{\partial N_G} N\right)$$

Der erste Faktor hängt nur vom Bad ab und kann in den noch offenen Proportionalitätsfaktor gezogen werden. Da das Bad im Vergleich zum System sehr groß ist, gilt außerdem

$$\frac{\partial S_{\text{Bad}}(E_G, N_G)}{\partial E_G} = \frac{\partial S_{\text{Bad}}(E_{\text{Bad}}, N_{\text{Bad}})}{\partial E_{\text{Bad}}} = \frac{1}{T} \quad (5.8)$$

und

$$\frac{\partial S_{\text{Bad}}(E_G, N_G)}{\partial N_G} = \frac{\partial S_{\text{Bad}}(E_{\text{Bad}}, N_{\text{Bad}})}{\partial N_{\text{Bad}}} = -\frac{\mu}{T} \quad (5.9)$$

T und μ sind die Temperatur und das chemische Potential des Bades. Da aber Bad und System im Gleichgewicht stehen, sind diese Größen auch die entsprechenden thermodynamischen Zustandsvariablen des Systems. Damit erhalten wir die normierte statistische Verteilungsfunktion bzw. Wahrscheinlichkeitsdichte als

$$\rho(\vec{\Gamma}, N) = \frac{1}{Z_{\text{groß}}} \exp\left(-\frac{1}{kT} H(\vec{\Gamma}) + \frac{\mu N}{kT}\right) \quad (5.10)$$

---

[1] Bei der Behandlung des kanonischen Ensembles trat diese Besonderheit nicht auf. Hier war die Dimension des Phasenraums für alle Mikrozustände des Systems gleich groß.

Die Verteilungsfunktion kann jetzt wieder im Sinne einer Ensembletheorie interpretiert werden. Ein Ensemble von Systemen, die mit einem thermodynamischen Bad sowohl in Energie- als auch Partikelaustausch stehen, nennt man *großkanonisches Ensemble*. Um die Verteilungsfunktion zu komplettieren, muss noch der Normierungsfaktor $Z_{\text{groß}}$ bestimmt werden. Wegen der für das großkanonische Ensemble variablen Teilchenzahl muss jetzt die Normierungsbedingung

$$\sum_{N=0}^{\infty}\int \rho(\vec{\Gamma},N)\frac{d\Gamma^{(N)}}{(2\pi\hbar)^{3N}N!} = 1 \qquad (5.11)$$

erfüllt werden. Damit ist das großkanonische Zustandsintegral Z_{gro} gegeben durch

$$Z_{\text{groß}}(T,V,\mu) = \sum_{N=0}^{\infty}\int \exp\left(-\frac{1}{kT}H(\vec{\Gamma}) + \frac{\mu N}{kT}\right)\frac{d\Gamma^{(N)}}{(2\pi\hbar)^{3N}N!} \qquad (5.12)$$

Die quantenmechanische Verallgemeinerung der klassischen Verteilungsfunktion liefert für das großkanonische Ensemble

$$\hat{\rho} = \frac{1}{Z_{\text{groß}}}\exp\left(-\frac{\hat{H}}{kT} + \frac{\mu\hat{N}}{kT}\right) \qquad (5.13)$$

wobei $\hat{N}$ der Teilchenzahloperator ist. Die zur Normierung benötigte großkanonische Zustandssumme ist dann durch

$$Z_{\text{groß}} = \text{Sp}\exp\left(-\frac{\hat{H}}{kT} + \frac{\mu\hat{N}}{kT}\right) \qquad (5.14)$$

gegeben. Die Spur ist dabei in Bezug auf ein vollständiges Basissystem mit $N = 0, 1, \ldots, \infty$ Teilchen zu bilden. Der Anschluss an die Thermodynamik wird wieder über die Entropie hergestellt. Wie im kanonischen Fall bestimmen wir

$$S = -k\langle\ln\rho\rangle \qquad (5.15)$$

und erhalten sowohl im klassischen als auch im quantenmechanischen Fall

$$S = k\ln Z_{\text{groß}} + \frac{1}{T}\overline{H} - \frac{\mu}{T}\overline{N} \qquad (5.16)$$

Identifizieren wir nun noch die mittlere Energie $\overline{H}$ mit der inneren Energie U (Zustandsgröße) und die mittlere Teilchenzahl $\overline{N}$ mit der thermodynamischen Teilchenzahl N (Zustandsvariable)[2], dann folgt

$$S = k\ln Z_{\text{groß}} + \frac{U}{T} - \frac{\mu N}{T} \qquad (5.17)$$

2) Hier besteht die Gefahr einer Verwechslung, weil mit N einmal die mikroskopisch vorgegebene Teilchenzahl, und zum anderen aber auch die thermodynamische Zustandsgröße 'Teilchenzahl' bezeichnet wird. Wir könnten natürlich eine andere Bezeichnung wählen,

Andererseits wird die Größe

$$\Omega = U - TS - \mu N \tag{5.18}$$

auch als großes thermodynamisches Potential bezeichnet. Nach der Substitution der Entropie durch (5.17) erhält man

$$\Omega = -kT \ln Z_{\text{groß}} \tag{5.19}$$

wobei Ω eine Funktion der unabhängigen Zustandsvariablen T, V und μ ist

$$\Omega = \Omega(T, V, \mu) \tag{5.20}$$

Wie die Entropie für das mikrokanonische Ensemble und die freie Energie für das kanonische Ensemble spielt das große Potential als Funktion der Variablen T, V und μ im Rahmen des Theorie des großkanonischen Ensembles die Rolle einer Stammfunktion im mathematischen Sinne, aus der alle anderen thermodynamischen Zustandsgrößen abgeleitet werden können.

5.2
Unabhängige Partikel

Sind die Partikel des Systems wechselwirkungsfrei, dann zerfällt die Hamilton-Funktion in eine Reihe von Einteilchenbeiträgen

$$H = \sum_{i=1}^{N} H_i \tag{5.21}$$

Wenn man mit dieser Hamilton-Funktion das großkanonische Zustandsintegral bestimmen will, dann erhält man zunächst aus (5.12) die Relation

$$Z_{\text{groß}} = \sum_{N=0}^{\infty} Z_{\text{kan}}(T, V, N) \exp\left(\frac{\mu N}{kT}\right) \tag{5.22}$$

wobei Z_{kan} die bereits bekannte kanonische Zustandssumme für ein System aus N Partikel mit dem Volumen V und der Temperatur T ist. Diese kanonische Zustandssumme selbst faktorisiert wegen der Additivität der einzelnen

aber wir wollen uns in diesem Band weitgehend an die traditionellen Bezeichnungen halten. Außerdem geht aus dem Sinnzusammenhang klar hervor, um welche Größe es sich bei N gerade handelt. Wir werden außerdem im Anschluss zeigen, dass die relativen Fluktuationen der Partikelzahlen um den Mittelwert $\overline{N}$ im thermodynamischen Limes verschwindend klein sind, so dass tatsächlich eine Gleichsetzung der mikroskopischen Teilchenzahl mit der thermodynamische Zustandsgröße Teilchenzahl im thermodynamischen Limes gerechtfertigt ist.

Teilchenbeiträge entsprechend (4.68)

$$Z_{\text{kan}}(T, V, N) = \frac{1}{N!}[Z_{\text{kan}}(T, V, 1)]^N \qquad (5.23)$$

wobei $Z_{\text{kan}}(T, V, 1)$ das kanonische Zustandsintegral für ein Partikel ist. Damit folgt

$$Z_{\text{groß}} = \sum_{N=0}^{\infty} \frac{1}{N!}[Z_{\text{kan}}(T, V, 1)]^N \exp\left(\frac{\mu N}{kT}\right) \qquad (5.24)$$

Die Summation über alle N führt auf die Exponentialfunktion

$$Z_{\text{groß}}(T, V, \mu) = \exp\left\{Z_{\text{kan}}(T, V, 1)\exp\left(\frac{\mu}{kT}\right)\right\} \qquad (5.25)$$

Die hier auftretende Größe

$$z = \exp\left(\frac{\mu}{kT}\right) \qquad (5.26)$$

heißt *Fugazität* und wird uns im Folgenden noch häufig begegnen.

5.3
*Ensembletransformationen

Wir kennen nun bereits drei verschiedene Ensemble. Für zwei von ihnen, nämlich die mikrokanonische und kanonische Gesamtheit, haben wir in Abschnitt 4.3 gezeigt, dass sie im thermodynamischen Limes auf die gleiche thermodynamische Beschreibung der Makrozustände eines Systems führen. Deshalb ist es sinnvoll der Frage nachzugehen, ob diese Ensemble wirklich unabhängig voneinander sind oder ob es zwischen den einzelnen Ensembles eventuell mathematische Transformationen gibt. Dazu betrachten wir zuerst das kanonische Zustandsintegral. Dieses kann durch Einfügen einer δ-Funktion folgendermaßen umgeschrieben werden

$$\begin{aligned} Z_{\text{kan}}(T, V, N) &= \int \frac{d\Gamma}{(2\pi\hbar)^{3N} N!} \exp\left\{-\beta H(\vec{\Gamma})\right\} \\ &= \int_0^{\infty} dE\, e^{-\beta E} \int \frac{d\Gamma}{(2\pi\hbar)^{3N} N!} \delta\left(H(\vec{\Gamma}) - E\right) \end{aligned}$$

Dabei wurde die Hamilton-Funktion so festgelegt, dass $\min H(\vec{\Gamma}) = 0$ gilt. Das innere Integral ist aber gerade das mikrokanonische Zustandsintegral, d. h. wir haben

$$Z_{\text{kan}}(T, V, N) = \int_0^{\infty} dE\, e^{-\beta E} Z_{\text{mikro}}(E, V, N) \qquad (5.27)$$

Zwischen dem mikrokanonischen und kanonischen Zustandsintegral vermittelt also die bekannte Laplace-Transformation mit β als Transformationsvariable. Eine ähnliche Beziehung findet man zwischen den Zustandsintegralen kanonischer und großkanonischer Ensemble. Aus (5.12) folgt unmittelbar

$$Z_{\text{groß}}(T, V, \mu) = \sum_{N=0}^{\infty} e^{\beta \mu N} Z_{\text{kan}}(T, V, N) \qquad (5.28)$$

Man kann diese Transformation als eine diskrete Version der Laplace-Transformation auffassen. Offenbar verknüpfen Laplace-Transformationen die Zustandsintegrale der einzelnen Ensemble miteinander. Man kann diese Kenntnis nutzen, um weitere Ensemble zu erzeugen. Zum Beispiel könnte man ein Zustandsintegral der Art

$$Z_{\text{Gibbs}}(T, \gamma, N) = \int_{0}^{\infty} dV e^{-\gamma V} Z_{\text{kan}}(T, V, N) \qquad (5.29)$$

durch eine Laplace-Transformation bzgl. der Variablen V aus dem kanonischen Ensemble erzeugen. Das neue Ensemble wird in der Literatur manchmal auch als Gibbs'sches Ensemble bezeichnet. Wir werden gleich sehen, dass die hier noch offene Transformationsvariable γ etwas mit dem Druck zu tun hat. Tatsächlich kann man ein Ensemble untersuchen, dessen Systeme mit einem thermodynamischen Bad sowohl in Energieaustausch als auch in Volumenaustausch stehen. Ersetzen wir in der zu Beginn dieses Kapitels diskutierten Herleitung der großkanonischen Verteilung die Teilchenzahl N durch das Volumen V und die Ableitungen der Entropie entsprechend

$$\frac{\partial S}{\partial N} \quad \rightarrow \quad \frac{\partial S}{\partial V} = \frac{p}{kT}$$

dann erhält man eine neue Verteilung mit

$$\rho(\vec{\Gamma}, V) = \frac{1}{Z_{\text{Gibbs}}} \exp\left(-\frac{1}{kT} H(\vec{\Gamma}) - \frac{pV}{kT}\right) \qquad (5.30)$$

und der Zustandssumme

$$Z_{\text{Gibbs}} = \int dV \int \frac{d\Gamma}{(2\pi\hbar)^{3N} N!} \exp\left(-\frac{1}{kT} H(\vec{\Gamma}) - \frac{pV}{kT}\right) \qquad (5.31)$$

Damit gilt aber auch sofort

$$Z_{\text{Gibbs}} = \int_{0}^{\infty} dV e^{-\beta p V} Z_{\text{kan}}(T, V, N) \qquad (5.32)$$

und die in (5.29) noch offene Transformationsvariable γ kann jetzt als $\gamma = p/kT$ identifiziert werden. Die neuen Zustandsvariablen in einem solchen Ensemble sind Temperatur T, Druck p und Teilchenzahl μ. Auch für dieses Ensemble kann man die Entropie berechnen und so wieder den Anschluss an die Thermodynamik herstellen:

$$S = -k\langle \ln \rho \rangle = k \ln Z_{\text{Gibbs}} + \frac{\overline{H}}{T} + \frac{p\overline{V}}{T} \quad (5.33)$$

Identifizieren wir wieder die mittlere Energie $\overline{H}$ mit der inneren Energie U und das mittlere Volumen $\overline{V}$ mit dem makroskopischen Systemvolumen V, dann gilt offenbar

$$G = U + pV - TS = -kT \ln Z_{\text{Gibbs}} \quad (5.34)$$

wobei $G = G(T, p, N)$ die Gibbs'sche freie Enthalpie ist. Aus dieser können wir dann wieder weitere thermodynamischen Größen durch Ableitung nach den Zustandsvariablen bilden.

5.4
Extensive und intensive Größen, Euler-Gleichung, Gibbs-Duhem-Gleichung

Wir betrachten noch einmal ein mikrokanonisches Ensemble und fügen jeweils m Systeme zu einem größeren System zusammen. Da alle Systeme des Ensembles physikalisch gleichartig sind, wird sich in dem neuen System einfach nur die innere Energie, die Teilchenzahl und das Volumen vervielfachen

$$U \rightarrow mU \quad V \rightarrow mV \quad N \rightarrow mN \quad (5.35)$$

Als Konsequenz des Prinzips der statistischen Unabhängigkeit wird sich auch die Entropie vervielfachen, also

$$S \rightarrow mS \quad (5.36)$$

Man kann diesen Zusammenhang auch in Form eines sogenannten Skalengesetzes formulieren

$$S(mU, mV, mN) = mS(U, V, N) \quad (5.37)$$

Ähnliche Gesetze finden wir in anderen Ensembles. So führt die obige Prozedur der Systemvergrößerung in einem kanonischen Ensemble zu der Abbildung

$$T \rightarrow T \quad V \rightarrow mV \quad N \rightarrow mN \quad (5.38)$$

Während also die Temperatur beim Zusammenfügen gleichartiger Systeme unverändert bleibt, werden Volumen und Teilchenzahl wieder mit dem Faktor

m multipliziert. Auch die freie Energie vergrößert sich um den Faktor m, so dass wir jetzt die Skalenrelation

$$F(T, mV, mN) = mF(T, V, N) \qquad (5.39)$$

erhalten. In analoger Weise finden wir für das große Potential

$$\Omega(T, mV, \mu) = m\Omega(T, V, \mu) \qquad (5.40)$$

und die Gibbs'sche freie Enthalpie

$$G(T, p, mN) = mG(T, p, N) \qquad (5.41)$$

Diese Skalenrelationen zeigen, dass thermodynamische Variable Homogenitätsrelationen genügen. Allgemein wird eine Funktion homogen genannt, wenn sie der Relation (Satz von Euler für homogene Funktionen)

$$f(\lambda^{\gamma_1} x_1, \lambda^{\gamma_2} x_2, ..., \lambda^{\gamma_N} x_N) = \lambda^{\gamma_0} f(x_1, x_2, ..., x_N) \qquad (5.42)$$

für alle möglichen Werte der Variablen $x_1, x_2, ..., x_N$ und alle Werte $\lambda \geq 0$ genügt. Die Exponenten γ_i werden *Homogenitätsexponenten* genannt. In thermodynamischen Relationen treten nur zwei Sorten von Homogenitätsexponenten auf. Alle Größen, die mit einem Exponenten $\gamma = 1$ verbunden sind, werden *extensive Größen* genannt. Sie vervielfältigen sich in dem gleichen Maße, wie das System vergrößert wird. Zu den extensiven Größen gehören z. B. die innere Energie, die Entropie oder die freie Energie. Demgegenüber sind die *intensiven Größen* mit dem Homogenitätsexponenten $\gamma = 0$ verbunden. Solche Zustandsvariable oder -funktionen bleiben bei einer Vergrößerung des Systems invariant. Temperatur, Druck oder chemisches Potential sind solche intensiven Größen.

Wir wollen jetzt eine wichtige Konsequenz aus diesen Homogenitätsrelationen ableiten. Dazu betrachten wir am besten die Entropie als Funktion der Zustandsvariablen U, V und N. Da die Entropie eine extensive Größe ist, folgt zunächst

$$S(\lambda U, \lambda V, \lambda N) = \lambda S(U, V, N) \qquad (5.43)$$

wählt man $\lambda = 1 + \epsilon$ mit $\epsilon \ll 1$, dann folgt

$$(1 + \epsilon)S(U, V, N) = S((1 + \epsilon)U, (1 + \epsilon)V, (1 + \epsilon)N) \qquad (5.44)$$

Wegen der Kleinheit von ϵ kann die rechte Seite nach ϵ entwickelt und die entstehende Reihe nach der ersten Ordnung abgebrochen werden.

$$S + \epsilon S = S + \left(\frac{\partial S}{\partial U}\right)_{V,N} \epsilon U + \left(\frac{\partial S}{\partial V}\right)_{U,N} \epsilon V + \left(\frac{\partial S}{\partial N}\right)_{U,V} \epsilon N \qquad (5.45)$$

Setzt man hier wieder die bekannten Relationen (3.152), (3.156) und (3.160) für die Ableitungen der Entropie nach innerer Energie, Volumen und Teilchenzahl ein, und beachtet, dass die Terme der Ordnung ϵ^0 sich in der obigen Gleichung gegenseitig aufheben, dann bleibt in der ersten nichtverschwindenden Ordnung

$$S = \frac{U}{T} + \frac{pV}{T} + \frac{\mu N}{T} \tag{5.46}$$

und damit

$$U = TS - pV + \mu N \tag{5.47}$$

Diese wichtige Beziehung wird auch *Euler-Gleichung* genannt. Wir sehen sofort einen ersten Nutzen dieser Gleichung, wenn wir (5.47) in die Definition des großen Potentials (5.18) einsetzen. Dann erhält man

$$\Omega = U - TS - \mu N = -pV \tag{5.48}$$

und deshalb mit (5.19)

$$\frac{pV}{kT} = \ln Z_{\text{groß}} \tag{5.49}$$

Das großkanonische Zustandsintegral bzw. die großkanonische Zustandssumme liefert also einen direkten Zugang zur thermische Zustandsgleichung ohne den Umweg über thermodynamische Differentiale.

Wir können noch eine weitere wichtige Relation, die Gibbs-Duhem-Gleichung, herleiten. Dazu bilden wir das totale Differential der Euler-Gleichung

$$dU = TdS + SdT - pdV - Vdp + \mu dN + Nd\mu \tag{5.50}$$

und ziehen davon das totale Differential von U (3.176)

$$dU = TdS - pdV + \mu dN \tag{5.51}$$

ab. Dann erhalten wir

$$SdT - Vdp + Nd\mu = 0 \tag{5.52}$$

die sog. *Gibbs-Duhem-Relation*, eine Beziehung zwischen den intensiven Variablen T, p und μ, die in Kapitel 7 noch ausführlicher diskutiert wird.

5.5
Totales Differential des großen Potentials und des Gibbs'schen Potentials, freie Enthalpie

Um weitere thermodynamische Größen aus dem großen Potential Ω extrahieren zu können, benötigt man das totale Differential $d\Omega$. Formal erhält man aus der Definition (5.18) des großen Potentials

$$d\Omega = dU - SdT - TdS - \mu dN - Nd\mu \tag{5.53}$$

Setzt man in diese Gleichung das bereits bekannte totale Differential (3.176) der inneren Energie $dU = TdS - pdV + \mu dN$ ein, dann findet man

$$d\Omega = -SdT - pdV - Nd\mu \tag{5.54}$$

Andererseits folgt wegen der Abhängigkeit (5.20) des großen Potentials von den unabhängigen Zustandsvariablen T, V und μ, also $\Omega = \Omega(T, V, \mu)$

$$d\Omega = \left(\frac{\partial \Omega}{\partial T}\right)_{V,\mu} dT + \left(\frac{\partial \Omega}{\partial V}\right)_{T,\mu} dV + \left(\frac{\partial \Omega}{\partial \mu}\right)_{T,V} d\mu \tag{5.55}$$

Der Vergleich zwischen (5.54) und (5.55) liefert dann die Gleichungen

$$S = -\left(\frac{\partial \Omega}{\partial T}\right)_{V,\mu} \qquad p = -\left(\frac{\partial \Omega}{\partial V}\right)_{T,\mu} \qquad N = -\left(\frac{\partial \Omega}{\partial \mu}\right)_{T,V} \tag{5.56}$$

In ähnlicher Weise gelangt man zu den thermodynamischen Zustandsfunktionen, die direkt aus dem Gibbs'schen Potential, auch freie Enthalpie genannt, gewonnen werden können. Zunächst findet man aus der Definition (5.34) dieses Potentials

$$dG = dU + pdV + Vdp - SdT - TdS \tag{5.57}$$

und wenn man wieder das Differential dU explizit einsetzt

$$dG = -SdT + Vdp + \mu dN \tag{5.58}$$

Andererseits gilt jetzt wegen der funktionalen Struktur von $G = G(T, p, N)$

$$dG = \left(\frac{\partial G}{\partial T}\right)_{p,N} dT + \left(\frac{\partial G}{\partial p}\right)_{T,N} dp + \left(\frac{\partial G}{\partial N}\right)_{T,p} dN \tag{5.59}$$

und damit nach einem Vergleich der letzten beiden Zeilen

$$S = -\left(\frac{\partial G}{\partial T}\right)_{p,N} \qquad V = \left(\frac{\partial G}{\partial p}\right)_{T,N} \qquad \mu = \left(\frac{\partial G}{\partial N}\right)_{T,p} \tag{5.60}$$

5.6
Teilchenzahlfluktuationen

Wir hatten in Kap. 4.3 Argumente für die physikalische Äquivalenz des mikrokanonischen und des kanonischen Ensembles angeführt. Der Kernpunkt unserer These war, dass sich die Mikrozustände des kanonischen Ensembles im thermodynamischen Grenzfall unendlich großer Systeme praktisch ausschließlich in einer Energieschale aufhalten, die relativ dünn im Vergleich zu den typischen Ausmaßen des von der Schale eingeschlossenen Gebietes ist.

Wie wir in Kap. 4.3 gezeigt haben, ist die Dicke der Schale bei einem kanonischen Ensemble von der Größenordnung seiner Energiefluktuationen. Im thermodynamischen Limes verschwinden diese Fluktuationen aber im Verhältnis zur mittleren Energie $\overline{E}$ des Systems, so dass sich die Mikrozustände des kanonischen Ensembles im Phasenraum praktisch auf einer Hyperfläche befinden, die mit der dem mikrokanonischen Ensemble der Energie $\overline{E}$ entsprechenden Hyperfläche zusammenfällt. Damit ist aber eine Unterscheidung des kanonischen und des mikrokanonischen Ensembles im thermodynamischen Limes nicht mehr möglich.

Wir wollen jetzt eine ähnliche Argumentation benutzen, um die physikalische Äquivalenz zwischen kanonischem und großkanonischem Ensemble zu zeigen. Wir betrachten dazu ein großkanonisches Ensemble und bestimmen die mittlere Teilchenzahl[3]. Diese ergibt sich z. B. aus der dritten Gleichung von (5.56). Für die folgende Diskussion ist es aber zweckmäßiger, einen Umweg zu gehen. Dazu berechnen wir die mittlere Teilchenzahl direkt

$$\overline{N} = \frac{1}{Z_{\text{groß}}} \sum_{N=0}^{\infty} N \exp\left(\frac{\mu N}{kT}\right) \int \frac{d\Gamma^{(N)}}{(2\pi\hbar)^{3N} N!} \exp\left(-\frac{H}{kT}\right) \quad (5.61)$$

Damit können wir auch schreiben

$$\overline{N} = \frac{kT}{Z_{\text{groß}}} \frac{\partial}{\partial \mu} \sum_{N=0}^{\infty} \exp\left(\frac{\mu N}{kT}\right) \int \frac{d\Gamma^{(N)}}{(2\pi\hbar)^{3N} N!} \exp\left(-\frac{H}{kT}\right) \quad (5.62)$$

oder

$$\overline{N} = \frac{kT}{Z_{\text{groß}}} \frac{\partial}{\partial \mu} Z_{\text{gro}} = kT \frac{\partial \ln Z_{\text{groß}}}{\partial \mu} = -\frac{\partial \Omega}{\partial \mu} \quad (5.63)$$

Der letzte Ausdruck ist uns aus (5.56) bereits bekannt. Wir benutzen jetzt die gleiche Strategie, um $\overline{N^2}$ zu berechnen. Der einzige Unterschied ist, dass wir zweimal nach dem chemischen Potential differenzieren müssen, um N^2 aus dem großkanonischen Zustandsintegral zu erhalten

$$\begin{aligned}\overline{N^2} &= \frac{1}{Z_{\text{groß}}} \sum_{N=0}^{\infty} N^2 \exp\left(\frac{\mu N}{kT}\right) \int \frac{d\Gamma^{(N)}}{(2\pi\hbar)^{3N} N!} \exp\left(-\frac{H}{kT}\right) \\ &= \frac{(kT)^2}{Z_{\text{groß}}} \frac{\partial^2 Z_{\text{groß}}}{\partial \mu^2}\end{aligned} \quad (5.64)$$

---

[3] In diesem Abschnitt unterscheiden wir noch einmal zwischen der aktuellen Teilchenzahl N eines beliebig ausgewählten Mikrozustandes des Ensembles und der mittleren Teilchenzahl $\overline{N}$, weil wir zeigen wollen, dass im thermodynamischen Limes $N/\overline{N} \to 1$ dem Wahrscheinlichkeitsmaß nach gilt. Das bedeutet, dass für $N \to \infty$ das Verhältnis $N/\overline{N}$ mit an Sicherheit grenzender Wahrscheinlichkeit den Wert 1 annimmt. Abweichungen von diesem Wert treten im thermodynamischen Limes nur noch mit dem unwesentlichen Wahrscheinlichkeitsmaß 0 auf.

5.6 Teilchenzahlfluktuationen

Damit ist dann die mittlere quadratische Fluktuation der Teilchenzahl im großkanonischen Ensemble $\overline{\delta N^2} = \overline{N^2} - \overline{N}^2$ bestimmt durch den Ausdruck

$$\overline{\delta N^2} = \frac{(kT)^2}{Z_{\text{groß}}} \frac{\partial^2 Z_{\text{groß}}}{\partial \mu^2} - (kT)^2 \left(\frac{\partial \ln Z_{\text{groß}}}{\partial \mu}\right)^2 = (kT)^2 \frac{\partial^2 \ln Z_{\text{groß}}}{\partial \mu^2} \tag{5.65}$$

und damit

$$\left\langle (\delta N)^2 \right\rangle = -kT \frac{\partial^2 \Omega}{\partial \mu^2} \tag{5.66}$$

Die relative quadratische Schwankung der Teilchenzahl ist folglich gegeben durch

$$\frac{\langle (\delta N)^2 \rangle}{\langle N \rangle^2} = -kT \frac{\partial^2 \Omega}{\partial \mu^2} \left(\frac{\partial \Omega}{\partial \mu}\right)^{-2} \tag{5.67}$$

Das große Potential ist eine extensive Größe. Wählt man in der entsprechenden Skalenrelation

$$\Omega(T, \lambda V, \mu) = \lambda \Omega(T, V, \mu) \tag{5.68}$$

die Skalierung $\lambda = 1/V$, dann findet man

$$\Omega(T, V, \mu) = V \Omega(T, 1, \mu) \tag{5.69}$$

d. h. wir haben die allgemeine Proportionalität

$$\Omega \sim V \quad \text{also} \quad \frac{\partial \Omega}{\partial \mu} \sim V \quad \text{und} \quad \frac{\partial^2 \Omega}{\partial \mu^2} \sim V \tag{5.70}$$

und damit

$$\frac{\sqrt{\overline{\delta N^2}}}{\overline{N}} \sim \frac{1}{\sqrt{V}} \tag{5.71}$$

Die Schwankung der Teilchenzahl wird also in jedem hinreichend großen System des großkanonischen Ensembles im Vergleich zur mittleren Teilchenzahl beliebig klein. Das bedeutet aber, dass der Austausch von Partikeln mit dem Bad an sich von sekundärer Bedeutung ist. Die Fixierung der Teilchenzahl und damit der Übergang vom großkanonischen zum kanonischen Ensemble hat im thermodynamischen Limes überhaupt keinen Einfluss auf makroskopische Größen. Offenbar zeigt sich hier eine typische Eigenschaft, aber auch eine notwendige Forderung an alle physikalisch relevanten Ensemble:

> Alle thermodynamischen Ensemble müssen im thermodynamischen Limes den gleichen physikalischen Sachverhalt beschreiben. Die in einem Ensemble bestimmten makroskopischen Observablen haben in den anderen Ensembles notwendig den gleichen Wert.

Offenbar wird die Wahl des Ensembles hauptsächlich von der physikalischen Fragestellung und der jeweils im Vordergrund stehenden Problemklasse bestimmt. Es gibt also nur methodische, aber keine physikalischen Zwänge, sich für das eine oder andere Ensemble zu entscheiden, zumindest solange man die thermodynamischen Eigenschaften makroskopischer Systeme bestimmen will.

5.7
Klassisches ideales Gas im großkanonischen Ensemble

5.7.1
Einkomponentiges ideales Gas

Wir wollen jetzt die soeben getroffenen Aussagen an einem einfachen Beispiel überprüfen und die in Kap. 4.6.1 unter Verwendung des kanonischen Ensembles bestimmten thermodynamischen Relationen des klassischen idealen Gases im Rahmen des großkanonischen Ensembles reproduzieren. Wir beginnen unsere Überlegungen mit der Darstellung des großkanonischen Zustandsintegrals. Da die Teilchen des idealen Gases alle unabhängig voneinander sind, können wir die in (5.25) abgeleitete Faktorisierungsvorschrift benutzen. Dazu benötigen wir nur noch das Zustandsintegral $Z_{\text{kan}}(T,V,1)$ eines einzelnen Partikels des idealen Gases. Dieses ist nach (4.75) aber gerade

$$Z_{\text{kan}}(T,V,1) = \frac{V}{\lambda^3} \tag{5.72}$$

wobei λ die thermische Wellenlänge (3.225)

$$\lambda = \left(\frac{h^2}{2\pi mkT}\right)^{1/2} \tag{5.73}$$

ist. Damit folgt für das großkanonische Zustandsintegral

$$\begin{aligned}Z_{\text{groß}}(T,V,\mu) &= \exp\left\{\exp\left(\frac{\mu}{kT}\right) Z_{\text{kan}}(T,V,1)\right\} \\ &= \exp\left\{\frac{V}{\lambda^3} \exp\left(\frac{\mu}{kT}\right)\right\} \end{aligned} \tag{5.74}$$

und für das große Potential

$$\Omega = -kT \ln Z_{\text{groß}}(T,V,\mu) = -kT\left\{V \exp\left(\frac{\mu}{kT}\right)\left(\frac{2\pi mkT}{h^2}\right)^{3/2}\right\} \tag{5.75}$$

wobei hier λ explizit eingesetzt wurde. Aus dessen partiellen Ableitungen nach den Zustandsvariablen T, V und μ folgen gemäß (5.56) die Entropie, die thermische Zustandsgleichung und die mittlere Teilchenzahl.

Zunächst findet man für die Entropie

$$S = -\left(\frac{\partial \Omega}{\partial T}\right)_{V,\mu} = kV \exp\left(\frac{\mu}{kT}\right) \left(\frac{2\pi mkT}{h^2}\right)^{3/2} \left[\frac{5}{2} - \frac{\mu}{kT}\right] \qquad (5.76)$$

Die Beziehung für den Druck lautet

$$p = -\left(\frac{\partial \Omega}{\partial V}\right)_{T,\mu} = kT \exp\left(\frac{\mu}{kT}\right) \left(\frac{2\pi mkT}{h^2}\right)^{3/2} \qquad (5.77)$$

während die Teilchenzahl durch

$$N = -\left(\frac{\partial \Omega}{\partial \mu}\right)_{T,V} = V \exp\left(\frac{\mu}{kT}\right) \left(\frac{2\pi mkT}{h^2}\right)^{3/2} \qquad (5.78)$$

gegeben ist. Aus (5.78) erhalten wir für das chemische Potential

$$\mu = -kT \ln \frac{V}{N\lambda^3} \qquad (5.79)$$

Eleminiert man nun aus (5.76) das chemischen Potential zugunsten der Teilchenzahl, dann erhalten wir für die Entropie des idealen Gases

$$S = kN \left[\frac{5}{2} + \ln \frac{V}{N\lambda^3}\right] \qquad (5.80)$$

und analog aus (5.77) die thermische Zustandsgleichung des idealen Gases

$$pV = NkT \qquad (5.81)$$

Der Vergleich mit (4.83), (4.87) und (4.90) zeigt die Übereinstimmung mit den für das kanonische Ensemble erhaltenen Ausdrücken.

5.7.2
M-komponentiges ideales Gas

Als weiteres Beispiel betrachten wir jetzt ein aus M Komponenten (Teilchensorten) bestehendes ideales Gas. Die Hamilton-Funktion ist durch (4.65) gegeben. Wir beginnen also mit

$$H(\vec{\Gamma}) = \sum_{A=1}^{M} H(\vec{\Gamma}_A) = \sum_{A=1}^{M} \sum_{i=1}^{N_A} \frac{\boldsymbol{p}_{i,A}^2}{2m_A} \qquad (5.82)$$

wobei $\boldsymbol{p}_{i,A}$ der Impulsvektor des Teilchens i in der Komponente A ist, N_A die Anzahl der Teilchen in der Komponenten A beschreibt, A von $1, \ldots, M$ läuft und die Gesamtteilchenzahl durch

$$N = \sum_{A=1}^{M} N_A \qquad (5.83)$$

gegeben ist. Die folgende Rechnung läuft analog zu der in Abschnitt 4.6.1 für die kanonische Gesamtheit durchgeführten und erlaubt typische Unterschiede in der mathematisch-technischen Behandlung aufzuzeigen. Zunächst schreiben wir die großkanonische Zustandssumme auf

$$Z_{\text{groß}}(T,V,\{\mu_A\}) = \sum_{N_A=0}^{\infty} \cdots \sum_{N_M=0}^{\infty} \int \exp\left[-\frac{1}{kT}\sum_{A=1}^{M}\left(H_A(\vec{\Gamma_A}) - \mu_A N_A\right)\right] \prod_{A=1}^{M} \frac{d\Gamma^{(A)}}{(2\pi\hbar)^{3N_A} N_A!} \quad (5.84)$$

Dieser Ausdruck kann in die folgende Form gebracht werden

$$Z_{\text{groß}}(T,V,\{\mu_A\}) = \sum_{N_A=0}^{\infty} \cdots \sum_{N_M=0}^{\infty} \prod_{A=1}^{M} \left\{ \int e^{-\beta H_A(\vec{\Gamma_A})} \frac{d\Gamma^{(A)}}{(2\pi\hbar)^{3N_A} N_A!} e^{\beta \mu_A N_A} \right\} \quad (5.85)$$

Das Integral ist das Zustandsintegral der kanonischen Gesamtheit der Komponente A. Damit kann die Zustandssumme der großkanonischen Gesamtheit geschrieben werden als

$$Z_{\text{groß}}(T,V,\{\mu_A\}) = \sum_{N_A=0}^{\infty} \cdots \sum_{N_M=0}^{\infty} Z_{\text{kan},A}(T,V,N_A) e^{\frac{1}{kT}\mu_A N_A} \quad (5.86)$$

Die kanonische Zustandssumme eines Systems mit N_A Teilchen der Teilchensorte A wird mit (4.68)–(4.70) zu

$$Z_{\text{kan},A}(T,V,N_A) = \frac{1}{N_A!}(Z_{\text{kan},A}(T,V,1))^{N_A} \quad (5.87)$$

Dabei ist $Z_{\text{kan},A}(T,V,1)$ die kanonische Zustandssumme eines Systems mit einem Teilchen der Sorte A. Wir setzen dieses Ergebnis in (5.86) ein und erhalten

$$Z_{\text{groß}}(T,V,\{\mu_A\}) = \sum_{N_A=0}^{\infty} \cdots \sum_{N_M=0}^{\infty} \prod_{A=1}^{M} \frac{1}{N_A!}(Z_{\text{kan},A}(T,V,1))^{N_A} e^{\frac{1}{kT}\mu_A N_A}$$

$$= \prod_{A=1}^{M}\left[\sum_{N_A=0}^{\infty}\frac{1}{N_A!}\left(Z_{\text{kan},A}(T,V,1)e^{\frac{\mu_A}{kT}}\right)^{N_A}\right]$$

$$= \prod_{A=1}^{M} \exp\left(Z_{\text{kan},A}(T,V,1)e^{\frac{\mu_A}{kT}}\right) \quad (5.88)$$

Bei der Behandlung eines M-komponentigen idealen Gases im Rahmen der kanonischen Gesamtheit hatten wir in (4.75) für die Zustandssumme eines

Systems, das aus einem Teilchen der Komponente A besteht, folgenden Ausdruck erhalten

$$Z_A^{\text{kan}}(T,V,1) = \frac{V}{\lambda_A^3} \tag{5.89}$$

Die thermische Wellenlänge (4.74) der Komponente A ist

$$\lambda_A = \left(\frac{h^2}{2\pi m_A kT}\right)^{1/2} \tag{5.90}$$

Damit erhalten wir als Zustandssumme der großkanonischen Gesamtheit

$$Z_{\text{groß}}(T,V,\{\mu_A\}) = \prod_{A=1}^{M} \exp\left(\frac{V}{\lambda_A^3} e^{\frac{\mu_A}{kT}}\right) \tag{5.91}$$

Für das große Potential ergibt sich nach (5.19)

$$\Omega(T,V,\{\mu_A\}) = -kT \ln Z_{\text{groß}} \tag{5.92a}$$

$$= -kT \sum_{A=1}^{M} \frac{V}{\lambda_A^3} e^{\frac{\mu_A}{kT}} \tag{5.92b}$$

$$= -kT \sum_{A=1}^{M} \frac{V}{\left(\frac{h^2}{2\pi m_A kT}\right)^{3/2}} e^{\frac{\mu_A}{kT}} \tag{5.92c}$$

In (5.92c) haben wir die in λ_A enthaltene Temperaturabhängigkeit explizit angegeben. Nach (5.56) lassen sich daraus die folgenden thermodynamischen Größen ableiten

$$S = -\left(\frac{\partial \Omega}{\partial T}\right)_{V,\mu} \qquad p = -\left(\frac{\partial \Omega}{\partial V}\right)_{T,\mu} \qquad N_A = -\left(\frac{\partial \Omega}{\partial \mu_A}\right)_{T,V} \tag{5.93}$$

Die Ausführung der Ableitungen ergibt nacheinander

$$S = \sum_{A=1}^{M} \frac{V}{\lambda_A^3} e^{\frac{\mu_A}{kT}} \left(\frac{5}{2}k - \frac{\mu_A}{T}\right) \tag{5.94a}$$

$$p = kT \sum_{A=1}^{M} \frac{1}{\lambda_A^3} e^{\frac{\mu_A}{kT}} \tag{5.94b}$$

$$N_A = \frac{V}{\lambda_A^3} e^{\frac{\mu_A}{kT}} \tag{5.94c}$$

Wir können (5.94c) nach dem chemischen Potential μ_A der Komponente A auflösen und erhalten

$$\mu_A = kT \ln\left(\frac{N_A}{V}\lambda_A^3\right) \tag{5.95}$$

Wir eliminieren das chemische Potential aus (5.94b) und erhalten mit (5.94c) die Zustandsgleichung des idealen Gases

$$p = kT \sum_{A=1}^{M} \frac{N_A}{V} \tag{5.96}$$

bzw. mit (5.83)

$$pV = NkT \tag{5.97}$$

Wenn wir das chemische Potential aus dem Ausdruck (5.94a) für die Entropie mit Hilfe von (5.94c) und (5.95) eliminieren, erhalten wir

$$S = \sum_{A=1}^{M} N_A \left(\frac{5}{2} k - \ln \frac{N_A \lambda_A^3}{V} \right) \tag{5.98}$$

Der Vergleich mit den Resultaten der Berechnung der thermischen Zustandgleichung (4.82) und der Entropie (4.83) für die kanonische Gesamtheit zeigt vollkommene Übereinstimmung auf der Ebene der Größen der Thermodynamik. Ausgehend von (5.95) erhalten wir ebenfalls vollkommene Übereinstimmung mit den Ergebnissen der in Abschnitt 4.6.3 für zweikomponentige Mischungen durchgeführten Rechnungen.

5.8
Ideale Quantengase

5.8.1
Bosonen, Fermionen und klassische Partikel

Im Rahmen der Behandlung des idealen Gases wurde bereits darauf hingewiesen, dass die klassische Behandlung eines solchen Systems nur dann sinnvoll ist, wenn die thermische Wellenlänge λ (3.225) als de Broglie-Wellenlänge eines Teilchens mit der Energie πkT wesentlich kleiner als der mittlere Abstand der Partikel ist. Diesen kann man direkt aus der Dichte berechnen. Weil V/N das Volumen ist, das ein Partikel für sich beansprucht, ist die mittlere Distanz zwischen zwei benachbarten Partikeln von der Größenordnung $(V/N)^{1/3}$. Damit ist die Bedingung, dass ein Gas klassisch behandelt werden kann, gerade $\lambda \ll (V/N)^{1/3}$ oder

$$\frac{h^6 n^2}{8\pi^3 m^3 k^3 T^3} \ll 1 \tag{5.99}$$

mit $n = N/V$, d. h. ein Gas kann klassisch behandelt werden, wenn die Dichte gering oder die Temperatur hoch ist. Ist diese Bedingung nicht erfüllt, dann muss ein quantenmechanischer Zugang gewählt werden. Solche Quantengase treten in der Natur relativ häufig auf. Zum Beispiel bilden die Photonen der Hohlraumstrahlung ein typisches Quantengas, aber auch die Elektronen in einem Metall und die Schwingungsanregungen (Phononen) in Festkörpern verhalten sich wie Quantengase.

Der Begriff ideales Quantengas bezieht sich auf die Wechselwirkung der Partikel untereinander. Verschwindet die Wechselwirkung oder ist sie zumindest vernachlässigbar gering, dann spricht man von einem idealen Quantengas. Die oben aufgezählten Beispiele gehören zu dieser speziellen Klasse von Vielteilchensystemen. Das Fehlen der Wechselwirkung zwischen quantenmechanischen Partikeln bedeutet aber nicht, dass diese unabhängig voneinander sind[4] und durch ein einfaches Produkt von Einteilchenwellenfunktionen beschrieben werden können. Vielmehr sind quantenmechanische identische Partikel nicht unterscheidbar. Die Wellenfunktionen der einzelnen Partikel müssen zu einer gemeinsamen Wellenfunktion zusammengefasst werden, in der die Einteilchenzustände auf Grund der zu fordernden Symmetrie gegenüber Teilchenvertauschungsoperationen miteinander verschränkt sind. Die Gesamtwellenfunktion identischer Teilchen muss bei Teilchenvertauschung entweder symmetrisch (Bose-Teilchen) oder antisymmetrisch (Fermi-Teilchen) sein.

Um dem fundamentalen Prinzip der Ununterscheidbarkeit quantenmechanischer Partikel eines Vielteilchensystems in einer möglichst einfachen Darstellung Rechnung zu tragen, verwendet man statt der Darstellung durch symmetrische und antisymmetrische Zustandsfunktionen die Besetzungszahldarstellung. Diese haben wir in Band IV, Kap. 4 bereits eingeführt und deren Eigenschaften und Regeln umfassend diskutiert. Für unsere jetzigen Betrachtungen ist es ausreichend zu wissen, dass jeder Zustand in dieser Darstellung durch

$$|n\rangle = |n_1, n_2, n_3, ...\rangle \qquad (5.100)$$

beschrieben wird. Diese Schreibweise beinhaltet, dass sich n_1 Teilchen im Einteilchenzustand 1, n_2 Teilchen im Einteilchenzustand 2 usw. befinden. Der quantenmechanische Zustand ist durch die Besetzungszahlliste $\{n_1, n_2, n_3, ...\}$ vollständig charakterisiert. Die Zustände $|n\rangle$ sind Eigenzustände der Teilchenzahloperatoren $\hat{n}_k$ mit

$$\hat{n}_k |n\rangle = n_k |n\rangle \qquad (5.101)$$

wobei n_k die Besetzungszahl des k-ten Einteilchenzustands ist. Die Gesamtteilchenzahl im Zustand $|n\rangle$ ist dann als Eigenwert N des Gesamtteilchenzahloperators

$$\hat{N} = \sum_{k=1}^{\infty} \hat{n}_k \qquad (5.102)$$

---

4) siehe Band III, Kap. 10

entsprechend
$$\hat{N}|n\rangle = N|n\rangle \tag{5.103}$$

mit
$$N = \sum_{k=1}^{\infty} n_k \tag{5.104}$$

gegeben. Um die Energie eines Systems wechselwirkungsfreier Teilchen zu bestimmen, betrachtet man zunächst ein einzelnes Teilchen, dessen Quantenzustände sich durch Lösen seiner Einteilchen-Schrödinger-Gleichung ergeben. Man erhält auf diese Weise das Energieeigenwertspektrum ε_k des Einzelteilchens. Wegen der Wechselwirkungsfreiheit der Teilchen ist der Hamilton-Operator des Gesamtsystems additiv aus den Einteilchen-Hamilton-Operatoren aufgebaut. Deshalb sind die Energieeigenwerte des Zustands $|n\rangle$ durch

$$\hat{H}|n\rangle = E|n\rangle \tag{5.105}$$

mit
$$E = \sum_{k=1}^{\infty} \varepsilon_k n_k \tag{5.106}$$

bestimmt.

Wie oben schon angedeutet unterscheiden wir prinzipiell zwischen Fermionen und Bosonen. Systeme bosonischer Teilchen oder einfach bosonische Systeme werden durch eine vollständig symmetrische Wellenfunktion beschrieben. Die Vertauschung zweier Partikel ändert daher die Wellenfunktion nicht. In der Besetzungszahldarstellung bedeutet diese Symmetrie[5], dass jeder Zustand durch beliebig viele Teilchen besetzt werden kann.

Demgegenüber besitzen fermionische Systeme eine vollständig antisymmetrische Wellenfunktion. Die Vertauschung zweier Partikel ändert das Vorzeichen der Wellenfunktion. In der Besetzungszahldarstellung äußert sich diese Eigenschaft darin[6], dass jeder Einteilchenzustand höchstens mit einem Teilchen besetzt ist. Diese Eigenschaft korrespondiert mit dem Pauli-Prinzip, das – ursprünglich speziell für Elektronen formuliert[7] – verlangt, dass sich zwei Elektronen niemals im gleichen Zustand befinden.

Wir betrachten noch ein drittes ideales Vielteilchensystem, das an sich dem klassischen Fall sehr nahe steht. Dazu stellt man sich ein ideales Gas vor, dessen Partikel unterscheidbar sind. Dann ist die Wellenfunktion des Systems einfach eine Produktfunktion der Einteilchenwellenfunktion und damit weder symmetrisch noch antisymmetrisch. Es entsteht nur dann eine partielle Symmetrie, wenn zwei oder mehrere Einteilchenzustände gleich sind. Daher

---

[5]) siehe Band IV, Kap. 4.2
[6]) siehe Band IV, Kap. 4.2
[7]) siehe Band III, Kap. 8.3 bzw. 10.3

können Partikel nur innerhalb dieser Untergruppen gleicher Einteilchenzustände beliebig vertauscht werden. Solche Systeme sind nicht rein quantenmechanisch[8].

Die Eigenwerte des Hamilton-Operators und des Teilchenzahloperators sind auch in diesem Fall durch (5.105) und (5.103) gegeben. Auch die Bedeutung der Besetzungszahlliste bleibt unverändert. Es muss aber beachtet werden, dass ein Zustand des quantenmechanischen Systems unterscheidbarer Partikel nicht wie im Fall ununterscheidbarer Teilchen vollständig durch die Besetzungszahlliste bestimmt ist, sondern dass eine bestimmte vorgegebene Konfiguration $\{n_1, n_2, ..., n_k, ...\}$ immer noch eine Anzahl unterschiedlicher Zustände erlaubt. Die Bestimmung dieser Anzahl ist ein kombinatorisches Problem. Dazu geht man davon aus, dass N Partikel gerade $N!$ Vertauschungen erlauben. Jede dieser Vertauschungen führt zu einem neuen Gesamtzustand, abgesehen von dem Fall, dass Teilchen, die sich im gleichen Zustand befinden, vertauscht werden. Davon gibt es im ersten Zustand $n_1!$ Möglichkeiten, im zweiten Zustand $n_2!$ Möglichkeiten usw. Deshalb müssen die Beiträge eines Zustandes des Vielteilchensystems zu Verteilungsfunktionen und Erwartungswerten um die Zahl aller möglichen Vertauschungen innerhalb dieses Zustandes korrigiert werden. Als Korrekturfaktor tritt dann die kombinatorische Größe

$$\mathcal{Z}(n_1, n_2, ..., n_k, ...) = \frac{N!}{n_1! n_2! ... n_k! ...} = \frac{N!}{\prod_{k=1}^{\infty} n_k!} \qquad (5.107)$$

auf, die als Zahl der unterscheidbaren Zustände einer durch die Besetzungsliste $\{n_1, n_2, ..., n_k, ...\}$ definierten Konfiguration verstanden werden muss.

Die Wechselwirkung eines Systems des großkanonischen Ensembles mit der Umgebung führt dazu, dass die Besetzungszahlliste sich ständig ändert. Zum einen können Partikel das System verlassen oder neue hinzukommen, zum anderen kann der Anregungszustand eines Partikels und damit ebenfalls wieder die Besetzungszahlliste durch Emission oder Absorbtion von Energie verändert werden[9]. Wir machen darauf aufmerksam, dass die Wechselwirkung mit dem Bad nicht im Widerspruch zum idealen Charakter des betrachteten Vielteilchensystems, d. h. zur Wechselwirkungsfreiheit der einzelnen Partikel des Vielteilchensystems untereinander, steht[10].

---

8) Im Prinzip sind wir bereits solchen unterscheidbaren Observablen begegnet. So sind die quantenmechanischen inneren Freiheitsgrade eines klassischen idealen Gases nicht vertauschbar (vgl. Abschnitt 4.6.4), da sie an unterscheidbare Partikel gebunden sind.
9) So tauschen z. B. die Elektronen eines Metalls permanent mit den Schwingungsfreiheitsgrades des gleichen Festkörpers, die als Bestandteile des thermodynamischen Bades interpretiert werden können, Energie aus.
10) siehe Fußnote 2 in Kapitel 4

5.8.2
Großkanonische Zustandssumme und großes Potential

5.8.2.1 Bose-Einstein-Statistik

Wir wollen jetzt die Zustandssumme und daraus das große Potential eines Systems identischer Bosonen bestimmen. Dazu starten wir von der allgemeinen Definition (5.14) der großen Zustandssumme und erhalten in der oben beschriebenen Besetzungszahldarstellung

$$Z_{\text{groß}} = \text{Sp} \exp\{-\beta \hat{H} + \beta \mu \hat{N}\} = \sum_{\{n_1, n_2, \dots, n_k, \dots\}} \exp\{-\beta E + \beta \mu N\} \quad (5.108)$$

wobei N und E durch (5.104) und (5.106) gegeben sind. Setzt man diese Formeln explizit ein, dann erhält man, da jede der Besetzungszahlen von 0 bis ∞ laufen kann

$$Z_{\text{groß}}^{\text{BE}} = \sum_{\{n_1, n_2, \dots, n_k, \dots\}} \exp\left\{-\beta \sum_k (\epsilon_k - \mu) n_k\right\} \quad (5.109a)$$

$$= \prod_k \left[\sum_{n_k=0}^{\infty} \exp\{-\beta(\epsilon_k - \mu) n_k\}\right] \quad (5.109b)$$

$$= \prod_k [1 - \exp\{-\beta(\epsilon_k - \mu)\}]^{-1} \quad (5.109c)$$

Mit (5.19) ist das große Potential für Teilchen mit Bosonencharakter durch

$$\Omega_{\text{BE}} = kT \sum_k \ln\left(1 - e^{-\beta(\epsilon_k - \mu)}\right) \quad (5.110)$$

gegeben. Man sagt, dass ideale Quantengase, deren große Zustandssumme durch (5.109c) bzw. deren großes Potential durch (5.110) gegeben ist, der Bose-Einstein-Statistik genügen.

5.8.2.2 Fermi-Dirac-Statistik

Legt man ein System identischer Fermionen zugrunde, dann lautet die großkanonische Zustandssumme (5.14)

$$Z_{\text{groß}} = \text{Sp} \exp\{-\beta \hat{H} + \beta \mu \hat{N}\} = \sum_{\{n_1, n_2, \dots, n_k, \dots\}} \exp\{-\beta E + \beta \mu N\} \quad (5.111)$$

wobei E und N wieder durch (5.106) und (5.104) gegeben sind. Allerdings ist jetzt zu beachten, dass jede Besetzungszahl n_k nur die Werte 0 und 1 annehmen kann

$$Z_{\text{groß}}^{\text{FD}} = \sum_{\{n_1,n_2,\ldots,n_k,\ldots\}} \exp\left\{-\beta \sum_k (\epsilon_k - \mu) n_k\right\} \qquad (5.112\text{a})$$

$$= \prod_k \left[\sum_{n_k=0}^{1} \exp\left\{-\beta(\epsilon_k - \mu) n_k\right\}\right] \qquad (5.112\text{b})$$

$$= \prod_k \left[1 + \exp\left\{-\beta(\epsilon_k - \mu)\right\}\right] \qquad (5.112\text{c})$$

Damit ist das große Potential (5.19) für Teilchen mit Fermionencharakter

$$\Omega_{FD} = -kT \sum_k \ln\left(1 + e^{-\beta(\epsilon_k - \mu)}\right) \qquad (5.113)$$

Man spricht in diesem Zusammenhang auch davon, dass das Fermionensystem der Fermi-Dirac-Statistik unterliegt.

5.8.2.3 Maxwell-Boltzmann-Statistik

Als letztes wollen wir den Fall gleicher, aber z. B. durch die Nummerierung unterscheidbarer Teilchen untersuchen. In diesem Fall liefert die Besetzungszahlliste keine vollständige Beschreibung des Gesamt(produkt)zustandes, da sie nur angibt, wie viele, aber nicht welche Teilchen sich in bestimmten (durch die Quantenmechanik festgelegten) Einteilchenzuständen befinden. Im Folgenden müssen wir berücksichtigen, dass die Vertauschung der numerierten Teilchen zwischen den quantenmechanisch festgelegten Zuständen einen neuen Gesamtproduktzustand ergibt, ausgenommen in den Fällen, in denen Teilchen vertauscht werden, die sich in den gleichen Einteilchenzuständen befinden.

Zunächst schreiben wir die großkanonische Zustandssumme (5.14) als

$$Z_{\text{groß}} = \text{Sp}\exp\left\{-\beta \hat{H} + \beta\mu \hat{N}\right\} = \sum_{N=0}^{\infty} \frac{\exp\{\beta\mu N\}}{N!} \sum_{\text{Zustände}} \exp\{-\beta E\} \qquad (5.114)$$

Die erste Summe läuft über Ensembles mit $N = 0, 1, \ldots, \infty$ Teilchen. Der Faktor $1/N!$ ist der Gibbs'sche Korrekturfaktor. Die Summe über alle Zustände bedeutet hier, dass über alle unterscheidbaren Quantenzustände zu summieren ist, die mit der Teilchenzahl N verträglich sind. Um jetzt die Besetzungsliste einzuführen, muss einerseits berücksichtigt werden, dass wegen dieser Verträglichkeit (5.104) zu fordern ist, die Energie durch (5.106) gegeben und außerdem eine beliebige Listenkonfiguration noch immer die durch (5.107) bestimmte Anzahl unabhängiger Zustände enthält. Dann ist

$$Z_{\text{groß}}^{\text{MB}} = \sum_{N=0}^{\infty} \frac{\exp\{\beta\mu N\}}{N!} \sum_{\{n_1,n_2,\ldots,n_k,\ldots\}} \delta_{N,\Sigma_k n_k} \frac{N!}{\prod(n_k!)} \exp\left\{-\beta \sum_k \epsilon_k n_k\right\} \qquad (5.115)$$

Nutzt man die Eigenschaften des Kronecker-Symbols aus, dann folgt

$$Z_{\text{groß}}^{MB} = \sum_{\{n_1,n_2,\ldots,n_k,\ldots\}} \left[\sum_{N=0}^{\infty} \delta_{N,\sum_k n_k}\right] \frac{1}{\prod(n_k!)} \exp\left\{-\beta \sum_k (\epsilon_k - \mu) n_k\right\} \quad (5.116)$$

Die nach der Vertauschung der beiden Summationen entstandene innere Summe kann ausgeführt werden und ergibt den Wert 1. Dann verbleibt nur noch die Auswertung von

$$Z_{\text{groß}}^{MB} = \sum_{\{n_1,n_2,\ldots,n_k,\ldots\}} \frac{1}{\prod(n_k!)} \exp\left\{-\beta \sum_k (\epsilon_k - \mu) n_k\right\} \quad (5.117a)$$

$$= \prod_k \left[\sum_{n_k=0}^{\infty} \frac{1}{n_k!} \exp\left\{-\beta(\epsilon_k - \mu) n_k\right\}\right] \quad (5.117b)$$

$$= \prod_k \exp\left[\exp\left\{-\beta(\epsilon_k - \mu)\right\}\right] \quad (5.117c)$$

Damit ist das große Potential von Teilchen, die der sogenannten Maxwell-Boltzmann-Statistik genügen, durch

$$\Omega_{MB} = -kT \sum_k \exp\left\{-\beta(\epsilon_k - \mu)\right\} \quad (5.118)$$

gegeben.

5.8.3
Mittlere Besetzungszahl eines Zustands

Wir wollen jetzt bestimmen, mit wie vielen Teilchen ein Einteilchenzustand k im Mittel besetzt ist. Dazu nutzen wir den Teilchenzahloperator $\hat{n}_k$. Dieser Operator zählt bei der Anwendung auf den Zustand (5.100) ausschließlich, wie viele Teilchen sich im Zustand k befinden. Während der Gesamtteilchenzahloperator dann durch (5.102) bestimmt ist, lautet der Hamilton-Operator des betrachteten idealen Quantengases

$$\hat{H} = \sum_k \epsilon_k \hat{n}_k \quad (5.119)$$

Damit ist die mittlere Besetzungszahl $\bar{n}_m$ des Zustandes m

$$\bar{n}_m = \text{Sp}\,\hat{n}_m \hat{\rho} = \frac{1}{Z_{\text{groß}}} \text{Sp}\,\hat{n}_m \exp\left\{-\beta \sum_k \epsilon_k \hat{n}_k + \mu\beta \sum_k \hat{n}_k\right\} \quad (5.120)$$

Um den Operator $\hat{n}_m$ vor der Exponentialfunktion zu eliminieren, nutzen wir folgenden Trick

$$\bar{n}_m = -\frac{1}{Z_{\text{groß}}\beta} \frac{\partial}{\partial \epsilon_m} \text{Sp}\,\exp\left\{-\beta \sum_k \epsilon_k \hat{n}_k + \mu\beta \sum_k \hat{n}_k\right\} \quad (5.121)$$

und damit

$$\bar{n}_m = -\frac{kT}{Z_{\text{groß}}} \frac{\partial}{\partial \epsilon_m} Z_{\text{groß}} = -kT \frac{\partial}{\partial \epsilon_m} \ln Z_{\text{groß}} = \frac{\partial \Omega}{\partial \epsilon_m} \quad (5.122)$$

Auf diese Weise findet man für die mittlere Besetzung des m-ten Zustands im bosonischen Fall

$$\bar{n}_m = \frac{\partial \Omega_{BE}}{\partial \epsilon_m} = kT \sum_k \frac{\partial \ln\left(1 - e^{-\beta(\epsilon_k - \mu)}\right)}{\partial \epsilon_m} \quad (5.123)$$

also

$$\bar{n}_m = \frac{1}{\exp\{\beta(\epsilon_m - \mu)\} - 1} \quad (5.124)$$

Das ist die sogenannte *Bose-Einstein-Verteilung*. Sie gibt die mittlere Zahl von Bosonen im Zustand m an. Der tiefste Energieeigenwert wird gewöhnlich auf null geeicht, d. h. es ist $\epsilon_0 = 0$. Da die Besetzungszahl nicht negativ werden kann, muss $e^{-\beta\mu} > 1$, also $\beta\mu < 0$ sein. Für das chemische Potential bzw. *die Fugazität*

$$z = e^{\beta\mu} \quad (5.125)$$

von Bosonen gilt dann

$$-\infty < \mu < 0 \quad (5.126a)$$
$$0 < z < 1 \quad (5.126b)$$

Für Fermionen folgt mit der gleichen Prozedur

$$\bar{n}_m = \frac{\partial \Omega_{FD}}{\partial \epsilon_m} = -kT \sum_k \frac{\partial \ln\left(1 + e^{-\beta(\epsilon_k - \mu)}\right)}{\partial \epsilon_m} \quad (5.127)$$

also

$$\bar{n}_m = \frac{1}{\exp\{\beta(\epsilon_m - \mu)\} + 1} \quad (5.128)$$

Diese Verteilung wird auch *Fermi-Dirac-Verteilung* genannt und gibt die mittlere Zahl von Fermionen im Zustand m. Bei Fermionen ist die Besetzungszahl eines Zustandes 0 oder 1. Wenn wir wie vorher die tiefste Energie auf null skalieren, muss $0 < e^{-\beta\mu} < \infty$ sein. Für das chemische Potential bzw. die Fugazität $z = e^{\beta\mu}$ von Fermionen gilt dann

$$-\infty < \mu < +\infty \quad (5.129a)$$
$$0 < z < +\infty \quad (5.129b)$$

Schließlich findet man für den Fall unterscheidbarer Partikel

$$\bar{n}_m = \frac{\partial \Omega_{MB}}{\partial \epsilon_m} = -kT \sum_k \frac{\partial e^{-\beta(\epsilon_k - \mu)}}{\partial \epsilon_m} \quad (5.130)$$

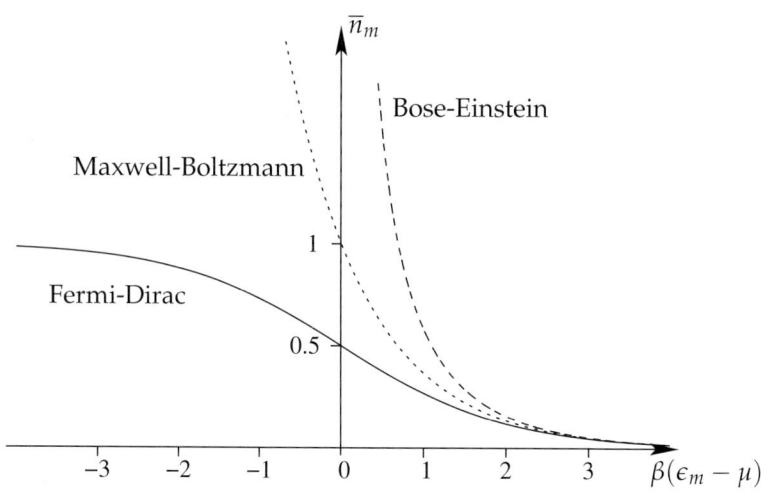

Abb. 5.2 Vergleich der Bose-Einstein-, Fermi-Dirac- und Maxwell-Boltzmann-Verteilung

also
$$\bar{n}_m = \frac{1}{\exp\{\beta(\epsilon_m - \mu)\}} \tag{5.131}$$

Das ist die sogenannte *Maxwell-Boltzmann-Verteilung*.

Alle drei Verteilungen lassen sich in einer gemeinsamen Darstellung vereinigen
$$\bar{n}_m = \frac{1}{\exp\{\beta(\epsilon_m - \mu)\} + a} \tag{5.132}$$

wobei $a = 1$ für die Fermi-Dirac-Verteilung steht, $a = 0$ entspricht der Maxwell-Boltzmann-Verteilung und $a = -1$ liefert die Bose-Einstein-Verteilung. Die mittleren Besetzungszahlen $\bar{n}_m$ in den drei Fällen sind in Abb. 5.2 dargestellt.

5.8.4
Zustandsgleichungen

5.8.4.1 Kalorische Zustandsgleichung

Die kalorische Zustandsgleichung verbindet die innere Energie mit den Zustandsvariablen. Natürlich kann man diese Größe direkt über thermodynamische Relationen aus Ω ableiten. In Abschnitt 5.4 hatten wir mit (5.48) für das große Potential
$$\Omega = U - TS - \mu N = -pV \tag{5.133}$$

gefunden. Auflösen nach U gibt

$$U = \Omega + TS + \mu N \qquad (5.134a)$$
$$U = \Omega - T\left(\frac{\partial \Omega}{\partial T}\right)_{V,\mu} - \mu \left(\frac{\partial \Omega}{\partial \mu}\right)_{T,V} \qquad (5.134b)$$

wobei wir in der zweiten Zeile (5.56) verwendet haben.

Alternativ gibt es einen sehr eleganten Weg, der nur auf den bereits berechneten mittleren Besetzungszahlen basiert. Da der Hamilton-Operator in der Besetzungszahldarstellung durch (5.119) gegeben ist, gilt für den Mittelwert $\overline{H}$ und damit die innere Energie U

$$U = \overline{H} = \sum_k \epsilon_k \overline{n}_k \qquad (5.135)$$

Die explizite Struktur von U wird durch das Spektrum der Energieeigenwerte ϵ_k festgelegt.

5.8.4.2 Thermische Zustandsgleichung
Die thermische Zustandsgleichung kann im großkanonischen Ensemble ebenfalls auf zwei Wegen erhalten werden. Entweder, man nutzt (5.56), also

$$p = -\left(\frac{\partial \Omega}{\partial V}\right)_{T,\mu} \qquad (5.136)$$

oder man verwendet die Relation (5.48), also $\Omega = -pV$. Der zweite Weg ist gewöhlich zweckmäßiger, da die Volumenabhängigkeit von Ω über die Volumenabhängigkeit der Energieigenwerte ϵ_k gesteuert wird, so dass bei der Bildung der Ableitung nach V noch aufwändige Rechnungen notwendig werden können. Im zweiten Fall ist die thermische Zustandsgleichung sofort mit dem großen Potential gegeben.

5.8.4.3 Mittlere Teilchenzahl
Die Teilchenzahl als Funktion von T, V und μ kann als eine dritte thermische Zustandsgleichung verstanden werden. Dazu nutzt man entweder den bekannten thermodynamischen Weg unter Verwendung von (5.56)

$$N = -\left(\frac{\partial \Omega}{\partial \mu}\right)_{T,\mu} \qquad (5.137)$$

oder den einfachen Weg über die mittleren Besetzungszahlen

$$N = \sum_k \overline{n}_k \qquad (5.138)$$

Beide Wege führen natürlich stets zum gleichen Resultat[11].

5.8.5
*Das ideale nichtrelativistische Bose-Gas, Bose-Kondensation

5.8.5.1 *Zustandsdichte, großes Potential, innere Energie, Zustandsgleichung

Wir wollen jetzt das ideale Quantengas aus nichtrelativistischen Bosonen näher untersuchen. Da für ein solches System im Allgemeinen das chemische Potential unbekannt und stattdessen vielmehr die Teilchenzahl bekannt ist, muss μ aus der Relation

$$N = \sum_k \bar{n}_k = \sum_k \frac{1}{\exp\{\beta(\epsilon_k - \mu)\} - 1} \tag{5.139}$$

bestimmt werden. Da stets $N > 0$ ist, muss für alle k die Ungleichung $\mu < \epsilon_k$ gelten. Legen wir das Energiespektrum so fest, dass der Grundzustand $k = 0$ die Energie $\epsilon_0 = 0$ besitzt, dann kann das chemische Potential des nichtrelativistischen idealen Bose-Gases entweder verschwinden oder es muss negativ sein, vgl. (5.126a).

Für die folgenden Betrachtungen benötigen wir das Energieeigenwertspektrum ϵ_k eines freien Bosons. Für ein solches Teilchen in einer Box der Ausmaße $L \times L \times L$ sind uns die Eigenwerte bekannt. Man findet aus der Lösung der Schrödinger-Gleichung

$$\epsilon_k \to \epsilon_k = \frac{\hbar^2 k^2}{2m} \tag{5.140}$$

wobei der Wellenzahlvektor $\mathbf{k}$ die Rolle der Zustandsnummerierung k übernimmt. Natürlich kann $\mathbf{k}$ nur die diskreten Werte

$$\mathbf{k} = \left\{ \frac{2\pi n_x}{L}, \frac{2\pi n_y}{L}, \frac{2\pi n_z}{L} \right\} \tag{5.141}$$

annehmen (n_x, n_y und n_z sind ganze Zahlen). Diese Werte liegen aber so dicht, dass die Summation über alle Zustände durch eine Integration ersetzt werden kann. Dazu führt man zunächst eine formale Umschreibung der Summe über eine beliebige Funktion f_k aus

$$\sum_k f_k \to \sum_k f(\mathbf{k}) = \sum_{\{n_x, n_y, n_z\}} f(\mathbf{k}) \Delta n_x \Delta n_y \Delta n_z \tag{5.142}$$

---

[11] Wir verwenden hier wieder N als traditionelles Symbol für die mittlere Teilchenzahl. Eine Verwechslung mit der Teilchenzahl N als Eigenwert des Teilchenzahloperators $\hat{N}$ ist praktisch ausgeschlossen.

wobei $\Delta n_x = \Delta n_y = \Delta n_z = 1$ gesetzt wurde. Dann erhält man durch Reskalierung der Intervalle

$$\sum_{\mathbf{k}} f(\mathbf{k}) = \frac{L^3}{(2\pi)^3} \sum_{\{n_x,n_y,n_z\}} f(\mathbf{k}) \prod_{i=x,y,z} \left(\frac{2\pi \Delta n_i}{L}\right) \quad (5.143a)$$

$$= \frac{L^3}{(2\pi)^3} \sum_{\mathbf{k}} f(\mathbf{k}) \prod_{i=x,y,z} \Delta k_i \quad (5.143b)$$

Die Intervalle $\Delta k_i = 2\pi \Delta n_i / L$ mit $i = x, y, z$ sind so klein, dass der Übergang zum Integral jetzt problemlos möglich ist. Wir erhalten also endgültig

$$\sum_{\mathbf{k}} f_{\mathbf{k}} \to \frac{V}{(2\pi)^3} \int f(\mathbf{k}) d^3k \quad (5.144)$$

Dieser Übergang von der Summation zur Integration ist generell für alle Systeme gültig, bei denen das Einteilchenspektrum durch Wellenzahlvektoren parametrisiert werden kann. Allerdings birgt der Übergang zur Integration das intrinsische Problem, dass der Grundzustand nicht mitgezählt wird. Das erkennt man am besten in Kugelkoordinaten, wo $d^3k = k^2 dk d\Omega$ gilt ($d\Omega$ ist das infinitesimale Raumwinkelelement). Im Grundzustand gilt $k = 0$, d. h. seine Beiträge werden unterdrückt. Dieser Fehler ist eine typische Folge des Grenzüberganges von der diskreten Summe zum kontinuierlichen Integral. Er wird nur dann relevant, wenn die Funktion $f(\mathbf{k})$ im Grundzustand wesentlich größer als in den angeregten Zuständen ist. Wir korrigieren also den Fehlbeitrag, indem wir den Beitrag $f(\mathbf{0})$ zu dem Integral hinzufügen, also

$$\sum_{\mathbf{k}} f_{\mathbf{k}} \to \frac{V}{(2\pi)^3} \int f(\mathbf{k}) d^3k + f(\mathbf{0}) \quad (5.145)$$

verwenden. Die Dispersionsrelation $\epsilon = \epsilon_{\mathbf{k}} = \epsilon(\mathbf{k})$ ist gewöhnlich radialsymmetrisch, d. h. es gilt $\epsilon = \epsilon(|\mathbf{k}|) = \epsilon(k)$. In unserem speziellen Fall ist $\epsilon = \hbar^2 k^2 / 2m$. Damit ist dann $d\epsilon = \hbar^2 k dk / m$ und wir können die Integration über k durch die Integration über die Energie ϵ ersetzen, also

$$\frac{V}{(2\pi)^3} \int f(\mathbf{k}) d^3k = \frac{V}{(2\pi)^3} \int f(k) k^2 dk d\Omega \quad (5.146a)$$

$$= \frac{4\pi V}{(2\pi)^3} \int f(k) \sqrt{\frac{2m\epsilon}{\hbar^2}} \frac{m}{\hbar^2} d\epsilon \quad (5.146b)$$

$$= \frac{2\pi V}{h^3} (2m)^{3/2} \int f(\epsilon) \epsilon^{1/2} d\epsilon \quad (5.146c)$$

Die hier auftretende Größe

$$g(\epsilon) = \frac{2\pi V}{h^3} (2m)^{3/2} \epsilon^{1/2} \quad (5.147)$$

ist die *Zustandsdichte* des Quantensystems. Die Zustandsdichte wird wesentlich durch die Dispersionsrelation bestimmt. Sie gibt die Zahl der Zustände pro Energieintervall $d\epsilon$ an. Damit verwenden wir endgültig die Substitution

$$\sum_k f_k \to \int_0^\infty g(\epsilon) f(\epsilon) d\epsilon + f(0) \tag{5.148}$$

Wir können jetzt das thermodynamische Verhalten des idealen Bose-Gases untersuchen. Zunächst finden wir für das große Potential mit (5.110)

$$\frac{\Omega}{kT} = \sum_k \ln\left(1 - e^{-\beta(\epsilon_k - \mu)}\right) \tag{5.149a}$$

$$\to \int_0^\infty g(\epsilon) \ln\left(1 - e^{-\beta(\epsilon - \mu)}\right) d\epsilon + \ln\left(1 - e^{\beta\mu}\right) \tag{5.149b}$$

und mit der Fugazität $z = e^{\mu/kT}$ nach (5.125) folgt

$$\Omega = kT \int_0^\infty g(\epsilon) \ln\left(1 - z e^{-\beta\epsilon}\right) d\epsilon + kT \ln(1 - z) \tag{5.150}$$

Nach partieller Integration erhalten wir

$$\int_0^\infty g(\epsilon) \ln\left(1 - z e^{-\beta\epsilon}\right) d\epsilon = \int_0^\infty \frac{2\pi V}{h^3} (2m)^{3/2} \epsilon^{1/2} \ln\left(1 - z e^{-\beta\epsilon}\right) d\epsilon \tag{5.151}$$

$$= \left[\frac{4\pi V}{3h^3} (2m)^{3/2} \epsilon^{3/2} \ln\left(1 - z e^{-\beta\epsilon}\right)\right]_0^\infty$$

$$- \frac{4\pi V}{3h^3} (2m)^{3/2} \int_0^\infty \frac{\epsilon^{3/2} z \beta e^{-\beta\epsilon}}{1 - z e^{-\beta\epsilon}} d\epsilon \tag{5.152}$$

$$= -\frac{2}{3}\beta \int_0^\infty g(\epsilon) \epsilon \left[z^{-1} e^{\beta\epsilon} - 1\right]^{-1} d\epsilon \tag{5.153}$$

Das große Potential nimmt dann die folgende Gestalt an

$$\Omega = -\frac{2}{3} \int_0^\infty g(\epsilon) \epsilon \left[z^{-1} e^{\beta\epsilon} - 1\right]^{-1} d\epsilon + kT \ln(1 - z) \tag{5.154}$$

Für die innere Energie folgt mit der gleichen Technik

$$U = \sum_k \frac{\epsilon_k}{\exp\{\beta(\epsilon_k - \mu)\} - 1} \tag{5.155a}$$

$$\to \int_0^\infty g(\epsilon) \epsilon \left[z^{-1} \exp\{\beta\epsilon\} - 1\right]^{-1} d\epsilon \tag{5.155b}$$

Der Vergleich mit dem großen Potential $\Omega = -pV$ liefert die Zustandsgleichung des Bose-Gases

$$pV = \frac{2}{3} U - kT \ln(1 - z) \tag{5.156}$$

In analoger Weise finden wir für die Teilchenzahl

$$N = \sum_k \frac{1}{\exp\{\beta(\epsilon_k - \mu)\} - 1} \tag{5.157a}$$

$$\rightarrow \int_0^\infty g(\epsilon) \left[z^{-1} \exp\{\beta\epsilon\} - 1\right]^{-1} d\epsilon + \frac{z}{1-z} \tag{5.157b}$$

wobei der letzte Term wieder den Beitrag des Grundzustandes $k = 0$ erfasst. Wir erhalten nach Einsetzen von $g(\epsilon)$

$$N = \frac{2\pi V}{h^3}(2m)^{3/2} \int_0^\infty \frac{\epsilon^{1/2}}{z^{-1}e^{\beta\epsilon} - 1} d\epsilon + \frac{z}{1-z} \tag{5.158}$$

Substituieren wir in dieser Gleichung $\beta\epsilon = x$, dann folgt

$$N = \frac{2\pi V}{h^3} \frac{(2m)^{3/2}}{\beta^{3/2}} \int_0^\infty \frac{x^{1/2}}{z^{-1}e^x - 1} dx + \frac{z}{1-z} \tag{5.159}$$

Mit Hilfe der thermischen Wellenlänge

$$\lambda = \left(\frac{h^2}{2\pi m k T}\right)^{1/2} \tag{5.160}$$

aus (3.225) gelangen wir schließlich zu

$$N = \frac{2}{\sqrt{\pi}} \frac{V}{\lambda^3} \int x^{1/2} \left[z^{-1} \exp\{x\} - 1\right]^{-1} dx + \frac{z}{1-z} \tag{5.161a}$$

$$= \frac{V}{\lambda^3} \omega_{3/2}(z) + \frac{z}{1-z} \tag{5.161b}$$

Im letzten Schritt wurde die Integraldarstellung der polylogarithmischen Funktion [6], die auch als $\text{Li}_n(z)$ bezeichnet wird

$$\omega_n(z) = \frac{1}{\Gamma(n)} \int_0^\infty \frac{x^{n-1}}{z^{-1} \exp\{x\} - 1} dx \tag{5.162}$$

verwendet. Die innere Energie erhält mit den gleichen Transformationen die Form

$$U = \frac{3}{2} \frac{VkT}{\lambda^3} \omega_{5/2}(z) \tag{5.163}$$

und das große Potential wird zu

$$\Omega = -\frac{kTV}{\lambda^3} \omega_{5/2}(z) + kT \ln(1 - z) \tag{5.164}$$

5.8.5.2 *Eigenschaften der polylogarithmischen Funktion

Bevor wir die physikalischen Konsequenzen dieser Gleichungen genauer untersuchen, wollen wir kurz einige wichtige Eigenschaften der polylogarithmischen Funktion studieren. Da für den vorliegenden Fall eines bosonischen

Systems stets $0 \leq z \leq 1$ gilt (siehe (5.126b)), kann die Funktion $\omega_n(z)$ in eine Reihe entwickelt werden. Dazu betrachten wir

$$\frac{1}{z^{-1}\exp\{x\}-1} = \frac{z\exp\{-x\}}{1-z\exp\{-x\}} \tag{5.165a}$$

$$= z\exp\{-x\}\sum_{k=0}^{\infty} z^k \exp\{-kx\} \tag{5.165b}$$

$$= \sum_{k=1}^{\infty} z^k \exp\{-kx\} \tag{5.165c}$$

wobei, um die Konvergenz der Reihe sicherzustellen, zu berücksichtigen ist, dass die Integrationsvariable x in der Darstellung (5.162) auf das Intervall $[0, \infty)$ beschränkt ist. Wir können jetzt (5.165c) innerhalb dieser Grenzen integrieren und erhalten

$$\omega_n(z) = \frac{1}{\Gamma(n)} \sum_{k=1}^{\infty} z^k \int_0^{\infty} x^{n-1} \exp\{-kx\}\, dx \tag{5.166a}$$

$$= \frac{1}{\Gamma(n)} \sum_{k=1}^{\infty} \frac{z^k}{k^n} \int_0^{\infty} \xi^{n-1} \exp\{-\xi\}\, d\xi \tag{5.166b}$$

Das verbleibende Integral ergibt die Gammafunktion $\Gamma(n)$, so dass folgt [6, 2]

$$\omega_n(z) = \sum_{k=1}^{\infty} \frac{z^k}{k^n} \tag{5.167}$$

Interessant ist das Verhalten dieser Funktion für $z \to 1$. Für $z < 1$ ist das Konvergenzkriterium auf jeden Fall erfüllt, so dass $\omega_n(z)$ stets einen endlichen Wert besitzt. Für $z = 1$ wird aus der Reihe (5.167) die Riemann'sche ζ-Funktion [1]

$$\omega_n(1) = \sum_{k=1}^{\infty} \frac{1}{k^n} = \zeta(n) \tag{5.168}$$

Diese Reihe konvergiert nur für $n > 1$, ansonsten ist sie divergent, so dass

$$\lim_{z \to 1} \omega_n(z) = \zeta(n) \quad \text{falls} \quad n > 1 \quad \text{und} \quad \lim_{z \to 1} \omega_n(z) = \infty \quad \text{falls} \quad n \leq 1 \tag{5.169}$$

Für $z \to 0$ folgt dagegen das asymptotische Verhalten

$$\omega_n(z) \cong z \tag{5.170}$$

unabhängig vom Wert von n, da in (5.167) nur der erste Term der Reihe zu berücksichtigen ist.

In den weiteren Untersuchungen werden wir noch die Relation

$$z\frac{d\omega_n(z)}{dz} = \omega_{n-1}(z) \tag{5.171}$$

benötigen. Der Beweis folgt unmittelbar durch Einsetzen von (5.167).

5.8.5.3 *Thermodynamische Eigenschaften des Bose-Gases

Wir können jetzt die thermodynamischen Eigenschaften des Bose-Gases untersuchen. Zunächst wollen wir für eine gegebene Temperatur T und ein gegebenes Volumen V die Teilchenzahl in Abhängigkeit von der Fugazität z studieren. Dazu schreiben wir (5.161b) in der Form

$$N = N_\epsilon + N_0 \tag{5.172}$$

mit

$$N_\epsilon = \frac{V}{\lambda^3}\omega_{3/2}(z) \quad \text{und} \quad N_0 = \frac{z}{1-z} \tag{5.173}$$

und erhöhen systematisch die Fugazität. Da wir in einem makroskopischen System arbeiten, ist $V \gg \lambda$ und bei kleinen Werten von z trägt hauptsächlich N_ϵ zur Teilchenzahl N bei. Je mehr sich z aber 1 annähert, um so stärker werden die Beiträge des zweiten Termes N_0. Der erste Term kann selbst bei $z=1$ nur einen endlichen Wert, nämlich

$$N_\epsilon^{\max} = \frac{V}{\lambda^3}\omega_{3/2}(1) = \frac{V}{\lambda^3}\zeta\left(\frac{3}{2}\right) \approx \frac{V}{\lambda^3} \cdot 2.612 \tag{5.174}$$

annehmen. Dabei haben wir verwendet, dass die Funktion $\zeta(n)$ an der Stelle $n = 3/2$ den Wert $\zeta(3/2) = 2.612$ annimmt. Dagegen wächst N_0 bei der Annäherung von z gegen 1 unbeschränkt. Erreicht also N sehr hohe Werte, d. h. ist $N \gg N_\epsilon^{\max}$, dann muss gelten

$$N \approx \frac{z}{1-z} \tag{5.175}$$

und damit

$$z \approx \frac{N}{N+1} \approx 1 - \frac{1}{N} \tag{5.176}$$

Auch bei beliebig großen Werten N ist die Fugazität immer kleiner als 1. Dieser Grenzwert wird erst für $N \to \infty$ erreicht.

Nun ist aber der thermodynamische Grenzübergang auch mit einem Anwachsen des Volumens verbunden und zwar so, dass die Teilchendichte konstant bleibt. Deshalb untersuchen wir jetzt den Fall $N \to \infty$, $V \to \infty$ bei konstanter Teilchendichte, also $\bar{n} = N/V$. Dazu schreiben wir mit (5.172) und (5.173)

$$\lim_{N\to\infty}\left[\frac{N_\epsilon}{N} + \frac{N_0}{N}\right] = \frac{1}{\bar{n}\lambda^3}\omega_{3/2}(z) + \lim_{N\to\infty}\frac{N_0}{N} = 1 \tag{5.177}$$

Wir haben jetzt zwei Fälle zu unterscheiden. Entweder es ist $z \neq 1$, dann verschwindet der zweite Summand und wir haben die Beziehung

$$\omega_{3/2}(z) = \bar{n}\lambda^3 \tag{5.178}$$

zwischen der Teilchendichte $\bar{n}$ und der Fugazität z. Wegen (5.174) ist diese Beziehung gültig, solange $\bar{n}\lambda^3 \leq \zeta(3/2)$ gilt. Physikalisch heißt dies, dass

$$\frac{N}{V} \leq \frac{\zeta(3/2)}{\lambda^3} = \frac{N_\epsilon^{max}}{V} \tag{5.179}$$

die Dichte also kleiner als die in (5.174) angegebene maximale Dichte ist. Wird die Dichte größer, oder alternativ die Temperatur niedriger[12], so dass der Fall $\bar{n}\lambda^3 > \zeta(3/2)$ eintritt, dann kann nur der zweite Term in (5.177) die fehlenden Beiträge liefern. Das ist der Fall, wenn $z = 1$ und damit N_0 unendlich groß wird. Dann ist das Verhältnis N_0/N wegen des geforderten thermodynamischen Limes $N \to \infty$ ein für sich selbst unbestimmter Ausdruck. Allerdings ist auch für $z = 1$ die Gleichung (5.177) immer noch wohldefiniert, so dass mit ihrer Hilfe der unbestimmte Wert von N_0/N fixiert werden kann. Man findet für $\bar{n}\lambda^3 > \zeta(3/2)$

$$\lim_{N \to \infty} \frac{N_0}{N} = 1 - \frac{1}{\bar{n}\lambda^3}\omega_{3/2}(1) = 1 - \frac{\zeta(3/2)}{\bar{n}\lambda^3} \tag{5.180}$$

Offenbar kommen wir zu folgendem Resultat. Solange $\bar{n}\lambda^3 \leq \zeta(3/2)$ gilt, werden die Bosonen hauptsächlich angeregte Zustände besetzen. Deshalb ist die relative Besetzung des Grundzustandes N_0/N unwesentlich. In diesem Fall ist die Fugazität $z < 1$. Bei zu hoher Dichte $\bar{n}\lambda^3 > \zeta(3/2)$ können die angeregten Zustände aber nicht mehr alle Bosonen aufnehmen. Diese werden nur noch in den Grundzustand aufgenommen. Damit wird aber der Anteil N_0/N der Bosonen im Grundzustand endlich

$$\lim_{N \to \infty} \frac{N_0}{N} = 1 - \frac{\zeta(3/2)}{\bar{n}\lambda^3} \tag{5.181}$$

und der Anteil der Bosonen in den angeregten Zuständen ist demnach

$$\lim_{N \to \infty} \frac{N_\epsilon}{N} = \frac{\zeta(3/2)}{\bar{n}\lambda^3} \tag{5.182}$$

Man kann dieses Resultat auch nutzen, um die Fugazität im thermodynamischen Limes als Funktion des *Kontrollparameters* $\eta = \bar{n}\lambda^3$ darzustellen (siehe Abb. 5.3). Solange $\eta \leq \zeta(3/2)$ gilt, kann N_0 gegenüber N_ϵ vernachlässigt werden und aus (5.172) und (5.173) folgt die Fugazität als Lösung von $\eta = \omega_{3/2}(z)$. Ist aber $\eta > \zeta(3/2)$, dann ist $z = 1$, unabhängig von η. Diese

---

[12] Dazu beachte man die Temperaturabhängigkeit $\lambda \sim T^{-1/2}$.

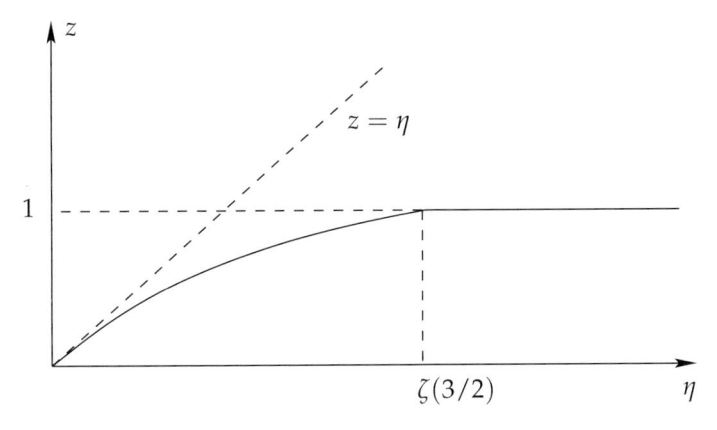

Abb. 5.3 Fugazität als Funktion des Kontrollparameters η

Unabhängigkeit ist in der Struktur des im thermodynamischen Limes unbestimmten Ausdruckes N_0/N für $N \to \infty$ verborgen. Für jedes endliche N findet man dagegen immer $z < 1$. Die Fugazität ergibt sich dabei als Lösung der Gleichung

$$1 = \frac{1}{\bar{n}\lambda^3}\omega_{3/2}(z) + \frac{1}{N}\frac{z}{1-z} \tag{5.183}$$

Trägt man im thermodynamischen Limes z als Funktion von η auf, dann findet man aus dem asymptotischen Verhalten (5.170) von $\omega_n(z) \approx z$ für kleine η den Zusammenhang $z = \eta + o(\eta)$. Die Fugazität wächst monoton mit η und erreicht bei $\eta = \zeta(3/2)$ den Wert 1. Bei einer weiteren Steigerung von η bleibt z konstant. An der Stelle $\eta = \zeta(3/2)$ hat die Funktion $z = z(\eta)$ eine Singularität, die sich in einer Unstetigkeit der Ableitungen äußert. Diese Unstetigkeit ist allerdings nur im thermodynamischen Grenzfall zu beobachten. Bei einer endlichen Zahl von Bosonen ist $z = z(\eta)$ eine analytische Funktion.

5.8.5.4 *Besetzung des Grundzustandes und der angeregten Zustände in Abhängigkeit von T

Wir wollen jetzt die Besetzung des Grundzustandes und der angeregten Zustände in Abhängigkeit von der Temperatur, aber bei konstanter Dichte $\bar{n}$ diskutieren. Dazu arbeiten wir wieder im thermodynamischen Grenzfall und beachten, dass durch die Bedingung $\bar{n}\lambda_c^3 = \zeta(3/2)$ eine kritische thermische Wellenlänge λ_c und damit eine kritische Temperatur T_c entsprechend (3.225)

$$\lambda_c = \left(\frac{h^2}{2\pi mkT_c}\right)^{1/2} \tag{5.184}$$

festgelegt wird. Für $\lambda < \lambda_c$ ($T > T_c$) befinden wir uns im Regime $z < 1$, während für $\lambda > \lambda_c$ ($T < T_c$) stets $z = 1$ gilt. Dann folgt für die relative

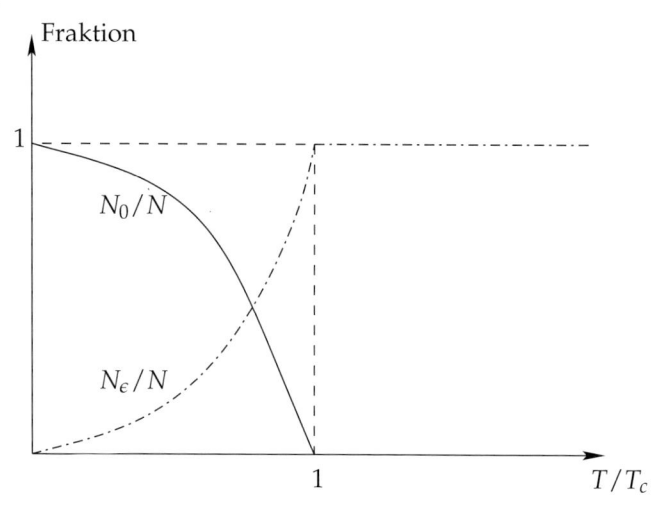

Abb. 5.4 Relative Besetzung des Grundzustandes (durchgezogene Linie) und der angeregten Zustände (strichpunktierte Linie) in Abhängigkeit von der reduzierten Temperatur T/T_c

Besetzung der angeregten Zustände

$$\lim_{N\to\infty}\frac{N_0}{N}=0 \quad \text{und} \quad \lim_{N\to\infty}\frac{N_\epsilon}{N}=1 \tag{5.185}$$

falls $\lambda < \lambda_c$, also $T > T_c$ gilt. Unterhalb von T_c finden wir dagegen mit (5.173)

$$\lim_{N\to\infty}\frac{N_\epsilon}{N}=\frac{\zeta\left(\frac{3}{2}\right)}{\overline{n}\lambda^3}=\frac{\overline{n}\lambda_c^3}{\overline{n}\lambda^3}=\left(\frac{\lambda_c}{\lambda}\right)^3=\left(\frac{T}{T_c}\right)^{3/2} \tag{5.186}$$

und mit (5.172)

$$\lim_{N\to\infty}\frac{N_0}{N}=1-\left(\frac{T}{T_c}\right)^{3/2} \tag{5.187}$$

Dieses Verhalten ist in Abb. 5.4 zusammengefasst. Offenbar wird der Grundzustand unterhalb der kritischen Temperatur T_c makroskopisch relevant.

5.8.5.5 *Thermische Zustandsgleichung
Um die thermische Zustandsgleichung zu bekommen, nutzen wir den Zusammenhang (5.48) zwischen großem Potential Ω und dem Druck. Mit (5.164) erhalten wir

$$pV = -\Omega = \frac{kTV}{\lambda^3}\omega_{5/2}(z) - kT\ln(1-z) \tag{5.188}$$

oder

$$p = \frac{kT}{\lambda^3}\omega_{5/2}(z) + \frac{kT}{V}\ln(1-z) \tag{5.189}$$

Im thermodynamischen Grenzfall verschwindet für $z < 1$ der zweite Term. Aber auch für $z = 1$ ist dieser Term unwichtig, denn selbst für extrem große, aber immer noch endliche Teilchenzahlen gilt wegen (5.176)

$$\frac{kT}{V}\ln(1-z) \approx \frac{kT\overline{n}}{N}\ln\left(\frac{1}{N}\right) \tag{5.190}$$

Für $N \to \infty$ verschwindet die rechte Seite, so dass im thermodynamischen Limes

$$\frac{kT}{V}\ln(1-z) \to 0 \tag{5.191}$$

folgt, unabhängig davon, ob $z = 1$ oder $z < 1$ gilt. Dieses Verhalten ist auch physikalisch verständlich, denn die energielosen Partikel im Grundzustand sollten nicht zum makroskopisch messbaren Druck beitragen. Wir erhalten also für alle zulässigen Werte der Fugazität

$$p = \frac{kT}{\lambda^3}\omega_{5/2}(z) \tag{5.192}$$

und damit nach einem Vergleich mit dem Ausdruck (5.163) für die innere Energie

$$pV = \frac{2}{3}U \tag{5.193}$$

Abhängigkeit des Druckes von Dichte und Temperatur

Wir wollen jetzt die Abhängigkeit des Druckes von Dichte und Temperatur noch etwas genauer untersuchen (siehe Abb. 5.5). Bei einer fixierten Dichte wird unterhalb der kritischen Temperatur $z = 1$ und der Druck wird bei weiterer Abkühlung einfach durch

$$p = \frac{kT}{\lambda^3}\omega_{5/2}(1) = \frac{kT}{\lambda^3}\zeta\left(\frac{5}{2}\right) \tag{5.194}$$

gegeben sein, d. h. wir haben mit (3.225) für $T < T_c$ ein Potenzgesetz $p \sim T^{5/2}$. Oberhalb von T_c muss die Zustandsgleichung aus

$$\overline{n}\lambda^3 = \omega_{3/2}(z) \quad \text{und} \quad p = \frac{kT}{\lambda^3}\omega_{5/2}(z) \tag{5.195}$$

bestimmt werden. Für sehr hohe Temperaturen gilt insbesondere $z \to 0$ und wir erhalten wegen des in (5.170) diskutierten asymptotischen Verhaltens der polylogarithmischen Funktion für kleine z

$$p = \frac{kT}{\lambda^3}z = \frac{kT}{\lambda^3}\left(\overline{n}\lambda^3\right) = \frac{kTN}{V} \tag{5.196}$$

also die thermische Zustandsgleichung des klassischen idealen Gases. In ähnlicher Weise können wir die Dichteabhängigkeit des Druckes bei konstanter

[Abbildung: p-V-Diagramm mit Isothermen des idealen Bose-Gases; Kurve $pV^{5/3} = \text{const.}$ und gestrichelte Grenzkurve]

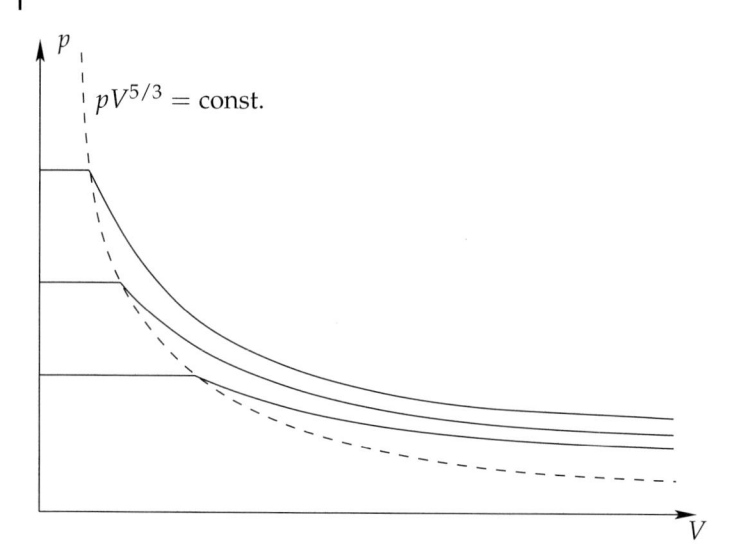

Abb. 5.5 Isothermen (mit von unten nach oben wachsenden Temperaturen) des idealen Bose-Gases im p-V-Diagramm und Grenzkurve (gestrichelt), bei der mit abnehmendem Volumen erstmals die zweite Phase entsteht

Temperatur untersuchen. Auch hier finden wir für sehr geringe Dichten $z \to 0$ und wieder kommen wir zu $pV = NkT$. Im Fall hoher Dichten wird irgendwann $z = 1$ erreicht. Dann gilt wie unterhalb T_c die Beziehung

$$p = \frac{kT}{\lambda^3} \zeta\left(\frac{5}{2}\right) \qquad (5.197)$$

d. h. bei einer weiteren Erhöhung der Dichte bleibt der Druck konstant. Dieses Verhalten hat gewisse Ähnlichkeiten mit dem Phasenübergang eines Gases zur Flüssigkeit. Hier existiert ein Regime in dem beide Phasen miteinander in Koexistenz stehen, so dass bei einer Erhöhung der Dichte einfach ein Teil des Gases in Flüssigkeit umgewandelt wird, ohne dass sich der Druck ändert. Ganz ähnlich ist die Situation beim Bose-Gas. Auch hier wird oberhalb einer kritischen Dichte einfach nur der Anteil der Partikel im Grundzustand erhöht, während der Anteil in den angeregten Zuständen zurückgeht. In diesem Sinne kann man auch hier von einem Phasenübergang sprechen. Dieser Übergang wird auch als *Bose-Kondensation* bezeichnet. Man sollte aber beachten, dass die Kondensation nicht mit der Bildung von räumlich getrennten Phasen einhergeht, wie wir das von dem gewöhnlichen Gas-Flüssigkeitsübergang kennen, sondern dass hier eher ein Phasenübergang im Impulsraum erfolgt.

Wir wollen jetzt die Grenzkurve bestimmen, bei der erstmals die zweite Phase entsteht, also die Partikel im Grundzustand makroskopische Relevanz erlangen. Dazu stellen wir uns vor, dass wir die Dichteänderung bei konstanter Teilchenzahl und konstanter Temperatur durch Einschränkung des Volumens erzeugen. Dann gibt es ein kritischen Volumen V_c bei dem $z = 1$ erreicht wird. Für diesen Fall erhalten wir aus (5.172) und (5.173) $\bar{n}\lambda^3 = \zeta(3/2)$ und damit

$$V_c = \frac{N\lambda^3}{\zeta(3/2)} \tag{5.198}$$

Diese Gleichung verbindet das kritische Volumen mit Teilchenzahl und Temperatur. Will man das kritische Volumen als Funktion von Druck und Teilchenzahl darstellen, dann muss man die Temperatur aus (5.197) mit Hilfe von (5.198) eleminieren. Wir erhalten

$$pV_c^{5/3} = \frac{h^2}{2\pi m} \frac{\zeta(5/2)}{\zeta(3/2)^{5/3}} N^{5/3}$$

Entlang dieser Kurve weisen alle Isothermen (Kurven konstanter Temperatur) im p-V-Diagramm eine Singularität auf. Während links dieser kritischen Kurve der Druck unabhängig vom Volumen ist, wird er rechts eine Volumenabhängigkeit zeigen, die für sehr große V in die bekannte Relation des klassischen idealen Gases übergeht.

5.8.5.6 *Kalorische Zustandsgleichung

Als letztes Problem wollen wir noch die Wärmekapazität des Bose-Gases bestimmen. Diese Relation ist der kalorischen Zustandsgleichung äquivalent. Dazu nutzen wir die bereits bekannte Definition

$$C_V = \left(\frac{\partial U}{\partial T}\right)_{V,N} \tag{5.199}$$

und beachten, dass für $T < T_c$ die Fugazität konstant ist. Somit haben wir in diesem Regime aus (5.163) für $z = 1$

$$U = \frac{3}{2} \frac{VkT}{\lambda^3} \zeta\left(\frac{5}{2}\right) \tag{5.200}$$

und damit

$$\frac{C_V}{Nk} = \frac{15}{4} \frac{\zeta(5/2)}{\bar{n}\lambda^3} \sim T^{3/2} \tag{5.201}$$

Oberhalb von T_c muss die innere Energie bei fixierter Teilchenzahl wieder aus zwei Gleichungen bestimmt werden, nämlich aus (5.163) und (5.173)

$$U = \frac{3}{2} \frac{VkT}{\lambda^3} \omega_{5/2}(z) \quad \text{und} \quad N = \frac{V}{\lambda^3} \omega_{3/2}(z) \tag{5.202}$$

Wir können hier formal λ substituieren und erhalten

$$U = \frac{3}{2} NkT \frac{\omega_{5/2}(z)}{\omega_{3/2}(z)} \tag{5.203}$$

Natürlich kann aus dieser Gleichung die Fugazität auch wieder nur unter Verwendung der rechten Gleichung von (5.202) beseitigt werden. Aber diese Darstellung ist für die anschließende Diskussion besser geeignet. Zunächst erhalten wir durch Differentation nach T

$$\frac{C_V}{Nk} = \frac{3}{2}\frac{\omega_{5/2}(z)}{\omega_{3/2}(z)} + \frac{3}{2}T\frac{\partial}{\partial T}\frac{\omega_{5/2}(z)}{\omega_{3/2}(z)} \tag{5.204}$$

Der zweite Term ergibt

$$\frac{\partial}{\partial T}\frac{\omega_{5/2}(z)}{\omega_{3/2}(z)} = \frac{\partial z}{\partial T}\frac{\omega'_{5/2}(z)\omega_{3/2}(z) - \omega'_{3/2}(z)\omega_{5/2}(z)}{[\omega_{3/2}(z)]^2} \tag{5.205}$$

Um diesen Ausdruck auswerten zu können, müssen wir (5.171), d. h.

$$z\frac{\partial \omega_n(z)}{\partial z} = \omega_{n-1}(z) \tag{5.206}$$

beachten. Damit erhalten wir aber sofort

$$\frac{\omega'_{5/2}(z)\omega_{3/2}(z) - \omega'_{3/2}(z)\omega_{5/2}(z)}{[\omega_{3/2}(z)]^2} = \frac{1}{z}\left[1 - \frac{\omega_{1/2}(z)\omega_{5/2}(z)}{[\omega_{3/2}(z)]^2}\right] \tag{5.207}$$

Weiter folgt aus der rechten Gleichung von (5.202) für die Teilchenzahl

$$\frac{\partial}{\partial T}\omega_{3/2}(z) = \frac{\partial}{\partial T}\overline{n}\lambda^3 \tag{5.208}$$

Die linke Seite dieses Ausdruckes wird umgeformt

$$\frac{\partial}{\partial T}\omega_{3/2}(z) = \frac{\partial z}{\partial T}\omega'_{3/2}(z) = \frac{1}{z}\frac{\partial z}{\partial T}\omega_{1/2}(z) \tag{5.209}$$

und die rechte Seite ergibt mit (3.225)

$$\frac{\partial}{\partial T}\overline{n}\lambda^3 = -\frac{3}{2T}\overline{n}\lambda^3 = -\frac{3}{2T}\omega_{3/2}(z) \tag{5.210}$$

Damit erhalten wir

$$\frac{\partial z}{\partial T} = -\frac{3z}{2T}\frac{\omega_{3/2}(z)}{\omega_{1/2}(z)} \tag{5.211}$$

Die Gleichung für die Wärmekapazität nimmt also folgende Form an

$$\frac{C_V}{Nk} = \frac{3}{2}\frac{\omega_{5/2}(z)}{\omega_{3/2}(z)} - \frac{9}{4}\frac{\omega_{3/2}(z)}{\omega_{1/2}(z)}\left[1 - \frac{\omega_{1/2}(z)\omega_{5/2}(z)}{[\omega_{3/2}(z)]^2}\right] \tag{5.212}$$

oder

$$\frac{C_V}{Nk} = \frac{15}{4}\frac{\omega_{5/2}(z)}{\omega_{3/2}(z)} - \frac{9}{4}\frac{\omega_{3/2}(z)}{\omega_{1/2}(z)} \tag{5.213}$$

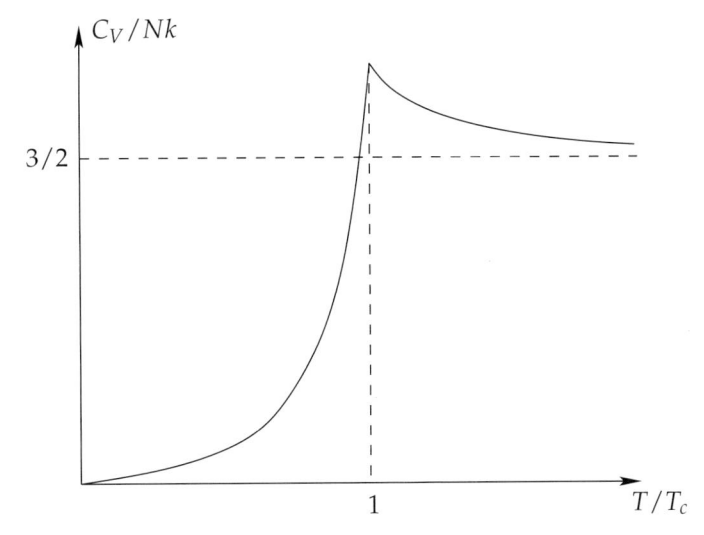

Abb. 5.6 Wärmekapazität des idealen Bose-Gases in Abhängigkeit von der Temperatur

Für sehr kleine z und damit $T \gg T_c$ reduziert sich dieser Ausdruck wegen (5.170) auf

$$C_V = \frac{3}{2} Nk \tag{5.214}$$

d. h. wir erhalten die Wärmekapazität des klassischen idealen Gases. Für $z \to 1$ weicht C_V zunehmend von diesem Resultat ab und erreicht für $z = 1$ und damit für $T \to T_c + 0$ den Wert

$$\frac{C_V}{Nk} = \frac{15}{4} \frac{\zeta(5/2)}{\zeta(3/2)} \tag{5.215}$$

Dabei wurde das Ergebnis von (5.169) verwendet, d. h. dass $\omega_{1/2}(z)$ für $z \to 1$ divergiert. Der Wert (5.215) stimmt mit der Wärmekapazität für $T \to T_c - 0$ überein, denn mit (5.201) haben wir

$$\frac{C_V}{Nk} = \frac{15}{4} \frac{\zeta(5/2)}{\overline{n}\lambda_c^3} = \frac{15}{4} \frac{\zeta(5/2)}{\zeta(3/2)} \approx 1.925 \tag{5.216}$$

Damit ist die Wärmekapazität bei $T = T_c$ etwa 30% größer als für sehr hohe Temperaturen, bei denen sich das Bose-Gas wie ein klassisches ideales Gas verhält. In (5.201) wurde auch gezeigt, dass bei einer Abkühlung unter T_c die Wärmekapazität mit $T^{3/2}$ relativ schnell abnimmt und am absoluten Nullpunkt verschwindet. Die Temperaturabhängigkeit der Wärmekapazität des Bose-Gases ist in Abb. 5.6 dargestellt.

5.8.6
***Weitere Bose-Gase**

5.8.6.1 *Ultrarelativistisches Bose-Gas

Bei einem ultrarelativistischen Gas, z. B. dem Photonengas, verschwindet die Ruheenergie. Ein ultrarelativistische Bose-Gase unterscheidet sich deshalb hinsichtlich zweier Tatsachen von einem nichtrelativistischen Bose-Gas. Zum einen hat es eine andere Dispersionsrelation. Wegen der verschwindenden Ruheenergie, d. h. der verschwindenden Ruhemasse, folgt

$$\epsilon = \sqrt{p^2 c^2 + m^2 c^4} \to \epsilon = |\boldsymbol{p}|\, c = \hbar c\, |\boldsymbol{k}| \qquad (5.217)$$

Dies führt zu einer veränderten Zustandsdichte. Der Übergang von der Summe zum Integral geschieht wie folgt

$$\sum_k \ldots \to \int \ldots \frac{V}{(2\pi)^3} k^2 dk\, d\Omega = \frac{V}{(2\pi)^3} 4\pi \int \ldots \frac{\epsilon^2}{\hbar^2 c^2} \frac{d\epsilon}{\hbar c} \qquad (5.218a)$$

$$= \frac{4\pi V}{h^3 c^3} \int \ldots \epsilon^2 d\epsilon \qquad (5.218b)$$

$$= \int \ldots g(\epsilon) d\epsilon \qquad (5.218c)$$

Der Vergleich der letzten beiden Zeilen ergibt folgenden Ausdruck für die Zustandsdichte des ultrarelativistischen Bose-Gases

$$g(\epsilon) = \frac{4\pi V}{h^3 c^3} \epsilon^2 \qquad (5.219)$$

Zum anderen ist das chemische Potential solcher Partikel stets $\mu = 0$. Diese Situation hängt damit zusammen, dass ultrarelativistische Teilchen keine Ruheenergie haben. Solche Partikel können innerhalb der relativistischen Physik ohne energetischen Aufwand erzeugt werden. Somit befinden sich im energetisch niedrigsten Zustand des Systems unendlich viele Partikel. Allerdings haben diese Partikel keinerlei Einfluss auf die Energie oder den Druck des Systems, einzig die Teilchenzahl wird eine unbestimmte Größe. Da aber ultrarelativistische Partikel nur über die energetische Wechselwirkung mit ihrer Umgebung in Kontakt stehen, ist die Zahl der Partikel im Grundzustand weder messbar noch hat sie sonst irgendwelche thermodynamischen Auswirkungen[13]. Die veränderte Dispersionsrelation und das verschwindende che-

---

13) Man beachte, dass Systeme ultrarelativistischer Teilchen nicht mit Systemen verwechselt werden dürfen, in denen sich der größte Teil der Partikel auf Grund ihrer hohen kinetischen Energie ultrarelativistisch bewegt. Hier verhalten sich die Partikel niedriger Energien und insbesondere die im Grundzustand nach wie vor klassisch, so dass eine definierte Partikelanzahl mit Hilfe des chemischen Potentials $\mu \neq 0$ eingestellt werden kann.

mische Potential führen von (5.110) auf das große Potential

$$\Omega = kT \frac{4\pi V}{h^3 c^3} \int_0^\infty \epsilon^2 \ln\left(1 - \exp\{-\beta\epsilon\}\right) d\epsilon \tag{5.220}$$

Dabei tritt beim Übergang von der Summe zum Integral der Grundzustand mit $\epsilon = 0$ nicht auf (vgl. (5.144) und (5.145)). Nach der partiellen Integration zur Beseitigung des Logarithmus erhalten wir

$$\Omega = -\frac{4\pi V}{3h^3 c^3} \int_0^\infty \frac{\epsilon^3}{\exp\{\beta\epsilon\} - 1} d\epsilon \tag{5.221}$$

Die innere Energie eines ultrarelativistischen Bose-Gases ist nach (5.155b)

$$U = \frac{4\pi V}{h^3 c^3} \int_0^\infty \frac{\epsilon^3}{\exp\{\beta\epsilon\} - 1} d\epsilon \tag{5.222}$$

so dass aus diesen beiden Gleichungen die thermische Zustandsgleichung

$$pV = \frac{1}{3} U \tag{5.223}$$

folgt. Mit den im Abschnitt 5.8.5.2 eingeführten polylogarithmischen Funktionen ist

$$U = \frac{4\pi V \Gamma(4)}{h^3 c^3 \beta^4} \omega_4(1) = \frac{24\pi V}{h^3 c^3 \beta^4} \zeta(4) \tag{5.224}$$

Der analytische Wert von $\zeta(4)$ ist bekannt (vgl. [1] Abschnitt 23.2). Dort findet man

$$\zeta(4) = \frac{\pi^4}{90} \tag{5.225}$$

d. h. die innere Energie hat den Wert

$$U = \frac{4\pi^5 V k^4 T^4}{15 h^3 c^3} \tag{5.226}$$

und für den Druck findet man mit (5.223)

$$p = \frac{4\pi^5 k^4 T^4}{45 h^3 c^3} \tag{5.227}$$

d. h. der Druck ist eine reine Temperaturfunktion. Aus der inneren Energie kann ebenfalls sofort die Wärmekapazität des ultrarelativistischen Bose-Gases bestimmt werden. Es ist

$$C_V = \frac{\partial U}{\partial T} = \frac{16\pi^5 kV}{15} \left(\frac{kT}{hc}\right)^3 \tag{5.228}$$

Die Wärmekapazität eines ultrarelativistischen Bose-Gases wächst mit T^3 an.

5.8.6.2 *Photonengas

Das Photonengas ist nahezu immer ein ideales, ultrarelativistisches Bose-Gas. Nur bei sehr hohen Photonendichten und -energien können schwache Wechselwirkungsbeiträge relevant werden. Diese Beiträge sind quantenmechanischen Ursprungs und basieren auf der Streuung von Photonen durch Austausch virtueller Leptonen (siehe Band IV, Kap. 5 dieser Lehrbuchreihe). Gewöhnlich sind Photonen aber wechselwirkungsfrei.

Allerdings ist die Charakterisierung der Einteilchenzustände durch den Wellenzahlvektor $\boldsymbol{k}$ nicht ausreichend. Zu jedem $\boldsymbol{k}$ gibt es immer zwei Zustände, denn neben der Ausbreitungsrichtung $\boldsymbol{k}/k$ spielt noch die Orientierung der Schwingungsrichtung der Photonen eine Rolle. Hier gibt es nur zwei Freiheitsgrade, denn Photonen sind immer transversal orientiert, longitudinale Photonen existieren dagegen nicht[14]. Arbeitet man daher wie bisher nur auf der Ebene der Charakterisierung des Zustandes durch Wellenvektoren, dann muss man einen sogenannten Entartungsfaktor $\bar{g}$ berücksichtigen, der die scheinbar versteckten Freiheitsgrade zählt. Im Fall des Photonengases ist $\bar{g} = 2$.

Beachtet man, dass die Energie eines Photons ϵ mit der Frequenz ω über $\epsilon = \hbar\omega$ verbunden ist, dann folgt aus der Integraldarstellung (5.222) sofort die Energie pro Volumen

$$\frac{U}{V} = \frac{4\pi \bar{g} \hbar^4}{h^3 c^3} \int_0^\infty \frac{\omega^3}{\exp\{\beta\hbar\omega\} - 1} d\omega \tag{5.229}$$

und damit kann man die Spektraldarstellung, d. h. die Energiedichte pro Frequenzintervall, ablesen. Mit $\bar{g} = 2$ folgt

$$\sigma(\omega) = \frac{\omega^2}{\pi^2 c^3} \frac{\hbar\omega}{\exp\{\beta\hbar\omega\} - 1} \tag{5.230}$$

wobei

$$\frac{U}{V} = \int_0^\infty \sigma(\omega) d\omega \tag{5.231}$$

ist. Die Zustandsdichte $g(\epsilon)$ (5.219) kann ebenfalls auf Frequenzen umgeschrieben werden. Berücksichtigt man wieder die Entartung der Photonen, dann ist die Zustandsdichte pro Volumen in der Frequenzdarstellung

$$g(\omega) = \frac{\omega^2}{\pi^2 c^3} \tag{5.232}$$

---

[14] vgl. dazu Band IV, Abschnitt 4.8.4.2

Die Spektraldichte $\sigma(\omega)$ ist das bekannte Planck'sche Strahlungsgesetz. Hier zeigt sich übrigens eine interessante Äquivalenz zwischen *ununterscheidbaren Photonen* und *unterscheidbaren Oszillatoren*. Ein Zustand des Photonengases ist durch die Besetzungszahlliste vollständig charakterisiert, d. h. es genügt zu wissen, wie viele Photonen sich in welchem Zustand befinden. Da die Zahl der Photonen n_k in einem Zustand k aber auch die Gesamtenergie $n_k \hbar \omega_k$ der Photonen in diesem Zustand bestimmt, kann man jeden einzelnen Zustand als quantenmechanischen Oszillator interpretieren. Das Gesamtsystem besteht in diesem Fall aus unendlich vielen Oszillatoren unterschiedlicher Frequenzen $\omega_k = c|k|$. Jeder Oszillator erhält in dieser Darstellung eine Nummer k, so dass tatsächlich ein Satz unterscheidbarer Oszillatoren vorliegt. Der quantenmechanische Zustand eines Oszillators ist aber gerade durch die Quantenzahl charakterisiert, die im vorliegenden Fall mit der Besetzungszahl n_k übereinstimmt. Der einzige Unterschied, den aber Planck seinerzeit noch nicht kannte, ist die Grundzustandsenergie des Oszillators. Die Energie des quantenmechanischen Oszillators k ist gerade $\hbar \omega_k (n_k + 1/2)$. Die Energie kann aber problemlos so geeicht werden, dass der Beitrag der Grundzustände der Oszillatoren zur inneren Energie des Gesamtsystems verschwindet.

Man muss bei dieser Interpretation den physikalischen Sprachgebrauch sehr genau beachten. Wenn sich ein Oszillator k im Grundzustand befindet, dann ist der dem Oszillator entsprechende Zustand k im System ununterscheidbarer Photonen einfach leer. Dagegen ist der Grundzustand im Sinne des Bose-Gases mit $k = 0$ verbunden. Dieser Zustand muss aber nicht leer sein, im Gegensatz zum Grundzustand eines harmonischen Oszillators. Die Übereinstimmung der Interpretationen des Photonengases als ein System ununterscheidbarer, ultrarelativistischer Bosonen einerseits und unterscheidbarer quantenmechanischer Oszillatoren andererseits ist mehr zufällig. Verwendet man anharmonische Oszillatoren, dann ist die Äquivalenz der Interpretationen bereits gebrochen.

Trotzdem ist die Übereinstimmung von Interesse für die statistische Analyse des Photonengases. Der mittlere Anregungszustand eines beliebigen Oszillators k ist damit gerade die mittlere Besetzung des Zustandes k im Bosonenbild

$$\overline{n}_k = \frac{1}{\exp\{\beta \hbar \omega_k\} - 1} \qquad (5.233)$$

und die Spektraldichte der Energie ergibt auch im Oszillatorbild wieder das bereits bekannte Gesetz

$$\sigma(\omega) = \hbar \omega g(\omega) \overline{n}_k \big|_{|k|=\omega/c} = \frac{\omega^2}{\pi^2 c^3} \frac{\hbar \omega}{\exp\{\beta \hbar \omega\} - 1} \qquad (5.234)$$

da pro Intervall $d\omega$ gerade $g(\omega)d\omega$ Oszillatoren der Frequenz ω vorhanden sind.

Natürlich könnte man auch versuchen, die Photonen als unterscheidbare, ultrarelativistische Teilchen zu behandeln. Dann ist eigenlich nur die mittlere Besetzungszahl $\bar{n}_k$ durch die Maxwell-Boltzmann-Verteilung zu ersetzen und man gelangt zu der Spektraldichte

$$\sigma(\omega) = \frac{\hbar}{\pi^2 c^3}\omega^3 \exp\{-\beta\hbar\omega\} \tag{5.235}$$

Das ist das Strahlungsgesetz von Wien. Dieses Gesetz kann als der Tieftemperaturlimes der Planck'schen Strahlungsformel bzgl. einer vorgegebenen Frequenz ω angesehen werden, da hier die Exponentialfunktion im Nenner von (5.230) dominant wird. Die Gültigkeit des Wien'schen Gesetzes ist durch die Forderung $\hbar\omega \gg kT$ gegeben. In diesem Limes verhalten sich die Photonen wie klassische Partikel.

Der Hochtemperaturlimes $\hbar\omega \ll kT$ führt dagegen auf das Strahlungsgesetz von Rayleigh-Jeans. Hier kann die Exponentialfunktion im Nenner der Planck'schen Strahlungsformel in eine Taylor-Reihe entwickelt werden. Man erhält in der ersten nichttrivialen Ordnung der Entwicklung

$$\sigma(\omega) = \frac{\omega^2}{\pi^2 c^3} kT \tag{5.236}$$

Diese Formel hängt eng mit dem Oszillatorbild zusammen, jedoch werden die Oszillatoren nicht mehr quantenmechanisch, sondern klassisch interpretiert. Dann kann die mittlere Energie $\hbar\omega_k \bar{n}_k$ durch ihren klassischen Wert $\bar{\epsilon}_k = kT$ für einen Oszillator ersetzt werden. Das führt aber gerade auf

$$\sigma(\omega) = g(\omega)\bar{\epsilon}_k \big|_{|k|=\omega/c} = g(\omega)kT = \frac{\omega^2}{\pi^2 c^3}kT \tag{5.237}$$

5.8.6.3 *Phononengas

Die Schwingungen in einem Festkörper lassen sich ebenfalls im Rahmen des Bose-Gases thermodynamisch behandeln. Dazu geht man zunächst davon aus, dass das Potential eines Festkörpers mit N_0 Atomen durch die Position der einzelnen Partikel q_i gegeben ist. Diese können um ihre Ruhelagen q_i^0 fluktuieren, allerdings sind diese Fluktuationen $u_i = q_i - q_i^0$ relativ klein. Daher kann das Potential in eine Reihe nach den Auslenkungen u_i entwickelt werden (vgl. das Vorgehen in Abschitt 3.5.4).

$$V(q_1, ..., q_{N_0}) = V(q_1^0, ..., q_{N_0}^0) + \sum_{i,\alpha} \frac{\partial V}{\partial q_{i,\alpha}^0} u_{i,\alpha} + \frac{1}{2}\sum_{i,j,\alpha,\beta} \frac{\partial^2 V}{\partial q_{i,\alpha}^0 \partial q_{j,\beta}^0} u_{i,\alpha} u_{j,\beta} + \dots \tag{5.238}$$

Dabei ist $q_{i,\alpha}^0$ die α-te Koordinate der Ruheposition des i-ten Partikels. Da die q_i^0 die Ruhelagen sind, verschwinden die ersten Ableitungen $\partial V/\partial q_i^0$ und nur die zweiten Ableitungen bleiben relevant. Beachtet man die Notation

$$M_{ij}^{\alpha\beta} = \frac{\partial^2 V}{\partial q_{i,\alpha}^0 \partial q_{j,\beta}^0} \tag{5.239}$$

dann ist der Hamiltonian[15] des Systems mit den neuen Observablen u_i und p_i gegeben durch

$$H = \sum_{i=1}^{N_0} \frac{p_i^2}{2m_i} + \frac{1}{2} \sum_{i,j=1}^{N_0} u_i^T \widehat{M}_{ij} u_j \tag{5.240}$$

wobei die Matrix $\widehat{M}_{ij}$ die Komponentendarstellung zusammenfasst. In dieser Darstellung ist impliziert, dass ein Festkörper mit N_0 Atomen jeweils $3N_0$ Impuls- und Positionsfreiheitsgrade besitzt. Durch eine geeignete Orthogonaltransformation zerfällt dieser Hamiltonian in einen Satz von $3N_0$ Oszillatoren. In der Festkörperphysik wird gezeigt, dass jedem Oszillator im realen Festkörper eine wellenförmige Anregung der Wellenzahl k und der Frequenz $\omega_{\alpha,k} = c_\alpha |k|$ entspricht. Der Index $\alpha = 1,...,3$ bezeichnet den Zweig der Anregung. Es werden drei Zweige unterschieden, einen Zweig für die longitudinalen Schwingungen und zwei transversale Zweige. Jeder Zweig enthält N_0 Oszillatoren. Die Schallgeschwindigkeit c_α vermittelt zwischen der Frequenz und der Wellenlänge.

Da die Wellenzahlvektoren zu Anregungen in einem Festkörper endlichen Volumens gehören, können die zugehörigen Zustände nur mit den Eigenschwingungen des Festkörpers übereinstimmen. Damit haben die Wellenzahlvektoren wieder eine diskrete Gestalt und der Übergang von der Summation über alle k zur Integration über alle Frequenzen liefert uns die Zustandsdichte

$$g(\omega) = \frac{V\omega^2}{2\pi^2}\left[\frac{1}{c_{\text{long}}^3} + \frac{2}{c_{\text{trans}}^3}\right] \tag{5.241}$$

Diese Zustandsdichte stimmt bezüglich ihrer Struktur mit der des Photonengases überein (vgl. Abschnitt 5.8.6.2). Das liegt daran, dass die Dispersionsrelation der Festkörperschwingungen $\omega_{\alpha,k} = c_\alpha |k|$ wie im Fall des Photonengases linear ist. Der Entartungsgrad des Photonengases ist zwei. Nimmt man diesen heraus und beachtet, dass im Festkörper logitudinale und transversale Zweige unterschiedliche Schallgeschwindigkeiten aufweisen, dann gelangt man direkt zu (5.241). Die Ähnlichkeit zwischen den Festkörperschwingungen und den Photonen führte dazu, dass man den Schwingungsanregungen des Festkörpers die Bezeichnung *Phononen* gab. Die spektrale Dichte des Systems quantenmechanischer Oszillatoren des Festkörpers – oder im Bosonen-

---

15) Die Impulse bleiben bei der linearen Transformation $q_i \rightarrow u_i = q_i - q_i^0$ unverändert.

bild des Phononengases – ist wie im Photonengas (vgl. (5.231), (5.232)) durch

$$\sigma(\omega) = g(\omega) \frac{\hbar\omega}{\exp\{\beta\hbar\omega\} - 1} \qquad (5.242)$$

gegeben, einzig die Zustandsdichte ist verändert. Wir könnten jetzt problemlos die Zustandsgleichungen bestimmen, wenn nicht noch die Forderung wäre, dass in einem Festkörper genau $3N_0$ Oszillatoren existieren dürfen. Diese Forderung ergab sich aus der Diagonalisierung des Festkörperhamiltonians mit orthogonalen Eigenfunktionen. Sie reflektiert in gewisser Hinsicht aber auch die diskrete Struktur des Festkörpers, in dem Wellenlängen kleiner als der doppelte Atomabstand keinen physikalischen Sinn mehr ergeben. Wir legen deshalb eine Maximalfrequenz ω_c – und damit wegen $\omega_{\alpha,k} = c_\alpha |k|$ eine minimale Wellenlänge – fest, so dass oberhalb dieser cut-off-Frequenz ω_c keine Anregungen mehr existieren. Die Bestimmungsgleichung für diese Frequenz ist

$$\int_0^{\omega_c} g(\omega) d\omega = 3N_0 \qquad (5.243)$$

Man kann diese Grenzfrequenz auch über den k-Raum definieren. Jeder Kristall besitzt in diesem Raum sogenannte Brillouin-Zonen, die die Moden der Eigenfunktionen des Kristalls charakterisieren. Innerhalb der sogenannten ersten Brillouin-Zone sind bereits alle N_0 Moden enthalten, die notwendig sind, um die harmonische Bewegung der $3N_0$ Freiheitsgrade[16] des Kristalls vollständig zu beschreiben. Diese Zone reflektiert die Struktur und insbesondere die Symmetrie des Kristalls. Ersetzt man die erste Brillouin-Zone näherungsweise durch eine Kugel des gleichen Volumens, erhält man eine weitere Definition für die Grenzfrequenz ω_c. Diese Kugel wird auch als Debye-Kugel bezeichnet. Aus (5.243) erhalten wir

$$\omega_c^3 = 18\pi^2 \frac{N_0}{V} \left[\frac{1}{c_{\text{long}}^3} + \frac{2}{c_{\text{trans}}^3}\right]^{-1} \qquad (5.244)$$

Die innere Energie (5.231) kann damit und mit (5.230), (5.232) als

$$U = \int_0^{\omega_c} g(\omega) \frac{\hbar\omega}{\exp\{\beta\hbar\omega\} - 1} d\omega \qquad (5.245)$$

16) Die Moden k sind in der Brillouin-Zone dreifach entartet, weil ein gegebener Vektor k sowohl vom longitudinalen als auch von den transversalen Zweigen benötigt wird, um einen vollständigen Satz von ebenen Wellen aufzubauen.

oder unter Verwendung der Zustandsdichte (5.241) und (5.244) als

$$U = \frac{9N_0\hbar}{\omega_c^3} \int_0^{\omega_c} \frac{\omega^3}{\exp\{\beta\hbar\omega\} - 1} d\omega \qquad (5.246)$$

geschrieben werden. Folglich ist die Wärmekapazität des Festkörpers durch[17]

$$C_V = \left(\frac{\partial U}{\partial T}\right)_V = \frac{9N_0\hbar^2}{\omega_c^3 kT^2} \int_0^{\omega_c} \frac{\omega^4 \exp\{\beta\hbar\omega\}}{[\exp\{\beta\hbar\omega\} - 1]^2} d\omega \qquad (5.247)$$

gegeben. Substituiert man nun noch $x = \beta\hbar\omega$, dann erhält man

$$C_V = 9N_0 k \left(\frac{kT}{\hbar\omega_c}\right)^3 \int_0^{\beta\hbar\omega_c} \frac{x^4 \exp\{x\}}{[\exp\{x\} - 1]^2} dx \qquad (5.248)$$

Das Integral

$$D(u) = \frac{3}{u^3} \int_0^u \frac{x^4 \exp\{x\}}{[\exp\{x\} - 1]^2} dx \qquad (5.249)$$

wird auch *Debye-Funktion* genannt. Mit dieser Funktion kann die Wärmekapazität kompakt als

$$C_V = 3N_0 kD\left(\frac{\hbar\omega_c}{kT}\right) \qquad (5.250)$$

geschrieben werden. Der kontrollierende Parameter dieser Relation ist das Verhältnis $\hbar\omega_c/kT$. Wir wollen jetzt insbesondere die Wärmekapazität bei tiefen und hohen Temperaturen, also bei großen und kleinen Werten dieses Parameters, bestimmen. Um die Eigenschaften der Debye-Funktion für große und kleine Argumente besser analysieren zu können, führen wir zuerst eine partielle Integration aus

$$D(u) = \frac{3}{u^3} \left\{ -\left[\frac{x^4}{\exp\{x\} - 1}\right]_0^u + \int_0^u \frac{4x^3}{\exp\{x\} - 1} dx \right\} \qquad (5.251)$$

und erhalten

$$D(u) = \frac{3u}{1 - \exp\{u\}} + \frac{12}{u^3} \int_0^u \frac{x^3}{\exp\{x\} - 1} dx \qquad (5.252)$$

---

[17] Die Konstanz der Teilchenzahl braucht in $C_V = (\partial U/\partial T)_V$ nicht gefordert zu werden, weil diese Zahl wegen $\mu = 0$ gar nicht relevant wird. Man beachte aber, dass N_0 nichts mit der Zahl der Phononen zu tun hat.

Für sehr große u kann die Integrationsgrenze nach unendlich verschoben werden. Das verbleibende Integral ist damit $\omega_4(1)\,\Gamma(4)$, wobei ω_4 die bereits ausführlich besprochene polylogarithmische Funktion vom Rang 4 ist. Dann ist für $u \gg 1$

$$D(u) \approx \frac{12}{u^3}\omega_4(1)\Gamma(4) = \frac{72}{u^3}\zeta(4) = \frac{4\pi^4}{5u^3} \tag{5.253}$$

wobei wie beim Photonengas wieder von $\omega_4(1) = \zeta(4) = \pi^4/90$ Gebrauch gemacht wurde. Die Wärmekapazität des Festkörpers ist also bei tiefen Temperaturen $\hbar\omega_c \gg kT$ gegeben durch

$$C_V = \frac{12\pi^4}{5}N_0 k \left(\frac{kT}{\hbar\omega_c}\right)^3 \sim T^3 \tag{5.254}$$

Für kleine u muss dagegen $D(u)$ in eine Reihe entwickelt werden. Dabei findet man

$$\frac{3u}{1-\exp\{u\}} = \frac{3u}{1-1-u+o(u)} \approx -3 \tag{5.255}$$

und

$$\frac{12}{u^3}\int_0^u \frac{x^3}{\exp\{x\}-1}dx = \frac{12}{u^3}\int_0^u \frac{x^3}{1+x+o(x)-1}dx \approx \frac{12}{u^3}\int_0^u x^2 dx = 4 \tag{5.256}$$

so dass

$$D(u) \approx 1 \tag{5.257}$$

verbleibt. Im Grenzfall hoher Temperaturen $kT \gg \hbar\omega_c$ folgt also die bekannte Dulong-Petit'sche Regel

$$C_V = 3N_0 k \tag{5.258}$$

5.8.7
*Das ideale nichtrelativistische Fermi-Gas

Wir wollen jetzt ein ideales Quantengas betrachten, das aus Fermionen besteht. Betrachten wir die mittlere Besetzungszahl (5.132) eines Zustandes in der Bose-Einstein-, der Maxwell-Boltzmann- und der Fermi-Dirac-Statistik, dann sehen wir, dass nur die Bose-Einstein-Statistik eine Singularität an der Stelle $\epsilon_m = \mu$ aufweist. Wir hatten bereits darauf hingewiesen, dass aus diesem Grunde das chemische Potential bosonischer Systeme stets kleiner oder höchstens gleich der Energie der Partikel im Grundzustand sein muss. Für Fermi-Teilchen gilt, ebenso wie für unterscheidbare Partikel, diese Einschränkung nicht mehr. Hier kann das chemische Potential beliebige Werte zwischen $-\infty$ und $+\infty$ annehmen.

5.8.7.1 *Teilchenzahl, großes Potential, innere Energie

Jeder Zustand des Fermi-Systems kann höchstens durch ein Teilchen besetzt sein. Allerdings haben viele Fermionen noch innere Freiheitsgrade, die sich nicht auf die Energie des Zustandes auswirken. Diese Entartung wird durch einen Entartungsfaktor $\bar{g}$ berücksichtigt. Im Fall von Fermionen mit der Spinquantenzahl $s > 0$ ist der Entartungsfaktor $\bar{g} = 2s + 1$, d. h. jeder in der Fermi-Statistik berücksichtigte Zustand ist auf Grund der möglichen Spineinstellungen $\bar{g}$-fach vorhanden. Die Gesamtteilchenzahl kann wie im Fall des Bose-Systems als Integral über die mittlere Besetzungszahl von Fermionen (5.128) und die Zustandsdichte geschrieben werden (vgl. (5.157a) und (5.157b))

$$N = \sum_k \bar{n}_k = \int_0^\infty g(\epsilon) d\epsilon \frac{1}{z^{-1} \exp\{\beta\epsilon\} + 1} \tag{5.259}$$

Hierbei ist $z = e^{\frac{\mu}{kT}}$ die bereits in (5.125) eingeführte Fugazität und $g(\epsilon)$ ist die Zustandsdichte. Wie im Fall des Bose-Gases wird die Dispersionsrelation für freie Teilchen verwendet, also $\epsilon = \hbar^2 k^2 / 2m$. Damit ergibt sich die Zustandsdichte analog zu (5.147)

$$g(\epsilon) = \bar{g} \frac{2\pi V}{h^3} (2m)^{3/2} \epsilon^{1/2} \tag{5.260}$$

wobei der Faktor $\bar{g}$ die Entartung der Fermionen berücksichtigt. Die wesentlichen Unterschiede zu der Darstellung der Teilchenzahl des Bose-Gases bestehen im veränderten Vorzeichen im Nenner des Ausdrucks für die mittlere Teilchenzahl pro Zustand und in der Tatsache, dass der Grundzustand nicht extra gezählt werden muss. Die letzte Aussage hängt ganz einfach damit zusammen, dass unabhängig von Temperatur, Volumen und chemischem Potential maximal $\bar{g}$ Fermionen im $\bar{g}$-fach entarteten Grundzustand sein können. Diese wenigen Partikel sind aber im thermodynamischen Limes großer Teilchenzahlen völlig irrelevant.

Das große Potential ist für Fermionen durch (5.113) bzw. unter Verwendung der Zustandsdichte durch die Integraldarstellung

$$\Omega = -kT \int_0^\infty g(\epsilon) \ln\left(1 + ze^{-\beta\epsilon}\right) d\epsilon \tag{5.261}$$

gegeben. Wie beim Bose-Gas in (5.154) führt eine partielle Integration auf

$$\Omega = -\bar{g} \frac{4\pi V}{3h^3} (2m)^{3/2} \int_0^\infty \frac{\epsilon^{3/2}}{1 + z^{-1} \exp\{\beta\epsilon\}} d\epsilon \tag{5.262}$$

Auch hier ist es nicht notwendig, den Grundzustand noch einmal extra aufzuführen. Schließlich erhält man für die innere Energie analog zu (5.155b)

$$U = \bar{g} \frac{2\pi V}{h^3} (2m)^{3/2} \int_0^\infty \frac{\epsilon^{3/2}}{1 + z^{-1} \exp\{\beta\epsilon\}} d\epsilon \tag{5.263}$$

Mit Hilfe der Funktion

$$\sigma_n(z) = \frac{1}{\Gamma(n)} \int_0^\infty \frac{x^{n-1}}{z^{-1}e^x + 1} dx \qquad (5.264)$$

die analog zu $\omega_n(z)$ in (5.162) definiert ist, können die drei Gleichungen für die Teilchenzahl, die innere Energie und das große Potential kompakt formuliert werden. Wir erhalten

$$N = \bar{g}\frac{V}{\lambda^3}\sigma_{3/2}(z) \qquad (5.265a)$$

$$\Omega = -\bar{g}kT\frac{V}{\lambda^3}\sigma_{5/2}(z) \qquad (5.265b)$$

$$U = \frac{3\bar{g}kT}{2}\frac{V}{\lambda^3}\sigma_{5/2}(z) \qquad (5.265c)$$

mit λ aus (3.225).

5.8.7.2 *Eigenschaften von $\sigma_n(z)$

Für die weiteren Untersuchungen benötigen wir das Verhalten der Funktion $\sigma_n(z)$ für große und kleine Werte der Fugazität z. Zunächst kann $\sigma_n(z)$ für $z < 1$ in eine Reihe entwickelt werden. Wegen

$$\frac{1}{z^{-1}e^x + 1} = ze^{-x}\frac{1}{1 + ze^{-x}} \qquad (5.266)$$

und weil $z\exp(-x)$ für alle erlaubten Werte $x \geq 0$ kleiner als 1 ist, folgt analog zu (5.165a) bis (5.165c)

$$\frac{1}{z^{-1}e^x + 1} = ze^{-x}\sum_{l=0}^\infty [-ze^{-x}]^l = \sum_{l=1}^\infty (-1)^{l-1} z^l e^{-lx} \qquad (5.267)$$

Nach dem Einsetzen dieser Entwicklung in die Integraldarstellung (5.264) von $\sigma_n(z)$ erhält man mit $lx = y$

$$\sigma_n(z) = \frac{1}{\Gamma(n)} \int_0^\infty \sum_{l=1}^\infty (-1)^{l-1} z^l e^{-lx} x^{n-1} dx \qquad (5.268a)$$

$$= \sum_{l=1}^\infty (-1)^{l-1} \frac{z^l}{l^n} \frac{1}{\Gamma(n)} \int_0^\infty e^{-y} y^{n-1} dy \qquad (5.268b)$$

$$= \sum_{l=1}^\infty (-1)^{l-1} \frac{z^l}{l^n} \qquad (5.268c)$$

Dabei haben wir verwendet, dass das Integral in der vorletzten Zeile gerade die Standarddarstellung der Gammafunktion $\Gamma(n)$ ist. Für sehr kleine Werte

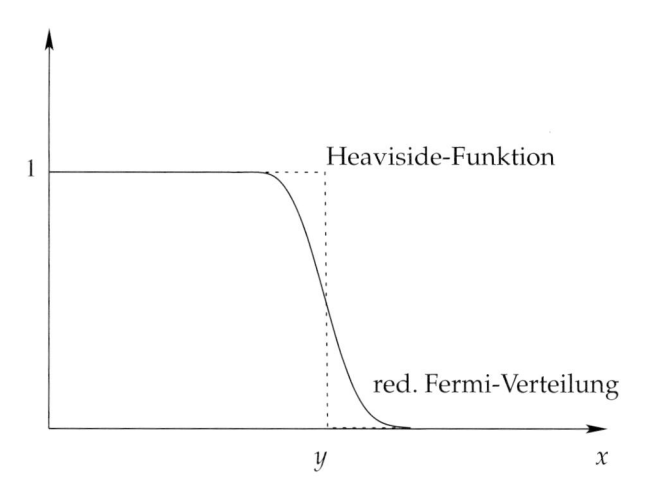

Abb. 5.7 Heaviside-Funktion und reduzierte Fermi-Verteilung

von z erhalten wir also aus (5.268c)

$$\sigma_n(z) \approx z \quad \text{für} \quad z \ll 1 \tag{5.269}$$

Um das asymptotische Verhalten von $\sigma(z)$ für große z zu bestimmen (das Ergebnis der folgenden längeren Rechnung ist durch (5.292) gegeben), setzen wir $y = \ln z = \mu/kT$ und fügen in die Integraldarstellung (5.264) von $\sigma_n(z)$ die Heaviside-Funktion ein

$$\Gamma(n)\sigma_n(z) = \int_0^\infty x^{n-1} \left[\Theta(y-x) + \left(\frac{1}{e^{x-y}+1} - \Theta(y-x) \right) \right] dx \tag{5.270}$$

Der erste Term kann sofort ausgewertet werden und man erhält

$$\Gamma(n)\sigma_n(z) = \frac{y^n}{n} + I_{n-1} \tag{5.271}$$

Das verbleibende Integral

$$I_{n-1} = \int_0^\infty x^{n-1} \left(\frac{1}{e^{x-y}+1} - \Theta(y-x) \right) dx \tag{5.272}$$

wird wesentlich durch die Differenz zwischen der Heaviside-Funktion und der reduzierten Fermi-Verteilung (siehe Abb. 5.7) bestimmt. Mit der Skalierung $x = y\eta$ folgt

$$\frac{I_{n-1}}{y^n} = \int_0^\infty \eta^{n-1} \left(\frac{1}{e^{y(\eta-1)}+1} - \Theta(1-\eta) \right) d\eta \tag{5.273}$$

Für sehr große y nähern sich die reduzierte Fermi-Verteilung und die Stufenfunktion immer weiter an und das Verhältnis I_{n-1}/y^n sollte für $y \to \infty$ verschwinden[18]. Deshalb kann man vermuten, dass I_{n-1}/y^n in eine Reihe nach Potenzen von y^{-1} entwickelt werden kann. Dazu zerlegen wir zunächst das Integral I_m entsprechend

$$I_m = \int_0^y x^m \left(\frac{1}{e^{x-y}+1} - 1 \right) dx + \int_y^\infty x^m \frac{1}{e^{x-y}+1} dx \qquad (5.274a)$$

$$= -\int_0^y \frac{x^m}{e^{y-x}+1} dx + \int_y^\infty \frac{x^m}{e^{x-y}+1} dx \qquad (5.274b)$$

Wir führen jetzt im ersten Integral die Substitution $u = y - x$ und im zweiten Integral die Substitution $u = x - y$ aus. Damit erhalten wir

$$I_m = -\int_0^y \frac{(y-u)^m}{e^u+1} du + \int_0^\infty \frac{(u+y)^m}{e^u+1} du \qquad (5.275)$$

Wir können jetzt noch die obere Integrationsgrenze des ersten Integrals nach unendlich verschieben. Das ist deshalb möglich, weil wir uns nur für den asymptotischen Wert des Ausdrucks I_m für große y interessieren und der Integrand an der oberen Grenze bereits stark durch den Nenner $e^u + 1$ gedämpft ist. Folglich ist

$$I_m = \int_0^\infty \frac{(y+u)^m - (y-u)^m}{1+e^u} du \qquad (5.276)$$

Wir ziehen jetzt y^m vor das Integral und führen im restlichen Integral $\xi = y^{-1}$ als kleine Größe ein. Dann folgt

$$I_m = y^m \int_0^\infty \frac{(1+\xi u)^m - (1-\xi u)^m}{1+e^u} du = y^m J_m(\xi) \qquad (5.277)$$

Wir können jetzt $J_m(\xi)$ in eine Taylor-Reihe bzgl. ξ entwickeln. Die k-te Ableitung $J_m^{(k)}(\xi)$ von $J_m(\xi)$ bezüglich ξ an der Stelle $\xi = 0$ ist dann

$$J_m^{(k)}(0) = \frac{2\Gamma(m+1)}{\Gamma(m-k+1)} \int_0^\infty \frac{u^k}{1+e^u} du \qquad (5.278)$$

---

18) Allerdings handelt es sich hier um eine ungleichmäßige Konvergenz, denn zu jedem Wert y findet sich stets ein Wert η mit $|1 - \eta| y \ll 1$, so dass die Differenz zwischen der Fermi-Verteilung und der Stufenfunktion für diese Werte ξ stets in der Größenordnung 1 liegt. Trotzdem wird für $y \to \infty$ der Wert I_{n-1}/y^n natürlich verschwinden.

falls k ungerade ist und
$$J_m^{(k)}(0) = 0 \tag{5.279}$$
falls k eine gerade Zahl ist. Das verbleibende Integral
$$L_k = \int_0^\infty \frac{u^k}{1+e^u} du \tag{5.280}$$
kann jetzt leicht ausgewertet werden. Man findet für $u \geq 0$ die Reihenentwicklung
$$\frac{1}{1+e^u} = \frac{e^{-u}}{1+e^{-u}} = e^{-u} \sum_{l=0}^\infty (-1)^l e^{-lu} = \sum_{l=1}^\infty (-1)^{l-1} e^{-lu} \tag{5.281}$$
und damit
$$L_k = \sum_{l=1}^\infty (-1)^{l-1} \int_0^\infty u^k e^{-lu} du = \sum_{l=1}^\infty \frac{(-1)^{l-1}}{l^{k+1}} \int_0^\infty v^k e^{-v} dv \tag{5.282}$$
Das letzte Integral ist bekannt und liefert die Funktion $\Gamma(k+1)$, d. h. wir erhalten
$$L_k = \Gamma(k+1) \sum_{l=1}^\infty \frac{(-1)^{l-1}}{l^{k+1}} \tag{5.283}$$
Die Summe kann als Differenz zweier Partialsummen dargestellt werden, nämlich
$$\sum_{l=1}^\infty \frac{(-1)^{l-1}}{l^{k+1}} = \sum_{l=1}^\infty \frac{1}{l^{k+1}} - 2 \sum_{l=1}^\infty \frac{1}{(2l)^{k+1}} \tag{5.284}$$
und wegen der Definition der ζ-Funktion [1] ist
$$\sum_{l=1}^\infty \frac{(-1)^{l-1}}{l^{k+1}} = \left(1 - \frac{1}{2^k}\right) \zeta(k+1) \tag{5.285}$$
Damit erhalten wir
$$L_k = \Gamma(k+1) \left(1 - \frac{1}{2^k}\right) \zeta(k+1) \tag{5.286}$$
und weiter für alle ungeraden Zahlen k
$$J_m^{(k)}(0) = \frac{2\Gamma(m+1)}{\Gamma(m-k+1)} \Gamma(k+1) \left(1 - \frac{1}{2^k}\right) \zeta(k+1) \tag{5.287}$$
Die $J_m^{(k)}(0)$ sind die Ableitungsanteile der Taylor-Koeffizienten einer Entwicklung von $J_m(\xi)$ nach Potenzen von ξ. Da nur die ungeraden Koeffizienten zu der Reihe beitragen, erhalten wir
$$J_m(\xi) = \sum_{k=0}^\infty \frac{J_m^{(k)}(0)}{k!} \xi^k = \sum_{j=0}^\infty \frac{2\Gamma(m+1)}{\Gamma(m-2j)} \left(1 - \frac{1}{2^{2j+1}}\right) \zeta(2j+2) \xi^{2j+1} \tag{5.288}$$

und nach der Resubstitution $\xi = y^{-1}$ und der Festlegung $m = n - 1$ nimmt (5.277) folgende Form an

$$I_{n-1} = 2y^n \sum_{j=1}^{\infty} \frac{\Gamma(n)}{\Gamma(n-2j+1)} \left(1 - \frac{1}{2^{2j-1}}\right) \zeta(2j) y^{-2j} \qquad (5.289)$$

Das Konvergenzkriterium für diese Reihe ist durch

$$\lim_{j \to \infty} \left| \frac{\Gamma(n-2j+1)\left(1 - \frac{1}{2^{j+1}}\right)\zeta(2j+2) y^{-2j-2}}{\Gamma(n-2j-1)\left(1 - \frac{1}{2^{2j-1}}\right)\zeta(2j) y^{-2j}} \right| < \lim_{j \to \infty} |\, 4j^2 y^{-2} \,| < 1 \qquad (5.290)$$

gegeben, so dass formal der Konvergenzradius $y^{-1} = \xi = 0$ sein muss. Diese asymptotische Divergenz ist ein mathematisches Problem. Obwohl der erwartete Wert für I_{n-1} klein sein sollte, finden wir in der Reihenentwicklung eine starke Divergenz, die es uns eigentlich unmöglich macht, die Reihe auszuwerten. Andererseits haben wir im Anschluss an (5.273) gezeigt, dass das ursprüngliche Integral I_{n-1} mit Sicherheit konvergent entsprechend $I_{n-1}/y^n \to 0$ für $y \to \infty$ ist. Schreiben wir die Reihe komponentenweise auf, dann finden wir für die ersten Glieder

$$I_{n-1} = y^n \left((n-1)\zeta(2) y^{-2} + \frac{7(n-1)(n-2)(n-3)}{4} \zeta(4) y^{-4} + \ldots \right) \qquad (5.291)$$

Da das Integral I_{n-1}/y^n aber eine glatte Funktion in $\xi = y^{-1}$ und damit stetig nach ξ differenzierbar ist, kann man aus den ersten Ableitungen (und damit den ersten Gliedern der Reihe) eine Funktion konstruieren, die im Punkt $\xi = 0$ mit I_{n-1} übereinstimmt und sich für kleine ξ an die Kurve I_{n-1}/y^n anschmiegt. Diese Übereinstimmung wird aber mit der Hinzunahme weiterer Glieder immer schlechter, eben weil die Reihenentwicklung selbst nicht konvergiert. Wir haben hier also den – in der Physik, vor allem im Rahmen störungstheoretischer Überlegungen, nicht selten auftretenden – Fall, dass eine Reihe asymptotisch divergiert, ihre ersten Glieder aber noch sehr gut den mathematischen Sachverhalt beschreiben.

Zusammenfassend können wir jetzt für hinreichend große $y = \ln z$ das gesuchte asymptotische Verhalten der Funktion $\sigma_n(z)$ aus (5.271) unter Beachtung von (5.291) durch

$$\sigma_n(z) \simeq \frac{(\ln z)^n}{\Gamma(n+1)} \left(1 + n(n-1)\zeta(2)(\ln z)^{-2} + \ldots\right) \qquad (5.292)$$

beschreiben.

Für $n > 1$ kann man außerdem noch eine nützliche Rekursionsrelation gewinnen. Dazu bildet man zunächst die Ableitung der Integraldarstellung

(5.264) von $\sigma_n(z)$ und formt den entstandenen Ausdruck durch partielle Integration um

$$z\frac{\partial \sigma_n(z)}{\partial z} = \frac{1}{\Gamma(n)} \int_0^\infty \frac{x^{n-1}z^{-1}e^x}{(z^{-1}e^x+1)^2} dx \tag{5.293}$$

$$= \frac{1}{\Gamma(n)} \left(\left[-\frac{x^{n-1}}{(z^{-1}e^x+1)}\right]_0^\infty + \int_0^\infty \frac{(n-1)x^{n-2}}{(z^{-1}e^x+1)} dx \right) \tag{5.294}$$

Der erste Summand der zweiten Zeile verschwindet und der zweite stimmt wegen $\Gamma(n) = (n-1)\Gamma(n-1)$ mit der Definition von $\sigma_{n-1}(z)$ überein. Wir erhalten also

$$z\frac{d\sigma_n(z)}{dz} = \sigma_{n-1}(z) \tag{5.295}$$

5.8.7.3 *Thermische Zustandsgleichung des Fermi-Gases

Wir können jetzt die mathematischen Eigenschaften von $\sigma_n(z)$ benutzen, um die Thermodynamik des Fermi-Gases zu verstehen. Dazu betrachten wir zuerst die thermische Zustandsgleichung. Diese kann man aus dem großen Potential wegen $\Omega = -pV$ und unter Verwendung von (5.265a) bis (5.265c) sofort ableiten

$$pV = \frac{2}{3}U = NkT\frac{\sigma_{5/2}(z)}{\sigma_{3/2}(z)} \tag{5.296}$$

Dabei muss die Fugazität z bzw. das chemische Potential μ aus der Gleichung für die Teilchenzahl (5.265a) bestimmt werden. Mit $\bar{n} = N/V$ erhält man die Gleichung

$$\bar{g}\sigma_{3/2}(z) = \bar{n}\lambda^3 \tag{5.297}$$

Wenn wir die Potenzreihenentwicklung (5.268c) von $\sigma_{3/2}(z)$ einsetzen, erhalten wir

$$z - \frac{z^2}{2^{3/2}} \approx \frac{1}{\bar{g}}\bar{n}\lambda^3 \tag{5.298}$$

Für eine iterative Lösung ist folgende Form besser geeignet

$$z \approx \frac{1}{\bar{g}}\bar{n}\lambda^3 + \frac{z^2}{2^{3/2}} \tag{5.299}$$

und ergibt in nullter bzw. erster Näherung

$$z^{(0)} = \frac{1}{\bar{g}}\bar{n}\lambda^3 \tag{5.300a}$$

$$z^{(1)} = \frac{1}{\bar{g}}\bar{n}\lambda^3 + \frac{1}{2^{3/2}}\left[\frac{1}{\bar{g}}\bar{n}\lambda^3\right]^2 \tag{5.300b}$$

Mit $z = e^{\beta\mu}$ erhalten wir für das chemische Potential in derselben Näherung

$$\mu = kT \ln z \approx kT \left[\ln\left(\frac{1}{\bar{g}} \bar{n}\lambda^3\right) + \frac{1}{2^{3/2}} \frac{1}{\bar{g}} \bar{n}\lambda^3 \right] \tag{5.301}$$

Wegen (5.300a) sind kleine Werte von z offenbar mit der Bedingung $\bar{n}\lambda^3 \ll 1$ verbunden, d. h. wir befinden uns wegen $\lambda \sim T^{-1/2}$ im Hochtemperaturlimes oder im Regime kleiner Partikeldichten $\bar{n}$.

Wegen (5.269) wird in diesem Fall aus der thermischen Zustandsgleichung (5.296) $pV = NkT$, d. h. ein verdünntes System von Fermionen bei hinreichend hohen Temperaturen verhält sich thermodynamisch wie ein klassisches ideales Gas. Mit (5.300b) kann auch sofort eine erste Korrektur angegeben werden.

Der Fall hoher Dichten oder niedriger Temperaturen ist durch $\bar{n}\lambda^3 \gg 1$ und damit $z \gg 1$ gekennzeichnet. In diesem Fall finden wir aus (5.296) mit (5.292) für die thermische Zustandsgleichung

$$pV \approx NkT \frac{\Gamma(1+3/2)}{\Gamma(1+5/2)} \frac{(\ln z)^{5/2}}{(\ln z)^{3/2}} = \frac{2}{5} NkT \ln z = \frac{2}{5} N\mu \tag{5.302}$$

wobei hier der übliche Zusammenhang zwischen der Fugazität und dem chemischen Potential $z = e^{\beta\mu}$ eingesetzt wurde. Zur Bestimmung des chemischen Potentials nutzen wir jetzt (5.297). Bei hinreichend großen Fugazitäten gilt in der niedrigsten Ordnung von (5.292)

$$\bar{n}\lambda^3 \approx \bar{g} \frac{(\ln z)^{3/2}}{\Gamma(1+3/2)} \tag{5.303}$$

und damit

$$\ln z = \frac{\mu}{kT} = \left(\frac{\Gamma(5/2)\bar{n}\lambda^3}{\bar{g}}\right)^{2/3} = \left(\frac{\Gamma(5/2)\bar{n}}{\bar{g}}\right)^{2/3} \frac{h^2}{2\pi m kT} \tag{5.304}$$

wobei (3.225) für λ eingesetzt wurde. Wenn wir noch $\Gamma(5/2)$ einsetzen erhalten wir für das chemische Potential μ im Limes $T \to 0$

$$\mu = \left[\frac{3}{4\pi} \frac{\bar{n}}{\bar{g}}\right]^{2/3} \frac{h^2}{2m} \tag{5.305}$$

Wir können jetzt das chemische Potential aus der thermischen Zustandsgleichung (5.302) eleminieren und erhalten

$$p = \frac{2}{5} \left(\frac{\Gamma(5/2)}{\bar{g}}\right)^{2/3} \frac{h^2}{2\pi m} \bar{n}^{5/3} \sim \bar{n}^{5/3} \tag{5.306}$$

Offenbar ist der Druck bei hohen Dichten oder niedrigen Temperaturen unabhängig von der Temperatur und ausschließlich durch die Dichte bestimmt.

Man kann sich diese Situation physikalisch so vorstellen, dass praktisch alle Zustände unterhalb einer Grenzenergie – der *Fermi-Energie* ϵ_F – vollständig besetzt sind. Die Grenzenergie folgt einfach aus (5.260) und der Forderung, dass bei $T = 0$ alle Zustände bis zur Fermi-Energie mit den insgesamt N Teilchen besetzt sind

$$N = \int_0^{\epsilon_F} g(\epsilon)d\epsilon = \bar{g}\frac{4\pi V}{3h^3}(2m)^{3/2}\epsilon_F^{3/2} \tag{5.307}$$

Auflösen nach ϵ_F ergibt

$$\epsilon_F = \left[\frac{3}{4\pi}\frac{\bar{n}}{\bar{g}}\right]^{2/3}\frac{h^2}{2m} \tag{5.308}$$

Durch Vergleich mit (5.305) sieht man sofort, dass

$$\lim_{T\to 0}\mu = \epsilon_F \tag{5.309}$$

und im Limes $T \to 0$ unabhängig von T ist. Da für $T \to 0$ alle Zustände unterhalb der Fermi-Grenzenergie (Fermi-Kante) besetzt sind, besitzen die Fermionen auch im Grundzustand des Systems immer noch Energie, die für einen endlichen Druck sorgt. Bosonen würden sich dagegen alle in den Grundzustand begeben und deshalb nicht mehr zum Druck beitragen. Das Regime $\bar{n}\lambda^3 \gg 1$ wird auch als *entartetes Fermi-Gas* bezeichnet. Am absoluten Nullpunkt spricht man auch von einem vollständig entarteten Fermi-Gas.

5.8.7.4 *Die Wärmekapazität des Fermi-Gases

Wir wollen noch die Wärmekapazität des Fermi-Gases bestimmen. Die Funktion $\sigma_n(z)$ erfüllt die gleiche Rekursionsregel (5.295) wie die polylogarithmische Funktion $\omega_n(z)$ (siehe (5.171)). Außerdem erhält man pV und U im Fall des Fermi-Gases (siehe (5.296)) durch die Ersetzung $\omega_n \to \sigma_n$ in den entsprechenden Ausdrücken (5.193) und (5.203) des Bose-Gases. Dieselbe Ersetzung führt deshalb von der Wärmekapazität des Bose-Gases (5.213) auf die Wärmekapazität des Fermi-Gases

$$\frac{C_V}{Nk} = \frac{15}{4}\frac{\sigma_{5/2}(z)}{\sigma_{3/2}(z)} - \frac{9}{4}\frac{\sigma_{3/2}(z)}{\sigma_{1/2}(z)} \tag{5.310}$$

Für hohe Temeraturen oder alternativ geringe Dichten gilt wieder $z \to 0$ und damit

$$C_V = \frac{3}{2}Nk \tag{5.311}$$

Im umgekehrten Fall, also wenn $\bar{n}\lambda^3 \gg 1$ gilt, müssen wir die asymptotische Entwicklung (5.292) nutzen. Hieraus folgt

$$\frac{15}{4}\frac{\sigma_{5/2}(z)}{\sigma_{3/2}(z)} = \frac{15y}{4}\frac{\Gamma(5/2)}{\Gamma(7/2)}\frac{[1+\frac{15}{4}\zeta(2)y^{-2}]}{[1+\frac{3}{4}\zeta(2)y^{-2}]} = \frac{3}{2}y(1+3\zeta(2)y^{-2}) \tag{5.312}$$

und

$$\frac{9}{4}\frac{\sigma_{3/2}(z)}{\sigma_{1/2}(z)} = \frac{9y}{4}\frac{\Gamma(3/2)}{\Gamma(5/2)}\frac{\left[1+\frac{3}{4}\zeta(2)y^{-2}\right]}{\left[1-\frac{1}{4}\zeta(2)y^{-2}\right]} = \frac{3}{2}y(1+\zeta(2)y^{-2}) \quad (5.313)$$

Damit erhalten wir

$$\frac{C_V}{Nk} = 3\zeta(2)y^{-1} = 3\zeta(2)\frac{kT}{\mu} \quad (5.314)$$

Da bei tiefen Temperaturen das chemische Potential unabhängig von der Temperatur ist (5.309), bekommen wir $C_V \sim T$. Auch für dieses Verhalten kann man eine physikalische Erklärung geben. Bei der Bestimmung der Wärmekapazität mussten wir die Reihe (5.292) bis zur ersten Ordnung berücksichtigen, da die Terme der führenden Ordnung sich gegenseitig aufhoben. Die Beiträge erster Ordnung hatten ihrer Ursache aber in der Abweichung der Fermi-Verteilung von der Heaviside-Funktion. Diese Abweichung ist bei niedrigen Temperaturen oder alternativ hohen Dichten auf einen schmalen Bereich um die Fermi-Energie beschränkt. Die Breite des Bereiches einer merklichen Abweichung zwischen beiden Funktionen ist von der Größenordnung T. Damit tragen offenbar nur die Fermionen in der Nähe der Fermi-Kante zur Wärmekapazität bei.

5.9
*Materie bei hohen Drücken

Wir wollen jetzt die isotherme Kompression eines Gases, z. B. des im Universum relativ häufig vorkommenden Wasserstoffs H_2, untersuchen. Da die Temperatur konstant gehalten wird, interessieren wir uns nur für die Dichteabhängigkeit des Druckes $p = p(\bar{n})$. Wir starten von einem hochverdünnten Gas und erhöhen sukzessive die Dichte. Solange die Dichte hinreichend klein ist, kann das Gas als ideal angesehen werden. Um ein Kriterium zu haben, bis zu welcher Dichte man von einem idealen Gas ausgehen kann, benötigt man den charakteristischen Abstand l_char benachbarter Moleküle. Diesen Abstand kann man aus der Partikeldichte abschätzen. Da ein Teilchen im Mittel das Volumen

$$l_\text{char}^3 = \frac{V}{N} = \frac{1}{\bar{n}} \quad (5.315)$$

für sich beansprucht, ist die charakteristische Distanz zwischen den Molekülen $l_\text{char} \sim \bar{n}^{-1/3}$. Ist das Wechselwirkungspotential zwischen zwei Molekülen gegeben durch $\phi(r)$, dann ist $\phi(l_\text{char})$ etwa die mittlere potentielle Energie pro Partikel. Auf der anderen Seite ist die mittlere kinetische Energie der Partikel $(3/2)kT$. Es liegt immer dann ein ideales Gas vor, wenn der kinetische Anteil der Gesamtenergie ihren potentiellen Anteil überwiegt, also wenn $kT \gg \phi(\bar{n}^{-1/3})$ gilt.

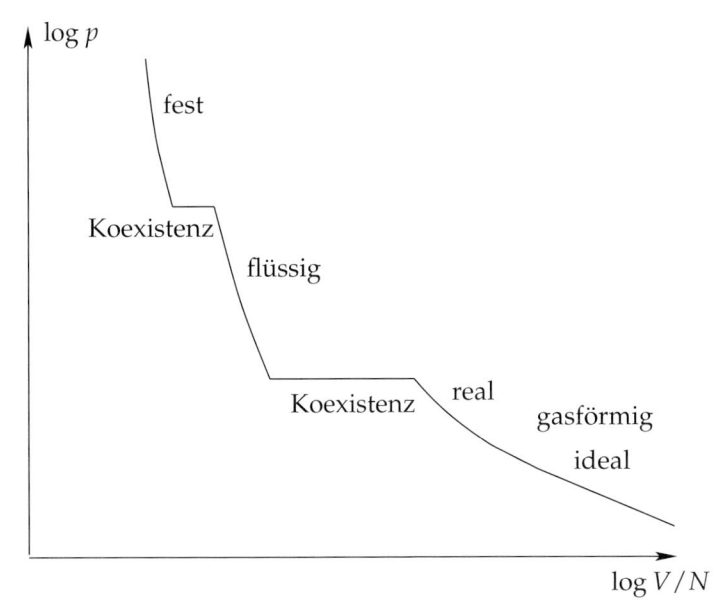

Abb. 5.8 Schematisches *p*-*V*-Diagramm (logarithmische Skala): Übergang vom idealen Gas zum Festkörper

Erhöhen wir die Dichte, dann gelangen wir zum Regime des realen Gases. Bei noch weiterer Erhöhung der Dichte setzt ein Phasenübergang ein. Das Gas wandelt sich in eine Flüssigkeit um, wobei während der Koexistenz von Flüssigkeit und Gas der Druck konstant bleibt. Die mittlere Partikeldichte wächst zwar monoton weiter, man sollte aber beachten, dass während des Phasenüberganges eine Gasphase und eine Flüssigkeitsphase jeweils konstanter Dichte existieren und nur das Mengenverhältnis der beiden Anteile die mittlere Dichte bestimmt (siehe Abb. 5.8).

Ist das gesamte Gas in Flüssigkeit umgewandelt, setzt mit wachsender Dichte ein rapider Druckanstieg ein. Gewöhnlich ist eine Flüssigkeit nahezu inkompressibel, d. h. wenige Prozent Dichteänderung rufen ein Anwachsen des Druckes um mehrere Dekaden hervor. Bei einer bestimmten Dichte ist dann die ungeordnete Struktur der Flüssigkeit thermodynamisch nicht mehr aufrechtzuerhalten. Energetisch günstiger ist die Ordnungsstruktur des Kristalls, die eine optimale Packungsdichte der Partikel erlaubt. Der Übergang von der Flüssigkeit zum Festkörper ist ebenfalls ein Phasenübergang, der durch ein Koexistenzgebiet im *p*-*V*-Diagramm gekennzeichnet ist.

Einer weiteren Kompression wird der Festkörper zunächst durch einen Umbau der Kristallstruktur zu einfacheren, aber auch dichter gepackten Gittern zu begegnen versuchen. Jede dieser Umwandlungen repräsentiert sich als ein Phasenübergang. Doch irgendwann wird die Elektronenhülle der Atome bzw.

Moleküle dem Druck nicht mehr standhalten. Dann entsteht ein Plasma, das aus Kernmaterie (im Fall des Wasserstoffgases also hauptsächlich Protonen) und Elektronen besteht. Eine solche Situation kann experimentell zumindest bei Raumtemperatur nicht mehr erreicht werden. Aber im Inneren von Protosternen und Sternen ist dieses Szenario realistisch. So besteht der Kern des Jupiters wahrscheinlich aus metallischem Wasserstoff, in dem bereits ein Teil der Elektronen nicht mehr an die Protonen gebunden ist. Im Inneren echter Sterne, wo die enormen Gravitationskräfte eine sehr hohe Partikeldichte erzeugen können, finden wir ein ausgeprägtes Plasma.

Unter der Voraussetzung, dass die Wechselwirkung sowohl zwischen den Protonen und Elektronen als auch zwischen gleichartigen Partikeln verschwindet, kann die mittlere Energie pro Teilchen sofort angegeben werden. In beiden Fällen haben wir Fermionen vorliegen, so dass bei einer Partikeldichte $\bar{n}$, die wegen der Neutralität und der Struktur des Wasserstoffatoms für Kernpartikel und Elektronen gleich ist und das doppelte der formalen Partikeldichte der Wasserstoffmoleküle beträgt, die mittlere Energie der Elektronen unter Verwendung von (5.296), (5.302) und (5.305) durch

$$\bar{\epsilon}_e = \frac{3pV}{2N} \sim \frac{h^2}{2m_e} \bar{n}^{2/3} \tag{5.316}$$

und die mittlere Energie der Protonen durch

$$\bar{\epsilon}_p = \frac{3pV}{2N} \sim \frac{h^2}{2m_p} \bar{n}^{2/3} \tag{5.317}$$

gegeben ist. Dabei wurde vorausgesetzt, dass sich das Plasma bereits im Regime des entarteten Fermi-Gases mit $\bar{n}\lambda^3 \gg 1$ befindet. Natürlich ist eine, sogar relativ starke, Wechselwirkung zwischen den Partikeln vorhanden. Diese kann durch ein Coulomb-Potential beschrieben werden. Die mittlere Coulomb-Energie pro Partikel kann wieder mit der charakteristischen Länge l_{char} abgeschätzt werden. Wir erhalten ein mittleres Wechselwirkungspotential

$$\bar{\phi} \sim \frac{e^2}{l_{\text{char}}} \tag{5.318}$$

Wie bei der Unterscheidung zwischen idealem Gas und realem Gas vergleichen wir jetzt wieder die Energie der Partikel im idealen Fermi-Gas mit dem entsprechenden Wechselwirkungsanteil. Die Elektronen verhalten sich ideal, wenn $\bar{\epsilon}_e \gg e^2/l_{\text{char}}$ gilt, also

$$\frac{h^2}{2m_e} \bar{n}^{2/3} \gg e^2 \bar{n}^{1/3} \tag{5.319}$$

ist. Damit folgt, dass das Elektronengas mit Dichten

$$\bar{n} \gg \left(\frac{m_e e^2}{h^2}\right)^3 \tag{5.320}$$

ideal ist. Für das Protonengas kommt man auf die Forderung

$$\bar{n} \gg \left(\frac{m_{\mathrm{p}}e^2}{\hbar^2}\right)^3 \qquad (5.321)$$

d. h. bei vorgegebener Dichte der Teilchen spürt das Protonengas auf Grund der weitaus höheren Masse noch Coloumb-Effekte, während das Elektronengas bereits thermodynamisch von dieser Wechselwirkung abkoppelt.

Generell haben wir den wichtigen Effekt, dass sich ein reales Fermi-Gas um so idealer verhält, je höher die Dichte ist. Verringern wir die Dichte wieder, dann spielt die Coloumb-Wechselwirkung eine immer stärkere Rolle, bis schließlich bei hinreichend niedrigen Drücken wieder die ersten gebundenen Zustände in Form von Atomen auftreten.

Der Beitrag der Elektronen zum Druck ist wegen (5.296) und (5.316) gegeben durch

$$p_{\mathrm{e}} \simeq \frac{\hbar^2}{2\pi m_{\mathrm{e}}} \bar{n}^{5/3} \qquad (5.322)$$

während von den Protonen nach entsprechender Rechnung nur ein sehr kleiner Anteil stammt

$$p_{\mathrm{p}} \simeq \frac{\hbar^2}{2\pi m_{\mathrm{p}}} \bar{n}^{5/3} \qquad (5.323)$$

Natürlich wird in einem Plasma aus Elektronen und Protonen der Protonenanteil nicht stabil sein. Die Protonen würden infolge von Fusionsreaktionen zu schwereren Kernen verschmelzen und dabei einen Teil der Elektronen verbrauchen[19]. Solange die Fusionsreaktionen laufen, entsteht im Inneren der Sterne ein riesiger Strahlungsdruck, der die Gravitationskräfte wenigstens partiell kompensiert und eine Erhöhung der Dichte der Sternmaterie vorläufig unterbindet. Sobald aber die Fusionsprozesse zum Erliegen kommen und der Photonendruck entfällt, verliert der Stern seine Stabilität. Dann kollabiert der Stern in Form einer Nova oder Supernova und der verbleibende Rumpf weist eine enorm hohe Dichte auf.

Da wir anstelle der Protonen jetzt relativ schwere Kerne haben, ist der Beitrag der Kernmaterie zum Druck in dem verbleibenden Stern im Vergleich zum Elektronengas vernachlässigbar gering. Den Hauptanteil zur Kompensation der Eigengravitation des Reststernes liefert das Elektronengas. Diese Situation liegt in einem weißen Zwerg vor. In sehr schweren Zwergen kann auf Grund der Gravitationswirkung die Dichte so groß werden, dass die mittlere Energie der Elektronen die Ruheenergie der Elektronen erreicht. Von da ab muss das Elektronengas relativistisch behandelt werden. Das Kriterium hierfür ist durch $\bar{\epsilon}_e \simeq m_e c^2$ gegeben, wobei wir hier nur auf die Größenordnung

---

[19]) So werden bei Fusionsreaktionen Positronen frei, die dann zur Vernichtung eines entsprechenden Elektrons führen.

Wert legen. Deshalb kann als mittlere Energie das nichtrelativistische Ergebnis genommen werden. Wir müssen insbesondere ultrarelativistische Fermionen annehmen, wenn $\bar{\epsilon}_e \gg m_e c^2$ ist. In diesem Fall bekommen wir die Bedingung

$$\frac{h^2}{2m_e}\bar{n}^{2/3} \gg m_e c^2 \qquad (5.324)$$

und damit

$$\bar{n} \gg \left(\frac{m_e c}{h}\right)^3 \qquad (5.325)$$

Im ultrarelativistischen Fall wird die Masse unwesentlich, sie darf daher nicht mehr in den thermodynamischen Relationen auftreten. Analog zum ultrarelativistischen Bose-Gas verwendet man auch beim ultrarelativistischen Fermi-Gas die Dispersionsrelation $\epsilon_k = \hbar c |k|$. Der Druck ist dann[20]

$$p = \frac{(3\pi^2)^{1/3}}{4}\hbar c \bar{n}^{4/3} \sim \bar{n}^{4/3} \qquad (5.326)$$

Kann auch der Druck des ultrarelativistischen Elektronengases die Gravitation nicht kompensieren, setzt ab einer bestimmten Dichte der Einfang von Elektronen durch die Kerne ein. Dadurch nimmt die Zahl der Neutronen in den Kernen so zu, dass diese instabil werden und Neutronen emittieren. Während dieser Einfangmechanismen bleibt die Dichte der Elektronen konstant, aber die Dichte der Neutronen und damit der Kernmaterie nimmt jetzt rapide zu[21]. Da der Druck zunächst noch von den Elektronen kontrolliert wird, bleibt auch dieser konstant. Aber schließlich wird der Anteil der Elektronen so gering, dass die Neutronen den Hauptbeitrag zum Druck stellen. Wegen ihrer viel größeren Masse bleibt das Neutronengas vorerst nichtrelativistisch, aber wenn die Gravitation hinreichend stark ist, kann auch ein ultrarelativistisches Neutronengas entstehen. Im nichtrelativistischen Fall ist der Druck durch

$$p \simeq \frac{h^2}{2\pi m_n}\bar{n}^{5/3} \qquad (5.327)$$

gegeben, wobei $\bar{n}$ jetzt die Partikeldichte der Neutronen ist. Im ultrarelativistischen Fall ist dann wie beim Elektronengas der Druck masseunabhängig,

20) Das Vorgehen zur Bestimmung des Druckes ist analog zum nichtrelativistischen Fall. Zunächst benutzt man die ultrarelativistische Zustandsdichte, die wir bereits beim Bose-Gas verwendet haben und bestimmt innere Energie und großes Potential. Durch eine partielle Integration findet man diesmal $pV = U/3$. Die innere Energie wird dann einfach nur für den Fall $T = 0$ bestimmt, da wir uns verabredungsgemäß im Regime des entarteten Elektronengases befinden, siehe auch Aufgabe 5.III.

21) Da die Elektronendichte konstant bleibt, aber die Zahl der Elektronen durch die Einfangprozesse abnimmt, bedeutet das einen weiteren Kollaps des Sterns.

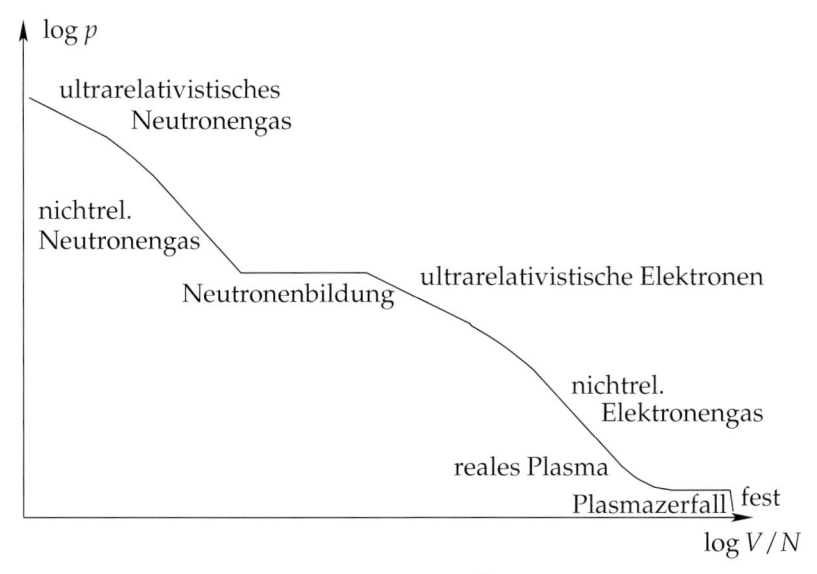

Abb. 5.9 *p-V*-Diagramm (logarithmische Skala): Übergang von der festen Phase zum ultrarelativistischen Neutronengas

also
$$p = \frac{(3\pi^2)^{1/3}}{4} \hbar c \bar{n}^{4/3} \sim \bar{n}^{4/3} \qquad (5.328)$$

In Abb. 5.9 sind die Entwicklungsstufen skizziert. Bei noch höheren Dichten wird auch die Kernmaterie instabil und die starke Wechselwirkung zwischen den Quarks wird dominant. Allerdings reichen die innerhalb dieser Lehrbuchreihe gewonnenen Kenntnisse über den Zustand der Materie bei solchen Dichten nicht aus, um quantitative Schlussfolgerungen im Rahmen der statistischen Physik zu ziehen. Zum anderen wird bei diesen Dichten auch bald die kritische Masse erreicht, bei der ein Stern zu einem schwarzen Loch kollabiert.

Aufgaben

5.1 Zeigen Sie, dass die großkanonische Wahrscheinlichkeitsverteilung einem Ensemble maximaler Entropie unter der Nebenbedingung einer fixierten mittleren Energie und einer fixierten mittleren Teilchenzahl entspricht.

5.2 Zeigen Sie, dass die Zustandsdichte einer eindimensionalen harmonischen Kette aus N Atomen der Masse m und der Federkonstanten κ ge-

geben ist durch
$$g(\varepsilon) = \frac{2N}{\pi} \frac{1}{\sqrt{\hbar^2 \kappa/m - \varepsilon^2}}$$

5.3 Man zeige, dass für das Maximum $\omega_{\max}$ des Planck'schen Strahlungsgesetzes das Wien'sche Verschiebungsgesetz $\hbar \omega_{\max} = 2.821 kT$ gilt.

5.4 Zeigen Sie, dass die thermische Zustandsgleichung des entarteten[22] ultrarelativistischen Fermi-Gases durch
$$p = \frac{(3\pi^2)^{1/3}}{4} \hbar c \left(\frac{N}{V}\right)^{4/3}$$
gegeben ist.

5.5 Leiten Sie die Formel
$$C_V = N \frac{(3\pi^2)^{2/3}}{3c\hbar} T \left(\frac{V}{N}\right)^{1/3}$$
für die Wärmekapazität des entarteten ultrarelativistischen Fermi-Gases her.

• Maple-Aufgaben

5.I Bestimmen Sie die Wahrscheinlichkeit p_n, in einem großkanonischen Ensemble wechselwirkungsfreier Teilchen ein System mit n Teilchen zu finden.

5.II Man berechne die Druckverteilung in der Erdatmosphäre unter der Näherungsannahme einer konstanten Schwerebeschleunigung für eine

1. isotherme Atmosphäre mit der Druckabhängigkeit $p(z) = \rho(z)kT$ und $T = $ const.
2. adiabatische Atmosphäre mit $p(z) = a\rho(z)^\nu$, $(\nu = 5/3)$.

5.III Man bestimme die kalorische und thermische Zustandsgleichung eines Gases freier relativistischer Fermionen bei tiefen Temperaturen.

[22] Es sind also alle Zustände bis zur Fermi-Kante besetzt, Zustände höherer Energie sind leer.

5.IV Man berechne die Druckverteilung in einem Protostern. Die Sternmaterie soll dabei als Gas aus Wasserstoffatomen betrachtet werden, das sich durch die adiabatische Zustandsgleichung

$$p(r) = a\rho(r)^\nu$$

mit dem Adiabatenexponenten $\nu = 5/3$ beschreiben lässt. Es wird angenommen, dass alle thermodynamischen Variablen eine radialsymmetrische Symmetrie besitzen.

5.V Man berechne die Druckverteilung in einem Planeten unter der Annahme, dass die Materie bei den auftretenden (nicht zu hohen) Drücken als inkompressibel angesehen werden darf, d. h. der Planet im Inneren eine konstante Dichte besitzt.

6
*Systeme mit Wechselwirkung

6.1
*Reale Gase

6.1.1
*Virialentwicklung

6.1.1.1 *Hamilton-Funktion eines realen Gases

Wir wollen jetzt die thermodynamischen Eigenschaften eines realen Gases behandeln. Dazu betrachten wir ein atomares Gas mit radialsymmetrischer Paarwechselwirkung. Ein solches Gas kann auf klassischer Ebene durch ein Vielteilchensystem mit N Partikeln und der zugehörigen Hamilton-Funktion

$$H = \sum_{i=1}^{N} \frac{\mathbf{p}_i^2}{2m} + \sum_{i<j} v\left(|\mathbf{r}_i - \mathbf{r}_j|\right) \tag{6.1}$$

beschrieben werden. Kompliziertere Wechselwirkungspotentiale, etwa Drei- oder Vierteilchenwechselwirkungen, wollen wir in diesem Modell nicht berücksichtigen. Es sei aber bemerkt, dass solche höheren Potentiale zur der Bildung von Ordnungsstrukturen bei hinreichend großen Dichten benötigt werden. Das ist aber erst der Fall, wenn man die Bildung eines kristallinen Festkörper beschreiben will. Solange man sich auf Gase oder Flüssigkeiten beschränkt, ist die Paarwechselwirkung meistens ausreichend. Wir wollen zunächst das Zustandsintegral im kanonischen Ensemble bestimmen, also

$$Z_{\text{kan}} = \int \frac{d\Gamma}{(2\pi\hbar)^{3N} N!} \exp\left\{-\beta H\right\} \tag{6.2}$$

Zuerst trennen wir die Integration in den Impuls- und Ortsanteil auf

$$Z_{\text{kan}} = \int \frac{d^{3N}p}{(2\pi\hbar)^{3N} N!} \exp\left\{-\beta \sum_{i=1}^{N} \frac{\mathbf{p}_i^2}{2m}\right\} \int d^{3N}r \exp\left\{-\beta \sum_{i<j} v\left(|\mathbf{r}_i - \mathbf{r}_j|\right)\right\}$$

Das erste Integral ist, bis auf den fehlenden Volumenbeitrag, gerade das Zustandsintegral des idealen Gases. Dafür hatten wir bereits den Ausdruck (4.76) gefunden, so dass

$$Z_{kan} = \frac{1}{N!}\lambda^{-3N} \int d^{3N}r \prod_{i<j} \exp\left\{-\beta v\left(|\mathbf{r}_i - \mathbf{r}_j|\right)\right\} \qquad (6.3)$$

gilt. Der verbleibende Ortsanteil, das Konfigurationsintegral, kann mit der Abkürzung $v_{ij} = v\left(|\mathbf{r}_i - \mathbf{r}_j|\right)$ zunächst als

$$Y = \int d^{3N}r \prod_{i<j} \exp\left\{-\beta v_{ij}\right\} \qquad (6.4)$$

geschrieben werden. Das kanonische Zustandsintegral

$$Z_{kan} = \frac{1}{N!}\lambda^{-3N}Y \qquad (6.5)$$

wird natürlich für ein verschwindendes Wechselwirkungspontential $v = 0$ wegen

$$\lim_{v \to 0} Y = V^N \qquad (6.6)$$

gerade wieder zu dem Zustandsintegral des idealen Gases.

6.1.1.2 *Mayer'sche Clusterentwicklung, Zerlegung des Zustandsintegrals

Um Y zu bestimmen, beachten wir zunächst, dass die Wechselwirkungspotentiale für sehr kleine Distanzen gewöhnlich divergieren. Das hängt damit zusammen, dass sich Atome nicht beliebig einander annähern können, ohne dabei eine mit abnehmendem Abstand stark anwachsende repulsive Kraft überwinden zu müssen[1]. Daher ist eine Entwicklung der Exponentialfunktion nach Potenzen des Wechselwirkungspotentials nicht empfehlenswert, weil die entstehenden Singularitäten schnell unkontrollierbar werden. Wir werden deshalb folgende Zerlegung nutzen

$$\prod_{i<j} \exp\left\{-\beta v_{ij}\right\} = \prod_{i<j} \left[\left(\exp\left\{-\beta v_{ij}\right\} - 1\right) + 1\right] = \prod_{i<j} \left[1 + f_{ij}\right] \qquad (6.7)$$

wobei

$$f_{ij} = f\left(|\mathbf{r}_i - \mathbf{r}_j|\right) = \exp\left\{-\beta v\left(|\mathbf{r}_i - \mathbf{r}_j|\right)\right\} - 1 \qquad (6.8)$$

---

[1] Natürlich kann es bei einer solchen Annäherung zweier Atome zu einer Umstrukturierung der Elektronenhülle kommen, so dass sich aus beiden Atomen auch ein Molekül bilden kann. Wir gehen aber davon aus, dass die Temperatur so niedrig ist, dass die hierfür notwendige Energie nicht von den Atomen aufgebracht werden kann. Zudem kann davon ausgegangen werden, dass die meisten so gebildeten Moleküle instabil sind, oder dass bereits – wie bei Sauerstoff, Wasserstoff oder Stickstoff – von Beginn an Moleküle statt Atome betrachtet werden müssen. In diesem Fall ist allerdings ein radialsymmetrisches Wechselwirkungspotential eine relativ starke Näherung.

die sogenannte Mayer'sche Clusterfunktion ist. Die Funktion $f(r)$ hat für $r \to 0$ keine Divergenzen mehr, sondern strebt gegen den Wert -1. Für $r \to \infty$ konvergiert sie aber ebenso wie $v(r)$ gegen 0. Das Produkt über alle Faktoren $1 + f_{ij}$ kann ausmultipliziert werden. Man erhält

$$\prod_{i<j} [1 + f_{ij}] = 1 + f_{12} + f_{13} + \cdots + f_{12}f_{13} + \cdots + f_{12}f_{13}f_{23} + \cdots \quad (6.9)$$

Die entstehende Summe enthält alle möglichen Produkte, die sich aus den Mayer'schen Clusterfunktionen bilden lassen. Es ist aber von entscheidender Bedeutung, dass jede Kombination von Partikelnummern jeweils nur einmal auftritt. Außerdem kann in jedem der Produkte eine Clusterfunktion nur einmal vorkommen, d. h. Kombinationen, die z. B. f_{ij}^2 enthalten, kann es nicht geben.

6.1.1.3 *Graphenmethode

Wir wollen jetzt mit einer graphischen Darstellung die bei einem Vielteilchensystem von N Partikeln normalerweise entstehende riesige Summe von $2^{N(N-1)/2}$ Summanden zusammenfassen, um daraus eine brauchbare Näherung für das Zustandsintegral abzuleiten.

Dazu führen wir einen Basisgraphen ein, der aus der geordneten Reihe aller Partikel des Systems besteht

$$\left[\begin{array}{cccccccc} \text{①} & \text{②} & \text{③} & \text{④} & \text{⑤} & \text{⑥} & \text{⑦} & \cdots\cdots & \text{Ⓝ} \end{array} \right]$$

Wir identifizieren diesen Graphen mit dem ersten Summanden von Y, also

$$\int d^{3N}r \quad (6.10)$$

und können daher formal jedem Punkt mit der Nummer i die Integration $\int d^3 r_i$ zuordnen.

Aus dem Basisgraphen kann man weitere Graphen erzeugen, indem einzelne Punkte miteinander verbunden werden. Einer Verbindung zwischen den Punkten i und j entspricht die Clusterfunktion f_{ij}. In diesem Sinne stellt der Graph

$$\left[\begin{array}{cccccccc} \overset{\frown}{\text{①} \quad \text{②}} & \text{③} & \text{④} & \text{⑤} & \text{⑥} & \text{⑦} & \cdots\cdots & \text{Ⓝ} \end{array} \right]$$

gerade das Integral

$$\int f_{12} d^{3N}r \quad (6.11)$$

dar und dem Graphen

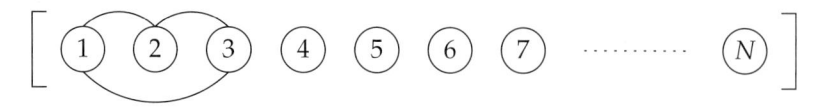

$$\left[\underset{\overset{\frown}{}}{\underset{\smile}{1\;2}}\;3\quad 4\quad 5\quad 6\quad 7\quad \cdots\cdots\quad N \right]$$

kann das Integral

$$\int f_{12} f_{13} f_{23} d^{3N} r \tag{6.12}$$

zugeordnet werden. Man kann sich leicht davon überzeugen, dass eine eineindeutige Abbildung zwischen den erzeugbaren Graphen und den Summanden von Y besteht. Dazu muss nur noch als Konstruktionsregel berücksichtigt werden, dass zwischen zwei Punkten des Basisgraphen höchstens eine Bindung existieren darf, denn Doppel- oder gar Mehrfachbindungen würden ja solchen verbotenen Strukturen wie f_{ij}^2 oder noch höheren Potenzen entsprechen. Beachtet man diese Regel, dann liefert jeder Graph genau einen Summanden von Y und andererseits entspricht jedem Summanden von Y genau ein nach den obigen Regeln konstruierter Graph.

6.1.1.4 *Cluster

Wir wollen jetzt eine wichtige Eigenschaft der Graphen genauer untersuchen. Dazu betrachten wir z. B. in einem System mit 10 Partikeln den Graphen

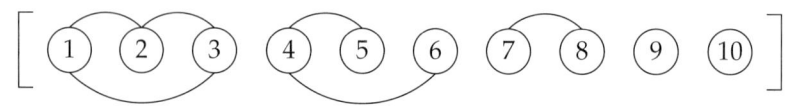

$$\left[\underset{\smile}{\overset{\frown}{1\;2}}\;3\quad \underset{\smile}{4\;5}\;6\quad 7\;8\quad 9\quad 10 \right]$$

In der Integraldarstellung erhalten wir dafür

$$\int [f_{12}f_{13}f_{23}f_{45}f_{46}f_{78}]\, d^3r_1 d^3r_2 \ldots d^3r_{10} = \left[\int f_{12}f_{13}f_{23} d^3r_1 d^3r_2 d^3r_3\right] \times$$
$$\times \left[\int f_{45}f_{46} d^3r_4 d^3r_5 d^3r_6\right] \times$$
$$\times \left[\int f_{78} d^3r_7 d^3r_8\right] \times$$
$$\times \left[\int d^3r_9\right]\left[\int d^3r_{10}\right] \tag{6.13}$$

d. h. das Integral zerfällt offenbar in mehrere getrennte Integrale, die multiplikativ miteinander verbunden sind. Jedes dieser Integrale entspricht einem sogenannten Cluster in der graphischen Darstellung, d. h. einer Gruppe von miteinander verbundenen Punkten. Wir symbolisieren den Zerfall des Graphen in Cluster durch eckige Klammern, die jeden Cluster umgeben. Dann können wir für das obige Beispiel schreiben

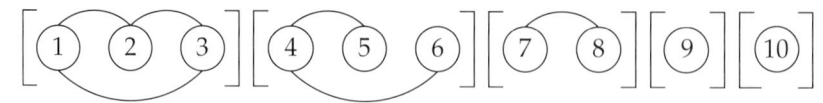

$$\left[\underset{\smile}{\overset{\frown}{1\;2}}\;3\right]\left[\underset{\smile}{4\;5}\;6\right]\left[7\;8\right]\left[9\right]\left[10\right]$$

6.1.1.5 *Subgraphen

Prinzipiell kann die Reihenfolge der Cluster innerhalb eines Graphen wegen der Faktorisierung beliebig umgeordnet werden. Wir wollen jetzt ein Ordnungsschema einführen, indem wir die Cluster gleicher Größe zu sogenannten Subgraphen zusammenfassen. Ein Subgraph der Ordnung l enthält dann alle Cluster mit l Partikel, was wir als

$$[\text{Subgraph } l] = [m_l \, l\text{-Cluster}] \tag{6.14}$$

bezeichnen. Wir können demnach sagen, dass ein Graph in Subgraphen zerfällt, wobei der l-te Subgraph gerade m_l l-Cluster enthält und die maximale Zahl der Subgraphen durch die Zahl der Partikel gegeben ist

$$\begin{aligned}[\text{Graph}] &= [\text{Subgraph } 1][\text{Subgraph } 2]\ldots[\text{Subgraph } l]\ldots[\text{Subgraph } N] \\ &= [m_1 \, 1\text{-Cluster}]\ldots[m_l \, l\text{-Cluster}]\ldots[m_N \, N\text{-Cluster}] \tag{6.15}\end{aligned}$$

Demnach ist die Liste $\{m_1, m_2, \ldots, m_l, \ldots, m_N\}$ eine erste Charakterisierung eines Graphen. Da jeder Graph aus N Partikelpunkten besteht, muss

$$\sum_{l=1}^{N} l m_l = N \tag{6.16}$$

gelten. Ein leerer Subgraph bekommt den Wert 1 zugeordnet, also

$$[0 \, l\text{-Cluster}] = 1 \tag{6.17}$$

Damit wird die multiplikative Struktur des Graphen formal auch auf nicht vorhandene, d. h. leere Subgraphen erweitert.

6.1.1.6 *Clustertypen, Zweige

Die Liste der m_l ist aber nicht ausreichend. So kann ein Subgraph verschiedene Clustertypen enthalten. Dieses Phänomen tritt bereits ab der Clustergröße $l = 3$ auf. Wir wollen unter einem Clustertyp der Ordnung l eine spezielle topologische Struktur der Verbindung von l geordneten Partikeln verstehen. In diesem Sinne gibt es z. B. vier Clustertypen zur Ordnung 3

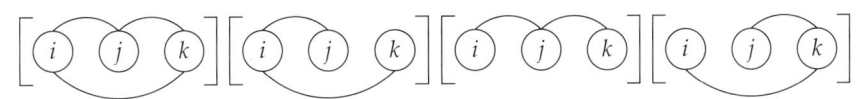

$$\left[\overset{\frown}{\underset{i}{\bigcirc}\;\underset{j}{\bigcirc}\;\underset{k}{\bigcirc}}\right]\left[\overset{\frown}{\underset{i}{\bigcirc}\;\underset{j}{\bigcirc}\;\underset{k}{\bigcirc}}\right]\left[\overset{\frown}{\underset{i}{\bigcirc}\;\underset{j}{\bigcirc}\;\underset{k}{\bigcirc}}\right]\left[\overset{\frown}{\underset{i}{\bigcirc}\;\underset{j}{\bigcirc}\;\underset{k}{\bigcirc}}\right]$$

Dabei sind die Partikel immer von links nach rechts mit aufsteigender Nummerierung geordnet, d. h. in dem obigen Beispiel ist $i < j < k$.

Gibt es zur Ordnung l gerade K_l Clustertypen, dann können wir erwarten, dass ein Subgraph der Ordnung l in K_l Zweige zerfällt, die jeweils Cluster eines Typs enthalten. Somit ist

$$
\begin{aligned}
[\text{Subgraph } l] &= [\text{Subgraph } l : \text{Zweig } 1] \, [\text{Subgraph } l : \text{Zweig } 2] \cdots \\
&\quad [\text{Subgraph } l : \text{Zweig } K_l] \\
&= \left[n_1^l \; l\text{-Cluster Typ } 1 \right] \left[n_2^l \; l\text{-Cluster Typ } 2 \right] \cdots \\
&\quad \left[n_{K_l}^l \; l\text{-Cluster Typ } K_l \right]
\end{aligned}
\qquad (6.18)
$$

und wir haben die Randbedingung

$$
\sum_{k=1}^{K_l} n_k^l = m_l \qquad (6.19)
$$

Ein leerer Zweig bekommt aus denselben Gründen wie ein leerer Subgraph den Wert 1, also

$$
[0 \; l\text{-Cluster Typ } k] = 1 \qquad (6.20)
$$

Die Zweige eines Subgraphen enthalten also nur noch topologisch identische Cluster. Ein Beispiel wäre

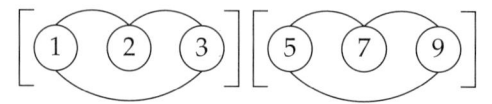

$$
\left[\; \widehat{①\;②\;③} \;\right]\left[\; \widehat{⑤\;⑦\;⑨} \;\right]
$$

6.1.1.7 *Berechnung von Graphen

Wir können die einzelnen Cluster dieses Zweiges in Integralform darstellen und erhalten für den ersten Cluster

$$
\begin{aligned}
&\int f_{12} f_{23} f_{13} d^3 r_1 d^3 r_2 d^3 r_3 \\
&= \int f(|\mathbf{r}_1 - \mathbf{r}_2|) f(|\mathbf{r}_2 - \mathbf{r}_3|) f(|\mathbf{r}_1 - \mathbf{r}_3|) d^3 r_1 d^3 r_2 d^3 r_3 \qquad (6.21a) \\
&= \int f(|\mathbf{r} - \mathbf{r}'|) f(|\mathbf{r}' - \mathbf{r}''|) f(|\mathbf{r} - \mathbf{r}''|) d^3 r \, d^3 r' d^3 r'' \qquad (6.21b)
\end{aligned}
$$

und für den zweiten Cluster

$$
\begin{aligned}
&\int f_{57} f_{79} f_{59} d^3 r_5 d^3 r_7 d^3 r_9 \\
&= \int f(|\mathbf{r}_5 - \mathbf{r}_7|) f(|\mathbf{r}_7 - \mathbf{r}_9|) f(|\mathbf{r}_5 - \mathbf{r}_9|) d^3 r_5 d^3 r_7 d^3 r_9 \qquad (6.22a) \\
&= \int f(|\mathbf{r} - \mathbf{r}'|) f(|\mathbf{r}' - \mathbf{r}''|) f(|\mathbf{r} - \mathbf{r}''|) d^3 r \, d^3 r' d^3 r'' \qquad (6.22b)
\end{aligned}
$$

d. h. beide Cluster haben identische Werte. Offenbar spielt innerhalb eines Clusters die Nummerierung der Partikel gar keine Rolle mehr. Daher können wir auch schreiben

$$
\left[n_k^l \; l\text{-Cluster Typ } k \right] = [1 \; l\text{-Cluster Typ } k]^{n_k^l} = [l\text{-Cluster Typ } k]^{n_k^l} \qquad (6.23)
$$

Ein Graph ist demnach ein Produkt aus Potenzen der verschiedenen Clustertypen k ($k = 1, \ldots, K_l$) jeder Clusterordnung l ($l = 1, \ldots, N$).

Natürlich können mehrere Graphen den gleichen Wert haben und zwar dann, wenn sie die gleiche Zahl von Clustern in jeder Ordnung und für jeden Typ enthalten. Um die Summe Y bestimmen zu können, müssten wir wissen, wie viele Graphen

1. m_1 Cluster der Größe 1, m_2 Cluster der Größe 2, ..., m_l Cluster der Größe l, ... und m_N Cluster der Größe N enthalten, also durch die Liste

$$\{m_1, m_2, \ldots, m_l, \ldots, m_N\}$$

   bestimmt sind und

2. wie viele Cluster der Größe l ($l = 1, \ldots, N$) gerade zum Typ k ($k = 1, \ldots, K_l$) gehören.

Im Prinzip ist die Beantwortung dieser Frage ein kombinatorisches Problem. Wir geben uns zu diesem Zweck einen Graphen vor, der aus m_l Clustern der Größe l ($l = 1, \ldots, N$) besteht und außerdem eine wohldefinierte Aufteilung nach Clustertypen besitzt. Ein typisches Beispiel wäre

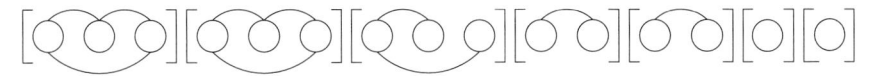

das wir formal auch als

$$[2 \ 3\text{-Cluster Typ 1}] [1 \ 3\text{-Cluster Typ 2}] \times$$
$$\times [2 \ 2\text{-Cluster Typ 1}] [2 \ 1\text{-Cluster Typ 1}]$$

(6.24)

schreiben könnten. Obwohl in dieser Darstellung gar nicht die Nummerierung der Partikel durchgeführt wurde, ist rein mathematisch der Wert dieses Graphen eindeutig bestimmt. Unterschiedliche Nummerierungen der einzelnen Partikelpunkte können bei gegebener Topologie den Wert des Graphen nicht mehr ändern. Aber andererseits sind topologisch identische Graphen mit unterschiedlicher Partikelnummerierung verschiedene Beiträge zur Gesamtsumme Y.

6.1.1.8 *Beiträge zum Konfigurationsintegral Y

Es kommt jetzt also darauf an zu wissen, wie oft ein Graph mit einer definierten Topologie in Y vorkommt. Dazu verteilen wir einfach die N Partikelnummern auf den topologisch gegebenen Graphen. Dafür gibt es $N!$ Möglichkeiten. Um aber unser Ordnungsschema aufrechtzuerhalten, muss in jedem Cluster die Partikelnummer von links nach rechts anwachsen. Daher ist bei einem

Cluster der Ordnung l von den $l!$ Möglichkeiten l bestimmte Nummern auf die l Clusterpartikel zu verteilen nur eine Möglichkeit erlaubt. Da wir aber gleichzeitig m_l Cluster der Größe l haben, muss also $N!$ um den Faktor

$$\prod_{l=1}^{N}\left(\frac{1}{l!}\right)^{m_l} \tag{6.25}$$

reduziert werden. Innerhalb eines Untergraphen sind die Cluster gleichen Typs zusammengefasst. Die Vertauschung dieser Cluster in ihrer Reihenfolge darf keinen neuen Beitrag zu Y geben[2]. Daher ist noch einmal eine Reduktion um den Faktor

$$\prod_{l=1}^{N}\prod_{k=1}^{K_l} \frac{1}{n_k^l!} \tag{6.26}$$

notwendig. Somit gibt es also in Y

$$N!\prod_{l=1}^{N}\left[\left(\frac{1}{l!}\right)^{m_l}\prod_{k=1}^{K_l}\frac{1}{n_k^l!}\right] \tag{6.27}$$

Graphen zu einer durch den Satz der m_l und n_k^l definierten topologischen Struktur.

6.1.1.9 *Wert des Konfigurationsintegrals Y, kanonische Zustandssumme

Die Summe über alle erlaubten Topologien liefert dann den Wert von Y. Dazu muss man nur noch beachten, dass die Liste $\{m_1, m_2, \ldots, m_l, \ldots, m_N\}$ und die entsprechenden Unterlisten $\left\{n_1^l, n_2^l, \ldots, n_{K_l}^l\right\}$ die oben aufgeführten Restriktionen (6.16) und (6.19) erfüllen müssen. Formal ist dann

$$\begin{aligned}Y = & \sum_{\{m_1,m_2,\ldots,m_N\}} \delta\left(N, \sum_{l=1}^{N} l m_l\right) \sum_{n_1^1} \delta\left(m_1, n_1^1\right) \sum_{n_1^2} \delta\left(m_2, n_1^2\right) \\ & \sum_{\{n_1^3,n_2^3,n_3^3,n_4^3\}} \delta\left(m_3, \sum_{k=1}^{4} n_k^3\right) \cdots \sum_{\{n_1^l,\ldots,n_{K_l}^l\}} \delta\left(m_l, \sum_{k=1}^{K_l} n_k^l\right) \cdots \\ & \sum_{\{n_1^N,\ldots,n_{K_N}^N\}} \delta\left(m_N, \sum_{k=1}^{K_N} n_k^N\right) \left\{N!\prod_{l=1}^{N}\left[\left(\frac{1}{l!}\right)^{m_l}\prod_{k=1}^{K_l}\frac{1}{n_k^l!}\right]\right\} \\ & \prod_{l=1}^{N}\prod_{k=1}^{K_l} [l\ \text{Cluster Typ}\ k]^{n_k^l} \end{aligned} \tag{6.28}$$

Man beachte, dass $\delta(I, J) = \delta_{IJ}$ das gewöhnliche Kronecker-Symbol ist, für das hier zugunsten der Übersichtlichkeit eine andere Darstellung gewählt

---

[2] Die Cluster wurden ja bei ihrer Ableitung aus einer definierten Ordnungsstruktur erzeugt.

wurde. Der Ausdruck in der letzten Zeile ist durch (6.23) gegeben. Die Produktobergrenze K_l ist die bereits erwähnte Anzahl von Clustertypen zur Clusterordnung l.

Wir können diesen Ausdruck umsortieren und erhalten

$$Y = N! \sum_{\{m_1,m_2,...,m_N\}} \delta\left(N, \sum_{l=1}^{N} l m_l\right)$$

$$\prod_{l=1}^{N} \left\{ \left(\frac{1}{l!}\right)^{m_l} \sum_{\{n_1^l,...,n_{K_l}^l\}} \delta\left(m_l, \sum_{k=1}^{K_l} n_k^l\right) \prod_{k=1}^{K_l} \frac{1}{n_k^l!} [l \text{ Cluster Typ } k]^{n_k^l} \right\}$$

(6.29)

Die innere Summe lässt sich unter Beachtung des polynomischen Satzes[3] auswerten. Man erhält damit

$$\sum_{\{n_1^l,...,n_{K_l}^l\}} \delta\left(m_l, \sum_{k=1}^{K_l} n_k^l\right) \prod_{k=1}^{K_l} \frac{1}{n_k^l!} [l \text{ Cluster Typ } k]^{n_k^l} =$$

$$= \frac{1}{m_l!} \left[\sum_{k=1}^{K_l} [l \text{ Cluster Typ } k]\right]^{m_l} \quad (6.30)$$

Wir führen jetzt neue Funktionen, die sogenannten Clusterkoeffizienten b_l, entsprechend

$$b_l = \frac{1}{V \lambda^{3(l-1)} l!} \sum_{k=1}^{K_l} [l \text{ Cluster Typ } k] \quad (6.31)$$

mit $\lambda = \sqrt{h^2/(2\pi)mkT}$ ein. Diese Koeffizienten sind dimensionslose Zahlen. Ihre genaue Struktur wird uns erst später interessieren. Damit erhalten wir für Y den Wert

$$Y = N! \sum_{\{m_1,m_2,...,m_N\}} \delta\left(N, \sum_{l=1}^{N} l m_l\right) \prod_{l=1}^{N} \left\{ \frac{1}{m_l!} \left[\frac{b_l V \lambda^{3l}}{\lambda^3}\right]^{m_l} \right\} \quad (6.32)$$

oder wegen des Kronecker-Symbols

$$Y = N! \lambda^{3N} \sum_{\{m_1,m_2,...,m_N\}} \delta\left(N, \sum_{l=1}^{N} l m_l\right) \prod_{l=1}^{N} \left\{ \frac{1}{m_l!} \left[\frac{b_l V}{\lambda^3}\right]^{m_l} \right\} \quad (6.33)$$

[3] Für jedes r-Tupel $a_1, a_2, ..., a_r$ und für jede natürliche Zahl n gilt:

$$(a_1 + a_2 + ... + a_r)^n = \sum_{k_1,k_2,...,k_r} \delta_{n, \sum_{\alpha=1}^{r} k_\alpha} \frac{n!}{k_1! k_2! ... k_r!} a_1^{k_1} a_2^{k_2} ... a_r^{k_r}$$

(polynomischer Satz).

Formal kann jetzt die Summation auch auf Cluster der Ordnung $l > N$ ausgedehnt werden, da diese durch die Wirkung des Kronecker-Symbols sowieso keine Beiträge liefern. Wir erhalten also

$$Y = N!\lambda^{3N} \sum_{\{m_1, m_2, \ldots, m_\infty\}} \delta\left(N, \sum_{l=1}^\infty l m_l\right) \prod_{l=1}^\infty \left\{ \frac{1}{m_l!} \left[\frac{b_l V}{\lambda^3}\right]^{m_l} \right\} \qquad (6.34)$$

und damit wegen (6.5) für die kanonische Zustandssumme

$$Z_{\text{kan}}(T, V, N) = \sum_{\{m_1, m_2, \ldots, m_\infty\}} \delta\left(N, \sum_{l=1}^\infty l m_l\right) \prod_{l=1}^\infty \left\{ \frac{1}{m_l!} \left[\frac{b_l V}{\lambda^3}\right]^{m_l} \right\} \qquad (6.35)$$

Diese Darstellung ist schon erheblich reduziert, aber immer noch zu aufwändig für eine sinnvolle Behandlung.

6.1.1.10 *Großkanonische Zustandssumme

Zur weiteren Auswertung bilden wir deswegen jetzt die großkanonische Zustandssumme entsprechend

$$Z_{\text{groß}} = \sum_{N=0}^\infty Z_{\text{kan}}(T, V, N) \exp\left\{\frac{\mu N}{kT}\right\} \qquad (6.36)$$

Mit der Fugazität $z = \exp(\mu/kT)$ folgt dann

$$Z_{\text{groß}} = \sum_{N=0}^\infty z^N \sum_{\{m_1, m_2, \ldots, m_\infty\}} \delta\left(N, \sum_{l=1}^\infty l m_l\right) \prod_{l=1}^\infty \left\{ \frac{1}{m_l!} \left[\frac{b_l V}{\lambda^3}\right]^{m_l} \right\} \qquad (6.37)$$

oder wegen des Kronecker-Symbols

$$Z_{\text{groß}} = \sum_{N=0}^\infty \sum_{\{m_1, m_2, \ldots, m_\infty\}} \delta\left(N, \sum_{l=1}^\infty l m_l\right) \prod_{l=1}^\infty \left\{ \frac{1}{m_l!} \left[\frac{b_l V z^l}{\lambda^3}\right]^{m_l} \right\} \qquad (6.38)$$

Die Summation über N kann jetzt an das Kronecker-Symbol gezogen und dann ausgeführt werden. Man erhält

$$Z_{\text{groß}} = \sum_{\{m_1, m_2, \ldots, m_\infty\}} \prod_{l=1}^\infty \left\{ \frac{1}{m_l!} \left[\frac{b_l V z^l}{\lambda^3}\right]^{m_l} \right\} \qquad (6.39)$$

bzw. unter Beachtung des großen Summensatzes

$$Z_{\text{groß}} = \prod_{l=1}^\infty \sum_{m_l=0}^\infty \left\{ \frac{1}{m_l!} \left[\frac{b_l V z^l}{\lambda^3}\right]^{m_l} \right\} \qquad (6.40)$$

Die verbleibende Summe ergibt die Exponentialfunktion, d. h. wir erhalten

$$Z_{\text{groß}} = \prod_{l=1}^{\infty} \exp\left\{\frac{b_l V z^l}{\lambda^3}\right\} \tag{6.41}$$

6.1.1.11 *Großes Potential und abgeleitete Größen
Aus der großkanonischen Zustandssumme erhalten wir das große Potential

$$\Omega = -kT \ln Z_{\text{groß}} = -\frac{kTV}{\lambda^3} \sum_{l=1}^{\infty} b_l z^l \tag{6.42}$$

Die thermische Zustandsgleichung ist dann wegen $\Omega = -pV$ gegeben durch

$$p = \frac{kT}{\lambda^3} \sum_{l=1}^{\infty} b_l z^l \tag{6.43}$$

Aus dem großen Potential folgt auch die Teilchenzahl entsprechend

$$N = -\frac{\partial \Omega}{\partial \mu} = \frac{kTV}{\lambda^3} \sum_{l=1}^{\infty} l b_l z^{l-1} \frac{\partial z}{\partial \mu} = \frac{V}{\lambda^3} \sum_{l=1}^{\infty} l b_l z^l \tag{6.44}$$

Damit haben wir eine geschlossene Darstellung für Druck und Teilchenzahl als Funktion der Fugazität. Allerdings ist die Parametrisierung durch z nicht wünschenswert. Aber immerhin suggeriert die letzte Gleichung einen Zusammenhang zwischen der Partikeldichte und der Fugazität entsprechend

$$\lambda^3 \overline{n} = \sum_{l=1}^{\infty} l b_l z^l = g(z) \quad \Longleftrightarrow \quad z = g^{-1}\left(\lambda^3 \overline{n}\right) \tag{6.45}$$

Aus (6.43) und (6.45) folgt, dass es auch eine Darstellung

$$\frac{pV}{NkT} = \sum_{l=1}^{\infty} B_l \left(\lambda^3 \overline{n}\right)^{l-1} \tag{6.46}$$

geben muss. Um die noch unbekannten Koeffizienten B_l zu bestimmen, multiplizieren wir diese Gleichung mit $\lambda^3 \overline{n}$, setzen rechts die Reihe für $\lambda^3 \overline{n}$ ein und substituieren links den Druck als Funktion der Fugazität. Dann folgt

$$\sum_{l=1}^{\infty} b_l z^l = \sum_{l=1}^{\infty} B_l \left(\sum_{k=1}^{\infty} k b_k z^k\right)^l \tag{6.47}$$

und durch Vergleich der Potenzen finden wir

$$\begin{array}{rcl} B_1 & = & 1 \\ B_2 & = & -b_2 \\ B_3 & = & 4b_2^2 - 2b_3 \\ B_4 & = & -20b_2^3 + 18b_2 b_3 - 3b_4 \\ \vdots & \vdots & \vdots \end{array} \tag{6.48}$$

Mit (6.46) haben wir jetzt eine Entwicklung des Druckes nach Potenzen der Partikeldichte. Trennt man das erste Glied dieser Reihe explizit ab, dann folgt

$$pV = NkT + NkT \sum_{l=2}^{\infty} B_l \left(\lambda^3 \overline{n}\right)^{l-1} \tag{6.49}$$

d. h. die verbleibende Summe einschließlich des Vorfaktors ist identisch mit dem Clausius'schen Virial (siehe Abschnitt 3.5.3). Deshalb wird (6.46) auch als Virialentwicklung bezeichnet. Der Entwicklungsparameter dieser Reihe ist $\lambda^3 \overline{n}$. Für extrem kleine Dichten oder hohe Temperaturen braucht die Reihe nicht weiter berücksichtigt werden. Wird die Dichte moderat, dann sollten sukzessive immer neue Summanden dieser Reihe eingeschaltet werden, um eine brauchbare Näherung der Zustandsgleichung zu behalten. Wir erhalten z. B. in der ersten Ordnung dieser Entwicklung

$$\frac{pV}{NkT} = 1 + B_2 \left(\lambda^3 \overline{n}\right) \tag{6.50}$$

während die nachfolgende Ordnung durch

$$\frac{pV}{NkT} = 1 + B_2 \left(\lambda^3 \overline{n}\right) + B_3 \left(\lambda^3 \overline{n}\right)^2 \tag{6.51}$$

gegeben ist. Um B_2 und B_3 zu bestimmen, müssen wir die Koeffizienten b_2 und b_3 bestimmen. Dazu beachten wir, dass zur Berechnung von b_l nur Cluster mit l Partikeln beitragen. Davon gibt es aber für $l = 2$ nur einen Typ, so dass mit (6.31) symbolisch gilt

$$b_2 = \frac{1}{2V\lambda^3} \left[\bigcirc \bigcirc \right]$$

In die analytische Schreibweise übersetzt, erhält man

$$b_2 = \frac{1}{2V\lambda^3} \int d^3r d^3r' f\left(|\mathbf{r} - \mathbf{r}'|\right) \tag{6.52}$$

Wir führen jetzt die Relativkoordinate $\mathbf{R} = \mathbf{r} - \mathbf{r}'$ ein und erhalten dann nach der Substitution $\mathbf{r}' = \mathbf{r} - \mathbf{R}$ das Integral

$$b_2 = \frac{1}{2V\lambda^3} \int d^3r d^3R f\left(|\mathbf{R}|\right) \tag{6.53}$$

Da wir im Limes unendlich großer Volumina arbeiten, ist eine Verschiebung der Integrationsgebiete unwesentlich, solange die Reichweite der Clusterfunktion hinreichend schnell mit wachsendem Radius abklingt. Dann zerfällt das Integral aber wieder, der Faktor $1/V$ wird durch eine Integration kompensiert und wir erhalten

$$b_2 = \frac{1}{2\lambda^3} \int d^3R f\left(R\right) = \frac{2\pi}{\lambda^3} \int R^2 dR \left[\exp\left\{-\beta v\left(R\right)\right\} - 1\right] \tag{6.54}$$

Um b_3 zu bestimmen, müssen wir beachten, dass es vier verschiedene Typen von Clustern gibt

$$b_3 = \frac{1}{6V\lambda^6} \left[\bigcirc\!\bigcirc\!\bigcirc + \bigcirc\;\bigcirc\;\bigcirc + \bigcirc\!\bigcirc\;\bigcirc + \bigcirc\;\bigcirc\!\bigcirc \right]$$

Die letzten drei Typen liefern aber die gleichen Integralwerte, so dass

$$b_3 = \frac{1}{6V\lambda^6} \left[\int d^3r_1 d^3r_2 d^3r_3 f_{12} f_{13} f_{23} + 3 \int d^3r_1 d^3r_2 d^3r_3 f_{12} f_{13} \right] \quad (6.55)$$

ist. Die Substitutionen $r_2 = r_1 - R$ und $r_3 = r_1 - R'$ reduzieren das erste Integral auf

$$\begin{aligned} I_1 &= \int d^3r\, d^3R\, d^3R'\, f(R) f(R') f(|R' - R|) \\ &= V \int d^3R\, d^3R'\, f(R) f(R') f(|R' - R|) \end{aligned} \quad (6.56)$$

während aus dem zweiten Integral

$$I_2 = \int d^3r\, d^3R\, d^3R'\, f(R) f(R') = V \int d^3R\, f(R) \int d^3R'\, f(R') \quad (6.57)$$

wird, so dass

$$b_3 = \frac{1}{6\lambda^6} \int d^3R\, d^3R'\, f(R) f(R') f(|R' - R|) + \frac{1}{\lambda^6} \frac{1}{2} \int d^3R\, f(R) \int d^3R'\, f(R') \quad (6.58)$$

oder

$$b_3 = \frac{1}{\lambda^6} \frac{1}{6} \int d^3R\, d^3R'\, f(R) f(R') f(|R' - R|) + 2 b_2^2 \quad (6.59)$$

gilt. Damit ist aber

$$B_3 = -\frac{1}{3\lambda^6} \int d^3R\, d^3R'\, f(R) f(R') f(|R' - R|) \quad (6.60)$$

d. h. der Koeffizient B_3 enthält nur noch den Beitrag eines Clustertyps, nämlich

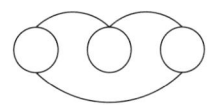

$$\bigcirc\!\bigcirc\!\bigcirc$$

Dieser Trend setzt sich auch für die höheren Koeffizienten B_l fort. Man kann zeigen, dass die B_l grundsätzlich nur aus den sogenannten irreduziblen Clustern aufgebaut sind. Darunter verstehen wir solche topologischen Strukturen, die sich nicht durch einfache Koordinatenverschiebung faktorisieren lassen. Man kann sich eine einfache graphische Regel merken, die dieser Forderung äquivalent ist. Ein irreduzibler Cluster der Ordnung $l > 2$ zerfällt beim Durchschneiden einer beliebigen Linie niemals in zwei Teile, alle reduziblen Cluster haben dagegen mindestens eine Verbindung, deren Entfernung die Zerlegung des Cluster in zwei Teilcluster zur Folge hat.

6.1.2
*Thermische Zustandsgleichungen

Die Virialentwicklung erlaubt die Bestimmung der Zustandsgleichung eines realen Gases in Form einer Reihenentwicklung. Das Hauptproblem bei diesem Vorgehen besteht in der Bestimmung der Entwicklungskoeffizienten B_l. Solange die Dichte noch gering ist, kann man mit den ersten Termen dieser Reihe eine vernünftige Beschreibung erreichen. Wird die Dichte aber größer, dann ist ein Abbruch der Reihe nach einer endlichen Zahl von Summanden nicht mehr möglich, ohne die physikalischen Eigenschaften zu verfälschen. In diesem Fall benötigt man die vollständige Reihe oder eine geeignete Approximation, die auch die höheren Glieder berücksichtigt. Hier liegt aber das Hauptproblem. Die Koeffizienten B_l sind mit wachsender Ordnung immer komplizierter werdende Integrale. Eine allgemeine Regel, um aus B_l den nächsten Koeffizienten B_{l+1} zu gewinnen, ist höchstens näherungsweise und dann auch nur mit mathematisch fraglicher Genauigkeit zu realisieren.

Trotzdem können solche Techniken einigermaßen erfolgreich sein. Typischerweise werden in der Entwicklung nicht mehr alle Cluster berücksichtigt, so dass man von einer Partialsummation spricht. Für diese Partialsumme lässt sich eine selbstkonsistente Beziehung in Form einer Integralgleichung aufstellen. Solche Gleichungen sind z. B. die Percus-Yevick(PY)-Gleichung oder die Hypernetted Chain(HNC)-Gleichung. Für spezielle Wechselwirkungspotentiale können diese Gleichungen sogar exakt gelöst werden. So erhält man für ein Gas aus harten Kugeln vom Radius r_0 im Fall der Percus-Yevick-Gleichung

$$\frac{pV}{NkT} = \frac{1+\eta+\eta^2}{(1-\eta)^3} \qquad (6.61)$$

mit der reduzierten Dichte $\eta = 4\pi r_0^3 N/V$. Allerdings ist auch diese exakte Lösung nur eine Näherung für das reale Gas, da bei der Herleitung der Percus-Yevick-Gleichung nur ein kleiner Teil der Clustergraphen berücksichtigt wurde. Man erkennt übrigens ganz leicht, dass die obige Zustandsgleichung nur bedingt richtig sein kann und für hohe Dichten versagt. Dazu muss man sich nur klarmachen, dass der Druck hier bei $\eta = 1$ singulär wird. Dann ist aber das von einer Kugel beanspruchte Volumen genauso groß wie das Volumen der Kugel. Aber selbst in einer ideal dichten Kugelpackung gibt es immer noch Hohlräume, so dass das von einem Partikel beanspruchte Volumen immer größer als das Eigenvolumen ist.

Ein völlig anderer Weg, geeignete Zustandsgleichungen mit mikroskopisch fundierten Parametern zu gewinnen, besteht darin, aus der großen Zahl empirisch bekannter Gleichungen eine für das entsprechende Problem geeignete Gleichung zu wählen und die noch offenen Materialkonstanten dieser Gleichungen mit den Virialkoeffizienten zu verbinden.

Einige der bekannteren Zustandsgleichungen sind die

van der Waals-Gleichung

$$\left(p + a\left(\frac{N}{V}\right)^2\right)(V - Nb) = NkT \tag{6.62}$$

Dieterici-Gleichung

$$(V - Nb)\exp\left\{\frac{aN}{kTV}\right\} = 1 \tag{6.63}$$

Berthelot-Gleichung

$$\left(p + \frac{a}{T}\left(\frac{N}{V}\right)^2\right)(V - Nb) = NkT \tag{6.64}$$

Redlich-Gleichung

$$pV = NkT\left(\frac{V}{V-Nb} - \frac{aN}{(kT)^{3/2}(V+Nb)}\right) \tag{6.65}$$

Wohl-Gleichung

$$p(V - Nb) = NkT - \frac{aN}{TV} + \frac{cN^3(V-nb)}{T^2V^3} \tag{6.66}$$

Beatti-Bridgeman-Gleichung

$$pV = NkT\left(1 - \frac{cN}{VT^3}\right)\left(1 + B_0\frac{(V-Nb)N}{V^2}\right) - \frac{A_0(V-Na)N}{V^2} \tag{6.67}$$

Planck-Gleichung

$$p(V - Nb) = NkT\left(1 - \frac{A_2 N}{V-Nb} + \frac{A_3 N^2}{(V-Nb)^2} - \frac{A_4 N^3}{(V-Nb)^3} + \frac{A_5 N^4}{(V-Nb)^4}\right) \tag{6.68}$$

Für die meisten Anwendungen hat sich die van der Waals-Gleichung als eine vernünftige empirische Näherung erwiesen. Löst man diese Gleichung nach pV/NkT auf

$$\frac{pV}{NkT} = \frac{1}{1 - b\bar{n}} - \frac{a}{kT}\bar{n} \tag{6.69}$$

und entwickelt nach Potenzen von $\bar{n}$, dann erhält man die Reihe

$$\frac{pV}{NkT} = 1 + \left(b - \frac{a}{KT}\right)\bar{n} + b^2\bar{n}^2 + \ldots \qquad (6.70)$$

Der Vergleich mit der Virialentwicklung liefert dann

$$B_2\lambda^3 = b - \frac{a}{kT} \quad \text{und} \quad B_3\lambda^6 = b^2 \qquad (6.71)$$

Auf diese Weise lassen sich die empirischen Materialparameter an mikroskopische Vorstellungen über die Wechselwirkung der Atome oder Moleküle des Gases anpassen. Natürlich handelt es sich hierbei um eine Abschätzung der empirischen Parameter. Bereits die nächste nach dieser Methode bestimmte Relation – zwischen B_4 einerseits und b und a anderseits – muss nicht mehr erfüllt sein.

6.2
*Spin-Gitter-Modelle

6.2.1
*Heisenberg-Modell und Ising-Modell

Zur Beschreibung der Eigenschaften magnetischer Materialien wurden eine Reihe relativ einfacher Modelle entwickelt, die einen großen Teil der mikroskopischen Freiheitsgrade vernachlässigen, aber trotzdem zu einer relativ guten Beschreibung der makroskopischen Realität führen. Diese Modelle basieren einzig auf einer klassisch oder quantenmechanisch formulierten Spinwechselwirkung benachbarter Atome, elektronische oder mechanische Freiheitsgrade werden in diesen Modellen nicht berücksichtigt. Genauer gesagt, man geht davon aus, dass die Kopplung zwischen dem Spinsystem und den anderen Freiheitsgraden so klein ist, dass letztere für das Spinsystem als thermodyamisches Bad fungieren. Gewöhnlich geht man davon aus, dass die Atome selbst auf einem regulären Gitter angeordnet sind. Wir werden uns in diesem Kapitel auf ein reguläres kubisches Gitter beschränken.

Ein grundlegendes Spin-Gitter-Modell auf quantenmechanischer Basis wurde 1928 von W. Heisenberg entwickelt. Der Hamilton-Operator dieses *Heisenberg-Modells* lautet

$$\hat{H} = -2\sum_{i,j} J_{ij}\hat{S}_i\hat{S}_j - \mu B \sum_i \hat{S}_i \qquad (6.72)$$

wobei die Summation über alle Gitterpunkte läuft. Der zweite Summand erfasst dabei die Wechselwirkung der einzelnen Spinoperatoren $\hat{S}_i$ mit einem externen Magnetfeld[4] B, der erste Beitrag beschreibt die Spin-Spin-Wechselwirkung. Als Kopplungskonstante tritt hier J_{ij} auf. Diese Größe ist natürlich

---
4) μ ist das magnetische Moment der Spins

abhängig von der Position der Spins auf dem Gitter. In den meisten Fällen ist es ausreichend, eine Wechselwirkung nur zwischen jeweils unmittelbar auf dem Gitter benachbarten Spins anzunehmen, alle anderen Wechselwirkungsbeiträge werden dann vernachlässigt. In diesem Fall reduziert sich (6.72) auf

$$\hat{H} = -2J \sum_{<i,j>} \hat{S}_i \hat{S}_j - \mu B \sum_i \hat{S}_i \qquad (6.73)$$

wobei der Summationsindex $<i,j>$ bedeutet, dass nur über Paare nächster Nachbarn zu summieren ist. Als einziger Wechselwirkungsparameter tritt jetzt die Kopplungskonstante J auf. Im Gegensatz zur quantenmechanischen Formulierung des Spinoperators[5] entsprechend $\hat{S}_i = \hbar \hat{\sigma}_i/2$ sind in (6.72) bzw. (6.73) die Spinoperatoren durch $\hat{S}_i = \hat{\sigma}_i/2$ mit den Pauli-Operatoren verbunden und entsprechen damit dimensionslosen Größen[6].

Für $J > 0$ spricht man von einem ferromagnetischen System. In diesem Fall wird das energetische Minimum erreicht, wenn alle Spins des Gitters die gleiche Orientierung haben. Für $J < 0$ werden dagegen Konfigurationen energetisch favorisiert, bei denen die Spins ähnlich wie bei einem Schachbrett alternierend orientiert sind.

Nimmt man als Orientierung des Magnetfeldes die z-Richtung an, dann wird sich der Erwartungswert des Gesamtspins gewöhnlich parallel zu dieser Achse ausrichten[7]. Das lässt vermuten, dass man eine einfachere Version des Heisenberg-Modells gewinnen kann, wenn man ausschließlich die z-Komponente des Spins in das Modell eingehen lässt. Dann kann man den Hamilton-Operator in der Eigendarstellung durch die Eigenwerte der z-Komponente des Pauli-Operators $\sigma_z = \sigma = \pm 1$ darstellen. Der Hamilton-Operator wird somit die Form

$$H = -J \sum_{<i,j>} \sigma_i \sigma_j - \mu B \sum_i \sigma_i \qquad (6.74)$$

annehmen. Die Hamilton-Funktion (6.74) ist jetzt eine diskrete Funktion der Spinorientierungen $\sigma_i = \pm 1$. Ursprünglich wurde dieses Modell 1920 zur Beschreibung ferromagnetischer Systeme von Lenz initiiert und von Ising detailliert analysiert. Historisch wurde damit das *Ising-Modell* noch vor der vollständigen Entwicklung der Quantenmechanik etabliert. Seine Bedeutung liegt

---

[5] siehe Band III, Kap. 9.2.2
[6] Der Faktor $\hbar$ wird einfach in die Kopplungskonstante einbezogen.
[7] Das geht natürlich nur oberhalb der Curie-Temperatur T_c, d. h. solange sich das Material im paramagnetischen Zustand befindet, siehe Band II dieser Lehrbuchreihe, Kap. 8.9. Verschwindet oberhalb T_c das Magnetfeld, dann bleibt auch im System keine makroskopische Magnetisierung zurück. Kühlt man das System im Magnetfeld unter T_c ab, dann bleibt die Magnetisierung bestehen, auch wenn man die Orientierung des Magnetfelds anschließend ändert oder das Feld ausschaltet.

nicht nur darin, dass mit diesem Modell eine einfache – wenn auch nicht immer mit allen experimentellen Fakten übereinstimmende – Beschreibung magnetischer Systeme ermöglicht wird, sondern es mit relativ kleinen Modifikationen auch in ganz anderen Bereichen eine grundlegende Rolle spielt, etwa bei der Beschreibung von Ordnungs-Unordnungsübergängen, bei der adaptiven Mustererkennung mit sogenannten neuronalen Netzwerken oder der theoretischen Behandlung von Spingläsern oder des strukturellen Glasübergangs.

Der Unterschied im Vorfaktor des Wechselwirkungsterms in (6.73) und (6.74) ergibt sich, wenn man nur ein Spinpaar betrachtet. Im Ising-Modell können die Spins parallel oder antiparallel orientiert sein. Die Energiedifferenz zwischen den beiden Zuständen ist bei ausgeschaltetem Magnetfeld

$$H^{\text{Ising}}_{\uparrow\downarrow} - H^{\text{Ising}}_{\uparrow\uparrow} = 2J \tag{6.75}$$

Im Heisenberg-Modell muss man dagegen die Eigenwerte von $\hat{S}_1 \hat{S}_2$ bestimmen. Mit dem Gesamtspin $\hat{S} = \hat{S}_1 + \hat{S}_2$ und unter Beachtung des Zusammenhangs[8]

$$\hat{S}_1 \hat{S}_2 = \frac{1}{2}\left(\hat{S}^2 - \hat{S}_1^2 - \hat{S}_2^2\right) \tag{6.76}$$

erhalten wir für die Eigenwerte

$$S_1 S_2 = \frac{1}{2}\left(S(S+1) - s(s+1) - s(s+1)\right) \tag{6.77}$$

Wegen $s = 1/2$ erhält man für antiparallel ausgerichtete Spins ($S = 0$) sofort $S_1 S_2 = -3/4$, für parallele Spins ($S = 1$) aber $S_1 S_2 = 1/4$, so dass auch jetzt

$$H^{\text{Heisenberg}}_{\uparrow\downarrow} - H^{\text{Heisenberg}}_{\uparrow\uparrow} = -2J\left(-\frac{3}{4} - \frac{1}{4}\right) = 2J \tag{6.78}$$

gilt.

6.2.2
*Das eindimensionale Ising-Modell

Das eindimensionale Ising-Modell wurde bereits 1920 von Ising mit einem kombinatorischen Ansatz gelöst. Wir wollen hier einen anderen Weg gehen, der auf der von Kramers und Wannier entwickelten Matrixmethode beruht. Betrachtet wird eine eindimensionale Spinkette. Jeder der N Spins dieser Kette steht in Wechselwirkung mit seinem Vorgänger und seinem Nachfolger. Zur Vereinfachung schliessen wir den eindimensionalen Raum durch zyklische Randbedingungen ab, d. h. wir fordern $\sigma_{i+N} = \sigma_i$. Damit erhalten wir

---

[8] siehe Band III, Kap. 9.3.4

für die Hamilton-Funktion (6.74)

$$H = -J \sum_{i=1}^{N} \sigma_i \sigma_{i+1} - \mu B \sum_{i=1}^{N} \sigma_i \qquad (6.79)$$

(mit $J \geq 0$) oder nach einer Umstrukturierung der Summation im zweiten Term

$$H = -J \sum_{i=1}^{N} \sigma_i \sigma_{i+1} - \frac{1}{2}\mu B \sum_{i=1}^{N} [\sigma_i + \sigma_{i+1}] \qquad (6.80)$$

Dann ist die kanonische Zustandssumme[9]

$$Z_{\text{kan}} = \sum_{\sigma_1, \sigma_2, \ldots, \sigma_N} \exp\left\{\beta \sum_{i=1}^{N} \left[J\sigma_i \sigma_{i+1} + \frac{1}{2}\mu B(\sigma_i + \sigma_{i+1})\right]\right\} \qquad (6.81)$$

wobei die äußere Summation über alle 2^N Kombinationen der Spineinstellungen $\sigma_1 = \pm 1, \sigma_2 = \pm 1, \ldots, \sigma_N = \pm 1$ erfolgt. Wir ordnen jetzt der Spineinstellung $\sigma = +1$ den Vektor $|+1\rangle$ und der Einstellung $\sigma = -1$ den Vektor $|-1\rangle$ mit

$$|+1\rangle = \begin{pmatrix} 1 \\ 0 \end{pmatrix} \quad \text{und} \quad |-1\rangle = \begin{pmatrix} 0 \\ 1 \end{pmatrix} \qquad (6.82)$$

zu. Diese beiden Vektoren sind orthogonal und genügen der Vollständigkeitsrelation:

$$\sum_{\sigma_i = \pm 1} |\sigma_i\rangle \langle \sigma_i| = \begin{pmatrix} 1 \\ 0 \end{pmatrix} (1\ 0) + \begin{pmatrix} 0 \\ 1 \end{pmatrix} (0\ 1) = \begin{pmatrix} 1 & 0 \\ 0 & 1 \end{pmatrix} \qquad (6.83)$$

Bildet man mit diesen Vektoren das bilineare Produkt $\langle \sigma_i | \underline{\underline{M}} | \sigma_{i+1} \rangle$ mit der Matrix

$$\underline{\underline{M}} = \begin{pmatrix} e^{\beta(J+\mu B)} & e^{-\beta J} \\ e^{-\beta J} & e^{\beta(J\ \mu B)} \end{pmatrix} \qquad (6.84)$$

dann bekommt man

$$\langle \sigma_i | \underline{\underline{M}} | \sigma_{i+1} \rangle = \exp\left\{\beta \left[J\sigma_i \sigma_{i+1} + \frac{1}{2}\mu B(\sigma_i + \sigma_{i+1})\right]\right\} \qquad (6.85)$$

wovon man sich leicht durch Nachrechnen überzeugen kann. Nach dieser Vorbereitung schreiben wir jetzt den Kern der Zustandssumme (6.81) als ein Produkt

$$Z_{\text{kan}} = \sum_{\sigma_1, \sigma_2, \ldots, \sigma_N} \prod_{i=1}^{N} \exp\left\{\beta \left[J\sigma_i \sigma_{i+1} + \frac{1}{2}\mu B(\sigma_i + \sigma_{i+1})\right]\right\} \qquad (6.86)$$

9) Trotz der quasiklassischen Eigenschaften des Ising-Modells ist der Begriff Zustandssumme schon wegen der diskreten Struktur der Hamilton-Funktion an dieser Stelle besser angebracht als der Begriff des Zustandsintegrals.

für das wir mit Hilfe von (6.85) folgenden Ausdruck erhalten

$$Z_{\text{kan}} = \sum_{\sigma_1,\sigma_2,\ldots,\sigma_N} \langle \sigma_1 | \underline{\underline{M}} | \sigma_2 \rangle \langle \sigma_2 | \underline{\underline{M}} | \sigma_3 \rangle \ldots \langle \sigma_{N-1} | \underline{\underline{M}} | \sigma_N \rangle \langle \sigma_N | \underline{\underline{M}} | \sigma_1 \rangle \quad (6.87)$$

wobei wir im letzten Faktor die zyklischen Randbedingungen berücksichtigt haben. Wegen der Vollständigkeitsrelation (6.83) ist dann

$$Z_{\text{kan}} = \sum_{\sigma_1 = \pm 1} \langle \sigma_1 | \underline{\underline{M}}^N | \sigma_1 \rangle = \text{Sp}\, \underline{\underline{M}}^N \quad (6.88)$$

Um diesen Ausdruck explizit auswerten zu können, transformieren wir die Matrix $\underline{\underline{M}}$ in ihre Diagonalform $\underline{\underline{\Lambda}}$. Da $\underline{\underline{M}}$ symmetrisch ist, liegt hier eine Orthogonaltransformation

$$\underline{\underline{\Lambda}} = \underline{\underline{O}}^T \underline{\underline{M}}\, \underline{\underline{O}} \quad \text{und} \quad \underline{\underline{M}} = \underline{\underline{O}}\, \underline{\underline{\Lambda}}\, \underline{\underline{O}}^T \quad (6.89)$$

vor. Damit erhalten wir zunächst

$$Z_{\text{kan}} = \text{Sp}\, \underline{\underline{O}}\, \underline{\underline{\Lambda}}\, \underline{\underline{O}}^T \underline{\underline{O}}\, \underline{\underline{\Lambda}}\, \underline{\underline{O}}^T \underline{\underline{O}} \ldots \underline{\underline{O}}\, \underline{\underline{\Lambda}}\, \underline{\underline{O}}^T \quad (6.90)$$

Wegen der Eigenschaft $\underline{\underline{O}}^T \underline{\underline{O}} = \underline{\underline{1}}$ der Transformationsmatrix reduziert sich dieser Ausdruck auf

$$Z_{\text{kan}} = \text{Sp}\, \underline{\underline{O}}\, \underline{\underline{\Lambda}}^N \underline{\underline{O}}^T = \text{Sp}\, \underline{\underline{O}}^T \underline{\underline{O}}\, \underline{\underline{\Lambda}}^N = \text{Sp}\, \underline{\underline{\Lambda}}^N \quad (6.91)$$

Die Diagonalmatrix $\underline{\underline{\Lambda}}$ hat dabei die Struktur

$$\underline{\underline{\Lambda}} = \begin{pmatrix} \lambda_1 & 0 \\ 0 & \lambda_2 \end{pmatrix} \quad (6.92)$$

wobei λ_1 und λ_2 die Eigenwerte der Matrix $\underline{\underline{M}}$ sind. Deshalb ist

$$Z_{\text{kan}} = \text{Sp} \begin{pmatrix} \lambda_1 & 0 \\ 0 & \lambda_2 \end{pmatrix}^N = \text{Sp} \begin{pmatrix} \lambda_1^N & 0 \\ 0 & \lambda_2^N \end{pmatrix} \quad (6.93)$$

und folglich

$$Z_{\text{kan}} = \lambda_1^N + \lambda_2^N \quad (6.94)$$

Um die Zustandssumme auch explizit angeben zu können, müssen nur noch die beiden Eigenwerte bestimmt werden. Das ist ein rein algebraisches Problem und führt unter Beachtung von (6.84) auf

$$\lambda_{1/2} = e^{\beta J} \cosh(\beta \mu B) \pm \sqrt{e^{-2\beta J} + e^{2\beta J} \sinh^2(\beta \mu B)} \quad (6.95)$$

Damit ist die freie Energie des eindimensionalen Ising-Modells durch

$$F = -kT \ln(\lambda_1^N + \lambda_2^N) \quad (6.96)$$

gegeben. Hiermit und mit der durch (6.95) gegebenen Temperatur- und Magnetfeldabhängigkeit können wir alle thermodynamischen Eigenschaften des eindimensionalen Ising-Modells berechnen.

Wir wollen uns in diesem Abschnitt hauptsächlich mit der Magnetisierung des eindimensionalen Ising-Modells befassen. Die Magnetisierung ist über den Erwartungswert des magnetischen Moments des Gesamtspins des Ising-Modells definiert, also

$$M = \mu \left\langle \sum_{k=1}^{N} \sigma_k \right\rangle = \frac{1}{Z} \sum_{\sigma_1,\ldots,\sigma_N} \sum_{k=1}^{N} \sigma_k e^{-\beta H(\sigma_1,\ldots,\sigma_N)} \tag{6.97}$$

und deshalb unter Beachtung von (6.79)

$$M = \frac{1}{\beta} \frac{1}{Z_{\text{kan}}} \frac{\partial Z_{\text{kan}}}{\partial B} = kT \frac{\partial \ln Z_{\text{kan}}}{\partial B} = -\frac{\partial F}{\partial B} \tag{6.98}$$

bzw. wenn man die freie Energie einsetzt

$$M = NkT \frac{\lambda_1^{N-1} \partial \lambda_1 / \partial B + \lambda_2^{N-1} \partial \lambda_2 / \partial B}{\lambda_1^N + \lambda_2^N} \tag{6.99}$$

Die verbleibenden Ableitungen lassen sich sofort unter Verwendung von (6.95) berechnen. Mit $\xi = \beta J = J/kT$ und $\eta = \beta \mu B = \mu B/kT$ erhält man

$$\frac{\partial \lambda_{1,2}}{\partial B} = \pm \lambda_{1,2} \frac{\mu}{kT} \frac{e^{\xi} \sinh \eta}{\sqrt{e^{-2\xi} + e^{2\xi} \sinh^2 \eta}} \tag{6.100}$$

so dass

$$M = N\mu \frac{e^{\xi} \sinh \eta}{\sqrt{e^{-2\xi} + e^{2\xi} \sinh^2 \eta}} \frac{\lambda_1^N - \lambda_2^N}{\lambda_1^N + \lambda_2^N} \tag{6.101}$$

Beachtet man noch, dass stets $\lambda_1 > \lambda_2$ gilt, dann gilt im thermodynamischen Limes[10] $(\lambda_2/\lambda_1)^N \to 0$ und damit reduziert sich der Ausdruck für die Magnetisierung auf

$$M = N\mu \frac{e^{\xi} \sinh \eta}{\sqrt{e^{-2\xi} + e^{2\xi} \sinh^2 \eta}} \tag{6.102}$$

Man erkennt sofort, dass mit verschwindendem Magnetfeld ($B \to 0$ und deshalb auch $\eta \to 0$) auch die Magnetisierung verschwindet. Eine makroskopische Magnetisierung bleibt nach dem Ausschalten des Magnetfeldes nicht erhalten, d. h. das eindimensionale Ising-Modell kennt keinen ferromagnetischen Zustand[11]. Am absoluten Nullpunkt sind die Spins parallel ausgerichtet. Beachtet man, dass für $T \to 0$ und $J > 0$ sofort $\xi \to \infty$ und $|\eta| \to \infty$ folgt,

---

10) also für $N \to \infty$
11) Aus diesem Grunde hat Ising sein Modell zur Beschreibung des ferromagnetischen Verhaltens anfänglich als ungeeignet eingeschätzt.

dann erhält man
$$M|_{T\to 0} = N\mu \, \text{sgn}\, B \qquad (6.103)$$

d. h. die Ausrichtung der Spins wird nur noch vom Vorzeichen des Magnetfelds bestimmt. Mit anderen Worten, bei $T = 0$ genügt ein beliebig kleines Magnetfeld, um die Spins auszurichten. Beim Durchgang des Magnetfeldes durch den Nullpunkt ändert sich die Magnetisierung sprunghaft. Für endliche Temperaturen zeigt die Magnetisierung dagegen eine kontinuierliche Abhängigkeit vom Magnetfeld. Als obere Grenze der Magnetisierung findet man aber stets $M_{\max} = N\mu$ und als untere Grenze $M_{\min} = -N\mu$. Diese beiden Fälle entsprechen der Situation eines unendlich starken Magnetfeldes mit positiver bzw. negativer Ausrichtung zur z-Achse.

6.2.3
*Das zweidimensionale Ising-Modell

6.2.3.1 *Problemstellung

Auch das zweidimensionale Ising-Modell kann exakt gelöst werden. Die hier vorgestellte Methode geht auf L. Onsager (1944) zurück. Wir wollen uns in diesem Abschnitt auf den Fall $B = 0$ konzentrieren. Weiterhin benutzen wir wieder ein quadratisches Gitter mit jeweils L Punkten in x- und y-Richtung, so dass das gesamte Gitter aus $N = L^2$ Gitterpunkten besteht. Analog zum eindimensionalen Modell verwenden wir wieder zyklische Randbedingungen.

Die Hamilton-Funktion des zweidimensionalen Ising-Modells lautet somit

$$H = -J \sum_{k,l=1}^{L} (\sigma_{kl}\sigma_{k,l+1} + \sigma_{kl}\sigma_{k+1,l}) \qquad (6.104)$$

wobei wir wieder $J > 0$ annehmen. Der doppelte Index an den Spinvariablen steht für die Position in x- und y-Richtung auf dem Gitter und soll die Nummerierung der Spins erleichtern. Die Zustandssumme lautet somit

$$Z_{\text{kan}} = \sum_{\sigma_{1,1},\sigma_{1,2},\ldots,\sigma_{L,L}} \exp\left\{\beta J \sum_{k,l=1}^{L} [\sigma_{kl}\sigma_{k,l+1} + \sigma_{kl}\sigma_{k+1,l}]\right\} \qquad (6.105)$$

Da das Produkt aus zwei Spins nur die Werte $+1$ und -1 annehmen kann, hat $\exp(\beta J \sigma_{kl}\sigma_{mn})$ auch nur die beiden Werte $\exp(\beta J)$ bzw. $\exp(-\beta J)$. Folglich kann man auch schreiben

$$\exp(\beta J \sigma_{kl}\sigma_{mn}) = \cosh(\beta J) + \sigma_{kl}\sigma_{mn}\sinh(\beta J) \qquad (6.106)$$

oder

$$\exp(\beta J \sigma_{kl}\sigma_{mn}) = \frac{1}{\sqrt{1-\xi^2}}(1 + \xi\,\sigma_{kl}\sigma_{mn}) \qquad (6.107)$$

mit
$$\xi = \tanh(\beta J) \tag{6.108}$$
Damit kann man jetzt (6.105) umformen

$$Z_{\text{kan}} = (1-\xi^2)^{-N} \sum_{\sigma_{1,1},\sigma_{1,2},\ldots,\sigma_{L,L}} \prod_{k,l}^{L} (1+\xi\,\sigma_{kl}\sigma_{k,l+1})(1+\xi\,\sigma_{kl}\sigma_{k+1,l}) \tag{6.109}$$

6.2.3.2 *Graphendarstellung

Jedem einzelnen Spinprodukt $\sigma_{kl}\sigma_{k,l+1}$ bzw. $\sigma_{kl}\sigma_{k+1,l}$ entspricht genau eine horizontale oder vertikale Gitterbindung auf dem quadratischen Gitter. Da über alle Punkte multipliziert wird, gibt es nach dem formalen Ausmultiplizieren des Produktes zwar sehr viele Kombinationen solcher Spinpaare, aber niemals tritt ein bestimmtes Spinpaar in einer der entstehenden Kombinationen mehrfach auf. So treten z. B. die nachfolgend aufgeführten Terme in der Zustandssumme auf

$$\begin{aligned}
&\text{a)} \quad \xi\,\sigma_{11}\sigma_{21} \\
&\text{b)} \quad \xi^4\,\sigma_{11}^2\sigma_{21}^2\sigma_{12}^2\sigma_{22}^2 \\
&\text{c)} \quad \xi^8\,\sigma_{11}^2\sigma_{21}^2\sigma_{12}^2\sigma_{22}^4\sigma_{32}^2\sigma_{23}^2\sigma_{33}^2 \\
&\text{d)} \quad \xi^8\,\sigma_{11}^2\sigma_{21}^2\sigma_{12}^2\sigma_{22}^2\sigma_{33}^2\sigma_{43}^2\sigma_{38}^2\sigma_{42}^2 \\
&\text{e)} \quad \xi^7\,\sigma_{11}^2\sigma_{21}^2\sigma_{12}^3\sigma_{22}^3\sigma_{31}^2\sigma_{32}^2
\end{aligned} \tag{6.110}$$

Diese Terme entsprechen den folgenden, in Abb. 6.1 dargestellten Kombinationen von Gitterbindungen, die wir als Graphen bezeichnen wollen. Nicht alle Graphen liefern einen Beitrag zur Zustandssumme. Da jedes σ_{kl} die Werte ± 1 annimmt, heben sich ungerade Potenzen dieser Variablen bei der Summation über alle Spinkonfigurationen gegenseitig auf. Übrig bleiben nur solche Terme, in denen ausschließlich gerade Potenzen von Spinvariablen auftreten. Das sind im Fall der obigen Kombinationen nur Beiträge der Terme (b), (c) und (d). Die Summation über alle Spinkonfigurationen liefert für jeden dieser Terme stets den Beitrag[12] 2^N, so dass die drei nichtverschwindenden Terme aus dem obigen Beispiel die Werte

$$(b) = 2^N \xi^4 \qquad (c) = 2^N \xi^8 \qquad (d) = 2^N \xi^8 \tag{6.111}$$

liefern. In Bezug auf die Darstellung in Abb. 6.1 lässt sich diese Erkenntnis sofort zu der Aussage verallgemeinern, dass nur Graphen zur Zustandssumme beitragen, bei denen alle Teilgraphen geschlossene *Schleifen* bilden. Eventuelle

---

[12] Man beachte, dass $\sigma_{kl}^2 = 1$ für alle Gitterpunkte (k,l) gilt.

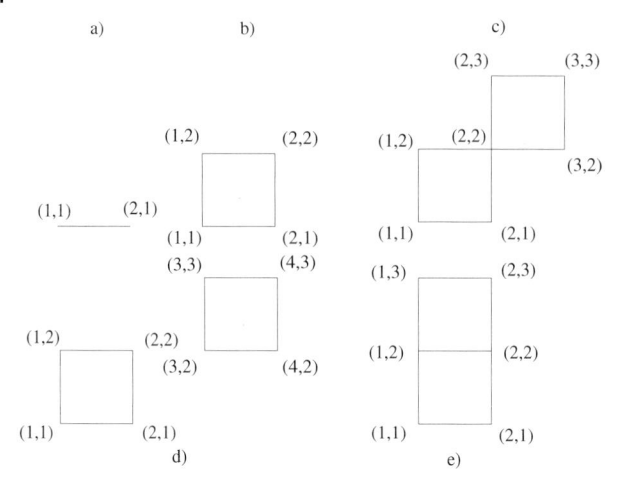

Abb. 6.1 Verschiedene zulässige (b,c,d) und unzulässige (a,e) Graphen auf dem zweidimensionalen quadratischen Gitter

Überkreuzungen in einzelnen Punkten sind dabei aber zugelassen[13]. Die Potenz von ζ entspricht der Zahl der Bindungen in dem zugehörigen Graphen und ist ebenfalls stets eine gerade Zahl[14]. Folglich können wir für die Zustandsumme (6.109) schreiben

$$Z_{\text{kan}} = 2^N (1-\zeta^2)^{-N} \sum_{u=0} \zeta^u R_u \qquad (6.112)$$

wobei die Summation nur über die geraden Zahlen u läuft und außerdem R_u die Zahl aller Graphen mit u Bindungen ist. Um R_u zu bestimmen, zerlegen wir jeden Graphen in geschlossene, sich nicht selbstüberschneidende Schleifen.

6.2.3.3 *Phasengewichtete Summen

Solange wir nur solche Graphen zulassen, die keine Überschneidungen aufweisen, besteht kein Problem. Besteht ein Graph z. B. aus zwei Schleifen der

---

13) Da jeder Punkt maximal vier Bindungen hat, gibt es für jeden Punkt nur die folgenden fünf Möglichkeiten
  1. vom Punkt geht keine Bindung aus (betrifft alle freien Punkte, die mit dem jeweiligen Graphen verbunden sind),
  2. vom Punkt geht nur eine Bindung aus (dieser Fall ist unzulässig),
  3. vom Punkt gehen zwei Bindungen aus (dieser Fall ist zulässig),
  4. vom Punkt gehen drei Bindungen aus (dieser Fall ist unzulässig),
  5. vom Punkt gehen vier Bindungen aus (zulässiger Fall, Überkreuzung).

14) Man kann sich leicht überlegen, dass dies eine Folge des quadratischen Gitters ist. Man braucht stets eine gerade Anzahl von Schritten, um eine Figur auf einem quadratischen Gitter zu schließen.

Längen u_1 und u_2, dann ist die Zahl aller Graphen aus zwei Schleifen mit insgesamt u Bindungen durch

$$R_u^{(2)} = \frac{1}{2!} \sum_{u_1,u_2} \delta_{u,u_1+u_2} r_{u_1} r_{u_2} \tag{6.113}$$

gegeben. Dabei ist r_{u_i} einfach die Zahl aller Möglichkeiten, eine Schleife mit u_i Bindungen zu konstruieren. Der Faktor $1/2!$ berücksichtigt, dass die durch eine Vertauschung der beiden Schleifen entstehende Doppelzählung der Kombinationen vermieden wird. Graphen können aus einer beliebigen Anzahl von Schleifen aufgebaut sein. Als Verallgemeinerung von (6.113) erhalten wir

$$R_u = \sum_{s=0}^{\infty} \frac{1}{s!} \sum_{u_1,u_2,\dots,u_s} \delta\left(u, \sum_{i=1}^{s} u_i\right) \prod_{i=1}^{s} r_{u_i} \tag{6.114}$$

Die bisher betrachteten einfachen Schleifen bilden jede für sich einen geschlossenen Pfad. Ausgehend von einem Punkt und Vorgabe der Startrichtung durchläuft dieser Pfad in eindeutiger Weise die Schleife bis er zum Ausgangspunkt zurückgekehrt ist. Diese Eigenschaft werden wir später ausnutzen. Schleifen mit Selbstüberschneidungen lassen sich dagegen nicht mehr eindeutig durchlaufen. An jedem Kreuzungspunkt gibt es mehrere Möglichkeiten, die Schleife weiterzuführen, siehe Abb. 6.2.

Um diese Nichteindeutigkeit auszuschließen und jede Schleife, auch wenn sie auf verschiedene Weise zustande kommt, nur einmal zu zählen, benutzt man den folgenden Trick. Jede geschlossene Schleife erhält eine zusätzliche Phase $-\exp(i\phi/2)$, wobei ϕ die Summe der Drehwinkel α_k ist, die der betrachtete Pfad der Länge u_i durchläuft, also

$$\phi = \sum_{p=1}^{u_i} \alpha_p \tag{6.115}$$

wobei α_p die Werte 0 (Pfad läuft im k-ten Punkt der Schleife gradlinig weiter), $\pi/2$ (Pfad biegt im k-ten Punkt nach links ab) und $-\pi/2$ (Pfad biegt nach rechts ab) annehmen kann. Bei einer einfach geschlossenen Schleife ist ϕ stets $\pm 2\pi$, so dass die entsprechende Schleife den zusätzlichen Faktor $-\exp(i\pi) = +1$ bekommt, d. h. unverändert bleibt. Liegt dagegen eine Schleife mit Selbstüberschneidungen vor, dann entstehen andere Vorfaktoren. So haben die einzelnen Graphen in Abb. 6.2 die Vorfaktoren $(+1)(+1) = +1$ (links, zwei geschlossene Teilschleifen), $+1$ (Mitte, eine geschlossene Teilschleife) und -1 (rechts, eine Schleife mit einer Überkreuzung). Da jeder dieser drei Graphen mit ζ^8 gekoppelt ist, liefert die Summation der mit den Phasenfaktoren behafteten Schleifen gerade $1 \times \zeta^8$, wie es auch muss[15].

---
15) statt $3 \times \zeta^8$, wie man es bei Zulassung aller Schleifen, aber ohne Phasenfaktoren, erwarten würde

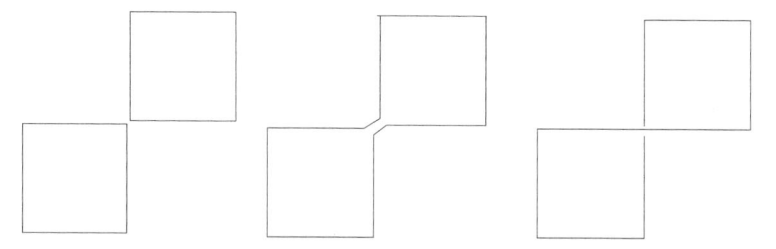

Abb. 6.2 Verschiedene Zerlegungen eines Graphen mit Überkreuzungen: die ersten beiden Graphen bekommen das Phasengewicht $+1$, der dritte Graph das Gewicht -1

Die Einführung des Phasenfaktors hat noch einen zweiten Vorteil. Alle Kombinationen von geschlossenen Teilschleifen, die an sich zu unzulässigen Graphen führen, heben sich gegenseitig auf. So kann in Abb. 6.3 der unzulässige Graph (zwei Punkte mit jeweils drei Bindungen) auf zwei verschiedene Weisen durch einen geschlossenen Pfad dargestellt werden. Die erste Mög-

Abb. 6.3 Vollständige Elimination unzulässiger Graphen: die linke Zerlegung hat das Phasengewicht $+1$, die rechte -1.

lichkeit einer partiellen Überlagerung von zwei einfachen Loops liefert wieder den Vorfaktor $+1$, die zweite Möglichkeit einer „8" hat den Vorfaktor -1, so dass sich die Summe aufhebt.

Wir können also (6.113) auf alle geschlossenen Schleifen erweitern, indem wir r_{u_i} jetzt nicht mehr als die Zahl aller Schleifen der Länge u_i auffassen, sondern als Summe über die Phasenfaktoren $\exp(i\phi/2)$ aller Schleifen der Länge u_i. Der noch fehlende Faktor -1 wird herausgezogen und (6.114) nimmt die endgültige Form

$$R_u = \sum_{s=0}^{\infty} \frac{1}{s!} (-1)^s \sum_{u_1, u_2, \ldots, u_s} \delta\left(u, \sum_{i=1}^{s} u_i\right) \prod_{i=1}^{s} r_{u_i} \tag{6.116}$$

an. Setzen wir (6.116) in (6.112) ein, dann erhalten wir zunächst

$$Z_{\text{kan}} = 2^N (1-\zeta^2)^{-N} \sum_{s=0}^{\infty} \frac{1}{s!} \sum_{u=0}^{\infty} \zeta^u (-1)^s \sum_{u_1, u_2, \ldots, u_s} \delta\left(u, \sum_{i=1}^{s} u_i\right) \prod_{i=1}^{s} r_{u_i} \tag{6.117}$$

und deshalb unter Beachtung des Kronecker-Symbols

$$Z_{\text{kan}} = 2^N (1-\zeta^2)^{-N} \sum_{s=0}^{\infty} \frac{(-1)^s}{s!} \sum_{u_1,u_2,\dots,u_s} \prod_{i=1}^{s} [\zeta^{u_i} r_{u_i}] \qquad (6.118)$$

Die innere Summe kann jetzt unter Verwendung des großen Summensatzes umgeschrieben werden

$$Z_{\text{kan}} = 2^N (1-\zeta^2)^{-N} \sum_{s=0}^{\infty} \frac{(-1)^s}{s!} \prod_{i=1}^{s} \sum_{u_i=0}^{\infty} [\zeta^{u_i} r_{u_i}] \qquad (6.119)$$

Da der Summationsindex der verbleibenden inneren Summe beliebig umbenannt werden kann, bekommen wir

$$Z_{\text{kan}} = 2^N (1-\zeta^2)^{-N} \sum_{s=0}^{\infty} \frac{(-1)^s}{s!} \left[\sum_{u=0}^{\infty} \zeta^u r_u \right]^s \qquad (6.120)$$

und damit

$$Z_{\text{kan}} = 2^N (1-\zeta^2)^{-N} \exp\left\{ -\sum_{u=0}^{\infty} \zeta^u r_u \right\} \qquad (6.121)$$

Um die Zustandsumme endgültig auswerten zu können, müssen wir noch die phasengewichtete Anzahl r_u aller geschlossenen Schleifen der Länge u auf dem quadratischen Gitter bestimmen.

6.2.3.4 *Rekursionsgleichungen

Dazu betrachten wir jetzt die Hilfsgröße $M_u(kl\nu|k'l'\nu')$. Es handelt sich hierbei um die phasengewichtete Summe über alle Pfade der Länge u vom Punkt $(k'l')$ zum Punkt (k,l). Die beiden diskreten Argumente ν und ν' legen die Orientierung des Pfades in Start- und Endpunkt fest. Dabei bedeutet $\nu = 1$, dass der Pfad von (kl) nach rechts weiterführt, bei $\nu = 2$ ist die Richtung des nächsten Schrittes nach oben, bei $\nu = 3$ nach links und bei $\nu = 4$ nach unten. Prinzipiell kann so jedem Punkt eine Orientierung zugeordnet werden. Wichtig ist, dass entlang des Pfades aufeinanderfolgende Punkte keine entgegengesetzte Richtung haben dürfen.

Insbesondere ist dann $M_u(kl\nu|kl\nu)$ die phasengewichtete Summe über alle geschlossenen Schleifen der Länge u, die im Punkt (k,l) in Richtung ν starten und wieder ankommen. Die phasengewichtete Summe über alle Pfade entsteht dann durch Summation über alle Startpunkte und -richtungen

$$r_u = \frac{1}{2u} \sum_{k,l,\nu} M_u(kl\nu|kl\nu) \qquad (6.122)$$

Der Vorfaktor berücksichtigt, dass für eine Schleife der Länge u auch u Startpunkte existieren[16] und die Schleife in zwei Richtungen durchlaufen werden kann.

Wir betrachten jetzt die Größe $M_{u+1}(k,l,1|k'l'v')$ etwas genauer. Es handelt sich hierbei um die phasengewichtete Summe über alle Pfade, die ausgehend von (k',l') im $(u+1)$-ten Schritt den Punkt (k,l) erreicht haben und dort nach rechts (Orientierung 1) weiterlaufen. Aus der Definition dieser Größe ergibt sich folgende Rekursionsformel

$$\begin{aligned} M_{u+1}(k,l,1|k'l'v') &= M_u(k-1,l,1|k'l'v') + e^{-i\pi/4} M_u(k,l-1,2|k'l'v') \\ &\quad + 0 + e^{i\pi/4} M_u(k,l+1,4|k'l'v') \end{aligned} \quad (6.123)$$

Der erste Term ist die phasengewichtete Summe aller Pfade, die nach u Schritten in $(k-1,l)$ angelangt sind und deren nächster Schritt in Richtung 1 orientiert ist[17]. Da die Richtung im u-ten Punkt des Pfades mit der Richtung im $(u+1)$-ten Punkt übereinstimmt, ist der zugehörige Phasenfaktor 1. Der zweite Term erfasst die phasengewichtete Summe aller Pfade, die nach u Schritten im Punkt $(k,l-1)$ angelangt sind. Um im nächsten Schritt (k,l) zu erreichen, müssen diese Pfade im Punkt $(k,l-1)$ in Richtung 2, also nach oben orientiert sein. Im Punkt (k,l) hat der Pfad dann die Orientierung 1, d. h. der Pfad dreht nach rechts. Daher ergibt sich der Phasenfaktor $\exp(-i\pi/4)$. Der dritte Term berücksichtigt alle Pfade, die nach u Schritten den Punkt $(k+1,l)$ erreicht haben. Um zum Punkt (k,l) zu gelangen, muss der Pfad in diesem Punkt die Orientierung 3 (Schritt nach links) haben. Da die Orientierung des Pfades in (k,l) aber 1 und damit gegenläufig zum vorangegangenen Schritt ist, dürfen diese Terme nicht zu $M_{u+1}(k,l,1|k'l'v')$ beitragen. Schließlich bleibt noch der vierte Term. Dieser erfasst die Beiträge der Pfade, die nach u Schritten in $(k,l+1)$ angelangt sind und deshalb im nächsten Schritt die Orientierung 4, also nach unten, haben müssen, um den Punkt (k,l) zu erreichen. Da die nachfolgende Orientierung 1 ist, dreht der Pfad in Punkt (k,l) nach links, so dass der Phasenfaktor $\exp(i\pi/4)$ auftritt.

In gleicher Weise ergeben sich Rekursivformeln für die anderen Orientierungen in (k,l) So ist:

$$\begin{aligned} M_{u+1}(k,l,2|k'l'v') &= e^{i\pi/4} M_u(k-1,l,1|k'l'v') + M_u(k,l-1,2|k'l'v') \\ &\quad + e^{-i\pi/4} M_u(k+1,l,3|k'l'v') + 0 \end{aligned} \quad (6.124)$$

sowie

$$\begin{aligned} M_{u+1}(k,l,3|k'l'v') &= 0 + e^{i\pi/4} M_u(k,l-1,2|k'l'v') \\ &\quad + M_u(k+1,l,3|k'l'v') + e^{-i\pi/4} M_u(k,l+1,4|k'l'v') \end{aligned} \quad (6.125)$$

16) Alle Punkte der Schleife sind ja topologisch gleichberechtigt, d. h. jeder der u Punkte der Schleife kann somit auch Startpunkt sein.
17) Alle anders orientierten Pfade erreichen im nächsten Schritt nicht den Punkt (k,l).

und

$$M_{u+1}(k,l,4|k'l'v') = e^{-i\pi/4}M_u(k-1,l,1|k'l'v') + 0 \qquad (6.126)$$
$$+ e^{i\pi/4}M_u(k+1,l,3|k'l'v') + M_u(k,l+1,4|k'l'v')$$

Die vier Gleichungen (6.123–6.126) lassen sich formal zu der Rekursionsgleichung

$$M_{u+1}(klv|k'l'v') = \sum_{k'',l'',v''} C(klv|k''l''v'')M_u(k''l''v''|k'l'v') \qquad (6.127)$$

mit der Übergangsmatrix $C(klv|k''l''v'')$ vereinigen. Fasst man nun noch die Indizes (k,l,v) zu dem Superindex I zusammen, dann können wir diese Gleichung noch weiter abstrahieren. Es ist dann

$$M_{u+1}(I|I') = \sum_{I''} C(I|I'')M_u(I''|I') \qquad (6.128)$$

Hieraus erhalten wir durch sukzessives Einsetzen

$$M_u(I|I') = \sum_{I_1,I_2,\ldots,I_u} C(I|I_1)C(I_1|I_2)\ldots C(I_{u-1}|I_u)M_0(I_u|I') \qquad (6.129)$$

Nach 0 Schritten müssen natürlich Start- und Endpunkt, sowie Start- und Endorientierung übereinstimmen. Folglich ist

$$M_0(klv|k'l'v') = \delta_{kk'}\delta_{ll'}\delta_{vv'} \qquad \text{oder} \qquad M_0(I|I') = \delta_{II'} \qquad (6.130)$$

Benutzen wir für (6.122) die Darstellung mit den Superindizes, dann ist

$$r_u = \frac{1}{2u}\sum_I M_u(I|I) \qquad (6.131)$$

und deshalb mit (6.129) und (6.130)

$$r_u = \frac{1}{2u}\sum_I \sum_{I_1,I_2,\ldots,I_u} C(I|I_1)C(I_1|I_2)\ldots C(I_{u-1}|I_u)M_0(I_u|I)$$
$$= \frac{1}{2u}\sum_I \sum_{I_1,I_2,\ldots,I_u} C(I|I_1)C(I_1|I_2)\ldots C(I_{u-1}|I_u)\delta_{I_u I}$$
$$= \frac{1}{2u}\sum_{I_1,I_2,\ldots,I_u} C(I_u|I_1)C(I_1|I_2)\ldots C(I_{u-1}|I_u) \qquad (6.132)$$

oder in Matrizenschreibweise

$$r_u = \frac{1}{2u}\mathrm{Sp}\,\underline{\underline{C}}^u \qquad (6.133)$$

6.2.3.5 *Zustandssumme des zweidimensionalen Ising-Modells

Wir müssen jetzt noch die Spur in (6.133) bestimmen. Dazu benutzen wir wieder die ausführliche Darstellung

$$\operatorname{Sp} \underline{\underline{C}}^u = \sum_{k_1,k_2,\ldots k_u} \sum_{l_1,l_2,\ldots,l_u} \sum_{\nu_1,\nu_2,\ldots\nu_u} C(k_1 l_1 \nu_1 | k_2 l_2 \nu_2) \ldots C(k_u l_u \nu_u | k_1 l_1 \nu_1) \quad (6.134)$$

und erweitern diese Darstellung um Vollständigkeitsrelationen vom Typ

$$\delta_{kk'}\delta_{ll'} = \frac{1}{N} \sum_{p,q} e^{\frac{2i\pi}{L}[p(k-k')+q(l-l')]} \quad (6.135)$$

Die Summationsindizes sind dabei natürliche Zahlen $0 \leq p,q < L$. Damit erhalten wir

$$\operatorname{Sp} \underline{\underline{C}}^u = \sum_{k_1,k_2,\ldots k_u} \sum_{l_1,l_2,\ldots,l_u} \sum_{k'_1,k'_2,\ldots k'_u} \sum_{l'_1,l'_2,\ldots,l'_u} \sum_{\nu_1,\nu_2,\ldots\nu_u}$$

$$\delta_{k_1,k'_1}\delta_{l_1,l'_1} C(k'_1 l'_1 \nu_1 | k_2 l_2 \nu_2)\delta_{k_2,k'_2}\delta_{l_2,l'_2} \ldots \delta_{k_u,k'_u}\delta_{l_u,l'_u} C(k'_u l'_u \nu_u | k_1 l_1 \nu_1)$$

$$= \frac{1}{N^u} \sum_{k_1,k_2,\ldots k_u} \sum_{l_1,l_2,\ldots,l_u} \sum_{k'_1,k'_2,\ldots k'_u} \sum_{l'_1,l'_2,\ldots,l'_u} \sum_{\nu_1,\nu_2,\ldots\nu_u} \sum_{p_1,p_2,\ldots p_u} \sum_{q_1,q_2,\ldots,q_u}$$

$$e^{-\frac{2i\pi}{L}[p_1 k'_1+q_1 l'_1]} C(k'_1 l'_1 \nu_1 | k_2 l_2 \nu_2) e^{\frac{2i\pi}{L}[p_2 k_2+q_2 l_2]}$$

$$\times \quad e^{-\frac{2i\pi}{L}[p_2 k'_2+q_2 l'_2]} C(k'_2 l'_2 \nu_2 | k_3 l_3 \nu_3) e^{\frac{2i\pi}{L}[p_3 k_3+q_3 l_3]}$$

$$\vdots$$

$$\times \quad e^{-\frac{2i\pi}{L}[p_u k'_u+q_u l'_u]} C(k'_u l'_u \nu_u | k_1 l_1 \nu_1) e^{\frac{2i\pi}{L}[p_1 k_1+q_1 l_1]}$$

(6.136)

Mit den neuen Größen

$$\tilde{C}(p'q'\nu'|pq\nu) = \frac{1}{N} \sum_{k,k'} \sum_{ll'} e^{-\frac{2i\pi}{L}[p'k'+q'l']} C(k'l'\nu'|kl\nu) e^{\frac{2i\pi}{L}[pk+ql]} \quad (6.137)$$

erhalten wir dann

$$\operatorname{Sp} \underline{\underline{C}}^u = \sum_{\nu_1,\nu_2,\ldots\nu_u} \sum_{p_1,p_2,\ldots p_u} \sum_{q_1,q_2,\ldots,q_u} \tilde{C}(p_1 q_1 \nu_1 | p_2 q_2 \nu_2)$$

$$\times \tilde{C}(p_2 q_2 \nu_2 | p_3 q_3 \nu_3) \ldots \tilde{C}(p_u q_u \nu_u | p_1 q_1 \nu_1) \quad (6.138)$$

Nach diesen Vorbereitungen können wir die Matrixelemente $C(k'l'\nu'|kl\nu)$ bzw. $\tilde{C}(p'q'\nu'|pq\nu)$ explizit bestimmen. Aus (6.123-6.126) folgt

$$(C(k'l'\nu'|kl\nu)) = \quad (6.139)$$

$$\begin{pmatrix} \delta_{k',k+1}\delta_{l',l} & e^{-i\pi/4}\delta_{k',k}\delta_{l',l+1} & 0 & e^{i\pi/4}\delta_{k',k}\delta_{l',l-1} \\ e^{i\pi/4}\delta_{k',k+1}\delta_{l',l} & \delta_{k',k}\delta_{l',l+1} & e^{-i\pi/4}\delta_{k',k-1}\delta_{l',l} & 0 \\ 0 & e^{i\pi/4}\delta_{k',k}\delta_{l',l+1} & \delta_{k',k-1}\delta_{l',l} & e^{-i\pi/4}\delta_{k',k}\delta_{l',l-1} \\ e^{-i\pi/4}\delta_{k',k+1}\delta_{l',l} & 0 & e^{i\pi/4}\delta_{k',k-1}\delta_{l',l} & \delta_{k',k}\delta_{l',l-1} \end{pmatrix}$$

wobei die Elemente der 4 × 4-Matrix sich auf die Indizes ν bzw. ν' beziehen. Damit ist dann aber auch

$$(\tilde{C}(p'q'\nu'|pq\nu)) = \delta_{pp'}\delta_{qq'}\underline{\underline{D}}_{pq} \tag{6.140}$$

mit der 4 × 4-Matrix

$$\underline{\underline{D}}_{pq} = \begin{pmatrix} e^{-\frac{2i\pi}{L}p} & e^{-i\pi/4}e^{-\frac{2i\pi}{L}q} & 0 & e^{i\pi/4}e^{\frac{2i\pi}{L}q} \\ e^{i\pi/4}e^{-\frac{2i\pi}{L}p} & e^{-\frac{2i\pi}{L}q} & e^{-i\pi/4}e^{\frac{2i\pi}{L}p} & 0 \\ 0 & e^{i\pi/4}e^{-\frac{2i\pi}{L}q} & e^{\frac{2i\pi}{L}p} & e^{i\pi/4}e^{-\frac{2i\pi}{L}q} \\ e^{-i\pi/4}e^{-\frac{2i\pi}{L}p} & 0 & e^{i\pi/4}e^{\frac{2i\pi}{L}p} & e^{\frac{2i\pi}{L}q} \end{pmatrix} \tag{6.141}$$

Damit können wir jetzt für die Spur (6.138) schreiben

$$\mathrm{Sp}\,\underline{\underline{C}}^u = \sum_{p,q} \mathrm{Sp}\,[\underline{\underline{D}}_{pq}]^u \tag{6.142}$$

oder, wenn $\lambda_{pq}^{(\nu)}$ ($\nu = 1, ..., 4$) die vier Eigenwerte der Matrix $\underline{\underline{D}}_{pq}$ sind

$$\mathrm{Sp}\,\underline{\underline{C}}^u = \sum_{p,q,\nu} \left[\lambda_{pq}^{(\nu)}\right]^u \tag{6.143}$$

Damit ist die Zahl aller Schleifen der Länge u wegen (6.133) gegeben durch

$$r_u = \frac{1}{2u}\sum_{p,q,\nu}\left[\lambda_{pq}^{(\nu)}\right]^u \tag{6.144}$$

und die Zustandssumme (6.121) nimmt folgende Gestalt an

$$Z_{\mathrm{kan}} = 2^N (1-\xi^2)^{-N} \exp\left\{-\sum_{p,q,\nu}\sum_{u=0}^{\infty} \xi^u \frac{1}{2u}\left[\lambda_{pq}^{(\nu)}\right]^u\right\} \tag{6.145}$$

Die innere Summation kann jetzt ausgeführt werden

$$\sum_{u=0}^{\infty} \xi^u \frac{1}{2u}\left[\lambda_{pq}^{(\nu)}\right]^u = \frac{1}{2}\ln(1-\xi\lambda_{pq}^{(\nu)}) \tag{6.146}$$

und die Zustandssumme wird damit zu

$$Z_{\mathrm{kan}} = 2^N(1-\xi^2)^{-N}\prod_{p,q,\nu}\exp\left\{\frac{1}{2}\ln(1-\xi\lambda_{pq}^{(\nu)})\right\} \tag{6.147}$$

bzw.

$$Z_{\mathrm{kan}} = 2^N(1-\xi^2)^{-N}\prod_{p,q}\sqrt{\prod_{\nu}[1-\xi\lambda_{pq}^{(\nu)}]} \tag{6.148}$$

Das Produkt unter der Wurzel kann wieder auf die Matrix (6.141) zurückgeführt werden. Wegen der Invarianz der Determinante einer Matrix gegenüber Ähnlichkeitstransformationen ist

$$\prod_\nu [1 - \xi \lambda_{pq}^{(\nu)}] = \det \left| \underline{\underline{1}} - \xi \underline{\underline{D}}_{pq} \right| \qquad (6.149)$$

Die Berechnung der Determinante ist ein algebraisches Problem und führt auf

$$\prod_\nu [1 - \xi \lambda_{pq}^{(\nu)}] = (1+\xi^2)^2 - 2\xi(1-\xi^2) \left[\cos \frac{2\pi p}{L} + \cos \frac{2\pi q}{L} \right] \qquad (6.150)$$

Damit erhalten wir für die Zustandssumme die endgültige Darstellung

$$Z_{\text{kan}} = 2^N (1-\xi^2)^{-N} \prod_{p,q} \sqrt{(1+\xi^2)^2 - 2\xi(1-\xi^2) \left[\cos \frac{2\pi p}{L} + \cos \frac{2\pi q}{L} \right]} \qquad (6.151)$$

6.2.3.6 *Freie Energie und Wärmekapazität des zweidimensionalen Ising-Modells

Aus der Zustandssumme können wir sofort die freie Energie des zweidimensionalen Ising-Modells bestimmen

$$\begin{aligned} F &= -kT \ln Z_{\text{kan}} \\ &= -kTN \ln 2 + kTN \ln(1-\xi^2) \\ &\quad - kT \frac{1}{2} \sum_{p,q} \ln \left\{ (1+\xi^2)^2 - 2\xi(1-\xi^2) \left[\cos \frac{2\pi p}{L} + \cos \frac{2\pi q}{L} \right] \right\} \end{aligned} \qquad (6.152)$$

Die auftretende Summe kann im thermodynamischen Limes durch ein Integral ersetzt werden. Mit $\eta_1 = 2\pi p/L$ und $\eta_2 = 2\pi q/L$ sowie den Differenzen $\Delta \eta_i = 2\pi/L$ erhalten wir

$$\sum_{p,q} \ldots = \left(\frac{L}{2\pi}\right)^2 \sum_{p,q} \Delta \eta_1 \Delta \eta_2 \ldots \to \frac{N}{(2\pi)^2} \int_0^{2\pi} d\eta_1 \int_0^{2\pi} d\eta_2 \ldots \qquad (6.153)$$

und damit

$$F = -kTN \ln 2 + kTN \ln(1-\xi^2) - kTN \frac{1}{2(2\pi)^2} \int_0^{2\pi} d\eta_1 \int_0^{2\pi} d\eta_2$$

$$\ln \left\{ (1+\xi^2)^2 - 2\xi(1-\xi^2) [\cos \eta_1 + \cos \eta_2] \right\} \qquad (6.154)$$

Wegen (6.108) und für positive Kopplungskonstanten $J > 0$ ist $0 < \xi < 1$. Daher wird das Argument der Logarithmusfunktion minimal für $\cos \eta_1 = \cos \eta_2 = 1$ und nimmt den Wert

$$(1+\xi^2)^2 - 4\xi(1-\xi^2) = (1-\xi^2 - 2\xi)^2 \qquad (6.155)$$

an. Damit kann das Argument nie kleiner als null werden, aber es erreicht für $\zeta = \zeta_c$ mit

$$\zeta_c = \sqrt{2} - 1 \tag{6.156}$$

den Wert 0. Unter Beachtung von (6.108) entspricht dieser Wert einer sogenannten kritischen Temperatur

$$T_c = \frac{J}{k \operatorname{atanh} \zeta_c} \tag{6.157}$$

Sowohl für $T > T_c$ als auch für $T < T_c$ ist das Argument der Logarithmusfunktion stets positiv. Wir können deshalb die freie Energie um den kritischen Punkt nach Potenzen von $\tau = T - T_c$ entwickeln. Man findet[18] für das Integral in der freien Energie in der Nähe der Singularität die Darstellung

$$\int_0^{2\pi} d\eta_1 \int_0^{2\pi} d\eta_2 \ln\left[\alpha_1 \tau^2 + \alpha_2(\eta_1^2 + \eta_2^2)\right] \tag{6.158}$$

mit positiven Konstanten α_1 und α_2. Die Auswertung des Integrals liefert dann für die freie Energie in der Umgebung der kritischen Temperatur die Darstellung

$$F = F_0 + c_0 \tau^2 \ln|\tau| \tag{6.159}$$

mit den Konstanten[19] F_0 und c_0. Hieraus kann jetzt durch zweimalige Ableitung nach der Temperatur die Wärmekapazität bestimmt werden. Der dominierende Teil dieses Ausdruckes ist eine logarithmische Singularität in der Nähe der kritischen Temperatur T_c

$$C_V \sim 2c_0 \ln|T - T_c| \tag{6.160}$$

Diese Singularität ist eine typische Indikation für die Existenz eines Phasenüberganges an der Stelle $T = T_c$. Wir werden im nächsten Kapitel die Problematik der Phasenübergänge näher untersuchen und dabei auch eine Klassifikation der Phasenübergänge geben.

6.2.4
*Ising-Modell in Molekularfeldnäherung

Exakte Lösungen des Ising-Modells in höheren Dimensionen sind bisher nicht bekannt. Es gibt aber eine Reihe teilweise sehr genauer Näherungsverfahren, die eine Behandlung des Ising-Modells in höheren Dimensionen, vor allem

---
18) siehe Aufgabe 6.III
19) siehe Aufgabe 6.III

im besonders interessanten dreidimensionalen Raum, erlauben. Die hier vorgestellte Molekularfeldnäherung nimmt an sich keinen Bezug auf die Raumdimension. Trotzdem sind ihre Ergebnisse um so präziser, je höher die räumliche Dimension ist. Dagegen versagt diese Theorie für eindimensionale Modelle.

Die Grundidee der Molekularfeldnäherung besteht darin, den Spin-Spin-Wechselwirkungsterm durch einen einfacheren Beitrag zu approximieren. Dazu zerlegen wir den Spin σ_i an jedem Punkt des Raumes in seinen makroskopischen Mittelwert und die lokale Fluktuation $\delta\sigma_i$ um diesen Wert

$$\sigma_i = \overline{\sigma} + \delta\sigma_i \tag{6.161}$$

und setzen diesen Ausdruck in den Wechselwirkungsterm von (6.74) ein

$$H = -J \sum_{<i,j>} (\overline{\sigma} + \delta\sigma_i)(\overline{\sigma} + \delta\sigma_j) - \mu B \sum_i \sigma_i \tag{6.162}$$

Nach dem Ausmultiplizieren erhalten wir

$$H = -J \sum_{<i,j>} \left[\overline{\sigma}^2 + \overline{\sigma}(\delta\sigma_i + \delta\sigma_j) + \delta\sigma_i \delta\sigma_j \right] - \mu B \sum_i \sigma_i \tag{6.163}$$

Entscheidend ist jetzt die Behandlung des in den Fluktuationen quadratischen Termes. Formal können wir diesen wie folgt umschreiben:

$$H_{\text{fluk}} = -J \sum_{<i,j>} \delta\sigma_i \delta\sigma_j = -\frac{J}{2} \sum_{i,j} \Theta_{ij} \delta\sigma_i \delta\sigma_j \tag{6.164}$$

Dabei ist Θ_{ij} eine Gitterindikatorfunktion mit $\Theta_{ij} = 1$ wenn i und j auf dem Gitter benachbarte Punkte sind und $\Theta_{ij} = 0$ sonst[20]. Wir können jetzt auch schreiben

$$H_{\text{fluk}} = -\frac{J}{2} \sum_{i=1}^{N} \sum_{j=1}^{N} \Theta_{ij} \delta\sigma_i \delta\sigma_j = -\frac{J}{2} \sum_{i=1}^{N} \delta\sigma_i \sum_{j \in N(i)} \delta\sigma_j \tag{6.165}$$

Die innere Summe läuft dabei über die Spinfluktuationen der Menge $N(i)$ aller dem Punkt i benachbarten Punkte. Bei einem d-dimensionalen kubischen Gitter enthält $N(i)$ stets $2d$ Punkte. Je mehr Punkte in die Summe einbezogen werden, d. h. je höher die Dimension ist, desto mehr wird sich nach dem Gesetz der großen Zahlen diese Summe dem Erwartungswert entsprechend

$$\lim_{d \to \infty} \frac{1}{2d} \sum_{j \in N(i)} \delta\sigma_j = \langle \delta\sigma \rangle = 0 \tag{6.166}$$

---

20) Man beachte, dass bei der Summation im letzen Ausdruck von (6.164) beide Indizes über alle Punkte laufen, während im ersten Ausdruck die Summation nur über benachbarte Punktpaare erfolgt. Deshalb wird hier bei der Summation jedes Paar nur einmal, im zweiten Ausdruck jedoch zweimal gezählt, so dass dieser Term durch den Faktor 1/2 korrigiert werden muss.

annähern. Mit anderen Worten, die Summe über die Spinfluktuationen aller Nachbarn eines gegebenen Punkts wächst langsamer als die Dimension des Raumes an. Gegenüber den anderen Beiträgen des Spin-Spin-Wechselwirkungsterms in (6.163) kann deshalb H_{fluk} vernachlässigt werden. In einem unendlich dimensionalen System ist dieses Vorgehen sogar korrekt, bei endlicher Dimension natürlich nur eine Näherung.

Ohne den Fluktuationsterm nimmt (6.163) die Gestalt

$$H = -J \sum_{<i,j>} \left[\bar{\sigma}^2 + \bar{\sigma}(\delta\sigma_i + \delta\sigma_j) \right] - \mu B \sum_i \sigma_i \qquad (6.167)$$

an oder nach der Rückführung auf die Spinvariablen mit Hilfe von (6.161)

$$H = -J \sum_{<i,j>} \left[\bar{\sigma}(\sigma_i + \sigma_j) - \bar{\sigma}^2 \right] - \mu B \sum_i \sigma_i \qquad (6.168)$$

und damit

$$H = dNJ\bar{\sigma}^2 - 2dJ \sum_{i=1}^{N} \bar{\sigma}\sigma_i - \mu B \sum_{i=1}^{N} \sigma_i \qquad (6.169)$$

oder

$$H = H_0 - \mu \left(\frac{2dJ}{\mu} \bar{\sigma} + B \right) \sum_{i=1}^{N} \sigma_i \qquad (6.170)$$

Aus diesem Zusammenhang wird der Begriff des Molekularfeldes verständlich. Zusätzlich zum äußeren Feld B entsteht durch die Wirkung der anderen Spins an jedem Punkt ein zweites Feld – das sogenannte Molekularfeld – dessen Stärke durch $\bar{\sigma}$ kontrolliert wird. Die Hamilton-Funktion (6.170) beschreibt jetzt ein paramagnetisches Material in dem effektiven Magnetfeld

$$B' = B + \frac{2dJ}{\mu} \bar{\sigma} \qquad (6.171)$$

und kann z. B. im Rahmen eines kanonischen Ensembles ausgewertet werden. So findet man für die Zustandssumme

$$Z_{\text{kan}} = e^{-\beta H_0} \sum_{\sigma_1,\sigma_2,\ldots,\sigma_N} \exp\left(\beta\mu B' \sum_{i=1}^{N} \sigma_i \right) = e^{-\beta H_0} \prod_{i=1}^{N} \sum_{\sigma_i = \pm 1} \exp\left(\beta\mu B' \sigma_i \right) \qquad (6.172)$$

und damit

$$Z_{\text{kan}} = e^{-\beta H_0} \left[e^{-\beta\mu B'} + e^{\beta\mu B'} \right]^N = 2^N e^{-\beta H_0} (\cosh \beta\mu B')^N \qquad (6.173)$$

Hieraus folgt die freie Energie

$$F = kTH_0 - kTN \ln 2 - kTN \ln \cosh \beta\mu B' \qquad (6.174)$$

oder mit $H_0 = dNJ\overline{\sigma}^2$

$$F = kTNdJ\overline{\sigma}^2 - kTN \ln 2 - kTN \ln \cosh \beta\mu B' \qquad (6.175)$$

Die freie Energie wird vom effektiven Magnetfeld B' bestimmt. Dieses hängt seinerseits wieder vom Molekularfeld ab, das vom Mittelwert der Spinorientierung und damit der Magnetisierung bestimmt wird. Um die Magnetisierung zu berechnen, benutzen wir die freie Energie

$$M = N\mu\overline{\sigma} = -\frac{\partial F}{\partial B} = -\frac{\partial F}{\partial B'} = N\mu \tanh\left(\frac{\mu B'}{kT}\right) \qquad (6.176)$$

und damit

$$\tanh\left(\frac{\mu B'}{kT}\right) = \overline{\sigma} = \frac{\mu}{2dJ}(B' - B) \qquad (6.177)$$

oder mit $x = \mu B'/(kT)$

$$\tanh x = \frac{kT}{2dJ}\left(x - \frac{\mu B}{kT}\right) \qquad (6.178)$$

Das ist eine selbstkonsistente Gleichung zur Bestimmung von x und damit von B'. Für $B = 0$ reduziert sich diese Gleichung auf

$$\tanh x = \frac{kT}{2dJ}x \qquad (6.179)$$

Als eine Lösung kann man sofort $x = 0$ erkennen. Daneben sind aber noch zwei andere Lösungen möglich. Dazu muss aber die Temperatur hinreichend klein sein. Ist $kT/2dJ < 1$, dann schneidet die Gerade $kTx/2dJ$ die Funktion $\tanh x$ noch in zwei weiteren Punkten $x = x_\pm$. Mit der Definition einer kritischen Temperatur

$$T_c = \frac{2dJ}{k} \qquad (6.180)$$

können wir jetzt schreiben

$$\tanh x = \frac{T}{T_c}x \qquad (6.181)$$

und kommen zu der Aussage, dass für $T > T_c$ nur die Lösung $x = 0$, für $T < T_c$ dagegen die Lösungen $x = 0$ und $x = x_\pm$ existieren. In der Nähe der kritischen Temperatur werden die Lösungen $x_\pm$ nur wenig von $x = 0$ abweichen. Deshalb kann man die linke Seite nach Potenzen von x entwickeln. Bis zur dritten Ordnung ist dann

$$x - \frac{1}{3}x^3 = \frac{T}{T_c}x \qquad (6.182)$$

Daraus folgt einerseits $x = 0$ und andererseits

$$x_\pm = \pm\sqrt{3}\sqrt{1 - \frac{T}{T_c}} \qquad (6.183)$$

wobei die letzteren beiden Lösungen aber nur für $T < T_c$ in Frage kommen. Wir haben also unterhalb der kritischen Temperatur eine Situation, bei der auch ohne äußeres Magnetfeld eine Magnetisierung im Material vorliegt. Der Übergang von einer bei $B = 0$ makroskopisch verschwindenden Magnetisierung zu einer spontanen Magnetisierung erfolgt bei der Temperatur T_c.

Prinzipiell kann dabei die Magnetisierung positiv oder negativ werden. Die Entscheidung, welche der beiden Orientierungen angenommen wird, geschieht auf Grund mikroskopischer Details, die beim Abkühlen des Materials unterhalb T_c im Allgemeinen rein zufällig vorliegen. Deshalb spricht man auch von einer spontanen Magnetisierung.

Tatsächlich entsteht die gleichmäßig über das Material existierende Magnetisierung nicht sofort nach Unterschreiten von T_c, sondern als Folge eines langsam fortschreitenden Wachstumsprozesses aus zunächst noch mesoskopisch kleinen miteinander konkurrierenden Regionen mit unterschiedlichen Spinorientierungen. Allmählich wachsen einige dieser Regionen auf Kosten der kleineren an, bis am Ende eine einzige Magnetisierungsorientierung das gesamte Volumen des Materials erfasst.

Aus (6.169) erhalten wir sofort den Erwartungswert der Hamilton-Funktion und damit die innere Energie

$$U = \overline{H} = dNJ\overline{\sigma}^2 - 2dJ\sum_{i=1}^{N}\overline{\sigma}^2 - \mu B\sum_{i=1}^{N}\overline{\sigma} = -dJN\overline{\sigma}^2 - \mu BN\overline{\sigma} \qquad (6.184)$$

und damit die Wärmekapazität

$$C_V = -N\left[2dJ\overline{\sigma} - \mu B\right]\frac{\partial \overline{\sigma}}{\partial T} \qquad (6.185)$$

Oberhalb T_c ist $M = 0$ und damit auch $\overline{\sigma} = 0$. Folglich erhalten wir für $T > T_c$ auch $U = 0$ und $C_V = 0$. Hat sich das Material unterhalb T_c spontan magnetisiert, dann ist $\overline{\sigma}$ temperaturabhängig. Folglich zeigt die innere Energie an der Stelle $T = T_c$ einen Knick und die Wärmekapazität wird hier einen Sprung aufweisen. Um diese qualitative Schlussfolgerung auch quantitativ zu untermauern, müssen wir die Ableitung in (6.185) explizit berechnen. Dazu benutzen wir im Fall $B = 0$ die Beziehung (6.181) und beachten noch (6.180), $x = \mu B'/(kT)$ sowie die aus (6.171) für $B = 0$ folgende Relation $B' = 2dJ\overline{\sigma}/\mu$

$$\tanh\frac{\mu B'}{kT} = \frac{\mu B'}{kT_c} \quad \rightarrow \quad \tanh\frac{T_c}{T}\overline{\sigma} = \overline{\sigma} \qquad (6.186)$$

Daraus folgt jetzt

$$\frac{\partial \overline{\sigma}}{\partial T} = \overline{\sigma}' = (1 - \tanh^2 \frac{T_c}{T}\overline{\sigma}) \left(\frac{T_c}{T}\overline{\sigma}' - \frac{T_c}{T^2}\overline{\sigma} \right) \quad (6.187)$$

so dass wir mit einer einfachen Umstellung zu

$$\overline{\sigma}' = \frac{(1 - \tanh^2 \frac{T_c}{T}\overline{\sigma})\frac{T_c}{T^2}\overline{\sigma}}{(1 - \tanh^2 \frac{T_c}{T}\overline{\sigma})\frac{T_c}{T} - 1} \quad (6.188)$$

kommen. Setzt man diesen Ausdruck in die Wärmekapazität ein und beachtet noch (6.186), dann bekommt man

$$C_V = -Nk\frac{T_c^2}{T}\overline{\sigma}^2 \frac{1 - \overline{\sigma}^2}{(1 - \overline{\sigma}^2)T_c - T} \quad (6.189)$$

Verwenden wir jetzt noch (6.183) als Näherung für $x = (T_c/T)\overline{\sigma}$, dann ist

$$\overline{\sigma}^2 = \frac{3T^2}{T_c^2}\left(1 - \frac{T}{T_c}\right) \quad (6.190)$$

und wir erhalten somit

$$C_V = 3Nk\frac{T^2}{T_c^2} \frac{1 - 3\frac{T^2}{T_c^2} + 3\frac{T^3}{T_c^3}}{3\frac{T^2}{T_c^2} - 1} \quad (6.191)$$

Die Wärmekapazität steigt daher mit wachsender Temperatur in der Nähe der kritischen Temperatur T_c an und erreicht das Maximum bei $T = T_c$ mit

$$C_V(T = T_c) = \frac{3}{2}NK \quad (6.192)$$

so dass die Wärmekapazität tatsächlich bei $T = T_c$ einen Sprung der Größe $3Nk/2$ erfährt.

Aufgaben

6.1 Zeigen Sie, dass die Virialentwicklung zur theoretischen Beschreibung realer Gase aus gleichartigen Ionen nicht geeignet ist.

6.2 Weisen Sie nach, dass für $T > 0$ die Magnetisierung des eindimensionalen Ising-Modells eine kontinuierliche Funktion des Magnetfeldes B ist.

6.3 Leiten Sie die Wärmekapazität (6.160) aus der freien Energie des zweidimensionalen Ising-Modells (6.159) ab.

6.4 Zeigen Sie, dass die Eigenwerte der Matrix $\underline{M}$ in (6.84) durch (6.95) gegeben sind.

6.5 Leiten Sie die Magnetisierung (6.177) des Ising-Modells in der Molekularfeldnäherung direkt durch Bildung des Mittelwertes $\bar{\sigma}$ im Rahmen des kanonischen Ensembles ab.

● Maple-Aufgaben

6.I Eine Darstellung der Zustandsgleichung in der allgemeinen Form $pV = NkT(1 + a_1\rho + a_2\rho^2 + ...)$, mit der Teilchendichte $\rho = N/V$ bezeichnet man als Virialentwicklung mit den Virialkoeffizienten $a_i = a_i(T)$. Man bestimme die ersten zehn Virialkoeffizienten für

1. ein van der Waals-Gas mit

$$\left(p + N^2 \frac{a}{V^2}\right)(V - Nb) = NkT \qquad (6.193)$$

2. ein ideales Gas mit $pV = NkT$

3. ein erweitertes van der Waals-Gas (I) mit

$$\left(p + N^2 \frac{a_0 + a_1 T}{V^2}\right)(V - N(b_0 + b_1 T)) = NkT \qquad (6.194)$$

4. ein erweitertes van der Waals-Gas (II) mit

$$\left(p + N^2 \frac{a_0 + a_1 T}{c_0 V^2 + c_1 NV}\right)(V - N(b_0 + b_1 T)) = NkT \qquad (6.195)$$

5. weitere Zustandsgleichungen für reale Gase
   - $(p + aV^{-5/3})(V - b) = NkT$ (Dieterici-Gleichung)
   - $(p + aV^{-2}T^{-1})(V - b) = NkT$ (Berthelot'sche Gleichung)

Warum wechselt der erste Virialkoeffizient des van der Waals-Gases bei einer bestimmten Temperatur sein Vorzeichen?

6.II Werten Sie mit Hilfe von Maple die freie Energie des zweidimensionalen Ising-Modells aus. Bestimmen Sie insbesondere die kritische Temperatur und das thermodynamische Verhalten in der Umgebung von T_c!

6.III Bestimmen Sie die thermische Zustandsgleichung und die Wärmekapazität eines neutralen Plasmas im dreidimensionalen Raum im Rahmen einer selbstkonsistenten Theorie.

6.IV Bestimmen Sie den kritischen Punkt[21] (p_c, V_c, T_c) eines realen Gases von Partikeln mit dem Paarwechselwirkungspotential

$$U = \begin{cases} \infty & r/r_0 < 1 \\ -E & \text{für} \quad 1 \leq r/r_0 < 2 \\ 0 & 2 \leq r/r_0 \end{cases} \qquad (6.196)$$

Benutzen Sie zur Bestimmung des kritischen Punktes die Mayer'sche Clusterentwicklung bis zur dritten Ordnung. Bestimmen Sie die thermische Zustandsgleichung und die spezifische Wärmekapazität dieses Gases.

6.V Bestimmen Sie die thermodynamischen Eigenschaften in der Nähe des kritischen Punktes für ein Ising-Modell in $d > 1$ Dimensionen im Rahmen der Molekularfeldnäherung.

---

21) Für die kritische Temperatur T_c verschwinden am kritischen Punkt die erste und zweite Ableitung des Druckes nach dem Volumen.

7
Thermodynamik

7.1
Ensembles und Thermodynamik

7.1.1
Allgemeiner Überblick

In den vorangegangenen Kapiteln haben wir uns mit den theoretischen Grundlagen verschiedener Ensembletheorien der statistischen Physik befasst. Wir hatten dabei immer betont, dass im thermodynamischen Limes alle Ensemble physikalisch äquivalent sind. Das bedeutet, dass aus jedem Ensemble bei richtiger Fragestellung alle interessierenden thermodynamischen Größen gewonnen werden können. Das verbindende Element zwischen makroskopischen Eigenschaften und mikroskopischen Realisierungen war die statistische Verteilungsfunktion, die in jedem Ensemble eine andere Struktur hatte.

Der in den Verteilungsfunktionen auftretende Normierungsfaktor ist das Zustandsintegral oder im Fall der Quantenstatistik die Zustandssumme. Diese Größe hat in etwa die Bedeutung einer generierenden Funktion. Physikalisch liefert die Zustandssumme Information über makroskopische Variable. So gibt uns die Zustandssumme ein Maß für die Größe des von dem jeweiligen Ensemble im Phasenraum eingenommenen Volumens, aber diese Zahl ist aus thermodynamischer Sicht nur von untergeordnetem Interesse. Aus den Zustandsintegralen lassen sich leicht sogenannte *primäre Potentiale* gewinnen, die den eigentlichen Anschluss der Ensembletheorie an die Thermodynamik liefern.

Die primären Potentiale hängen von Zustandsvariablen ab, die durch das jeweilige Ensemble bestimmt sind. Wir werden diese Größen in Zukunft als *natürliche Variable* bezeichnen. Aus den primären Potentialen lassen sich dann weitere thermodynamische Observable konstruieren und mit experimentell verifizierbaren Messgrößen verbinden. In der nachfolgenden Tabelle 7.1 sind die wichtigsten Größen noch einmal schematisch zusammengefasst. Wir wollen jetzt versuchen, eine generelle Beschreibung des thermodynamischen Zustandes eines Systems zu gewinnen, ohne ein spezielles Ensemble hervorzu-

Tab. 7.1 Statistische Ensemble, primäre Potentiale, natürliche Variable

Ensemble	mikrokanonisch	kanonisch	großkanonisch
Verteilungs-funktion ρ	$Z_{\text{mikro}}^{-1} \delta(H-E)$	$Z_{\text{kan}}^{-1} e^{-\frac{H}{kT}}$	$Z_{\text{groß}}^{-1} e^{\frac{\mu N - H}{kT}}$
Zustands-integral	$Z_{\text{mikro}} =$ $\int \delta(H-E)$	$Z_{\text{kan}} =$ $\int e^{-H/kT}$	$Z_{\text{groß}} =$ $\sum \int e^{(\mu N - H)/kT}$
primäres Potential	$S = k \ln Z_{\text{mikro}}$	$F = -kT \ln Z_{\text{kan}}$	$\Omega = -kT \ln Z_{\text{groß}}$
Zustands-variablen	U, V, N	T, V, N	T, V, μ
abgeleitete Größen	$T^{-1} = \partial S / \partial U, \dots$	$S = -\partial F / \partial T, \dots$	$N = -\partial \Omega / \partial \mu, \dots$

In den Formeln für die Zustandsintegrale steht $\int$ symbolisch für die Integration über das mit $(2\pi\hbar)^{3N} N!$ reskalierte Phasenraumvolumen und $\sum$ bezeichnet die Summation über alle Teilchenzahlen.

heben. Dabei kommt uns die schon mehrfach betonte Äquivalenz der Ensemble im thermodynamischen Limes entgegen. Wenn also z. B. mikrokanonisches und kanonisches Ensemble physikalisch gleichwertig sind, dann muss auch die mikrokanonisch bestimmte Entropie $S_{\text{mikro}}(U, V, N)$ mit der kanonisch bestimmten Entropie $S_{\text{kan}}(T, V, N)$ im thermodynamischen Limes übereinstimmen. Die unterschiedliche Abhängigkeit von den Variablen muss sich dadurch beheben lassen, dass man entweder die mikrokanonisch definierte Temperatur $T_{\text{mikro}}^{-1} = \partial S_{\text{mikro}} / \partial U$ nach der inneren Energie U auflöst, dann $U = U(T_{\text{mikro}}, V, N)$ in den Ausdruck für S_{mikro} einsetzt und somit die funktionale Identität

$$S_{\text{mikro}}(U(T_{\text{mikro}}, V, N), V, N) = S_{\text{kan}}(T, V, N) \qquad (7.1)$$

herstellt. Alternativ löst man die kanonisch definierte innere Energie $U_{\text{kan}} = -T^2 \partial(F/T)/\partial T$ nach T auf, und setzt $T = T(U_{\text{kan}}, V, N)$ in S_{kan} ein und stellt auf diese Weise die Äquivalenz entsprechend

$$S_{\text{kan}}(T(U_{\text{kan}}, V, N), V, N) = S_{\text{mikro}}(U, V, N) \qquad (7.2)$$

her. Sind sowohl S_{mikro} als auch S_{kan} bekannt, dann lässt sich die Äquivalenz natürlich auch durch gegenseitiges Einsetzen beweisen.

Die Äquivalenz zwischen den Ensembles haben wir bisher mit einleuchtenden Argumenten belegt und gelegentlich auch schon benutzt, aber für die Verallgemeinerung der Aussagen fehlt uns noch ein echter Beweis dieser These.

7.1.2
*Die Äquivalenz der Entropien

7.1.2.1 *Vorbemerkungen

In früheren Abschnitten dieses Bandes haben wir uns schon mehrfach mit der Äquivalenz der verschiedenen Ensemble befasst. So wurde in Abschnitt 4.3 gezeigt, dass im thermodynamischen Limes die relativen Energiefluktuationen des kanonischen Ensembles verschwinden. In Abschnitt 5.3 konnte gezeigt werden, dass die Zustandssummen bzw. -integrale der verschiedenen Ensemble über eine Laplace-Transformation zusammenhängen. Schließlich fanden wir in Abschnitt 5.6, dass die relative Teilchenzahlfluktuation der großkanonischen Gesamtheit im thermodynamischen Limes verschwindet.

Wir wollen jetzt formal strenger begründen, dass die in einem Ensemble bestimmten Gleichgewichtsgrößen im thermodynamischen Limes $N \to \infty$, $V \to \infty$, $N/V = \text{const.}$ mit den entsprechenden Größen der anderen Ensemble identisch werden. Bei den heute in der Forschung häufig auftretenden Systemen auf meso- und nanoskopischen Skalen werden die Unterschiede zwischen den Ensembles relevant.

Bei unserer Beweisführung beschränken wir uns auf die thermodynamische Äquivalenz von mikrokanonischen und kanonischen Ensemble und bemerken, dass für andere Ensemble ein ähnliches Vorgehen zum Ziel führt. Weiter wählen wir als thermodynamische Basisgröße für unsere Diskussion die Entropie, aus der letztendlich alle weiteren thermodynamischen Größen konstruierbar sind.

Bevor wir den eigentlichen Beweis antreten, müssen wir einige Voraussetzungen bereitstellen, die wir relativ schnell aus der Ensembletheorie ableiten können. Im Hinblick auf die anschließende Beweisführung werden wir diese Voraussetzungen im mikrokanonischen Ensemble formulieren.

1. *Zu jeder Energie E des mikrokanonischen Ensembles gehört genau eine Temperatur. Die Temperatur wächst monoton mit der Energie an.*
   Die Zuordnung zwischen Energie und Temperatur wird im mikrokano-

nischen Ensemble durch (3.152)

$$T_{\text{mikro}}^{-1}(E, N, V) = \frac{\partial S_{\text{mikro}}(E, N, V)}{\partial E} \qquad (7.3)$$

hergestellt. Die Monotonie zwischen Temperatur und Energie kann man sich am besten mit Hilfe des im mikrokanonischen Ensemble in Abschnitt 3.5.2 bewiesenen Gleichverteilungssatzes wenigstens heuristisch klarmachen. Dazu erinnern wir uns daran, dass das Äquipartitionsprinzip die mittlere kinetische Energie eines Partikels mit (3.254)

$$\left\langle \frac{p^2}{2m} \right\rangle = \frac{3}{2} k T_{\text{mikro}} \qquad (7.4)$$

bestimmte. Mit wachsender Energie eines Systems wächst gewöhnlich auch die kinetische Energie der Partikel an und damit auch die Temperatur.

Es gibt aber auch Ausnahmen von diesem streng monotonen Verhalten. So wächst bei einem Phasenübergang zwar die Energie des Systems monoton an, solange sich aber die beiden Phasen in Koexistenz befinden, bleibt die Temperatur konstant. Die Energie wird hier einfach nur zur Umwandlung der einen in die andere Phase benötigt. Aber prinzipiell kann man den nachfolgenden Beweis auch auf Phasenübergänge und ähnliche Phänomene erweitern.

2. *Erreicht die Energie des Ensembles ihr absolutes Minimum, dann geht die Temperatur gegen 0.*
   Wir können die Energieskala so eichen, dass die niedrigste potentielle Energie eines Systems gerade $E_{\text{pot,min}} = 0$ ist. Da die Energie aus kinetischer Energie und potentieller Energie zusammengesetzt ist, wird die potentielle Energie für $E \to 0$ ihr absolutes Minimum erreichen und die positiv definite kinetische Energie wird verschwinden. Damit folgt aber sofort wegen des Gleichverteilungssatzes

$$T_{\text{mikro}} \to 0 \qquad \text{falls} \qquad E \to 0 \qquad (7.5)$$

3. *Für $E/N \to \infty$ gilt $T_{\text{mikro}} \to \infty$.*
   Auch diese Aussage lässt sich mit dem Gleichverteilungssatz verstehen. Wird die Energie pro Teilchen beliebig groß, dann muss auch die kinetische Energie unbeschränkt anwachsen. Also wird wegen des Äquipartitionsprinzips auch die Temperatur beliebig groß.

4. *Es gilt das Prinzip der statistischen Unabhängigkeit von Subsystemen.*
   Wir hatten dieses Prinzip in Abschnitt 5.4 bereits genutzt, um generelle

Skalenrelationen thermodynamischer Größen herzuleiten. Da die Entropie eine extensive Größe ist, folgt

$$S_{\text{mikro}}(\lambda E, \lambda V, \lambda N) = \lambda S_{\text{mikro}}(E, V, N) \tag{7.6}$$

und wenn man insbesondere $\lambda = N^{-1}$ wählt, folgt

$$S_{\text{mikro}}(E, V, N) = N S_{\text{mikro}}\left(\frac{E}{N}, \frac{V}{N}, 1\right) = N \tilde{s}\left(\frac{E}{N}, \frac{V}{N}\right) \tag{7.7}$$

7.1.2.2 *Beweis der Äquivalenz der Entropien

Wir beginnen den Beweis der Äquivalenz der Entropien mit der Bestimmung der kanonisch definierten Entropie S_{kan} aus der kanonischen Wahrscheinlichkeitsverteilung. Wir erhalten mit der üblichen Vereinbarung $\beta = (kT)^{-1}$

$$\begin{align}
S_{\text{kan}}(T, V, N) &= -k \langle \ln \rho \rangle_{\text{kan}} \tag{7.8a} \\
&= -k \langle \ln \exp\{-\beta H\} \rangle_{\text{kan}} + k \ln Z_{\text{kan}} \tag{7.8b} \\
&= k\beta \langle H \rangle_{\text{kan}} + k \ln Z_{\text{kan}} \tag{7.8c}
\end{align}$$

Wir hatten bei der Behandlung des kanonischen Ensembles in (4.18) bis (4.21) bereits gezeigt, dass

$$\langle H \rangle_{\text{kan}} = -\frac{\partial \ln Z_{\text{kan}}}{\partial \beta} \tag{7.9}$$

gilt. Somit folgt für die Entropie

$$S_{\text{kan}}(T, V, N) = k\left(-\beta \frac{\partial}{\partial \beta} + 1\right) \ln Z_{\text{kan}} \tag{7.10}$$

Das Zustandsintegral für das kanonische Ensemble ergibt sich aus dem Zustandsintegral des mikrokanonischen Ensembles durch eine Laplace-Transformation[1]

$$Z_{\text{kan}} = \int_0^\infty e^{-\beta E} Z_{\text{mikro}}(E, V, N) dE \tag{7.11}$$

Wegen (3.68)

$$S_{\text{mikro}}(E, V, N) = k \ln Z_{\text{mikro}}(E, V, N) \tag{7.12}$$

erhalten wir

$$Z_{\text{kan}} = \int_0^\infty \exp\left\{-\left[\beta E - \frac{S_{\text{mikro}}(E, V, N)}{k}\right]\right\} dE \tag{7.13}$$

[1] Siehe Kap. 5.3

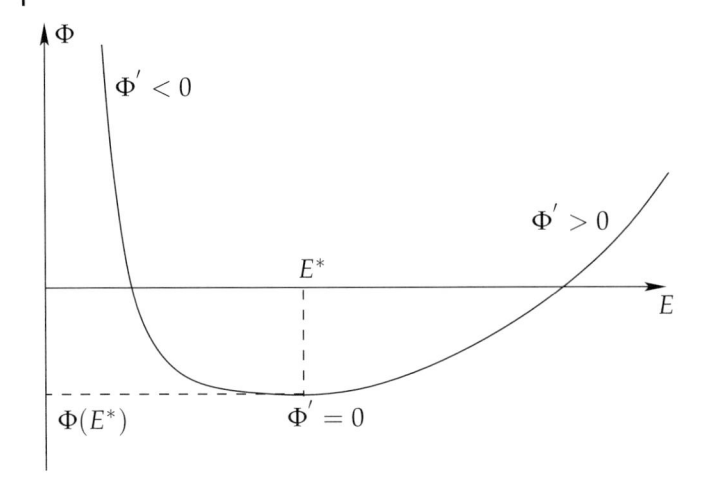

Abb. 7.1 Φ als Funktion von E

Wir interessieren uns jetzt dafür, ob die in diesem Integral auftretenden Funktion (vgl. Abb. 7.1)

$$\Phi(E, V, N, \beta) = \beta E - \frac{S_{\text{mikro}}(E, V, N)}{k} \tag{7.14}$$

Extrema bezüglich der Energie besitzt und wenn ja, um welche Art von Extrema es sich dabei handelt. Die Bedingung $\partial \Phi / \partial E = 0$ für ein Extremum liefert die Gleichung

$$k\beta = \frac{\partial S_{\text{mikro}}(E, V, N)}{\partial E} = \frac{1}{T_{\text{mikro}}(E, V, N)} \tag{7.15}$$

wobei im letzten Schritt die mikrokanonische Definition (3.152) der Temperatur verwendet wurde. Da nun aber nach der ersten Voraussetzung dieses Beweises eine eineindeutige Zuordnung zwischen Temperatur und Energie des Systems existiert und die Temperatur selbst zwischen null und unendlich liegt, gibt es für jedes positive β genau eine Energie, die die Extremalbedingung erfüllt. Mit anderen Worten, die Funktion $\Phi(E, V, N, \beta)$ hat für gegebene Werte V, N und β genau ein Extremum. Die Energie, bei der dieses Extremum liegt, ergibt sich als Lösung der Gleichung (7.15) und wird mit

$$E^* = E^*(\beta, V, N) \tag{7.16}$$

bezeichnet. Insbesondere gilt für diese Lösung die Relation $T_{\text{mikro}}(E^*, V, N) = (k\beta)^{-1}$. Weiterhin ist die Ableitung $\partial \Phi / \partial E$ für $E \to 0$ gegeben durch

$$k \left[\frac{\partial \Phi}{\partial E} \right]_{E \to 0} = k\beta - \frac{1}{T_{\text{mikro}}(0, N, V)} \to -\infty \tag{7.17}$$

wobei wir von der Voraussetzung (2) Gebrauch gemacht haben. Für $E \to \infty$ finden wir auf die gleiche Weise[2]

$$k \left[\frac{\partial \Phi}{\partial E}\right]_{E \to \infty} = k\beta - \frac{1}{T_{\text{mikro}}(\infty, N, V)} \to k\beta > 0 \qquad (7.18)$$

Da die Funktion $\Phi(E, V, N, \beta)$ bei gegebenen Werten V, N und β genau ein Extremum besitzt und bei den gleichen Werten V, N und β am linken Rand einen negativen Anstieg, am rechten Rand dagegen einen positiven Anstieg besitzt, kann das Extremum nur ein Minimum sein. Wir können damit das kanonische Zustandsintegral (7.13) unter Verwendung von (7.14), (7.16) schreiben als

$$Z_{\text{kan}} = e^{-\Phi(E^*, V, N, \beta)} \int_0^\infty \exp\left\{-[\Phi(E, V, N, \beta) - \Phi(E^*, V, N, \beta)]\right\} dE \qquad (7.19)$$

Der Inhalt der eckigen Klammer ist immer positiv. Wir können jetzt wegen Voraussetzung (4) die Funktion Φ reskalieren

$$\begin{align}
\Phi(E, V, N, \beta) &= \beta E - \frac{S_{\text{mikro}}(E, V, N)}{k} & (7.20a) \\
&= N\left\{\beta \frac{E}{N} - \tilde{s}\left(\frac{E}{N}, \frac{V}{N}\right)\frac{1}{k}\right\} & (7.20b) \\
&= N\tilde{\phi}\left(\frac{E}{N}, \frac{V}{N}, \beta\right) & (7.20c)
\end{align}$$

Mit der Substitution $E = \varepsilon N$ und dem spezifischen Volumen $\tilde{v} = V/N$ erhalten wir dann für das kanonische Zustandsintegral

$$Z_{\text{kan}} = e^{-\Phi(E^*, V, N, \beta)} N \int_0^\infty \exp\left\{-N[\tilde{\phi}(\varepsilon, \tilde{v}, \beta) - \tilde{\phi}(\varepsilon^*, \tilde{v}, \beta)]\right\} d\varepsilon \qquad (7.21)$$

Da die Beiträge in der eckigen Klammer nie negativ werden, entsteht mit wachsendem N ein riesiges negatives Argument in der Exponentialfunktion, so dass diese nahezu verschwindet. Einzig in der Umgebung des Minimums bleiben die Beiträge moderat und speziell im Minimum, wo das Argument verschwindet, hat die Exponentialfunktion den Wert 1. Der Integrand (siehe Abb. 7.2) zeigt also einen sehr scharfen Peak in der Nähe von ε^*, während etwas weiter außerhalb keine bedeutenden Beiträge mehr entstehen. Wir können, da nur eine ganz kleine Umgebung um das Minimum zu dem Integral beiträgt, die Funktion $\tilde{\phi}$ in eine Taylor-Reihe um ε^* entwickeln und nach der

---

[2] Hier muss beachtet werden, dass der thermodynamische Limes noch nicht vollzogen ist. V und N haben zwar große Werte, sind aber immer noch endlich.

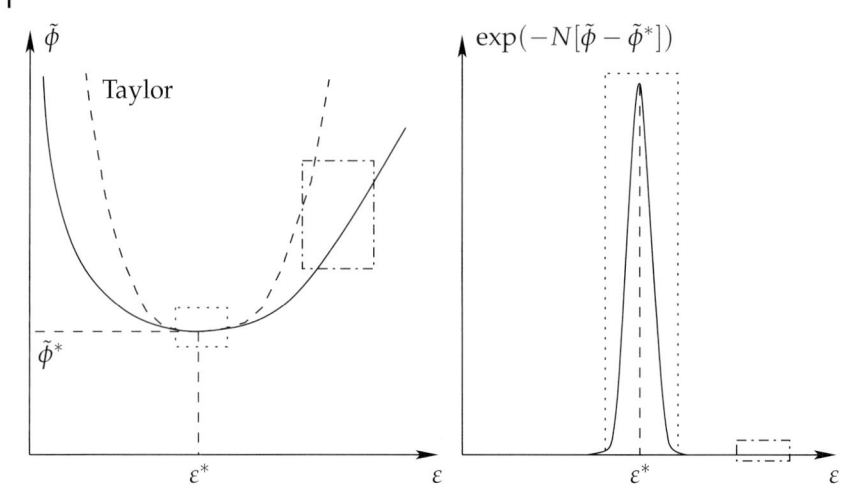

Abb. 7.2 Zur Auswertung der kanonischen Zustandssumme (7.21). Der Beitrag der Funktion $\tilde{\phi}$ (links) zum Integranden (rechts) ist nur in der Umgebung von ε^* relevant.

zweiten Ordnung abbrechen

$$\tilde{\phi}(\varepsilon,\bar{v},\beta) = \tilde{\phi}(\varepsilon^*,\bar{v},\beta) + \left[\frac{\partial \tilde{\phi}}{\partial \varepsilon}\right]_{\varepsilon=\varepsilon^*}(\varepsilon-\varepsilon^*) + \frac{1}{2}\left[\frac{\partial^2 \tilde{\phi}}{\partial \varepsilon^2}\right]_{\varepsilon=\varepsilon^*}(\varepsilon-\varepsilon^*)^2 \quad (7.22)$$

Da wir um ein Minimum entwickeln verschwindet die Ableitung erster Ordnung und die Ableitung zweiter Ordnung ist positiv. Wir erhalten also für die kanonische Zustandssumme

$$Z_{\text{kan}} = e^{-\Phi(E^*,V,N,\beta)} N \int_0^\infty \exp\left\{-\frac{N}{2}\frac{\partial^2 \tilde{\phi}}{\partial \varepsilon^{*2}}(\varepsilon-\varepsilon^*)^2\right\} d\varepsilon \quad (7.23)$$

Da wesentliche Beiträge zu dem Integral nur aus der unmittelbaren Umgebung des Minimums erwartet werden, können wir die untere Integrationsgrenze bis $-\infty$ ausdehnen und erhalten dann den Ausdruck

$$Z_{\text{kan}} = e^{-\Phi(E^*,V,N,\beta)} N \int_{-\infty}^\infty \exp\left\{-\frac{N}{2}\frac{\partial^2 \tilde{\phi}}{\partial \varepsilon^{*2}}(\varepsilon-\varepsilon^*)^2\right\} d\varepsilon \quad (7.24a)$$

$$= e^{-\Phi(E^*,V,N,\beta)} \left(2\pi N \left[\frac{\partial^2 \tilde{\phi}}{\partial \varepsilon^{*2}}\right]^{-1}\right)^{1/2} \quad (7.24b)$$

Damit folgt

$$\ln Z_{\text{kan}} = -\Phi(E^*,V,N,\beta) + \ln\left(2\pi N \left[\frac{\partial^2 \tilde{\phi}}{\partial \varepsilon^{*2}}\right]^{-1}\right)^{1/2} \quad (7.25)$$

Der letzte Term ist von der Ordnung $O(\ln N)$ und wird im thermodynamischen Limes gegenüber dem ersten Term irrelevant. Wir können die kanonische Entropie (7.10) jetzt wie folgt formulieren

$$S_{\text{kan}}(T,V,N) = k\left(\beta\frac{\partial}{\partial \beta} - 1\right)\Phi(E^*,V,N,\beta) \tag{7.26a}$$

$$= -k\Phi(E^*,V,N,\beta) + k\beta\frac{\partial \Phi}{\partial E^*}\frac{\partial E^*}{\partial \beta} + k\beta\frac{\partial \Phi}{\partial \beta}\bigg|_{\text{explizit}} \tag{7.26b}$$

Der zweite Term entsteht weil E^* selbst eine Funktion von β ist. Dieser Beitrag verschwindet aber wieder, da E^* gerade das Minimum der Funktion Φ bestimmt. Im letzten Term wird dann nur noch nach der explizit in Φ auftretenden Variable β differenziert. Setzen wir jetzt die Definition von Φ entsprechend (7.14) ein, dann erhalten wir

$$S_{\text{kan}}(T,V,N) = -k\left[\beta E^* - \frac{S_{\text{mikro}}(E^*,V,N)}{k}\right] + k\beta E^* \tag{7.27a}$$

$$= S_{\text{mikro}}(E^*,V,N) \tag{7.27b}$$

d. h. wir erhalten die Äquivalenz zwischen kanonischer und mikrokanonischer Entropie, wenn wir in der mikrokanonischen Entropie die Energie E durch die Lösung der Gleichung (7.15)

$$\frac{\partial S_{\text{mikro}}}{\partial E} = k\beta \tag{7.28}$$

ersetzen. Da aber andererseits die mittlere Energie im kanonischen System durch die Ableitung (7.9) des Logarithmus des Zustandsintegrals definiert ist, erhalten wir außerdem aus (7.9), (7.25) und (7.14)

$$U(T,V,N) = \langle H\rangle_{\text{kan}} = -\frac{\partial \ln Z_{\text{kan}}}{\partial \beta} = E^* \tag{7.29}$$

d. h. wir können alternativ die Äquivalenz auch durch die Relation

$$S_{\text{kan}}(T,V,N) = S_{\text{mikro}}(\langle H\rangle_{\text{kan}},V,N) = S_{\text{mikro}}(U(T,V,N),V,N) \tag{7.30}$$

erzeugen. Schließlich wird durch die Bestimmungsgleichung (7.28) auch noch die mikrokanonisch definierte Temperatur mit der Temperatur des kanonischen Ensembles identifiziert

$$T = \frac{1}{k\beta} = \left[\frac{\partial S_{\text{mikro}}}{\partial E}\right]^{-1}_{E=E^*} = T_{\text{mikro}}(E^*,V,N) \tag{7.31}$$

Damit haben wir gezeigt, dass sowohl die Entropien als auch die daraus abgeleiteten Zustandsgrößen der verschiedenen Ensembles im thermodynamischen Limes äquivalent sind.

7.2
Die Hauptsätze der Thermodynamik

Die Thermodynamik basiert wesentlich auf den sogenannten Hauptsätzen der Thermodynamik. Diese haben aber nicht die gleiche Bedeutung wie z. B. die Newton'schen Axiome in der Mechanik. Axiome sind unbeweisbare Grundannahmen. Innerhalb der klassischen Thermodynamik haben auch die Hauptsätze eine solche Bedeutung. Aber unter Einbeziehung der Statistik werden die Hauptsätze wenigstens zum Teil auf tiefere Prinzipien zurückgeführt. Der Inhalt der thermodynamischen Hauptsätze wurde gelegentlich bereits bei der Diskussion der verschiedenen Ensemble angesprochen. Wir wollen hier noch einmal die Hauptsätze in ihrer thermodynamischen Formulierung notieren und mit den aus der Ensembletheorie gewonnenen Aussagen vergleichen. Es soll aber darauf hingewiesen werden, dass die Thermodynamik eine in sich geschlossene konsistente Theorie darstellt, wenn die Hauptsätze als Axiome aufgefasst werden.

7.2.1
Klassifizierung thermodynamischer Systeme

Im folgenden Abschnitt werden wir abgeschlossene, geschlossene und offene thermodynamische Systeme charakterisieren. Daneben werden aber noch eine Reihe weiterer Begriffe gebraucht, um wesentliche Eigenschaften thermodynamischer Systeme zu beschreiben. Syteme, bei denen der Druck p konstant gehalten wird, werden *isobar* genannt. Bei *isothermen* Systemen wird die Temperatur konstant gehalten. *Isochore* Systeme haben ein konstantes Volumen. Bei *isentropen* Systemen wird für konstante Entropie gesorgt und bei *adiabatischen* Systemen wird keine Wärme ausgetauscht. Zustandsgrößen werden *intensiv* genannt, wenn sie von der Systemgröße unabhängig sind und *extensiv*, wenn sie proportional zur Systemgröße wachsen.

7.2.2
Wärme als Energieform

In Abschnitt 3.3.8 wurde im Sinne der Statistik die Wärme als eine Energieform charakterisiert, die sich in der ungerichteten, chaotischen Bewegung der Teilchen eines Systems zeigt. Die phänomenologische, thermodynamische Charakterisierung erfolgte durch das Experiment von James Joule (1842). In einem Wasserbottich befindet sich ein Quirl, der über Seilzüge von einem Gewicht angetrieben wird. Das System ist abgeschlossen. Experimentell findet man, dass das Gewicht an Höhe und damit potentielle Energie verloren hat und das Wasser in dem Behälter erwärmt wurde. Weitere Veränderungen wurden an dem System nicht beobachtet. Wegen der Abgeschlossenheit des Systems muss die durch das Absinken des Gewichts verlorene mechanische

Energie durch Reibung (Viskosität) zur Erwärmung des Wassers verwendet worden sein. Man sagt, dass mechanische Energie in Wärmeenergie verwandelt wurde. Der Umrechnungsfaktor ist durch das *Joule'sche Wärmeäquivalent* gegeben[3]

$$1\,\text{cal} = 4{,}1868\,\text{J} \tag{7.32}$$

Wie bereits in Kap. 3.3.8 angedeutet, ist die Wärme vor allem mit der ungeordneten, und damit makroskopisch nicht zu kontrollierenden Dynamik des jeweiligen Systems auf mikroskopischen Skalen verbunden.

7.2.3
Der nullte Hauptsatz

Der *nullte Hauptsatz* besagt, dass Systeme, die miteinander im thermischen Gleichgewicht stehen, die gleiche Temperatur haben. Wir haben uns mit dem Problem der Gleichgewichtsbedingungen bereits in Abschnitt 3.3.5 und 3.3.6 beschäftigt. Dort hatten wir gefunden, dass sich Systeme untereinander im Gleichgewicht befinden, wenn sie in Temperatur, Druck und den chemischen Potentialen übereinstimmen. Diese Gleichgewichtsbedingungen waren eine Folge der Aussage, dass die Entropie im Gleichgewicht maximal wird und stellen eine Verallgemeinerung des nullten Hauptsatzes dar.

Allgemein unterscheidet man in der Thermodynamik *abgeschlossene, geschlossene* und *offene Systeme*. Während abgeschlossene Systeme total isoliert sind und weder Energie noch Materie mit der Umgebung austauschen, lassen geschlossene Systeme wenigstens einen Energieaustausch zu und offene Systeme erlauben sowohl Materie als auch Energieaustausch. In diesem Sinne sind z. B. alle Systeme mikrokanonischer Ensemble abgeschlossen, die Systeme kanonischer Ensemble geschlossen und großkanonische Ensemble bestehen aus offenen Systemen.

Abgeschlossene Systeme stehen niemals miteinander im Gleichgewicht, einfach weil überhaupt keine Möglichkeit existiert, über die sie eine Wechselwirkung realisieren können. Geschlossene Systeme können mit der Umgebung Energie austauschen, wobei es für die Art des Gleichgewichts darauf ankommt, welche Energieformen am Austausch beteiligt sind. Ist das Volumen der Systeme fixiert, dann versteht man den Energieaustausch als Wärmeaustausch. In diesem Fall ist nur die Gleichheit der Temperaturen für das Gleichgewicht erforderlich. Ist aber auch ein Volumenaustausch erlaubt, dann stellt sich das Gleichgewicht bei gleichen Drücken und gleicher Temperatur ein. Fälle, in denen nur Volumen, aber keine Wärme ausgetauscht wird, sind physikalisch schwer realisierbar. Theoretisch wäre zwar in diesem Fall nur die Gleichheit der Drücke zu fordern, aber da praktisch über eine hinreichend lange Zeit der Wärmeaustausch auch bei bester Isolierung nicht zu vermeiden

---

3) 1 Joule = 1 J = 1 Ws = 1 Nm = 10^7 erg

ist, kann man höchstens von einem Quasigleichgewicht sprechen. Daher steht dieser physikalisch seltene Fall meistens im Hintergrund.

Offene Systeme verlangen dann die Gleichheit von Temperatur, Druck und chemischen Potentialen, wobei bei mehreren Komponenten die Gleichheit der chemischen Potentiale jeder einzelnen Komponente notwendig ist.

Wir sehen, dass, bis auf den seltenen und physikalisch auch nicht stabil zu haltenden Fall des reinen Volumenaustausches, die Gleichheit der Temperatur eine notwendige Bedingung für das Gleichgewicht ist[4].

7.2.4
Der erste Hauptsatz in verschiedenen Formulierungen

Steht ein System mit seiner Umgebung in Kontakt, dann kann die innere Energie durch Zugabe oder Entnahme von Wärme, Arbeit oder Teilchen verändert werden. Die entsprechende Bilanzgleichung ist der *erste Hauptsatz* der Thermodynamik (3.163)

$$dU = \delta Q + \delta A + \mu \delta N \tag{7.33}$$

Dieser Satz ist einfach die Konsequenz des Energieerhaltungssatzes, wobei die Schreibweise darauf hinweist, dass δQ, δA und δN im Gegensatz zu dU keine totalen Differentiale sind (vgl. (3.163)). Gewöhnlich wird die Arbeit δA in Volumenarbeit und Restarbeit aufgeteilt

$$\delta A = \delta A_{\text{vol}} + \delta A_{\text{rest}} \tag{7.34}$$

wobei die Volumenarbeit ausschließlich die mit der Änderung des Volumens verbundene Arbeit ist, während die Restarbeit alle möglichen anderen Arbeitsformen, z. B. elektrische, magnetische, chemische oder volumentreue Deformationsarbeit umfasst.

Das Differential der inneren Energie dU wird ausschließlich von Anfangs- und Endzustand bestimmt, dagegen sind δQ, δA und $\mu \delta N$ prozessabhängig. So kann man z. B. ein ideales Gas bei konstanter Teilchenzahl und einer konstanten Temperatur in einen Kolben sperren. Dann ist die innerer Energie des Gases $U = (3/2)NkT$ (4.85). Führt man dem System Wärme zu (vgl. Abb. 7.3 oben), so kann sich das Gas ausdehen und dabei Arbeit verrichten. Da sich hierbei die Temperatur nicht ändert, bleibt auch die innere Energie konstant, d. h. für den Prozess gilt $dU = 0$. Isoliert man das System und zieht den Kolben augenblicklich zurück (vgl. Abb. 7.3 unten), so dass das Gas nicht folgen kann, dann wird Arbeit weder verrichtet noch dem System entzogen, denn

---

4) Der Fall eines Partikelaustausches ohne Energieaustausch ist im Allgemeinen nicht mit dem zweiten Hauptsatz vereinbar, da hier eine Art Maxwell-Dämon entsteht. Partikel sind gewöhnlich immer Träger von Energie und führen bei einem Austausch auch immer zu einem Austausch von Energie.

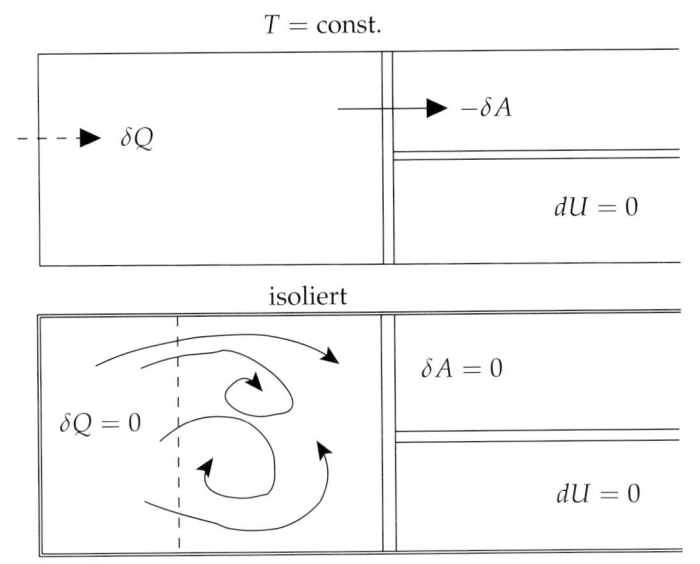

Abb. 7.3 Veranschaulichung von zwei verschiedenen Prozesswegen bei der Expansion eines idealen Gases. Im oberen Bild wird dem System Wärme zugeführt und gleichzeitig mechanische Arbeit entzogen, im unteren Bild erfolgt kein Austausch von Wärme und Arbeit mit der Umgebung

die zur Beschleunigung des Kolbens notwendige Arbeit kann bei vorausgesetzter Reibungsfreiheit beim Abbremsen des Kolbens wieder zurückgeführt werden. Da wegen der vorausgesetzten Isolation keine Wärme in das System gelangt, ist auch $\delta Q = 0$ und folglich gilt wie beim ersten Experiment $dU = 0$. Die Anfangs- und Endzustände beider Experimente stimmen überein, aber nicht die Prozessführung. Der erste Hauptsatz als reine Bilanzgleichung unterscheidet nicht zwischen den beiden thermodynamisch sehr unterschiedlichen Fällen.

Eine erste verbale Formulierung des ersten Hauptsatzes lautet:

Erster Hauptsatz erste Formulierung
Für jedes thermodynamische System gibt es eine Zustandsgröße U, die innere Energie, deren differentielle Änderung durch (7.33) gegeben ist.

Eine andere Formulierung des ersten Hauptsatzes ist populärer

Erster Hauptsatz zweite Formulierung
Es gibt kein *Perpetuum mobile erster Art*.

Ein Perpetuum mobile erster Art ist eine Maschine, die ausschließlich Arbeit abgibt. In der Thermodynamik versteht man unter einer Maschine ein periodisch arbeitendes System, also ein System, das einen *Kreisprozess* (Anfangs-

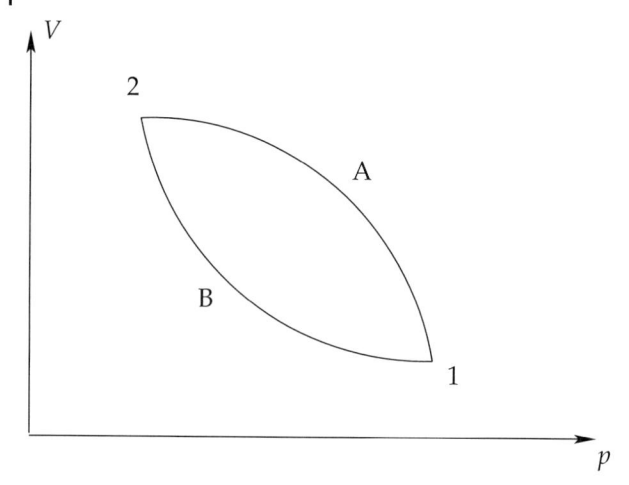

Abb. 7.4 Zum Äquivalenzbeweis der beiden Formulierungen des ersten Hauptsatzes

und Endpunkt fallen im thermodynamischen Zustandsraum zusammen[5]) durchführt.

7.2.5
Äquivalenz der Formulierungen

Wir zeigen jetzt, dass die beiden Formulierungen äquivalent sind, d. h. dass aus der ersten Formulierung die zweite folgt und umgekehrt. Wir halten hier die Teilchenzahl konstant, aber diese Forderung ist keine eigentliche Einschränkung der Allgemeinheit und kann bei einer umfassenderen Beweisführung auch fallengelassen werden.

Da U als Zustandsgröße nur von Anfangs- und Endpunkt abhängt, gilt wegen (7.33) für jeden Kreisprozess $\oint dU = 0 = \oint (\delta Q + \delta A)$. Nach Voraussetzung soll die Maschine nur Arbeit verrichten. Somit ist $\delta Q = 0$ und damit $\oint \delta A = 0$. Folglich verrichtet die Maschine innerhalb jeder Periode keine Arbeit, und somit kommen wir zu der Schlussfolgerung, dass aus der Gültigkeit der ersten Formulierung des ersten Hauptsatzes auch die zweite Formulierung zwingend notwendig wird, d. h. kein Perpetuum mobile erster Art existiert.

Um zu zeigen, dass aus der zweiten Formulierung des ersten Hauptsatzes auch die erste folgt, betrachten wir zwei Zustände 1 und 2, zwischen denen eine Zustandsänderung auf zwei Wegen A und B durchgeführt wird, siehe Abb. 7.4. Wir nehmen an, dass (im Widerspruch zur ersten Formulierung des

---

[5]) Ein thermodynamischer Zustandsraum wird durch alle unabhängigen makroskopischen Variablen des Systems, also z. B. Temperatur, Volumen und Teilchenzahl, aufgespannt.

ersten Hauptsatzes) $\delta Q + \delta A$ auf den beiden Wegen verschieden sei. Ohne Beschränkung der Allgemeinheit können wir dann annehmen

$$\int_{A,1}^{A,2} (\delta Q + \delta A) < \int_{B,1}^{B,2} (\delta Q + \delta A) \tag{7.35}$$

Wir bringen den Ausdruck auf der rechten Seite nach links und durchlaufen den Weg in umgekehrter Richtung. Dies führt auf

$$\int_{A,1}^{A,2} (\delta Q + \delta A) - \int_{B,1}^{B,2} (\delta Q + \delta A) < 0 \tag{7.36}$$

und deshalb

$$\int_{A,1}^{A,2} (\delta Q + \delta A) + \int_{B,2}^{B,1} (\delta Q + \delta A) < 0 \tag{7.37}$$

und damit schließlich

$$\oint (\delta Q + \delta A) < 0 \quad \text{d. h.} \quad \oint \delta Q < - \oint \delta A \tag{7.38}$$

Das Integral auf der rechten Seite der zweiten Ungleichung in (7.38) ist gerade die vom System abgegebene Arbeit. Wählen wir jetzt den geschlossenen Weg so, dass $\oint \delta Q = 0$, dann würde das System Arbeit verrichten und wir hätten im Widerspruch zur zweiten Formulierung des ersten Hauptsatzes ein Perpetuum mobile erster Art vorliegen. Damit die zweite Formulierung gültig ist, müssen wir auch $\delta A = 0$ fordern. Dann ist aber – im Widerspruch zur Voraussetzung – die Integration des Differentials $\delta Q + \delta A$ unabhängig vom Weg. Also ist dU ein totales Differential[6] und die erste Formulierung des ersten Hauptsatzes ist eine Folge der zweiten Formulierung.

7.2.6
Anwendungen des ersten Hauptsatzes

Der erste Hauptatz, d. h. der Energiesatz, ist auch die Grundlage für eine Reihe von direkten Anwendungen. Beispielsweise bildet er die Basis für die Definition der spezifischen Wärmekapazitäten, siehe (4.49). Eine andere Anwendung ist die Bestimmung von $(\partial U/\partial V)_{T,N}$ aus dem in Abb. 7.3 diskutierten Gay-Lussac-Versuch. Misst man bei diesem Experiment die Temperatur vor und nach der Expansion, so findet man, dass sich diese nicht geändert hat. Die Änderung der inneren Energie ist gegeben durch

$$dU = \left(\frac{\partial U}{\partial V}\right)_{T,N} dV + \left(\frac{\partial U}{\partial T}\right)_{V,N} dT \tag{7.39}$$

---

6) und zwar der Zustandsgröße „innere Energie U"

Wird das Experiment an einem abgeschlossenen System durchgeführt, dann ist $dU = 0$. Beachtet man außerdem, dass bei der Durchführung des Experiments wie oben schon erwähnt $dT = 0$ gilt, dann folgt aus (7.39) sofort $(\partial U/\partial V)_{T,N} = 0$. Mit diesem Ergebnis kann man ohne Verwendung des zweiten Hauptsatzes die Differenz der spezifischen Wärmen $C_p - C_V$ für ein ideales Gas bestimmen (vgl. dazu auch Abschnitt 7.4.3.2).

7.2.7
Der zweite Hauptsatz in verschiedenen Formulierungen

Wir hatten bei unseren Überlegungen zum Joule'schen Versuch in Abschnitt 7.2.2 gesehen, dass unter Absenken eines Gewichts mechanische Arbeit in Wärmeenergie, d. h. in ungeordnete Bewegung der Atome, verwandelt wurde. Der umgekehrte Prozess, nämlich die Abkühlung der Flüssigkeit und die Anhebung des Gewichts, wurde bisher nicht beobachtet, obwohl er mit dem ersten Hauptsatz verträglich ist. Dass solche Prozesse nicht beobachtet werden, ist die Aussage des *zweiten Hauptsatzes* der Thermodynamik.

Der zweite Hauptsatz der Thermodynamik ist ein reiner Erfahrungssatz. Um diesen Satz noch besser verstehen zu können, betrachten wir ein beliebiges thermodynamisches System und irgendeine Zustandsänderung, die zu einer Änderung der inneren Energie U führt. Es erhebt sich die Frage, ob man bei gegebenem Anfangs- und Endzustand beliebig viel Arbeit aus dem System entnehmen kann, wenn man nur hinreichend viel Wärme in das System einspeist. Mit anderen Worten, lässt sich durch geeignete Mechanismen die in der Wärme enthaltene ungeordnete Bewegung von Atomen und Molekülen wieder vollständig in geordnete Bewegung, d. h. auf der makroskopischen Ebene nutzbare mechanische Arbeit, überführen oder nicht?

Die verneinende Antwort hierauf gibt der zweite Hauptsatz der Thermodynamik (siehe auch Abschnitte 3.3.10 und 3.4.2). Man kann bei einer vorgegebenen Zustandsänderung höchstens einen bestimmten Maximalbetrag an Arbeit aus dem System herausziehen.

Ein Prozess, bei dem das System den Maximalbetrag an Arbeit leistet, heißt reversibel. Muss man bei einer Zustandsänderung von außen Arbeit am System leisten, so wird bei einem reversiblen Prozess das Minimum an Arbeit geleistet, das nötig ist, um den gewünschten Endzustand zu erreichen. Alle anderen Prozesse werden als irreversibel bezeichnet. Berücksichtigt man das Vorzeichen der Arbeit – am System verrichtete Arbeit ist positiv, vom System geleistete Arbeit ist negativ zu zählen – dann gilt bei einer beliebigen Zustandsänderung (vgl. auch (3.204))

$$\delta A_{\text{irrev}} \geq \delta A_{\text{rev}} \qquad (7.40)$$

Diese Ungleichung ist eine Formulierung des zweiten Hauptsatzes. Wegen der aus dem ersten Hauptsatz folgenden Bilanz (7.33), wobei wir im Weiteren wiederum keine Änderung der in (7.33) noch enthaltenen Teilchenzahl zulassen. Folglich gilt sowohl für den reversiblen als auch den irreversiblen Prozess

$$dU = \delta Q_{\text{rev}} + \delta A_{\text{rev}} = \delta Q_{\text{irrev}} + \delta A_{\text{irrev}} \tag{7.41}$$

Wegen (7.40) folgt dann sofort auch

$$\delta Q_{\text{rev}} \geq \delta Q_{\text{irrev}} \tag{7.42}$$

als eine weitere, der obigen Formulierung äquivalente Darstellung des zweiten Hauptsatzes. Die Entropie hatten wir bereits in (3.168) als

$$dS = \frac{\delta Q_{\text{rev}}}{T} \tag{7.43}$$

eingeführt[7]. Zusammen mit (7.42) erhalten wir

$$dS = \frac{\delta Q_{\text{rev}}}{T} \geq \frac{\delta Q_{\text{irrev}}}{T} \tag{7.44}$$

Bei einem abgeschlossenen System ist $\delta Q_{\text{irrev}} = 0$, und wir erhalten die bereits im Rahmen der Statistik diskutierte Ungleichung (3.192)

$$dS \geq 0 \tag{7.45}$$

Offenbar laufen in einem abgeschlossenen System thermodynamische Prozesse solange von selbst ab, bis das System das Gleichgewicht erreicht hat. Dort nimmt die Entropie ihr Maximum an. Wir hatten bereits im Anschluss an (3.192) darauf hingewiesen, dass dieses Gesetz als eine weitere äquivalente Formulierung des zweiten Hauptsatzes betrachtet werden kann.

Wenn wir andererseits (7.44) für einen Kreisprozess betrachten, erhalten wir

$$\oint dS = \oint \frac{\delta Q_{\text{rev}}}{T} = 0 \geq \oint \frac{\delta Q_{\text{irrev}}}{T} \tag{7.46}$$

Dies ist der *Clausius'sche Satz*.

Für einen beliebigen Kreisprozess, bei dem die Temperatur dauernd definiert ist, gilt (Gleichheitszeichen bei reversiblem Ablauf)

$$\oint \frac{\delta Q_{\text{irrev}}}{T} \leq 0 \tag{7.47}$$

---

[7] Diese Gleichung zeigt, dass zur Berechnung der Entropieänderung zwischen zwei Zuständen diese durch einen reversiblen Prozessweg zu verbinden sind.

Zusätzlich zu den oben enthaltenen verschiedenen Formulierungen des zweiten Hauptsatzes wollen wir noch drei weitere Formulierungen angeben, die mit den Namen bedeutender Wissenschaftler verbunden sind.

Die Formulierung von Clausius lautet

> Es gibt keine thermodynamische Zustandsänderung, deren *einzige* Wirkung darin besteht, dass eine Wärmemenge einem kälteren Wärmespeicher entzogen und an ein wärmeres Bad abgegeben wird.

Um diesen Satz zu beweisen – oder genauer um diesen Satz auf die schon gegebenen Formulierungen des zweiten Hauptsatzes zurückzuführen – setzen wir voraus, dass $T_1 < T_2$ ist. Zwischen beiden Bädern soll eine periodisch arbeitende Maschine geschaltet werden. Da die von Clausius vorausgesetzte Zustandsänderung nichts weiter als die Übertragung von Wärme vom kälteren Bad auf das wärmere Bad bewirken soll, muss der thermodynamische Zustand der Maschine nach jedem Zyklus unverändert sein und die von der Maschine während einer Periode aufgenommene Arbeit und Wärmemenge jede für sich verschwinden.

Insbesondere ist die Entropieänderung der Maschine beim Durchlaufen einer Periode null, also $dS_m = 0$. Die einzige Wirkung der vorgestellten Prozedur ist der Entzug einer Wärmemenge $\delta Q > 0$ aus dem ersten, also dem kälteren Bad, so dass sich in einer Periode die Entropie des ersten Wärmespeichers um $dS_1 = -\delta Q/T_1$ ändert und die anschließende Weitergabe dieser Wärmemenge an das zweite, wärmere Bad. Dessen Entropie ändert sich dann um $dS_2 = \delta Q/T_2$. Damit ist Änderung der Entropie des Gesamtsystems, bestehend aus den beiden Wärmespeichern und der Maschine

$$dS = dS_1 + dS_m + dS_2 = \frac{\delta Q}{T_2} - \frac{\delta Q}{T_1} = \delta Q \frac{T_1 - T_2}{T_1 T_2} < 0 \qquad (7.48)$$

Nach Voraussetzung soll dieser Wärmeübergang die einzige Wirkung des Prozesses sein. Da dem Gesamtsystem damit weder Arbeit noch Wärme entzogen oder zugeführt wird, kann das Gesamtsystem als abgeschlossen betrachtet werden. Deshalb ist aber wegen der weiter oben aufgeführten Formulierung des zweiten Hauptsatzes $dS \geq 0$ zu erwarten. Wir sind also zu einem Widerspruch gelangt, womit die Clausius'sche Formulierung des zweiten Hauptsatzes bewiesen ist. Der Widerspruch lässt sich übrigens beseitigen, wenn man $\delta Q < 0$ wählt, aber dann fließt die Wärme vom wärmeren zum kälteren Bad, so wie es auch sein muss.

Eine weitere Formulierung stammt von Thomson (Lord Kelvin) und lautet

> Es gibt keine thermodynamische Zustandsänderung, deren *einzige* Wirkung darin besteht, dass eine Wärmemenge einem Wärmespeicher entzogen und vollständig in Arbeit umgewandelt wird.

Bekannter ist schließlich die folgende, auf Planck zurückgehende Formulierung:

> Es gibt kein Perpetuum mobile zweiter Art.

Ein Perpetuum mobile zweiter Art ist eine Maschine, die Wärme vollständig in Arbeit verwandelt, die also gerade das durchführt, was in der Formulierung von Thomson als unmöglich erklärt wird. Damit ist der Beweis der Planck'schen Aussage auf den der Thomson'schen Aussage zurückgeführt. Weiter haben wir oben die Clausius'sche Formulierung auf (7.45) zurückgeführt. Was noch zu tun bleibt, ist der Beweis der Äquivalenz der Clausius'schen und Thomson'schen Formulierungen.

Dazu nehmen wir im ersten Beweisschritt an, dass die Thomson'sche Formulierung nicht richtig sei, d. h. dass man Wärme einem Wärmespreicher entziehen und vollständig in Arbeit verwandeln kann. Wir zeigen, dass daraus ein Widerspruch zu der Clausius'schen Aussage entsteht.

Aufgrund der Annahme können wir einem Wärmespeicher der Temperatur $T_1 < T_2$ eine Wärmemenge entziehen und in Arbeit verwandeln. Diese Arbeit kann mit einem Quirl in dem Wärmespeicher der Temperatur T_2 vollständig in Wärme verwandelt werden.

In der Bilanz wurde dem Speicher bei der niedrigen Temperatur T_1 Wärme entzogen und in den Speicher bei der höheren Temperatur T_2 gebracht. Dies stellt aber einen Widerspruch zur Clausius'schen Aussage dar. Unsere Voraussetzung war falsch, d. h. die Thomson'sche Aussage ist richtig.

Im zweiten Beweisschritt nehmen wir an, dass die Clausius'sche Formulierung des zweiten Hauptsatzes nicht richtig sei, d. h. dass man also einem Wärmespeicher bei der tieferen Temperatur T_1 Wärme entziehen und an einen Speicher der höheren Temperatur T_2 abgeben kann.

Wir konstruieren jetzt eine Maschine, die dem Wärmespeicher der höheren Temperatur T_2 die Wärmemenge $\delta Q_2 > 0$ entzieht, dem Wärmespeicher der tieferen Temperatur T_1 die Wärmemenge $-\delta Q_1$[8] zuführt und die Differenz in Arbeit[9] $-\delta A$ verwandelt. Für diese Arbeit erhalten wir

$$\delta A + \delta Q_2 + \delta Q_1 = 0 \qquad (7.49)$$

Am Ende des Prozesses entnehmen wir die Wärmemenge $-\delta Q_1 > 0$ dem Bad bei der niedrigeren Temperatur T_1 und führen sie dem Bad bei der höheren Temperatur zu. Dies ist nach unserer Annahme möglich. In der Bilanz haben wir dann dem Wärmebad der höheren Temperatur T_2 die Wärmemen-

---

8) Man beachte, dass die Wärmemenge mit Bezug auf die Maschine bilanziert wird. Daher ist $\delta Q_1 < 0$.
9) Die Arbeit wird von der Maschine abgegeben, d. h. es ist $\delta A < 0$.

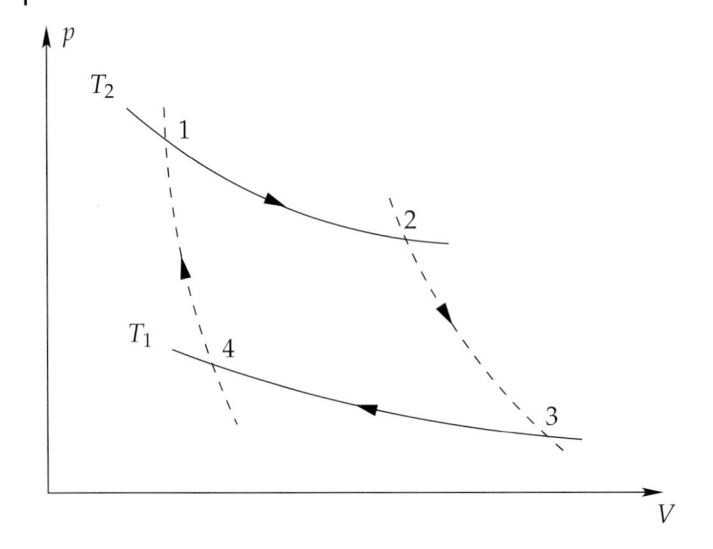

Abb. 7.5 p-V-Diagramm des Carnot-Prozesses

ge $\delta Q_2 + \delta Q_1 = -\delta A > 0$ entnommen und vollständig in Arbeit verwandelt. Dies stellt aber einen Widerspruch zur Thomson'schen Formulierung des zweiten Hauptsatzes dar. Wir müssen also davon ausgehen, dass die Clausius'sche Formulierung des zweiten Hauptsatzes richtig ist.

7.2.8
Die Carnot-Maschine

7.2.8.1 **Darstellung des Kreisprozesses**
Als Anwendung des zweiten Hauptsatzes behandeln wir die Carnot-Maschine. Wir wollen dabei die Frage beantworten, wie viel Wärme überhaupt bei einem Prozess in mechanische Arbeit umgewandelt werden kann. Es ist uns bereits jetzt klar, dass dazu ein, dem zweiten Hauptsatz nicht entgegenstehender, Wärmestrom von einem wärmeren zu einem kälteren Bad – in gewissem Sinne also eine aus makroskopischer Sicht gerichtete Bewegung, die in eine andere gerichtete, nämlich mechanische, Bewegung umgewandelt wird – genutzt werden muss.

Die Carnot-Maschine stellt ein thermodynamisches System mit einer homogenen, sonst aber beliebigen Arbeitssubstanz, dem Carnot-Medium[10], dar, welches eine zyklische Zustandsänderung (Kreisprozess) durchläuft. Dieser Kreisprozess ist in Abb. 7.5 als p-V-Diagramm und in Abb. 7.6 als Energieflussdiagramm dargestellt. Der Carnot'sche Kreisprozess setzt sich aus vier

---

10) z. B. ein ideales Gas

```
Wärmespeicher 2         Q₂              T₂
```

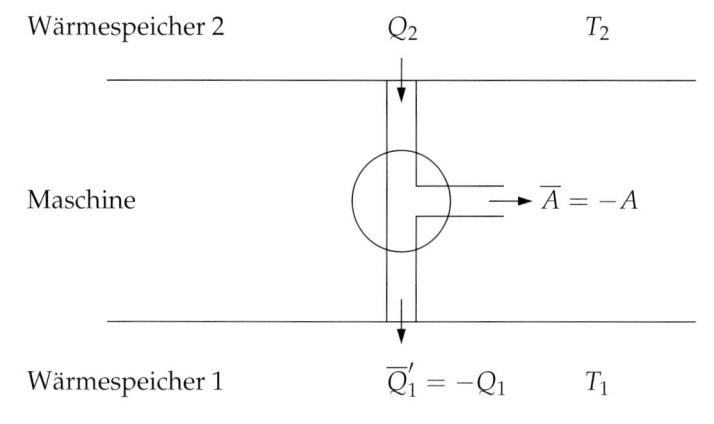

Abb. 7.6 Energieflussdiagramm des Carnot-Prozesses

Prozessen zusammen, die in folgender Weise verbal beschrieben werden können:

1 → 2   isotherme Expansion bei der Temperatur T_2: Hierbei wird dem Carnot-Medium aus dem umgebenden Bad der Temperatur T_2 die Wärmemenge Q_2 zugeführt.

2 → 3   adiabatische expansion: während dieses teilprozesses erfolgt eine senkung der temperatur des carnot-mediums einzig durch abgabe von mechanischer arbeit, ein austausch von wärme mit einem bad ist in dieser phase ausgeschlossen. am ende des prozesses hat das carnot-medium die temperatur $t_1 < t_2$ erreicht.

3 → 4   isotherme Kompression bei der Temperatur T_1: Dabei wird die Wärmemenge $\bar{Q}_1 = -Q_1$ an ein zweites (kälteres) Wärmebad der Temperatur T_1 abgegeben.

4 → 1   adiabatische Kompression: Es erfolgt unter Beachtung einer vollständigen Wärmeisolation eine Temperaturerhöhung von T_1 auf $T_2 > T_1$ einzig durch Zufuhr mechanischer Arbeit.

7.2.8.2 Energiebilanz

Die Carnot-Maschine führt einen Kreisprozess aus, deshalb ändert sich ihre innere Energie nach dem vollständigen Durchlauf einer Periode nicht. Die insgesamt von der Maschine umgesetzte Arbeit und Wärme wird mit A_{ges} und Q_{ges} bezeichnet. Die anderen Größen sind im Text bzw. den Abbildungen erläutert. Wir erhalten dann

$$\Delta U = A_{\text{ges}} + Q_{\text{ges}} = A + Q_1 + Q_2 = -\bar{A} - \bar{Q}_1 + Q_2 = 0 \qquad (7.50)$$

Dabei sind alle mit einem 'Balken' gekennzeichneten Arbeits- und Wärmemengen als von der Maschine abgegeben zu verstehen[11].

Die von der Maschine geleistete (abgegebene) Arbeit ist damit

$$\bar{A} = Q_2 - \bar{Q}_1 \tag{7.51}$$

7.2.8.3 Wirkungsgrad der Carnot-Maschine

Der *Wirkungsgrad* η einer Wärmekraftmaschine, die zwischen zwei Wärmebädern der Temperaturen T_2 und T_1 läuft, ist definiert durch

$$\text{Wirkungsgrad} = \frac{\text{vom System geleistete Arbeit}}{\text{dem System bei höherer Temperatur zugeführte Wärme}}$$

oder unter Verwendung der im vorangegangenen Abschnitt eingeführten Bezeichnungen

$$\eta = \frac{\bar{A}}{Q_2} = \frac{Q_2 - \bar{Q}_1}{Q_2} = 1 - \frac{\bar{Q}_1}{Q_2} \tag{7.52}$$

In den folgenden Überlegungen wollen wir zeigen, dass $\bar{Q}_1 > 0$ und $Q_2 > 0$, falls $\bar{A} > 0$. Dazu ist eine Fallunterscheidung notwendig.

1. Es muss gelten $\bar{Q}_1 \neq 0$, sonst haben wir einen Widerspruch zur Thomson'schen Formulierung des zweiten Hauptsatzes.

2. Wir nehmen an, dass $\bar{Q}_1 < 0$ und $Q_2 \leq 0$, d. h. die Maschine nimmt die Wärmemenge $|\bar{Q}_1|$ vom Wärmebad der tieferen Temperatur auf und gibt die Wärmemenge $|Q_2|$ an das Bad der höheren Temperatur ab. Wir erhalten dann

$$\bar{A} = Q_2 - \bar{Q}_1 = |\bar{Q}_1| - |Q_2| > 0 \tag{7.53}$$

wobei die letzte Ungleichung aus der Voraussetzung bezüglich $\bar{A}$ folgt[12]. Wird diese Arbeit jetzt in Wärme verwandelt und dem Wärmebad bei der höheren Temperatur zugeführt, dann erhält das Wärmebad der Temperatur T_2 insgesamt die Wärmemenge

$$|Q_2| + \bar{A} = |Q_2| + |\bar{Q}_1| - |Q_2| = |\bar{Q}_1| > 0 \tag{7.54}$$

Diese Wärme wurde dem Reservoir der tieferen Temperatur entnommen. Da auch der Zustand der Carnot-Maschine nach Vollendung einer Periode wieder dem Anfangszustand entspricht und die abgegebene Arbeit vollständig in Wärme umgewandelt und in das wärmere Bad

---

11) Man beachte, dass üblicherweise – wie z. B. bei der Formulierung des ersten Hauptsatzes – Wärmemengen vom Standpunkt der Maschine bilanziert werden. In diesem Sinne sind z. B. δA und δQ der Maschine zugeführte Energiemengen. Erfolgt die Bilanzierung aus Sicht der Umgebung, dann sind $\delta \bar{A}$ und $\delta \bar{Q}$ von der Maschine abgegebene Energien, die folglich der Umgebung zugeführt werden.

12) nämlich, dass die Maschine Arbeit abgibt

überführt wurde, steht die Bilanz im Widerspruch zur Clausius'schen Formulierung des zweiten Hauptsatzes.

3. Wir nehmen jetzt an, dass $\bar{Q}_1 < 0$ und $Q_2 > 0$ gilt. Den Wärmespeichern mit T_1 bzw. T_2 wird dann während einer Periode von der Carnot-Maschine die Wärmemenge $|\bar{Q}_1|$ bzw. Q_2 entzogen und in Arbeit verwandelt

$$\bar{A} = Q_2 - \bar{Q}_1 = Q_2 + |\bar{Q}_1| \qquad (7.55)$$

Wenn wir diese Umwandlung für jedes Wärmebad getrennt durchführen können, bekommen wir einen Widerspruch zur Thomson'schen Formulierung des zweiten Hauptsatzes. Um diese separaten Umwandlungen zu vermeiden, können wir die von der Maschine verrichtete Arbeit in Wärme verwandeln und dem Wärmespeicher der höheren Temperatur T_2 zuführen. Die Wärmebilanz für diesen Wärmespeicher der Temperatur T_2 ist dann

$$-Q_2 + \bar{A} = -Q_2 + Q_2 + |\bar{Q}_1| = |\bar{Q}_1| \qquad (7.56)$$

Diese Wärmemenge wird dem Speicher der tieferen Temperatur entzogen. Die Wärmebilanz führt damit wieder auf einen Widerspruch zur Clausius'schen Formulierung des zweiten Hauptsatzes der Thermodynamik.

4. Wir haben bis jetzt festgestellt, dass $\bar{Q}_1 \leq 0$ auf Widersprüche zu den Formulierungen des zweiten Hauptsatzes führt. Deshalb untersuchen wir jetzt die Situation $\bar{Q}_1 > 0$ und betrachten zuerst die Möglichkeit $Q_2 < 0$. Für die vom System geleistete Arbeit erhalten wir dann

$$\bar{A} = Q_2 - \bar{Q}_1 = -|Q_2| - \bar{Q}_1 < 0 \qquad (7.57)$$

Diese Situation widerspricht der Voraussetzung, dass die Maschine Arbeit abgeben, also $\bar{A} > 0$ sein soll.

5. Wir kommen damit zur letzten noch verbleibenden Möglichkeit $\bar{Q}_1 > 0$ und $Q_2 > 0$. Für die von der Maschine abgegebene Arbeit erhalten wir

$$\bar{A} = Q_2 - \bar{Q}_1 \qquad (7.58)$$

Aus der Voraussetzung $\bar{A} > 0$ folgt $Q_2 > \bar{Q}_1$, d. h. die bei der höheren Temperatur T_2 zugeführte Wärmemenge ist größer als die bei der tieferen Temperatur T_1 abgeführte. Die Differenz der Wärmemengen wird in Arbeit verwandelt. Aus der Definition des Wirkungsgrades (7.52) ergibt sich damit

$$0 < \eta < 1 \qquad (7.59)$$

7.2.8.4 Der Carnot'sche Satz

Im vorhergehenden Abschnitt haben wir den Wirkungsgrad der Carnot-Maschine in Abhängigkeit der von der Maschine aufgenommenen und abgegebenen Wärmemengen bestimmt. Es stellt sich natürlich die Frage, ob der Wirkungsgrad verbessert werden kann und damit, ob es eventuell Maschinen gibt, die einen höheren Wirkungsgrad haben. Diese Fragen werden beantwortet von dem

Satz von Carnot

> Keine Maschine, die zwischen zwei Wärmebädern mit vorgegebener Temperatur arbeitet, hat einen besseren Wirkungsgrad als die Carnot-Maschine.

Um diese Aussage zu beweisen, betrachten wir zwei Wärmekraftmaschinen X und C entsprechend Abb. 7.7. Die Maschinen arbeiten zwischen zwei Wärmebädern mit den Temperaturen T_2 und T_1 mit $T_2 > T_1$. Die Maschine X muss keine Carnot-Maschine sein. Sie habe den Wirkungsgrad η' und arbeite wie rechts in Abb. 7.7 dargestellt. Daraus ergibt sich die folgende Bilanzierung

$$\text{zugeführte Wärme} \qquad Q'_2 = Q \qquad (7.60a)$$
$$\text{abgegebene Arbeit} \qquad \bar{A}' = \eta' Q \qquad (7.60b)$$
$$\text{abgegebene Wärme} \qquad \bar{Q}'_1 = (1 - \eta') Q \qquad (7.60c)$$

Die Carnot-Maschine C habe den Wirkungsgrad η und laufe in umgekehrter Richtung (vgl. Abb. 7.7 links). Das ist deshalb möglich, weil die Carnot-Maschine reversibel arbeitet. Wir erhalten dann

$$\text{zugeführte Arbeit} \qquad A = \eta \bar{Q}_2 \qquad (7.61a)$$
$$\text{zugeführte Wärme} \qquad Q_1 = (1 - \eta) \bar{Q}_2 \qquad (7.61b)$$
$$\text{also zugeführte Arbeit} \qquad A = \frac{\eta}{1 - \eta} Q_1 \qquad (7.61c)$$

Wir führen somit der Maschine C Arbeit zu und „pumpen" Wärme vom Bad der Temperatur T_1 zum Bad mit der Temperatur T_2. Wir stellen jetzt den Prozess der Maschine so ein, dass $Q_1 = \bar{Q}'_1$ gilt. Damit ändert sich die Wärmemenge im kälteren Bad während einer Periode beider Maschinen überhaupt nicht. Unter Verwendung von (7.60c) und (7.61c) ergibt sich damit die der Maschine C notwendigerweise zuzuführende Arbeit als

$$A = \frac{\eta}{1 - \eta}(1 - \eta') Q \qquad (7.62)$$

Die insgesamt von beiden Maschinen während einer Periode abgegebene Arbeit ist somit

$$\bar{A}_{\text{tot}} = \bar{A}' - A = \left[\eta' - \frac{\eta}{1 - \eta}(1 - \eta')\right] Q = \frac{\eta' - \eta}{1 - \eta} Q \qquad (7.63)$$

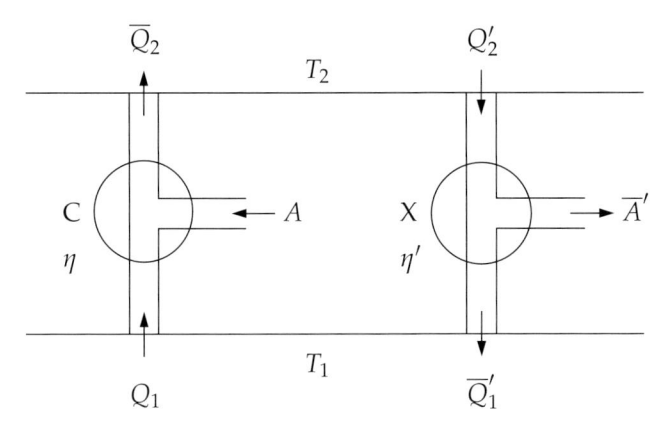

Abb. 7.7 Zum Beweis des Satzes von Carnot

Die der Maschine X vom wärmeren Bad zugeführte Wärmemenge ist Q, während die Maschine C die Wärmemenge $\bar{Q}_2$ in dieses Bad pumpt. Es gilt:

$$\bar{Q}_2 = \frac{A}{\eta} = \frac{Q_1}{1-\eta} = \frac{1-\eta'}{1-\eta}Q \qquad (7.64)$$

und damit für die beiden Maschinen aus dem wärmeren Bad zugeführte Wärmemenge

$$Q_{\text{tot}} = Q - \bar{Q}_2 = \frac{\eta' - \eta}{1-\eta}Q \qquad (7.65)$$

In der Bilanz haben wir den beiden Maschinen X und C die Wärmemenge Q_{tot} zugeführt und die Arbeit $\bar{A}_{\text{tot}}$ gewonnen. Natürlich gilt, schon als Folge des ersten Hauptsatzes der Thermodynamik, $\bar{A}_{\text{tot}} = Q_{\text{tot}}$. Ist $\bar{A}_{\text{tot}} > 0$, dann liegt ein offensichtlicher Widerspruch zum zweiten Hauptsatz in der Formulierung von Thomson vor. Deswegen muss die Arbeit dem System zugeführt werden, d. h. es muss gelten

$$\bar{A}_{\text{tot}} = \frac{\eta' - \eta}{1-\eta}Q \leq 0 \qquad (7.66)$$

Da Q und $(1-\eta)$ beide größer als null sind, folgt sofort $\eta' \leq \eta$.

Wir nehmen jetzt an, dass auch die Maschine X reversibel arbeitet. Dann können wir den ganzen Prozess in umgekehrter Richtung durchführen. Wir verwenden die Bezeichnungen $\bar{A} = -A$ und $A' = -\bar{A}'$ und erhalten für die gewonnene Arbeit

$$\bar{A}_{\text{tot}} = \bar{A} - A' = \left[\frac{\eta}{1-\eta}(1-\eta') - \eta'\right]Q = \frac{\eta - \eta'}{1-\eta}Q \qquad (7.67)$$

Auch diese Arbeit darf wegen des zweiten Hauptsatzes nicht positiv sein. Deswegen folgt $\eta \leq \eta'$.

Nehmen wir beide Ergebnisse zusammen, dann erhalten wir für reversibel arbeitende Maschinen, die zwischen zwei Wärmebädern arbeiten, die Gleichheit der Wirkungsgrade

$$\eta' = \eta \qquad (7.68)$$

Arbeitet dagegen eine Maschine irreversibel, so ist ihr Wirkungsgrad kleiner als der einer entsprechenden Carnot-Maschine.

7.2.9
Die thermodynamische Temperaturskala

7.2.9.1 Definition der thermodynamischen Temperaturskala

Der Wirkungsgrad der zwischen zwei Wärmebädern arbeitenden Carnot-Maschine ist durch (7.59)

$$\eta = 1 - \frac{\bar{Q}_1}{Q_2} \qquad (7.69)$$

gegeben. Dieser Wirkungsgrad kann kalorisch bzw. energetisch gemessen werden und wird zur Definition einer neuen Temperaturskala, der sog. *absoluten* bzw. *thermodynamischen Temperatur* verwendet. Die absoluten Temperaturen der beiden durch die Carnot-Maschine verbundenen Wärmebäder sind definiert durch

$$\eta = 1 - \frac{\bar{Q}_1}{Q_2} \equiv 1 - \frac{T_1}{T_2} \qquad (7.70)$$

Damit sind die Temperaturen nur bis auf einen beliebigen Skalierungsfaktor festgelegt. Um diesen noch zu fixieren, benutzt man die Definition

$$T_s - T_m = 100 \text{ K} \qquad (7.71)$$

Dabei ist T_s die Siedetemperatur des Wassers und T_m die Schmelztemperatur von Eis, jeweils unter Normaldruck.

7.2.9.2 Temperatureichung

Zur Temperatureichung könnte man eine Carnot-Maschine zwischen zwei Wärmebädern mit der Temperatur des siedenden Wassers und der des schmelzenden Eises betreiben und ihren Wirkungsgrad durch Messen der Wärmemengen bestimmen. Für die Temperaturen erhalten wir dann die Relation

$$\eta = 1 - \frac{T_m}{T_m + 100 \text{ K}} \qquad (7.72)$$

Die Messung ergibt $T_m = 273.2$ K. Will man die Temperatur irgend eines Wärmebades messen, dann kann man die Carnot-Maschine zwischen den beiden Wärmebädern, dem zu messenden und dem Bad mit der Temperatur des schmelzenden Eises, betreiben. Aus der Messung des Wirkungsgrades erhält man dann

$$\eta = 1 - \frac{T_m}{T} \quad \rightarrow \quad T = \frac{T_m}{1 - \eta} \tag{7.73}$$

7.2.9.3 Temperaturdefinition über Zustandsgleichung des idealen Gases

Berechnet man den Wirkungsgrad einer Carnot-Maschine mit einem idealen Gas als Arbeitsmittel, dann erhält man

$$\eta = 1 - \frac{\bar{Q}_1}{Q_2} = 1 - \frac{T_{\text{idGas}\,1}}{T_{\text{idGas}\,2}} \tag{7.74}$$

Diese Ergebnis stimmt mit der Definition der thermodynamischen Temperatur überein. Die beiden Temperaturen sind also identisch.

7.2.10
Das Perpetuum mobile zweiter Art

Mit dem zweiten Hauptsatz werden auch immer wieder Konstruktionsversuche für ein *Perpetuum mobile zweiter Art* verbunden. Während die Konstruktion eines Perpetuum mobiles erster Art (vgl. Abschnitt 7.2.4) dem ersten Hauptsatz und damit dem Energieerhaltungssatz zuwiderläuft und daher ernstgemeinte Versuche, eine solche Maschine zu bauen, seit gut 150 Jahren nicht mehr gemacht wurden, erfreut sich das Perpetuum mobile zweiter Art, das im Folgenden definiert wird, noch immer einer gewissen Beliebtheit.

Die Ursache hierfür liegt wohl darin, dass die gesamte Statistik auf der Basis reversibler mikroskopischer Bewegungsgleichungen erklärbar ist und daher a priori Irreversibilität ausschließen sollte[13]. Der zweite Hauptsatz kann, so ist das Hauptargument der Konstrukteure, nur eine Regel sein. Es sollte daher Möglichkeiten geben, diese Regeln zu umgehen und so die ungeordnete Bewegung von Molekülen wieder in gerichtete Bewegung umzuformen. Sollte tatsächlich der zweite Hauptsatz einmal gebrochen werden, dann ist auch ein Perpetuum mobile zweiter Art möglich. Aber alle bisher erdachten und partiell auch realisierten Experimente sind letztendlich gescheitert, weil offenbar doch der zweite Hauptsatz eine Universalität besitzt, die ihn in die Nähe eines physikalischen Axioms rückt[14].

---

13) Die von uns in den ersten Kapiteln getroffenen Überlegungen wie Irreversibilität in thermodynamischen Systemen entsteht und zu interpretieren ist, werden bei dieser Diskussion nicht berücksichtigt oder wenigstens auf bestimmte Klassen von thermodynamischen Systemen beschränkt.

14) Diese Aussage impliziert die Hoffnung, dass eine Ableitung des zweiten Hauptsatzes aus quantenmechanischen oder klassisch-mechanischen Axiomen möglich ist.

Unter einem Perpetuum mobile zweiter Art wollen wir eine Maschine[15] verstehen, die nichts anderes tut, als einem Bad periodisch Wärme zu entziehen und damit Arbeit zu verrichten. Wenn wir die Allgemeingültigkeit des zweiten Hauptsatzes voraussetzen, dann ist ein solches Perpetuum mobile zweiter Art definitiv ausgeschlossen. Betrachtet man Bad und Maschine zusammen als abgeschlossenes System, dann wird diese Aussage sofort klar. Befinden sich Maschine und Bad anfänglich nicht im Gleichgewicht, dann wächst die Entropie des Gesamtsystems solange an, bis das zum thermischen Gleichgewicht gehörige Maximum der Entropie erreicht ist. Da die Maschine selbst ein endliches System ist, können die zwischen Bad und Maschine ausgetauschte Wärmemenge und die Änderung der inneren Energie der Maschine ebenfalls nur endliche Werte haben. Nach dem ersten Hauptsatz kann damit auch nur eine endliche Arbeit von der Maschine geleistet werden.

Jede Maschine (System) kommt nach hinreichend langer Zeit immer in das thermodynamische Gleichgewicht mit dem umgebenden Bad. Eine weitere Verrichtung von Arbeit – erst recht nicht in Form eines periodischen Prozesses – ist dann unmöglich. Damit ist die Hauptforderung an ein Perpetuum mobile zweiter Art, nämlich die zyklische Abgabe von Arbeit, bei Gültigkeit des zweiten Hauptsatzes nicht realisierbar[16].

Wir wollen hier stellvertretend für eine riesige Menge weiterer Versuche, drei typische Konzepte für ein Perpetuum mobile zweiter Art diskutieren.

7.2.10.1 Maxwell-Dämon

Dieses Perpetuum mobile (vgl. Abb. 7.8) besteht aus zwei getrennten Halbkammern, beide gefüllt mit einem Gas. Die Verbindungswand besteht aus einer Klappe, die sich nur nach rechts öffnen lässt und z. B. durch eine Feder geschlossen gehalten wird. Trifft ein Partikel von links auf die Tür[17], öffnet sich diese und das Teilchen kann in die rechte Kammer. Die umgekehrte Bewegung wird durch den Schließmechanismus der Tür verhindert. Mit der Zeit sollte so auf der rechten Seite ein Überdruck entstehen, der zur kontinuierlichen Arbeitsverrichtung z. B. in einer Turbine genutzt werden kann.

Nach dem Passieren der Turbine ist das Gas entspannt und damit auch abgekühlt. Die fehlende Wärme wird dem einzigen, das Gesamtsystem umge-

---

[15] d. h. ein System mit einer periodischen Zustandsänderung
[16] Man beachte aber, dass, wie in den vorangegangenen Abschnitten bereits gezeigt, mit zwei oder mehr Bädern unterschiedlicher Temperatur tatsächlich periodisch arbeitende Maschinen betrieben werden können. Hier wird ein Teil des Wärmestroms zwischen den Bädern in nutzbare Arbeit umgewandelt.
[17] Die Tür ist der Maxwell-Dämon. Ursprünglich wurde der Dämon so gedacht, dass er schnelle Teilchen in eine Richtung, langsame in die andere Richtung durchlässt. Dadurch würde nach einiger Zeit die Temperatur in einer Hälfte des Systems höher als in der anderen Hälfte sein.

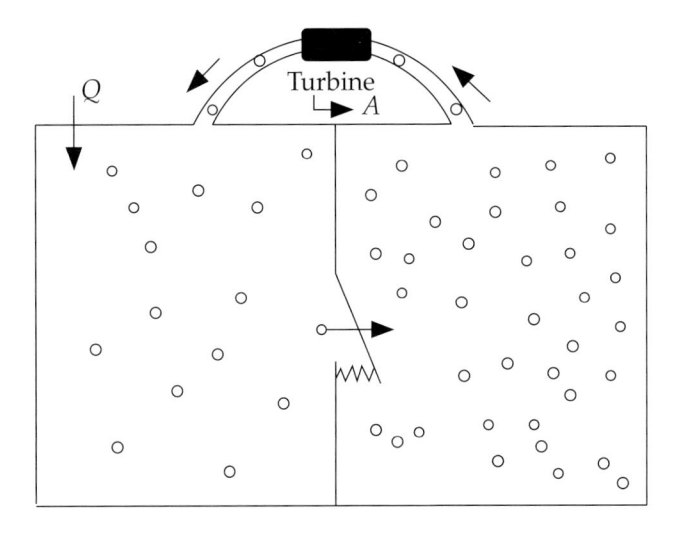

Abb. 7.8 Maxwell-Dämon

benden Bad entzogen und das wieder auf Badtemperatur gebrachte Gas zurückgeführt. Das Problem dieser Konstruktion ist die Feder, die den Schließmechanismus betätigt. Diese ist aus physikalischer Sicht ein Oszillator, der durch die Stöße der Partikel an die Tür ebenfalls zu thermodynamisch verursachten Schwingungen angeregt wird und nun die Tür sporadisch öffnet und schließt. Damit haben auch die Partikel der rechten Seite eine gleichberechtigte Chance zur linken Seite zu gelangen.

7.2.10.2 Bit-Maschinen

Ein typisches Beispiel für diese Gruppe von Perpetuum mobiles ist ein Zylinder, in dem sich nur ein Atom befindet. Der Zylinder ist an beiden Enden durch masselose Stempel abgeschlossen. Außerdem kann in dem Zylinder jederzeit eine Trennwand eingeführt und wieder entfernt werden. Zusätzlich besitzt der Gaszylinder eine Apparatur, die bestimmen kann, ob sich bei eingeführter Trennwand das Atom in der linken oder rechten Hälfte befindet. Der Stempel der jeweils leeren Kammer des Zylinders kann ohne Arbeit bis zur Trennwand vorgeschoben werden. Wird die Trennwand entfernt, führen die Stöße des Atoms mit dem Stempel zu einer Arbeitsleistung, die dem System entzogen werden kann. Der dabei eintretende Verlust an kinetischer Energie des Atoms wird durch den Kontakt mit den als Bad fungierenden Zylinderwänden wieder ausgeglichen. Dadurch wird, bis der eingeschobene Stempel wieder seine Ausgangsposition erreicht hat, dem Bad Wärme entzogen und dafür Arbeit verrichtet. Sobald der Stempel wieder die Ausgangsstellung erreicht hat, wird erneut die Trennwand eingeführt und die Prozedur periodisch wiederholt.

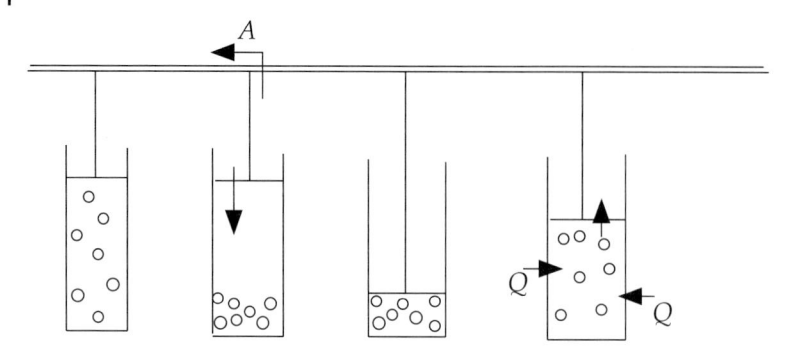

Abb. 7.9 Poincaré-Maschine

Das Problem besteht jetzt in der Bestimmung der Kammer, in welcher sich das Atom nach der Trennung des Zylinders in zwei Hälften befindet. Sobald die Apparatur, etwa durch Registrierung der Stöße des Atoms herausgefunden hat, wo sich das Atom befindet, muss diese Information irgendwo gespeichert werden, um die Arbeit vom richtigen Kolben abnehmen zu können. Diese Speicherung ist aber irreversibel und kostet mindestens soviel Entropie (1 Bit), wie maximal aus dem System bei einem Arbeitsgang gewonnen werden kann.

7.2.10.3 Poincaré-Maschinen

Poincaré-Maschinen sollen statistisch auftretende Fluktuationen in Arbeit umsetzen. Dazu konstruiert man eine Maschine, siehe Abb. 7.9, die aus einer Serie von Kolben besteht, von denen jeder mit wenigen Atomen Gas gefüllt ist. Alle Kolben sind der Schwerkraft der Erde ausgesetzt. Die Gleichgewichtslage der Stempel wird durch thermodynamischen Stöße gehalten. Ab und zu versammeln sich die wenigen Atome aber am Boden des Zylinders. Dann rutscht der Stempel nach unten und verrichtet dabei Arbeit, die über ein Gestänge abgeführt werden kann. Anschließend hebt sich der Zylinder wieder unter dem Einfluss der Atomstöße. Die Atome geben dabei Energie ab, die sie in Form von Wärme aus dem umliegenden Bad durch Kontakt mit den Kolbenwänden wieder zurückgewinnen. Hier liegt das Problem darin, dass einerseits die Maschine keine periodische Arbeit verrichtet, andererseits thermodynamische Fluktuationen des Gestänges und der massiven Stempel eine gerichtete Arbeitsübertragung zerstören.

7.2.11
Der dritte Hauptsatz

Der *dritte Hauptsatz* der Thermodynamik besagt, dass die Entropie eines thermodynamischen Systems am absoluten Nullpunkt der Temperaturskala den

Wert null annimmt. Um diesen Satz zu beweisen, benötigen wir die Quantenstatistik[18]. In ergodischen Systemen ist der Grundzustand nicht entartet. Es gibt also genau einen Zustand mit minimaler Energie. Eichen wir die Energieskala so, dass diese Grundzustandsenergie E_0 gerade verschwindet, dann ist z. B. unter Verwendung des kanonischen Ensembles die Zustandssumme

$$Z = \mathrm{Sp}\, e^{-\beta \hat{H}} = \sum_{n=0}^{\infty} \left\langle n \left| e^{-\beta \hat{H}} \right| n \right\rangle = \sum_{n=0}^{\infty} e^{-\beta E_n} \tag{7.75}$$

Für $T \to 0$, also $\beta \to \infty$ erhalten wir dann

$$\lim_{T \to 0} Z = 1 \tag{7.76}$$

da für alle $n > 0$ auch $E_n > E_0 = 0$ gilt. Mit derselben Technik erhalten wir für die innere Energie des Systems

$$\beta U = \frac{\beta}{Z} \mathrm{Sp}\, \hat{H} e^{-\beta \hat{H}} = \sum_{n=0}^{\infty} \frac{\beta}{Z} \left\langle n \left| \hat{H} e^{-\beta \hat{H}} \right| n \right\rangle = \sum_{n=1}^{\infty} \beta E_n e^{-\beta E_n} \tag{7.77}$$

Dabei haben wir wegen $E_0 = 0$ den Summanden für $n = 0$ fortgelassen. Der Grenzwert für $T \to 0$ ergibt jetzt

$$\lim_{T \to 0} \beta U = 0 \tag{7.78}$$

Damit gilt für die kanonisch bestimmte Entropie von (4.22)

$$\lim_{T \to 0} S = \lim_{T \to 0} k \left[\beta U + \ln Z \right] = 0 + \ln 1 = 0 \tag{7.79}$$

Tatsächlich zeigen viele thermodynamische Systeme, z. B. Kristalle, ein solches Tieftemperaturverhalten. Es gibt aber auch Ausnahmen, die sich letztendlich als nichtergodische Systeme herausstellen. Ein typisches Beispiel sind Gläser (siehe Abb. 7.10). Während die Entropie einer kristallinen Substanz für $T \to 0$ verschwindet, bleibt bei den nichtergodischen Systemen ein endlicher Betrag übrig. Das hängt damit zusammen, dass ein Glas entweder gar nicht im thermischen Gleichgewicht ist[19] oder dass, insbesondere bei komplexen Mischungen oder Spingläsern, der Grundzustand vielfach entartet ist.

[18] Wie wir bereits mehrfach bemerkt hatten, kann der Tieftemperaturfall gewöhnlich nur mit Hilfe der Quantenstatistik verstanden werden.
[19] Für viele Gläser ist der Kristall das thermische Gleichgewicht.

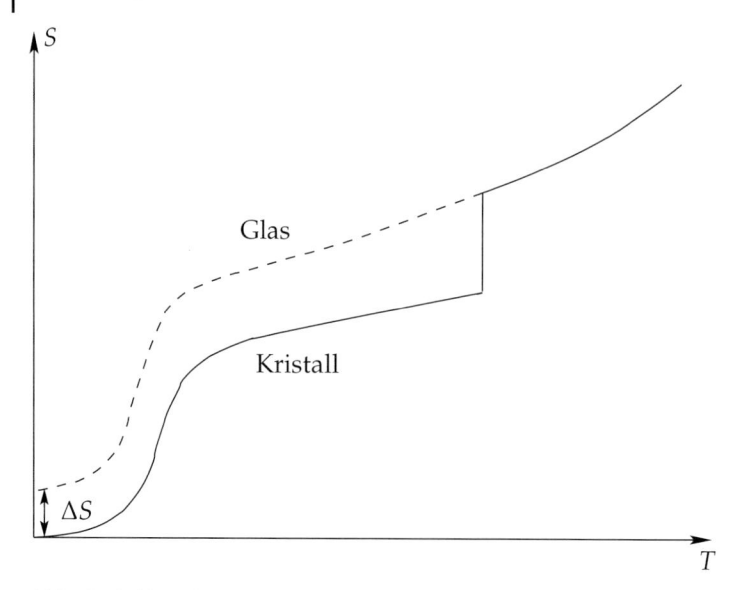

Abb. 7.10 Vergleich der Temperaturabhängigkeit der Entropie für einen Kristall und ein entsprechendes Glas

7.3
Thermodynamische Potentiale

7.3.1
Die Legendre-Transformationen

Wir wollen jetzt unsere Erkenntnisse aus der Untersuchung verschiedener Ensembles zu einer allgemeingültigen makroskopischen Theorie zusammenfassen. Dazu werden ausgehend von den primären Potentialen (siehe Tabelle 7.1) mit Hilfe von Legendre-Transformationen weitere Potentiale eingeführt.

Der dann damit vorliegende Apparat sollte nach unseren Vorstellungen die bekannten Zusammenhänge der phänomenologischen Thermodynamik widerspiegeln.

Offenbar spielen die primären Potentiale eine entscheidende Rolle bei der Verbindung der statistischen Eigenschaften eines Ensembles mit allgemeingültigen thermodynamischen Relationen. Jedes Ensemble führt über die entsprechende Zustandssumme bzw. das Zustandsintegral auf ein solches Potential. Da wir aber bereits wissen, dass alle Ensembles im thermodynamischen Limes physikalisch äquivalent sind, sollten wir zuerst untersuchen, ob nicht eine systematische Verbindung zwischen diesen Potentialen besteht.

Falls es uns gelingt, eine allgemeine Transformation zwischen diesen Potentialen herzustellen, andererseits aber alle Ensembles physikalisch gleichwertig sind, verliert der Begriff des primären Potentials seine Bedeutung. Jedes irgendwie erzeugte Potential kann als Ausgangspunkt zur Beschreibung des thermodynamischen Verhaltens genutzt werden. Wir lassen also den nur in Verbindung mit einem bestimmten Ensemble sinnvollen Begriff des primären Potentials wieder fallen und sprechen in Zukunft nur noch von *thermodynamischen Potentialen*.

Der Begriff des thermodynamischen Potentials rührt daher, dass solche Funktionen den makroskopischen Zustand eines Systems charakterisieren und dass aus ihnen alle weiteren Zustandsgrößen und -funktionen abgeleitet werden können.

Wir hatten z. B. die freie Energie $F = F(T, V, N)$ als ein von der Temperatur, dem Volumen und der Teilchenzahl abhängiges thermodynamisches Potential eingeführt. Die unabhängigen Variablen des jeweiligen Potentials, hier also T, V und N werden als *natürliche Variablen* bezeichnet. Aus der freien Energie ließen sich Gleichungen zur Bestimmung der Entropie S, des chemischen Potentials μ und des Druckes p ableiten (vgl. (3.230))

$$S = -\left(\frac{\partial F}{\partial T}\right)_{N,V} \qquad p = -\left(\frac{\partial F}{\partial V}\right)_{N,T} \qquad \mu = -\left(\frac{\partial F}{\partial N}\right)_{V,T} \qquad (7.80)$$

Solche Gleichungen, die aus einem thermodynamischen Potential und seinen natürlichen Variablen neue thermodynamische Zustandsgrößen als partielle Differentialquotienten erzeugen, werden *Zustandsgleichungen* genannt. Die von uns schon mehrfach verwendeten thermischen und kalorischen Zustandsgleichungen[20] sind zwei wichtige Vertreter dieser Klasse thermodynamischer Relationen. Betrachten wir als ein weiteres Beispiel das große Potential. Dieses hat als natürliche Variablen T, V und das chemische Potential μ. Aus dem großen Potential lassen sich dann die folgenden Zustandsgleichungen erzeugen (vgl. (5.56))

$$S = -\left(\frac{\partial \Omega}{\partial T}\right)_{\mu,V} \qquad p = -\left(\frac{\partial \Omega}{\partial V}\right)_{\mu,T} \qquad N = -\left(\frac{\partial \Omega}{\partial \mu}\right)_{V,T} \qquad (7.81)$$

Das jeweilige Potential legt offenbar automatisch fest, von welchen Zustandsvariablen die abgeleiteten Größen abhängig sind. Im ersten Fall (7.80) entsteht z. B. die Funktion $S = S(T, V, N)$, im zweiten Fall (7.81) aber $S = S(T, V, \mu)$. Natürlich können diese Funktionen wieder ineinander überführt werden, aber nur unter Kenntnis der anderen Zustandsgleichungen. So wäre es in dem vorliegenden Beispiel notwendig, die Relation $\mu = \mu(T, V, N)$ aus (7.80) nach N aufzulösen und in $S = S(T, V, N)$ einzusetzen, um eine neue Funktion

---

20) Im Rahmen der Theorie des mikrokanonischen Ensembles gewinnt man die kalorische Zustandsgleichung $U = U(T, V, N)$ durch Umstellung der originalen Zustandsgleichung $T^{-1} = \partial S/\partial U$ nach der inneren Energie (vgl. (3.290), (3.291)). Die thermische Zustandsgleichung erhält man aus (3.292).

$S = S(T, V, \mu)$ zu bekommen, die dann mit der Entropie in (7.81) auch in der mathematischen Struktur übereinstimmt.

Ein Blick auf die beiden Gleichungsgruppen zeigt außerdem, dass Zustandsvariable und abgeleitete Zustandsgrößen ihre Rolle tauschen können. So kann μ durch die Ableitung des thermodynamischen Potentials F nach N erzeugt werden, andererseits aber kann N durch Ableitung von Ω nach μ berechnet werden. N und μ bilden daher ein sogenanntes Paar *konjugierter thermodynamischer Zustandsgrößen*. Für ein gegebenes thermodynamisches Potential ist jeweils ein Partner dieser konjugierten Zustandsgrößen eine natürliche Variable, während der andere Partner eine abgeleitete Größe ist. Eine ähnliche Situation findet man zwischen Druck und Volumen, nur muss man hier die jeweils konjugierte Größe aus der freien Energie bzw. der freien Enthalpie erzeugen.

Eine Besonderheit bildet die Entropie. Diese tritt im Rahmen des mikrokanonischen Ensembles als primäres Potential, sonst aber als abgeleitete Größe auf. Um hier eine Konsistenz mit anderen thermodynamischen Potentialen zu schaffen, wird die Gleichung $S = S(U, V, N)$ nach der inneren Energie umgestellt, also $U = U(S, V, N)$. Für die innere Energie kennen wir das totale Differential (3.176)

$$dU = TdS - pdV + \mu dN \tag{7.82}$$

Andererseits verlangt die Struktur von U die Darstellung

$$dU = \left(\frac{\partial U}{\partial S}\right)_{V,N} dS + \left(\frac{\partial U}{\partial V}\right)_{S,N} dV + \left(\frac{\partial U}{\partial N}\right)_{V,S} dN \tag{7.83}$$

so dass jetzt gelten muss

$$T = \left(\frac{\partial U}{\partial S}\right)_{N,V} \quad p = -\left(\frac{\partial U}{\partial V}\right)_{N,S} \quad \mu = \left(\frac{\partial U}{\partial N}\right)_{V,S} \tag{7.84}$$

Die innere Energie ist offenbar ein geeignetes thermodynamisches Potential, bei dem S als Zustandsvariable auftritt. Wir können also Entropie und Temperatur als ein weiteres Paar konjugierter Variablen auffassen. Offenbar kann der Begriff der thermodynamisch konjugierten Größen auch auf weitere thermodynamische Freiheitsgrade erweitert werden. So bilden in mehrkomponentigen Systemen die Teilchenzahl jeder Komponente und das ihr zugeordnete chemische Potential ein Paar thermodynamisch konjugierter Größen. Besitzt das System magnetische bzw. elektrische Dipole, dann sind Magnetisierung M und magnetisches Feld B bzw. Polarisation P und elektrisches Feld E weitere thermodynamisch konjugierte Größen. Auf jeden Fall wollen wir festhalten, dass jedes Paar konjugierter Variablen aus einer extensiven und einer intensiven Größe besteht. Das Produkt der beiden Variablen eines Paares hat immer die Dimension der Energie.

Wir wollen jetzt, ausgehend von dem Satz der konjugierten Zustandsgrößen

$$T \leftrightarrow S \qquad p \leftrightarrow V \qquad \mu \leftrightarrow N \qquad (7.85)$$

und einem thermodynamischen Potential, z. B. $U = U(S, V, N)$, versuchen, alle weiteren Potentiale aus diesem abzuleiten. Der tiefere Sinn dieser Prozedur besteht darin, die für die Behandlung einer gegebenen Problemstellung geeigneten Variablen und Potentiale auf der Basis eines möglichst einfachen Schemas zu erzeugen und somit die völlige Loslösung thermodynamischer Relationen von dem jeweiligen Ensemble zu erreichen.

Im Prinzip besteht folgende mathematische Fragestellung: Gegeben sei ein thermodynamisches Potential als Funktion seiner natürlichen Variablen. Die aus diesem Potential gebildeten Zustandsgleichungen legen die Relationen zu den noch unbestimmten konjugierten Variablen fest. Gibt es dann eine Vorschrift, um aus dem Potential, seinen Variablen und den thermodynamisch konjugierten Variablen ein neues Potential zu konstruieren, so dass für dieses Potential mindestens ein Paar von konjugierten Variablen die Rollen tauscht?

Die Antwort liefert uns die *Legendre-Transformation*. Wie im Rahmen der klassischen Mechanik[21] bereits diskutiert, besagt diese folgendes: Existieren zu einer beliebigen Funktion $f(x_1, x_2, ..., x_M)$ die Ableitungen $\partial f/\partial x_i$, dann führt die Transformation

$$f - \sum_{\alpha=1}^{m} x_\alpha y_\alpha = g \qquad (m \leq M) \qquad (7.86)$$

mit

$$y_\alpha = \frac{\partial f}{\partial x_\alpha} \qquad (7.87)$$

auf eine neue Funktion g. Nach der Elimination der Variablen $x_1, ..., x_m$ unter Verwendung der Ableitungsfunktionen $y_i = y_i(x_1, x_2, ..., x_M)$ ist die neue Funktion g nur noch von $y_1, ..., y_m, x_{m+1}, ..., x_M$ abhängig. Ihre Ableitungen nach $y_1, ..., y_m$ sind gerade die

$$x_i = -\frac{\partial g}{\partial y_i} \qquad (7.88)$$

während die Ableitungen nach den nicht transformierten Variablen $x_{m+1}, ..., x_M$ nach wie vor $y_{m+1}, ..., y_M$ gegeben sind.

Um diese Behauptung zu beweisen, bilden wir das totale Differential von (7.86). Wir erhalten

$$df - \sum_{\alpha=1}^{m} [y_\alpha dx_\alpha + x_\alpha dy_\alpha] = dg \qquad (7.89)$$

---

21) siehe Band I, Abschnitt 7.2

Andererseits gilt

$$df = \sum_{\alpha=1}^{M} \frac{\partial f}{\partial x_\alpha} dx_\alpha = \sum_{\alpha=1}^{M} y_\alpha dx_\alpha \qquad (7.90)$$

Damit folgt nach dem Einsetzen von df in (7.89)

$$dg = \sum_{\alpha=m+1}^{M} y_\alpha dx_\alpha - \sum_{\alpha=1}^{m} x_\alpha dy_\alpha \qquad (7.91)$$

d. h. die neue Funktion $g = g(y_1, ..., y_m, x_{m+1}, ..., x_M)$ hat dann die partiellen Ableitungen

$$x_\alpha = -\frac{\partial g}{\partial y_\alpha} \quad \text{für} \quad 1 \leq \alpha \leq m \quad \text{und} \quad y_\alpha = \frac{\partial g}{\partial x_\alpha} \quad \text{für} \quad m+1 \leq \alpha \leq M$$
$$(7.92)$$

Variable und Ableitungen haben nach der sie betreffenden Legendre-Transformation die Rolle getauscht, während die von der Transformation nicht erfassten Variablen und Ableitungen unverändert dieselbe mathematische Bedeutung besitzen.

Wir verfügen jetzt über den mathematischen Apparat, um zu einem beliebigen Satz thermodynamischer Variablen ein entsprechendes Potential zu erzeugen. Dieses Verfahren wird in den Abschnitten ab 7.3.3 zur Konstruktion verschiedener Potentiale angewandt.

7.3.2
Die innere Energie

7.3.2.1 Zustandsgleichungen
Die innere Energie U ist die gesamte, in einem thermodynamischen System gespeicherte Energie. Wir haben in Abschnitt 7.3.1 gezeigt, dass die natürlichen Variablen der inneren Energie die Entropie, das Volumen und die Teilchenzahl sind, d. h. wir haben

$$U = U(S, V, N) \qquad (7.93)$$

Das totale Differential ist durch (3.176)

$$dU = TdS - pdV + \mu dN \qquad (7.94)$$

gegeben, d. h. die Zustandsgleichungen sind die folgenden Relationen

$$T = \left(\frac{\partial U}{\partial S}\right)_{V,N} \quad p = -\left(\frac{\partial U}{\partial V}\right)_{S,N} \quad \mu = \left(\frac{\partial U}{\partial N}\right)_{V,S} \qquad (7.95)$$

7.3.2.2 Euler-Gleichung
Außerdem ist uns aus Abschnitt 5.4 noch die Euler-Gleichung (5.47) bekannt

$$U = TS - pV + \mu N \qquad (7.96)$$

die eine algebraische Verbindung zwischen dem thermodynamischen Potential U, seinen natürlichen Variablen und ihren thermodynamisch konjugierten Größen herstellt. Gleichung (7.96) kann als Integral von (7.94) verstanden werden.

7.3.2.3 Weitere Variablen, mehrere Komponenten (Teilchensorten)

Die natürlichen Variablen der inneren Energie sind die extensiven Größen in den Paaren thermodynamisch konjugierter Variablen. Diese Forderung bleibt auch erhalten, wenn weitere thermodynamische Freiheitsgrade berücksichtigt werden müssen, z. B. die Magnetisierung oder Polarisation im Fall der Anwesenheit magnetischer oder elektrischer Felder oder die Teilchenzahlen einzelner Komponenten in Systemen, deren Phasen aus mehreren Komponenten (Teilchensorten) bestehen. Wir wollen speziell im Hinblick auf die spätere Diskussion der Phasengleichgewichte und Phasenübergänge bemerken, dass bei Systemen mit K Komponenten das Produkt μN einfach durch die Bilinearform

$$\mu N \rightarrow \sum_{A=1}^{K} \mu_A N_A \tag{7.97}$$

ersetzt werden muss (vgl. dazu auch Abschnitt 7.3.5).

7.3.2.4 Gibbs-Duhem-Relation

Vergleicht man das aus der *Euler-Gleichung* (7.96) gewonnene totale Differential

$$dU = TdS + SdT - pdV - Vdp + \mu dN + Nd\mu \tag{7.98}$$

mit dem totalen Differential der inneren Energie (7.94), dann erhält man die *Gibbs-Duhem-Relation* (vgl. Abschnitt 5.4)

$$SdT - Vdp + Nd\mu = 0 \tag{7.99}$$

7.3.2.5 Skalengesetze für die innere Energie

Die Gibbs-Duhem-Relation zeigt, dass die zu den extensiven Größen konjugierten intensiven Größen nicht alle voneinander unabhängig sind. Der Grund hierfür ist die Homogenität thermodynamischer Funktionen bezüglich der Systemgröße und damit letztendlich das Prinzip der statistischen Unabhängigkeit. Die mathematische Homogenität der inneren Energie verlangt für homogene einheitliche Systeme das Skalengesetz

$$U(\lambda S, \lambda V, \lambda N) = \lambda U(S, V, N) \tag{7.100}$$

Wählt man jetzt $\lambda = N^{-1}$, dann erhält man die Relation

$$U(S, V, N) = NU\left(\frac{S}{N}, \frac{V}{N}, 1\right) = N\tilde{u}\left(\frac{S}{N}, \frac{V}{N}\right) \tag{7.101}$$

d. h. die innere Energie ist bis auf einen Skalenfaktor N, der die Größe des Systems bestimmt, nur eine zweiparametrige Funktion der beiden intensiven Variablen Entropiedichte S/N und spezifisches Volumen V/N. Dann sind natürlich auch nur zwei der der drei intensiven Variablen T, p und μ unabhängig definierbar.

7.3.2.6 Änderung der inneren Energie bei Prozessen

Wir wollen uns jetzt der thermodynamischen Bedeutung der inneren Energie zuwenden. Zunächst fragen wir nach der Messbarkeit der inneren Energie. Der erste Hauptsatz der Thermodynamik verbindet die innere Energie in Form einer Bilanzgleichung mit der dem System zugeführten Arbeit und Wärme. Dabei ist die Änderung der inneren Energie allein durch den Anfangs- und Endzustand des Systems bestimmt. Die Aufteilung in zu- bzw. abgeführte Arbeit und Wärme hängt vom thermodynamischen Weg, d. h. von dem durchlaufenen Prozess, im Zustandsraum ab. Unterbindet man jede Form einer Arbeitsübertragung, kann das System nur noch Wärme austauschen und die Änderung der inneren Energie entspricht genau der aufgenommenen Wärmemenge. Insofern ist die innere Energie also eine durch Kalorimetrie bestimmbare Größe.

Will man aber umgekehrt die Differenz der inneren Energie zwischen zwei thermodynamischen Zuständen zur eindeutigen Charakterisierung des ablaufenden Prozesses nutzen, dann muss man Einschränkungen an dem jeweiligen Prozess treffen. Ein Prozess ist eindeutig durch die zu jedem Zeitpunkt vom System mit der Umgebung ausgetauschten Arbeit, getrennt nach den verschiedenen Arbeitsformen und der ausgetauschten Wärmemenge, sowie durch den Anfangs- und Endzustand charakterisiert. Man spricht in diesem Sinne auch von einem, den Prozess vollständig charakterisierenden, Protokoll.

Nur im Fall eines reversiblen Prozesses kann aus der Kenntnis der inneren Energie direkt auf den jeweiligen Prozess geschlossen werden[22]. Ansonsten erhalten wir aber keine eindeutige Charakterisierung einer beliebigen Prozessbilanz einzig aus der inneren Energie.

Dazu sind, wie oben erwähnt, zusätzliche Forderungen an den Prozess erforderlich. So könnte man jegliche Zufuhr oder Entnahme von Arbeit verhindern, um wenigstens für diese eingeschränkte Prozessklasse eindeutige Aussagen aus der inneren Energie zu gewinnen. In diesem speziellen Fall gilt automatisch wegen des ersten Hauptsatzes $\delta Q = dU$, weil die einzelnen Arbeits-

---

22) Aus $U = U(S, V, N)$ wird zuerst das totale Differential $dU = TdS - pdV + \mu dN$ bestimmt. Dann geben die einzelnen Beiträge dieses Differentials die zum Erreichen des neuen Zustandes $U + dU = U(S + dS, V + dV, N + dN)$ notwendigen Prozessbeiträge an. Insbesondere ist also bei konstanter Teilchenzahl der neue Zustand durch einen reversiblen Prozess zu erreichen, bei dem die Wärme $dQ = TdS$ dem System zugeführt und die Arbeit $d\bar{A} = pdV$ entnommen wird.

beiträge laut Voraussetzung verschwinden. Allerdings müssen wir auch noch den Endzustand kennen, denn allein die Differenz dU legt den Prozess noch nicht fest. So kann man einem Gas in einem festen Behältnis eine bestimmte Menge Wärme zuführen, man kann es aber auch erst in ein größeres Volumen frei ausströmen lassen und anschließend oder während des Druckausgleiches Wärme zuführen. In beiden Fällen wird keine Arbeit verrichtet und die gleiche Menge Wärme zugeführt, aber das System endet in unterschiedlichen thermodynamischen Zuständen mit der gleichen inneren Energie.

7.3.2.7 Kalorimetrie bei isochoren Systemen

In der *Kalorimetrie* werden gewöhnlich feldfreie, geschlossene Systeme untersucht. Solche Systeme erlauben keinen Teilchenaustausch mit der Umgebung. Wegen der fehlenden Felder ist auch die Einspeisung elektrischer und magnetischer Arbeit nicht möglich. Wir werden im Rahmen der Diskussion thermodynamischer Potentiale die Feldfreiheit nicht weiter betonen, aber immer voraussetzen[23]. Auf eine Abweichung von dieser Vereinbarung wird an der entsprechenden Stelle ausdrücklich hingewiesen.

Es hat sich in der experimentellen Kalorimetrie eingebürgert, isochore Prozesse (also Prozesse mit $V = $ const.) in geschlossenen[24] Systemen durch die Änderung der inneren Energie zu beschreiben. Hier entfällt automatisch die in geschlossenen Systemen noch mögliche Volumenarbeit und der Endzustand ist eindeutig unter Kenntnis des Wertes der Differenz dU aus dem Anfangszustand bestimmbar[25]. Für geschlossene, isochore Systeme ist die Kenntnis der Differenz der inneren Energie zwischen Anfangs- und Endzustand ausreichend zur Beschreibung des zwischen diesen Zuständen vermittelnden thermodynamischen Prozesses[26].

Eine besonders wichtige Größe zur Beschreibung isochorer Prozesse ist die Wärmekapazität C_V. Diese Größe ist ein quantitatives Maß für die Fähigkeit eines Systems, bei einer gegebenen Temperaturänderung eine bestimmte Menge Wärme aufzunehmen. Für isochore Prozesse in geschlossenen Syste-

---

23) Eine Erweiterung auf den Fall vorhandener Felder ist aber immer möglich.
24) vgl. Abschnitt 7.2.1
25) Auch im Fall anderer Arbeitsformen bleibt die Eindeutigkeit erhalten, wenn alle extensiven Größen, die als natürliche Variable der inneren Energie auftreten, mit Ausnahme der Entropie fixiert werden.
26) Natürlich ist die innere Energie auch zur Charakterisierung anderer Prozesse geeignet. Nur ist dann die Festlegung des Endzustandes an ungebräuchliche Definitionen und für viele thermodynamische Systeme schwer zu realisierende Randbedingungen gebunden. So könnte man natürlich auch Prozesse beschreiben, bei denen sich das Volumen arbeitsfrei auf das Doppelte ausdehnt. Diese Festlegung mag geeignet sein für Gase, ist aber bei Flüssigkeiten unbrauchbar.

men gilt einfach

$$C_V = \frac{dQ}{dT} = \left(\frac{\partial U}{\partial T}\right)_{V,N} \qquad (7.102)$$

und damit wegen $U = U(S, V, N)$ und der ersten der Zustandsgleichungen (7.95)

$$C_V = \left(\frac{\partial U}{\partial S}\right)_{V,N} \left(\frac{\partial S}{\partial T}\right)_{V,N} = T \left(\frac{\partial S}{\partial T}\right)_{V,N} \qquad (7.103)$$

7.3.2.8 Gleichgewichtsbedingung

Wie wollen jetzt noch einmal die Energiebilanz zunächst bei einem reversiblen Prozess untersuchen. Es gilt offenbar

$$dU = \delta Q_{\text{rev}} + \delta A_{\text{rev}} \qquad (7.104)$$

wobei insbesondere $\delta Q_{\text{rev}} = TdS$ ist. Bei einem isentropen Prozess ist stets $dS = 0$. Wegen des zweiten Hauptsatzes gilt für solche Prozesse die Ungleichung

$$dU = \delta A_{\text{rev}} \leq \delta A_{\text{irrev}} \qquad (7.105)$$

Die irreversible Arbeit δA_{irrev} setzt sich aus der Volumenarbeit $\delta A_{\text{irrev}}^{\text{vol}}$ und der aus allen anderen Arbeitsformen gebildeten Restarbeit $\delta A_{\text{irrev}}^{\text{rest}}$ zusammen. Verhindert man die Volumenarbeit durch Fixierung des Volumens, dann ist bei einem beliebigen isentrop-isochoren Prozess die Änderung der inneren Energie immer kleiner als die zugeführte Restarbeit. Wird dem System gar keine weitere Arbeit zugeführt, dann ist offenbar

$$dU \leq 0 \qquad (7.106)$$

Das Fehlen jeglicher Art der Arbeitszufuhr heißt aber nichts anderes, als dass ein thermodynamisches System geschlossen ist, also keine Arbeit durch Partikelzufuhr oder -entnahme verrichtet und keine Arbeit über externe Felder in das System eingespeist werden kann. In anderen Worten, das System ist sich selbst überlassen. In diesem Sinne ist die Ungleichung $dU \leq 0$ in jedem sich selbst überlassenen, geschlossenen, isentrop-isochoren System gültig. Wir kommen also zu der thermodynamisch wichtigen Aussage:

> In einem sich selbst überlassenen, geschlossenen, isentrop-isochoren System laufen Prozesse solange von selbst ab, bis die innere Energie ihr Minimum erreicht.

7.3.3
Die Enthalpie

7.3.3.1 Zustandsgleichungen

Mit der Legendre-Transformation bezüglich der konjugierten Variablen V und p folgt aus der inneren Energie U ein thermodynamisches Potential, das Enthalpie H genannt wird. Aus (7.87) erhalten wir mit $f = U(S, V, N), g = H$, $x = V, y = -p$

$$U(S, V, N) + pV \equiv H(S, p, N) \tag{7.107}$$

Mit Hilfe der zweiten Gleichung in (7.95), also

$$p = -\left(\frac{\partial U}{\partial V}\right)_{S,N} \tag{7.108}$$

kann dann V auf der linken Seite durch p ersetzt werden. Für die Enthalpie erhalten wir also

$$H(S, p, N) = U(S, V(S, p, N), N) + pV(S, p, N) \tag{7.109}$$

Man beachte den Vorzeichenwechsel bei der Transformation, der dadurch entsteht, dass eigentlich V und $-p$ konjugierte Variable sind. Wegen der Euler-Gleichung (7.96) gilt

$$H = TS + \mu N \tag{7.110}$$

Das totale Differential der Enthalpie (7.109) ist wegen (7.94) gegeben durch

$$\begin{aligned} dH &= dU + pdV + Vdp & (7.111\text{a}) \\ &= TdS + Vdp + \mu dN & (7.111\text{b}) \end{aligned}$$

Die letzte Gleichung kann auch aus (7.110) unter Verwendung der Gibbs-Duhem-Relation (7.99) erhalten werden. Sie zeigt, dass die natürlichen Variablen der Enthalpie S, p und N sind. Die funktionale Struktur von H verlangt folgende Form für das Differential

$$dH = \left(\frac{\partial H}{\partial S}\right)_{p,N} dS + \left(\frac{\partial H}{\partial p}\right)_{S,N} dp + \left(\frac{\partial H}{\partial N}\right)_{S,p} dN \tag{7.112}$$

Ein einfacher Vergleich mit (7.111b) liefert dann die folgenden Zustandsgleichungen

$$T = \left(\frac{\partial H}{\partial S}\right)_{p,N} \quad V = \left(\frac{\partial H}{\partial p}\right)_{S,N} \quad \mu = \left(\frac{\partial H}{\partial N}\right)_{S,N} \tag{7.113}$$

7.3.3.2 Spezifische Wärmekapazität

Um die Enthalpie experimentell zu bestimmen, verwendet man Systeme bei konstantem Druck. Für einen reversiblen isobaren Prozess in einem geschlossenen System, bei dem nur Volumenarbeit verrichtet wird, gilt

$$dH = dU + pdV = \delta Q_{\text{rev}} + \delta A_{\text{rev}}^{\text{vol}} + pdV = \delta Q_{\text{rev}} \tag{7.114}$$

weil $\delta A_{\text{rev}}^{\text{vol}} = -pdV$ ist. Dann ist die bei einem reversiblen, isobaren Prozess in einem geschlossenen System benötigte Wärme gerade die Änderung der

Enthalpie. Hieraus ergibt sich eine neue Wärmekapazität, die bei konstantem Druck bestimmt wird. Man erhält

$$C_p = \frac{\delta Q}{dT} = \left(\frac{\partial H}{\partial T}\right)_{p,N} \qquad (7.115)$$

und damit wegen $H = H(S, p, N)$

$$C_p = \left(\frac{\partial H}{\partial S}\right)_{p,N} \left(\frac{\partial S}{\partial T}\right)_{p,N} = T\left(\frac{\partial S}{\partial T}\right)_{p,N} \qquad (7.116)$$

Wir wollen den Unterschied der Wärmekapazitäten C_V und C_p für ein ideales Gas bestimmen. Dazu beachten wir, dass die innere Energie eines solchen Gases $U = 3/2 NkT$ ist. Weil andererseits die thermische Zustandsgleichung $pV = NkT$ lautet, ist $H = U + pV = 5/2 NkT$. Damit ist $C_V = 3/2 Nk$ und $C_p = 5/2 Nk$, also $C_p - C_V = Nk$ d. h. $C_p > C_V$. Diese Ungleichung ist verständlich, da bei der Erwärmung des Gases bei konstantem Druck Volumenarbeit zu leisten ist.

7.3.3.3 Gleichgewichtsbedingung

Die Enthalpien thermodynamischer Systeme sind experimentell sehr gut bestimmt und tabelliert. Gewöhnlich wird dieses thermodynamische Potential zur Charakterisierung isentrop-isobarer Prozesse verwendet. Wir untersuchen jetzt ein sich selbst überlassenes, geschlossenes, isentrop-isobares System. Zuerst schreiben wir die Änderung der Enthalpie bei einem reversiblen Prozess auf

$$dH = dU + pdV + Vdp = \delta Q_{\text{rev}} + \delta A_{\text{rev}}^{\text{vol}} + \delta A_{\text{rev}}^{\text{rest}} + pdV + Vdp \qquad (7.117)$$

Da der Prozess reversibel abläuft, gilt $\delta A_{\text{rev}}^{\text{vol}} = -pdV$ und $\delta Q_{\text{rev}} = TdS$ und damit

$$dH - TdS - Vdp = \delta A_{\text{rev}}^{\text{rest}} \leq \delta A_{\text{irrev}}^{\text{rest}} \qquad (7.118)$$

Betrachten wir speziell ein isentrop-isobares System, dann gilt sogar

$$dH \leq \delta A_{\text{irrev}}^{\text{rest}} \qquad (7.119)$$

Verlangen wir auch noch, dass das System geschlossen und sich selbst überlassen ist, dann verhindert die vorausgesetzte Geschlossenheit des Systems jede Arbeit durch Partikelaustausch und da das System sich selbst überlassen ist – also von außen nicht gesteuert wird – kann auch keine Arbeit über externe Felder in das System gelangen. Somit ist $\delta A_{\text{irrev}}^{\text{rest}} = 0$ und damit

$$dH \leq 0 \qquad (7.120)$$

Wir kommen somit zu dem Satz:

> In einem sich selbst überlassenen, geschlossenen, isentrop-isobaren System laufen Prozesse solange von selbst ab, bis die Enthalpie ihr Minimum erreicht hat.

Die Enthalpie findet ihre Anwendung bei der Untersuchung relativ schnell ablaufender chemischer Prozesse. Viele dieser Prozesse, z. B. in Verbrennungsöfen und Motoren, finden bei konstantem Druck statt. Da sie sehr schnell ablaufen und damit praktisch keine Wärme mit der Umgebung ausgetauscht wird, gelten sie als adiabatisch. Obwohl ein adiabatischer Prozess ($\delta Q = 0$) nicht notwendig isentrop ($dS = 0$) sein muss, kann man trotzdem bei den meisten schnellen chemischen Prozessen die eigentlich nur für reversible Prozesse streng gültige Relation $\delta Q = TdS$ wenigstens näherungsweise verwenden und $\delta Q \approx TdS \approx 0$ fordern. Die Ursache hierfür liegt darin, dass bei chemischen Prozessen die Reaktionswärme wesentlich größer als die z. B. durch Verwirbelungen in den erwähnten Verbrennungsöfen eines Kraftwerkes auftretenden Reibungsverluste ist.

Mit Hilfe der Enthalpie kann man jetzt leicht entscheiden, ob ein chemischer Prozess spontan abläuft oder nicht. Ist die Enthalpiedifferenz zwischen den Endstoffen (Produkte) und den Ausgangsstoffen (Edukte) negativ, dann kann die Reaktion freiwillig ablaufen. Man spricht dann auch von exothermen Reaktionen. Ist dagegen die Differenz positiv, laufen die chemischen Reaktionen nur unter ständiger Zufuhr von Energie ab. Solche Reaktionen heißen endotherm.

Trotzdem muss man bei der Interpretation vorsichtig sein. Mischt man z. B. Wasserstoff und Sauerstoff, dann ist die Enthalpie aller Edukte wesentlich größer als die der Produkte. Trotzdem findet keine spontane Reaktion statt. Der Grund ist, dass zunächst erst einmal eine Energiebarriere, die sogenannte Aktivierungsenergie, überwunden werden muss. Ist eine hinreichende Menge von Molekülen aktiviert, startet die Reaktion. Die entstehende Reaktionswärme ist dann ausreichend, um weitere Moleküle zu aktivieren und praktisch eine Art Kettenreaktion auszulösen. Man kann die Aktivierungsbarriere aber insbesondere durch den Einsatz von Katalysatoren so stark absenken, dass bereits bei Zimmertemperatur die Reaktion spontan abläuft.

7.3.4
Die freie Energie

7.3.4.1 Zustandsgleichungen
Mit einer Legendre-Transformation bezüglich der konjugierten Variablen T und S folgt aus der inneren Energie U ein neues Potential, das – wie wir gleich sehen werden – die uns schon bekannte freie Energie darstellt. Aus (7.87) er-

halten wir mit $f = U(S, V, N)$, $x = S$ und $y = T$ und $g = F$

$$U(S, V, N) - TS \equiv F(T, V, N) \tag{7.121}$$

Nach der Auflösung der ersten Gleichung von (7.95), also

$$T = \left(\frac{\partial U}{\partial S}\right)_{V,N} \tag{7.122}$$

nach $S = S(T, V, N)$ wird dieser Zusammenhang auf der linken Seite der Gleichung (7.121) eingesetzt und auf diese Weise die ursprünglich noch bestehende Abhängigkeit von S eliminiert. Der durch die Legendre-Transformation im Rahmen der Thermodynamik erhaltene Ausdruck

$$F(T, V, N) = U(S(T, V, N), V, N) - TS(T, V, N) \tag{7.123}$$

wird *freie Energie* genannt. Er stimmt mit dem Ergebnis (4.25) überein, das auf statistischem Wege aus der kanonischen Zustandssumme hergeleitet wurde. Wegen der Euler-Gleichung (7.96) gilt sofort auch

$$F = -pV + \mu N \tag{7.124}$$

Das totale Differential der freien Energie (7.123) ist wegen (7.94) gegeben durch

$$dF = dU - TdS - SdT \tag{7.125a}$$
$$= -SdT - pdV + \mu dN \tag{7.125b}$$

die zweite Zeile zeigt noch einmal, dass die natürlichen Variablen der freien Energie T, V und N sind. Wegen der funktionalen Struktur von F erhalten wir für das totale Differential andererseits

$$dF = \left(\frac{\partial F}{\partial T}\right)_{V,N} dT + \left(\frac{\partial F}{\partial V}\right)_{T,N} dV + \left(\frac{\partial F}{\partial N}\right)_{V,T} dN \tag{7.126}$$

Der Vergleich zwischen dieser Gleichung und (7.125b) führt auf die Zustandsgleichungen

$$S = -\left(\frac{\partial F}{\partial T}\right)_{V,N} \qquad p = -\left(\frac{\partial F}{\partial V}\right)_{T,N} \qquad \mu = \left(\frac{\partial F}{\partial N}\right)_{V,T} \tag{7.127}$$

Diese Ergebnisse stimmen mit den im Rahmen der statistischen Mechanik abgeleiteten Zusammenhängen (4.39), (4.41) und (4.43) überein. Es sei noch bemerkt, dass man (7.125b) auch aus (7.124) unter Verwendung der Gibbs-Duhem-Relation (7.99) erhält.

7.3.4.2 Gleichgewichtsbedingungen

Die thermodynamische Bedeutung der freien Energie liegt in der Charakterisierung isotherm-isochorer Prozesse. Dazu betrachten wir ein sich selbst überlassenes, geschlossenes, isotherm-isochores System. Zuerst geben wir die Änderung der freien Energie bei einem reversiblen Prozess an

$$dF = dU - TdS - SdT = \delta Q_{\text{rev}} + \delta A_{\text{rev}} - TdS - SdT \quad (7.128)$$

Da der Prozess reversibel abläuft, gilt $\delta Q_{\text{rev}} = TdS$ und damit

$$dF + SdT = \delta A_{\text{rev}} \leq \delta A_{\text{irrev}} \quad (7.129)$$

Betrachten wir speziell einen isothermes System, dann ist sogar

$$dF \leq \delta A_{\text{irrev}} = \delta A_{\text{irrev}}^{\text{vol}} + \delta A_{\text{irrev}}^{\text{rest}} \quad (7.130)$$

Da das System auch isochor sein soll, wird keine Volumenarbeit verrichtet. Ferner verhindert die Geschlossenheit jede Arbeit durch Partikelaustausch. Ein sich selbst überlassenes System kann auch nicht durch veränderliche externe Felder beeinflusst werden. Somit ist $\delta A_{\text{irrev}}^{\text{vol}} = \delta A_{\text{irrev}}^{\text{rest}} = 0$ und damit

$$dF \leq 0 \quad (7.131)$$

Wir erhalten also das Resultat:

> In einem sich selbst überlassenen, geschlossenen, isotherm-isochoren System laufen Prozesse solange von selbst ab, bis die freie Energie ihr Minimum erreicht hat.

Ein typisches Beispiel für einen Prozess in einem abgeschlossenen, isotherm-isochoren System sind Fällungsreaktionen in wässriger Lösung. Sie laufen bei konstanter Temperatur und konstantem Volumen ab. Von außen wird bei diesen Prozessen keine Form von Arbeit zugeführt oder entnommen. Dann können wir behaupten, dass eine Fällung stattfindet, wenn die freie Energie des Systems „Salz in Lösung" größer als die des Systems „ausgefälltes Salz/Lösungsmittel" ist.

Interessant ist dabei, dass sich in der Relation $dF = dU - TdS$ bei einem isothermer Verlauf zwei konkurrierende Prozesse offenbaren. Energetisch ist nämlich die Fällung meistens ungünstig, da die innere Energie des separierten Systems oft höher als die innere Energie der Salzlösung ist. Aber der Entropiegewinn bei einer Fällung ist so beträchtlich, dass die freie Energie insgesamt geringer wird. Jedoch muss man auch hier sehr genau das Gesamtsystem beachten. Die Ionen selbst formen nach der Reaktion einen Kristall mit einer relativ hohen Ordnung und daher einer niedrigeren Entropie als die ungeordnete Verteilung im Lösungsmittel erwarten lässt. Trotzdem ist die Entropie der

Lösung viel geringer, denn jedes Ion baut im Lösungsmittel eine Ordnungsstruktur, die sogenannte Hydrathülle, auf und diese Ordnung sorgt für die Absenkung der Entropie in der Lösung und damit einen Entropiegewinn bei der Fällungsreaktion.

7.3.5
Die freie Enthalpie

7.3.5.1 Zustandsgleichungen

Aus der inneren Energie kann durch eine Legendre-Transformation bezüglich der Paare T und S, sowie p und V ein weiteres Potential, die freie Enthalpie, gewonnen werden. Die Transformation ergibt unter Verwendung von (7.95) mit $f = U, x_1 = S, y_1 = T, x_2 = V, y_2 = -p$ und $g = G$

$$U - TS + pV \equiv G(T, p, N) \tag{7.132}$$

Um die richtige Abhängigkeit der freien Enthalpie von den Variablen T, p und N zu bekommen, nutzt man die Beziehungen

$$p = -\left(\frac{\partial U}{\partial V}\right)_{S,N} \quad \text{und} \quad T = \left(\frac{\partial U}{\partial S}\right)_{V,N} \tag{7.133}$$

die wir nach V und S umstellen und in (7.132) einsetzen. Dadurch entsteht der explizite Zusammenhang

$$G(T, p, N) = U(S(T, p, N), V(T, p, N), N) - TS(T, p, N) + pV(T, p, N) \tag{7.134}$$

Verwendet man die Euler-Relation (7.96), dann erhält man

$$G = \mu N \tag{7.135}$$

Bilden wir das totale Differential von (7.134) und verwenden den Ausdruck (7.94), so erhalten wir

$$\begin{aligned} dG &= dU - TdS - SdT + pdV + Vdp & (7.136a) \\ &= -SdT + Vdp + \mu dN & (7.136b) \end{aligned}$$

Die zweite Zeile zeigt, dass die natürlichen Variablen der freien Enthalpie, wie oben schon angegeben, T, p und N sind. Dasselbe Ergebnis erhält man aus dem totalen Differential von (7.135), wenn man die Gibbs-Duhem-Relation (7.99) einsetzt. Der Vergleich mit

$$dG = \left(\frac{\partial G}{\partial T}\right)_{p,N} dT + \left(\frac{\partial G}{\partial p}\right)_{T,N} dp + \left(\frac{\partial G}{\partial N}\right)_{p,T} dN \tag{7.137}$$

führt dann auf die Zustandsgleichungen

$$S = -\left(\frac{\partial G}{\partial T}\right)_{p,N} \quad V = \left(\frac{\partial G}{\partial p}\right)_{T,N} \quad \mu = \left(\frac{\partial G}{\partial N}\right)_{p,T} \tag{7.138}$$

7.3.5.2 Freie Enthalpie und chemisches Potential

Eine Besonderheit ist die Verbindung der freien Enthalpie mit dem chemischen Potential. Wegen der Homogenität der freien Enthalpie gilt

$$G(T, p, \lambda N) = \lambda G(T, p, N) \tag{7.139}$$

Mit $\lambda = N^{-1}$ erhalten wir

$$G(T, p, N) = N G(T, p, 1) \tag{7.140}$$

und damit wegen (7.135)

$$\mu(T, p, N) = \frac{G(T, p, N)}{N} = G(T, p, 1) \tag{7.141}$$

d. h. das chemische Potential hängt nicht explizit von der Teilchenzahl ab, sondern ist ausschließlich eine Funktion der intensiven Variablen. Diese Aussage stimmt mit unseren früheren Überlegungen zur Gibbs-Duhem-Relation (7.99) überein. Im Fall mehrerer Komponenten ist übrigens die spezifische freie Enthalphie G/N gegeben durch

$$\frac{G}{N} = \sum_{A=1}^{M} \mu_A \frac{N_A}{N} \tag{7.142}$$

d. h. die spezifische freie Enthalpie ist ein kompositionsgemitteltes chemisches Potential. Analog zum Zusammenhang zwischen innerer Energie U und freier Energie F folgt aus (7.134) für die Beziehung zwischen Enthalpie H und freier Enthalpie G

$$H = G + TS \tag{7.143}$$

Drückt man die Entropie durch die erste der drei Zustandsgleichungen (7.138) aus, so ergibt sich

$$H = G - T\left(\frac{\partial G}{\partial T}\right)_{N,p} = -T^2 \frac{\partial\left(\frac{G}{T}\right)}{\partial T} \tag{7.144}$$

Die letzte Beziehung ist die *Gibbs-Helmholtz-Gleichung*. Sie ist im Prinzip der Relation (4.47) zwischen freier Energie und innerer Energie verwandt, wie überhaupt Enthalpie und innere Energie einerseits und freie Enthalpie und freie Energie andererseits sehr ähnliche thermodynamische Bedeutung haben[27].

7.3.5.3 Gleichgewichtsbedingung

Die freie Enthalpie benutzt man häufig zur Charakterisierung isotherm-isobarer Prozesse geschlossener Systeme. Bilden wir das totale Differential von (7.134)

$$dG = dU - TdS - SdT + pdV + Vdp \qquad (7.145)$$

findet man mit dem ersten Hauptsatz für reversible Prozesse

$$dG = \delta Q_{\text{rev}} + \delta A_{\text{rev}}^{\text{vol}} + \delta A_{\text{rev}}^{\text{rest}} - TdS - SdT + pdV + Vdp \qquad (7.146)$$

Ein reversibler Prozess bedingt $\delta Q_{\text{rev}} = TdS$ und $\delta A_{\text{rev}}^{\text{vol}} = -pdV$, so dass

$$dG + SdT - Vdp = \delta A_{\text{rev}}^{\text{rest}} \leq \delta A_{\text{irrev}}^{\text{rest}} \qquad (7.147)$$

Tauscht das System mit seiner Umgebung außer der Volumenarbeit keine andere Arbeit aus, dann ist

$$dG + SdT - Vdp \leq 0 \qquad (7.148)$$

und wenn man nun noch das System isotherm und isobar hält, dann gilt

$$dG \leq 0 \qquad (7.149)$$

Somit erhalten wir den Satz:

> In einem sich selbst überlassenen, geschlossenen, isotherm-isobaren System laufen Prozesse solange von selbst ab, bis die freie Enthalpie ihr Minimum erreicht hat.

Die freie Enthalpie wird vor allem zur Beschreibung langsamer chemischer Reaktionen genutzt. Diese laufen in den meisten Fällen unter konstantem Raumdruck und konstanter Temperatur ab, da bei diesen Prozessen die entstehende Reaktionswärme in die Umgebung abgeleitet werden kann. Typische Vertreter solcher Reaktionen sind elektrochemische oder biochemische Prozesse.

7.3.6
Das große Potential

7.3.6.1 Zustandsgleichungen

Hier wird eine Legendre-Transformation bezüglich der thermodynamisch konjugierten Paare T und S, sowie N und μ durchgeführt und wieder (7.95)

---

[27]) Wir finden diese Ähnlichkeit z. B. in den Bestimmungsgleichungen der Wärmekapazitäten wieder.

verwendet. Wir erhalten dann aus (7.87)

$$U - TS - \mu N \equiv \Omega(T, V, \mu) \tag{7.150}$$

Das große Potential Ω hängt von den natürlichen Variablen T, V und μ ab. Mit der Euler-Gleichung (7.96) ergibt sich sofort die schon bekannte Relation

$$\Omega = -pV \tag{7.151}$$

und das totale Differential wird unter Verwendung von (7.94)

$$\begin{align}
d\Omega &= dU - TdS - SdT - \mu dN - Nd\mu \tag{7.152a} \\
&= -SdT - pdV - Nd\mu \tag{7.152b}
\end{align}$$

Der Vergleich mit

$$d\Omega = \left(\frac{\partial \Omega}{\partial T}\right)_{V,\mu} dT + \left(\frac{\partial \Omega}{\partial V}\right)_{T,\mu} dV + \left(\frac{\partial \Omega}{\partial \mu}\right)_{V,T} d\mu \tag{7.153}$$

liefert die Zustandsgleichungen

$$S = -\left(\frac{\partial \Omega}{\partial T}\right)_{V,\mu} \qquad p = -\left(\frac{\partial \Omega}{\partial V}\right)_{T,\mu} \qquad N = -\left(\frac{\partial \Omega}{\partial \mu}\right)_{V,T} \tag{7.154}$$

die wir, zusammen mit dem großen Potential, bereits ausgiebig im Rahmen des großkanonischen Ensembles in Abschnitt 5.5 behandelt hatten.

7.3.6.2 Gleichgewichtsbedingung

Aus (7.150) folgt unter Beachtung des ersten Hauptsatzes der Thermodynamik

$$\begin{align}
d\Omega &= dU - TdS - SdT - \mu dN - Nd\mu \tag{7.155a} \\
&= \delta Q_{\text{rev}} + \delta A_{\text{rev}}^{\text{part}} + \delta A_{\text{rev}}^{\text{rest}} - TdS - SdT - \mu dN - Nd\mu \tag{7.155b}
\end{align}$$

Das hier auftretende Arbeitsdifferential $\delta A_{\text{rev}}^{\text{part}}$ erfasst die Arbeit, die durch Partikelaustausch am System verrichtet wird. Im Unterschied zu den vorangegangenen Abschnitten ist die Volumenarbeit jetzt in $\delta A_{\text{rev}}^{\text{rest}}$ enthalten. Bei einem reversiblen Prozess gilt $\delta Q_{\text{rev}} = TdS$, $\delta A_{\text{rev}}^{\text{part}} = \mu dN$ und wir erhalten

$$d\Omega + SdT + Nd\mu = \delta A_{\text{rev}}^{\text{rest}} < \delta A_{\text{irrev}}^{\text{rest}} \tag{7.156}$$

Wenn bei dem Prozess keine restliche Arbeit, also auch keine Volumenarbeit, geleistet wird, dann gilt

$$d\Omega + SdT + Nd\mu \leq 0 \tag{7.157}$$

Ist der Prozess zusätzlich noch isotherm und gilt $d\mu = 0$, dann haben wir folgende Gleichgewichtsbedingung

$$d\Omega \leq 0 \qquad (7.158)$$

Es gilt dann folgender Satz:

> In einem sich selbst überlassenen isothermen System mit $d\mu = 0$ laufen solange Prozesse von selbst ab, bis das große Potential ein Minimum erreicht hat.

7.3.7
Totale Legendre-Transformation

Wenn wir bezüglich aller Paare thermodynamisch konjugierter Variablen transformieren und (7.95) sowie die Euler-Relation (7.96) verwenden, erhalten wir die Relation

$$U - TS + pV - \mu N \equiv \Psi(T, p, \mu) \qquad (7.159)$$

Mit der Euler-Relation ergibt sich

$$\Psi = U - TS + pV - \mu N \equiv 0 \qquad (7.160)$$

Diese Beziehung ist zunächst überraschend, aber wenn man sich die natürlichen Variablen von Ψ ansieht, dann fällt sofort auf, dass sie alle intensiv sind. Da aber jedes Potential extensiv ist, muss natürlich auch für Ψ eine Skalenrelation, nämlich

$$\Psi(T, p, \mu) = \lambda \Psi(T, p, \mu) \qquad (7.161)$$

gelten, aus der zwingend $\Psi \equiv 0$ abgeleitet werden kann. Dieses Verhalten ist natürlich eng mit der Gibbs-Duhem-Relation verbunden, die ja die Unabhängigkeit aller intensiven Grössen verbietet.

7.4
Differentialrelationen

7.4.1
Differentiation nach den natürlichen Variablen

Neben dem großen Potential $\Omega(T, V, \mu)$ in Abschnitt 7.3.6 haben wir in den Abschnitten 7.3.2 bis 7.3.5 auch die innere Energie $U(S, V, N)$, die Enthalpie $H(S, p, N)$, die freie Energie $F(T, V, N)$, und die freie Enthalpie $G(T, p, N)$ sowie ihre Ableitungen nach den natürlichen Variablen betrachtet. Für den Fall konstanter Teilchenzahl N und der Potentiale in den Abschnitten 7.3.2 bis 7.3.5

hat sich in der Literatur ein Schema, das in Abbildung 7.11 dargestellte sog. thermodynamische Viereck, eingebürgert. An den Seiten des Vierecks stehen die thermodynamischen Potentiale, an den daneben liegenden Ecken die zugehörigen natürlichen Variablen. Die Ableitung eines Potentials (z. B. der inneren Energie U) nach einer der beiden natürlichen Variablen (z. B. dem Volumen V) bei konstanter zweiter Variablen (z. B. der Entropie S) ist dann gleich der Variablen, die man am anderen Ende der zugehörigen Diagonalen findet (in dem Beispiel $-p$). Das negative Vorzeichen ergibt sich dadurch, dass man die Diagonale entgegen der Pfeilrichtung durchlaufen muss. Zusammengefasst erhält man also

$$\left(\frac{\partial U}{\partial V}\right)_S = -p, \qquad \left(\frac{\partial U}{\partial S}\right)_V = +T \qquad (7.162)$$

Für die anderen Potentiale erhält man die ersten Ableitungen analog.

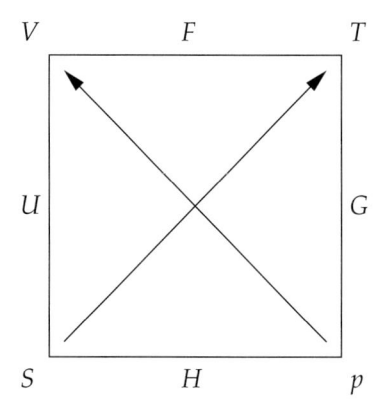

Abb. 7.11 Thermodynamisches Viereck

7.4.2
Ableitungen nach nichtnatürlichen Variablen

Unter Verwendung des Ausdrucks für das totale Differential der inneren Energie (7.94), $dU = TdS - pdV + \mu dN$, erhalten wir für isochore Prozesse bei konstanter Teilchenzahl

$$\left(\frac{\partial U}{\partial T}\right)_{V,N} = \left(\frac{\partial U}{\partial S}\right)_{V,N} \left(\frac{\partial S}{\partial T}\right)_{V,N} = T\left(\frac{1}{T}\frac{\partial Q_{\text{rev}}}{\partial T}\right)_{V,N} = \left(\frac{\partial Q_{\text{rev}}}{\partial T}\right)_{V,N} = C_V \qquad (7.163)$$

Analog erhält man für isobare Prozesse bei konstanter Teilchenzahl unter Verwendung des Ausdrucks (7.111b) für das totale Differential der Enthalpie

$$dH = TdS + Vdp + \mu dN$$

$$\left(\frac{\partial H}{\partial T}\right)_{p,N} = \left(\frac{\partial H}{\partial S}\right)_{p,N} \left(\frac{\partial S}{\partial T}\right)_{p,N} = T\left(\frac{1}{T}\frac{\partial Q_{\text{rev}}}{\partial T}\right)_{p,N} = \left(\frac{\partial Q_{\text{rev}}}{\partial T}\right)_{p,N} = C_p \quad (7.164)$$

Schließlich betrachten wir noch einen Ausdruck, bei dem nach einer natürlichen Variablen differenziert wird, aber die konstant zu haltende Variable T keine natürliche Variable ist. Mit $T = \text{const.}$ und $N = \text{const.}$ folgt aus (7.94)

$$\left(\frac{\partial U}{\partial V}\right)_{T,N} = T\left(\frac{\partial S}{\partial V}\right)_{T,N} - p \quad (7.165)$$

Im Vorgriff auf eine der Maxwell-Relationen, nämlich (7.173), verwenden wir

$$\left(\frac{\partial S}{\partial V}\right)_{T,N} = \left(\frac{\partial p}{\partial T}\right)_{V,N} \quad (7.166)$$

und erhalten damit

$$\left(\frac{\partial U}{\partial V}\right)_{T,N} = T\left(\frac{\partial p}{\partial T}\right)_{V,N} - p = T^2\left(\frac{\partial \frac{p}{T}}{\partial T}\right)_{V,N} \quad (7.167)$$

Im Spezialfall des idealen Gases ist die Zustandsgleichung gegeben durch $pV = NkT$. Damit ist dann $\partial(p/T)/\partial T = 0$ und folglich finden wir, dass für ein ideales Gas wegen dem aus (7.167) folgenden Resultat $(\partial U/\partial V)_{T,N} = 0$ die innere Energie nicht vom Volumen abhängig ist.

7.4.3
Maxwell-Relationen

7.4.3.1 Integrabilitätsbedingungen, Maxwell-Relationen

Die Tatsache, dass die Zustandsgleichungen auf thermodynamischen Potentialen basieren, erlaubt die Konstruktion einer Reihe weiterer Differentialrelationen, die als *Maxwell-Relationen* bekannt sind. Die Ursache hierfür sind die Existenzbedingung für totale Differentiale. Wenn das Differential

$$df = \sum_{i=1}^{R} h_i dx_i \quad (7.168)$$

das totale Differential einer Funktion $f(x_1, x_2, ..., x_R)$ ist, dann müssen die Koeffizienten h_i den Bedingungsgleichungen

$$\frac{\partial h_i}{\partial x_j} = \frac{\partial h_j}{\partial x_i} \quad (7.169)$$

genügen[28]. Wenn wir umgekehrt aber wissen, dass eine solche Funktion f existiert, dann sind die Relationen (7.169) neue Differentialrelationen, die zur

---
[28]) siehe Band I, Abschnitte 3.6.5 und 6.2.1

Diskussion der thermodynamischen Eigenschaften eines Systems verwendet werden können.

Wir wollen dieses Konzept auf die thermodynamischen Potentiale anwenden und starten dazu mit der inneren Energie. Aus dem totalen Differential (7.94) der inneren Energie

$$dU = TdS - pdV + \mu dN \tag{7.170}$$

folgen die Maxwell-Relationen

$$\left(\frac{\partial T}{\partial V}\right)_{S,N} = -\left(\frac{\partial p}{\partial S}\right)_{V,N}, \quad \left(\frac{\partial T}{\partial N}\right)_{S,V} = \left(\frac{\partial \mu}{\partial S}\right)_{V,N}, \quad \left(\frac{\partial p}{\partial N}\right)_{S,V} = -\left(\frac{\partial \mu}{\partial V}\right)_{S,N} \tag{7.171}$$

Man beachte, dass in diesem Fall die Indizierung der bei der Differentation konstant zu haltenden Größen nicht mehr so überflüssig wie in den vorangegangenen Kapiteln erscheint. Immerhin teilen sie uns mit, von welchen Variablen bei einer beliebig herausgegriffenen Maxwell-Relation die abzuleitenden Größen eigentlich abhängig sind bzw. vor der Bildung der Ableitung durch geeignete Transformationen erst abhängig gemacht werden müssen.

Benutzen wir die freie Energie als Potential, dann liefert uns (7.125b), also

$$dF = -SdT - pdV + \mu dN \tag{7.172}$$

die Maxwell-Relationen

$$\left(\frac{\partial S}{\partial V}\right)_{T,N} = \left(\frac{\partial p}{\partial T}\right)_{V,N}, \quad \left(\frac{\partial S}{\partial N}\right)_{T,V} = -\left(\frac{\partial \mu}{\partial T}\right)_{V,N}, \quad \left(\frac{\partial p}{\partial N}\right)_{T,V} = -\left(\frac{\partial \mu}{\partial V}\right)_{T,N} \tag{7.173}$$

Aus dem totalen Differential der Enthalpie (7.111b)

$$dH = TdS + Vdp + \mu dN \tag{7.174}$$

erhalten wir

$$\left(\frac{\partial T}{\partial p}\right)_{S,N} = \left(\frac{\partial V}{\partial S}\right)_{p,N}, \quad \left(\frac{\partial T}{\partial N}\right)_{S,p} = \left(\frac{\partial \mu}{\partial S}\right)_{p,N}, \quad \left(\frac{\partial V}{\partial N}\right)_{S,p} = \left(\frac{\partial \mu}{\partial p}\right)_{S,N} \tag{7.175}$$

während aus dem Differential der freien Enthalpie (7.136b)

$$dG = -SdT + Vdp + \mu dN \tag{7.176}$$

folgt

$$\left(\frac{\partial S}{\partial p}\right)_{T,N} = -\left(\frac{\partial V}{\partial T}\right)_{p,N}, \quad \left(\frac{\partial S}{\partial N}\right)_{T,p} = -\left(\frac{\partial \mu}{\partial T}\right)_{p,N}, \quad \left(\frac{\partial V}{\partial N}\right)_{T,p} = \left(\frac{\partial \mu}{\partial p}\right)_{T,N} \tag{7.177}$$

Schließlich liefert das totale Differential des großen Potentials (7.152b)

$$d\Omega = -SdT - Vdp - Nd\mu \qquad (7.178)$$

die Maxwell-Relationen

$$\left(\frac{\partial S}{\partial p}\right)_{T,\mu} = \left(\frac{\partial V}{\partial T}\right)_{p,\mu}, \quad \left(\frac{\partial S}{\partial \mu}\right)_{T,p} = \left(\frac{\partial N}{\partial T}\right)_{p,\mu}, \quad \left(\frac{\partial V}{\partial \mu}\right)_{T,p} = \left(\frac{\partial N}{\partial p}\right)_{T,\mu} \qquad (7.179)$$

Bevor wir die Maxwell-Relationen an zwei Beispielen illustrieren, soll darauf hingewiesen werden, dass alle nicht die Teilchenzahl N oder das chemische Potential μ enthaltenden Maxwell-Relationen sich ebenfalls anhand des thermodynamischen Vierecks in Abbildung 7.11 darstellen lassen. So erhält man z. B. die erste Relation von (7.171), also

$$\left(\frac{\partial T}{\partial V}\right)_S = -\left(\frac{\partial p}{\partial S}\right)_V \qquad (7.180)$$

indem man die Ableitung der Variablen in gleicher Reihenfolge an zwei parallelen Seiten des Vierecks nimmt, wobei jeweils die Variable an der durch die Diagonale mit der jeweils zu differenzierenden Variable verbundenen Ecke konstant zu halten ist. Dabei tritt ein Minuszeichen auf, wenn die Diagonale entgegen der Pfeilrichtung durchlaufen wird.

Wir wollen an einigen Beispielen demonstrieren, wie solche Relationen genutzt werden können. Natürlich kann man noch eine ganze Serie weiterer Anwendungen finden, die man aber besser in der speziellen Literatur studiert. Hier beschränken wir uns darauf, die isotherme Volumenabhängigkeit der inneren Energie durch die thermische Zustandsgleichung auszudrücken und die isotherme Druckabhängigkeit der inneren Energie auf bekannte Materialkonstanten zu reduzieren, um schließlich mit diesen Zusammenhängen adiabatische Prozesse zu beschreiben.

7.4.3.2 Isotherme Volumenabängigkeit der inneren Energie

Um die isotherme Volumenabhängigkeit der inneren Energie zu bestimmen, müssen wir die folgende Ableitung berechnen:

$$\left(\frac{\partial U}{\partial V}\right)_{T,N} = \left[\frac{\partial U(S,V,N)}{\partial V}\right]_{T,N} = \left(\frac{\partial U}{\partial S}\right)_{V,N}\left(\frac{\partial S}{\partial V}\right)_{T,N} + \left(\frac{\partial U}{\partial V}\right)_{S,N} \qquad (7.181)$$

Wir wenden auf der rechten Seite zunächst die Zustandsgleichungen an, die wir aus der inneren Energie mit (7.95) erhalten haben und gelangen zu

$$\left(\frac{\partial U}{\partial V}\right)_{T,N} = T\left(\frac{\partial S}{\partial V}\right)_{T,N} - p \qquad (7.182)$$

Die noch verbleibende Ableitung wird mit Hilfe einer der Maxwell-Relationen (7.173) der freien Energie umgeformt

$$\left(\frac{\partial U}{\partial V}\right)_{T,N} = T\left(\frac{\partial p}{\partial T}\right)_{V,N} - p \tag{7.183}$$

und damit ist

$$\left(\frac{\partial U}{\partial V}\right)_{T,N} = T^2\left(\frac{\partial p/T}{\partial T}\right)_{V,N} = -\left(\frac{\partial \frac{p}{T}}{\partial \frac{1}{T}}\right)_{V,N} \tag{7.184}$$

d. h. die Kenntnis der thermischen Zustandsgleichung $p = p(T, V, N)$ genügt vollauf, um die Volumenabhängigkeit der inneren Energie zu bestimmen.

7.4.3.3 Isotherme Druckabhängigkeit der inneren Energie

Die isotherme Druckabhängigkeit der inneren Energie wird durch die Ableitung

$$\left(\frac{\partial U}{\partial p}\right)_{T,N} = \left[\frac{\partial U(S,V,N)}{\partial p}\right]_{T,N} = \left(\frac{\partial U}{\partial S}\right)_{V,N}\left(\frac{\partial S}{\partial p}\right)_{T,N} + \left(\frac{\partial U}{\partial V}\right)_{S,N}\left(\frac{\partial V}{\partial p}\right)_{T,N} \tag{7.185}$$

charakterisiert. Wir nutzen zuerst wieder die Zustandsgleichungen (7.95) und gelangen so zu

$$\left(\frac{\partial U}{\partial p}\right)_{T,N} = T\left(\frac{\partial S}{\partial p}\right)_{T,N} - p\left(\frac{\partial V}{\partial p}\right)_{T,N} \tag{7.186}$$

Anschließend werden die Maxwell-Relationen (7.177) verwendet

$$\left(\frac{\partial U}{\partial p}\right)_{T,N} = -T\left(\frac{\partial V}{\partial T}\right)_{p,N} - p\left(\frac{\partial V}{\partial p}\right)_{T,N} \tag{7.187}$$

Beachtet man ferner, dass

$$\alpha = \frac{1}{V}\left(\frac{\partial V}{\partial T}\right)_{p,N} \tag{7.188}$$

der isobare thermische Ausdehnungskoeffizient ist und

$$\kappa = -\frac{1}{V}\left(\frac{\partial V}{\partial p}\right)_{T,N} \tag{7.189}$$

die isotherme Kompressibilität, dann erhalten wir für die Druckabhängigkeit der inneren Energie

$$\left(\frac{\partial U}{\partial p}\right)_{T,N} = V\left[p\kappa - T\alpha\right] \tag{7.190}$$

Diese beiden Beispiele haben gezeigt, dass $(\partial U/\partial V)_{T,N}$ aus der Temperaturabhängigkeit des Druckes bei konstanter Teilchenzahl und konstantem Volumen und $(\partial U/\partial p)_{T,N}$ aus der Kompressibilität und dem thermischen Ausdehnungskoeffizienten und damit aus Größen, die primär gar nicht mit der inneren Energie zusammenhängen, bestimmt werden können.

7.4.3.4 Adiabatische Prozesse

Eine wichtige Anwendung für die bisherigen Überlegungen sind adiabatische Prozesse. Bei diesen Prozessen wird keine Wärme ausgetauscht, so dass die Änderung der inneren Energie ausschließlich durch die dem System zugeführte Arbeit erfolgt. Mit $U = U(V, T)$ ist dann[29] für den adiabatischen Prozess bei konstanter Teilchenzahl

$$dU = \left(\frac{\partial U}{\partial T}\right)_V dT + \left(\frac{\partial U}{\partial V}\right)_T dV = -pdV \qquad (7.191)$$

woraus sich sofort die Relation

$$\left.\frac{dT}{dV}\right|_{adiab} = -\left(p + \left(\frac{\partial U}{\partial V}\right)_T\right)\left(\left(\frac{\partial U}{\partial T}\right)_V\right)^{-1} \qquad (7.192)$$

ableiten lässt. Andererseits folgt mit $U = U(T, V)$ aus (7.111a)

$$dH = dU + pdV = \left(\frac{\partial U}{\partial T}\right)_V dT + \left(\frac{\partial U}{\partial V}\right)_T dV + pdV \qquad (7.193)$$

und deshalb, wenn man den Druck konstant hält

$$\left(\frac{\partial H}{\partial T}\right)_p = \left(\frac{\partial U}{\partial T}\right)_V + \left[\left(\frac{\partial U}{\partial V}\right)_T + p\right]\left(\frac{\partial V}{\partial T}\right)_p \qquad (7.194)$$

Somit haben wir unter Beachtung von (7.115) und (7.102)

$$\left[\left(\frac{\partial U}{\partial V}\right)_T + p\right]\left(\frac{\partial V}{\partial T}\right)_p^{-1} = C_p - C_V \qquad (7.195)$$

so dass unter nochmaliger Beachtung von (7.102) aus (7.192) folgt

$$\left.\frac{dT}{dV}\right|_{adiab} = \frac{C_V - C_p}{C_V}\left(\frac{\partial V}{\partial T}\right)_p \qquad (7.196)$$

Kennt man also die thermische Zustandsgleichung und die Wärmekapazitäten, lässt sich aus dieser Gleichung auch die Temperaturänderung bei einem adiabatischen Prozess bestimmen. Für ein ideales Gas mit konstanten

---
[29] Man beachte, dass hier die innere Energie nicht in ihren natürlichen Variablen dargestellt ist.

Wärmekapazitäten gilt unter Beachtung der thermischen Zustandsgleichung $pV = NkT$ bei jeder adiabatischen Prozessführung

$$\frac{dT}{dV} = -\frac{C_p - C_V}{C_V}\frac{p}{Nk} = -\frac{C_p - C_V}{C_V}\frac{T}{V} = -(\gamma - 1)\frac{T}{V} \qquad (7.197)$$

wobei wir im letzten Ausdruck den adiabatischen Exponenten

$$\gamma = \frac{C_p}{C_V} \qquad (7.198)$$

eingeführt haben. Die Lösung der Differentialgleichung (7.197) führt sofort auf das Adiabatengesetz

$$\frac{T}{T_0} = \left(\frac{V}{V_0}\right)^{1-\gamma} \qquad (7.199)$$

wobei wir wegen[30] $C_V = 3/2 Nk$ und $C_p = 5/2 Nk$ auch sofort den adiabatischen Exponenten mit $\gamma = 5/3$ angeben können. Um eine äquivalente Relation auch für ein reales Gas zu bekommen, vor allem wenn man C_p nicht kennt, kann man die obigen Gleichungen noch etwas weiter umformen. Mit (7.183) können wir (7.192) unter Beachtung von (7.102) auch als

$$\left.\frac{dT}{dV}\right|_{adiab} = -T\left(\frac{\partial p}{\partial T}\right)_V \left(\left(\frac{\partial U}{\partial T}\right)_V\right)^{-1} = -\frac{T}{C_V}\left(\frac{\partial p}{\partial T}\right)_V \qquad (7.200)$$

schreiben. Benutzt man zur Beschreibung des realen Gases z. B. die van der Waals-Gleichung (6.62), dann ist

$$p + a\left(\frac{N}{V}\right)^2 = \frac{NkT}{V - Nb} \qquad (7.201)$$

und deshalb

$$\left(\frac{\partial p}{\partial T}\right)_V = \frac{Nk}{V - Nb} \qquad (7.202)$$

woraus mit (7.200) dann für den adiabatischen Prozess folgt

$$\left.\frac{dT}{dV}\right|_{adiab} = -\frac{1}{C_V}\frac{NkT}{V - Nb} \qquad (7.203)$$

Die Integration dieser Differentialgleichung ist bei vorausgesetzter konstanter Wärmekapazität C_V sofort möglich und liefert

$$\frac{T}{T_0} = \left(\frac{V - Nb}{V_0 - Nb}\right)^{1-\gamma} \qquad (7.204)$$

30) siehe Abschnitt 7.3.3.2

wobei der adiabatische Exponent jetzt durch

$$\gamma = \frac{Nk}{C_V} + 1 \qquad (7.205)$$

gegeben ist. Besitzt das Gas noch innere Freiheitsgrade, dann sind die Wärmekapazitäten i. A. temperaturabhängig, so dass sich dann auch komplizierte Abhängigkeiten zwischen Volumen und Temperatur ergeben. Hat man aber erst den Zusammenhang zwischen Temperatur und Volumen[31] während eines adiabatischen Prozesses bestimmt, dann kann man mit Hilfe der thermischen bzw. der kalorischen Zustandsgleichung auch weitere Beziehungen, etwa $p = p(V)$ bzw. $p = p(T)$ ableiten.

7.5
Jacobi-Transformationen

7.5.1
Transformationsformalismus

Wir haben mit den Maxwell-Relationen zwar eine ganze Gruppe von Identitäten in der Hand, um damit Ableitungen von thermodynamischen Größen ineinander überführen zu können, aber nicht jede Ableitung kann hiermit behandelt werden. Unter Umständen ist es auch zweckmäßig, die Variablen irgendeiner Zustandsgröße zu tauschen. Insbesondere wäre es ja auch interessant, Ableitungen thermodynamischer Größen bei der Konstanz bestimmter Potentiale zu erhalten oder solche Ausdrücke wie

$$\left(\frac{\partial S}{\partial T}\right)_{N,p} \quad \text{und} \quad \left(\frac{\partial S}{\partial p}\right)_{V,N} \qquad (7.206)$$

in Verbindung zu bringen. Die dazu benötigten Variablentransformationen werden technisch am einfachsten durch verallgemeinerte Ableitungen erzeugt. Diese Ableitungen basieren im Wesentlichen auf den *Jacobi-Matrizen* und werden deshalb auch *Jacobi-Transformationen* genannt.

Wir stellen zunächst einige mathematische Regeln bereit. Dazu betrachten wir einen Satz von Variablen $\{x_1, x_2, ..., x_M\}$, die in die neuen Variablen $\{y_1, y_2, ..., y_M\}$ transformiert werden sollen, wobei für jede neue Variable die Transformationsvorschrift $y_i = y_i(x_1, x_2, ..., x_M)$ mit $i = 1, ..., M$ existiert. Die Jakobi-Matrix ist dann definiert als

$$\underline{\underline{J}} = (J_{ij}) \quad \text{mit} \quad J_{ij} = \frac{\partial y_i}{\partial x_j} \qquad (7.207)$$

---

[31] also $T = T(V)$

Die entsprechende Determinante $J = \det \underline{\underline{J}}$ wird als *Jacobi-Determinante* bzw. *Jacobian* bezeichnet. Wir definieren jetzt die verallgemeinerte Ableitung zwischen den neuen und alten Variablen durch

$$\frac{\partial(y_1, y_2, \ldots, y_M)}{\partial(x_1, x_2, \ldots, x_M)} = J = \begin{vmatrix} \frac{\partial y_1}{\partial x_1} & \frac{\partial y_1}{\partial x_2} & \cdots \\ \frac{\partial y_2}{\partial x_1} & \frac{\partial y_2}{\partial x_2} & \\ \vdots & & \ddots \\ & & & \frac{\partial y_M}{\partial x_M} \end{vmatrix} \qquad (7.208)$$

und erhalten damit die im Folgenden dargestellten Regeln für das Rechnen mit verallgemeinerten Differentialkoeffizienten.

Regel 1
Vertauscht man in der verallgemeinerten Ableitung im Zähler oder im Nenner ein Paar von Variablen, dann wechselt die Ableitung ihr Vorzeichen. Diese Regel ist sofort verständlich, da ein solcher Tausch in der Jacobi-Matrix einen Zeilen- bzw. Spaltentausch verursacht und damit zu einem Vorzeichenwechsel des Wertes der Determinante führt. Wir haben somit z. B.

$$\frac{\partial(y_1, \ldots, y_\alpha, \ldots, y_\beta, \ldots, y_M)}{\partial(x_1, \ldots, x_\alpha, \ldots, x_\beta, \ldots, x_M)} = -\frac{\partial(y_1, \ldots, y_\beta, \ldots, y_\alpha, \ldots, y_M)}{\partial(x_1, \ldots, x_\alpha, \ldots, x_\beta, \ldots, x_M)}$$
$$= -\frac{\partial(y_1, \ldots, y_\alpha, \ldots, y_\beta, \ldots, y_M)}{\partial(x_1, \ldots, x_\beta, \ldots, x_\alpha, \ldots, x_M)} \qquad (7.209)$$

Regel 2
Werden die neuen Variablen $\{y_1, y_2, \ldots, y_M\}$ auf die Variablen $\{z_1, z_2, \ldots, z_M\}$ entsprechend $z_i = z_i(y_1, y_2, \ldots, y_M)$ mit $i = 1, \ldots, M$ transformiert, dann gilt eine verallgemeinerte Kettenregel. Um diese zu gewinnen, führen wir die Jacobi-Matrix

$$\underline{\underline{L}} = (L_{ij}) \qquad \text{mit} \qquad L_{ij} = \frac{\partial z_i}{\partial y_j} \qquad (7.210)$$

ein und berechnen das Produkt

$$\frac{\partial(z_1, \ldots, z_M)}{\partial(y_1, \ldots, y_M)} \frac{\partial(y_1, \ldots, y_M)}{\partial(x_1, \ldots, x_M)} = \det \underline{\underline{L}} \det \underline{\underline{J}} = \det(\underline{\underline{L}}\,\underline{\underline{J}}) \qquad (7.211)$$

Das Matrixprodukt bezeichnen wir mit $\underline{\underline{M}}$. Für die einzelnen Komponenten folgt

$$M_{ij} = \sum_{k=1}^{M} L_{ik} J_{kj} = \sum_{k=1}^{M} \frac{\partial z_i}{\partial y_k} \frac{\partial y_k}{\partial x_j} = \frac{\partial z_i}{\partial x_j} \qquad (7.212)$$

und damit
$$\det \underline{\underline{M}} = \frac{\partial (z_1, ..., z_M)}{\partial (x_1, ..., x_M)} \tag{7.213}$$

Wir erhalten also die verallgemeinerte Kettenregel

$$\frac{\partial (z_1, ..., z_M)}{\partial (x_1, ..., x_M)} = \frac{\partial (z_1, ..., z_M)}{\partial (y_1, ..., y_M)} \frac{\partial (y_1, ..., y_M)}{\partial (x_1, ..., x_M)} \tag{7.214}$$

Regel 3
Wegen der Definition der Jacobi-Determinante gilt natürlich sofort

$$\frac{\partial (x_1, ..., x_M)}{\partial (x_1, ..., x_M)} = 1 \tag{7.215}$$

Regel 4
Aus Regel (2) und Regel (3) folgt, wenn man $z_i = x_i$ für alle i wählt

$$\frac{\partial (x_1, ..., x_M)}{\partial (y_1, ..., y_M)} = \left[\frac{\partial (y_1, ..., y_M)}{\partial (x_1, ..., x_M)}\right]^{-1} \tag{7.216}$$

d. h. die Determinante der Rücktransformation ist gerade das Inverse der Deteminante der Vorwärtstransformation.

Regel 5
Es gilt insbesondere

$$\frac{\partial (y_1, x_2, ..., x_M)}{\partial (x_1, x_2, ..., x_M)} = \left(\frac{\partial y_1}{\partial x_1}\right)_{x_2, ..., x_M} \tag{7.217}$$

Diese Regel verbindet die bekannten thermodynamischen Ableitungen mit den verallgemeinerten Ableitungen und erlaubt die Anwendung des bereitgestellten Apparates. Wir wollen die Stärke dieser an sich formalen Technik an zwei Beispielen demonstrieren.

7.5.2
Differenz der spezifischen Wärmekapazitäten $C_p - C_V$

Im ersten Beispiel wollen wir die *Differenz der Wärmekapazitäten* $[C_p - C_V]/Nk$ auf experimentell einfach messbare Größen zurückführen. Da die Teilchenzahl in allen Ausdrücken eine Konstante ist, führen wir sie nicht extra auf. Wir starten von den Definitionsgleichungen (7.116) und (7.103) der Wärmekapazitäten und bilden die Differenz

$$C_p - C_V = T\left[\left(\frac{\partial S}{\partial T}\right)_p - \left(\frac{\partial S}{\partial T}\right)_V\right] \tag{7.218}$$

Dann schreiben wir zuerst mit Regel (5) und (2)

$$\left(\frac{\partial S}{\partial T}\right)_V = \frac{\partial (S,V)}{\partial (T,V)} = \frac{\partial (S,V)}{\partial (T,p)} \frac{\partial (T,p)}{\partial (T,V)} \tag{7.219}$$

und wenden Regel (4) an

$$\left(\frac{\partial S}{\partial T}\right)_V = \frac{\frac{\partial (S,V)}{\partial (T,p)}}{\frac{\partial (T,V)}{\partial (T,p)}} \tag{7.220}$$

Der Zähler wird als Determinante ausmultipliziert, im Nenner wird Regel (1) und (5) angewendet

$$\left(\frac{\partial S}{\partial T}\right)_V = \frac{\begin{vmatrix} \left(\frac{\partial S}{\partial T}\right)_p & \left(\frac{\partial S}{\partial p}\right)_T \\ \left(\frac{\partial V}{\partial T}\right)_p & \left(\frac{\partial V}{\partial p}\right)_T \end{vmatrix}}{\frac{\partial (V,T)}{\partial (p,T)}} = \frac{\left(\frac{\partial S}{\partial T}\right)_p \left(\frac{\partial V}{\partial p}\right)_T - \left(\frac{\partial S}{\partial p}\right)_T \left(\frac{\partial V}{\partial T}\right)_p}{\left(\frac{\partial V}{\partial p}\right)_T} \tag{7.221}$$

Verwenden wir jetzt noch die Maxwell-Relation

$$\left(\frac{\partial S}{\partial p}\right)_T = -\left(\frac{\partial V}{\partial T}\right)_p \tag{7.222}$$

dann erhalten wir

$$\left(\frac{\partial S}{\partial T}\right)_V = \left(\frac{\partial S}{\partial T}\right)_p + \frac{\left[\left(\frac{\partial V}{\partial T}\right)_p\right]^2}{\left(\frac{\partial V}{\partial p}\right)_T} \tag{7.223}$$

und damit

$$C_p - C_V = -T \frac{\left[\left(\frac{\partial V}{\partial T}\right)_p\right]^2}{\left(\frac{\partial V}{\partial p}\right)_T} \tag{7.224}$$

Beachtet man jetzt noch die Definition des isobaren thermischen Ausdehnungskoeffizienten α (7.188) und des isothermen Kompressionsmoduls κ (7.189), dann erhält man für die Differenz der Wärmekapazitäten

$$C_p - C_V = V \frac{\alpha^2 T}{\kappa} \tag{7.225}$$

7.5.3
Joule-Thomson-Koeffizient

Im Joule-Thomson-Experiment wird ein Gas über eine Drossel von einem Druck p_1 auf einen Druck p_2 entspannt. Bei dem Experiment bleibt die Enthalpie konstant. Das Gas wird abgekühlt und seine Abkühlung wird über den

Joule-Thomson-Koeffizienten charakterisiert. Der Joule-Thomson-Versuch ist ein Beispiel für ein Experiment bei konstant gehaltenem Potential. Wir wollen im zweiten Beispiel den Joule-Thomson-Koeffizienten bestimmen, der als Ableitung der Temperatur nach dem Druck bei konstanter Enthalpie definiert ist

$$\delta = \left(\frac{\partial T}{\partial p}\right)_H \tag{7.226}$$

Hier erhalten wir bei vorausgesetzt konstanter Teilchenzahl

$$\delta = \frac{\partial(T,H)}{\partial(p,H)} = \frac{\partial(T,H)}{\partial(p,T)}\frac{\partial(p,T)}{\partial(p,H)} = \frac{\partial(T,H)}{\partial(p,T)}\left[\frac{\partial(p,H)}{\partial(p,T)}\right]^{-1} \tag{7.227}$$

und damit

$$\delta = -\frac{\partial(H,T)}{\partial(p,T)}\left[\frac{\partial(H,p)}{\partial(T,p)}\right]^{-1} = -\frac{\left(\frac{\partial H}{\partial p}\right)_T}{\left(\frac{\partial H}{\partial T}\right)_p} \tag{7.228}$$

Der Nenner ist wegen $C_p = (\partial H/\partial T)_p$ eine bekannte Größe und für den Zähler schreiben wir unter Beachtung von $H = H(S, p, N)$ und den Zustandsgleichungen (7.113)

$$\left(\frac{\partial H}{\partial p}\right)_T = \left(\frac{\partial H}{\partial S}\right)_p \left(\frac{\partial S}{\partial p}\right)_T + \left(\frac{\partial H}{\partial p}\right)_S = T\left(\frac{\partial S}{\partial p}\right)_T + V \tag{7.229}$$

Benutzen wir noch die Maxwell-Relation (7.177)

$$\left(\frac{\partial S}{\partial p}\right)_T = -\left(\frac{\partial V}{\partial T}\right)_p \tag{7.230}$$

dann folgt unter Benutzung des isobaren thermischen Ausdehnungskoeffizienten α (7.188) und (7.115)

$$\delta = V\frac{T\alpha - 1}{C_p} \tag{7.231}$$

Die beiden Beispiele zeigen, dass mit Hilfe der Jacobi-Transformationen und der Maxwell-Relationen zunächst scheinbar weit voneinander entfernte Größen miteinander verbunden werden können.

7.6
Systeme mit verschiedenen Phasen und Komponenten

In einer Reihe von Beispielen hatten wir bisher ein- oder auch mehrkomponentige homogene Systeme betrachtet. Solche Systeme wiesen bei Abweseheit äußerer Felder in allen Regionen ihres makroskopischen Volumens gleiche Eigenschaften auf. Es gibt aber auch thermodynamische Situationen, bei denen ein Material im thermodynamischen Gleichgewicht in verschiedenen Aggregatzuständen vorliegt. So kann unter bestimmten Bedingungen Wasser und Eis ein stabiles System bilden. Offensichtlich können verschiedenen Modifikationen eines Materials, die *Phasen* genannt werden und gewöhnlich durch eine oder mehrere Grenzflächen voneinander getrennt sind, ein thermodynamisch stabiles System bilden. Wasser hat z. B. eine feste, eine flüssige und eine gasförmige Phase. Außerdem können feste und flüssige Phasen ihrerseits wieder in verschiedenen Modifikationen vorkommen. Beispiele sind verschiedene Kristallstrukturen der gleichen Substanz, ferromagnetische oder supraleitende Phasen bei Festkörpern, die superfluide Phase bei manchen Flüssigkeiten oder verschiedene Phasen bei Flüssigkristallen. Es gibt aber nur eine einzige Gasphase.

Jede Phase kann als ein thermodynamisches Subsystem aufgefasst werden. Wir nehmen an, dass unser System aus $\alpha = 1,\ldots,K$ Komponenten (Stoffe, Teilchensorten) in $i = 1,\ldots,P$ Phasen besteht. Wir werden im nächsten Abschnitt untersuchen, wie viele thermodynamische Variable bei einem solchen System noch nicht festgelegt sind, mit anderen Worten, wie viele *thermodynamische Freiheitsgrade* das System hat. In nachfolgenden Abschnitten werden wir untersuchen, wie ein aus verschiedenen Phasen und Komponenten zusammengesetztes System auf Änderungen der Bestandteile reagiert.

7.6.1
Die Gibbs'sche Phasenregel

Wir wollen zunächst der Frage nachgehen, wie viele intensive Variable eines Systems man unabhängig voneinander ändern kann, ohne die Zahl der koexistierenden Phasen zu verändern. Solche unabhängigen Variablen werden wie gesagt auch als *thermodynamische Freiheitsgrade F* bezeichnet.

Wie in der Einleitung schon dargelegt, gehen wir davon aus, dass wir ein System mit insgesamt K Komponenten (Stoffe, Teilchensorten) vorliegen haben, die durch den Index α mit $\alpha = 1,\ldots,K$ unterschieden werden. Dieses System soll in P Phasen vorliegen. Jede Phase kann als thermodynamisches Subsystem der Nummer i ($i = 1,\ldots,P$) aufgefasst werden. Zur Untersuchung dieser Frage führen wir folgende Notation ein:

$N_\alpha^{(i)}$ ist die Zahl der Teilchen der Komponente α in der Phase i

$\sum_{\alpha=1}^{K} N_\alpha^{(i)} = N^{(i)}$ ist die Gesamtzahl der Teilchen in der Phase i

$\sum_{i=1}^{P} N_\alpha^{(i)} = N_\alpha$ ist die Anzahl der Teilchen der Komponente α in allen Phasen

$c_\alpha^{(i)} = N_\alpha^{(i)}/N^{(i)}$ ist die Konzentration (die Fraktion, der relative Anteil) der Komponente α in der Phase i

Offensichtlich gilt dann

$$\sum_{\alpha=1}^{K} c_\alpha^{(i)} = \sum_{\alpha=1}^{K} \frac{N_\alpha^{(i)}}{N^{(i)}} = 1 \qquad (7.232)$$

Wir nehmen an, dass Druck und Temperatur im gesamten System vorgegeben seien. Dann wird sich das Gesamtsystem entsprechend (7.149), also

$$dG \leq 0 \qquad (7.233)$$

solange verändern, bis das Gleichgewicht eingetreten ist, d. h. bis die freie Enthalpie ihr Minimum erreicht hat. Die freie Enthalpie setzt sich additiv aus den Beiträgen der einzelnen Phasen zusammen

$$G(T, P, \{\{N_\alpha^{(i)}\}\}) = \sum_{i=1}^{P} G^{(i)}(T, P, \{N_\alpha^{(i)}\}) \qquad (7.234)$$

Dabei bedeutet $\{\{N_\alpha^{(i)}\}\}$ die Menge der Teilchenzahlen bezüglich der Phasen und Komponenten und $\{N_\alpha^{(i)}\}$ die Menge der Teilchenzahlen nur bezüglich der Komponenten innerhalb der Phase i.

Um das Minimum von G zu bestimmen, nutzen wir das Variationsprinzip. Hierbei ist die notwendige Bedingung für ein Extremum dadurch bestimmt, dass jede infinitesimale Variation der Teilchenzahlen $\delta N_\alpha^{(i)}$ auf $\delta G = 0$ führen muss. Bei der Variation müssen wir beachten, dass die Gesamtzahl der Teilchen jeder Sorte konstant ist. Damit ist

$$\sum_{i=1}^{P} N_\alpha^{(i)} = N_\alpha \quad \text{bzw.} \quad \sum_{i=1}^{P} \delta N_\alpha^{(i)} = 0 \qquad (7.235)$$

Diese Nebenbedingung berücksichtigen wir mit Hilfe von K Lagrange'schen Multiplikatoren[32] λ_α und erhalten so für die Variation von G

$$\delta G = \sum_{i=1}^{P} \sum_{\alpha=1}^{K} \left(\frac{\partial G^{(i)}}{\partial N_\alpha^{(i)}} - \lambda_\alpha \right) \delta N_\alpha^{(i)} = 0 \qquad (7.236)$$

Von den PK Variationen $\delta N_\alpha^{(i)}$ sind K durch die Gleichungen (7.235) festgelegt d. h. es gibt K abhängige Variationen. Wir können jetzt die K Multiplikatoren λ_α so bestimmen, dass K der PK Klammern in (7.236) verschwinden. Die mit diesen Klammern verbundenen Variationen erklären wir als abhängig. Die

---

[32] siehe Band I, Abschnitt 6.2.2

verbleibenden $(P-1)K$ Variationen der Teilchenzahlen sind dann unabhängig, so dass die ihnen zugeordneten Klammern ebenfalls verschwinden müssen. Als Ergebnis erhalten wir

$$\frac{\partial G^{(i)}}{\partial N_\alpha^{(i)}} = \lambda_\alpha \qquad (7.237)$$

Die linke Seite der Gleichung ist das chemische Potential $\mu_\alpha^{(i)}$ der Komponente α in der Phase i. Die Gleichung besagt, dass im Gleichgewicht die chemischen Potentiale eines Stoffes unabhängig von der Phase sind, also in allen Phasen denselben Wert haben müssen. Dieses Resultat stellt eine Verallgemeinerung des Ergebnisses von Abschnitt 3.3.6 dar.

Wir fassen die Gleichgewichtsbedingungen für ein aus P Phasen und K Komponenten bestehendes System zusammen. Nach Abschnitt 3.3.6 müssen im Gleichgewicht die Temperaturen und Drücke der verschiedenen Phasen übereinstimmen. Wir erhalten deshalb

$$T_1 = T_2 = \cdots = T_i = \cdots = T_P \qquad (7.238)$$

und

$$p_1 = p_2 = \cdots = p_i = \cdots = p_P \qquad (7.239)$$

Diese Aussagen sind verträglich mit der im Anschluss an (7.232) gestellten Forderung, dass Temperatur und Druck vorgegeben und in allen Phasen gleich sind und stellen $2(P-1)$ Gleichungen dar. Das Ergebnis (7.237) lautet ausgeschrieben

$$\begin{array}{ccccccc}
\mu_1^1 & = & \mu_2^1 & = & \cdots \mu_i^1 & \cdots = & \mu_P^1 \\
\mu_1^2 & = & \mu_2^2 & = & \cdots \mu_i^2 & \cdots = & \mu_P^2 \\
\vdots & & \vdots & & \vdots & & \vdots \\
\mu_1^\alpha & = & \mu_2^\alpha & = & \cdots \mu_i^\alpha & \cdots = & \mu_P^\alpha \\
\vdots & & \vdots & & \vdots & & \vdots \\
\mu_1^K & = & \mu_2^K & = & \cdots \mu_i^K & \cdots = & \mu_P^K
\end{array} \qquad (7.240)$$

und stellt $(P-1)K$ Gleichungen dar. Mit (7.238), (7.239) und (7.240) haben wir offenbar $2(P-1)+K(P-1)$ unabhängige Gleichgewichtsbedingungen zwischen den P Phasen.

Wir müssen jetzt noch die in dem thermodynamischen System auftretenden Variablen abzählen. Zunächst haben wir P Temperaturen und P Drücke. Dann liegen in jeder Phase noch $K-1$ unabhängige Konzentrationen der K Komponenten vor. Insgesamt haben wir also $2P+P(K-1)$ intensive Variable. Von diesen Variablen sind $2(P-1)+K(P-1)=(K+2)(P-1)$ durch die Gleichgewichtsbedingungen festgelegt. Die Zahl der freien Variablen, also die Zahl der thermodynamischen Freiheitsgrade F ist folglich

$$F = 2P + P(K-1) - (K+2)(P-1) \tag{7.241a}$$
$$F = K - P + 2 \tag{7.241b}$$

Diese als *Gibbs'sche Phasenregel* bezeichnet Relation besagt, dass bei einem K-komponentigen P-Phasensystem noch F intensive Variable frei gewählt werden können.

Werden mehr als diese F intensiven Größen unabhängig voneinander geändert, wird das Phasengleichgewicht zerstört und eine oder mehrere Phasen lösen sich im Allgemeinen auf.

Liegen mehrere Komponenten vor, dann können auch *chemische Reaktionen* zwischen diesen Komponenten stattfinden. Jede Reaktion verlangt aber eine Reaktionsgleichung mit einem stöchiometrisches Verhältnis, so dass die Teilchenzahlen weiteren Restriktionen unterworfen sind, die neben den thermischen Gleichgewichtsbedingungen zu berücksichtigen sind. Da jede Reaktion eine Zusatzbedingung mit sich bringt, reduziert sich die Zahl der thermodynamischen Freiheitsgrade bei R unabhängigen chemischen Reaktionen auf

$$F = K + 2 - P - R \tag{7.242}$$

7.6.2
Einkomponentige Systeme

In einkomponentigen Systemen haben wir $K = 1$. Weil keine chemischen Reaktionen stattfinden können, wird damit $R = 0$. Somit haben wir mit (7.242)

$$F = 3 - P \tag{7.243}$$

Offenbar ist $F \geq 0$ für $P \leq 3$ gewährleistet, so dass in einem einkomponentigen System eine, zwei oder drei Phasen miteinander koexistieren können und entsprechend zwei, eine oder null Variable frei sind.

7.6.2.1 Einphasige Systeme
Hier haben wir $F = 2$ und das System ist durch zwei intensive Variablen, z. B. T und p, gekennzeichnet. Die Systemgröße kann dann noch durch die Gesamtteilchenzahl N bestimmt werden. Dann ist z. B. die freie Enthalpie $G = G(T, p, N) = N\mu(p, T)$ durch genau diese Variablen erklärt, und alle anderen thermodynamischen Zustandsgrößen können hieraus abgeleitet werden. Wir kommen auf diese Weise zur Thermodynamik eines homogenen Systems.

7.6.2.2 Zweiphasige Systeme
Hier haben wir $F = 1$, d. h. nur eine intensive Größe, z. B. die Temperatur T, kann frei gewählt werden, ohne die Zweiphasigkeit zu zerstören. Die an-

deren intensiven Variablen sind dann Funktionen der Temperatur, also z. B. $p = p(T)$ oder $\mu = \mu(p(T), T) = \mu(T)$. Die Abhängigkeit zwischen den intensiven Variablen wird durch die Gleichgewichtsbedingungen fixiert und soll in den nächsten Kapiteln noch genauer untersucht werden. Neben der intensiven Größe gibt es noch zwei extensive Skalenfaktoren, z. B. die Teilchenzahlen N_1 und N_2 in den beiden Phasen. Dann ist z. B. die freie Enthalpie des Gesamtsystems

$$G = [N_1 \mu_1(T,p) + N_2 \mu_2(T,p)]_{p=p(T)} \qquad (7.244)$$

Aus G können dann alle weiteren thermodynamischen Größen des zweiphasigen Systems bestimmt werden, wobei nur zu beachten ist, dass der Druck durch die Relation $p = p(T)$ bei einer entsprechenden Temperatur fest vorgegeben ist. Die Dampfdruckgleichung von Clausius-Clapeyron ist ein Beispiel für ein System mit dieser Spezifikation und wird in Abschnitt 7.6.5 noch diskutiert.

7.6.2.3 Dreiphasige Systeme

Hier haben wir $P = 3$ und folglich $F = 0$, so dass keine intensive Größe mehr frei variiert werden kann. Die Gleichgewichtsbedingungen sind ein vollständiges Gleichungssystem mit einer oder evtl. auch mehreren Lösungen.

Jede Lösung ist ein wohldefinierter Tripelpunkt (p_{Tripel}, T_{Tripel}) in dem drei Phasen gleichzeitig existieren können. Die Größe der Phasen wird durch drei triviale Skalenparameter, z. B. N_1, N_2 und N_3 festgelegt.

7.6.3 Zweikomponentige Systeme

7.6.3.1 Vierphasige Systeme

Wenn wir von chemischen Reaktionen zunächst absehen, gilt $F = 4 - P$. In diesem Fall können maximal vier Phasen existieren. Es gilt dann $F = 0$. Eine Realisiserung für dieses System ist eine Mischung von Salmiak und Wasser. In dem Punkt mit vier Phasen liegen vor: Gas, Lösung Salmiak und Wasser, Eis, fester Salmiak.

7.6.3.2 Dreiphasige Systeme

In Abhängigkeit von den Systemparametern erhalten wir bei dem System Wasser-Salmiak drei Phasen und einen Freiheitsgrad, z. B. den Druck. In diesem Fall liegen folgende Phasen vor: Eis, fester Salmiak, Lösung Salmiak und Wasser. Die Gasphase existiert nicht.

7.6.3.3 Zweiphasige Systeme

Bei dem betrachteten System liegen zwei Phasen vor: (Eis, Lösung) oder (fester Salmiak, Lösung) oder (Eis, fester Salmiak). Als Freiheitsgrade kommen

z. B. T und p in Frage. In diese Gruppe gehören auch gesättigte Lösungen, d. h. Lösungen aus Lösungsmittel und Substrat, die mit dem reinen ungelösten Substrat im Gleichgewicht sind. Die Zahl der Komponenten ist $K = 2$ (Lösungsmittel und Substrat) und die Zahl der Phasen ist ebenfalls $P = 2$ (Lösung und reines Substrat, das gewöhnlich einen Bodensatz bildet). Die Zahl der Freiheitsgrade ist $F = 2$. Die chemischen Potentiale des Substrats in der Phase „Bodensatz" (1) und der Phase „Lösung" (2) müssen gleich sein. Aus der Gleichheit der chemischen Potentiale kann die Sättigungskonzentration in Abhängigkeit von Druck p und Temperatur T bestimmt werden

$$\mu^{(1)}(p,T) = \mu^{(2)}(p,T,c_s) \quad \rightarrow \quad c_s = c_s(p,T) \quad (7.245)$$

Mit anderen Systemen dieser Kategorie, die wir in den folgenden Abschnitten noch betrachten werden, können aber auch solche Phänomene wie Gefrierpunktserniedrigung, Siedepunktserhöhung oder Dampfdruckerniedrigung erklärt werden.

7.6.4
Mehrkomponentige Systeme mit einer Phase

7.6.4.1 Systeme ohne chemische Reaktionen
Aus der Gibbs'schen Phasenregel (7.242) ergibt sich wegen $P = 1$ die Zahl der thermodynamischen Freiheitsgrade eines solchen Systems zu

$$F = K + 1 - R \quad (7.246)$$

Sind keine chemischen Reaktionen vorhanden, dann ist $F = K + 1$. Bei einem Zweikomponentensystem wird $F = 3$. Neben der Temperatur und dem Druck kann noch die Konzentration einer der beiden Komponenten vorgegeben werden. Im allgemeinen Falle sind die Konzentrationen (Anteile, Fraktionen) c_A der einzelnen Komponenten ($A = 1, ..., K$) intensive Größen und durch

$$c_A = \frac{N_A}{N} \quad (7.247)$$

gegeben und erfüllen

$$\sum_{A=1}^{K} c_A = 1 \quad (7.248)$$

Deshalb sind nur $K - 1$ Konzentrationen frei wählbar. Neben den $K - 1$ unabhängigen Konzentrationen sind noch Druck und Temperatur frei wählbar, so dass in Übereinstimmung mit der Gibbs'schen Phasenregel $K + 1$ thermodynamische Freiheitsgrade existieren.

7.6.4.2 Systeme mit chemischen Reaktionen
Erlaubt man noch chemische Reaktionen zwischen den Komponenten, dann reduziert sich die Zahl der Freiheitsgrade. Dazu betrachten wir einen Satz von

chemischen Reaktionen, die z. B. in Form von Bilanzgleichungen beschrieben werden

$$\alpha_1^{(r)} K_1 + \alpha_2^{(r)} K_2 + \cdots + \alpha_K^{(r)} K_K \rightleftharpoons \gamma_1^{(r)} K_1 + \gamma_2^{(r)} K_2 + \cdots + \gamma_K^{(r)} K_K \quad (7.249)$$

Die stöchiometrischen Koeffizienten $\alpha_A^{(r)}$ ($A = 1, ..., K$) für die Edukte und $\gamma_A^{(r)}$ ($A = 1, ..., K$) für die Produkte charakterisieren die chemischen Reaktionen r ($r = 1, ..., R$) vollständig. So ist z. B. für die Reaktion

$$2\,SO_2 + O_2 \rightleftharpoons 2\,SO_3 \quad (7.250)$$

die Zuordnung $R = 1$ und

$$\begin{array}{llllll}
K_1 &=& SO_2 & \alpha_1^{(1)} = 2 & \gamma_1^{(1)} = 0 \\
K_2 &=& O_2 & \alpha_2^{(1)} = 1 & \gamma_2^{(1)} = 0 \\
K_3 &=& SO_3 & \alpha_3^{(1)} = 0 & \gamma_3^{(1)} = 2
\end{array} \quad (7.251)$$

notwendig. Ist das System geschlossen, dann kann sich die Teilchenzahl nur durch die chemischen Reaktionen ändern. Erlauben wir vorerst nur eine Reaktion r, dann gelten zwischen den Änderungen der einzelnen Teilchenzahlen die Bedingungen

$$\frac{dN_1}{\gamma_1^{(r)} - \alpha_1^{(r)}} = \frac{dN_2}{\gamma_2^{(r)} - \alpha_2^{(r)}} = \cdots = \frac{dN_K}{\gamma_K^{(r)} - \alpha_K^{(r)}} = dy^{(r)} \quad (7.252)$$

wobei $dy^{(r)}$ eine frei wählbare differentielle Größe proportional zur Reaktionslaufzahl[33] ist. Werden jetzt auch die anderen Reaktionen wieder zugelassen, verallgemeinert sich diese Relation zu

$$dN_A = \sum_{r=1}^{R} \left(\gamma_A^{(r)} - \alpha_A^{(r)} \right) dy^{(r)} \quad (7.253)$$

wobei $A = 1, \ldots, K$ und die $dy^{(r)}$ frei wählbare Differentiale sind. Das totale Differential der freien Enthalpie in einem geschlossenen System ist dann unter Beachtung von (7.137), (7.142) und der chemischen Reaktionen (7.249)

$$dG + SdT - Vdp = \sum_{A=1}^{K} \mu_A dN_A = \sum_{r=1}^{R} \left[\sum_{A=1}^{K} \mu_A \left(\gamma_A^{(r)} - \alpha_A^{(r)} \right) \right] dy^{(r)}$$

Lässt man die Reaktionen isobar und isotherm laufen, dann wird dG nur von den Parametern $dy^{(r)}$ kontrolliert. Diese stellen sich so ein, dass im Gleichgewicht die freie Enthalpie minimal wird. Das bedeutet insbesondere, dass

---

[33]) Die Änderung der Reaktionslaufzahl um 1 beschreibt genau einen Formelumsatz der chemischen Reaktion.

$dG/dy^{(r)} = 0$ und damit

$$\sum_{A=1}^{K} \mu_A \left(\gamma_A^{(r)} - \alpha_A^{(r)} \right) = 0 \tag{7.254}$$

gelten muss. Jede dieser R Gleichungen ist eine zusätzliche Restriktion, die die Anzahl der thermodynamischen Freiheitsgrade von $F = K + 1$ auf $F = K + 1 - R$ reduziert.

7.6.4.3 Kompositionsabhängigkeit des chemischen Potentials

Um diese Gleichungen weiter thermodynamisch auswerten zu können, benötigen wir einige Aussagen über die Kompositionsabhängigkeit der chemischen Potentiale. In den Abschnitten 4.6.1 und 5.7 hatten wir diese Abhängigkeit für ideale Gase bestimmt. Wir werden jetzt eine allgemeinere Argumentation zur Ableitung der Kompositionsabhängigkeit der chemischen Potentiale verwenden. Dazu nutzen wir die, unter Umständen sehr grobe, Annahme, dass die Kompositionsabhängigkeit der chemischen Potentiale hauptsächlich ein entropischer Effekt ist und die energetische Wechselwirkung mit anderen Komponenten vernachlässigt werden kann. Man kann sich das so vorstellen, dass das System zwar aus Teilchen verschiedener Komponenten besteht, die Wechselwirkung dieser Partikel untereinander aber in erster Näherung identisch ist. Unter Beachtung unserer Überlegungen zur Virialentwicklung in Abschnitt 6.1.1 können wir dann schließen, dass sich die freie Energie eines solchen Gemisches unterschiedlicher Partikel mit identischer Paarwechselwirkung aus dem idealen Beitrag und dem Wechselwirkungsbeitrag, (6.4) und (6.5), zusammensetzt. Der Wechselwirkungsbeitrag enthält aber in der vorgeschlagenen Näherung gar keine Unterscheidung der einzelnen Partikel mehr, so dass

$$F = F_{\text{ideal}}(T, V, N_1, ..., N_K) + F_{WW}(T, V, N) \tag{7.255}$$

gilt. Dann ist

$$\mu_A = \left(\frac{\partial F}{\partial N_A} \right)_{V,T,N_B \neq N_A} = \left(\frac{\partial F_{\text{ideal}}}{\partial N_A} \right)_{V,T,N_B \neq N_A} + \left(\frac{\partial F_{WW}}{\partial N} \right)_{V,T} \left(\frac{\partial N}{\partial N_A} \right)$$

Der letzte Beitrag ergibt einen kompositionsunabhängigen Anteil

$$\mu_{WW} = \left(\frac{\partial F_{WW}}{\partial N} \right)_{V,T} \left(\frac{\partial N}{\partial N_A} \right) = \left(\frac{\partial F_{WW}}{\partial N} \right)_{V,T} \tag{7.256}$$

Um den ersten Summanden zu bestimmen, nutzen wir die freie Energie (4.79c) des idealen Gasgemisches

$$F_{\text{ideal}} = -kT \sum_{A=1}^{M} N_A \left[\ln \left(\frac{V}{N_A \lambda_A^3} \right) + 1 \right] \tag{7.257}$$

und erhalten

$$\left(\frac{\partial F_{\text{ideal}}}{\partial N_A}\right)_{V,T,N_B \neq N_A} = -kT \ln\left(\frac{V}{N_A \lambda_A^3}\right) = -kT \ln\left(\frac{V}{N \lambda_A^3}\right) + kT \ln c_A \tag{7.258}$$

Damit ist

$$\mu_A = \left(\frac{\partial F}{\partial N_A}\right)_{V,T,N_B \neq N_A} \tag{7.259a}$$

$$= \mu_{WW} - kT \ln\left(\frac{V}{N \lambda_A^3}\right) + kT \ln c_A \tag{7.259b}$$

$$\mu_A = \mu_A^0 + kT \ln c_A \tag{7.259c}$$

wobei alle kompositionsunabhängigen[34] Beiträge in μ_A^0 gesammelt wurden. Prinzipiell kann μ_A^0 auch als das chemische Potential der reinen Komponente A bezeichnet werden[35]. Setzen wir jetzt diese Gleichung in (7.254) ein, dann bekommen wir

$$\sum_{A=1}^{K} \mu_A^0 \left(\alpha_A^{(r)} - \gamma_A^{(r)}\right) = kT \sum_{A=1}^{K} \left(\gamma_A^{(r)} - \alpha_A^{(r)}\right) \ln c_A \tag{7.260}$$

und damit

$$K^{(r)}(p,T) = \exp\left\{\frac{1}{kT} \sum_{A=1}^{K} \mu_A^0 \left(\alpha_A^{(r)} - \gamma_A^{(r)}\right)\right\} = \prod_{A=1}^{K} c_A^{\gamma_A^{(r)} - \alpha_A^{(r)}} \tag{7.261}$$

Zu jeder Reaktion r kann eine solche Gleichung gefunden werden. Die hierbei auftretenden, hauptsächlich von den chemischen Potentialen μ_A^0 bestimmten Größen $K^{(r)}(p,T)$ heißen *chemische Gleichgewichtskonstanten* und sind nur noch von p und T abhängig. Diese sind für die überwiegende Anzahl von chemischen Reaktionen sehr gut tabelliert. Das Verhältnis der durch die stöchiometrischen Koeffizienten bestimmten Potenzen der Fraktionen ist der Inhalt des *Massenwirkungsgesetzes*

$$K^{(r)}(p,T) = \prod_{A=1}^{K} \frac{c_A^{\gamma_A^{(r)}}}{c_A^{\alpha_A^{(r)}}} \tag{7.262}$$

So gilt für die obige Beispielreaktion

$$K(p,T) = \frac{c_{SO_3}^2}{c_{SO_2}^2 c_{O_2}} = \frac{c_{SO_3}^2}{c_{SO_2}^2 \left[1 - c_{SO_3} - c_{SO_2}\right]} \tag{7.263}$$

[34] d. h. konzentrationsunabhängigen
[35] In diesem Fall ist $c_A = 1$ und der Kompositionsanteil in μ_A verschwindet.

d. h. es stellt sich ein Gleichgewicht ein, bei dem noch Druck, Temperatur und die Fraktion einer Komponente frei gewählt werden können. Dann wäre $F = 3$ zu erwarten, was wegen $K = 3$ und $R = 1$ natürlich auch direkt aus der Gibbs'schen Phasenregel folgt.

Als zweites Beispiel betrachten wir ein fünfkomponentiges System mit drei Reaktionen

$$\begin{aligned} CO + H_2O &\rightleftharpoons CO_2 + H_2 \\ 2\,CO + O_2 &\rightleftharpoons 2\,CO_2 \\ 2\,H_2 + O_2 &\rightleftharpoons 2\,H_2O \end{aligned} \quad (7.264)$$

Wir würden demnach drei Massenwirkungsgesetze formulieren können

$$K^{(1)} = \frac{c_{CO_2} c_{H_2}}{c_{H_2O} c_{CO}} \qquad K^{(2)} = \frac{c_{CO_2}^2}{c_{O_2} c_{CO}^2} \qquad K^{(3)} = \frac{c_{H_2O}^2}{c_{H_2}^2 c_{O_2}} \quad (7.265)$$

Formal hätten wir also $F = K + 1 - R = 5 + 1 - 3 = 3$ thermodynamische Freiheitsgrade. Neben Druck und Temperatur könnte man so noch eine Fraktion frei wählen. Aber man erkennt sofort, dass

$$\left[K^{(1)}\right]^2 K^{(3)} = K^{(2)} \quad (7.266)$$

gelten muss, d. h. eine der drei Gleichungen (7.265) fixiert nur eine der Gleichgewichtskonstanten, reduziert aber nicht die Zahl der Freiheitsgrade. Wir haben es hier mit dem Fall abhängiger chemischer Reaktionen (oder auch zusammengesetzter chemischer Reaktionen) zu tun. Man erkennt diese Situation am besten, wenn man die Differenzen der stöchiometrischen Koeffizienten zu Vektoren zusammenfasst, also die sogenannten *Reaktionsvektoren* $\vec{R}^{(r)}$ mit den Koeffizienten

$$R_A^{(r)} = \gamma_A^{(r)} - \alpha_A^{(r)} \quad (7.267)$$

bildet. In unserem Beispiel ist dann mit den Komponenten CO ($A = 1$), CO_2 ($A = 2$), H_2O ($A = 3$), H_2 ($A = 4$) und O_2 ($A = 5$):

$$\vec{R}^{(1)} = \begin{pmatrix} -1 \\ +1 \\ -1 \\ +1 \\ 0 \end{pmatrix} \qquad \vec{R}^{(2)} = \begin{pmatrix} -2 \\ +2 \\ 0 \\ 0 \\ -1 \end{pmatrix} \qquad \vec{R}^{(3)} = \begin{pmatrix} 0 \\ 0 \\ +2 \\ -2 \\ -1 \end{pmatrix} \quad (7.268)$$

und damit

$$2\vec{R}^{(1)} + \vec{R}^{(3)} = \vec{R}^{(2)} \quad (7.269)$$

d. h. ein Reaktionsvektor ist linear von den anderen Reaktionsvektoren abhängig. In diesem Fall ist eine Reaktion aus den anderen kombinierbar und zählt nicht als eigenständige Reaktion. Wir erhalten in der chemischen Symbolschreibweise

$$2\,(CO + H_2O) \rightleftharpoons 2\,CO + 2\,H_2 + O_2 \rightleftharpoons 2\,CO_2 + 2\,H_2 \tag{7.270}$$

Dabei wurde im ersten Schritt die dritte Reaktion, im zweiten Schritt die zweite Reaktion verwendet. In der Bilanz ergibt sich wie erwartet die erste Reaktion

$$CO + H_2O \rightleftharpoons CO_2 + H_2 \tag{7.271}$$

Es ist also stets darauf zu achten, dass in R nur die chemisch unabhängigen Reaktionen berücksichtigt werden.

7.6.5
Clausius-Clapeyron-Gleichung

Die Clausius-Clapeyron-Gleichung bezieht sich auf das in Abschnitt 7.6.2.2 angesprochene System. Wir nehmen also an, dass sich in einem einkomponentigen System zwei Phasen bei einer gegebenen Temperatur T und einem gegebenen Druck p im thermischen Gleichgewicht, d. h. in Koexistenz, befinden. Dann ergibt sich die Frage, wie bei einer infinitesimalen Temperaturänderung dT der Druck geändert werden muss, damit weiterhin zwei Phasen bestehen können. Wir wissen ja bereits von der Diskussion der Gibbs'schen Phasenregel, dass eine solche Relation durch die Funktion $p = p(T)$ vermittelt wird, wobei wir bisher aber diese Beziehung noch nicht explizit angegeben haben. Die drei Gleichgewichtsbedingungen für beide Phasen lauten

$$T_1 = T_2 = T \qquad p_1 = p_2 = p \tag{7.272}$$

und

$$\mu_1(p,T) = \mu_2(p,T) \tag{7.273}$$

Die chemischen Potentiale sind natürlich in beiden Phasen unterschiedliche funktionale Zusammenhänge, so dass die letzte Gleichung formal nach p aufgelöst werden kann und damit einen quantitativen Zusammenhang $p = p(T)$ ermöglicht. Das chemische Potential ist aber thermodynamisch schwierig zu bestimmen. Wir wollen deshalb die Relation $p = p(T)$ mit geläufigen thermodynamischen Größen verbinden. Dazu bilden wir mit Hilfe der Gibbs-Duhem-Beziehung (7.99) das totale Differential des chemischen Potentials in beiden Phasen

$$d\mu_1 = -\frac{S_1}{N_1}dT + \frac{V_1}{N_1}dp \quad \text{und} \quad d\mu_2 = -\frac{S_2}{N_2}dT + \frac{V_2}{N_2}dp \tag{7.274}$$

und führen die Entropiedichte

$$s_i = \frac{S_i}{N_i} \tag{7.275}$$

und das spezifische Volumen
$$v_i = \frac{V_i}{N_i} \qquad (7.276)$$
ein. Wenn die beiden Phasen auch nach einer Temperatur- und Druckänderung nebeneinander vorliegen sollen, dann muss $d\mu_1 = d\mu_2$ gelten, d. h. der Druck genügt der Differentialgleichung
$$\frac{dp}{dT} = \frac{s_1 - s_2}{v_1 - v_2} \qquad (7.277)$$
Diese Differentialgleichung wird als *Clausius-Clapeyron-Gleichung* bezeichnet. In den meisten Fällen kann sie noch etwas spezifiziert werden. So ist insbesondere
$$\Delta q_{12}(T) = T(s_2 - s_1) \qquad (7.278)$$
die spezifische *Phasenumwandlungswärme*. Das ist die Wärmemenge, die benötigt wird, um bei der Temperatur T ein Partikel aus der Phase 1 in die Phase 2 zu bringen. Damit erhalten wir
$$\frac{dp}{dT} = \frac{\Delta q_{12}(T)}{T(v_2 - v_1)} \qquad (7.279)$$
Ist Phase 1 eine Flüssigkeit und Phase 2 ein Gas, dann ist speziell Δq_{12} die Verdampfungswärme Δq_K (Index K: Kochpunkt) und wir haben $v_2 \gg v_1$, so dass
$$\frac{dp}{dT} \approx \frac{\Delta q_K(T)}{T v_2} \qquad (7.280)$$
In der betrachteten Situation beschreibt die Kurve die Koexistenz von Gas und Flüssigkeit und wird *Clausius-Clapeyron'sche Dampfdruckkurve* genannt. Um eine Abschätzung der Kurve $p = p(T)$ zu erhalten, nehmen wir an, dass sich die Gasphase wie ein ideales Gas verhält. Dann ist $v_2 = kT/p$. Das ist zwar eine an sich sehr grobe Approximation, aber wir erhalten wenigstens einen Trend. Im Rahmen dieser Näherung kann dann auch die Temperaturabhängigkeit der Verdampfungswärme vernachlässigt werden, so dass wir
$$\frac{dp}{dT} = \frac{p \Delta q_K}{kT^2} \qquad (7.281)$$
mit der Lösung
$$p = p_0 \exp\left\{-\frac{\Delta q_K}{k}\left[\frac{1}{T} - \frac{1}{T_0}\right]\right\} \qquad (7.282)$$
erhalten. Bei dieser sogenannten Dampfdruckkurve ist (p_0, T_0) ein Druck-Temperatur-Paar, bei dem beide Phasen bereits im Gleichgewicht vorhanden waren. Dieser Eichpunkt ist eine Folge der Differentialgleichung und würde, falls wir $p = p(T)$ direkt aus den Gleichungen für $\mu_1(p, T)$ bzw. $\mu_2(p, T)$

p-T-Diagramm mit Schmelzdruckkurve, fest, flüssig, kritischer Punkt, Tripelpunkt, Dampfdruckkurve, gasförmig, Sublimationsdruckkurve.

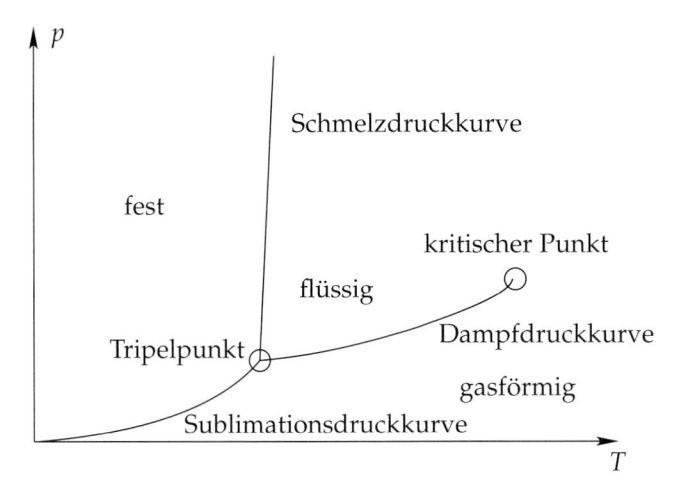

Abb. 7.12 Kurven für Dampfdruck, Sublimationsdruck und Schmelzdruck im p-T-Diagramm

bestimmt hätten, aus Materialkonstanten und anderen Systemparametern bestimmbar sein.

Betrachtet man die *Koexistenz von Gas und Festkörper*, dann ist anstelle der Verdampfungswärme Δq_K die Sublimationswärme Δq_S einzusetzen, ansonsten gelten die gleichen Relationen. Die Sublimationsdruckkurve hat also eine ähnliche Struktur wie die Dampfdruckkurve.

Schließlich gibt es noch die Schmelzdruckkurve, die die *Koexistenz von Festkörper und Flüssigkeit* beschreibt. Hier gilt jetzt aber $v_1 \approx v_2$. Dadurch wird die Ableitung dp/dT betragsmäßig sehr groß. Die Schmelzwärme Δq_M, die jetzt in die Clausius-Clapeyron-Gleichung einzusetzen ist, bewegt sich in der gleichen Größenordnung wie Δq_K bzw. Δq_S und natürlich ist $\Delta q_M > 0$. Dann ist für $v_1 = v_{\text{fest}} < v_{\text{fl}} = v_2$ stets $dp/dT > 0$, allerdings ist der Anstieg wegen des kleinen Unterschiedes im spezifischen Volumen sehr steil. Im Gegensatz dazu ist z. B. bei Wasser $v_1 = v_{\text{fest}} > v_{\text{fl}} = v_2$, so dass $dp/dT < 0$. Die Anomalie des Wassers führt also zu einem großen negativen Anstieg der Schmelzdruckkurve im p-T-Diagramm. Alle drei Kurven, also die Dampfdruckkurve, die Sublimationsdruckkurve und die Schmelzdruckkurve treffen sich im Tripelpunkt (siehe Abb. 7.12).

7.6.6
Zweikomponentige Zweiphasensysteme

7.6.6.1 Thermodynamische Freiheitsgrade
In der Praxis spielen chemische Reaktionen mit zwei Komponenten nur eine untergeordnete Rolle. Lediglich spontane Umformungen vom Typ $A \rightleftharpoons B$ kommen überhaupt in Frage. Daher setzen wir im Folgenden $R = 0$ und er-

halten dann mit $K = P = 2$

$$F = 2 \tag{7.283}$$

In einem solchen System sind also zwei intensive Zustandsgrößen frei wählbar, ohne dass die Zweiphasigkeit zerstört wird. Allerdings gibt es verschiedene Koexistenzformen. So können die Phasen von gleichem oder unterschiedlichem Aggregatzustand sein. Denkbar sind z. B. Systeme mit einer festen und einer flüssigen Phase oder Systeme mit zwei flüssigen Phasen, bei denen eine Phase überwiegend die erste Komponente, die andere Phase dagegen hauptsächlich die zweite Komponente enthält. Es ist aber auch der Fall möglich, dass sich über einer flüssigen Phase aus beiden Komponenten eine Gasphase aus den gleichen Komponenten, aber anderer Komposition bildet. Aus den verschiedenen Effekten, die in zweikomponentigen Zweiphasensystemen möglich sind, wollen wir jetzt einige Beispiele herausgreifen und detaillierter untersuchen.

7.6.6.2 Gefrierpunktserniedrigung und Siedepunktserhöhung

Wir betrachten ein System mit zwei Komponenten, die wir mit A und B bezeichnen. A soll im Folgenden das Lösungsmittel bedeuten und B der gelöste Stoff. Die beiden Phasen werden mit (1) und (2) gekennzeichnet. (1) steht für die flüssige Phase, (2) bezeichnet in diesem Abschnitt die andere Phase, die entweder gasförmig oder fest ist. $N_A^{(i)}$ und $N_B^{(i)}$ sind die Teilchenzahlen der Komponenten A und B in der Phase (i). Die Konzentrationen der Komponenten in den beiden Phasen sind

$$c_A^{(i)} = \frac{N_A^{(i)}}{N_A^{(i)} + N_B^{(i)}} \quad \text{und} \quad c_B^{(i)} = \frac{N_B^{(i)}}{N_A^{(i)} + N_B^{(i)}} \tag{7.284}$$

Die Konzentrationen der B-Komponente sollen in beiden Phasen wesentlich kleiner sein als die Konzentrationen der A-Komponente, d. h. $c_B^{(i)} \ll c_A^{(i)}$.

Wir beginnen mit der reinen Komponente A, die in beiden Phasen vorliegen soll[36]. Die Konzentrationen in beiden Phasen sind $c_A^{(1)} = c_A^{(2)} = 1$. Die beiden Phasen sind beim Druck $p = p(T)$ und bei der Temperatur T im Gleichgewicht, wenn ihre chemischen Potentiale übereinstimmen, wenn also gilt

$$\mu_A^{(1)}(p, T) = \mu_A^{(2)}(p, T) \tag{7.285}$$

Bringen wir die Komponente B hinzu[37], dann verkleinern sich die Konzentrationen von A. Die beiden Phasen sind auch dann wieder im Gleichgewicht

---

36) In diesem Grenzfall ist die Zahl der Freiheitsgrade F = 1.
37) Das System hat jetzt F = 2 Freiheitsgrade und von den vier Variablen p, T, $c_A^{(1)}$ und $c_A^{(2)}$ können zwei als unabhängig betrachtet werden.

und zwar bei Druck- und Temperaturwerten, die sich aber im Vergleich zu $c_A^{(i)} = 1$ etwas verschoben haben zu $p + \Delta p$ und $T + \Delta T$. Wir haben deshalb als Gleichgewichtsbedingung jetzt

$$\mu_A^{(1)}(p + \Delta p, T + \Delta T, c_A^{(1)}) = \mu_A^{(2)}(p + \Delta p, T + \Delta T, c_A^{(2)}) \tag{7.286}$$

Die Konzentrationsabhängigkeit des chemischen Potentials wurde in (7.259c) berechnet. Wir erhalten daraus für die vorliegende Situation

$$\mu_A^{(i)}(p + \Delta p, T + \Delta T, c_A^{(i)}) = \mu_A^{(i)}(p + \Delta p, T + \Delta T) + k(T + \Delta T) \ln c_A^{(i)} \tag{7.287}$$

Der erste Term auf der rechten Seite ist das chemische Potential der reinen Komponente A in der Phase i, also für $c_A^{(i)} = 1$. Wir setzen (7.287) in (7.286) ein und entwickeln für kleine Werte von $\Delta p, \Delta T$ und kleine Werte der Konzentrationen der Komponente B. Dies führt auf

$$\mu_A^{(1)}(p, T) + \frac{\partial \mu_A^{(1)}}{\partial p}\Delta p + \frac{\partial \mu_A^{(1)}}{\partial T}\Delta T + k(T + \Delta T) \ln c_A^{(1)} =$$

$$\mu_A^{(2)}(p, T) + \frac{\partial \mu_A^{(2)}}{\partial p}\Delta p + \frac{\partial \mu_A^{(2)}}{\partial T}\Delta T + k(T + \Delta T) \ln c_A^{(2)} \tag{7.288}$$

Wir entwickeln jetzt noch $\ln c_A^{(i)} = \ln(1 - c_B^{(i)})$ für kleine Werte von $c_B^{(i)}$. Außerdem kann man unter Verwendung von (7.135) und (7.138) zeigen, dass

$$\frac{\partial \mu_A^{(i)}}{\partial p} = v_A^{(i)} \quad \text{und} \quad \frac{\partial \mu_A^{(1)}}{\partial T} = -s_A^{(i)} \tag{7.289}$$

gilt, wobei $v_A^{(i)}$ und $s_A^{(i)}$ das Volumen und die Entropie pro Teilchen der Komponente A in der Phase (i) sind. Wegen (7.285) heben sich die ersten Terme auf der rechten und linken Seite weg. Wenn wir dann nur Terme erster Ordnung berücksichtigen, erhalten wir

$$(v_A^{(1)} - v_A^{(2)})\Delta p - (s_A^{(1)} - s_A^{(2)})\Delta T = kT(c_B^{(1)} - c_B^{(2)}) \tag{7.290}$$

Wir untersuchen diese Gleichung zunächst für den Fall *konstanten Drucks*, d. h. $\Delta p = 0$ und betrachten den

1. Phasenübergang Wasser (1) – Eis (2). Für die Differenz der spezifischen Entropien eribt sich

$$s_A^{(1)} - s_A^{(2)} = \frac{Q_A^S}{T} \tag{7.291}$$

Dabei ist Q_A^S die Schmelzwärme des Lösungsmittels Wasser. Auf der rechten Seite treten die Konzentrationen des gelösten Stoffes B auf.

Wenn wir annehmen, dass sich dieser Stoff im Wesentlichen nur in der flüssigen Phase und nicht im Eis löst[38], haben wir $c_B^{(1)} \neq 0$ und $c_B^{(2)} = 0$. Damit erhalten wir aus (7.290)

$$\frac{\Delta T}{T} = -\frac{kc_B^{(1)}}{\frac{Q_A^S}{T}} = -T\frac{c_B^{(1)}}{Q_A^S} \qquad (7.292)$$

Da die auf der rechten Seite der Gleichung auftretenden Größen alle positiv sind, erhalten wir insgesamt einen negativen Ausdruck, d. h. eine Erniedrigung des Gefrierpunkts durch das Lösen der Komponente B in Wasser (*Raoult'sches Gesetz der Gefrierpunktserniedrigung*).

2. Phasenübergang Wasser (1) – Wasserdampf (2). Für die Differenz der spezifischen Entropien ergibt sich

$$s_A^{(1)} - s_A^{(2)} = -\frac{Q_A^V}{T} \qquad (7.293)$$

Hier ist Q_A^V die Verdampfungswärme des Lösungsmittels Wasser. Wir nehmen wieder an, dass sich die Komponente B im Wesentlichen nur in der flüssigen Phase und nicht im Dampf befindet[39], dann ist wieder $c_B^{(1)} \neq 0$ und $c_B^{(2)} = 0$. Aus (7.290) folgt dann

$$\frac{\Delta T}{T} = \frac{kc_B^{(1)}}{\frac{Q_A^V}{T}} = T\frac{c_B^{(1)}}{Q_A^V} \qquad (7.294)$$

Mit derselben Argumentation wie oben erhalten wir eine Siedepunktserhöhung (*Raoult'sches Gesetz der Siedepunktserhöhung*).

7.6.6.3 Dampfdruckerniedrigung

Jetzt untersuchen wir (7.290) für den Fall *konstanter Temperatur*, d. h. $\Delta T = 0$ und betrachten den Phasenübergang Wasser (1) – Wasserdampf (2). Das spezifische Volumen des Wassers ist sehr viel kleiner als dasjenige des Dampfes, d. h. $v_A^{(1)} \ll v_A^{(2)}$. Wir nehmen wieder an, dass der gelöste Stoff schwerflüchtig sei, also $c_B^{(1)} \neq 0$ und $c_B^{(2)} = 0$ gilt. Wenn wir das spezifische Volumen der flüssigen Phase vernachlässigen, erhalten wir aus (7.290)

$$-v_A^{(2)} \Delta p = kT c_B^{(1)} \qquad (7.295)$$

---

[38] Prinzipiell kann man die Konzentration $c_B^{(2)}$ als Funktion von p, T und $c_B^{(1)}$ unter Verwendung der Gleichheit der chemischen Potentiale der zweiten Komponente, also $\mu_B^{(1)} = \mu_B^{(2)}$ bestimmen.

[39] d. h. die Komponente B wird als schwerflüchtig angenommen.

Wir verwenden für die Gasphase näherungsweise das ideale Gasgesetz $pv_A^{(2)} = kT$ und gelangen auf diese Weise zu

$$-\frac{\Delta p}{p} = c_B^{(1)} \qquad (7.296)$$

Die rechte Seite ist positiv. Somit führt das Lösen des Stoffes B zu einer Erniedrigung des Dampfdrucks (*Raoult'sches Gesetz der Dampfdruckerniedrigung*).

Es soll nochmals darauf hingewiesen werden, dass die hier berechneten Effekte (Gefrierpunktserniedrigung, Siedepunktserhöhung, Dampfdruckerniedrigung) nicht die energetische Wechselwirkung der Teilchen als Ursache haben. Wichtig ist allein die Anwesenheit der Teilchensorte B im Lösungsmittel der Komponente A (vergleiche dazu die Herleitung von (7.259c)). Der berechnete Effekt beruht also auf der Entropie.

7.6.6.4 Henry-Dalton-Gesetz

Als Nächstes wollen wir uns noch dem als *Henry-Dalton-Gesetz* bekannten Dampfdruckgesetz zuwenden. Dazu wird angenommen, dass von den beiden Substanzen A und B eine (A) in der flüssigen Phase (1) leichtflüchtig, die andere (B) schwerflüchtig ist, also kaum zu dem Druck der Gasphase (2) beiträgt. Von den vier auftretenden intensiven Variablen p, T, $c_A^{(1)}$ und $c_B^{(1)}$ sind nach der Phasenregel zwei unabhängig. Als thermodynamische Freiheitsgrade können wir z. B. die Temperatur T und die Komposition der Flüssigkeit $c_A^{(1)}$ wählen. Dann gilt als Gleichgewichtsbedingung für die leichtflüchtige Komponente A unter Verwendung von (7.259c)

$$\mu_A^{(2)}(p,T) = \mu_A^{(1)}(p,T,c_A^{(1)}) = \mu_A^{(1)}(p,T) + kT \ln c_A^{(1)} \qquad (7.297)$$

wobei analog zu (7.284) $c_A^{(1)} = N_A^{(1)}/N^{(1)}$ gilt. Diese Beziehung ist allerdings nicht für alle Werte von $c_A^{(1)}$ von gleicher Qualität. Für $c_A^{(1)} \to 1$ ist sie eine gute Approximation, da $\mu_A^{(1)}(p,T)$ das chemische Potential der reinen flüssigen Komponente A ist und sich die Wechselwirkung zwischen den Partikeln der reinen Komponente A und einer schwach durch B verunreinigten Komponente wenigstens näherungsweise nicht unterscheiden. Für $c_A^{(1)} \to 0$ ist diese Darstellung dagegen nicht sonderlich gut. Hier ist es besser, als Referenz die effektive Wechselwirkung in einer Flüssigkeit B mit einem geringen Gehalt $c_{A,0}^{(1)}$ an der Komponente A zugrunde zu legen. Dazu schreiben wir die rechte Seite von (7.297) für $c_{A,0}^{(1)}$ auf und erhalten

$$\mu_A^{(1)}(p,T,c_{A,0}^{(1)}) = \mu_A^{(1)}(p,T) + kT \ln c_{A,0}^{(1)} \qquad (7.298)$$

Durch Differenzbildung mit der ursprünglichen rechten Gleichung (7.297) erhalten wir

$$\mu_A^{(1)}(p, T, c_A^{(1)}) - \mu_A^{(1)}(p, T, c_{A,0}^{(1)}) = kT \ln \frac{c_A^{(1)}}{c_{A,0}^{(1)}} \tag{7.299}$$

so dass als Gleichgewichtsbedingung nun anstelle von (7.297)

$$\mu_A^{(2)}(p, T) = \mu_A^{(1)}(p, T, c_A^{(1)}) = \mu_A^{(1)}(p, T, c_{A,0}^{(1)}) + kT \ln \frac{c_A^{(1)}}{c_{A,0}^{(1)}} \tag{7.300}$$

auftritt.

Die entsprechende Bedingung für die schwerflüchtige Komponente B benötigen wir für unser Ziel, den Dampfdruck über dem Flüssigkeitsgemisch bei gegebener Temperatur und Komposition zu bestimmen, nicht. Wir variieren jetzt die Komposition um einen infinitesimalen Betrag und fragen nach der notwendigen Änderung des Druckes um die Zweiphasigkeit aufrecht zu erhalten. Es muss dann die folgende Relation gelten

$$\left(\frac{\partial \mu_A^{(2)}(p, T)}{\partial p}\right)_T dp = \left(\frac{\partial \mu_A^{(1)}(p, T)}{\partial p}\right)_T dp + kT \frac{dc_A^{(1)}}{c_A^{(1)}} \tag{7.301}$$

wobei im Fall kleiner $c_A^{(1)}$ das chemische Potential $\mu_A^{(1)}(p, T)$ durch das auf eine geringere Referenzkonzentration bezogene chemische Potential $\mu_A^{(1)}(p, T, c_{A,0}^{(1)})$ zu ersetzen ist. Wir verwenden die Maxwell-Relation (7.177)

$$\left(\frac{\partial \mu(p, T)}{\partial p}\right)_T = \left(\frac{\partial \mu(p, T)}{\partial p}\right)_{T,N} = \left(\frac{\partial V}{\partial N}\right)_{p,T} \tag{7.302}$$

um damit zu schreiben

$$\left(\frac{\partial \mu(p, T)}{\partial p}\right)_T = \left(\frac{\partial V}{\partial V \bar{n}(p, T)}\right)_{p,T} = \frac{1}{\bar{n}(p, T)} = v \tag{7.303}$$

Das spezifische Volumen v hängt natürlich von der jeweiligen Phase ab. Deshalb ist

$$\left(\frac{\partial \mu_A^{(2)}(p, T)}{\partial p}\right)_T = v_A^{(2)} \tag{7.304}$$

und

$$\left(\frac{\partial \mu_A^{(1)}(p, T)}{\partial p}\right)_T = v_A^{(1)} \tag{7.305}$$

wobei genaugenommen im letzten Fall $v^{(1)}$ das spezifische Volumen in der reinen flüssigen Komponente A ist. Wir erhalten aus (7.301) eine der Clausius-Clapeyron'schen Gleichung ähnliche Relation, in der jetzt aber die Temperatur durch die Konzentration zu ersetzen ist

$$\frac{dp}{dc_A^{(1)}} = \frac{kT}{\left(v_A^{(2)} - v_A^{(1)}\right)c_A^{(1)}} \approx \frac{kT}{v_A^{(2)}c_A^{(1)}} \qquad (7.306)$$

Im letzten Schritt haben wir noch verwendet, dass $v_A^{(1)} \ll v_A^{(2)}$ ist. Wir nehmen an, dass die Gasphase durch ein ideales Gesetz beschrieben werden kann, also $v_A^{(2)} = kT/p$ gilt, und erhalten

$$\frac{dp}{p} = \frac{dc_A^{(1)}}{c_A^{(1)}} \qquad (7.307)$$

mit der Lösung

$$p(c_A^{(1)}, T) = Cc_A^{(1)} \qquad (7.308)$$

und der Integrationskonstante C. Für $c_A^{(1)} = 1$ liegt die Flüssigkeit als reine Phase A vor. Damit lässt sich die Konstante C durch $p(1,T) = C$ festlegen und wir erhalten als endgültige Lösung

$$p(c_A^{(1)}, T) = p(1,T)c_A^{(1)} = p(1,T)(1 - c_B^{(1)}) \qquad (7.309)$$

Dabei wurde im letzten Schritt noch $c_A^{(1)} + c_B^{(1)} = 1$ verwendet.

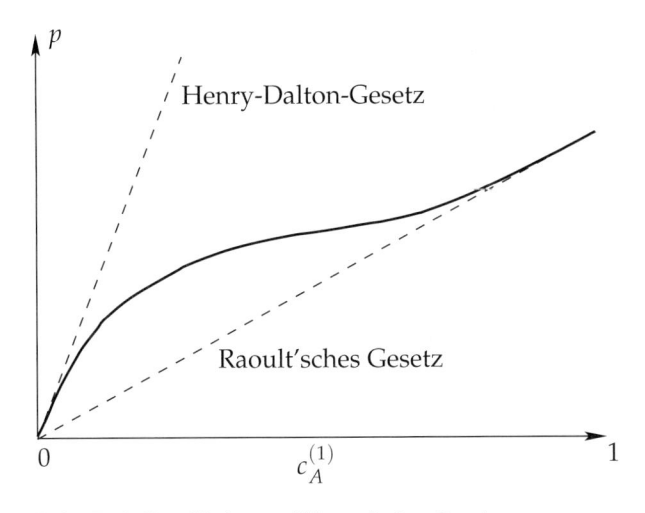

Abb. 7.13 Raoult'sches und Henry-Dalton-Gesetz

Für $(1 - c_A^{(1)}) \ll 1$ ist diese Relation bereits als *Raoult'sches Gesetz* bekannt. Verkleinert man $c_A^{(1)}$, d. h. senkt man den Anteil von A, dann spielen zunehmend die unterschiedlichen Wechselwirkungen zwischen den Partikeln der beiden Komponenten eine Rolle, so dass der Druck p jetzt in komplizierter Weise von $c_A^{(1)}$ abhängt. Die Ursache dafür ist, dass in dem Bereich $c_A^{(1)} \sim 0.5$ die Formel (7.259c) und damit (7.297) eine unbefriedigende Näherung ist.

Für $c_A^{(1)} \to 0$ ist eine solche Näherung aber wieder brauchbar, wobei allerdings jetzt (7.300) zugrunde gelegt werden muss. Wir erhalten wieder die Gleichung (7.306) mit der Lösung $p(c_A^{(1)}, T) = C c_A^{(1)}$. Die Integrationskonstante ist aus der Bedingung $p(c_{A,0}^{(1)}, T) = C c_{A,0}^{(1)}$ zu bestimmen. Dies führt zu

$$p(c_A^{(1)}, T) = p(c_{A,0}^{(1)}, T) \frac{c_A^{(1)}}{c_{A,0}^{(1)}} \qquad (7.310)$$

mit der an sich noch freien Eichskala $c_{A,0}^{(1)}$. Wird der Grenzübergang $c_{A,0}^{(1)} \to 0$ durchgeführt, dann folgt

$$\lim_{c_{A,0}^{(1)} \to 0} \frac{p(c_{A,0}^{(1)}, T)}{c_{A,0}^{(1)}} = \left[\frac{\partial p(c_A^{(1)}, T)}{\partial c_A^{(1)}} \right]_{c_A^{(1)} \to 0} = h(T) \qquad (7.311)$$

Der Koeffizient $h(T)$ beschreibt die Änderung des Dampfdruckes als Funktion der Konzentration im Grenzfall eines verschwindend kleinen Anteils flüchtiger Substanz A in der Flüssigkeit. Die dann aus (7.310) folgende Relation

$$p = h(T) c_A^{(1)} \qquad (7.312)$$

wird als *Henry-Dalton-Gesetz* bezeichnet. Dieses Gesetz unterscheidet sich von dem Raoult'schen Gesetz durch den unterschiedlichen Anstieg, der beim letzteren Gesetz durch den Dampfdruck der reinen Komponente A und im Henry-Dalton-Fall durch die Änderung des Dampfdruckes mit der in der Flüssigkeit enthaltenen Komponente A im Regime einer dominierenden Komponente B gegeben ist.

Beide Gesetze sind aber Grenzfälle einer gemeinsamen Situation, einmal für den Fall einer Verunreinigung der leichtflüchtigen Komponente durch eine schwerflüchtige Substanz (Raoult'sches Gesetz) und einmal für die Verunreinigung einer schwerflüchtigen Substanz durch eine leichtflüchtige (Henry-Dalton-Gesetz, siehe Abb. 7.13).

7.6.6.5 Osmotischer Druck

Als letztes Beispiel betrachten wir die in Abb. 7.14 dargestellte Situation. Ein Behälter ist durch eine semipermeable Wand in zwei Teile geteilt. In den beiden Teilen (1) und (2) des Behälters sind Lösungen verschiedener Konzentration enthalten. Das Lösungsmittel wird mit A, der gelöste Stoff mit B bezeichnet. Die Konzentrationen in den beiden Trogteilen sind $c_A^{(i)}$ und $c_B^{(i)}$ mit

$c_A^{(i)} + c_B^{(i)} = 1$. Die semipermeable Wand ist durchlässig für das Lösungsmittel A und undurchlässig für den gelösten Stoff B. Wenn die Konzentration des gelösten Stoffs B im Teil (2) größer ist als im Teil (1), dann wird das Lösungsmittel versuchen, durch die semipermeable Wand vom Teil (1) in den Teil (2) hindurchzutreten. Auf Grund der Konstruktion kann das Volumen nicht vergrößert werden, stattdessen wird der Druck im Bereich (2) erhöht. Dies führt schließlich zu einer Gleichgewichtssituation.

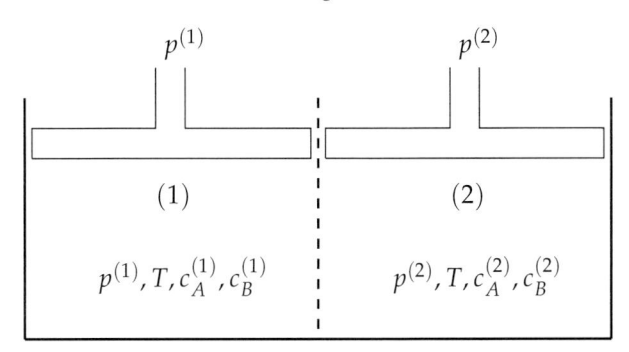

Abb. 7.14 Zur Herleitung des van't Hoff'schen Gesetzes

In Abschnitt 3.3.6 hatten wir die Gleichgewichtsbedingungen für ein aus zwei Teilen bestehendes System hergeleitet. Wenn Energie, Volumen und Teilchenzahlen ausgetauscht werden können, müssen die Temperaturen, Drücke und Teilchenzahlen in beiden Systemen übereinstimmen. In der in Abb. 7.14 dargestellten Situation werden die Volumina der beiden Teile durch Anwenden der Drücke $p^{(1)}$ und $p^{(2)}$ konstant gehalten. Damit entfällt die Gleichgewichtsbedingung bezüglich des Drucks. Im Gleichgewicht müssen nur die Temperaturen und die chemischen Potentiale übereinstimmen. Für die weitere Argumentation ist es ausreichend, die Gleichgewichtsbedingung für das chemische Potential des Lösungsmittels zu betrachten

$$\mu_A^{(1)}(p^{(1)}, T, c_A^{(1)}) = \mu_A^{(2)}(p^{(2)}, T, c_A^{(2)}) \tag{7.313}$$

Wir betrachten den Fall, dass im Teil (1) nur das reine Lösungsmittel vorliegt, d. h. $c_A^{(1)} = 1$ und $c_B^{(1)} = 0$ und schreiben

$$\mu_A^{(1)}(p^{(1)}, T, 1) = \mu_A(p^{(1)}, T) \tag{7.314}$$

Die rechte Seite von (7.314) ist das chemische Potential der reinen Komponente A beim Druck $p^{(1)}$. Den Druck im Bereich (2) bezeichnen wir mit $p^{(2)} = p^{(1)} + \Delta p$. Mit (7.259c) erhalten wir dann das chemische Potential im Bereich (2)

$$\mu_A^{(2)}(p^{(1)} + \Delta p, T, c_A^{(2)}) = \mu_A^{(2)}(p^{(1)} + \Delta p, T, 1) + kT \ln c_A^{(2)} \tag{7.315}$$

Im nächsten Schritt berechnen wir das chemische Potential der Komponente A im Bereich (2) beim Druck $p^{(1)} + \Delta p$. Wegen (7.289) bekommen wir für das spezifische Volumen

$$\frac{\partial \mu_A^{(2)}}{\partial p} = v_A^{(2)} \tag{7.316}$$

und damit

$$\mu_A^{(2)}(p^{(1)} + \Delta p, T, 1) = \mu_A^{(2)}(p^{(1)}, T, 1) + \int_{p^{(1)}}^{p^{(1)}+\Delta p} v_A^{(2)} dp \tag{7.317a}$$
$$= \mu_A^{(2)}(p^{(1)}, T, 1) + v_A^{(2)} \Delta p \tag{7.317b}$$

Bei der Integration wurde verwendet, dass das spezifische Volumen $v_A^{(2)}$ in der Flüssigkeit fast unabhängig vom Druck ist. Außerdem ist $\mu_A^{(2)}(p^{(1)}, T, 1)$ das chemische Potential der reinen Komponente A im zweiten Teil des Behälters. Dieses ist natürlich bei gleichem Druck $p^{(1)}$ und gleicher Temperatur identisch zum chemischen Potential $\mu_A^{(1)}(p^{(1)}, T, 1)$ der reinen Komponente im ersten Teilbehälter. Unter Beachtung von (7.314) ist deshalb

$$\mu_A^{(2)}(p^{(1)}, T, 1) = \mu_A(p^{(1)}, T) \tag{7.318}$$

Wir verwenden weiter, dass $c_A^{(2)} = 1 - c_B^{(2)}$ und entwickeln den natürlichen Logarithmus nach kleinen Konzentrationen $c_B^{(2)}$ der gelösten Komponente. Wenn wir dies in (7.313) einsetzen, erhalten wir

$$\mu_A(p^{(1)}, T) = \mu_A(p^{(1)}, T) + v_A^{(2)} \Delta p - kT c_B^{(2)} \tag{7.319a}$$
$$v_A^{(2)} \Delta p = kT c_B^{(2)} \tag{7.319b}$$

Nach Division durch $v_A^{(2)}$ gelangen wir zu der *van't Hoff-Gleichung*

$$\Delta p = \frac{c_B^{(2)}}{v_A^{(2)}} kT \tag{7.320}$$

des osmotischen Druckes, d. h. des Druckes, der durch den Konzentrationsunterschied in durch semipermeable Wände getrennten Lösungen entsteht. Die Osmose spielt bei vielen Prozessen in biologischen Systemen eine wichtige Rolle.

7.7
*Thermodynamische Stabilität

7.7.1
*Stabilitätsbedingungen

Wir hatten bereits gesehen, dass die verschiedenen thermodynamischen Potentiale unter Beachtung entsprechender thermodynamischer Randbedingungen im Gleichgewicht ihr jeweiliges Minimum erreichen. Solange dieser Zustand nicht erreicht ist, laufen in dem System von selbst Prozesse ab, mit dem Ziel, das jeweilige Extremum entsprechend den gültigen Randbedingungen zu erreichen. Die verschiedenen Extremalforderungen sollen noch einmal kurz, unter Berücksichtigung der jeweiligen Prozessbedingungen, zusammengefasst werden

$$\begin{aligned} \Delta U &\leq 0 \quad \text{isochor, isentrop, geschlossen} &\quad \text{Abschnitt 7.3.2} \\ \Delta H &\leq 0 \quad \text{isobar, isentrop, geschlossen} &\quad \text{Abschnitt 7.3.3} \\ \Delta F &\leq 0 \quad \text{isochor, isotherm, geschlossen} &\quad \text{Abschnitt 7.3.4} \\ \Delta G &\leq 0 \quad \text{isobar, isotherm, geschlossen} &\quad \text{Abschnitt 7.3.5} \\ \Delta \Omega &\leq 0 \quad \text{isochor, isotherm, offen } (\Delta \mu = 0) &\quad \text{Abschnitt 7.3.6} \end{aligned} \quad (7.321)$$

Wir betrachten jetzt ein System, das mit seiner Umgebung entsprechend den oben aufgeführten Bedingungen in Kontakt steht. So könnten wir z. B. verlangen, dass das System immer die gleiche Temperatur wie das Bad hat (also isotherm ist) und außerdem ein festes Volumen besitzt (also isochor ist). Natürlich muss das System so groß sein, dass man im thermodynamischen Limes arbeiten kann. Offensichtlich ist die freie Energie in diesem Fall das geeignete Potential.

Befindet sich ein solches System im thermischen Gleichgewicht mit seiner Umgebung, dann hat offenbar die freie Energie ihr Minimum erreicht. Jede Vergrößerung der freien Energie führt dann aus dem Gleichgewicht heraus. Das kann aber nur durch von außen zugeführte Energie erfolgen.

Wir wollen zuerst der Frage nachgehen, welche Art von Störung man beispielsweise wählen muss, um einerseits die isotherm-isochoren Prozessbedingungen zu wahren und andererseits die freie Energie zu erhöhen. So könnte man in dem System die auf makroskopischen Skalen vorhandene Homogenität stören, indem man z. B. eine Gasmischung durch Arbeitsaufwand trennt oder in einem stabilen einphasigen System eine zweite Phase, z. B. Flüssigkeitströpfchen in der Gasphase, erzwingt. Dabei bleibt das System nach wie vor isochor und isotherm. Verschwindet der äußere Einfluss, geht das System wieder in den ursprünglichen Gleichgewichtszustand zurück.

Es gibt aber auch isotherm-isochor durchgeführte Störungen geschlossener Systeme, die nicht die makroskopische Homogenität verletzen. So kann man durch äußeren Arbeitsaufwand alle Moleküle eines Gases in eine bestimmte

Richtung orientieren. Auch hier geht nach dem Verschwinden der äußeren Kraft das System wieder in das Gleichgewicht zurück und die freie Energie erreicht wieder ihr Minimum.

Wir können also jetzt schlussfolgern, dass jedes Anwachsen der freien Energie eines geschlossenen Systems bei einem isotherm-isochoren Prozess nur durch von außen zugeführte Arbeit möglich ist[40] und keinesfalls von selbst verläuft. Deshalb muss jede Änderung der freien Energie aus dem Gleichgewicht heraus positiv sein, d. h. die Störung des Systems erfordert automatisch

$$\Delta F > 0 \tag{7.322}$$

Im gestörten Zustand möge sich, als Folge des äußeren Zwangs, wieder ein thermisches Gleichgewicht einstellen. Weil aber T, V und N als natürliche Variable der freien Energie bei einem isochor-isothermen Prozess in einem geschlossenen System überhaupt nicht sensitiv auf externe Einflüsse sind, muss die freie Energie jetzt eine funktionale Abhängigkeit der Form $F = F(T, V, N,$ externe Parameter) aufweisen. Die externen Parameter repräsentieren den äußeren Zwang, unter dem sich z. B. die Orientierung der Moleküle oder die makroskopische Heterogenität einstellt. Verschwinden die Restriktionen, kehrt das System automatisch in das alte Gleichgewicht zurück.

Natürlich ist auch die innere Energie eine Funktion der externen Parameter. Da hier aber mit der Entropie eine neue Größe als natürliche Variable auftritt, für die ebenfalls eine Abhängigkeit von den externen Parametern erwartet werden kann, muss die innere Energie durch

$$U = U\left(S\left(T, V, N, \text{externe Parameter}\right), V, N, \text{externe Parameter}\right) \tag{7.323}$$

beschrieben werden. Beschränkt man sich auf solche externen Parameter, die die innere Energie *nur* über die Entropie beeinflussen, dann ist

$$U = U\left(S\left(T, V, N, \text{externe Parameter}\right), V, N\right) \tag{7.324}$$

und das „Einschalten" der äußeren Parameter zwingt das System zu einer Änderung der Entropie und damit der freien Energie in die Richtung $\Delta F > 0$. Um einen quantitativen Zusammenhang zu schaffen, schreiben wir unter Beachtung der isothermen Randbedingung

$$\Delta F = \Delta\left[U - TS\right] = \Delta U - T\Delta S \tag{7.325}$$

Weiter ist

$$\Delta U = U(S + \Delta S, V, N) - U(S, V, N) \tag{7.326}$$

---

[40] Ein Teil der Arbeit geht natürlich in Form von abgegebener Wärme dem System wieder verloren.

wobei wir berücksichtigen müssen, dass die externen Parameter nur Einfluss auf die Entropie, nicht aber explizit auf die innere Energie haben sollen. Dann ist

$$\Delta U = \left(\frac{\partial U}{\partial S}\right)_{N,V} \Delta S + \frac{1}{2}\left(\frac{\partial^2 U}{\partial S^2}\right)_{N,V}(\Delta S)^2 + o\left(\Delta S^2\right) \quad (7.327)$$

Da die Ableitungen sich auf das Gleichgewicht beziehen, gilt $(\partial U/\partial S)_{N,V} = T$ und damit

$$\Delta F = \frac{1}{2}\left(\frac{\partial^2 U}{\partial S^2}\right)_{N,V}(\Delta S)^2 > 0 \quad (7.328)$$

unter der Voraussetzung, dass man alle höheren Potenzen von ΔS vernachlässigen kann. Die letzte Bedingung lässt sich aber bei der Einstellung hinreichend kleiner Störungen immer erreichen. Damit also ein freiwilliges Verlassen des thermodynamischen Gleichgewichtes eines geschlossenen Systems bei isotherm-isochoren Randbedingungen nicht erfolgen kann, muss notwendigerweise

$$\left(\frac{\partial^2 U}{\partial S^2}\right)_{N,V} > 0 \quad (7.329)$$

gelten, ansonsten könnten wir einen Prozess konstruieren, der aus dem Gleichgewicht herausführt und mit $\Delta F \leq 0$ verbunden ist.

Wir können jetzt auch andere Prozesse untersuchen, z. B. einen isentropisobaren Prozess in einem geschlossenen System. Hier muss $\Delta H > 0$ für jede Störung gelten, damit das Gleichgewicht stabil ist. Deshalb finden wir jetzt unter Beachtung der Zwangsbedingungen

$$\Delta H = \Delta[U + pV] = \Delta U + p\Delta V \quad (7.330)$$

und wenn man die Störungen so führt, dass sich nur das Volumen ändert, dann ist

$$\Delta U = \left(\frac{\partial U}{\partial V}\right)_{S,N} \Delta V + \frac{1}{2}\left(\frac{\partial^2 U}{\partial V^2}\right)_{S,N}(\Delta V)^2 \quad (7.331)$$

und damit wegen $(\partial U/\partial V)_{S,N} = -p$

$$\Delta H = \frac{1}{2}\left(\frac{\partial^2 U}{\partial V^2}\right)_{S,N}(\Delta V)^2 > 0 \quad (7.332)$$

so dass als notwendige Bedingung an die innere Energie

$$\frac{1}{2}\left(\frac{\partial^2 U}{\partial V^2}\right)_{S,N} > 0 \quad (7.333)$$

folgt. Schließlich wollen wir noch ein geschlossenes System mit isothermisobaren Randbedingungen untersuchen. Dann ist jede Störung mit

$$\Delta G > 0 \quad (7.334)$$

verbunden. Die Restriktionen an die Prozessführung verlangen jetzt

$$\Delta G = \Delta\left[U - TS + pV\right] = \Delta U - T\Delta S + p\Delta V \tag{7.335}$$

Haben die Störungen nur Einfluss auf das Volumen und die Entropie, dann folgt

$$\Delta U = \left(\frac{\partial U}{\partial S}\right)_{V,N} \Delta S + \left(\frac{\partial U}{\partial V}\right)_{S,N} \Delta V \tag{7.336}$$

$$+ \frac{1}{2}\left(\frac{\partial^2 U}{\partial S^2}\right)_{V,N} (\Delta S)^2 + \left(\frac{\partial^2 U}{\partial V \partial S}\right)_N \Delta S \Delta V + \frac{1}{2}\left(\frac{\partial^2 U}{\partial V^2}\right)_{S,N} (\Delta V)^2$$
$$\tag{7.337}$$

und wenn man die Gleichgewichtsdefinition (7.95) von Temperatur und Druck beachtet, dann folgt

$$\Delta G = \frac{1}{2} \begin{pmatrix} \Delta S \\ \Delta V \end{pmatrix} \begin{pmatrix} \frac{\partial^2 U}{\partial S^2} & \frac{\partial^2 U}{\partial S \partial V} \\ \frac{\partial^2 U}{\partial S \partial V} & \frac{\partial^2 U}{\partial V^2} \end{pmatrix} \begin{pmatrix} \Delta S \\ \Delta V \end{pmatrix} > 0 \tag{7.338}$$

d. h. der thermodynamische Zustand ist stabil gegen äußere Sörungen, wenn die Matrix

$$\begin{pmatrix} \frac{\partial^2 U}{\partial S^2} & \frac{\partial^2 U}{\partial S \partial V} \\ \frac{\partial^2 U}{\partial S \partial V} & \frac{\partial^2 U}{\partial V^2} \end{pmatrix} \tag{7.339}$$

positiv definit ist. Nehmen wir jetzt noch andere Prozesse hinzu, dann sieht man, worauf diese Überlegungen hinauslaufen. Um das thermische Gleichgewicht bei allen denkbaren Prozessführungen gegen eine äußere Störung zu stabilisieren, muss die Matrix

$$\left(\frac{\partial^2 U}{\partial X_i \partial X_j}\right) \tag{7.340}$$

positiv definit sein. Dabei sind die X_i extensive Größen, die als natürliche Variable der inneren Energie fungieren. Deshalb haben wir $X_1 = S$, $X_2 = V$ und $X_3 = N$, aber es können auch weitere extensive Variablen wie z. B. die Magnetisierung oder Polarisation in die Betrachtungen einbezogen werden. Eine Matrix ist genau dann positiv definit, wenn alle Diagonalelemente, die Determinante und alle durch Streichen von beliebig vielen Zeilen und Spalten gleicher Nummerierung erzeugbaren Unterdeterminanten positiv sind.

Wir wollen uns zunächst mit der einfachen Forderung positiver Diagonalelemente $\partial^2 U / \partial X_i^2 > 0$ befassen. Diese notwendigen (aber nicht hinreichenden) Stabilitätsbedingungen liefern einige bemerkenswerte Gesetze, die das Verhalten thermodynamischer Systeme erklären.

7.7.2
*Das Prinzip von Le Chatelier

Bezeichnen wir die zu den X_i thermodynamisch konjugierten Variablen als x_i und verwenden die Definition

$$x_i = \left(\frac{\partial U}{\partial X_i}\right)_{X'} \tag{7.341}$$

wobei der Index X' bedeutet, dass die entsprechende Ableitung unter Konstanz aller extensiven natürlichen Variablen der inneren Energie außer X_i vollzogen wird. Daher haben wir

$$x_1 = T = \left(\frac{\partial U}{\partial S}\right)_{V,N} \qquad x_2 = -p = \left(\frac{\partial U}{\partial V}\right)_{S,N} \qquad x_3 = \mu = \left(\frac{\partial U}{\partial N}\right)_{S,V} \tag{7.342}$$

Dann gilt natürlich sofort (vgl. Ende von Abschnitt 7.7.1)

$$\left(\frac{\partial x_i}{\partial X_i}\right)_{X'} = \left(\frac{\partial^2 U}{\partial X_i \partial X_i}\right)_{X'} > 0 \tag{7.343}$$

also

$$\left(\frac{\partial x_i}{\partial X_i}\right)_{X'} > 0 \tag{7.344}$$

Das ist das Prinzip von *Le Chatelier*. Wir wollen hieraus einige Schlussfolgerungen ziehen. Für $i = 1$ erhalten wir unter Verwendung der Regeln 4 und 5 von Abschnitt 7.5.1

$$\left(\frac{\partial T}{\partial S}\right)_{V,N} = \frac{T}{C_V} > 0 \tag{7.345}$$

d. h. die Wärmekapazität bei konstantem Volumen ist stets positiv. Analog findet man für $i = 2$

$$-\left(\frac{\partial p}{\partial V}\right)_{S,N} > 0 \tag{7.346}$$

d. h. der Druck muss bei einem isentropen Prozess stets mit der Verkleinerung des Volumens anwachsen. Schließlich finden wir für $i = 3$

$$\left(\frac{\partial \mu}{\partial N}\right)_{S,V} > 0 \tag{7.347}$$

d. h. in einem System mit konstantem Volumen und konstanter Entropie muss das chemische Potential mit wachsender Teilchenzahl ebenfalls wachsen.

7.7.3
*Das Prinzip von Le Chatelier-Braun

Jetzt betrachten wir die Ableitung

$$\left(\frac{\partial x_i}{\partial X_i}\right)_{x_k} \tag{7.348}$$

wobei wir hierbei die *k*-te intensive Größe ($k \neq i$) und außerdem alle extensiven Variablen, die verschieden von k und i sind, konstant halten. Wir führen in den folgenden Rechnungen die konstanten extensiven Variablen nicht mehr explizit auf, um die Ausdrücke nicht allzu kompliziert werden zu lassen. Zunächst haben wir mit den Regeln 5 und 2 von Abschnitt 7.5.1

$$\left(\frac{\partial x_i}{\partial X_i}\right)_{x_k} = \frac{\partial(x_i, x_k)}{\partial(X_i, x_k)} = \frac{\partial(x_i, x_k)}{\partial(X_i, X_k)} \frac{\partial(X_i, X_k)}{\partial(X_i, x_k)} \quad (7.349)$$

Der zweite Faktor auf der rechten Seite der Gleichung ergibt mit den Regeln 5 und 2

$$\frac{\partial(X_i, X_k)}{\partial(X_i, x_k)} = \frac{\partial(X_k, X_i)}{\partial(x_k, X_i)} = \left(\frac{\partial X_k}{\partial x_k}\right)_{X_i} \quad (7.350)$$

und damit haben wir mit der Definition (7.208)

$$\left(\frac{\partial x_i}{\partial X_i}\right)_{x_k} = \left(\frac{\partial X_k}{\partial x_k}\right)_{X_i} \left[\left(\frac{\partial x_i}{\partial X_i}\right)_{X_k}\left(\frac{\partial x_k}{\partial X_k}\right)_{X_i} - \left(\frac{\partial x_i}{\partial X_k}\right)_{X_i}\left(\frac{\partial x_k}{\partial X_i}\right)_{X_k}\right] \quad (7.351)$$

Wir schreiben für den ersten Summanden in der eckigen Klammer (Regel 4)

$$\left(\frac{\partial x_i}{\partial X_i}\right)_{X_k}\left(\frac{\partial x_k}{\partial X_k}\right)_{X_i} = \left(\frac{\partial x_i}{\partial X_i}\right)_{X_k}\left[\left(\frac{\partial X_k}{\partial x_k}\right)_{X_i}\right]^{-1} \quad (7.352)$$

während der zweite entsprechend (7.341)

$$\left(\frac{\partial x_i}{\partial X_k}\right)_{X_i}\left(\frac{\partial x_k}{\partial X_i}\right)_{X_k} = \left[\frac{\partial^2 U}{\partial X_i \partial X_k}\right]^2 = \left[\left(\frac{\partial x_k}{\partial X_i}\right)_{X_k}\right]^2 \quad (7.353)$$

umgeformt wird. Dann ist

$$\left(\frac{\partial x_i}{\partial X_i}\right)_{x_k} = \left(\frac{\partial x_i}{\partial X_i}\right)_{X_k} - \left(\frac{\partial X_k}{\partial x_k}\right)_{X_i}\left[\left(\frac{\partial x_k}{\partial X_i}\right)_{X_k}\right]^2 \quad (7.354)$$

oder mit Regel 4

$$\left(\frac{\partial x_i}{\partial X_i}\right)_{X_k} = \left(\frac{\partial x_i}{\partial X_i}\right)_{x_k} + \frac{\left[\left(\frac{\partial x_k}{\partial X_i}\right)_{X_k}\right]^2}{\left(\frac{\partial x_k}{\partial X_k}\right)_{X_i}} \quad (7.355)$$

Beachtet man, dass der Zähler des zweiten Summanden stets positiv ist und auch der Nenner wegen dem Prinzip von Le Chatelier positiv sein muss, dann folgt daraus

$$\left(\frac{\partial x_i}{\partial X_i}\right)_{X_k} > \left(\frac{\partial x_i}{\partial X_i}\right)_{x_k} \quad (7.356)$$

Das ist das Prinzip von *Le Chatelier-Braun*[41].

Setzen wir z. B. $i = 1$ und $k = 2$ dann erhalten wir

$$\left(\frac{\partial T}{\partial S}\right)_V > \left(\frac{\partial T}{\partial S}\right)_p \qquad (7.357)$$

und damit

$$C_p = T\left(\frac{\partial S}{\partial T}\right)_p > T\left(\frac{\partial S}{\partial T}\right)_V = C_V \qquad (7.358)$$

also $C_p > C_V$.

Die Prinzipien von Le Chatelier und Le Chatelier-Braun basieren hauptsächlich auf der Forderung $\partial^2 U/\partial X_i^2 > 0$. Es gibt aber noch andere Stabilitätsbedingungen zu beachten. So muss z. B. auch

$$\begin{vmatrix} \frac{\partial^2 U}{\partial S^2} & \frac{\partial^2 U}{\partial V \partial S} \\ \frac{\partial^2 U}{\partial S \partial V} & \frac{\partial^2 U}{\partial V^2} \end{vmatrix} > 0 \qquad (7.359)$$

erfüllt sein. Hieraus erhalten wir

$$\begin{vmatrix} \frac{\partial^2 U}{\partial S^2} & \frac{\partial^2 U}{\partial V \partial S} \\ \frac{\partial^2 U}{\partial S \partial V} & \frac{\partial^2 U}{\partial V^2} \end{vmatrix} = \begin{vmatrix} \frac{\partial T}{\partial S} & \frac{\partial T}{\partial V} \\ -\frac{\partial p}{\partial S} & -\frac{\partial p}{\partial V} \end{vmatrix} = \frac{\partial(T,-p)}{\partial(S,V)} > 0 \qquad (7.360)$$

und damit

$$\frac{\partial(T,-p)}{\partial(S,V)} = -\frac{\partial(T,p)}{\partial(S,V)} = -\frac{\frac{\partial(T,p)}{\partial(T,V)}}{\frac{\partial(S,V)}{\partial(T,V)}} = -\frac{\frac{\partial(p,T)}{\partial(V,T)}}{\frac{\partial(S,V)}{\partial(T,V)}} = -\frac{\left(\frac{\partial p}{\partial V}\right)_T}{\left(\frac{\partial S}{\partial T}\right)_V} > 0 \qquad (7.361)$$

Setzt man hier die Definition der isochoren Wärmekapazität (7.103) und des isothermen Kompressionsmoduls (7.189) ein, dann folgt

$$\frac{\partial(T,-p)}{\partial(S,V)} = -\frac{\left(\frac{\partial p}{\partial V}\right)_T}{\left(\frac{\partial S}{\partial T}\right)_V} = \frac{(\kappa V)^{-1}}{C_V/T} = \frac{T}{\kappa V C_V} > 0 \qquad (7.362)$$

so dass als notwendige Konsequenz

$$\kappa > 0 \qquad (7.363)$$

gefordert werden muss. Thermodynamische Stabilitätsrelationen lassen sich natürlich auch aus den anderen thermodynamischen Potentialen ableiten. Allerdings können alle Ungleichungen, die man auf diese Weise erzeugen kann, auch direkt aus den Stabilitätsbedingungen der inneren Energie abgeleitet werden.

41) Ferdinand Braun, 1850–1918

7.8
*Phasenübergänge

7.8.1
*Koexistenzgebiete

Trägt man die Isothermen der van der Waals-Gleichung (6.62) in ein p-V-Diagramm ein, siehe Abb. 7.15, so findet man für hinreichend hohe Temperaturen eine Druckabängigkeit, die dem idealen Gas sehr ähnlich ist. Für sinkende Temperaturen bildet sich jedoch ab einer bestimmten Temperatur ein Minimum/Maximum-Paar, dass sich bei weiterer Abkühlung immer stärker ausprägt. Zwischen dem Minimum und dem Maximum gibt es einen Bereich mit positivem Anstieg $\partial p/\partial V$. Dieser Anstieg ist aber wegen der im voran-

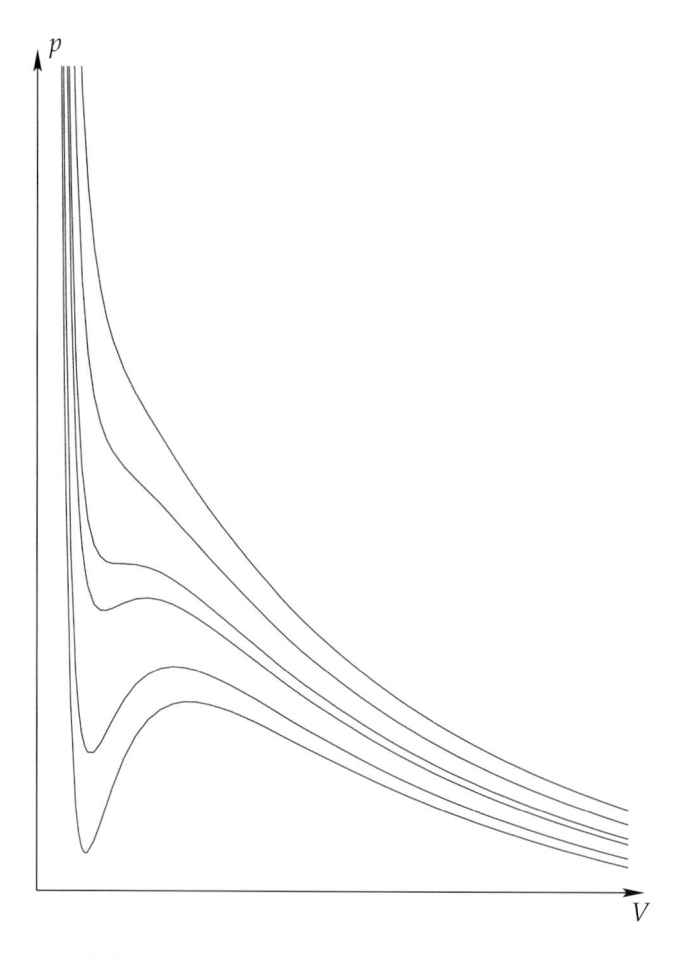

Abb. 7.15 Isothermen der van-der-Waals-Gleichung

gegangenen Abschnitt diskutierten thermodynamischen Stabilitätsrelationen nicht erlaubt.

Wir können daher schließen, dass die van der Waals-Gleichung für diesen Temperaturbereich versagt. Tatsächlich wird sich bei solchen Temperaturen mit wachsender Dichte der Druck in dem System zunächst erhöhen. Erreicht der Druck einen bestimmten Wert, bleibt er bei weiterer Kompression des Systems zunächst konstant. Dafür setzt in dem System eine Phasenumwandlung ein. Neben der Gasphase bildet sich eine Flüssigkeitsphase, die um so größer wird, je mehr man das Volumen des Sytems einschränkt. Ist nur noch Flüssigkeit vorhanden, wächst der Druck jetzt enorm an, da eine Flüssigkeit nahezu inkompressibel ist. Jede der auch als Maxwell-Geraden bezeichneten isothermen Isobaren im p-V-Diagramm läuft also durch ein Gebiet, in dem Flüssigkeit und Gas gleichzeitig existieren, siehe Abb. 7.16. Wir werden etwas später zeigen, dass die Dichten von Flüssigkeit und Gas entlang einer beliebigen dieser Isobaren konstant sind.

Ist das Volumen am Anfang der Isobaren[42] $V_1(T)$ und am Ende $V_2(T) < V_1(T)$, dann sind die Dichten der Flüssigkeit bzw. des Gases durch $\bar{n}_{fl} = N/V_2$ bzw. $\bar{n}_{gas} = N/V_1$ gegeben. Auf der Isobaren existieren beide Phasen gleichzeitig. Die Flüssigkeit okkupiert ein Volumen V_{fl}, das Gas beansprucht dementsprechend das Volumen $V_{gas} = V - V_{fl}$. In der flüssigen Phase seien $N_{fl} = \bar{n}_{fl} V_{fl}$ Partikel, in der gasförmigen somit $N_{gas} = \bar{n}_{gas} V_{gas}$. Andererseits

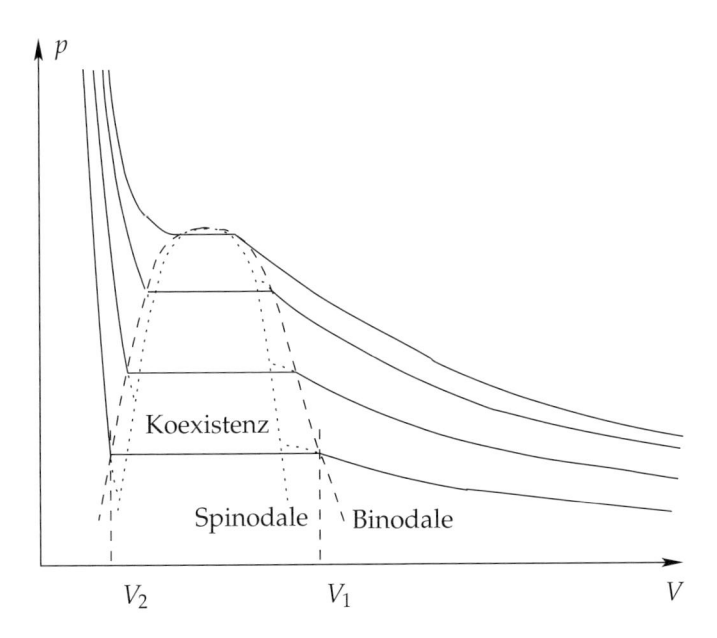

Abb. 7.16 Maxwell-Geraden im Koexistenzgebiet des realen Gases

[42] wo die isotherme Isobare an die Isotherme der Gasphase anschließt

ist $N_{fl} + N_{gas} = N$. Damit haben wir vier Gleichungen, um die vier unbekannten Größen N_{fl}, N_{gas}, V_{fl} und V_{gas} zu bestimmen. Man findet

$$N_{fl} = \bar{n}_{fl} \frac{N - \bar{n}_{gas} V}{\bar{n}_{fl} - \bar{n}_{gas}} = N \frac{V_1 - V}{V_1 - V_2}$$

und

$$N_{gas} = \bar{n}_{gas} \frac{N - \bar{n}_{fl} V}{\bar{n}_{gas} - \bar{n}_{fl}} = N \frac{V - V_2}{V_1 - V_2}$$

Auf der Isobaren existiert kein homogenes System der Teilchenzahl N und des Volumens V, sondern es liegen zwei durch Grenzflächen getrennte Systeme, die Phasen, vor, die zwar zusammen das Volumen V ausfüllen, von denen aber jede Phase ein eigenes Volumen für sich okkupiert. Das Gesamtvolumen V ist dann, bei gegebener Gesamtteilchenzahl N, nur noch ein Kontrollparameter, der bestimmt, wie groß die Fraktion der Flüssigkeit bzw. der Gasphase ist.

Alle Anfangs- und Endpunkte der Isobaren unterschiedlicher Temperatur werden durch die *Binodale* miteinander verbunden. Innerhalb des von der Binodalen abgegrenzten Gebietes existieren Flüssigkeit und Gas im Gleichgewicht. Man spricht daher auch von einem Koexistenzgebiet im p-V-Diagramm. Die beiden Zweige der Binodale treffen sich im sogenannten kritischen Punkt (p_c, V_c). Dieser liegt auf der kritischen Isotherme mit der zugehörigen kritischen Temperatur T_c. Diese Isotherme hat im kritischen Punkt einen Wendepunkt mit waagerecht liegender Tangente.

Die Extrema der van der Waals-Gleichung liegen innerhalb des von der Binodalen eingeschlossenen Koexistenzgebietes. Formal ist ja nur der zwischen Maximum und Minimum verlaufende Abschnitt einer van der Waals-Kurve thermodynamisch instabil. Die Kurvenstücke zwischen den Extrema und der Binodale verletzen dagegen nicht die thermische Stabilität.

Tatsächlich hat das System auf diesen Isothermenstücken eine höhere freie Energie als auf der zum gleichen Volumen und zur gleichen Temperatur gehörenden Koexistenzisobaren, so dass es danach strebt, den günstigeren Zustand einer Phasenkoexistenz einzunehmen. Allerdings kann dieser Übergang, ähnlich wie wir das von chemischen Reaktionen kennen, mit einer Aktivierungsenergie verbunden sein. Ist das der Fall, dann kann man tatsächlich das System auf diesen Isothermenabschnitten durch eine geeignete Präparation stabilisieren. Zum Beispiel befindet sich eine überhitzten Flüssigkeit in einem solchen Zustand. Die Extrema aller Isothermen werden durch die *Spinodale* verbunden. Auch hier vereinigen sich beide Zweige im kritischen Punkt. Innerhalb der Spinodalen ist ein homogenes System stets instabil. Es zerfällt spontan in zwei Phasen.

Im gesamten p-V-Diagramm eines Systems gibt es nicht nur den Phasenübergang zwischen gasförmig und flüssig, sondern auch noch den bei höhe-

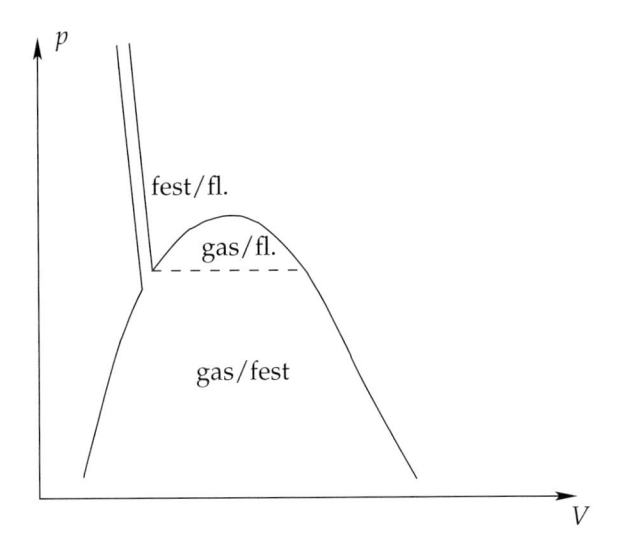

Abb. 7.17 Schematische Darstellung der Koexistenzgebiete im p-V-Diagramm für ein einfaches Material (fl. = flüssig)

ren Drücken auftretenden Übergang flüssig-fest. Bei sehr tiefen Temperaturen und niedrigen Drücken existiert auch ein Übergang zwischen fest und gasförmig, siehe Abb. 7.17. Ein Festkörper ist sowohl von der Flüssigkeit als auch dem Gas stets durch ein ausgeprägtes Koexistenzgebiet abgeschirmt.

Zwischen Flüssigkeit und Gas ist das nicht notwendig. Oberhalb der kritischen Isothermen kann man überhaupt nicht mehr unterscheiden, ab wann eine Flüssigkeit vorliegt. Das System wird einfach ohne eine sichtbare Phasenumwandlung immer dichter. Dieser kontinuierliche Übergang macht also bei der Interpretation des Aggregatzustandes einige Schwierigkeiten. Aber zumindest in unmittelbarer Nähe zum Festkörper wird der Zustand als Flüssigkeit verstanden.

Die Flüssigkeit unterscheidet sich von der Gasphase durch einen makroskopischen definierten *Ordnungsparameter*. Dieser Ordnungsparameter ist z. B. die Dichte. Beim Phasenübergang zwischen Gas und Flüssigkeit erleidet die Dichte einen Sprung. Die Differenz der Dichte zwischen flüssiger und gasförmiger Phase nimmt mit wachsender Temperatur immer weiter ab, um schließlich bei der kritischen Temperatur zu verschwinden. Oberhalb von T_c ist dann eine Unterscheidung zwischen Gas und Flüssigkeit anhand physikalischer Parameter ausgeschlossen. Man spricht vielmehr intuitiv von einer flüssigkeitsähnlichen Situation bei hohen Dichten und einem gasähnlichen Zustand bei niedrigen Drücken.

Der Festkörper wird dagegen durch mikroskopische Ordnungsparameter definiert, die eng mit der Kristallsymmetrie zusammenhängen. Da eine

Symmetrie diskreten Charakter hat[43], eine Flüssigkeit oder ein Gas dagegen höchstens eine Nahordnung, aber keine kristalline Fernordnung besitzt, kann der Übergang von der Flüssigkeit bzw. vom Gas zum Festkörper nicht kontinuierlich erfolgen. Vielmehr wird ein Sprung des Symmetrieordnungsparameters erwartet, der bei dem Phasenübergang erfolgt. Deshalb ist der Festkörper immer thermodynamisch von den Gas- bzw. der Flüssigkeitszuständen getrennt. Im p-V-Diagramm äußert sich dieses Verhalten durch ein formal bis ins Unendliche laufendes Koexistenzgebiet[44] zwischen dem festen Zustand einerseits und dem gasförmigen bzw. flüssigen Zustand andererseits.

7.8.2
*Charakterisierung von Phasenübergängen

Der Übergang von einer Phase zur anderen wird durch mehrere Parameter kontrolliert, etwa den Druck oder die Temperatur. So kann eine Druckerhöhung oder eine Temperatursenkung ein gasförmiges System in eine Flüssigkeit umwandeln. Als derartige Kontrollparameter werden gewöhnlich intensive Zustandsgrößen verwendet. Im Rahmen der Theorie der Phasenübergänge werden diese Kontrollparameter auch als *externe Felder* bezeichnet, allerdings wird meistens der Temperatur eine Sonderrolle zugeordnet.

Die freie Enthalpie ist die Funktion einer extensiven Skala, nämlich der Teilchenzahl N und der intensiven Zustandsgrößen, also der externen Felder

$$G = G(T, p, \boldsymbol{H}, \boldsymbol{E}, \ldots) \qquad (7.364)$$

Hier haben wir das Magnetfeld und das elektrische Feld als weitere externe Felder hinzugefügt, die ebenfalls die freie Enthalpie kontrollieren. Trägt man die freie Enthalpie als Funktion eines der externen Felder auf und hält die anderen Felder konstant, dann kann man bei einem Phasenübergang eine typische Singularität in Form eines Knickes finden. Man bezeichnet diesen Typ als Phasenübergang erster Ordnung. Fehlt die Singularität bei einigen Feldern, dann sind dieses irrelevant für den Phasenübergang.

Die zu beiden Seiten der Singularität anschließenden glatten Stücke der freien Enthalpie repräsentieren jeweils eine Phase. Im Prinzip kann die freie Enthalpie auch über die Singularität fortgesetzt werden, aber dort ist die jeweils andere Phase mit einer geringeren freien Enthalpie vertreten, so dass das System freiwillig die Phase wechselt, siehe Abb. 7.18.

43) Eine Gittersymmetrie ist entweder vorhanden oder nicht. Ein kontinuierlicher Übergang von einer Symmetrie zu einer anderen Symmetrie oder zu einem ungeordneten Zustand ist nicht möglich.

44) Natürlich setzt bei hohen Drücken und Temperaturen die Bildung eines Plasmas ein, so dass dann der feste Zustand gar nicht mehr auftreten kann.

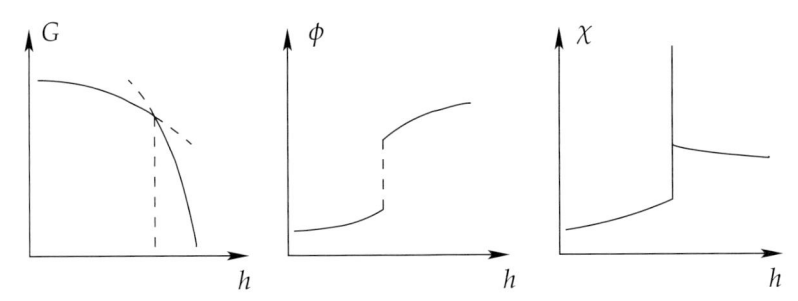

Abb. 7.18 Freie Enthalpie, Ordnungsparameter und Suszeptibilität beim Phasenübergang erster Ordnung als Funktion des externen Feldes

Aus der freien Enthalpie lassen sich thermodynamisch konjugierte extensive Größen ableiten[45], z. B. die Entropie, das Volumen oder die Magnetisierung

$$S = -\left(\frac{\partial G}{\partial T}\right)_{N,p,\ldots} \quad V = \left(\frac{\partial G}{\partial p}\right)_{N,T,\ldots} \quad M = -\left(\frac{\partial G}{\partial H}\right)_{N,T,\ldots} \quad \ldots \tag{7.365}$$

Diese Größen werden dann an der singulären Stelle eine Unstetigkeit in Form eines Sprunges zeigen. Erzeugt man durch Skalierung mit $1/N$ aus diesen extensiven Größen spezifische Größen, dann werden diese oft als Ordnungsparameter bezeichnet. Der Sprung eines oder mehrerer Ordnungsparameter ist ein typisches Merkmal von Phasenübergängen erster Ordnung. Der Sprung der Entropie äußert sich z. B. darin, dass die Flüssigkeit bei der Umwandlung in ein Gas eine bestimmte Menge Energie in Form von Wärme, die Verdampfungswärme, aufnehmen muss.

Generell besteht zwischen einem beliebigen Ordnungsparameter ϕ_α und dem zugehörigen externen Feld h_α die Relation

$$\phi_\alpha = -\frac{\partial G}{\partial h_\alpha} \tag{7.366}$$

wobei der Index α über alle relevanten und voneinander unabhängigen externen Felder läuft. Der Sprung der Ordnungsparameter am Phasenübergang erzeugt eine Divergenz der *Suszeptibilitäten*

$$\chi_{\alpha\beta} = \frac{\partial \phi_\alpha}{\partial h_\beta} \tag{7.367}$$

So z. B. sind die spezifische Wärmekapazität

$$c_p = \frac{T}{N}\left(\frac{\partial S}{\partial T}\right)_{N,p,\ldots} \tag{7.368}$$

---

[45] siehe dazu auch das nachfolgende Kapitel

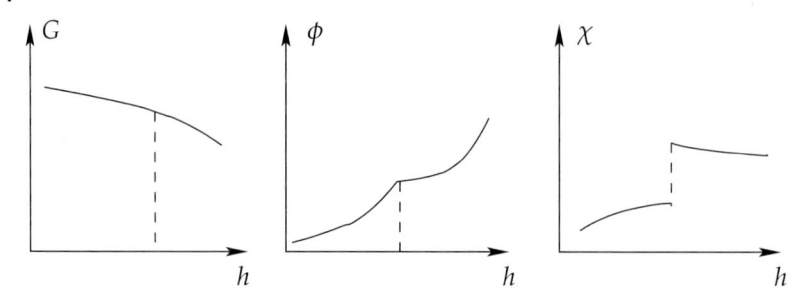

Abb. 7.19 Freie Enthalpie, Ordnungsparameter und Suszeptibilität beim Phasenübergang zweiter Ordnung als Funktion des externen Feldes

der Kompressionsmodul

$$\kappa = -\frac{1}{V}\left(\frac{\partial V}{\partial p}\right)_{N,T,\ldots} \tag{7.369}$$

der isotherme Ausdehnungskoeffizient

$$\alpha = \frac{1}{V}\left(\frac{\partial V}{\partial T}\right)_{N,p,\ldots} \tag{7.370}$$

typische Größen, die direkt auf Suszeptibilitäten zurückgeführt werden können und z. B. beim Flüssigkeits-Gas-Übergang divergieren. Die Suszeptibilitäten sind wegen

$$\chi_{\alpha\beta} = \frac{\partial \phi_\alpha}{\partial h_\beta} = \frac{\partial^2 G}{\partial h_\alpha \partial h_\beta} = \frac{\partial \phi_\beta}{\partial h_\alpha} = \chi_{\beta\alpha} \tag{7.371}$$

stets symmetrisch in ihren Indizes.

In der Natur werden aber noch weitere Phasenübergänge beobachtet, die schwächere Singularitäten haben. So erleidet bei einem Übergang von einem normalleitenden Metall zu einem Supraleiter die Entropie nur einen Knick und die spezifische Wärmekapazität hat damit nur einen Sprung anstelle einer singulären Divergenz, siehe Abb. 7.19. Hier hat man es mit einem Phasenübergang zweiter Ordnung zu tun.

Allgemein klassifiziert man einen Phasenübergang als zur n-ten Ordnung gehörig, wenn alle oder wenigstens einige Ableitungen n-ter Ordnung der freien Enthalpie nach den externen Feldern Unstetigkeiten aufweisen, die $(n-1)$-ten Ableitungen jedoch noch stetig sind.

7.8.3
*Ehrenfest'sche Relationen

Auch bei einem Phasenübergang zweiter Ordnung können sich beide Phasen in Koexistenz befinden. Die Gibbs'sche Phasenregel bleibt hier genauso in

Kraft, wie die Clausius-Clapeyron'sche Gleichung. Trotzdem ist die Temperaturabhängigkeit des Druckes jetzt nicht mehr durch das Verhältnis der Sprünge von spezifischer Entropie und spezifischem Volumen gegeben, da beide Größen bei einem Phasenübergang zweiter Ordnung stetig sind. Deshalb ist die rechte Seite der Clausius-Clapeyron'schen Gleichung

$$\frac{dp}{dT} = \frac{s_2 - s_1}{v_2 - v_1} \qquad (7.372)$$

ein unbestimmter Ausdruck. Würde man aber die Differenz der Entropien bzw. der spezifischen Volumina etwas außerhalb des Phasenüberganges bilden, dann wären beide Differenzen endlich, so dass ihr Verhältnis bestimmt werden kann. Diese Prozedur setzt natürlich voraus, dass eine formale Erweiterung der Entropie bzw. des spezifischen Volumens einer Phase über das eigentliche Existenzgebiet hinaus möglich ist. Da sowohl die Entropien als auch die Volumina thermodynamische Zustandsgrößen sind, darf es keine Rolle spielen, in welche Richtung man die Koexistenzlinie verlässt, um den Vergleich zu realisieren. Wir weichen deshalb zuerst in Richtung der Temperaturachse aus und lassen den Druck konstant. Dann ist

$$\begin{aligned} s_2 - s_1 &= s_2(T+\delta T, p) - s_1(T+\delta T, p) \\ &= s_2(T,p) - s_1(T,p) + \left[\left(\frac{\partial s_2}{\partial T}\right)_p - \left(\frac{\partial s_1}{\partial T}\right)_p\right]\delta T \end{aligned}$$

Wegen $s_1(T,p) = s_2(T,p)$ folgt

$$s_2 - s_1 = \left[\left(\frac{\partial s_2}{\partial T}\right)_p - \left(\frac{\partial s_1}{\partial T}\right)_p\right]\delta T \qquad (7.373)$$

Beachtet man noch die Beziehung

$$\left(\frac{\partial s}{\partial T}\right)_p = \left(\frac{\partial s}{\partial T}\right)_{p,N} = \frac{1}{N}\left(\frac{\partial S}{\partial T}\right)_{p,N} = \frac{C_p}{NT} = \frac{c_p}{T} \qquad (7.374)$$

wobei $c_p = C_p/N$ die spezifische Wärmekapazität ist, dann folgt

$$s_2 - s_1 = [c_{p,2} - c_{p,1}]\frac{\delta T}{T} \qquad (7.375)$$

In analoger Weise erhalten wir

$$v_2 - v_1 = \left[\left(\frac{\partial v_2}{\partial T}\right)_p - \left(\frac{\partial v_1}{\partial T}\right)_p\right]\delta T \qquad (7.376)$$

Hier nutzen wir die Beziehung

$$\left(\frac{\partial v}{\partial T}\right)_p = \left(\frac{\partial v}{\partial T}\right)_{p,N} = \frac{1}{N}\left(\frac{\partial V}{\partial T}\right)_{p,N} = \frac{\alpha V}{N} = \frac{\alpha}{\bar{n}} \qquad (7.377)$$

wobei α der isobare Ausdehnungskoeffizient ist. Die Differenz der spezifischen Volumina ist dann

$$v_2 - v_1 = [\alpha_2 - \alpha_1] \frac{\delta T}{\bar{n}} \tag{7.378}$$

Damit folgt für den Druck im Koexistenzgebiet die Differentialgleichung

$$\frac{dp}{dT} = \frac{s_2 - s_1}{v_2 - v_1} = \frac{\bar{n}\,[c_{p,2} - c_{p,1}]}{T\,[\alpha_2 - \alpha_1]} = \frac{\bar{n}\Delta c_p}{T\Delta \alpha} \tag{7.379}$$

Wir können den unbestimmten Ausdruck in der Clausius-Clapeyron'schen Gleichung aber auch als Grenzwert der Differenz entlang der Druckachse beschreiben. Dann ist die Temperatur konstant und wir erhalten

$$\begin{aligned} s_2 - s_1 &= s_2(T, p+\delta p) - s_1(T, p+\delta p) \\ &= s_2(T,p) - s_1(T,p) + \left[\left(\frac{\partial s_2}{\partial p}\right)_T - \left(\frac{\partial s_1}{\partial p}\right)_T\right] \delta p \end{aligned}$$

Weil natürlich auch jetzt $s_1(T,p) = s_2(T,p)$ gilt, ist dann

$$s_2 - s_1 = \left[\left(\frac{\partial s_2}{\partial p}\right)_T - \left(\frac{\partial s_1}{\partial p}\right)_T\right] \delta p \tag{7.380}$$

Die Ausnutzung der Maxwell-Relationen führt auf

$$\left(\frac{\partial s}{\partial p}\right)_T = \left(\frac{\partial s}{\partial p}\right)_{T,N} = \frac{1}{N}\left(\frac{\partial S}{\partial p}\right)_{T,N} = -\frac{1}{N}\left(\frac{\partial V}{\partial T}\right)_{p,N} = -\frac{\alpha}{\bar{n}} \tag{7.381}$$

wobei der isobare Ausdehnungskoeffizient wie oben eingeführt wurde. Damit ist

$$s_2 - s_1 = [\alpha_2 - \alpha_1] \frac{\delta p}{\bar{n}} \tag{7.382}$$

Für der Nenner der Clausius-Clapeyron'schen Gleichung folgt entsprechend

$$v_2 - v_1 = \left[\left(\frac{\partial v_2}{\partial p}\right)_T - \left(\frac{\partial v_1}{\partial p}\right)_T\right] \delta p \tag{7.383}$$

Beachtet man

$$\left(\frac{\partial v}{\partial p}\right)_T = \left(\frac{\partial v}{\partial p}\right)_{T,N} = \frac{1}{N}\left(\frac{\partial V}{\partial p}\right)_{T,N} = -\frac{\kappa V}{N} = -\frac{\kappa}{\bar{n}} \tag{7.384}$$

wobei κ das isotherme Kompressionsmodul ist, dann kann die Differenz der spezifischen Volumina mit

$$v_2 - v_1 = [\kappa_2 - \kappa_1] \frac{\delta p}{\bar{n}} \tag{7.385}$$

bestimmt werden. Damit folgt eine zweite Gleichung für dp/dT, nämlich

$$\frac{dp}{dT} = \frac{s_2 - s_1}{v_2 - v_1} = \frac{[\alpha_2 - \alpha_1]}{[\kappa_2 - \kappa_1]} = \frac{\Delta\alpha}{\Delta\kappa} \qquad (7.386)$$

Die beiden Gleichungen (7.379) und (7.386) werden als Ehrenfest'sche Relationen bezeichnet. Da sie beide die Temperaturabhängigkeit des Druckes entlang der Koexistenzlinie bestimmen, kann die Ableitung dp/dT auch eleminiert werden. Dann erhält man

$$\frac{\bar{n}\Delta c_p}{T\Delta\alpha} = \frac{\Delta\alpha}{\Delta\kappa} \qquad (7.387)$$

oder

$$\frac{\bar{n}\Delta c_p \Delta\kappa}{T[\Delta\alpha]^2} = 1 \qquad (7.388)$$

Die linke Seite nennt man *Prigogin-Defay-Verhältnis*. Im Fall eines Phasenüberganges zweiter Ordnung muss dieses Verhältnis genau den Wert 1 haben.

Wir können das Prigogin-Defay-Verhältnis nutzen, um zu entscheiden, ob der Glasübergang, d. h. das Erstarren einer Flüssigkeit zu einem amorphen Festkörper, ein Phasenübergang zweiter Ordnung ist. Zunächst findet man experimentell für die spezifische Wärmekapazität als Funktion der Temperatur eine Art Stufe. Diese Stufe ist kein exakter Sprung, aber das kann die Folge des Experiments sein. Gewöhnlich erhält man solche Kurven durch DSC-Messungen (Differential Scanning Calorimetry), bei denen eine endliche

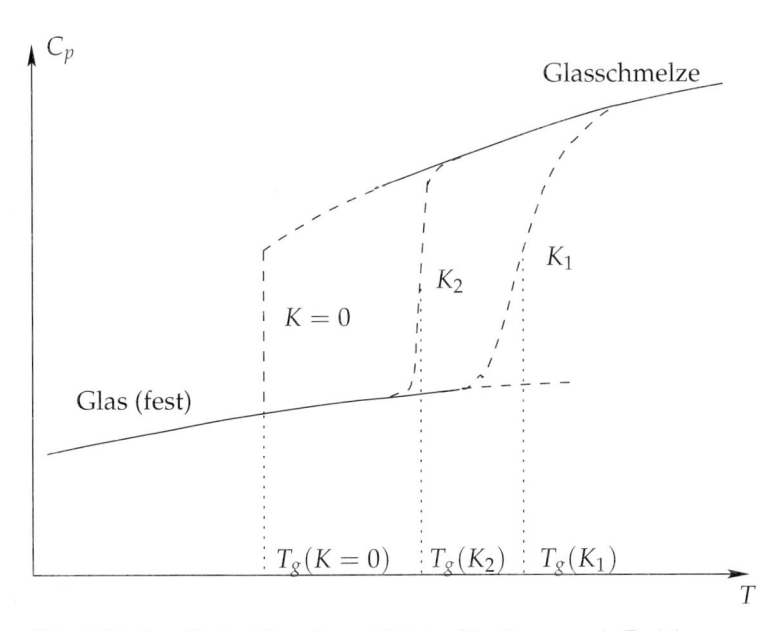

Abb. 7.20 Spezifische Wärmekapazität beim Glasübergang als Funktion der Temperatur für verschiedene Kühlraten

Kühlrate $K = dT/dt$ eingestellt wird. Immerhin wird die Stufe steiler, wenn man die Kühlrate verringert, siehe Abb. 7.20, die die Messung der spezifischen Wärme am Glasübergang zeigt. Die Abhängigkeit der Stufenhöhe und der Position der Stufe von der Kühlrate signalisiert einen Nichtgleichgewichtszustand, der nur extrem langsam abgebaut werden kann. Eine Gleichgewichtssituation sollte aber für ein hinreichend langsames Abkühlen möglich sein. Allerdings kann man bei DSC-Messungen nicht beliebig langsam abkühlen, da in diesem Fall die experimentelle Auflösung immer schlechter wird. Aber man kann die Stufenhöhe im thermodynamischen Gleichgewicht durch Extrapolation gewinnen.

$$\Delta C_p = \lim_{K \to 0} \Delta C_p(K)$$

Dieses ist schon durch ein einfaches graphisches Verfahren möglich, siehe Abb. 7.21. In ähnlicher Weise kann man die Stufen im isothermen Kompressionsmodul und im isobaren Ausdehnungskoeffizienten bestimmen. Setzt man alle Größen in das Prigogin-Defay-Verhältnis ein und beachtet, dass die Temperatur gerade die Glasübergangstemperatur T_g sein muss[46], dann findet man

$$\frac{\bar{n} \Delta c_p \Delta \kappa}{T_g [\Delta \alpha]^2} \approx 3...5 \qquad (7.389)$$

d. h. der Glasübergang ist offenbar kein Phasenübergang zweiter Ordnung.

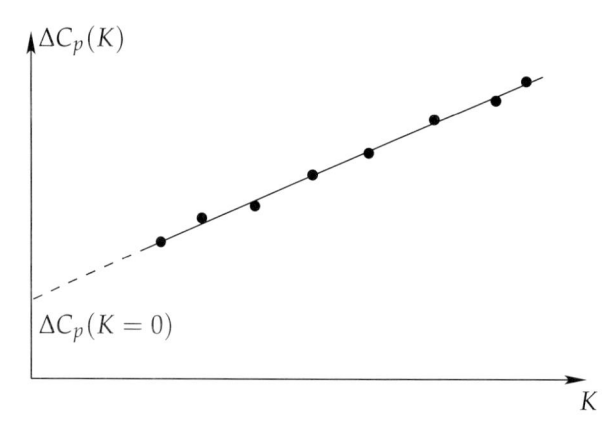

Abb. 7.21 Stufenhöhe der Änderung der spezifischen Wärme beim Glasübergang als Funktion der Kühlrate

7.8.4
*Lee-Yang-Theorie

Das Auftreten von Singularitäten in der freien Enthalpie zieht auch Singularitäten in den anderen Potentialen nach sich. Es ergibt sich aber die Frage,

---

46) Auch diese erhält man durch Extrapolation der Kühlrate auf $K = 0$.

woher dieses nichtanalytische Verhalten kommt. Ist das System ergodisch, dann sollten zu einer gegebenen Hamilton-Funktion bzw. einem Hamilton-Operator wohldefinierte Potentiale existieren. Die thermodynamisch übliche Diskussion, dass beide Phasen unterschiedliche Potentiale besitzen und diese formal über die Existenzgrenzen hinaus verlängert werden können, ist an sich nicht zulässig. Zu einer gegebenen Temperatur, einem gegebenen Druck und festgelegter Teilchenzahl[47] kann immer nur ein Potential bestimmt werden. Im Gleichgewicht existiert also nur eine eindeutig bestimmte Funktion $G(p, T, ...)$. Demnach muss in der Struktur der Potentialfunktion der Schlüssel zum Verständnis von Phasenübergängen liegen. Wir wollen hier das große Potential etwas näher untersuchen. Dazu schreiben wir das großkanonische Zustandsintegral in der Form

$$Z_{\text{groß}} = \sum_{N=0}^{\infty} z^N Z_{\text{kan}}(T, V, N) \qquad (7.390)$$

wobei z wieder die Fugazität $z = \exp\{\mu/kT\}$ ist (siehe (5.22)). Die kanonische Zustandssumme Z_{kan} ist nach Integration über den Impulsanteil

$$Z_{\text{kan}}(T, V, N) = \frac{\lambda^{3N}}{N!} \int d^3r_1 d^3r_2 ... d^3r_N \exp\left\{-\frac{H_{WW}}{kT}\right\} \qquad (7.391)$$

Für die meisten Partikel gilt, dass eine Annäherung über einen Abstand 2σ hinaus nur mit einem riesigen Energieaufwand möglich ist[48]. Konfigurationen, in denen also ein oder mehrere solcher Partikelüberlappungen vorhanden sind, tragen kaum noch zur kanonischen Zustandssumme bei. Mit wachsender Teilchenzahl, aber bei konstantem Volumen wird die Zahl der Überlappungskonfigurationen immer größer. Jede solche Konfiguration besitzt aber eine sehr hohe Energie, so dass die Exponentialfunktion im Integral der kanonischen Zustandssumme verschwindend klein wird. Ab einer bestimmten Anzahl $N_{\text{max}}(V)$ gibt es überhaupt keine überlappungsfreie Konfiguration mehr und der Wert von $Z_{\text{kan}}(T, V, N > N_{\text{max}})$ ist praktisch 0. Man kann die Größenordnung von $N_{\text{max}}(V)$ durch $N_{\text{max}} \sim V/\sigma^3$ abschätzen. Dann ist aber

$$Z_{\text{groß}} = \sum_{N=0}^{N_{\text{max}}} z^N Z_{\text{kan}}(T, V, N) \qquad (7.392)$$

Das großkanonische Zustandsintegral kann also als Polynom der Ordnung N_{max} in z interpretiert werden. Ein solches Polynom kann immer faktorisiert werden

$$Z_{\text{groß}} = \prod_{k=1}^{N_{\text{max}}(V)} (z - z_k) \qquad (7.393)$$

---

47) oder einem anderen Satz von Zustandsgrößen
48) σ wird daher als ein effektiver Teilchenradius interpretiert.

wobei die z_k die Nullstellen des Polynoms, also Lösungen der Gleichung

$$\sum_{N=0}^{N_{\max}} z^N Z_{\text{kan}}(T,V,N) = 0 \tag{7.394}$$

sind. Wir formen den Ausdruck für das großkanonische Zustandsintegral noch etwas um

$$Z_{\text{groß}} = \prod_{k=1}^{N_{\max}(V)} (-z_k) \prod_{k=1}^{N_{\max}(V)} \left(1 - \frac{z}{z_k}\right) \tag{7.395}$$

Das erste Produkt kann sofort bestimmt werden. Setzt man $z = 0$, dann folgt $Z_{\text{groß}}(T,V,z=0) = Z_{\text{kan}}(T,V,N=0) = 1$, d. h. wir erhalten sofort

$$\prod_{k=1}^{N_{\max}(V)} (-z_k) = 1 \tag{7.396}$$

Somit bleibt

$$Z_{\text{groß}} = \prod_{k=1}^{N_{\max}(V)} \left(1 - \frac{z}{z_k}\right) \tag{7.397}$$

Andererseits sind die Koeffizienten $Z_{\text{kan}}(T,V,N)$ des Polynoms (7.392) stets reell und positiv. Dann können die Nullstellen nur auf der negativen reellen Achse liegen oder sie treten als komplex konjugierte Paare auf, siehe Abb. 7.22. Die physikalische Bedeutung von $Z_{\text{groß}}$ besteht aber ausschließlich auf der positiven reellen Achse, da die Fugazität z nur für reelle chemische Potentiale und Temperaturen erklärt ist. Bestimmen wir nun das große Potential, dann erhalten wir

$$\Omega = -kT \sum_{k=1}^{N_{\max}(V)} \ln\left(1 - \frac{z}{z_k}\right) \tag{7.398}$$

Jede Nullstelle bildet also einen logarithmischen Pol des Potentials. Wegen

$$\bar{n} = \frac{N}{V} = -\frac{1}{V}\left(\frac{\partial \Omega}{\partial \mu}\right)_{V,T} = -\frac{z}{kTV}\left(\frac{\partial \Omega}{\partial z}\right)_{V,T} \tag{7.399}$$

gilt außerdem

$$\bar{n} = \frac{1}{V} \sum_{k=1}^{N_{\max}(V)} \frac{z}{z - z_k} \tag{7.400}$$

d. h. jede Nullstelle bildet einen Pol erster Ordnung des Ordnungsparameters $\bar{n}$. Da aber alle Polstellen außerhalb der positiven reellen Achse liegen, sind so-

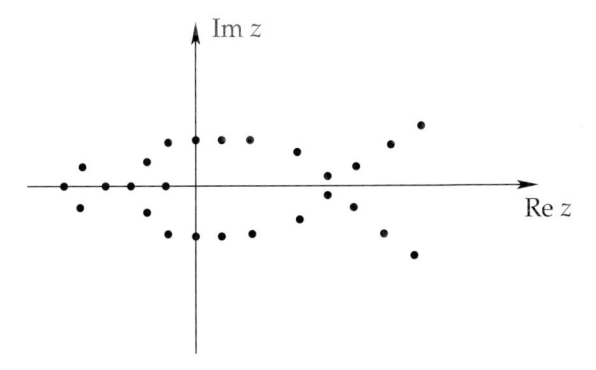

Abb. 7.22 Lage der Polstellen des großen Potentials in der komplexen Ebene für die Fugazität

wohl das Potential als auch die Ordnungsparameter[49] analytische Funktionen von z, d. h. sie sind in jedem Punkt der reellen Achse glatt und können beliebig oft differenziert werden ohne dass Singularitäten entstehen. Gewöhnlich kann man die Menge aller Nullstellen für ein wechselwirkendes System nur noch numerisch bestimmen. Mit wachsendem Volumen nimmt natürlich die Zahl der Nullstellen zu. Da aber die zugehörigen Polstellen des großen Potentials außerhalb der reellen Achse liegen, bleibt das Potential immer analytisch. Die fehlenden Singularitäten haben zur Folge, dass ein Phasenübergang im Sinne der obigen thermodynamischen Interpretation für endliche Volumina und damit auch endliche Partikelzahlen nicht möglich ist.

Allerdings beobachtet man im Verlauf der Simulation, dass mit wachsendem Volumen einige komplex konjugierte Polstellenpaare sich der reellen Achse nähern. Das ist natürlich keine generelle Forderung an jedes thermodynamische System, aber alle Systeme mit einem Phasenübergang zeigen ein solches Verhalten. Extrapoliert man dieses Verhalten auf den numerisch nicht mehr zugänglichen Bereich $V \to \infty$, dann findet man, dass sich diese wenigen Paare auf der reellen Achse zu einem Doppelpol vereinigen. Diese Polstellen verursachen ein nichtanalytisches Verhalten der Potentiale und damit Unstetigkeiten und Divergenzen in den höheren Ableitungen.

Wir kommen damit zu dem theoretisch wichtigen Schluss, dass ein Phasenübergang, wenn überhaupt, nur im thermodynamischen Limes möglich ist. Endliche Systeme haben im strengen Sinne keinen Phasenübergang. Allerdings können auch hier einige Polstellen bereits so dicht an der reellen Achse liegen, dass eine Unterscheidung zwischen einem echten nichtanalytischem Verhalten und einer sehr scharfen, aber doch noch glatten Änderung des Funktionsverlaufes keinen Sinn mehr macht.

49) Auch die anderen Ordnungsparameter, wie z. B. die Entropie, besitzen die durch das Potential Ω generierten Polstellen.

7.8.5
*Der kritische Punkt

7.8.5.1 *Universalität

Eine physikalische Besonderheit stellt der kritische Punkt dar. Im p-T-Diagramm endet hier die Koexistenzlinie zwischen Flüssigkeits- und Dampfphase (siehe Abb. 7.12) und man kann bei einer Prozessführung um den kritischen Punkt herum einen Phasenübergang zwischen Flüssigkeit und Gas vermeiden. Kritische Punkte treten aber auch bei vielen anderen Phasenübergängen auf[50]. Voraussetzung ist, dass es keine diskreten Unterscheidungsmerkmale zwischen den einzelnen Phasen (wie z. B. unterschiedliche Symmetrien) gibt. Dann kann durchaus eine Prozessführung existieren, die einen kontinuierlichen Übergang zwischen den an sich unterschiedlichen Phasen vermittelt.

Wir wollen zunächst die Eigenschaften des Gases bzw. der Flüssigkeit in der näheren Umgebung des kritischen Punktes der van der Waals-Gleichung bestimmen. Zunächst muss der kritische Punkt bestimmt werden. Dazu dient die van der Waals-Gleichung, die wir am besten nach dem Druck auflösen

$$p = \frac{kT}{v-b} - \frac{a}{v^2} \tag{7.401}$$

wobei hier wieder das spezifische Volumen $v = V/N$ benutzt wurde. Die Forderung für den kritischen Punkt ist einerseits, dass wir dort bei einer gegebenen Temperatur eine waagerechte Tangente haben[51], also

$$\frac{dp}{dv} = -\frac{kT}{(v-b)^2} + 2\frac{a}{v^3} = 0 \tag{7.402}$$

gilt und dass der kritische Punkt andererseits ein Wendepunkt ist[52], d. h. wir haben zusätzlich die Forderung

$$\frac{d^2p}{dv^2} = 2\frac{kT}{(v-b)^3} - 6\frac{a}{v^4} = 0 \tag{7.403}$$

Die Auflösung dieser drei Gleichungen nach spezifischem Volumen, Temperatur und Druck führt auf die kritischen Werte

---

[50] Wir haben etwa mit dem Ising-Modell bereits das Verhalten in der Umgebung des kritischen Punktes magnetischer Systeme analysiert.

[51] Damit gibt es hier also noch ein Extremum, das formal die Vereinigung der bei tieferen Temperaturen auftretenden Minima und Maxima der van der Waals-Gleichung ist. Man beachte, dass ja im kritischen Punkt die beiden Zweige der Spinodalen zusammenlaufen.

[52] Das ist eine unmittelbare Konsequenz des Zusammenfallens von Minimum und Maximum im kritischen Punkt.

$$v_c = 3b \qquad T_c = \frac{8a}{27kb} \qquad p_c = \frac{a}{27b^2} \qquad (7.404)$$

Wir führen jetzt dimensionsunabhängige Zustandsgrößen ein. Dazu definieren wir den reduzierten Druck π entsprechend $p = \pi p_c$, das reduzierte spezifische Volumen η als $v = \eta v_c$ und die reduzierte Temperatur τ über $T = \tau T_c$. In diesen reduzierten Zustandsgrößen erhalten wir für die van der Waals-Gleichung

$$\left(\pi + \frac{3}{\eta^2}\right)(3\eta - 1) = 8\tau \qquad (7.405)$$

Diese Gleichung hängt jetzt überhaupt nicht mehr von den Materialparametern ab. Eine solche Erscheinung bezeichnet man als *Universalität*. Allerdings ist die hier vorliegende Universalität auf die van der Waals-Gleichung bezogen und daher noch sehr speziell.

Wir werden jetzt einige Relationen ableiten, die in dieser Form nicht nur für Phasenübergänge gelten, die auf der van der Waals-Gleichung beruhen, sondern für den Flüssigkeits-Gas-Übergang schlechthin gültig sind, ja sogar für eine ganze Klasse anderer Phänomene, wie z. B. bei der spontanen Magnetisierung, beobachtet werden können.

Der kritische Punkt der reduzierten van der Waals-Gleichung ist durch $\pi_c = \tau_c = \eta_c = 1$ gegeben. Ersetzt man jetzt in der van der Waals-Gleichung Druck, Temperatur und spezifisches Volumen durch $\pi = \pi_c + \delta\pi = 1 + \delta\pi$, $\tau = \tau_c + \delta\tau = 1 + \delta\tau$ bzw. $\eta = \eta_c + \delta\eta = 1 + \delta\eta$, dann kann man das Verhalten in der Umgebung des kritischen Punktes tiefer analysieren. Zunächst findet man auf der kritischen Isothermen $\delta\tau = 0$

$$\delta\pi = \frac{8}{2 + 3\delta\eta} - \frac{3}{(1 + \delta\eta)^2} - 1 = -3\delta\eta^3 + o(\delta\eta^3) \qquad (7.406)$$

oder, wenn man zu den originalen Größen zurückgeht

$$p - p_c \sim (v - v_c)^3 \qquad (7.407)$$

In realen Systemen erhält man gewöhnlich einen etwas anderen Exponenten δ

$$p - p_c \sim (v - v_c)^\delta \qquad (7.408)$$

der von dem Wert 3 abweichen kann. Gleichungen vom Typ (7.408) heißen *Skalenrelationen* und der zugehörige Exponent ist ein sogenannter *kritischer Exponent*. Solche Gleichungen sind der typische Ausdruck für ein universelles

Verhalten. Da der Druck p als ein *externes Feld* auftritt[53] und das spezifische Volumen der zugehörige *Ordnungsparameter* ist, kann man dieses Gesetz auf die Form

$$\phi - \phi_c \sim (h - h_c)^{1/\delta} \quad \text{mit} \quad T = T_c \tag{7.409}$$

mit dem kritischen Exponenten δ generalisieren. Dieses Potenzgesetz gilt allgemein in der Umgebung eines kritischen Punktes. Allerdings kann der Wert des Exponenten δ für unterschiedliche Phänomene verschieden sein. Aber alle Flüssigkeits-Gas-Übergänge, dazu noch Phasenentmischungen und spontane Magnetisierung haben den gleichen universellen Exponenten δ und auch die weiteren, nachfolgend definierten Exponenten haben für alle diese Erscheinungen den gleichen Wert. Man fasst deshalb die Phänomene mit gleichen kritischen Exponenten zu einer *Universalitätsklasse* zusammen. Es ist offensichtlich, dass hinter diesen Exponenten eine allgemeine Theorie stecken muss, die unabhängig von den physikalischen Besonderheiten des jeweiligen Problems immer zu den gleichen Exponenten gelangt.

Wir bilden jetzt die Kompressibilität κ auf der kritischen Isochore. Es gilt zunächst

$$\frac{\partial \pi}{\partial \eta} = -\frac{24\tau}{(3\eta - 1)^2} + \frac{6}{\eta^3} \tag{7.410}$$

d. h. auf der kritischen Isochore $\eta = \eta_c = 1$ ist

$$\frac{\partial \pi}{\partial \eta} = 6(1 - \tau) = 6(\tau_c - \tau) = -6\delta\tau \tag{7.411}$$

Damit folgt

$$\kappa \sim \frac{\partial \eta}{\partial \pi} \sim \frac{1}{\delta\tau} \sim (T - T_c)^{-1} \tag{7.412}$$

Auch diese Gleichung kann in zwei Schritten verallgemeinert werden. Zunächst ist aus experimentellen Daten bekannt, dass in realen Systemen die Kompressibilität durch einen kritischen Exponenten γ mit

$$\kappa \sim (T - T_c)^{-\gamma} \tag{7.413}$$

bestimmt wird, dessen Wert etwas von 1 abweicht. Da die Kompressibilität eine Suszeptibilität ist, die aus einem Ordnungsparameter und dem zugehöri-

---

[53] Wir hatten in den vorangegangenen Kapiteln die Temperatur ebenso zu den externen Feldern gezählt wie den Druck oder elektrische und magnetische Felder. Da aber in den meisten bekannten thermodynamischen Modellen die Temperatur auf jeden Fall, von den anderen Feldern i. A. aber nur ein weiteres physikalisch relevant ist, erscheint es sinnvoll, die Temperatur als eine getrennte Größe aufzuführen. Unter h verstehen wir dann im Weiteren ein durch das jeweilige Problem bestimmtes, neben der Temperatur auftretendes, externes Feld. In diesem Sinne ist ϕ der dem externen Feld h zugehörige Ordnungsparameter.

gen Feld bestimmt wurde, können wir diese Relation weiter verallgemeinern

$$\left(\frac{\partial \phi}{\partial h}\right)_{\phi=\phi_c} \sim (T - T_c)^{-\gamma} \qquad (7.414)$$

Den Unterschied dieser Relation zu (7.409) erkennt man, wenn man entsprechend

$$\left(\frac{\partial \phi}{\partial h}\right)_{T=T_c} \sim (h - h_c)^{1/\delta - 1} \qquad (7.415)$$

eine Suszeptibilität bildet, diesmal aber für $T = T_c$ anstelle $\phi = \phi_c$. Die letzten beiden Gleichungen sind Grenzfälle einer allgemeineren Darstellung. Man kann eine sogenannte *Skalenfunktion* $g(x)$ mit der Eigenschaft

$$g(x) = \text{const} \quad \text{falls} \quad x \to 0 \quad \text{und} \quad g(x) \sim x^{-\gamma} \quad \text{falls} \quad x \to \infty \qquad (7.416)$$

einführen und damit die Suszeptibilität darstellen als

$$\frac{\partial \phi}{\partial h} = (T - T_c)^{-\gamma} g\left(\frac{(h - h_c)^{(\delta-1)/(\gamma\delta)}}{T - T_c}\right) \qquad (7.417)$$

Auf diese Weise werden automatisch die beiden Grenzfälle erfüllt. Aber auch alle anderen Fälle lassen sich mit dieser einparametrigen Skalenfunktion $g(x)$ präzise darstellen. Es handelt sich hierbei um eine weitere universelle Eigenschaft der Suszeptibilität $\partial \phi / \partial h$, die mit Hilfe einer grundlegenden Theorie geklärt werden muss.

Wir wollen jetzt in der Koexistenzregion die Differenz der zu einer Isothermen gehörigen Spinodalpunkte bestimmen[54]. Bei einer gegebenen Isothermen bestimmen sich die beiden Extrema aus der Gleichung

$$\frac{\partial \pi}{\partial \eta} = -\frac{24\tau}{(3\eta - 1)^2} + \frac{6}{\eta^3} = 0 \qquad (7.418)$$

Da wir uns nur für kleine Abweichungen vom kritischen Punkt interessieren, verwenden wir $\eta = \eta_c + \delta\eta$ und $\tau = \tau_c + \delta\tau$ und entwickeln nach Potenzen der Abweichungen. Man erhält zunächst bis zur zweiten Ordnung in $\delta\eta$

$$\frac{9 - 81\delta\tau}{2}\delta\eta^2 + 18\delta\tau\delta\eta - 6\delta\tau = 0 \qquad (7.419)$$

Diese quadratische Gleichung kann nach $\delta\eta$ aufgelöst werden. Von beiden Lösungen werden dann nur noch die führenden Potenzen von $\delta\tau$ behalten.

---

54) Man kann natürlich auch die Differenz der Binodalpunkte bestimmen. Aber erstens ergibt sich hieraus das gleiche Skalengesetz und zweitens ist der Aufwand zur Berechnung der Differenz der Binodalen ungleich größer.

Dann erhält man die Differenz zwischen den beiden Extremalstellen $v_2(T)$ und $v_1(T)$

$$\Delta v \sim \eta_2(T) - \eta_1(T) = \delta\eta_2(T) - \delta\eta_1(T) \sim (-\delta T)^{1/2} = (T_c - T)^{1/2} \quad (7.420)$$

Auch hier können wir das Ergebnis wieder verallgemeinern. Zunächst folgt aus experimentellen Untersuchungen, dass man an sich ein Potenzgesetz der Art

$$\Delta v \sim (T_c - T)^\beta \quad (7.421)$$

verwenden muss, wobei der Exponent β leicht von $1/2$ abweicht. In der Sprache der Ordnungsparameter ist diese Gleichung dann eine Relation zwischen der Differenz der Ordnungsparameter im Koexistenzgebiet[55] und der Abweichung der Temperatur von ihrem kritischen Wert.

$$\Delta\phi \sim (T_c - T)^\beta \quad (7.422)$$

Schließlich findet man noch einen weiteren Exponenten, der nicht aus der van der Waals-Gleichung gewonnen werden kann. Die spezifische Wärmekapazität skaliert nämlich am kritischen Punkt wie

$$C_V \sim (T_c - T)^{-\alpha} \quad (7.423)$$

Der kritische Exponent α liegt gewöhnlich sehr nahe bei 0.

7.8.5.2 *Landau-Theorie

Wir wollen abschließend der Frage nachgehen, wie man die kritischen Exponenten begründen kann. In der Nähe des kritischen Punktes ist es sicher möglich, die thermodynamischen Potentiale nach Potenzen der Ordnungsparameter aufzuschreiben. Im Rahmen der Landau-Theorie sind die freien Felder in der freien Energie linear enthalten. Setzen wir jetzt der Einfachheit halber $\delta\phi \to \phi$ und $\delta h \to h$ und beachten, dass die verschobenen Ordnungsparameter und externen Felder klein sind, dann kann man die führenden Glieder der freien Energie in der Form

$$\frac{F}{N} = \frac{F_0}{N} - h\phi + \frac{a}{2}(T - T_c)\phi^2 + \frac{u}{4}\phi^4 \quad (7.424)$$

aufschreiben. Wir können uns im Folgenden leicht davon überzeugen, dass genau diese Struktur zu den obigen Skalenrelationen führt. Zunächst muss im thermodynamischen Gleichgewicht der an sich von den externen Feldern abhängige Ordnungsparameter fixiert werden. Dazu verwendet man die notwendige Bedingung, dass im Gleichgewicht die freie Energie minimal sein muss. Damit erhalten wir die Forderung

$$\frac{\partial(F/N)}{\partial\phi} = -h + a(T - T_c)\phi + u\phi^3 = 0 \quad (7.425)$$

[55] also unterhalb der kritischen Temperatur T_c

Entlang der kritischen Isotherme $T = T_c$ gilt dann

$$\phi \sim h^{1/3} \tag{7.426}$$

während die Suszeptibilität für $\phi = 0$ gegeben ist durch

$$\chi^{-1} = \left(\frac{\partial h}{\partial \phi}\right)_{\phi=0} \sim (T - T_c) \tag{7.427}$$

also

$$\chi \sim (T - T_c)^{-1} \tag{7.428}$$

Schließlich finden wir für $T < T_c$ und $h = 0$ die Nullstellen

$$\phi_{1,2} = \pm \left(\frac{a}{u}(T_c - T)\right)^{1/2} \quad \text{und} \quad \phi_3 = 0 \tag{7.429}$$

Die dritte Lösung ist thermodynamisch instabil [56] und die Differenz der ersten beiden ergibt

$$\Delta \phi \sim (T_c - T)^{1/2} \tag{7.430}$$

Die Ableitung der kritischen Indizes aus der algebraisch definierten freien Energie ist der Inhalt der Landau-Theorie. Um jetzt die wirklichen kritischen Indizes zu bekommen, muss man einen Schritt weiter gehen und die freie Energie als Volumenintegral über ein Ordnungsparameterfeld $\phi(r)$ schreiben

$$F \to F_0 + \int d^d r \left(-h(\mathbf{r})\phi(\mathbf{r}) + \frac{a}{2}(T - T_c)\phi^2(\mathbf{r}) + \frac{u}{4}\phi^4(\mathbf{r})\right) \tag{7.431}$$

Fügt man in diese Gleichung noch Gradiententerme ein, die letztendlich räumliche Fluktuationen des Ordnungsparameters berücksichtigen, dann erhält man eine generalisierte freie Energie

$$F \sim \int d^d r \left(-h(\mathbf{r})\phi(\mathbf{r}) + \frac{b}{2}(\nabla\phi(\mathbf{r}))^2 + \frac{a}{2}(T - T_c)\phi^2(\mathbf{r}) + \frac{u}{4}\phi^4(\mathbf{r})\right) \tag{7.432}$$

die jetzt mit Methoden der Feldtheorie behandelt werden kann.

Die kritischen Exponenten lassen sich insbesondere mit einer speziellen Approximationsmethode, der Renormierungsgruppentechnik, relativ genau bestimmen. Man findet, dass die kritischen Exponenten nur von der Dimension des Raumes abhängig sind. Insbesondere nehmen die Exponenten oberhalb einer sogenannten kritischen Dimension d_c, die in dem vorliegenden Fall gerade 4 ist, ihre klassischen Werte an.

[56] Für $\phi = \phi_3 = 0$ ist $\partial^2 F/\partial \phi^2 = T - T_c < 0$, d. h. die thermodynamische Stabilitätsbedingung ist nicht erfüllt.

d	2	3	4	∞
α	0	0.124	0	0
β	1/8	0.34	1/2	1/2
γ	7/4	1.1	1	1
δ	15	5.5	3	3

Diese klassischen Werte stimmen mit den Exponenten der einfachen raumunabängigen Variante der Landau-Theorie und damit auch mit den Werten, die wir aus der van der Waals-Gleichung gewonnen haben, überein.

Offenbar spielen die räumlichen Fluktuationen unterhalb der kritischen Dimension eine dominierende Rolle. Diese Aspekte fallen aber bereits in das Gebiet der statistischen Feldtheorie und können hier nicht mehr behandelt werden.

7.9
*Thermodynamische Fluktuationen

7.9.1
*Landau'sche Fluktuationsformel

In einem thermodynamischen System im Gleichgewicht sind integrale (globale) Größen – wir haben dafür auch den Begriff extensive Größen verwendet – und die aus diesen abgeleiteten intensiven Größen zeitlich konstant. Wichtig ist bei dieser Betrachtung aber, dass das betrachtete System hinreichend groß ist[57]. Lokale Größen, wie z. B. die mittlere Zahl der Teilchen in einem sehr kleinen Gebiet des Systems oder die kinetische Energie eines bestimmten Partikels, sind wegen der in dem System ablaufenden chaotischen Bewegung aber nach wie vor fluktuierende Größen. Formal kann man allen thermodynamischen Größen des Gesamtsystems entsprechende Größen in einem ausgewählten, hinreichend kleinen Untersystem zuordnen. So hat nicht nur das

---

57) An sich ist diese Aussage mathematisch nur im thermodynamischen
Limes $N \to \infty$, $V \to \infty$, $\frac{N}{V}$ = const exakt.

entsprechende thermodynamische System eine innere Energie, eine Entropie oder eine Temperatur, sondern auch für ein kleines Subsystem können solche Größen definiert werden. Diese sind dann allerdings zeitlich veränderlich. Wir geben uns zunächst ein Subsystem vor, dessen mittlere Größen, z. B. die mittlere Energie, die mittlere Teilchenzahl, ..., durch das globale System bestimmt werden. Dann muss z. B. gelten

$$\frac{U}{N} = \frac{\overline{U}_s}{\overline{N}_s} \qquad \frac{V}{N} = \frac{\overline{V}_s}{\overline{N}_s} \qquad T = \overline{T}_s \qquad p = \overline{p}_s \quad \ldots \qquad (7.433)$$

wobei der Index s bedeutet, dass die entsprechenden Größen dem ausgewählten Susbsystem zuzuordnen sind und der Querstrich die zeitliche Mittelung der jeweiligen Größe mit Bezug auf das Subsystems bedeutet. Würden wir aber den aktuellen Wert dieser Größen zu einem beliebigen Zeitpunkt messen, dann wären Abweichungen der aktuellen Messung von dem Mittelwert die Regel. Diese Abweichungen sind nicht systematisch, sondern als Abbild der chaotischen Bewegung stochastisch geprägt. Wir wollen die Abweichungen einer Größe X von ihrem Mittelwert $\overline{X}$ als δX bezeichnen und stellen uns jetzt die Frage, mit welcher Wahrscheinlichkeit wir eine bestimmte Fluktuation der thermodynamischen Größen auf kleinen Skalen beobachten könnnen. Dabei gehen wir davon aus, dass die kleine Region des Systems, in dem wir Fluktuationen beschreiben wollen, immer noch hinreichend groß ist, um eine sinnvolle Definition thermodynamischer Begriffe zu erlauben.

Die folgende Rechnung zur Ableitung der Wahrscheinlichkeitsdichte für eine Fluktuation verläuft analog zu der in Abschnitt 5.1 durchgeführten Bestimmung der Wahrscheinlichkeitsdichte für die großkanonische Gesamtheit. Wir beginnen unsere Untersuchung an einem mikrokanonischen Gesamtsystem mit der Energie E_0, Teilchenzahl N_0 und Volumen V_0. Aus diesem Gesamtsystem schneiden wir ein kleines Subsystem, das wir mit dem Index s kennzeichnen, aus. Die entsprechenden Größen dieses Subsystems seien E_s, N_s und V_s. Den großen Rest des Gesamtsystems betrachten wir als Bad, kennzeichnen ihn mit dem Index r und verwenden die Größen E_r, N_r und V_r. Wenn wir, wie bei den entsprechenden früheren Rechnungen, die Wechselwirkung zwischen dem Subsystem und dem Restsystem (Bad) vernachlässigen, gilt

$$\begin{align}
E_0 &= E_s + E_r = \text{const} & (7.434a) \\
N_0 &= N_s + N_r = \text{const} & (7.434b) \\
V_0 &= V_s + V_r = \text{const} & (7.434c)
\end{align}$$

Die statistische Verteilungsfunktion ρ_0 der Mikrozustände des mikrokanonischen Gesamtsystems ist dann analog (5.2) gegeben durch

$$\begin{aligned}
&\rho_0(\vec{\Gamma}_s, N_s, V_s; \vec{\Gamma}_r, N_r, V_r) \\
&\sim \delta\left[H_s(\vec{\Gamma}_s, N_s, V_s) + H_r(\vec{\Gamma}_r, N_r, V_r) - E_0\right] \qquad (7.435)
\end{aligned}$$

In diesem Ausdruck sind $\vec{\Gamma}_s$ und $\vec{\Gamma}_r$ Phasenraumvektoren in den Teilphasenräumen des interessierenden Subsystems und des Bades. Wir halten jetzt die Partikelzahl N_s und das Volumen V_s des Subsystems fest. Dann gibt es N_r Teilchen im Volumen V_r des Bades, über deren Phasenraumkoordinaten wir keine Kenntnis besitzen. Wir integrieren deshalb über die Koordinaten des Badphasenraums und erhalten für die Wahrscheinlichkeitsdichte des Subsystems

$$\rho_s(\vec{\Gamma}_s, N_s, V_s)$$
$$\sim \int \frac{d\Gamma_r^{(N_r,V_r)}}{(2\pi\hbar)^{3N_r} N_r!} \rho_0(\vec{\Gamma}_s, N_s, V_s; \vec{\Gamma}_r, N_r, V_r)$$
$$\sim \int d\Gamma_r^{(N_r,V_r)} \delta\left[H_s(\vec{\Gamma}_s, N_s, V_s) + H_r(\vec{\Gamma}_r, N_r, V_r) - E_0\right] \quad (7.436)$$

Den Nenner der zweiten Zeile haben wir wie bei früheren Rechnungen vorübergehend in den noch offenen Normierungfaktor gesteckt. Wir fügen dann eine 1 in der Form

$$1 = \sum_{N_r} \int dV_r \int dE_r \quad \delta\left[H_r(\Gamma_r, N_r, V_r) - E_r\right]$$
$$\times \delta_{N_s+N_r, N_0} \delta\left[V_s + V_r - V_0\right] \quad (7.437)$$

ein. Dieser Ausdruck erlaubt es, dass die Teilchenzahlen im System N_s und im Bad N_r bzw. die Volumina des Systems V_s und des Bades V_r alle Werte annehmen, die mit der Gesamtteilchenzahl N_0 bzw. dem Gesamtvolumen V_0 verträglich sind. Wir erhalten dann

$$\rho_s(\vec{\Gamma}_s, N_s, V_s)$$
$$\sim \sum_{N_r} \int dV_r \int dE_r \int d\Gamma_r^{(N_r,V_r)}$$
$$\delta\left[H_r(\Gamma_r, N_r, V_r) - E_r\right]$$
$$\times \delta_{N_s+N_r, N_0} \delta\left[V_s + V_r - V_0\right]$$
$$\times \delta\left[H_s(\vec{\Gamma}_s, N_s, V_s) + H_r(\vec{\Gamma}_r, N_r, V_r) - E_0\right] \quad (7.438)$$

Jetzt kann in der letzten δ-Funktion H_r durch E_r ersetzt werden und – da die dann verbleibende δ-Funktion nicht mehr von $\vec{\Gamma}_r$ abhängt – kann diese vor die Integration über $\Gamma_r^{(N_r,V_r)}$ gezogen werden. Dies führt auf

$$\rho_s(\vec{\Gamma}_s, N_s, V_s)$$
$$\sim \sum_{N_r} \int dV_r \int dE_r \delta_{N_s+N_r, N_0} \delta\left[V_s + V_r - V_0\right]$$
$$\times \delta\left[H_s(\vec{\Gamma}_s, N_s, V_s) + E_r - E_0\right]$$
$$\times \int d\Gamma_r^{(N_r,V_r)} \delta\left[H_r(\Gamma_r, N_r, V_r) - E_r\right] \quad (7.439)$$

Im inneren Integral von (7.439) haben wir gerade die mikrokanonische Zustandssumme des Bades $Z_r^{\text{mikro}}(E_r, N_r, V_r)$, die mit der mikrokanonischen Entropie über (3.80)

$$S_r^{\text{mikro}} = k \ln Z_r^{\text{mikro}} \quad \text{bzw.} \quad Z_r^{\text{mikro}} = \exp\left\{\frac{1}{k} S_r^{\text{mikro}}\right\} \tag{7.440}$$

zusammenhängt. Wir setzen den rechten Ausdruck in (7.439) ein und gelangen zu

$$\rho_s(\vec{\Gamma}_s, N_s, V_s)$$
$$\sim \sum_{N_r} \int dV_r \int dE_r \delta_{N_s+N_r,N_0} \delta[V_s + V_r - V_0]$$
$$\times \delta\left[H_s(\vec{\Gamma}_s, N_s, V_s) + E_r - E_0\right]$$
$$\times \exp\left\{\frac{1}{k} S_r^{\text{mikro}}(E_r, N_r, V_r)\right\} \tag{7.441}$$

Wir können jetzt die verbliebenen δ-Funktionen und das Kronecker-Symbol auswerten. Dies führt auf

$$\rho_s(\vec{\Gamma}_s, N_s, V_s) \sim \exp\left\{\frac{1}{k} S_r^{\text{mikro}}(E_0 - H_s(\vec{\Gamma}_s, N_s, V_s), N_0 - N_s, V_0 - V_s)\right\} \tag{7.442}$$

$\rho_s(\vec{\Gamma}_s, N_s, V_s)$ beschreibt die Wahrscheinlichkeit für das Subsystem, dass N_s Teilchen im Volumen V_s vorliegen und diese Teilchen durch den Phasenraumvektor $\vec{\Gamma}_s$ beschrieben werden. Diese Formel ist uns schon öfter in ähnlicher Form, z. B. bei der Herleitung der Verteilungsfunktion des kanonischen (4.8) und großkanonischen (5.7b) Ensembles begegnet, nur hatten wir dort eine oder mehrere Variablen des Subsystems fixiert.

Die Abhängigkeit der Verteilungsfunktion von allen Positionen und Impulsen der Teilchen des Subsytems ist ein typisches Erscheinungsbild der statistischen Physik und reflektiert deren mikroskopischen Bezug. Auf der von uns jetzt betrachteten thermodynamischen Ebene sind diese Informationen aber irrelevant. Wir benötigen auf dem thermodynamischen Niveau nur die Wahrscheinlichkeit, dass ein Subsystem bestimmte Werte für Energie, Volumen und Teilchenzahl annimmt. Darum eleminieren wir die Koordinaten $\vec{\Gamma}_s$ durch Integration unter der Bedingung, dass die Energie des Subsystems gerade E_s ist. Die Wahrscheinlichkeit[58], dass sich das Subsystem in einem thermodynamischen Zustand der Energie E_s, des Volumens V_s und der Teilchenzahl N_s befindet, ist gerade

$$w(E_s, V_s, N_s) = \int \rho\left(\vec{\Gamma}_s, V_s, N_s\right) \delta\left(E_s - H\left(\vec{\Gamma}_s\right)\right) \frac{d\Gamma_s}{(2\pi\hbar)^{3N_s} N_s!} \tag{7.443}$$

[58] Korrekt ausgesprochen handelt es sich hier um eine Wahrscheinlichkeitsdichte.

Wir erhalten damit

$$w(E_s, V_s, N_s) \sim \int \exp\left\{\frac{1}{k} S_r^{\text{mikro}}(E_0 - E_s, V_0 - V_s, N_0 - N_s)\right\}$$
$$\times \, \delta\left(E_s - H\left(\vec{\Gamma}_s\right)\right) \frac{d\Gamma_s}{(2\pi\hbar)^{3N_s} N_s!} \quad (7.444)$$

Die Integration über die Phasenraumkoordinaten $\vec{\Gamma}_s$ kann jetzt ausgeführt werden und man bekommt

$$w(E_s, V_s, N_s) \sim \exp\left\{\frac{1}{k} S_r^{\text{mikro}}(E_0 - E_s, V_0 - V_s, N_0 - N_s)\right\} Z_s^{\text{mikro}}(E_s, V_s, N_s) \quad (7.445)$$

Beachtet man auch noch den Zusammenhang (3.68) zwischen der Entropie und dem mikrokanonischen Zustandsintegral, dann folgt die Relation

$$w(E_s, V_s, N_s)$$
$$\sim \exp\left\{\frac{1}{k}\left[S_r^{\text{mikro}}(E_0 - E_s, V_0 - V_s, N_0 - N_s) + S_s^{\text{mikro}}(E_s, V_s, N_s)\right]\right\} \quad (7.446)$$

Wir wollen jetzt untersuchen, ob man diese Wahrscheinlichkeit ausschließlich durch die Fluktuationsbeiträge $\delta E = E_s - \overline{E}_s$, $\delta V = V_s - \overline{V}_s$ etc. darstellen kann. Dabei entsprechen natürlich die Mittelwerte den jeweiligen thermodynamischen Gleichgewichtswerten in dem Subsystem. Wir schreiben daher zunächst

$$E_s = \overline{E}_s + \delta E \quad \text{und} \quad E_0 - E_s = \overline{E}_r - \delta E \quad (7.447)$$

wobei $\overline{E}_r$ die mittlere Energie des restlichen Systems, also des Bades, ist. Für die anderen Größen erhält man analog

$$V_s = \overline{V}_s + \delta V \quad \text{und} \quad V_0 - V_s = \overline{V}_r - \delta V \quad (7.448)$$

und

$$N_s = \overline{N}_s + \delta N \quad \text{und} \quad N_0 - N_s = \overline{N}_r - \delta N \quad (7.449)$$

so dass die Wahrscheinlichkeit für das Auftreten einer Fluktuation $(\delta E, \delta V, \delta N)$ gerade durch

$$w(\delta E, \delta V, \delta N) \sim \exp\left\{\frac{1}{k}\left[S_r^{\text{mikro}}(\overline{E}_r - \delta E, \overline{V}_r - \delta V, \overline{N}_r - \delta N)\right]\right\}$$
$$\times \, \exp\left\{\frac{1}{k}\left[S_s^{\text{mikro}}(\overline{E}_s + \delta E, \overline{V}_s + \delta V, \overline{N}_s + \delta N)\right]\right\} \quad (7.450)$$

gegeben ist. Die Fluktuationen sind entsprechend unserer Voraussetzung, dass auch das Subsystem schon thermodynamisch akzeptable Skalen erreicht hat, relativ klein gegenüber den Mittelwerten. Dann können wir eine Entwicklung um diese Mittelwerte durchführen. Mit der Vereinbarung $X_1 = E$,

$X_2 = V$ und $X_3 = N$, der Zusammenfassung dieser Größen zu einem Vektor $\mathbf{X} = \{X_1, X_2, X_3\}$ und der Berücksichtigung der Vorzeichen der Fluktuationen in (7.447) bis (7.449) folgt

$$S_r^{\text{mikro}}(\overline{\mathbf{X}}_r - \delta \mathbf{X}) = S_r^{\text{mikro}}(\overline{\mathbf{X}}_r) - \sum_i \frac{\partial S_r^{\text{mikro}}(\overline{\mathbf{X}}_r)}{\partial X_{r,i}} \delta X_i$$
$$+ \frac{1}{2} \sum_{i,j} \frac{\partial^2 S_r^{\text{mikro}}(\overline{\mathbf{X}}_r)}{\partial X_{r,i} \partial X_{r,j}} \delta X_i \delta X_j \qquad (7.451)$$

und

$$S_s^{\text{mikro}}(\overline{\mathbf{X}}_s + \delta \mathbf{X}) = S_s^{\text{mikro}}(\overline{\mathbf{X}}_s) + \sum_i \frac{\partial S_s^{\text{mikro}}(\overline{\mathbf{X}}_s)}{\partial X_{s,i}} \delta X_i$$
$$+ \frac{1}{2} \sum_{i,j} \frac{\partial^2 S_s^{\text{mikro}}(\overline{\mathbf{X}}_s)}{\partial X_{s,i} \partial X_{s,j}} \delta X_i \delta X_j \qquad (7.452)$$

Die jeweils ersten Terme ergeben zusammen die Entropie des Gesamtsystems und spielen für die weiteren Betrachtungen keine Rolle mehr. Sie können in den ohnehin noch offenen Normierungsfaktor der Wahrscheinlichkeitsdichte (7.450) einbezogen werden. Die Terme der ersten Ordnung liefern wohlbekannte Ausdrücke. So sind

$$\frac{\partial S_s^{\text{mikro}}(\overline{\mathbf{X}}_s)}{\partial X_{s,1}} = \frac{1}{T_s} \quad \text{und} \quad \frac{\partial S_r^{\text{mikro}}(\overline{\mathbf{X}}_r)}{\partial X_{r,1}} = \frac{1}{T_r} \qquad (7.453)$$

die Temperaturen des ausgewählten Subsystems und des verbleibenden Restsystems. Da sich das Gesamtsystem aber im thermischen Gleichgewicht befindet, sind beide Temperaturen gleich $T_r = T_s = T$. Ganz analoge Beziehungen findet man unter Berücksichtigung der Gleichgewichtsbedingungen[59] auch für die übrigen Ableitungen. Wegen des entgegengesetzten Vorzeichens heben sich die Terme erster Ordnung auf und es bleibt

$$w \sim \exp\left\{\frac{1}{2k} \sum_{i,j} \left[\frac{\partial^2 S_r^{\text{mikro}}(\overline{\mathbf{X}}_r)}{\partial X_{r,i} \partial X_{r,j}} + \frac{\partial^2 S_s^{\text{mikro}}(\overline{\mathbf{X}}_s)}{\partial X_{s,i} \partial X_{s,j}}\right] \delta X_i \delta X_j\right\} \qquad (7.454)$$

Sowohl die Entropie als auch die Größen X_i sind extensiv. Damit sind die zweiten Ableitungen von der Größenordnung $\overline{N}_r^{-1}$ für das Restsystem und $\overline{N}_s^{-1}$ für das Subsystem. Da das Gesamtsystem makroskopische Ausmaße haben soll, ist $\overline{N}_r \gg \overline{N}_s$, d. h. die zweiten Ableitungen des Restsystems können gegenüber den Ableitungen des Subsystems vernachlässigt werden. Dann bleibt nur noch

$$w \sim \exp\left\{\frac{1}{2k} \sum_{i,j} \left[\frac{\partial^2 S_s^{\text{mikro}}(\overline{\mathbf{X}}_s)}{\partial X_{s,i} \partial X_{s,j}}\right] \delta X_i \delta X_j\right\} \qquad (7.455)$$

[59] siehe Kapitel 3.3.6, (3.156), (3.157) und (3.160), (3.161)

In dieser Darstellung hat das Restsystem keinerlei Bedeutung mehr. Daher können wir ab jetzt auch den Index s weglassen, der das Subsystem vom Restsystem unterschied. Nutzen wir noch

$$x_j = \frac{\partial S}{\partial X_j} \tag{7.456}$$

zur Definition entsprechender abgeleiteter Größen x_j, dann erhalten wir

$$w \sim \exp\left\{\frac{1}{2k}\sum_{i,j}\left(\frac{\partial x_j}{\partial X_i}\right)\delta X_i \delta X_j\right\} \tag{7.457}$$

Auch die Variablen x_j zeigen Fluktuationen, die aber durch den funktionalen Zusammenhang $S = S(\overline{X})$ entstehen. Insbesondere gilt bis zur ersten Ordnung

$$\delta x_j = \sum_i \frac{\partial x_j}{\partial X_i} \delta X_i \tag{7.458}$$

und damit

$$w \sim \exp\left\{\frac{1}{2k}\sum_j \delta x_j \delta X_j\right\} \tag{7.459}$$

Wir wollen jetzt die formale Summe explizit darstellen. Für $i = 1$ ist $X_1 = E = U$ und damit $x_1 = 1/T$. Daraus folgt

$$\delta X_1 = \delta U \quad \text{und} \quad \delta x_1 = -\frac{\delta T}{T^2} \tag{7.460}$$

Analog findet man mit $X_2 = V$ die abhängige Variable $x_2 = p/T$ und damit

$$\delta X_2 = \delta V \quad \text{und} \quad \delta x_2 = \frac{\delta p}{T} - \frac{p \delta T}{T^2} \tag{7.461}$$

Schließlich haben wir $X_3 = N$ und damit $x_3 = -\mu/T$, so dass

$$\delta X_3 = \delta N \quad \text{und} \quad \delta x_3 = -\frac{\delta \mu}{T} + \frac{\mu \delta T}{T^2} \tag{7.462}$$

Damit folgt

$$\sum_j \delta x_j \delta X_j = -\frac{\delta T \delta U}{T^2} + \frac{\delta p \delta V}{T} - \frac{p \delta T \delta V}{T^2} - \frac{\delta \mu \delta N}{T} + \frac{\mu \delta T \delta N}{T^2} \tag{7.463}$$

Beachtet man noch, dass im thermischen Gleichgewicht wegen der Kleinheit der Fluktuationen auch noch die Relation (7.94)

$$\delta U = T\delta S - p\delta V + \mu \delta N \tag{7.464}$$

gilt, dann ist

$$\sum_j \delta x_j \delta X_j = -\frac{\delta T \delta S}{T} + \frac{\delta p \delta V}{T} - \frac{\delta \mu \delta N}{T} \qquad (7.465)$$

und damit

$$w \sim \exp\left\{\frac{\delta p \delta V - \delta T \delta S - \delta \mu \delta N}{2kT}\right\} \qquad (7.466)$$

Das ist die *Landau'sche Fluktuationsformel*. Sie gibt die Wahrscheinlichkeit an, in einem beliebig definierten Subsystem eine Fluktuation der extensiven und der ihnen zugeordneten thermodynamisch konjugierten Variablen zu finden. Natürlich muss sich das betrachtete Gesamtsystem im thermodynamischen Gleichgewicht befinden. Jede Fluktuation läuft eigentlich gegen die thermodynamisch vorgeschriebene Entwicklungsrichtung, da sie zumindest für das Subsystem scheinbar zum Verlassen des Gleichgewichtes führt. Aber wir befinden uns hier nicht im thermodynamischen Limes, sondern auf einer *mesoskopischen* Skala mit endlicher Teilchenzahl und endlichem Volumen, auf der die thermodynamischen Stabilitätsbedingungen anders interpretiert werden müssen. Die Existenz der Fluktuationen steckt in der Natur der chaotischen Bewegung. Aber eine beliebige Fluktuation aus dem Gleichgewicht bedeutet nicht, dass die thermodynamische Stabilität und erst recht nicht der zweite Hauptsatz der Thermodynamik, die streng erst im thermodynamischen Limes gelten, außer Kraft gesetzt sind.

Eine Verletzung des zweiten Hauptsatzes kann man schon deshalb ausschließen, weil aus den Fluktuationen keine Arbeit gewonnen werden kann. Da wir keine Information darüber besitzen, wann und in welche Richtung eine Fluktuation erfolgt, kann auch kein Perpetuum zweiter Art konstruiert werden.

Andererseits ist auch die Stabilitätsrelation jetzt so zu verstehen, dass eine beliebige Fluktuation zwar prinzipiell möglich ist, aber stets wieder zerfällt. Erst wenn eine beliebige Fluktuation sich selbst stabilisieren und ständig weiter anwachsen würde und damit schließlich die makroskopische Struktur des Gesamtsystems ändert, wären die thermodynamischen Stabilitätsbedingungen verletzt. Tatsächlich gibt es auch solche Fälle. In unterkühlten Flüssigkeiten genügt oft eine kleine Störung, z. B. durch eine Erschütterung oder eine kleine Verunreinigung, um eine Kristallisation zu erzwingen. Solche thermodynamischen Zustände, die durch eine kleine Störung oder Aktivierung destabilisiert werden und dann von selbst den Gleichgewichtszustand verlassen, heißen *metastabil*.

Wir wollen an dieser Stelle noch einige weitere Aussagen über die thermodynamischen Fluktuationen gewinnen. Dazu müssen wir beachten, dass von den sechs in der Landau-Formel (7.466) auftretenden Fluktuationen nur ein Teil unabhängig ist. Bei einem homogenen einheitlichen System, z. B. einem

Gas, sind nur drei Variable unabhängig, von denen mindestens eine extensiv sein muss.

7.9.2
*Fluktuationen von δp und δS für $\delta N = 0$

Wir wollen z. B. ein Subsystem betrachten, das aus einer festen Teilchenzahl besteht und dessen Druck- und Entropiefluktuationen gemessen werden sollen. Dann sind Temperatur- und Volumenfluktuationen nachgeordnet und wir können wegen $\delta N = 0$ schreiben

$$\delta T = \left(\frac{\partial T}{\partial S}\right)_{p,N} \delta S + \left(\frac{\partial T}{\partial p}\right)_{S,N} \delta p = \frac{T}{C_p}\delta S + \left(\frac{\partial T}{\partial p}\right)_{S,N} \delta p \qquad (7.467)$$

und

$$\delta V = \left(\frac{\partial V}{\partial S}\right)_{p,N} \delta S + \left(\frac{\partial V}{\partial p}\right)_{S,N} \delta p = \left(\frac{\partial T}{\partial p}\right)_{S,N} \delta S + \left(\frac{\partial V}{\partial p}\right)_{S,N} \delta p \qquad (7.468)$$

Dabei wurde in (7.467) mit

$$\left(\frac{\partial T}{\partial S}\right)_{p,N} = \frac{1}{\left(\frac{\partial S}{\partial T}\right)_{p,N}} = \frac{T}{C_p} \qquad (7.469)$$

die Regel 4 aus Abschnitt 7.5.1 und (7.116) verwendet. In (7.468) wurde die Maxwell-Relation (7.175)

$$\left(\frac{\partial T}{\partial p}\right)_s = \left(\frac{\partial V}{\partial S}\right)_p \qquad (7.470)$$

benutzt. Setzt man die Ausdrücke für δT und δV in die Fluktuationsformel ein, dann folgt

$$w \sim \exp\left\{\frac{1}{2kT}\left[\left(\frac{\partial V}{\partial p}\right)_s \delta p^2 - \frac{T}{C_p}\delta S^2\right]\right\} \qquad (7.471)$$

Mit dieser (noch nicht normierten Wahrscheinlichkeitsverteilung) können die mittleren quadratischen Fluktuationen $\langle(\delta S)^2\rangle$ und $\langle(\delta p)^2\rangle$ als Maß für die Fluktuationsstärke bestimmt werden. Da w in dieser Form eine mehrdimensionale Gauß-Verteilung ist, sind die mittleren quadratischen Abweichungen und die Korrelationen sofort bestimmbar. Wir finden insbesondere

$$\langle\delta S^2\rangle = \frac{\int \delta S^2 \exp\left\{\frac{1}{2kT}\left[\left(\frac{\partial V}{\partial p}\right)_s \delta p^2 - \frac{T}{C_p}\delta S^2\right]\right\} d\delta S d\delta p}{\int \exp\left\{\frac{1}{2kT}\left[\left(\frac{\partial V}{\partial p}\right)_s \delta p^2 - \frac{T}{C_p}\delta S^2\right]\right\} d\delta S d\delta p} \qquad (7.472)$$

und damit
$$\langle \delta S^2 \rangle = C_p k \tag{7.473}$$

Analog erhält man wieder unter Verwendung der oben genannten Regel 4
$$\langle \delta p^2 \rangle = -kT \left(\frac{\partial p}{\partial V} \right)_S \tag{7.474}$$

und
$$\langle \delta p \delta S \rangle = 0 \tag{7.475}$$

Offensichtlich kann man bereits aus der quadratischen Form im Exponenten der Fluktuationsformel (7.471) die entsprechenden mittleren quadratischen Fluktuationen ablesen.

7.9.3
*Fluktuationen von δT und δV für $\delta N = 0$

Wir wollen der Vollständigkeit halber die Fluktuationen von Temperatur und Volumen in einem Subsystem konstanter Teilchenzahl untersuchen. Hier bestimmen wir zuerst δS und δp als lineare Funktionen von δT und δV, also

$$\delta S = \left(\frac{\partial S}{\partial T} \right)_V \delta T + \left(\frac{\partial S}{\partial V} \right)_T \delta V = \frac{C_V}{T} \delta T + \left(\frac{\partial p}{\partial T} \right)_V \delta V \tag{7.476}$$

und
$$\delta p = \left(\frac{\partial p}{\partial T} \right)_V \delta T + \left(\frac{\partial p}{\partial V} \right)_T \delta V = \left(\frac{\partial p}{\partial T} \right)_V \delta T - \frac{1}{\kappa V} \delta V \tag{7.477}$$

Dabei wurde in der ersten Gleichung (7.103) und die Maxwell-Relation (7.173) eingesetzt, in der zweiten wurde der isotherme Kompressionsmodul (7.189) verwendet. Damit ist

$$w \sim \exp \left\{ -\frac{1}{2kT} \left[\frac{1}{\kappa V} \delta V^2 + \frac{C_V}{T} \delta T^2 \right] \right\} \tag{7.478}$$

Hieraus erhält man direkt die mittleren quadratischen Fluktuationen

$$\langle \delta T^2 \rangle = \frac{kT^2}{C_V} \tag{7.479}$$

$$\langle \delta V^2 \rangle = k\kappa TV \tag{7.480}$$

sowie
$$\langle \delta T \delta V \rangle = 0 \tag{7.481}$$

7.9.4
*Fluktuationen von δT und δN für $\delta V = 0$

Schließlich betrachten wir ein Subsystem mit konstantem Volumen aber variabler Temperatur und Teilchenzahl. Das ist z. B. der Fall, wenn man in einem Gas ein bestimmtes Subvolumen hervorhebt, ohne damit irgendwelche physikalischen Grenzen zu errichten. Dann können Partikel ungehindert in dieses Volumen eindringen oder es verlassen. Die Zahl der Partikel in dem kleinen Volumen wird ausschließlich durch physikalische Eigenschaften des Gases bestimmt. Dann sind z. B. δT und δN die fluktuierenden Größen, während die Fluktuationen des chemischen Potentials und der Entropie durch

$$\delta S = \left(\frac{\partial S}{\partial T}\right)_{V,N} \delta T + \left(\frac{\partial S}{\partial N}\right)_{V,T} \delta N = \frac{C_V}{T}\delta T + \left(\frac{\partial S}{\partial N}\right)_{V,T} \delta N \qquad (7.482)$$

bzw.

$$\delta \mu = \left(\frac{\partial \mu}{\partial T}\right)_{V,N} \delta T + \left(\frac{\partial \mu}{\partial N}\right)_{V,T} \delta N = -\left(\frac{\partial S}{\partial N}\right)_{V,T} \delta T + \left(\frac{\partial \mu}{\partial N}\right)_{V,T} \delta N \qquad (7.483)$$

gegeben sind. Dabei ist im letzten Schritt wieder eine der Maxwell-Relationen (7.173) genutzt worden. Wir erhalten also

$$w \sim \exp\left\{-\frac{1}{2kT}\left[\frac{C_V}{T}\delta T^2 + \left(\frac{\partial \mu}{\partial N}\right)_T \delta N^2\right]\right\} \qquad (7.484)$$

und damit

$$\langle \delta T^2 \rangle = \frac{kT^2}{C_V} \qquad (7.485)$$

$$\langle \delta T \delta N \rangle = 0 \qquad (7.486)$$

$$\langle \delta N^2 \rangle = kT \left(\frac{\partial N}{\partial \mu}\right)_{T,V} \qquad (7.487)$$

In der letzten Formel haben wir wieder die Regel 4 und die Konstanz des Volumens explizit verwendet. Wir wollen die letzte Formel noch etwas umformen. Dazu schreiben wir zuerst

$$\left(\frac{\partial N}{\partial \mu}\right)_{T,V} = \left(\frac{\partial N}{\partial p}\right)_{T,V} \left(\frac{\partial p}{\partial \mu}\right)_{T,V} \qquad (7.488)$$

Der zweite Faktor wird unter Verwendung von (7.151) wie folgt umgeformt

$$\left(\frac{\partial p}{\partial \mu}\right)_{T,V} = \frac{1}{V}\left(\frac{\partial [pV]}{\partial \mu}\right)_{T,V} = -\frac{1}{V}\left(\frac{\partial \Omega}{\partial \mu}\right)_{T,V} = \frac{N}{V} \qquad (7.489)$$

Für den ersten Faktor erhalten wir

$$\left(\frac{\partial N}{\partial p}\right)_{V,T} = \frac{\partial(N,V,T)}{\partial(p,V,T)} = \frac{\partial(N,V,T)}{\partial(N,p,T)}\frac{\partial(N,p,T)}{\partial(p,V,T)} = \left(\frac{\partial V}{\partial p}\right)_{N,T}\left(\frac{\partial N}{\partial V}\right)_{p,T} \qquad (7.490)$$

der hier auftretende zweite Faktor auf der rechten Seite enthält die Teilchenzahl. Wegen des extensiven Charakters kann man dafür aber auch

$$N = V\bar{n}(p, T) \tag{7.491}$$

schreiben, wobei $\bar{n}(p, T)$ die Teilchendichte als Funktion von Druck und Temperatur ist. Daher gilt

$$\left(\frac{\partial N}{\partial V}\right)_{p,T} = \bar{n}(p, T) = \frac{N}{V} \tag{7.492}$$

so dass

$$\left(\frac{\partial N}{\partial p}\right)_{V,T} = -\frac{N}{V}\left(\frac{\partial V}{\partial p}\right)_{N,T} = N\kappa \tag{7.493}$$

wobei κ die isotherme Kompressibilität (7.189) ist. Die mittlere quadratische Fluktuation der Teilchenzahl ist dann

$$\left\langle \delta N^2 \right\rangle = kT \left(\frac{\partial N}{\partial p}\right)_{T,V} \left(\frac{\partial p}{\partial \mu}\right)_{T,V} = kT N \kappa \frac{N}{V} \tag{7.494}$$

so dass für die quadratische Teilchenzahlfluktuation auch die Relation

$$\frac{\left\langle \delta N^2 \right\rangle}{N} = kT\kappa \bar{n} \tag{7.495}$$

geschrieben werden kann. Diese Formel ist vor allem deshalb wichtig, weil sie es erlaubt, die Kompressibilität und damit wesentliche Eigenschaften der thermischen Zustandsgleichung durch einen einfachen Zählalgorithmus zu bestimmen. Das ist z. B. für numerische Simulationen von Interesse, wo man die Volumenabhängigkeit des Druckes und damit κ nur sehr aufwändig bestimmen kann. Dafür ist es sehr einfach, in dem Simulationsvolumen ein kleineres Subvolumen festzulegen und die Fluktuation δN durch einfaches Zählen der Partikel zu verschiedenen Zeitpunkten zu bestimmen. Besitzt man aber nach hinreichend langer Zeit einen repräsentativen Satz von Fluktuationen, kann die mittlere quadratische Fluktuation mit einem hinreichend kleinen Fehler bestimmt werden.

Aufgaben

7.1 Leiten Sie die Differenz der Wärmekapazitäten $C_p - C_V = Nk$ für ein ideales Gas direkt aus dem ersten Hauptsatz der Thermodynamik ab.

7.2 Zeigen Sie, dass der Wirkungsgrad einer mit einem idealen Gas als Arbeitsmedium laufenden Carnot-Maschine durch

$$\eta = 1 - \frac{T_1}{T_2}$$

gegeben ist.

7.3 Beweisen Sie die Relationen

$$\left(\frac{\partial V}{\partial p}\right)_{S,N} = \left(\frac{\partial V}{\partial p}\right)_{T,N} + \frac{T}{C_p}\left(\frac{\partial V}{\partial T}\right)_{p,N}$$

und

$$\left(\frac{\partial p}{\partial V}\right)_{S,N} = \left(\frac{\partial p}{\partial V}\right)_{T,N} - \frac{T}{C_V}\left(\frac{\partial p}{\partial T}\right)_{V,N}$$

7.4 Dringt Wasserstoff H_2 in Palladium ein, dann liegt er im Metall atomar vor. Man zeige, dass in diesem Fall die Konzentration der H-Atome im Metall in Abhängigkeit vom Druck der H_2-Moleküle in der umgebenden Atmosphäre dem Gesetz $c_H \sim \sqrt{p}$ genügt.

7.5 Zeigen Sie, dass die Teilchenzahlfluktuation in einem Fermi-Gas von Teilchen der Masse m bei hinreichend niedrigen Temperaturen durch

$$\langle \delta N^2 \rangle = \frac{mkT}{\pi \hbar^2}\left(\frac{N}{V}\right)^{\frac{1}{3}} V$$

gegeben ist.

● Maple-Aufgaben

7.I Man bestimme den thermischen Wirkungsgrad eines Otto-Motors, dessen Arbeitsmedium ein ideales Gas mit konstanter Wärmekapazität ist, und stelle diesen Prozess im p-V- und p-T-Diagramm graphisch dar.

7.II Man berechne den thermischen Wirkungsgrad eines Diesel-Motors, dessen Arbeitsmedium ein ideales Gas mit konstanter Wärmekapazität ist und diskutiere das Ergebnis.

7.III Man bestimme die kritischen Exponenten $(\alpha, \beta, \gamma, \delta)$ eines van der Waals-Gases mit der idealen kalorischen Zustandsgleichung

$$C_V = \frac{3}{2} Nk$$

7.IV Man bestimme die Differenz der Wärmekapazitäten $C_p - C_V$ für ein van der Waals-Gas.

7.V Bestimmen Sie die Position der Maxwell-Gerade für die van-der Waals-Gleichung.

A
*Beweis zum Vorzeichen der Ljapunov-Exponenten

Hier soll der in Abschnitt 2.1.3.7 formulierte Satz

> Zu jedem, die Bewegung eines mechanischen Systems charakterisierenden Ljapunov-Exponenten existiert ein Ljapunov-Exponent mit entgegengesetztem Vorzeichen.

bewiesen werden. Er lässt sich leicht beweisen, wenn man zeigen kann, dass die Matrix $\exp\{\underline{\underline{R}}(t, \vec{\Gamma}_0)t\}$ in (2.18) symplektisch[1] ist. Um diese Eigenschaft nachzuweisen, betrachten wir zunächst die $2f \times 2f$-dimensionale Ljapunov-Matrix $\underline{\underline{A}}$ in (2.15). Diese kann prinzipiell in der Form

$$\underline{\underline{A}}(t, \vec{\Gamma}_0) = \begin{pmatrix} \underline{\underline{D}}(t, \vec{\Gamma}_0) & \underline{\underline{B}}(t, \vec{\Gamma}_0) \\ -\underline{\underline{C}}(t, \vec{\Gamma}_0) & -\underline{\underline{D}}^T(t, \vec{\Gamma}_0) \end{pmatrix} \tag{A.1}$$

mit den $f \times f$-dimensionalen symmetrischen Matrizen

$$\underline{\underline{B}}(t, \vec{\Gamma}_0) = \left(\frac{\partial^2 H}{\partial p_i \partial p_k}\right) \quad \text{und} \quad \underline{\underline{C}}(t, \vec{\Gamma}_0) = \left(\frac{\partial^2 H}{\partial q_i \partial q_k}\right) \tag{A.2}$$

und der Matrix

$$\underline{\underline{D}}(t, \vec{\Gamma}_0) = \left(\frac{\partial^2 H}{\partial p_i \partial q_k}\right) \tag{A.3}$$

wobei die generalisierten Koordinaten und Impulse in den zweiten Ableitungen der Hamilton-Funktion natürlich wieder an der Stelle $q_i = q_i(t)$ bzw. $p_i = p_i(t)$ zu nehmen sind. Mit Hilfe der symplektischen Einheitsmatrix

$$\underline{\underline{S}} = \begin{pmatrix} 0 & \underline{\underline{1}} \\ -\underline{\underline{1}} & 0 \end{pmatrix} \tag{A.4}$$

wobei $\underline{\underline{1}}$ die f-dimensionale Einheitsmatrix ist, erhält man sofort[2]

$$\underline{\underline{S}}\,\underline{\underline{A}} = \begin{pmatrix} 0 & \underline{\underline{1}} \\ -\underline{\underline{1}} & 0 \end{pmatrix} \begin{pmatrix} \underline{\underline{D}} & \underline{\underline{B}} \\ -\underline{\underline{C}} & -\underline{\underline{D}}^T \end{pmatrix} = \begin{pmatrix} -\underline{\underline{C}} & -\underline{\underline{D}}^T \\ -\underline{\underline{D}} & -\underline{\underline{B}} \end{pmatrix} \tag{A.5}$$

1) Zur Definition symplektischer Matrizen siehe Band I, Kap. 7.8.3.
2) $\underline{\underline{D}}^T$ ist die zu $\underline{\underline{D}}$ transponierte Matrix.

A *Beweis zum Vorzeichen der Ljapunov-Exponenten

und

$$\underline{\underline{A}}^T \underline{\underline{S}} = \begin{pmatrix} \underline{\underline{D}}^T & -\underline{\underline{C}} \\ \underline{\underline{B}} & -\underline{\underline{D}} \end{pmatrix} \begin{pmatrix} 0 & \underline{\underline{1}} \\ -\underline{\underline{1}} & 0 \end{pmatrix} = \begin{pmatrix} \underline{\underline{C}} & \underline{\underline{D}}^T \\ \underline{\underline{D}} & \underline{\underline{B}} \end{pmatrix} \quad \text{(A.6)}$$

Damit finden wir, dass zu jedem Zeitpunkt t gilt

$$\underline{\underline{A}}^T(t, \vec{\Gamma}_0)\underline{\underline{S}} + \underline{\underline{S}}\,\underline{\underline{A}}(t, \vec{\Gamma}_0) = 0 \quad \text{(A.7)}$$

Um nun die Behauptung zu beweisen, dass $\exp\{\underline{\underline{R}}t\}$ eine symplektische Matrix ist, benötigen wir die Definition einer solchen Matrix. Aus Band I, Kap. 7.8.3 ist bekannt, dass eine Matrix $\underline{\underline{M}}$ als symplektisch bezeichnet wird, wenn

$$\underline{\underline{M}}^T \underline{\underline{S}}\, \underline{\underline{M}} = \underline{\underline{S}} \quad \text{(A.8)}$$

gilt. Deshalb muss $\underline{\underline{R}}$ die Forderung

$$\left(\exp\{\underline{\underline{R}}(t, \vec{\Gamma}_0)t\}\right)^T \underline{\underline{S}} \exp\{\underline{\underline{R}}(t, \vec{\Gamma}_0)t\} = \underline{\underline{S}} \quad \text{(A.9)}$$

erfüllen. Wegen (2.18) können wir $\exp\{\underline{\underline{R}}t\}$ unter Berücksichtigung der Zeitordnung[3] in der Form

$$\exp\{\underline{\underline{R}}(t, \vec{\Gamma}_0)t\} = e^{\underline{\underline{A}}(t,\vec{\Gamma}_0)dt} e^{\underline{\underline{A}}(t-dt,\vec{\Gamma}_0)dt} \times \ldots$$
$$\times\; e^{\underline{\underline{A}}(dt,\vec{\Gamma}_0)dt} e^{\underline{\underline{A}}(0,\vec{\Gamma}_0)dt} \quad \text{(A.10)}$$

schreiben. Dann nimmt (A.9) die Gestalt

$$e^{\underline{\underline{A}}^T(0,\vec{\Gamma}_0)dt} e^{\underline{\underline{A}}^T(dt,\vec{\Gamma}_0)dt} \ldots e^{\underline{\underline{A}}^T(t-dt,\vec{\Gamma}_0)dt} \times$$
$$\times e^{\underline{\underline{A}}^T(t,\vec{\Gamma}_0)dt} \underline{\underline{S}}\, e^{\underline{\underline{A}}(t,\vec{\Gamma}_0)dt} \times$$
$$\times e^{\underline{\underline{A}}(t-dt,\vec{\Gamma}_0)dt} \ldots e^{\underline{\underline{A}}(dt,\vec{\Gamma}_0)dt} e^{\underline{\underline{A}}(0,\vec{\Gamma}_0)dt} = \underline{\underline{S}} \quad \text{(A.11)}$$

an. In diesem unendlichen Produkt tritt im Zentrum das Produkt

$$e^{\underline{\underline{A}}^T(t,\vec{\Gamma}_0)dt} \underline{\underline{S}}\, e^{\underline{\underline{A}}(t,\vec{\Gamma}_0)dt} \quad \text{(A.12)}$$

auf. Da dt infinitesimal klein ist, können wir die Exponentialfunktionen in eine Reihe entwickeln und erhalten somit

$$e^{\underline{\underline{A}}^T(t,\vec{\Gamma}_0)dt} \underline{\underline{S}}\, e^{\underline{\underline{A}}(t,\vec{\Gamma}_0)dt} = \left(\underline{\underline{1}} + \underline{\underline{A}}^T(t, \vec{\Gamma}_0)dt + o(dt^2)\right) \underline{\underline{S}} \times$$
$$\times \left(\underline{\underline{1}} + \underline{\underline{A}}(t, \vec{\Gamma}_0)dt + o(dt^2)\right)$$
$$= \underline{\underline{S}} + \left(\underline{\underline{A}}^T(t, \vec{\Gamma}_0)\underline{\underline{S}} + \underline{\underline{S}}\underline{\underline{A}}(t, \vec{\Gamma}_0)\right)dt + o(dt^2) \quad \text{(A.13)}$$

---

3) siehe hierzu auch Band IV, Abschnitt 3.1.2

Terme der Ordnung dt^2 verschwinden wegen der infinitesimalen Kleinheit von dt. Beachtet man noch (A.7), dann bleibt

$$e^{\underline{\underline{A}}^T(t,\vec{\Gamma}_0)dt}\,\underline{\underline{S}}\,e^{\underline{\underline{A}}(t,\vec{\Gamma}_0)dt} = \underline{\underline{S}} \qquad (A.14)$$

Setzen wir dieses Resultat in (A.11) ein, dann erhalten wir:

$$e^{\underline{\underline{A}}^T(0,\vec{\Gamma}_0)dt}e^{\underline{\underline{A}}^T(dt,\vec{\Gamma}_0)dt}\ldots e^{\underline{\underline{A}}^T(t-2dt,\vec{\Gamma}_0)dt}\times$$
$$\times e^{\underline{\underline{A}}^T(t-dt,\vec{\Gamma}_0)dt}\,\underline{\underline{S}}\,e^{\underline{\underline{A}}(t-dt,\vec{\Gamma}_0)dt}\times$$
$$\times e^{\underline{\underline{A}}(t-2dt,\vec{\Gamma}_0)dt}\ldots e^{\underline{\underline{A}}(dt,\vec{\Gamma}_0)dt}e^{\underline{\underline{A}}(0,\vec{\Gamma}_0)dt} = \underline{\underline{S}} \qquad (A.15)$$

Wir können jetzt auf die gleiche Weise das neue Zentrum des Produkts abbauen. Die Fortsetzung dieser Prozedur führt schließlich dazu, dass die linke Seite von (A.11) den Wert $\underline{\underline{S}}$ annimmt. Damit haben wir aber gezeigt, dass $\exp\{\underline{\underline{R}}(t,\vec{\Gamma}_0)t\}$ eine symplektische Matrix ist.

Für jede symplektische Matrix $\underline{\underline{M}}$ gilt[4]: ist z eine Eigenwert von $\underline{\underline{M}}$, dann ist z^{-1} ebenfalls ein Eigenwert von $\underline{\underline{M}}$. Um diese Eigenschaft zu beweisen, gehen wir von der Säkulargleichung

$$\det(\underline{\underline{M}} - z\underline{\underline{1}}) = 0 \qquad (A.16)$$

aus. Da der Betrag der Determinante jeder symplektischen Matrix nur den Werte 1 besitzen kann[5] können wir (A.16) mit $\det\underline{\underline{M}}^T$ und $\det\underline{\underline{S}}$ multiplizieren und gelangen so zu:

$$\det\underline{\underline{M}}^T \det\underline{\underline{S}} \det(\underline{\underline{M}} - z\underline{\underline{1}}) = \det(\underline{\underline{M}}^T\,\underline{\underline{S}}\,\underline{\underline{M}} - z\underline{\underline{M}}^T\,\underline{\underline{S}}) = 0 \qquad (A.17)$$

Wegen der Definitionsgleichung (A.8) ist dann

$$\det(\underline{\underline{S}} - z\underline{\underline{M}}^T\,\underline{\underline{S}}) = \det(\underline{\underline{1}} - z\underline{\underline{M}}^T)\det\underline{\underline{S}} = z^{2f}\det(z^{-1}\underline{\underline{1}} - \underline{\underline{M}}^T)\det\underline{\underline{S}} = 0 \qquad (A.18)$$

Da $z = 0$ wegen $|\det\underline{\underline{M}}| = 1$ kein Eigenwert von $\underline{\underline{M}}$ sein kann, können wir $z \neq 0$ annehmen und gelangen somit zu

$$\det(z^{-1}\underline{\underline{1}} - \underline{\underline{M}}^T) = 0 \qquad (A.19)$$

Ist z ein Eigenwert von $\underline{\underline{M}}$ und damit eine Lösung der Säkulargleichung (A.16), dann ist auch z^{-1} eine Lösung von (A.19) und folglich ein Eigenwert der Matrix $\underline{\underline{M}}$. Da wegen (2.22)

$$e^{\lambda_1(t,\vec{\Gamma}_0)t}, e^{\lambda_2(t,\vec{\Gamma}_0)t}, \ldots, e^{\lambda_{2f}(t,\vec{\Gamma}_0)t} \qquad (A.20)$$

[4]) siehe Band I, Aufgabe 7.4
[5]) siehe Band I, Gleichung (7.124)

die Eigenwerte der symplektischen Matrix $\exp\{\underline{\underline{R}}(t, \vec{\Gamma}_0)t\}$ sind, verlangt die soeben gewonnene Aussage, dass zu jedem Wert $\lambda_i(t, \vec{\Gamma}_0)$ der Menge

$$\mathcal{M} = \{\lambda_1(t, \vec{\Gamma}_0), \lambda_2(t, \vec{\Gamma}_0), ..., \lambda_{2f}(t, \vec{\Gamma}_0)\} \quad (A.21)$$

ein Wert $\lambda_j(t, \vec{\Gamma}_0) \in \mathcal{M}$ mit $\lambda_j(t, \vec{\Gamma}_0) = -\lambda_i(t, \vec{\Gamma}_0)$ existiert. Diese Eigenschaft gilt zu jedem Zeitpunkt und damit auch im Limes $t \to \infty$. Folglich finden wir – wie behauptet – zu jedem Ljapunov-Exponenten einen weiteren Ljapunov-Exponenten mit umgekehrtem Vorzeichen.

Literaturverzeichnis

Mathematik

1 M. Abramowitz, I. Stegun: *Handbook of Mathematical Functions* (Dover Publications, Inc., New York 1972)
2 I. S. Gradshteyn, I. M. Ryzhik: *Table of Integrals, Series, and Products* (Academic Press, New York 2007)
3 W. I. Smirnow: *Lehrgang der höheren Mathematik*, III_2 (Verlag Harri Deutsch, Thun 1994)
4 E. T. Whittaker, G. N. Watson: *A Course of Modern Analysis* (Cambridge University Press, 1996)
5 Maple-Program *Elektronische Dokumentation*
6 Wikipedia *Polylogarithmic Function* U.S. National Institute of Standards and Technologies, Ed.: *Dictionary of Algorithms and Data Structure* www.itl.nist.gov/div897/sqg/dads/HTML/polylogarith.html

Thermodynamik und Statistik

7 G. Adam, O. Hittmair: *Wärmetheorie* (Unitext, Vieweg 1992)
8 R. Becker: *Theorie der Wärme* (Heidelberger Taschenbücher, Band 10, 1978)
9 W. Brenig: *Statistische Theorie der Wärme* (Hochschultext, Springer-Verlag, Berlin, Heidelberg, New York 1992)
10 D. L. Goodstein: *States of Matter* (Prentice Hall, Inc., Englewood Cliffs, New Jersey 1985)
11 C. Garraud: *Statistical Mechanics and Thermodynamics* (Oxford University Press, 1994)
12 W. Greiner, L. Neise, H. Stöcker: *Thermodynamik und Statistische Physik* (Verlag Harri Deutsch, Thun 1987)
13 H. Haug: *Statistische Physik* (Friedr. Vieweg & Sohn Verlagsgesellschaft mbH, Braunschweig/Wiesbaden 1997)
14 K. Huang: *Statistische Mechanik, I, II, III* (BI-Taschenbuch, 1964)
15 L. Landau, E. M. Lifshitz: *Lehrbuch der Theoretischen Physik V* (Akademie-Verlag, Berlin 1989)
16 Ph. M. Morse: *Thermal Physics* (W. A. Benjamin, Inc., New York 1969)
17 M. Plischke, B. Bergersen: *Equilibrium Statistical Physics, 3rd Edition* (World Scientific, 2006)
18 F. Schwabl: *Statistische Mechanik* (Springer-Verlag. Berlin, Heidelberg, New York 2004)
19 F. W. Sears, G. L. Salinger: *Thermodynamics, Kinetic Theory, and Statistical Thermodynamics* (Addison Wesley Publishing Company, Reading 1976)
20 H. Stumpf, A. Rieckers: *Thermodynamics* (Vieweg Verlag, Braunschweig 1976)
21 W. Weidlich: *Thermodynamik und Statistische Mechanik* (Akademische Verlagsgesellschaft, Wiesbaden 1976)

Thermodynamik

22 H. B. Callen: *Thermodynamics and an Introduction to Thermostatistics* (J. Wiley and Sons, New York 1985)
23 E. Fermi: *Thermodynamics* (Dover Publications, 1956)
24 R. Kubo: *Thermodynamics* (North Holland, 1968)

Statistik

25 Ya. P. Terleteskii: *Statistical Physics* (North-Holland Publishing Company, Amsterdam, London 1971)
26 R. Balescu: *Equilibrium and Nonequilibrium Statistical Mechanics* (John Wiley and Sons, New York 1976)
27 W. Feller: *An Introduction to Probability Theory and its Application* (John Wiley and Sons, New York 1971)
28 R. Kubo: *Statistical Mechanics* (North Holland, 1971)
29 D. N. Zubarev: *Nonequilibrium Statistical Thermodynamoics* (Consultants Bureau, New York, London 1974)
30 D. E. Reichl: *A Modern Course of Statistical Physics* (Wiley - VCH Verlag, Weinheim, 1998)
31 D. Sornette *Critical Phenomena in Natural Science* (Springer-Verlag, New York, Berlin, Heidelberg 2000)

Nichtgleichgewichtssysteme

32 H. Haken: *Synergetics* (Springer, 1977)
33 H. Haken: *Einführung in die Synergetik* (Springer, 1983)

34 G. Nicolis: *Self-Organization in Non-Equilibrium Systems* (1977)

35 S. R. A. Salinas: *Introduction to Statistical Physics* (Springer-Verlag, New York, Berlin, Heidelberg 2001)

36 M. Schulz: *Control Theory in Physics and other Fields of Science* (Springer-Verlag, New York, Berlin, Heidelberg 2006)

37 M. Schulz: *Statistical Physics and Economics* (Springer-Verlag, New York, Berlin, Heidelberg 2003)

Dichteoperator

38 R. P. Feynman: *Statistical Mechanics, A Set of Lecture Notes* (W. A. Benjamin, Reading 1977)

39 E. Fick: *Einführung in die Grundlagen der Quantenmechanik* (Aula-Verlag, Wiesbaden 1988)

40 W. H. Louiselle: *Radiation and Noise in Quantum Electronics* (McGraw-Hill Book-Company, New York 1964)

41 W. H. Louiselle: *Quantum Statistical Properties of Radiation* (John Wiley & Sons, New York 1973)

Sachverzeichnis

abgeschlossenes System, 83
    Anwachsen der Entropie, 134
    Gleichgewichtsentropie, 136
    thermodynamischer Gleichgewichtszustand, 123
    thermodynamisches Gleichgewicht, 119
Abgeschlossenheit gegen Umgebung, 83
absolute Temperatur, 326
absoluter Nullpunkt, 330
Abstand
    kleiner
        exponentielles Anwachsen , 35
Additivität der Entropie, 118
adiabatische Prozessführung, 357
adiabatischer Prozess, 130, 131
Änderung des Makrozustands
    irreversibel, 127
    reversibel, 127
Äquipartitionsprinzip, 304
Äquipartitionstheorem, 146
Äquivalenz
    kanonisches und großkanonisches Ensemble, 204
    mikrokanonisches und kanonisches Ensemble, 203
äußere Zustandsvariable, 111
Aggregatzustand, 363, 395
Aktivierungsenergie, 343, 394
Anfangszustand, 73, 312, 316, 338, 339
    Präparation, 41
    Wahrscheinlichkeit, 73
Anschluss an die Thermodynamik, 83
Antikorrelation, 22
Arbeit, 338, 419
    am System verrichtete, 316
    chemische, 312
    elektrische, 312
    magnetische, 312
    restliche, 349
    vom System geleistete, 316
Arbeitsübertragung, 338
Arbeitsdifferential, 349
Arbeitsformen, 338

Arbeitssubstanz, 320
Atom, 329
Ausdehnungskoeffizient
    isobarer, 361, 400
    isothermer, 398
    thermischer, 355
autonomes System, 31
Axiom
    physikalisches, 327
Axiome
    der Thermodynamik, 310
    Newton'sche, 310

Basisgraph, 263
bedingte Wahrscheinlichkeit, 74, 93
Bernoulli-Zahlen, 180
Besetzungszahldarstellung, 211
Besetzungszahlliste, 211
Bessel-Funktion
    asymptotische Entwicklung, 190
    modifizierte, 188
        Integraldarstellung, 189
Bewegung
    chaotische, 419
    stochastische, 413
Bewegungsgleichung
    Hamilton'sche, 1
    Lagrange'sche, 1
    mikroskopische, 2
    Newton'sche, 1
Bewegungsgleichungen
    reversible, 327
Bilanzgleichung, 338, 369
Bilanzierung, 322, 324
Bilinearform, 337
Binodale, 393
Bit-Maschine, 329
Bohr'sche Quantisierungsbedingung, 86
Boltzmann-Konstante, 92, 97, 133
Bose-Einstein-Statistik, 214
Bose-Einstein-Verteilung, 217
Bose-Gas
    ideales
        nichtrelativistisches, 220

Theoretische Physik V: Statistische Physik und Thermodynamik. Peter Reineker, Michael Schulz, Beatrix M. Schulz
Copyright © 2009 WILEY-VCH Verlag GmbH & Co. KGaA, Weinheim
ISBN: 3-527-40644-9

Phononengas
  Festkörperschwingungen, 238
  ultrarelativistisches, 234
    chemisches Potential, 234
    Dispersionsrelation, 234
    großes Potential, 235
    innere Eneregie, 235
    Photonengas, 234
    thermische Zustandsgleichung, 235
    Wärmekapazität, 236
    Zustandsdichte, 234
Bose-Kondensation, 220, 230
Boson, 210
Bosonen
  vollständig symmetrische Wellenfunktion, 212
Brillouin-Zone, 240

Carnot-Maschine, 320, 322
Carnot-Medium, 320, 321
chaotischen Bewegung von Partikel, 126
chemisches Potential, 217
  Kompositionsabhängigkeit, 370
Clausius-Clapeyron-Gleichung, 367, 373, 380, 400
Cluster, 264
  Nummerierung der Partikel, 266
Clusterkoeffizient, 269
Clustertyp, 265
Coulomb-Energie pro Partikel, 254
Coulomb-Potential, 254

Dampfdruck, 382
Dampfdruckerniedrigung, 368, 378
Dampfdruckgleichung, 367
Dampfdruckkurve, 374
Dampfphase, 406
Debye-Funktion, 241
Debye-Kugel, 240
Deformationsarbeit, 312
Determinismus, 1, 59
deterministisches Chaos, 35
Dichteabhängigkeit des Druckes, 252
Dichteoperator, 74, 84
  Eigenschaften, 74
  Erwartungswert, 77
  grundlegende Eigenschaften, 77
  Normierungsbedingung, 74
  Spur, 75
  stationärer, 79
  Wahrscheinlichkeit, 75
Differential
  totales, 312, 334, 335, 341, 346
Differentialkoeffizient, 359
Differentialquotienten, 333
Differentialrelation, 350, 352

Dispersionsrelation
  freies Teilchen, 221
Drehimpuls, 178
Drehimpulsoperator
  Eigenzustände, 179
Dreikörperproblem, 2
Druck, 334, 365
  Beitrag der Elektronen, 255
  osmotischer, 384
Druckabhängigkeit der inneren Energie
  isotherme, 355
Druckausgleich, 339
DSC-Messung, 402
dynamische Matrix, 151

Edukt, 343, 369
Ehrenfest'sche Relation, 398, 401
Eigenschaften
  makroskopische, 301
Eigenwert
  Messgröße, 73
Eigenzustände des Teilchenzahloperators, 211
Einstein-Modell, 154
Einteilchenproblem, 2
Einteilchenzustandssumme, 179
elektrischer Dipol, 334
Elektronengas
  ultrarelativistisches, 256
elektronische Freiheitsgrade, 177
Endzustand, 312, 316, 338
Energie
  freie, 333, 334, 343, 348, 370, 410
  generalisierte freie, 411
  innere, 297, 331, 336, 338, 352
  mechanische, 311
  mittlere, 413
Energieaustausch, 311
Energiebarriere, 343
Energieeigenwert des Zustands, 212
Energieeigenwertspektrum
  freies Boson, 220
Energieeigenwertspektrum des Einzelteilchens, 212
Energieerhaltungssatz, 312, 327
Energiefluktuationen, 303
Energieflussdiagramm, 320
Ensemble, 4, 11, 73
  großkanonisches, 193, 311, 349, 415
  Information, 65
  Informationsgehalt, 65
  kanonisches, 302, 305, 311, 331, 415
  mikrokanonisches, 83, 303, 311
  quantenmechanisches, 70
  Wahl des
    thermodynamische Eigenschaften makroskopischer Systeme, 206

Ensemble gleichartiger Systeme
　Präparation, 39
Ensemblemittelwert, 58
Ensembletheorie
　Häufigkeiten, 39
Ensembletransformationen, 198
entarteter Grundzustand, 331
Entartungsfaktor, 236
Enthalpie, 341, 342, 361
　freie, 334, 346, 347, 364, 367, 369, 396, 403
Enthalpiedifferenz, 343
Entropie, 302, 311, 330, 333, 336, 339, 377, 386, 397, 416, 417
　Änderung der Zustandsgröße, 130
　abgeschlossenes System
　　zeitliche Evolution, 101
　Informationsmaß, 90
　klassisches Ensemble, 95, 97
　　mikrokanonisch, 97, 98
　makroskopisch messbare Größen, 130
　mikrokanonische und kanonische Äquivalenz, 163
　mikrokanonisches Ensemble
　　funktionale Abhängigkeit, 99
　　klassisch, 98
　　quantenmechanisch, 99
　mikroskopisches Informationsmaß, 90
　spezifische, 399
　thermodynamische, 90, 132
　thermodynamischen Zustand, 133
Entropiedichte, 338, 373
Entropiefluktuation, 420
entropischer Effekt, 370
Ereignis, 7
　elementares, 12
　multivariables, 10, 12, 15, 23
　Zufalls-, 7
　zusammengesetztes, 10
Erfahrungssatz, 316
Ergodentheorem, 60
ergodischen Fluss, 60
ergodisches System, 60
Ergodizität, 4, 111, 152
　Ensemble- und Zeitmittel, 112
Erhaltungsgröße, 83
　makroskopische, 84
Erhaltungsgrößen, 56
Erhaltungsgrößen des gesamten Systems, 111
Erhaltungssätze
　mechanische, 56
Erwartungswert, 17, 57, 58
　diskretes Ereignis, 17
　kontinuierliches Ereignis, 17

mikrokanonische Gesamtheit, 89
Euler-Gleichung, 202, 336, 337, 341, 344, 349
Euler-MacLaurin-Summenformel, 180
Euler-Relation, 350
Evolution
　System
　　Abbildung, 45
Evolutionsgleichung
　quantenmechanische, 78
　　Randbedingung, 71
Expansion
　adiabatische, 321
　isotherme, 321
Experiment
　identische Präparation, 36
　von Gay-Lussac, 315
　von Joule, 316
Exponent
　adiabatischer, 357
　kritischer, 407
extensive Größe, 201, 337

Fällungsreaktion, 345
Feld
　elektrisches, 337, 408
　externes, 345, 396, 408
　magnetisches, 337, 408
Feldtheorie, 411
Fermi-Dirac-Statistik, 214
Fermi-Energie, 251
Fermi-Gas
　Hochtemperaturlimes, 250
　ideales
　　Γ-Funktion, 244
　　$\sigma_n(z)$ Definition, 244
　　$\sigma_n(z)$ Eigenschaften, 244
　　chemisches Potential, 242
　　Differenz zwischen Heaviside-Funktion und Fermi-Verteilung, 245
　　entartetes, 251
　　Entartung, 243
　　Fugazität, 243
　　Gesamtteilchenzahl, 243
　　großes Potential, 243
　　Heaviside-Funktion, 245
　　hohe Temperaturen, 251, 252
　　innere Energie, 243
　　mittlere Besetzungszahl, 243
　　nichtrelativistisches, 242
　　Wärmekapazität, 251
　　Zustandsdichte, 243
　　Zustandsgleichung, 249
　Tieftemperaturlimes, 250
Fermi-Kante, 251
Fermion, 210

Fermionen, 243
    Entartungsfaktor, 243
    innere Freiheitsgrade, 243
    vollständig antisymmetrische Wellenfunktion, 212
Fernordnung, 396
Festkörper, 396
Festkörperschwingungen
    Dispersionsrelation, 239
    longitudinaler Zweig, 239
    transverale Zweige, 239
    Zustandsdichte, 239
filigranes Objekt, 51
Flüssigkristall, 363
Fließgleichgewicht, 6
Fluktuation, 330
Fluktuationen
    räumliche, 412
    unkorreliert, 22
Formelumsatz, 369
fraktale Struktur, 51
freie Energie, 162, 333, 343
    Additivität, 169
    kalorische Zustandsgleichung, 166
    thermische Zustandsgleichung, 166
    totales Differential, 166
freie Enthalpie, 202, 334, 346
Freiheitsgrad, 86
    thermodynamischer, 334, 337, 363, 366, 368, 370, 379
Fugazität, 198, 217, 270, 403
Funktion, generierende, 301
Fusionsreaktion, 255

Γ-Funktion, 153
Γ-Raum, 11
Gas
    ideales, 312, 320, 327, 342, 352
    reales, 253, 261, 357
Gasphase, 363, 392
Gauß'sche Wahrscheinlichkeitsdefinition, 8
Gauß'sche Wahrscheinlichkeitsinterpretation, 39
Gay-Lussac-Versuch, 315
Gefrierpunktserniedrigung, 376, 378
Gesamtteilchenzahloperator, 211
Gesetz der großen Zahlen, 5, 23
    schwaches, 24
    starkes, 25
Gibbs'sche freie Enthalpie, 200
Gibbs'sche Phasenregel, 363, 366, 368, 373, 398
Gibbs'scher Korrekturfaktor, 174
    thermodynamische Argumente, 174
Gibbs'sches Ensemble, 199
Gibbs'sches Paradoxon, 89
Gibbs'sches Potential

totales Differential, 202
Gibbs-Duhem-Relation, 202, 337, 341, 344, 346, 350
Gitter
    kubisches, 276
Glas, 331
Glasübergang, 401, 402
Glasübergangstemperatur, 402
Gleichgewicht
    thermisches, 16, 311, 418
    thermodynamisches, 328, 386
Gleichgewichtsbedingung, 365, 373
    chemisches Potential, 123
    Druck, 122
    Temperatur, 122
    thermodynamische, 120
Gleichgewichtskonstante, 371
Gleichgewichtsthermodynamik, 124
Gleichgewichtszustände
    unterschiedliche
        Beziehungen zwischen, 124
Gleichgewichtszustand
    mikroskopisch begründete Entropie der Statistischen Physik, 137
Gleichung
    Clausius-Clapeyron'sche, 399
    deterministische, 1
    van der Waals, 357, 392, 406
Gleichungen
    Maxwell-, 1
Gleichverteilung, 67
Gleichverteilungssatz, 142, 304
    mittlere kinetische Energie eines Gases, 146
    mittlere kinetische Energie eines Partikels, 146
Graph
    Eigenschaft, 264
    Schleife, 285
    Pfad, 285
    Wert, 266
Graphen
    phasengewichtete Summen, 284
Graphenmethode, 263
Graphenzahl
    Kombinatorik, 267
Grenzfläche, 363, 393
Größe
    extensive, 412
    fluktuierende, 412
    globale, 412
    integrale, 412
    intensive, 350, 366, 412
große Zustandssumme
    Bose-Teilchen
        Bose-Einstein-Statistik, 214
    Fermi-Teilchen

Fermi-Dirac-Statistik, 215
Maxwell-Boltzmann-Statistik, 216
großes Potential, 203, 214, 271
    totales Differential, 202
großes thermodynamisches Potential
    unabhängige Zustandsvariable, 197
großkanonische Gesamtheit
    Anschluss an die Thermodynamik, 196
    Austausch von Energie, 193
    Austausch von Teilchen, 193
    Bad und System, 193
    Entropie, 196
    kalorische Zustandsgleichung, 218
    mittlere Teilchenzahl, 219
    thermische Zustandsgleichung, 219
großkanonische Zustandssumme, 196, 214
    thermische Zustandsgleichung, 202
    vollständige Basis, 196
großkanonisches Ensemble
    Austausch mit Bad
        Energie und Teilchen, 196
    ideales Quantengas, 210
    klassisches ideales Gas, 206
        chemisches Potential, 207
        Druck, 207
        Entropie, 207
        großes Potential, 206
        Teilchenzahl, 207
        thermische Zustandsgleichung, 207
        Zustandsintegral, 206
    M-komponentiges ideales Gas, 207
    quantenmechanische Verallgemeinerung, 196
    Stammfunktion
        großes Potential, 197
        unabhängige Partikel, 197
großkanonisches Zustandsintegral, 196
    thermische Zustandsgleichung, 202

Häufigkeit, 7
Hamilton'sche Bewegungsgleichungen
    Zeitableitung, 45
Hamilton'sche Mechanik, 28
Hamilton'scher Fluss
    ergodisch, 61
Hamilton'sches System
    Reversibilität, 65
    Zeitumkehrinvarianz, 65
Hamilton-Funktion
    reales Gas, 261
Hamilton-Operator, 78
Hamiltonian, 239
harmonische Oszillatoren
    Phasenraum, 57
    unabhängige, 152

harmonische Systeme, 27
harmonischer Oszillator
    eindimensional
        Ljapunov-Exponenten, 36
Hauptsätze der Thermodynamik, 310
Hauptsätze, 3
Hauptsatz der Thermodynamik
    dritter, 330
    erster, 127, 312, 325, 349
        differentielle Form, 132
    nullter, 311
    zweiter, 136, 316, 325, 340, 419
    zweiter, Clausius'sche Formulierung, 318, 323
    zweiter, Planck'sche Formulierung, 319
    zweiter, Thomson'sche Formulierung, 318, 322, 325
Heisenberg-Modell, 276
    Hamiltonoperator, 276
Henry-Dalton-Gesetz, 379, 382
Hilbert-Raum, 78
Hochtemperaturentwicklung, 181
Homogenität, 337, 347
Homogenitätsexponent, 201
Homogenitätsrelation, 201
Hydrathülle, 346
Hyperfläche konstanter Energie, 83
Hypernetted Chain-Gleichung, 274

idealer klassischer Festkörper
    chemisches Potential, 154
    Druck, 154
    Entropie, 153
    Temperatur, 153
ideales Bose-Gas
    Besetzung der Zustände
        Temperaturabhängigkeit, 227
ideales Gas
    Bedingung für klassische Behandlung, 210
ideales Bose-Gas
    großes Potential, 222
    innere Energie, 222
        polylogarithmische Funktion, 223
    kalorische Zustandsgleichung, 231
    kritische Temperatur, 227
    relative Besetzung von Grund- und angeregten Zuständen, 228
    Teilchenzahl, 223
        Fugazität, 225
    thermodynamisches Verhalten, 222
    Wärmekapazität, 231
    Zustandsgleichung, 222
ideales Gas
    chemisches Potential, 142
    Hamiltonian, 170

klassische Behandlung, 210
ideales Quantengas
    Wechselwirkung, 211
ideales relativistisches Gas
    kalorische Zustandsgleichung, 189
    Zustandsintegral
        Gesamtsystem , 189
ideales relativistisches Gas, 188
    nichtrelativistische Grenzfall, 190
    thermische Zustandsgleichung, 189
    ultrarelativistisches Regime, 190
    Zustandsintegral, 188
identische Partikel, 86
infinitesimale Änderung der Entropie, 129
infinitesimale Zustandsdifferenzen, 129
infinitesimaler Trajektorienabstand
    Bewegungsgleichung, 32
Informationsdefizit, 74, 91
Informationsentropie
    extremale, 95
    kombinierte Ereignisse, 93
    maximale, 94
Informationsgehalt
    Entropie, 67
innere Energie, 302, 331, 336, 338, 345
innere Freiheitsgrade, 177
innere Zustandsvariable, 112
Integrabilitätsbedingung, 352
intensive Größe, 201, 337
Interpretation von Bayes, 39
invariante Teilmenge, 64
inverse Massenmatrix, 151
Irreversibilität, 327
Irreversibilität, 65
    makroskopische, 65
irreversibler Prozess, 127, 133
Ising-Modell, 276
    eindimensionales, 278
        freie Energie, 280
        kein ferromagnetischer Zustand, 281
        Magnetisierung, 281
    kanonische Zustandssumme, 279
    magnetische Systeme, 277
    Molekularfeldnäherung, 293
    zweidimensionales, 282
        Graphendarstellung, 283
        Hamilton-Funktion, 282
        Zustandssumme, 290
Isotherme, kritische, 395

Jacobi-Matrix, 50, 53
Jacobi-Matrizen, 358
Jacobi-Transformation, 358
Joule'scher Versuch, 316
Joule-Thomson-Experiment, 361
Joule-Thomson-Koeffizient, 361

Kühlrate, 402
Kalorimetrie, 338, 339
kanonische Gesamtheit
    thermodynamische Zustandsgrößen, 161
kanonische Zustandssumme, 160
kanonische Gesamtheit
    Bad, 158
    Energieaustausch, 158
    Entropie, 161
    Freiheitsgrade des Bades
        Ausintegration, 158
    ideales Gas
        chemisches Potential, 174
        Entropie, 173
        kalorische Zustandsgleichung, 173
        klassisches, 170
        thermische Zustandsgleichung, 172
        Wärmekapazität, 173
    innere Energie, 162
    mikroskopische Größen, 161
    mittlere Energie des Systems, 161
    System, 158
    Temperatur, 158
    thermodynamische Zustandsgrößen, 161
    thermodynamische Zustandsvariable, 161
    Wärmekontakt, 158
    zweikomponentiges ideales Gas, 176
        chemisches Potential, 176
        freie Energie, 176
        Konzentration, 176
kanonische Verteilung, 161
kanonischer Dichteoperator, 160
kanonisches Ensemble, 157, 160
    kanonische Wahrscheinlichkeitsverteilung, 157
    klassisch
        mittlere Energie, 163
        Schwankung der Energie, 164
    Stammfunktion
        freie Energie, 197
kanonisches Zustandsintegral, 160
Katalysator, 343
Kettenregel, 359
klassische Behandlung
    thermische Wellenlänge, 210
klassische Mechanik, 335
klassischer Festkörper
    Potentialentwicklung um Ruhelagen, 151
klassisches ideales Gas
    mikrokanonische Gesamtheit, 140
klassisches Partikel, 210
klassisches System

ergodisches, 83
mischendes, 83
Koeffizient
stöchiometrischer, 372
Koexistenz
von Phasen, 304
Koexistenzgebiet, 394
Koexistenzlinie, 399
Kolmogorov-Entropie, 107
Vielteilchensystem
chaotische Bewegung, 107
Komponente, 363
leichtflüchtige, 379
Kompressibilität, 356, 408
isotherme, 423
Kompression
adiabatische, 321
isotherme, 321
Kompression eines Gases
isotherme, 252
Kompressionsmodul, 361, 391, 398, 400
Konfiguration
überlappungsfreie, 403
Konfigurationsraum, 70
Kontakt mit der Umgebung
Zufuhr oder Entzug von Wärme, 126
Kontakt mit der Umgebung
Änderung der Partikelzahl, 125
Änderung des Volumens, 125
Kontinuitätsgleichung, 42
Kontrollparameter, 396
Konzentration, 365, 368, 376
Korrelation
positive, 22
Korrelationskoeffizient, 21, 22
lineare Transformation, 22
linearer, 22
Korrespondenzprinzip, 89
Kovarianz, 21
Kovarianzmatrix, 23
Kraftkonstantenmatrix, 151
Kreisprozess, 313, 317, 320
Kristall, 331, 345
Kristallisation, 419
Kristallstruktur, 363
Kristallsymmetrie, 395
kritische Dimension, 411
kritische Isochore, 408
kritische Isotherme, 395, 407, 410
kritische Temperatur, 293, 296
kritischer Punkt, 394, 406, 407, 409
Kullback-Entropie, 105
Referenzwahrscheinlichkeit, 105
Schätzung von Verteilungen, 106

Lagrange'scher Multiplikator, 364
Landau'sche Fluktuationsformel, 412

Landau-Theorie, 411
langreichweitige Wechselwirkung, 113
Laplace-Transformation, 303
mikrokanonisches und kanonisches
Zustandsintegral, 199
Lee-Yang-Theorie, 403
Legendre-Transformation, 332, 335, 344
Limes
thermodynamischer, 301, 307, 405,
412, 419
Liouville-Gleichung, 42, 44, 48, 79
stationäre Lösung, 53
thermisches Gleichgewicht, 54
Liouville-Theorem, 47, 48
Ljapunov-Exponent, 34, 107
durchlaufene Trajektorie, 35
Langzeitregime, 35
Ljapunov-Exponenten, 49
Satz, 37
Ljapunov-Matrix, 32

magnetischer Dipol, 334
Magnetisierung, 337, 388, 397
spontane, 297
makroskopische Beschreibung, 111
makroskopische Größen
deterministischer Charakter, 117
makroskopischer Zustand, 108
Makrozustände
Thermodynamik, 108
Makrozustand, 3
thermodynamische Zustandsvariable, 109
Zustandsgröße, 109
Maschine, 313, 318, 325
Massenwirkungsgesetz, 371
Materialeigenschaft, 3
Materialparameter, 407
Materie bei hohen Drücken, 252
Matrix
positiv-definite, 388
Matrixmethode, 278
Maximum der Entropie, 317
Maxwell Dämon, 328
Maxwell-Boltzmann-Statistik, 215
Maxwell-Gerade, 392
Maxwell-Relation, 352, 355, 361, 362, 400,
420
Mayer'sche Clusterentwicklung, 262
Mechanik
statistische, 344
Median, 19
mesoskopische Beschreibung, 110
mesoskopische Ebene, 4
Messung
Zeitintervall, 59
Messung am Gesamtsystem

Genauigkeit, 116
mikrokanonische Gesamtheit
    idealer klassischer Festkörper, 151
    ideales Gas
        chemisches Potential, 142
    ideales Gas
        Druck, 142
        Zustandsgleichung, 142
mikrokanonische Zustandssumme, 88, 89
mikrokanonisches Ensemble
    Stammfunktion
        Entropie, 197
mikrokanonisches Ensemble, 83
mikrokanonisches Zustandsintegral, 88, 89
mikroskopischer Ordnungsparameter, 395
Mikrostruktur, 3
Mikrozustand, 109, 413
    Anfangszustand, 39
    Information über, 39
    Informationsgrad, 41
mischender Fluss, 50–52
mischendes System, 64
Mischungsentropie, 174
Mittelwert, 17, 77
    Bayes'sche Interpretation, 77
    empirischer, 17
    Ensemble-, 4
    Zeit-, 4
    Zeitintervall, 59
mittlere Besetzung eines Zustandes
    Bosonischer Fall, 217
    Fermi-Dirac Fall, 217
    Maxwell-Boltzmann-Verteilung, 218
mittlere Besetzungszahl, 216
mittlere quadratische Schwankung, 116
mittlere Teilchenzahl, 204
mittleres Informationsdefizit, 92
Molekulardynamik-Simulation
    Bestimmung der Temperatur, 146
Molekularfeldnäherung
    Mittelwert
        lokale Fluktuationen , 294
    Spin-Spin-Wechselwirkung, 294
Motor, 343
μ-Raum, 11
Mustererkennung, 278

Nahordnung, 396
neuronales Netzwerk, 278
Newton'sche Axiome, 310
Nichtgleichgewicht und statistische Entropie, 137
Nichtgleichgewichtsstatistik, 6, 54
Nichtgleichgewichtsthermodynamik, 124
Nichtgleichgewichtszustand, 402
Normalform, 152
Normierung, 40, 76

Nullpunkt, absoluter, 330
Numerik, 28

Observable, 73
    quantenmechanische, 77
Observable, thermodynamische, 301
Onsager, 282
Operator
    Projektions-, 75
    quantenmechanischer
        Ensemble-Erwartungswert, 77
    statistischer, 74
Ordnungs-Unordnungsübergang, 278
Ordnungsparameter, 395, 397, 408
Ordnungsparameterfeld, 411
Ordnungsstruktur, 346
Ordnungsstruktur im Kristall, 253
osmotischer Druck, 382

Paarwechselwirkung, 370
Paarwechselwirkung zwischen Partikeln, 148
Parameter
    externe, 386
Partialdruck, 173
Partialsumme, 274
Partikelaustausch, 345
Partikeldichte
    charakteristischer Abstand, 252
Partikelvertauschung, 86
Pauli-Prinzip, 212
Percus-Yevick-Gleichung, 274
Perpetuum mobile
    erster Art, 313, 327
    zweiter Art, 319, 327, 328
Phase
    ferromagnetische, 363
    feste, 363
    flüssige, 363
    gasförmige, 363
    koexistierende, 363
    superfluide, 363
    supraleitende, 363
Phasengleichgewicht, 337
Phasenraum, 11, 29, 301
    Bahnkurven, 29
    Divergenz, 42
    Gebiet
        Änderungen der äußeren Form, 50
    generalisierte Koordinaten, 29
    generalisierte Impulse, 29
    Geschwindigkeitsvektor, 43
    Hamilton'scher Fluss
        Invarianz der Topologie, 49
    Hamilton'scher Fluss, 48
    invariante Teilmenge, 56, 57
    makroskopisches System, 38

mischender Hamilton'scher Fluss, 52
Punktdichte, 42
    reduzierter, 56
stationäre Wahrscheinlichkeitsverteilung, 83
Stromdichte des Ensembles, 43
Trajektorie, 29
    geschlossener Orbit, 60
Trajektorien
    dichte Belegung, 60
Phasenraumkoordinaten, 416
Phasenraumvektor, 415
Phasenraumvolumen, 85
Phasenübergang, 337, 394, 403
    Gas-Flüssigkeit, 253
    2. Ordnung, 398
    n-ter Ordnung, 398
Phasenumwandlungswärme, 374
Phononen, 239
    innere Energie, 240
Phononengas
    spektrale Dichte, 240
Photonen
    Energiedichte pro Frequenzintervall, 236
    Planck'sches Strahlungsgesetz, 237
    Strahlungsgesetz von Wien, 238
    Strahlungsgesetz von Rayleigh-Jeans, 238
    Zustandsdichte, 236
Photonengas, 236
Planck'sches Strahlungsgesetz
    Hochtemperaturlimes, 238
Planck'sches Strahlungsgesetz
    Tieftemperaturlimes, 238
Plasma, 254, 396
Poincaré'scher Wiederkehreinwand, 65
    Rückkehrzeit, 68
Poincaré-Maschine, 330
Poissonklammer, 44
Pol
    1. Ordnung, 405
    logarithmischer, 404
Polarisation, 337, 388
polylogarithmische Funktion, 223
    asymptotisches Verhalten, 224
    Eigenschaften, 223
polynomischer Satz, 269
Potential
    chemisches, 312, 333, 334, 347, 365, 373, 376
    großes, 333, 349, 405
    kompositionsgemitteltes chemisches, 347
    primäres, 301, 332
    thermodynamisches, 332, 333, 335, 342

Präparation eines Mikrozustandes
    statistische Interpretation, 39
Präparationszeit, 72
Prigogin-Defay Verhältnis, 401
Prinzip von Le Chatelier, 389, 390
Prinzip von Le Chatelier-Braun, 391
Produkt, 343, 369
Projektionsoperator
    Idempotenzeigenschaft, 76
Protokoll, 125, 338
Protostern, 254
Prozess
    adiabatischer, 343, 356
    biochemischer, 348
    chemischer, 343
    elektrochemischer, 348
    irreversibler, 316
    isentrop-isobarer, 342, 387
    isentrop-isochorer, 340
    isentroper, 340, 389
    isobarer, 341
    isochorer, 339
    isotherm-isentroper, 385
    isotherm-isobarer, 348
    reversibler, 316, 338, 340–342, 345
    thermodynamisch irreversibler, 128
    thermodynamisch reversibler, 128
    thermodynamischer, 317, 338
Prozessbedingung, 385
Prozessbilanz, 124
Prozessführung, 124, 313, 388
Prozessklasse, 128, 338
Prozessweg, 317

Quantengas, 210
quantenmechanische identische Partikel
    Symmetrie der Gesamtwellenfunktion, 211
    Ununterscheidbarkeit, 211
    Verschränkung, 211
quantenmechanischer Vielteilchenzustand
    Volumen im klassischen Phasenraum, 86
quantenmechanisches Problem, 28
Quantenstatistik, 85, 331
Quantenzustände eines Rotators, 179
Quantenzustand, 70
quasiabgeschlossenes Subsystem, 113

Rückwärtstransformation, 360
Randbedingung, 339, 385
    isotherme, 386
    zyklische, 278
Raoult'sches Gesetz
    der Dampfdruckerniedrigung, 379
    der Siedepunktserhöhung, 378
Reaktion

440 | *Sachverzeichnis*

chemische, 366, 368, 369
endotherme, 343
exotherme, 343
isobar-isotherme, 369
spontane, 343
Reaktionsvektor, 372
Reaktionswärme, 343, 348
reales Gas
    Zustandsgleichung
        empirisch, 275
reales Gas
    Beattie-Bridgeman-Gleichung, 275
    Berthelot-Gleichung, 275
    Dieterici-Gleichung, 275
    Planck-Gleichung, 275
    Redlich-Gleichung, 275
    van der Waals-Gleichung, 275
    Wohl-Gleichung, 275
    Zustandsgleichung
        Reihenentwicklung, 274
reduzierte Temperatur, 180
Referenzkonzentration, 380
Reibung, 311
Rekurrenzzeit, 68
    Schätzung, 69
Rekursionsgleichung, 287
Relation
    Ehrenfest'sche, 398, 401
    thermodynamische, 333
relative Schwankung, 20
Renormierungsgruppentechnik, 411
Reservoir, 322
Reskalierung, 87
Restarbeit, 312
Restriktion
    geometrische, 83
Restsystem, 417
Reversibilität, 2
    mikroskopische, 65
reversibler Prozess, 127
Riemannsche ζ-Funktion, 224
Rotationsfreiheitsgrade, 177
    quantenmechanische, 178
Rotator
    Anwendbarkeit der klassischen Theorie, 183
    Beitrag zum Druck, 183
    Gleichverteilungssatz, 184
    innere Energie, 183
    klassischer, 181
    tiefe Temperatur, 183
        spezifische Wärme, 184
    Wärmekapazität, 184

Sättigungskonzentration, 368
Salmiak, 367
Satz
    Carnot'scher, 324
Satz gleichartiger Systeme, 39
Satz von Euler, 201
Schallgeschwindigkeit, 239
Scharmittelwert, 57, 58, 63
Schmelzdruckkurve, 375
Schmelzwärme, 377
Schrödinger-Gleichung, 78
Schrödinger-Gleichung
    Lösung, 71
Schrödingergleichung
    Präparation des Anfangszustandes, 71
Schwankung der Teilchenzahl, 205
Schwingungsfreiheitsgrade, 177
    quantenmechanisch, 178
Selbstkonsistenzgleichung, 296
Selbstmittelung, 117
semipermeable Wand, 383
Shannon'sche Informationsentropie, 90, 92, 99, 102, 161
Siedepunktserhöhung, 368, 376
Singularität der Fugazität, 227
Singularität, logarithmische, 404
Skala
    makroskopische, 385
    mesoskopische, 419
    mikroskopische, 311
    thermodynamisch akzeptable, 416
Skalenfaktor, 338
Skalenfunktion, 409
Skalengesetz, 200, 337
Skalenparameter, 367
Skalenrelation, 305, 350, 407
spezifische Wärmekapazität, 341
Spin-Gitter-Modell, 276
    Heisenberg, 276
    magnetische Materialien, 276
Spin-Spin-Wechselwirkung
    klassisch, 276
    quantenmechanisch, 276
Spinglas, 278, 331
Spinodale, 394, 406
spontane Magnetisierung, 407
Spread, 20
stöchiometrisches Verhältnis, 366
Stabilität
    thermodynamische, 385, 394
Stabilitätsbedingung, 391
    thermodynamische, 419
stationäre Liouville-Gleichung, 54
Stationarität, 16
Statistik
    Nichtgleichgewichts-, 6
Statistische Physik, 2
    klassische
        Grenzfall klassische Mechanik, 40

klassische Statistik, 38
Quantenstatistik, 38
Thermodynamik, 108
statistische Unabhängigkeit, 20, 113
statistische Verteilungsfunktion, 84
statistischer Operator, 74
    Bewegungsgleichung, 79
Stirling'sche Formel, 106, 141, 172
Strahlungsdruck, 255
Streuung, 20
struktureller Glasübergang, 278
Subgraph, 265
    leerer, 265, 266
Sublimationsdruckkurve, 375
Sublimationswärme, 375
Subsystem, 15, 113, 363, 413
Subsysteme
    Aufteilung, 114
    Gibbs'scher Korrekturfaktor, 168
    Mittelwert des Gesamtsystems, 115
    physikalische Äquivalenz , 116
    statistisch unabhängige, 167
    Superpositionsprinzip, 169
Subvolumen, 422
Supernova, 255
Supraleiter, 398
Suszeptibilität, 397, 409
symplektische Einheitsmatrix, 45
System
    abgeschlossenes, 310, 311, 317
    adiabatisches, 310
    biologisches, 384
    dreiphasiges, 367
    einkomponentiges, 373
    Erwartungswert, 58
    fünfkomponentiges, 372
    feldfreies, 339
    geschlossenes, 310, 311, 339, 341, 342, 348, 369, 387
    homogenes, 366, 393
    instabiles, 394
    isentropes, 310
    isobares, 310
    isochores, 310
    isotherm-isentropes, 385
    isotherm-isochores, 345
    isothermes, 310
    makroskopisches, 6, 29
    mechanisches
        nichtlineare Differentialgleichungen 1. Ordnung, 27
    mehrkomponentiges, 334, 368
    mesoskopisches, 7, 29
    Messwert, 58
    nichtergodisches, 331
    offenes, 310, 311
    quantenmechanisches
        partielle Differentialgleichung, 27
    stationäres, 16
    thermodynamisch-stabiles, 363
    thermodynamisches, 310, 339
    vierphasiges, 367
    Wahrscheinlichkeitsdichte
        subjektive Information, 44
    wechselwirkendes, 405
    zweikomponentiges, 367
    zweiphasiges, 366, 367
System mit Wechselwirkung
    Cluster
        irreduzibles, 273
    Zustandsintegral, 262
        kanonisches Ensemble, 261
    Partikeldichte
        Druck, 272
        Fugazität, 271
        thermische Zustandsgleichung, 271
        Virialentwicklung, 272
    Zustandssumme
        kanonische, 268
Systeme
    homogene, einkomponentige, 362
    homogene, mehrkomponentige, 362
    zweikomponentige, 375
Systemzustand
    Informationsdefizit, 39

Teilchenzahl, 334, 336
Teilchenzahlfluktuation, 303, 423
Temperatur, 306
    reduzierte, 407
Temperaturausgleich, 138
Temperatureichung, 326
Temperaturfluktuation, 420
Temperaturskala, 326
thermische Wellenlänge, 142, 171, 223
thermische Zustandsgleichung, 228
thermischer Ausdehnungskoeffizient, 355
Thermodynamik, 3
    phänomenologische, 332
thermodynamische Differentiale, 129
thermodynamische Irreversibilität
    Reibungs- oder Dissipationseffekte, 129
thermodynamische Stabilität, 385, 394
thermodynamische Temperatur, 326, 327
thermodynamische Ungleichungen, 139
thermodynamische Zustandsfunktion
    Gibbs'sches Potential, 203
thermodynamische Zustandsgrößen, 123
thermodynamischer Gleichgewichtszustand
    Shannon'sche Entropie, 120
thermodynamischer Grenzfall, 227

thermodynamischer Limes, 3, 90, 109, 116, 161, 165, 205
thermodynamischer Prozess, 124
thermodynamisches Gleichgewicht, 64
thermodynamisches Bad, 157
thermodynamisches Ensemble, 158
thermodynamisches Potential, 163
thermodynamisches Reservoir, 157
thermodynamisches Viereck, 351
totales Differential, 126, 312
Trägheitsmoment, 178
Trägheitstensor, 178
Trajektorie
    infinitesimal benachbarte, 30
Trajektorien
    benachbarte
        Zeitabhängigkeit infinitesimaler Abstände, 31
Transformation
    Jacobi-, 358, 362
    Legendre-, 332, 344, 346
Transformationsgesetz
    Wahrscheinlichkeitsdichte, 10
Transformationsvorschrift, 358
Translationsfreiheitsgrade, 177
Tripelpunkt, 367
Tsallis-Entropie, 103
    Nichtgleichgewichtsprozesse, 104

Übergang von der Summation zur Integration, 221
    Behandlung des Grundzustandes, 221
Übergang
    mikroskopische-makroskopische Beschreibung, 109
Umgebung, 322
Unabhängigkeit
    statistische, 337
unabhängige Zustandsvariable
    Satz von, 123
    Vollständigkeit des Satzes, 124
Universalität, 327, 407
Universalitätsklasse, 408
Unordnung
    mikroskopische, 126
Unschärfenrelation, 69, 72
Unsicherheit eines Ereignisses, 90
Unstetigkeit, 397
unterscheidbare Partikel, 217
Untersystem, 412
Ununterscheidbarkeit, 86, 178

van der Waals-Gleichung, 392, 406
van't Hoff-Gleichung, 384
Variable
    abgeleitete, 334

extensive, 389
intensive, 365, 367
natürliche, 333, 334, 349
thermodynamisch konjugierte, 389
thermodynamische, 336, 363
transformierte, 335
Variablentransformation, 358
Varianz, 20
Variation, 364
Verdampfungswärme, 374
Verteilung
    quantenstatistische, 70
    stationäre
        ergodisches System, 62
        mischendes System, 62
Verteilungsfunktion
    deterministischer Grenzfall, 41
    statistische, 301, 413
    Wahrscheinlichkeitsdichte, 40
Verteilungsfunktion der Mikrozustände
    mischende Dynamik, 136
Vielteilchenexperiment
    Wiederholbarkeit, 31
Vielteilchensystem, 2, 4, 27, 83
    Dynamik
        mechanisch, 38
        quantenmechanisch, 38
        statistische Beschreibung, 38
    Konzept
        klassische Mechanik, 27
        Quantenmechanik, 27
    Lösungsalgorithmen, 27
    makroskopische Eigenschaften
        Thermodynamik, 109
    makroskopisches, 23
    Observable, 57
    Präparation Anfangszustand, 27
    reales
        Ljapunov-Exponenten, 37
Vielteilchensysteme
    makroskopische Eigenschaften
        Thermodynamik, 108
    reale
        chaotische Dynamik, 37
        statistische Beschreibung, 38
Virial
    Clausius'sches, 148, 272
Virialentwicklung, 261
Virialsatz, 147, 148
    paarweise wechselwirkende Partikel, 150
Vollständigkeitsrelation, 76
Volumen, 334, 336
    reduziertes spezifisches, 407
    spezifisches, 338, 374, 375, 380, 384, 399
Volumen einer d-dimensionalen Kugel, 140

Volumenabhängigkeit der inneren Energie
　　isotherme, 354
Volumenarbeit, 312, 340, 348
Volumenaustausch, 312
von Neumann-Gleichung, 79
Vorwärtstransformation, 360

Wärme, 310
Wärmeäquivalent, Joule'sches, 311
Wärmeübergang, 318
Wärmeaustausch, 311
Wärmebad, 319, 322, 326
Wärmebilanz, 323
Wärmeenergie, 311
Wärmekapazität, 339, 356, 360, 389, 410
　　isochore, 315
　　spezifische, 315, 397
Wärmespeicher, 318, 323
Wärmestrom, 320
Wärmekapazität, 297
　　iochore, 167
　　logarithmische Singularität, 293
　　Sprung, 298
Wärmekapazität des Festkörpers, 241
Wärmekapazität des Festkörpers bei hohen
　　Temperaturen
　　　Dulong-Petit'sche Regel, 242
Wärmekapazität des Festkörpers bei tiefen
　　Temperaturen, 242
Wahrscheinlichkeit, 7, 9
　　bedingte, 10, 13
　　kombinierte, 13
　　quantenmechanische, 73
　　　Normierung, 73
　　reduzierte, 13
　　statistische, 73
　　zeitabhängige, 15, 16
Wahrscheinlichkeitscharakter, 41
Wahrscheinlichkeitsdichte, 9
　　Bayes'sche Interpretation, 44
　　bedingte, 13, 15
　　diskrete Ereignisse, 10
　　Evolution, 44
　　Evolutionsgleichung, 41
　　invarianter Transport, 46
　　multivariable, 11
　　Transport
　　　ohne Informationsverlust, 46
　　Verteilungsfunktion, 40
　　zeitabhängige, 15, 16, 54
　　zeitliche Änderung, 46
Wahrscheinlichkeitsinterpretation
　　Bayes'sche, 8
　　Gauß'sche, 8
　　kombinatorische, 8
wahrscheinlichkeitstheoretische Beschrei-
　　bung, 4

Wahrscheinlichkeitstheorie
　　maßtheoretische Interpretation
　　　Kolmogorov, 52
Wahrscheinlichkeitsverteilung, 9, 38, 305
　　abhängige Variable, 22
　　Bestimmung, 108
　　großkanonische Gesamtheit, 193
　　Information über den Mikrozustand,
　　　53
　　Informationsdefizit, 66
　　Informationsgehalt, 53
　　normierte, 420
　　Normierung, 53
　　stationäre, 53, 83
　　Variable
　　　abhängige, 18
wahrscheinlichster Wert, 19
Wandpotential, 148
Wechselwirkung
　　antiferromagnetische, 277
　　effektive, 379
　　ferromagnetische, 277
　　Systeme mit, 261
　　Vielteilchensystem, 66
Wechselwirkung zwischen Partikeln, 113
Wechselwirkungsbeitrag, 370
weißer Zwerg, 255
Wiederholbarkeit
　　experimentelle
　　　mikroskopisch detailgenaue, 35
Wiederkehreinwand
　　Poincaré, 67
Wirkungsgrad, 322, 323, 326

Zahl der Quantenzustände im Energiein-
　　tervall, 86
Zeitmittelwert, 58, 63, 64
Zeitordnungsoperator, 33
Zeitumkehr, 2
Zufallsgröße, 17
　　Funktion, 18
Zufallsvariable, 9
Zustand
　　gemischter, 75, 76
　　metastabiler, 419
　　quantenmechanischer, 73
　　reiner, 75, 76
　　thermodynamischer, 388
Zustand minimaler Information
　　thermodynamisches Gleichgewicht,
　　　67
Zustandsänderung, 316
Zustandsdichte, 222
Zustandsfunktion, 123, 333
Zustandsgleichung, 333, 344, 362
　　kalorische, 333, 358
　　thermische, 333, 355, 356

Zustandsgröße, 333, 399
    abgeleitete, 334
    dimensionsunabhängige, 407
    thermodynamisch konjugierte, 334
Zustandsintegral, 305, 332
    großkanonisches, 403
    kanonisches, 307
    mikrokanonisches, 87
Zustandsraum, 78, 314
Zustandssumme, 85, 282, 332
    großkanonische, 270
    kanonische, 344
    mikrokanonische, 87, 415
    Rotator, 178
Zustandsumme Rotator
    analytische Näherung
        hohe Temperatur, 179
Zustandsvariable, 3, 89, 111, 123, 333, 334
    äußere, 111
    Makrozustand, 108

zweiatomiges Molekül
    Eigenfunktionen des harmonischen
        Oszillators, 185
    harmonische Schwingung, 185
    hermitesche Polynome, 185
    Oszillator, 185
        Beitrag zum Druck, 186
        hohe Temperatur, 186
        kalorische Zustandsgleichung, 186
        reduzierte Temperatur, 185
        tiefe Temperatur, 186
        Wärmekapazität, 187
        Zustandssumme, 185
    reduzierte Masse, 185
    Relativbewegung der Massen, 185
    Rotation, 185
    Translation, 185
Zweig, 265
    leerer, 266
Zweikörperproblem, 2